FESTKÖRPERPROBLEME

BAND IV

Festkörperprobleme

BAND IV

zugleich Halbleiterprobleme Band X

in Referaten des Halbleiterausschusses
des Verbandes Deutscher Physikalischer Gesellschaften
München 1964

Herausgegeben von
Prof. Dr. Fritz Sauter, Köln

Mit 156 Abbildungen

AKADEMIE-VERLAG · BERLIN 1965

Lizenzausgabe des Verlages
Friedr. Vieweg & Sohn, Braunschweig

Satz und Druck: D. R. P., Warszawa, Polnischer Verlag der Wissenschaften
Druckgenehmigungsnummer 100/599/65

Vorwort

Der vorliegende Band der von Herrn Schottky begründeten Reihe „Halbleiterprobleme", die vom VII. Band an unter dem Titel „Festkörperprobleme" weitergeführt wird, enthält die zusammenfassenden Vorträge, welche auf einer gemeinsamen Tagung des Regionalverbandes Bayern der Deutschen Physikalischen Gesellschaft, ihres Fachausschusses Halbleiter und ihrer Arbeitsgemeinschaft Metallphysik im April 1964 in München gehalten wurden. Darüber hinausgehend wurde in diesen Band eine zusammenfassende Darstellung von Herrn H. J. Vink über die Rolle der Chemie bei der Untersuchung von Festkörpern aufgenommen.

Auch diesmal wurde bei der Auswahl der zusammenfassenden Vorträge für die Münchener Tagung besonders darauf geachtet, daß nicht nur zusammenfassende Referate aus dem eigentlichen Problem der Halbleiterphysik gehalten wurden. Vielmehr wurde besonderer Wert darauf gelegt, daß auch andere Probleme der Festkörperphysik, die auch für die speziellen Halbleiter-Physiker irgendwie von Interesse sein könnten, zur Sprache kamen. Dies gilt im besonderen von den Vorträgen über die Glasstruktur, über die Laser-Physik, über Ferroelektrizität und über Strahlenschäden in Festkörpern. Es erscheint dem Herausgeber bei dem heutigen Stand der Forschung eben unerläßlich, daß jeder, der sich intensiv mit einem speziellen Problemkreis der Festkörperphysik beschäftigt, auch über die Probleme auf Nachbargebieten einigermaßen orientiert ist und dadurch in die Lage versetzt wird, gegebenenfalls auch von diesen Nachbargebieten her Anregungen für die eigenen Forschungsarbeiten zu gewinnen.

Köln, im März 1965

F. Sauter

Inhaltsverzeichnis

H. HAKEN*)

Der heutige Stand der Theorie des Halbleiterlasers

Mit 7 Abbildungen

Summary

The first part of the present report deals with general aspects of laser theory. After a discussion of the laser condition the modes in a Perot-Fabry-Etalon are discussed briefly. We then give an account of rate equations and of the exact equations of motion with a short discussion of possible frequency shifts. We touch the question of coherence in space and time and that of laser noise. A short description of the Q-switch closes this chapter.

In the second part of this report we deal with the specific topic of a semiconductor laser where especially band to band as well as band to impurity transitions are considered. On the basis of rate equations we discuss the laser condition and the temperature shift of the spontaneous emission, the induced emission, and the threshold current.

Finally it is indicated how one can treat laser action in a semiconductor also by application of the equations of motion of the field amplitude.

1. Einleitung

Ende 1962 konnte das Laserprinzip, das 1958 von *Schawlow* und *Townes* [1] entwickelt worden ist und 1960 erstmals am Rubin [2] demonstriert wurde, auch am Halbleiter [3] verwirklicht werden. Bei dem Laser handelt es sich um die Verstärkung oder vor allem um die Erzeugung von Licht durch induzierte Emission. Dieses so erzeugte Licht hat u.a. die Eigenschaften einer sehr starken räumlichen und zeitlichen Kohärenz, einer engen Bündelung und einer hohen Intensität.

In dem vorliegenden Artikel sollen im ersten Teil die allgemeinen Prinzipien des Lasers und zumindest teilweise die dazu notwendigen theoretisch-physikalischen Methoden erörtert werden. Dies geschieht zum einen als Vorbereitung für den dann folgenden speziellen Teil über den Halbleiterlaser, dann aber auch, weil wir glauben, daß der Laser besonders für Anwendungen in der Festkörperphysik geeignet ist und deshalb in der vorliegenden Buchserie ein derartiger Artikel von Nutzen sein könnte. Bei der Niederlegung des zweiten Kapitels war mir eine Manuskript-Ausarbeitung von Herrn Dr. *Petit* eine große Hilfe, dem hierfür an dieser Stelle gedankt sei.

I. Allgemeine Betrachtungen zum Laser

2. Übersicht

Da das Laserprinzip (Laser = „Light Amplification by Stimulated Emission of Radiation") aus dem Maserprinzip [4] (Maser = „Microwave Amplifica-

---

*) Institut für Theoretische und Angewandte Physik, Technische Hochschule, Stuttgart.

tion by Stimulated Emission of Radiation") entstanden ist, betrachten wir zunächst die Verhältnisse beim Maser. Dieser besteht im wesentlichen aus einem Hohlraumresonator, in dem sich stehende elektromagnetische Wellen („modes") ausbilden können und dem sogenannten aktiven Material. Dieses ist aus Atomen oder Molekülen zusammengesetzt, zwischen deren Energieniveaus optische Übergänge stattfinden können. Für unsere Zwecke genügt es, zunächst nur zwei optisch aktive Niveaus anzunehmen. Sind im Anfangszustand alle oberen Niveaus mit Elektronen besetzt, so werden die Elektronen zunächst spontan, später dann auch induziert in den Grundzustand übergehen. Es kommt dann zu einer ständigen und zwar kohärenten Ausstrahlung, wenn

1. die ursprünglich vorhandene Überbesetzung des angeregten Niveaus durch einen Pumpprozeß immer wieder hergestellt wird und
2. die Zahl der pro Sekunde erzeugten Lichtquanten größer ist als die Zahl der pro Sekunde etwa durch Abstrahlung verlorengehenden Lichtquanten.

Dies führt bei der quantitativen Fassung zur Maserbedingung, die wir weiter unten gleich für den Laser diskutieren wollen. Will man nun dieses Maserprinzip, das z.B. beim Ammoniakmaser [4] verifiziert wurde, auf kleinere Wellenlängen übertragen, so entsteht hier die charakteristische Schwierigkeit, daß die Lichtwellenlängen viel kleiner als die Dimensionen des Hohlraumresonators sind. Dies hat zur Folge, daß die möglichen Eigenschwingungen in ihren Frequenzen sehr dicht beieinander liegen, so daß innerhalb der Emissionslinienbreite bei den oben betrachteten optischen Übergängen sehr viele Eigenschwingungen liegen können. Dies steht ganz im Gegensatz zum Maser, bei dem innerhalb einer solchen Linienbreite nur eine oder sehr wenige Eigenschwingungen liegen und deshalb auch nur diese angeregt werden können. Man muß daher noch zusätzlich Maßnahmen treffen, um diese Eigenschwingungen weiter zu selektieren. Dies kann nach *Schawlow* und *Townes* [1] dadurch geschehen, daß von dem Hohlraumresonator nur zwei sich parallel gegenüberliegende Wände beibehalten und die anderen Seitenwände weggenommen werden. Dadurch wird zweierlei bewirkt:

1. nur noch diejenigen Lichtwellen, die in axialer Richtung, d.h. senkrecht zu den Platten verlaufen, bleiben genügend lange im „Hohlraumresonator", um verstärkt werden zu können;
2. es interferieren sich alle Wellen weg mit Ausnahme derjenigen, bei denen ein ganzzahliges Vielfaches der halben Wellenlänge mit dem Spiegelabstand übereinstimmt.

Damit erhalten wir ein diskretes Spektrum von solchen Eigenschwingungen, die am Laserprozeß effektiv teilnehmen können. Wir werden weiter unten noch auf einige Einzelheiten der Eigenschwingungen einer solchen Perot-Fabry-Anordnung eingehen und betrachten nun kurz die Laserbedingung selbst.

Hierzu bestimmen wir die Zahl der pro Sekunde für eine bestimmte Eigenschwingung geschaffenen Photonen. Ist die Strahlungslebensdauer eines Atoms τ Sekunden, so ist die pro Sekunde ausgestrahlte Zahl der Photonen insgesamt $1/\tau$. Da uns aber lediglich eine bestimmte Welle interessiert, müssen wir noch durch die Zahl aller möglichen vom Atom aussendbaren Eigenschwingungen dividieren. Nach der bekannten Formel gibt es innerhalb einer Linienbreite $\Delta\nu$

$$\varrho(\nu)\Delta\nu = V\frac{8\pi}{c^3}\nu^2\Delta\nu \tag{1.1}$$

Schwingungen (V = Volumen).
Die Zahl

$$\frac{1}{\tau\varrho(\nu)\Delta\nu} \tag{1.2}$$

gibt also an, wieviel Photonen pro Sekunde von dem Atom spontan in eine bestimmte Eigenschwingung hinein emittiert werden. Da wir jedoch die Zahl der durch induzierte Emission geschaffenen Photonen berechnen wollen, müssen wir nach *Einstein* mit der Zahl der vorhandenen Photonen n multiplizieren:

$$\left(\frac{\mathrm{d}n}{\mathrm{d}t}\right)_{\text{induziert}} = n(\tau\varrho(\nu)\Delta\nu)^{-1}. \tag{1.3}$$

Sind nun im gesamten Volumen N_2 Atome angeregt und N_1 Atome im Grundzustand, so ergibt sich als Zahl der durch induzierte Emission in eine bestimmte Eigenschwingung emittierten Photonen

$$\left(\frac{\mathrm{d}n}{\mathrm{d}t}\right)_{\text{induziert}} = (N_2-N_1)(\tau\varrho(\nu)\Delta\nu)^{-1}n. \tag{1.4}$$

Damit der Laserprozeß stattfinden kann, muß diese Zahl der induziert erzeugten Lichtquanten mindestens ebenso groß sein wie die Zahl der pro Sekunde verlorengehenden Lichtquanten: $\frac{n}{t} = \left(\frac{\mathrm{d}n}{\mathrm{d}t}\right)_{\text{Verlust}}$. Aus der sich damit ergebenden Ungleichung

$$\left(\frac{\mathrm{d}n}{\mathrm{d}t}\right)_{\text{ind.}} \geqslant \left(\frac{\mathrm{d}n}{\mathrm{d}t}\right)_{\text{Verlust}} \tag{1.5}$$

hebt sich die Zahl der Photonen heraus, so daß wir endgültig als Laserbedingung erhalten:

$$\frac{(N_2-N_1)c^3}{\tau V 8\pi\nu^2\Delta\nu} > \frac{1}{t} = 2\varkappa. \tag{1.6}$$

Damit der Laserprozeß stattfinden kann, muß die Lebensdauer t einer Eigenschwingung hinreichend groß sein. Dieser Lebensdauer sind aber einmal durch die Beugung, dann aber besonders auch durch das endliche Reflexionsvermögen der Spiegel Grenzen gesetzt. Außerdem ist es günstig, um optimale Lichterzeugung zu bekommen, dieses Reflexionsvermögen $\neq 1$ zu wählen. Man muß daher versuchen, die linke Seite der obigen Ungleichung möglichst groß zu machen. Das kann entweder durch eine genügend hohe Inversion N_2-N_1, also durch ein genügend starkes Pumpen, erfolgen oder aber durch Auswahl von Materialien, die eine genügend kleine Linienbreite für den optischen Übergang besitzen.
Hierfür wurden zunächst diskrete atomare Übergänge herangezogen, wie z.B. der Übergang am Chromstöratom im Rubin oder die Übergänge an seltenen Erden, die als Störatome in Wirtskristallen, z.B. dem Calciumfluorid oder dem Calciumwolframat eingebaut werden. Ebenso bekommt man derartige scharfe Linien z.B. an Gasatomen. Von diesem Standpunkt ist es eigentlich überraschend, daß man auch bei Band-zu Band-Übergängen

oder Störstellen-zu Band-Übergängen den Lasereffekt im Halbleiter findet. Dies beruht zum großen Teil darauf, daß hier durch Stromzufuhr genügend stark gepumpt werden kann.
Wir wenden uns nun einigen Teilaspekten bei der theoretischen Behandlung des Lasereffektes zu und beginnen zunächst mit den Eigenschwingungen im Perot-Fabry-Etalon.

3. Eigenschwingungen im Perot-Fabry-Etalon

Während bei einem Hohlraumresonator mit allseits geschlossenen Wänden die Frequenz stationärer Schwingungen, eben der Eigenschwingungen, wohlbekannt ist, ist die Verwendung von Eigenschwingungen bei einer Anordnung von zwei parallel sich gegenüberstehenden Spiegeln zunächst durchaus fragwürdig, da dauernd Licht, z.B. durch Beugung, nach außen weggeht und daher keine eigentlichen stationären Zustände sich ausbilden können. Man kann aber trotzdem einen Ansatz für die Eigenschwingungen in Form zerfallen-

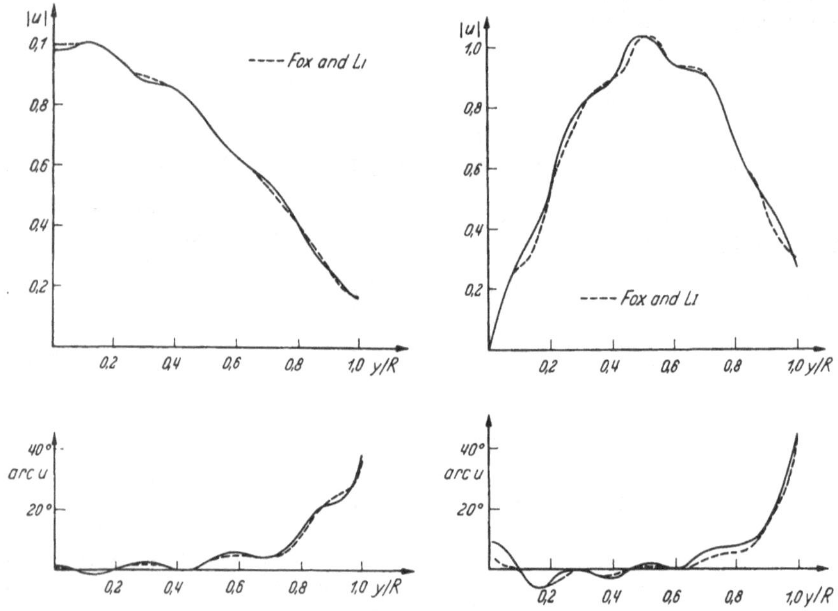

Abb. 1
linke Hälfte:
Amplituden- und Phasenverteilung für die unterste Eigenschwingung gerader Symmetrie für den zweidimensionalen Resonator (entnommen der Arbeit von *H. Risken*, Z. Phys. **180**, 150 (1964))

rechte Hälfte:
Amplituden- und Phasenverteilung für die unterste Eigenschwingung ungerader Symmetrie für den zweidimensionalen Resonator

der Zustände finden, bei denen angenommen wird, daß sich der gesamte Intensitätsverlauf räumlich bis auf einen gemeinsamen Zeitfaktor, der im allgemeinen ein exponentielles Abklingen darstellt, erhalten bleibt. Von dieser Vorstellung aus wurde als erstes von *Fox* und *Li* [5] eine Rechnung durchgeführt, bei der man auf einem Spiegel eine Anfangslichtverteilung vorgibt, dann nach dem Huyghenschen Prinzip die Ausstrahlung dieser Lichtverteilung und

die sich daraus ergebende Lichtverteilung auf dem gegenüberliegenden Spiegel untersucht. Läßt man das Licht mehrmals zwischen diesen Spiegeln auf diese Weise hin und hergehen, so stellt sich, wie die Verfasser zeigen konnten, tatsächlich eine Lichtverteilung auf dem einzelnen Spiegel ein, die sich im Laufe der Zeit nur noch durch einen gemeinsamen Zeitfaktor verändert. Der Fall planparalleler Spiegel ist in der Folgezeit auch analytisch behandelt worden, so u.a. von *Vainshtein* [6]. Die genauesten Rechnungen, die auch Feinheiten in der Intensitätsverteilung wiedergeben, stammen von *Risken* [7]. Die Resultate sind in Abb. 1 zusammen mit den ursprünglichen Resultaten von *Fox* und *Li* angegeben. Allerdings wird bei *Riskens* Rechnungen gleich von vornherein ein aktives Material angenommen. Die einzelnen Eigenschwingungen können durch ihre Symmetrie ganz ähnlich wie die Eigenschwingungen in einem Hohlraumresonator unterschieden werden.
Beispiele solcher Eigenschwingungen, die eine verschiedene Zahl von Knotenebenen senkrecht zu den Spiegeln haben, sind in Abb. 2 gegeben. Durch

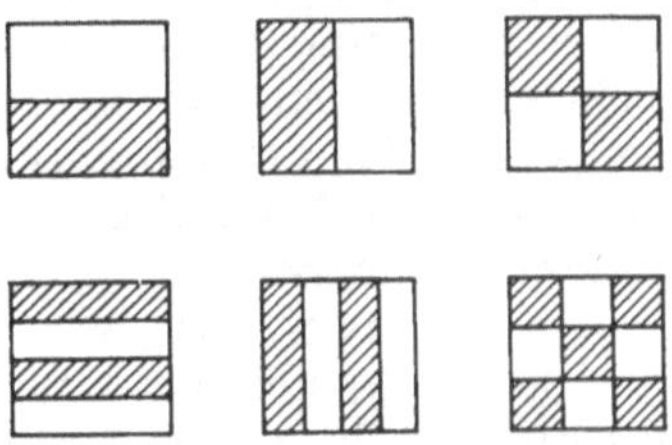

Abb. 2
Einige einfache Beispiele für Knotenebenen von Eigenschwingungen in einem Resonator mit quadratischem Querschnitt. Die Zahl der beobachteten Knotenebenen ist oft noch wesentlich größer

Anwendung gekrümmter Spiegel anstelle der planparallelen Platten können die Beugungsverluste noch herabgesetzt werden. Hierzu liegen eingehende Rechnungen von *Boyd* und *Gordon* [8] usw. vor.
Dieses oben entwickelte Bild der Eigenschwingungen des Perot-Fabry-Interferometers muß beim Halbleiterlaser unter Umständen in 2 Richtungen abgewandelt werden.

1. Beim Halbleiter ist die lichterzeugende Zone von einem absorbierenden Material umgeben. Dieses Problem wurde von *Whorter*, *Zeiger* und *Lax* [9] sowie neuerdings von *Stern* [10] behandelt. Hierbei wird eine Wellengleichung mit komplexem Brechungsindex angesetzt, wobei der Realteil $\varkappa_R$ in der Emitter- und Absorberzone verschieden und natürlich auch das Vorzeichen des Imaginärteils, das den Absorptions- bzw. Emissionsprozeß beschreibt, je nach Zone verschieden ist. Zur Erklärung der experimentellen Resultate beim GaAs muß nach *Stern* $\Delta n_R \approx 0{,}02$ sein, ein Wert, der jedoch ziemlich hoch erscheint und weitere Untersuchungen notwendig macht.
2. Beim Halbleiterlaser braucht das Reflexionsvermögen nicht mehr nahe bei 1 zu liegen, da u.a. auch Reflexion ohne Verspiegelung benutzt wird, die bei etwa 30% liegt. Hierbei wird das übliche Verfahren zur theoretischen Behandlung von Lasertätigkeit allerdings fragwürdig. Dieses Verfahren, das wir auch in unserem Artikel beschreiben, besteht darin, daß zunächst Eigenschwingungen in nichtaktiven Material, die zerfallen können, vorausgesetzt werden und dann mit diesen Eigenschwingungen der Laserprozeß behandelt wird. Wie Rechnungen des Verfassers [11] für den Grenzfall sehr kleinen Reflexionsvermögens gezeigt haben, können durch den Laserprozeß ganz neue diskrete Eigenschwingungen geschaffen werden, die zunächst als zerfallende Zustände

gar nicht vorhanden waren. Umgekehrt zeigen sich bereits bei der spontanen Emission von Atomen innerhalb eines Perot-Fabry-Interferometers Besonderheiten, die von *Kastler* [12] im einzelnen untersucht wurden. Hiernach treten abwechsend Intensitätsminima und -maxima in Abhängigkeit von der Wellenlänge und Ausstrahlungsrichtung auf, z.B. kann man in einer bestimmten Ausstrahlungsrichtung auch bei einer breiten Spektrallinie (spontane Emission) scharfe aufeinander folgende Einzelfrequenzen erwarten, die von *Nathan* et al. [13] experimentell nachgewiesen wurden.

3a. Das aktive Material und der Pumpprozeß

Da bei beliebiger Temperatur die unteren Niveaus stets stärker als die oberen Niveaus besetzt sind, für den Laserprozeß jedoch eine Besetzungsinversion notwendig ist, muß durch einen Pumpvorgang eine ständige Hinaufbeförderung von Elektronen in das obere Niveau erfolgen. Bei den einzelnen Störstellen braucht man dazu ein oder zwei weitere Hilfsniveaus. Beim 3-Niveau-Laser, wie er z.B. beim Rubin verifiziert ist, wird durch eine äußere Lichtquelle das Elektron aus dem Grundniveau in das dritte Niveau geworfen. Von dort aus geht es dann strahlungslos in den mittleren Zustand über, von dem aus es dann mit dem Grundniveau strahlend rekombiniert und so an der Lichtlawine teilnehmen kann.

Beim 4-Niveau-System, wie es z.B. bei Neodym vorliegt, ist selbst bei Zimmertemperatur nur das Grundniveau besetzt. Durch den Pumpvorgang wird das Elektron in den 4. Zustand gehoben, von dem aus es in den 3. Zustand übergeht. Zwischen dem 3. und dem 2. Niveau findet dann wieder der optische Übergang statt. Wird etwa durch strahlungslose Übergänge das 1. angeregte Niveau genügend schnell entleert, so kann auch hier wieder der Laserprozeß laufen.

Weitere Arten des Anregungsmechanismus sind bei Gasen verwirklicht. Bei dem wohl bekanntesten Gaslaser, dem He-Ne-Laser, werden in einer Gasentladung zuerst die Heliumatome angeregt, die dann durch Stöße zweiter Art ihre Energie auf die Neon-Atome übertragen. Anregungen können ferner durch das Elektronenplasma oder durch Ionisationsprozesse vor sich gehen.

4. Die Bilanzgleichungen

Zur quantitativen Beschreibung sowohl nichtstationärer als auch stationärer Laservorgänge bedient man sich üblicherweise der sogenannten Bilanzgleichung [14] (Englisch: „rate equations"). Hierbei sieht man völlig von Phasenbeziehungen und eventuellen Frequenzverschiebungen ab und betrachtet die Erzeugungs- und Vernichtungsbilanz von Photonen und atomaren Besetzungszuständen. Um das Prinzip dieser Gleichungen zu erläutern, beschränken wir uns wieder auf den Fall zweier optisch aktiver Niveaus. Betrachten wir zunächst nur eine Photonensorte, deren Lebensdauer im Hohlraumresonator t_λ ist. Die Zahl der pro Sekunde entstehenden Photonen der „Sorte λ"*) setzt sich zusammen aus der Zahl der pro Sekunde *spontan* entstehenden Photonen:

*) Der Index λ unterscheidet darin die Wellen nach Wellenrichtung, Wellenlänge und eventuell auch Polarisation.

$$w_\lambda N_2 = \frac{1}{\tau\varrho(\nu)\Delta\nu} N_2 \,^{*)} \tag{4.1}$$

und der Zahl der pro Sekunde induziert entstehenden Photonen

$$w_\lambda \cdot n_\lambda (N_2 - N_1). \tag{4.2}$$

Berücksichtigen wir ferner die zeitliche Abnahme der Photonen

$$-\frac{n_\lambda}{t_\lambda}, \tag{4.3}$$

dann erhalten wir als Bilanz für die Photonenzahl die Gleichung

$$\frac{\mathrm{d}n_\lambda}{\mathrm{d}t} = w n_\lambda (N_2 - N_1) + w N_2 - \frac{n_\lambda}{t_\lambda}. \tag{4.4}$$

Für das untere Niveau erhalten wir als Bilanz:

$$\frac{\mathrm{d}N_1}{\mathrm{d}t} = -P + \Big(\sum_\lambda w_\lambda\Big) N_2 + \Big(\sum w_\lambda n_\lambda\Big)(N_2 - N_1), \tag{4.5}$$

wobei jetzt im Gegensatz zu Gleichung (4.4) alle möglichen Photonensorten (λ) zu berücksichtigen sind. Das erste Glied bringt den Pumpprozeß zum Ausdruck, der dafür sorgt, daß pro Sekunde eine bestimmte Zahl von Übergängen in das obere Niveau erfolgt. Eine entsprechende Gleichung erhalten wir für das angeregte Niveau in folgender Gestalt:

$$\frac{\mathrm{d}N_2}{\mathrm{d}t} = +P - \Big(\sum_\lambda w_\lambda\Big) N_2 - \Big(\sum w_\lambda n_\lambda\Big)(N_2 - N_1). \tag{4.6}$$

Die Zahl der Pumpübergänge pro Sekunde wird u.U. von der Besetzungsdifferenz $\Delta N = N_2 - N_1$ selbst abhängen. Ein wichtiger Grenzfall ist der, daß durch den Pumpprozeß innerhalb einer Zeit T_p eine mittlere Inversion ΔN_0 hergestellt wird. P kann man dann in der Form

$$P = \frac{1}{2T_p}(\Delta N_0 - \Delta N) \tag{4.7}$$

ansetzen. Subtrahiert man Gl. (4.5) von Gl. (4.6), so ergibt sich eine Differentialgleichung für ΔN:

$$\frac{\mathrm{d}}{\mathrm{d}t}\Delta N = \frac{1}{T_p}(\Delta N_0 - \Delta N) + 2\sum w_\lambda n_\lambda \Delta N + \text{spontane Emission}. \tag{4.8}$$

Die Lösung der gekoppelten Gleichungen (4.4) und (4.8) ist für den stationären Fall, in dem $\frac{\mathrm{d}n}{\mathrm{d}t} = 0$ ist, äußerst einfach und führt unmittelbar auf die Laserbedingungen (1.6) zurück, sofern wir die geringe spontane Emission vernachlässigen. Im Falle einer zeitlichen Änderung der Lasertätigkeit, wie sie vor

*) Bei einer genaueren Behandlung tritt in $\varrho(\nu)$ noch ein Korrekturfaktor auf, der von der Differenz der Schwingungsfrequenz im Hohlraumresonator und der Zentralfrequenz des atomaren Überganges abhängt.

allem bei den Riesenimpulsen vorhanden ist, muß man bei der Lösung der obigen Gleichungen auf Rechenmaschinen zurückgreifen.
Bei Vorhandensein mehrerer Eigenschwingungen muß man bei der Auswertung der obigen Formeln zwischen einer inhomogenen und einer homogen verbreiterten Linie unterscheiden. Bei der homogenen Linie wird die Verbreiterung der Linie durch rasch verlaufende Prozesse z.B. durch Gitterschwingungen bewirkt. Dies hat zur Folge, daß die Atome in relativ kurzer Zeit energetisch verschiedene Lagen einnehmen und dadurch die Übergangsfrequenz sich ständig ändern kann. Alle Atome sind dabei völlig gleichberechtigt. In diesem Fall können die obigen Gleichungen unverändert angewendet werden. Ist hingegen die Linie inhomogen verbreitert, so bedeutet dies, daß die Atome ständig voneinander in ihren optischen Übergangsfrequenzen unterschieden sind, z.B. dadurch, daß sie in verschiedenen Kristallfeldern sitzen. In diesem Fall müssen wir die Atomsorten noch einmal unterscheiden und die obige *eine* atomare Bilanzgleichung durch Bilanzgleichungen für die einzelnen Atomsorten ersetzen.
Wie eine eingehende Diskussion zeigt, wird bei einer homogen verbreiterten Linie nur diejenige Eigenschwingung zur Lasertätigkeit angeregt, die dem Maximum der Emissionslinie am nächsten ist und die die größte Lebensdauer hat, während bei einer inhomogen verbreiterten Linie durchaus von vornherein zumindest bei genügend starker Pumpleistung auch mehrere Eigenschwingungen koexistieren können. Hierbei wird allerdings etwas voreilig vorausgesetzt, daß die Inversion der Atome nicht vom Ort abhängt. Wie jedoch eine genauere Diskussion [15, 16] der Ortsabhängigkeit der Inversion $[N_2-N_1]$ zeigt, können auch in einer homogen verbreiterten Linie mehrere Schwingungen gleichzeitig existieren, wie dies z.B. beim Rubin der Fall ist. Die hier vorliegende Situation ist in Abb. 3 erläutert. Wie man erkennt, gibt es im Kristall Bereiche, bei

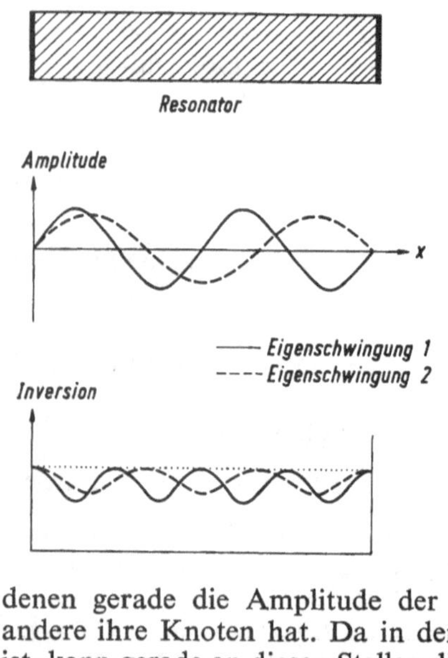

Abb. 3
Schematische Darstellung der Koexistenz von 2 Laserschwingungen: Durch die Schwingung 1 wird die Inversion der Atome nur dort wesentlich erniedrigt, wo die Schwingungsamplitude 1 groß ist, während sie an den Knoten von 1 erhalten bleibt. Da die Schwingung 2 aber vorwiegend dort gerade Bäuche hat, kann sie von der dort hohen Inversion „leben"

denen gerade die Amplitude der einen Schwingung dort groß ist, wo die andere ihre Knoten hat. Da in den Knoten die Inversion erhalten geblieben ist, kann gerade an diesen Stellen die zweite Welle sehr stark von der Inversion profitieren und somit am Laserprozeß teilnehmen.

5. Über die Bilanzgleichungen hinausgehende Ansätze

Da sich die Bilanzgleichungen auf Photonenzahlen und atomare Besetzungszahlen beziehen, vernachlässigen wir von vornherein alle Effekte, bei denen es auf Phasenbeziehungen ankommt. Zu deren Behandlung müssen wir daher auf die eigentlichen Gleichungen der Feldtheorie zurückgehen, die die Wechselwirkung zwischen Licht und Materie beschreiben.
Eine eingehende Darlegung der hier durchgeführten Rechnungen würde zwar den Rahmen des vorliegenden Beitrages bei weitem übersteigen, doch sollen hier wenigstens der Gedankengang und einige sich daraus ergebenden Konsequenzen angedeutet werden.
Unter Benutzung des Hamiltonoperators für das Lichtquantenfeld und die optisch aktiven Elektronen ergeben sich die folgenden Bewegungsgleichungen:

$$b_\lambda^+ = i\omega_\lambda b_\lambda^+ + i\sum_\mu h_{\mu\lambda}^* \alpha_\mu^+; \qquad \omega_\lambda = \omega_\lambda^0 + iK_\lambda \tag{5.1}$$

$$\dot{\alpha}_\mu^+ = i\varepsilon_\mu \alpha_\mu^+ - i\sum_\lambda h_{\mu\lambda} b_\lambda^+ \sigma_\mu; \qquad \varepsilon_\mu = \varepsilon_\mu^0 + i\gamma \tag{5.2}$$

$$\sigma_\mu = N_{2,\mu} - N_{1,\mu} \qquad \text{(pro Atom } \mu).$$

Hierbei stellen die b_λ^+' s die Erzeugungsoperatoren oder, klassisch gesprochen, die Lichtfeldamplituden für die Eigenschwingung λ dar. Die α_μ^+ sind Operatoren, die ein Elektron am Ort μ vom Grundzustand in den angeregten Zustand bringen, während die α_μ den umgekehrten Prozeß bewirken. Diese Operatoren können in gewissem Sinn auch als Übergangsamplituden der Zustände angesehen werden. Gleichung (5.1) beschreibt dann mit ihrem 1. Glied, daß die Eigenschwingung im leeren Hohlraumresonator eine bestimmte Frequenz ω_λ^0 hat und mit einer Zeitkonstanten $t = (2K_\lambda)^{-1}$ zerfällt. Die Summe $\sum_\mu$ beschreibt die Erzeugung von Lichtquanten durch das Vorhandensein angeregter Atome (Operatoren α^+).
Umgekehrt beschreibt die Gleichung (5.2) die Änderung der atomaren „Amplituden" unter dem Einfluß des Lichtfeldes (Operatoren b^+). Für die im folgenden beschriebenen Effekte ist darin das Glied, das die Besetzungsdifferenz σ_μ zwischen dem oberen und dem unteren Zustand enthält, von besonderer Wichtigkeit. In der Gleichung (5.2) bringt es zunächst zum Ausdruck, daß die atomare Amplitude abnimmt, wenn die Inversion positiv ist und entsprechend die Amplitude zunimmt, wenn diese Inversion negativ ist. Darüberhinaus ist es aber von entscheidender Bedeutung für die Koexistenz von Schwingungen in einer homogen verbreiterten Linie, für Frequenzverschiebungen und für gewisse Überlagerungsfrequenzen [17] (s.w.u.).
Die Gleichungen (5.1) und (5.2) enthalten noch keinen Pumpprozeß. Da beim Pumpprozeß die einzelnen Atome immer wieder in den Anregungszustand zurückgebracht werden, muß man zu Zeiten $t_{\mu,\nu}$, bei denen der Anregungsstoß erfolgt, den elektronischen Amplituden α_μ^+ und dem zugehörigen Inversionsoperator σ_μ einen Ausgangswert $\alpha_\mu^+(0)\, e^{i\varphi_{\mu\nu}}$ bzw. $\sigma_\mu(0)$ vorschreiben, wobei $\varphi_{\mu\nu}$ statistisch schwankende Phasen sind. Wenn man auf die Erfassung des Rauschens verzichtet, kann man von vornherein in den Gleichungen über den Pumpprozeß mitteln. Wie die genaue Durchführung zeigt, muß man dann eine neue Gleichung für die Inversion von der folgenden Gestalt

$$\sigma_\mu = \frac{1}{T_p}\,\sigma_\mu(0) - \frac{1}{T}\,\sigma_\mu + 2i\alpha_\mu \sum_\lambda h_{\mu\lambda} b_\lambda^+ - 2i\alpha_\mu^+ \sum_\lambda h_{\mu\lambda}^+ b_\lambda \tag{5.3}$$

hinzufügen. Darin ist $1/T = 1/T_p + 1/T'$, wobei T_p die mittlere Pumpzeit eines Atoms und T' die Zerfallszeit des angeregten Elektronenzustandes ist. Das aus den Gleichungen (5.1), (5.2) und (5.3) bestehende Gleichungssystem kann in guter Näherung durch ein Iterationsverfahren gelöst werden [15, 18]. Dabei wird b_λ^+ in der Form $B_\lambda^+ e^{i\Omega_\lambda t}$ angesetzt, wobei B_λ^+ und Ω_λ noch zu bestimmende Parameter sind. Aus der Stationaritätsbedingung, d.h. aus der Forderung, daß die Frequenz des Feldes reell ist, ergeben sich dann Gleichungen, die praktisch mit den Bilanzgleichungen identisch sind und hier nicht mehr diskutiert zu werden brauchen. Es ergeben sich jedoch noch weitere Gleichungen für die Frequenzen Ω_λ. Für den Fall einer Einzelschwingung findet man:

$$\Omega - \omega^0 = -d_0 \sum_\mu \frac{(\Omega - \varepsilon_\mu^0)|h_\mu|^2}{(\Omega - \varepsilon_\mu^0)^2 + \gamma^2} + d_0 B^+ B 4\gamma T \sum_\mu \frac{|h_\mu|^4(\Omega - \varepsilon_\mu^0)}{((\Omega - \varepsilon_\mu^0)^2 + \gamma^2)^2}, \tag{5.4}$$

wobei $d_0 = (T/T_p)\sigma(0)$.

Im Falle einer *homogen verbreiterten* Linie ($\varepsilon_\mu^0 = \varepsilon^0$) ergibt sich aus den beiden genannten Gleichungen die aus der Masertheorie wohlbekannte Formel für die Frequenzverschiebung [1]

$$\Omega - \omega^0 = \frac{K\varepsilon^0 + \gamma\omega^0}{K + \gamma}. \tag{5.5}$$

Die Frequenz der tatsächlichen Laserschwingungen ist also gegenüber der Schwingungsfrequenz im leeren Hohlraumresonator zum Zentrum hin verschoben („mode pulling").

Auch bei einer inhomogen verbreiterten Linie ergibt sich in der ersten Näherung (1. Summe in Gleichung (5.4)) eine Frequenzverschiebung zum Zentrum hin. In höheren Näherungen (z.B. die zweite Summe in Gl. (5.4)) ergeben sich *zusätzliche* Frequenzverschiebungen. Diese rühren einmal von einer zeitunabhängigen Änderung der Inversion auf Grund der Wechselwirkung mit den Lichtschwingungen, zum anderen von einer zeitabhängigen Änderung her:

1. Wie man aus der zweiten Summe in (5.4) entnehmen kann, hängt die Frequenzverschiebung von B^+B = Zahl der vorhandenen Lichtquanten ab. Diese Abhängigkeit ist beim gleichzeitigen Auftreten mehrerer Laserwellen besonders bedeutsam, da die Frequenzverschiebung einer Welle von den Photonenzahlen auch der anderen Wellen bestimmt wird. Anschaulich kann dieser Effekt wie folgt gedeutet werden:

Der Beitrag zur Dispersion, der von den optisch aktiven Atomen herrührt, hängt von der „Inversion" d_0 ab. Infolge der Lasertätigkeit bei Frequenzen $\varepsilon_1, \varepsilon_2 \ldots$ wird in der inhomogenen atomaren Linie die Inversion gerade in der Nähe dieser Resonanzen herabgesetzt. Durch dieses „hole-burning" [19] wird die effektive Inversion und damit auch die Dispersion geändert. Da die Zahl der Lichtquanten und damit die Tiefe des „Loches" von der Pumpstärke abhängt, ist die Frequenzverschiebung ebenfalls davon abhängig. Eine genauere Durchrechnung zeigt, daß durch diesen Effekt eine Frequenzabstoßung hervorgerufen wird, die auch quantitativ mit den von *Bennett* [19] am He-Ne-Laser gefundenen Frequenzverschiebungen übereinstimmt.

2. Eine andere Möglichkeit der Frequenzabstoßung ist dadurch gegeben, daß die Inversion der Atome zeitlich im Takte der Schwebungsfrequenzen der Eigenschwingung auf und ab schwingt und somit eine zeitliche Rückkopplung für die Lichtschwingungen selbst darstellt. Während für diesen Effekt noch keine experimentelle Verifizierung vorliegt, führt die Pulsation der Inversion zu ganz neuen Linien, die inzwischen am He-Ne-Laser beobachtet wurden [20]

6. Charakteristische Eigenschaften des Laserlichtes

A. Räumliche Kohärenz

Da in der Perot-Fabry-Anordnung im wesentlichen nur diejenigen Lichtwellen verstärkt werden, die axial laufen, werden die Spiegel praktisch von einer ebenen Wellenfront getroffen. Der Nachweis dieser ebenen Wellenfronten kann z.B. dadurch erfolgen, daß man 2 Schlitze im Spiegel anbringt, durch die das Laserlicht besonders stark austritt. Man beobachtet dann im Fernfeld die Fraunhofersche Beugung einer ebenen Wellenfront, die auf 2 Spalte trifft. Es muß betont werden, daß diese Experimente lediglich die räumliche Kohärenz, nicht aber die zeitliche Kohärenz beweisen. Dieses Beugungsbild kann auch von Lichtquellen herrühren, die zeitlich völlig regellose Lichtwellen aussenden, sofern diese Lichtwellen einzeln mit einer ebenen Wellenfront auf den Spiegel treffen.

B. Zeitliche Kohärenz

Daneben müssen wir die schon erwähnte zeitliche Kohärenz betrachten. Diese läßt sich entweder dadurch nachweisen, daß man zwei verschiedene Laserlichtwellen mit einer geringen Frequenzverschiebung in einem Quadratverstärker überlagert (wechselseitige Kohärenz) oder aber die zeitlich verzögerte Lichtwelle mit sich selbst überlagert („Selbstkohärenz"). Vom mathematischen Standpunkt kommt es z.B. beim Letzteren auf Folgendes an [21]:
Ist $E(t)$ in komplexer Darstellung das elektrische Feld der Lichtwelle zur Zeit t und $E(t+\tau)$ das der Lichtwelle zur Zeit $t+\tau$, so gibt die Überlagerung eine Amplitude $E = E(t)+E(t+\tau)$ und eine Intensität

$$|E|^2 = |E(t)|^2+E(t)E^*(t+\tau)+k.k.+|E(t+\tau)|^2. \tag{6.1}$$

Beobachtet man nun über eine längere Zeit T hinweg bei festem Zeitabstand τ die Intensität, so findet man im wesentlichen die sogenannte Korrelationsfunktion

$$< E(t)E^*(t+\tau) > = \frac{1}{T}\int_0^T E(t)E^*(t+\tau)\mathrm{d}t. \tag{6.2}$$

Ist überhaupt keine Phasen- und Amplitudenschwankung im System vorhanden, so ist der Betrag der Korrelationsfunktion unabhängig von der Zeitdifferenz τ. Dagegen wird bei einem realen System die Lichtwelle ihre Phase nur eine bestimmte Zeit lang behalten. In diesem Falle geht die Korrelationsfunktion nach einer Kohärenzzeit τ_0 gegen Null. Nimmt man umgekehrt das Fourierspektrum der mit sich selbst in Schwebung stehenden Lichtwelle auf, d.h. bildet man die Fouriertransformierte der Korrelationsfunktion

$$G(\omega) = \int_{-\infty}^{+\infty} e^{-i\omega\tau} < E(t)E^*(t+\tau) > d\tau, \tag{6.3}$$

so ergibt sich die Linienform und -breite. Die Kohärenzzeit (bzw. die zugehörige Kohärenzlänge $L = \tau_0/c$) ist damit unmittelbar mit der Linienbreite des Laserlichts verknüpft.

Der traditionelle Weg zur theoretischen Bestimmung der Linienbreite des Laserlichts besteht darin, daß man den Laser als rückgekoppelten Verstärker des Rauschens, das durch die spontane Emission hervorgerufen wird, auffaßt [22]. (Wegen der hohen Quantenenergie kann das thermische Rauschen, das beim Maser noch unter Umständen eine Rolle spielt, gegenüber dem genannten Rauschen vernachlässigt werden.) Zur quantentheoretischen oder halbquantentheoretischen Behandlung geht man folgendermaßen vor [23]: Betrachten wir als Beispiel nur eine einzige Lichtschwingung im Hohlraumresonator mit einer zeitlichen Zerfallskonstanten $\varkappa$, so lautet die Schwingungsgleichung im leeren Hohlraumresonator

$$\ddot{b} + \varkappa\dot{b} + \omega_0^2 b = 0. \tag{6.4}$$

Durch die Wechselwirkung mit den angeregten Atomen wird das Lichtfeld in zweierlei Weise beeinflußt:

1. Die spontane Emission regt in statistisch regelloser Weise das Lichtfeld zum Schwingen an. Dieser Effekt, der die Ursache des Rauschens ist, wird durch eine statistisch schwankende „Kraft" $K(t)$ auf der rechten Seite von Gl. (6.4) beschrieben.
2. Die Lichtschwingung wird durch induzierte Emission verstärkt. Üblicherweise wird angenommen, daß dieser Beitrag in Gl. (6.4) *linear* in der Feldamplitude b ist.

Die Schwingungsgleichung lautet dann folgendermaßen:

$$\ddot{b} + \varkappa\dot{b} - U b + \omega_0^2 b = K(t). \tag{6.5}$$

Zur expliziten Bestimmung der Linienbreite muß man für $K(t)$ explizite Modellannahmen machen, so z.B. daß $K(t)$ von statistisch fluktuierenden Dipolen (homogen verbreiterte Linie) herrührt. Nach einigen Rechnungen erhält man dann für $G(\omega)$ [23]:

$$G(\Omega) = \frac{N_2\mu^2\omega^0\gamma}{V((\Omega-\varepsilon^0)^2+\gamma^2)|(\varkappa-i(\Omega-\omega^0)-(N_2-N_1)\mu^2/(2V(\gamma-i(\Omega-\varepsilon^0)|^2}. \tag{6.6}$$

Bis auf das atomare Dipolmoment μ sind die darin enthaltenen Größen identisch mit den früher im Text erklärten. $V =$ Volumen.

Dieses Resultat ist später von anderen Autoren [24] auf rein quantentheoretischer Basis bestätigt worden. Allerdings läßt sich gegen diese Rechnungen der Einwand erheben, daß die Änderung der Inversion der Atome als Funktion der Laserintensität völlig außer acht gelassen wird. Dies erscheint durchaus bedenklich, da wir in Abschnitt 5 gesehen haben, daß dieser Effekt zu Frequenzverschiebungen und der Koexistenz von Schwingungen führen kann. Tatsächlich läßt sich zeigen [25], daß aus den Grundgleichungen (5.1) und (5.2) zusammen mit der Pumpbedingung eine Gleichung der folgenden Form folgt*):

*) Hierbei wurde der Zeitfaktor $e^{-i\omega_0 t}$ von b bereits absepariert und exakte Resonanz zwischen der Lichtschwingung und den atomaren Übergängen angenommen.

$$\ddot{b}+(\varkappa+\gamma)\dot{b}-(W-\varkappa\gamma)b+2|h|^2b^+bb = K(t). \tag{6.7}$$

Durch das Auftreten des nichtlinearen Gliedes b^+bb wird, wie die genauere Behandlung ergibt, für die Lasertätigkeit ein Schwellwert definiert, der mit der Laserbedingung (1.6) äquivalent ist. *Unterhalb* dieses Schwellwertes kann man das nichtlineare Glied vernachlässigen und man erhält die bekannte Formel für die Linienverschmälerung (6.5); *oberhalb* der Schwelle erhält man ein wesentlich anderes Verhalten: Die Lichtamplitude ist — wenn man vom Spiking absieht — stabil; das *Rauschen* rührt im Wesentlichen von Schwankungen der *Phase* her.

Zusatz bei der Korrektur:

Messungen von Intensitätsschwankungen an GaAs-Lasern (*J. A. Armstrong* und *A. W. Smith*, Phys. Rev. Letters **14**, 68 (1965)) haben die im Anschluß an (6.7) entwickelte Auffassung [25] bestätigt.

C. Hohe Intensität — Q-Schaltung

Als letzte für die Anwendungen ebenfalls sehr wichtige Eigenschaft sei noch die erreichbare hohe Intensität des Laserlichts erwähnt. Besonders hohe Intensitäten von bis zu etwa 50 Megawatt kann man durch eine Schaltungsanordnung von *Hellwarth* [26] erreichen, deren Grundidee in Folgendem besteht: Verfolgen wir den Verlauf der Intensität des Pumplichtes, der Inversion und der ausgestrahlten Lichtenergie, so ergeben sich folgende Verhältnisse: Mit Einschalten des Pumplichtes beginnt der Inversionszustand der Atome zuzunehmen. Wird dann die kritische Inversion laut Formel (1.6) erreicht, so setzt Lasertätigkeit ein. Eine wesentlich höhere Lichtintensität könnte man jedoch erreichen, wenn man die Energie im atomaren System zunächst speichert, also eine höhere Inversion anstrebt. Da die Inversion bei Lasertätigkeit infolge der induzierten Emission jedoch sehr stark abnimmt, muß man hierzu zunächst beim Pumpen die Lasertätigkeit unterbinden. Das kann entweder dadurch geschehen, daß man während des Pumpvorganges die Verluste des Resonators groß macht. Dann findet keine Lasertätigkeit statt und die Atome gehen lediglich durch den relativ langsam verlaufenden Prozeß der spontanen Emission in den Grundzustand über (Q-switching). Eine andere Möglichkeit besteht darin, den Gewinnfaktor des aktiven Materials zunächst klein zu halten, also z.B. die Linienbreite künstlich zu vergrößern.
Beispiele für den Q-switch sind folgende:

1. Der eine Spiegel des Fabry-Perot-Interferometers wird durch ein rotierendes spiegelndes Prisma ersetzt. Steht der Spiegel nicht senkrecht auf der Laserachse, so wird das Licht weggestreut und nicht mehr regenerativ dem System zugeführt, so daß der Laserprozeß, wenigstens bei nicht zu hohem Pumpen, nicht laufen kann. Erreicht dann der Spiegel die senkrechte Stellung, so wird alles Licht reflektiert, d.h. das effektive Q ist groß geworden, so daß der Laserprozeß nun beginnen kann.
2. Beim Rubin ist das ausgestrahlte Licht je nach der Lage der C-Achse zur Laserstrahlrichtung polarisiert. Wird nun eine Kerrzelle zwischen das aktive Material und einen der beiden Spiegel geschaltet, so kann die Polarisationsebene des Lichtes bei Hin- und Hergang um 90° gedreht werden, so daß das Licht wiederum durch die polarisierten Einzeldipole nicht mehr verstärkt

wird. Mit dieser Einrichtung lassen sich Schaltzeiten in der Größenordnung von *n* sec erreichen und Laserenergien bis zu etwa 50 Megawatt.
Als Beispiel für die zeitliche Veränderung der Linienbreite sei die Untersuchung von *Kaiser* und *Lessing* [27] genannt, bei der durch Anlegen eines elektrischen Feldes unter Ausnutzung eines Quasistark-Effektes der Chromionen im Rubin die Linien innerhalb gewisser Feldstärkenbereiche verbreitert werden und so ebenfalls Lasertätigkeit unterbunden werden kann.

7. Abschließende Bemerkungen zum I. Abschnitt

Mit unseren obigen Darlegungen ist das Lasergebiet natürlich bei weitem nicht erschöpft. Wir hoffen lediglich damit eine erste Einführung, vor allen Dingen auch in die mathematische Behandlung dieser Probleme, aufgezeigt zu haben.

II. Theorie des Halbleiterlasers

8. Absorption und induzierte Emission

An die Stelle des optischen Übergangs zwischen diskreten Energieniveaus einzelner Atome, wie er im ersten Abschnitt betrachtet worden ist, treten beim Halbleiterlaser u.a. die folgenden Übergangsmöglichkeiten:

1. Band- zu Bandübergänge,
2. Band- zu Störstellenübergänge bzw. umgekehrt,
3. Exzitonenübergänge,
4. Übergänge bei äußerem elektrischen oder magnetischen Feld (z.B. Landau-Niveaus).

Bei hochdotierten Kristallen ist eine genaue Trennung zwischen den einzelnen Übergangsmöglichkeiten 1 – 3 nicht immer möglich. So werden bei hohen Störstellendichten die Kristallenergiebänder „ausgefranst", wobei der untere Schwanz zu lokalisierten Niveaus gehören kann, während umgekehrt diskrete Störstellenniveaus zu Störbändern zusammenwachsen können. Neben einer Änderung der Energieniveaus gegenüber den „reinen" Fällen werden auch Auswahlregeln verletzt. Z.B. wird die übliche *k*-Auswahlregel für Band- zu Bandübergänge nicht mehr voll gültig sein.
In derartigen Kristallen können die Exzitonenübergänge ebenfalls an Störstellen oder sogar mit deren aktiver Mitwirkung erfolgen. Schließlich treten an den räumlichen Dotierungsgrenzen Bandverbiegungen auf, an denen es unter Umständen bei dem optischen Übergang zu Tunnelprozessen kommt.
Der heutige Stand der Theorie des Halbleiterlasers ist dadurch gekennzeichnet, daß man im wesentlichen von 1. ausgeht und die Abweichungen gegenüber der Realstruktur mehr oder weniger phänomenologisch berücksichtigt. Wir besprechen zunächst die

A. Absorption

1. Band- zu Bandübergänge

a) Direkte Übergänge:

Die Übergänge erfolgen ohne Beteiligung von Phononen senkrecht zwischen den Bändern, d.h. das Elektron behält bei Lichtabsorption seinen *k*-Vektor.

Hat die ankommende Lichtwelle eine Frequenz ω, so ist die Absorptionskonstante durch

$$\alpha = A(\hbar\omega - E_g)^{1/2} \qquad (\hbar\omega > E_g) \tag{8.1}$$

gegeben. Der Faktor A rührt dabei im wesentlichen vom Quadrat des optischen Matrixelementes

$$P_{LV} = \boldsymbol{e} \int \varphi^*_{k,L}(\boldsymbol{r}) \boldsymbol{p} \varphi_{k,V}(\boldsymbol{r}) \mathrm{d}\tau \quad \text{her.} \tag{8.2}$$

Darin ist $\boldsymbol{e}$ die Polarisationsrichtung des Lichtes, $\boldsymbol{p}$ der Impulsoperator, $\varphi_{k,L}$ und $\varphi_{k,V}$ die Blochfunktionen von Leitungs- bzw. Valenzband. E_g ist die Größe der Energielücke. Die Quadratwurzel-Abhängigkeit kommt von der speziellen Form der Zustandsdichte der parabolischen Bänder. Im folgenden legen wir zugrunde, daß A für ein volles Valenzband und leeres Leitungsband genommen ist.

b) Indirekte Übergänge

Sind die Extrema von Valenz- und Leitungsband nicht an den gleichen Stellen im k-Raum, so muß bei optischen Übergängen die Gitterimpuls-Differenz von Phononen aufgenommen werden. Das Matrixelement M muß dann durch eines in Störungstheorie 2. Ordnung ersetzt werden, wobei noch Matrixelemente für die Phononen-Absorption bzw. -Emission hinzutreten. Hierdurch wird das effektive Matrixelement, das für den gesamten optischen Übergang verantwortlich ist, wesentlich verkleinert.
Da auch die Zustandsdichte infolge der Phononen völlig anders wird, lautet der Absorptionskoeffizient bei Beteiligung der Phononensorte μ jetzt [28]:

$$\alpha = B_\mu [N_\mu (\hbar\omega + \hbar\varepsilon_\mu - E_g)^2 + (N_\mu + 1)(\hbar\omega - \hbar\varepsilon_\mu - E_g)^2] \tag{8.3}$$

Darin ist N_μ die mittlere Zahl dieser Phononen bei der vorliegenden Temperatur und $\hbar\varepsilon_\mu$ deren Energie.
Bei tiefen Temperaturen können nur Emissions- und Absorptionsprozesse für das Licht erfolgen, bei denen Phononen emittiert werden. Im ersteren Falle ist eine Schwellenenergie $\hbar\omega = E_g + \hbar\varepsilon_\mu$ im zweiten jedoch eine $\hbar\omega = E_g - \hbar\varepsilon_\mu$ nötig. Daraus ergibt sich, daß bei tiefen Temperaturen die emittierten Photonen nicht mehr im Band- zu Bandübergang absorbiert werden können und daß somit eine Inversion erreicht werden könnte.

2. Band- zu Störstellenübergänge [29, 30]

Wir betrachten hier Übergänge zwischen Donatoren und Valenzband oder Akzeptoren und Leitungsband. Die expliziten Rechnungen sind bislang an ziemlich starke Vereinfachungen geknüpft, nämlich:

a) eine direkte Bandlücke,
b) diskrete, flache, nichtüberlappende Störstellenzustände,
c) eine langsam veränderliche, wasserstoffähnliche einhüllende Funktion $f(\boldsymbol{r})$ für die Störstellenfunktion:

$$\psi(\boldsymbol{r}) = f(\boldsymbol{r}) \cdot u_0(\boldsymbol{r}), \tag{8.4}$$

wobei $u_0(\boldsymbol{r})$ die Blochwelle für $k = 0$ ist.

d) eine von Störstellen unbeeinflußte Zustandsdichte der Bänder.

Nach *Dumke* [30] erhält man für den Übergang Donator-Valenzband als

Absorptionskonstante, wobei der Donatorgrundzustand zweifach entartet ist:

$$\alpha = \frac{256\pi e^2\hbar|P_{LV}|^2E_V^2}{n_0 cm^2\hbar\omega(m_L E_D)^{3/2}} \frac{m_V^{3/2}(N_D-n_D)}{(1+m_V E_V/m_L E_D)^4} \tag{8.5}$$

mit $E_V = \hbar\omega + E_D - E_g$.

Darin sind:

n_0: Brechungsindex,
c: Lichtgeschwindigkeit im Vakuum,
$|P_{VL}|^2$: das über die Richtungen gemittelte Quadrat des Matrixelementes (8.2),
m: freie Elektronenmasse,
E_D: Donatorenbindungsenergie,
m_L, m_V: scheinbare Elektronenmasse des Leitungs- bzw. Valenzbandes,
$N_D - n_D$ = Zahl der leeren Donatoren.

Sind mehrere Valenzbänder vorhanden, so ist über alle diese aufzusummieren. Unter den entsprechenden Bedingungen ergibt sich für die Absorptionskonstante des Übergangs Akzeptor — Leitungsband:

$$\alpha = \frac{256\pi e^2\hbar|P_{LV}|^2E_L^{1/2}m_V^{3/2}}{n_0 cm^2\hbar\omega(m_A E_A)^{3/2}[1+m_L E_L/m_A E_A]^4}(N_A-p_A) \tag{8.6}$$

$$\text{mit } E_L = (\hbar\omega + E_A - E_g). \tag{8.7}$$

$N_A - p_A$: Zahl der mit Löchern *nicht* gefüllten Akzeptoren.
E_A ist die Akzeptorbindungsenergie, während
m_A eine gemittelte Masse der einzelnen Valenzbänder ist.

B. Induzierte Emission

Als Vorbereitung zur Behandlung des Lasereffektes besprechen wir jetzt, wie aus den Absorptionskoeffizienten Emissionskoeffizienten gewonnen werden können, und zwar beschränken wir uns zunächst auf $T = 0$.

1. Band- zu Bandübergänge (direkte Übergänge) [31]

Wir betrachten einen invertierten Zustand der folgenden Art: Vom Valenzband seien von oben her bis zu einer Energie $E_{0,V} = \frac{1}{m_V}\left(\frac{1}{m_V}+\frac{1}{m_L}\right)^{-1}\Delta E$ alle Elektronen entfernt worden und in das Leitungsband gebracht worden, das nun bis zur Energie $E_{0,L} = \frac{1}{m_L}\left(\frac{1}{m_V}+\frac{1}{m_L}\right)^{-1}\Delta E$ gefüllt ist:

Wie man sofort der Abb. 4 entnimmt, ist dann für $E_g < \hbar\omega < E_g + \Delta E$ der Absorptionsprozeß durch einen (induzierten) Emissionsprozeß ersetzt:

$$\alpha_E = -\alpha - = A(\hbar\omega - E_g)^{1/2}, \tag{8.8}$$

während für $E_g > \hbar\omega$ nach wie vor ein Absorptionsprozeß stattfindet.

Bei Temperaturen $T > 0$ °K besetzen die Elektronen und Löcher nicht mehr Zustände bis zu einer ganz bestimmten Energie $E_{0,L}$ bzw. $E_{0,V}$, sondern zeigen in ihrer Verteilung eine „Verschmierung". Ist die Einstellung des thermischen Gleichgewichts schnell gegenüber der Rekombinationsrate zwischen Elektronen und Löchern, so kann deren Verteilung durch eine Quasi-fermi-Funktion beschrieben werden, die z.B. für das Leitungsband lautet:

$$f_L(E) = \left[1+\exp\left(\frac{E-E_{FL}}{kT}\right)\right]^{-1}. \tag{8.9}$$

Darin ist E_{FL} das Quasifermi-Niveau des Leitungsbandes, das durch die Gesamtzahl der zur Verfügung stehenden Elektronen festgelegt ist.

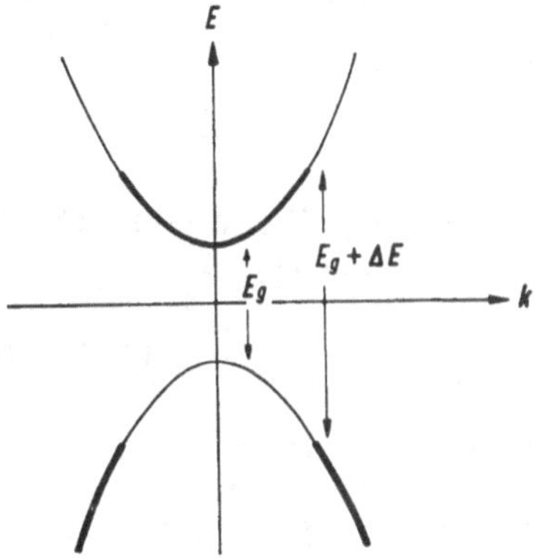

Abb. 4
Inversionszustand bei einem direkten Band- zu Bandübergang und $T = 0$ °K. Da die Elektronenzustände durch die k-Zahlen charakterisiert sind, liegen die Besetzungskanten senkrecht übereinander

Bei der oben eingeführten Absorptionskonstanten sind dann zwei Änderungen einzuführen:
Die Wahrscheinlichkeit, daß der Ausgangszustand im Valenzband besetzt ist, ist nun nicht mehr $= 1$, sondern $f_V(E_V(k))$ und entsprechend die Wahrscheinlichkeit, daß der Leitungsbandzustand leer ist: $(1-f_L(E_L(k))$: Wir erhalten damit für den Absorptionskoeffizienten:

$$\alpha_A = A(\hbar\omega - E_g)^{1/2} f_V(E_V(k))(1-f_L(E_L(k)) \tag{8.10}$$

wobei $E_L(k)-E_V(k) = \hbar\omega$;
und ganz entsprechend für den Koeffizienten der induzierten Emission (einschließlich der induzierten Absorption):

$$\alpha_E = -A(\hbar\omega - E_g)^{1/2}(f_L(E_L(k))-f_V(E_V(k))) \tag{8.11}$$

Enthalten die Bänder infolge von Störstellen einen Schwanz, so findet eine spontane Emission auch bei $\hbar\omega < E_g$ statt. In modellmäßiger Weise wird für die Zustandsdichte entweder eine Exponentialkurve oder eine Gaußkurve angenommen, also z.B. $(\hbar\omega - E_g)^{1/2}$ durch $e^{-(E_g-\hbar\omega)}$ ersetzt.

2. Band- zu Störstellenübergang

Die Abänderungen gehen hier ganz analog vor sich, wobei beim Band die Quasifermi-Funktion, beim Atom jedoch die Besetzung des betreffenden Zustandes zu verwenden ist.

3. Band- zu Bandübergänge ohne *k*-Auswahlregel [32]

Während unter 1. die Gültigkeit der k-Auswahlregel vorausgesetzt wurde, soll nun der entgegengesetzte Grenzfall angenommen werden, daß die k-Auswahlregel völlig zusammenbricht und das optische Matrixelement ganz unabhängig von den k-Werten im Leitungs- und Valenzband ist.

In diesem Falle ist der (negative) Absorptionskoeffizient dadurch zu gewinnen, daß über alle Übergangsmöglichkeiten bei festem $E_V - E_L = \hbar\omega$ aufsummiert wird:

$$\alpha_E = -D\int \varrho_L(E)\varrho_V(E-\hbar\omega)(f_L(E)-f_V(E-\hbar\omega))\,\mathrm{d}E. \tag{8.11a}$$

Die Konstante D enthält das Quadrat des optischen Matrixelements P_{LV}, während ϱ_L und ϱ_V die Zustandsdichten von Leitungs- bzw. Valenzband sind. Im Falle parabolischer Bänder ergibt sich speziell:

$$-\alpha_E = \tilde{D}\int_0^{\hbar\omega - E_g} E^{1/2}(\hbar\omega - E_g - E)^{1/2}(f_L(E)-f_V(E-\hbar\omega))\,\mathrm{d}E.$$

In ähnlicher Weise läßt sich die spontane Emissionsrate berechnen, die sich proportional zu

$$\int_0^{\hbar\omega - E_g} E^{1/2}(\hbar\omega - E_g - E)^{1/2} f_L(1-f_V)\,\mathrm{d}E \tag{8.10a}$$

erweist. Die Integrale sind von *Lasher* und *Stern* auf einer Rechenmaschine ausgewertet worden. Desgleichen wird dort eine Abschätzung der Konstanten $\tilde{D}$ vorgenommen. Dabei wird zwar einerseits für die Energie diejenige eines parabolischen Bandes angenommen, dagegen aber das Matrixelement P_{LV} so berechnet, als stamme es von einem Übergang: Band — Störstelle.
Von den genannten Autoren wurde die Form der spontanen Emissionskurve auch für ein „ausgefranstes" Leitungsband mit einer exponentiellen Verteilung der Zustandsdichte und einem parabolischen Valenzband bestimmt (Abb. 5). Wie man erkennt, wird der Verlauf der gemessenen Emissionsintensität hierdurch wesentlich besser als bei zwei parabolischen Bändern wiedergegeben. Gegenüber der Vorstellung, daß durch die Störstellen zwar das Leitungsband, jedoch nicht das Valenzband beeinflußt wird, kann man den folgenden Einwand erheben: Durch die statistische Überlagerung von Störstellenpotentialen kommt es zur Ausbildung verschieden tiefer Potential-

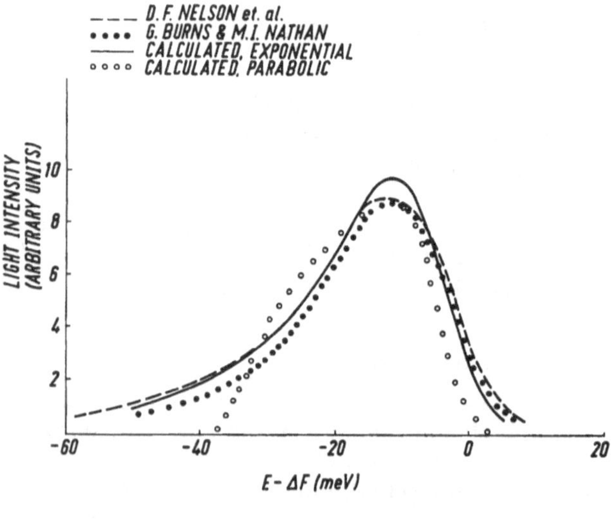

Abb. 5
Berechnete und experimentelle Kurven der spontanen Emission bei 20 °K (entnommen der Arbeit von *G. Lasher* und *F. Stern*, Phys. Rev. 133, A 553 (1964))

töpfe [33] (Abb. 6). Ob nun darin Elektronen (bzw. Löcher) gebunden werden können, hängt ganz wesentlich von deren scheinbarer Masse ab. Da aber z.B. beim GaAs die Lochmasse wesentlich größer als die der Leitungselektronen ist, sollte gerade die Kante des Valenzbandes besonders beeinflußt werden.

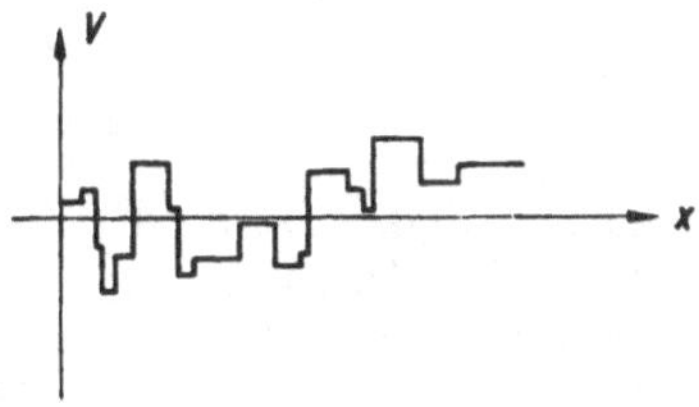

Abb. 6
Statistische Verteilung der Störpotentialtiefe und -breite (schematisch)

Andererseits ist damit wieder eine relativ große Zustandsdichte verknüpft, so daß eine Niveauauffüllung sich nur schwach auf eine Verschiebung der Emissionslinie auswirkt [34].

C. Die Linienbreite bei spontaner Emission

1. Band- zu Bandübergänge

Wie aus Abb. 4 ersichtlich, findet Emission zwischen $\hbar\omega = E_g$ und $\hbar\omega = E_g + \Delta E$ statt. Bei parabolischen Bändern kann ΔE unmittelbar durch die Dichte n_L der Überschußelektronen (= Zahl der Löcher) ausgedrückt werden:

$$\Delta E = \frac{\hbar^2}{2m_L^*}(3\pi^2 n_L)^{2/3}. \tag{8.12}$$

Damit wird unmittelbar ersichtlich, daß mit höherer Inversion die Linienbreite der spontanen Emission zunimmt.
Ganz das Analoge gilt für

2. Band- zu Störstellenübergänge (Abb. 7)

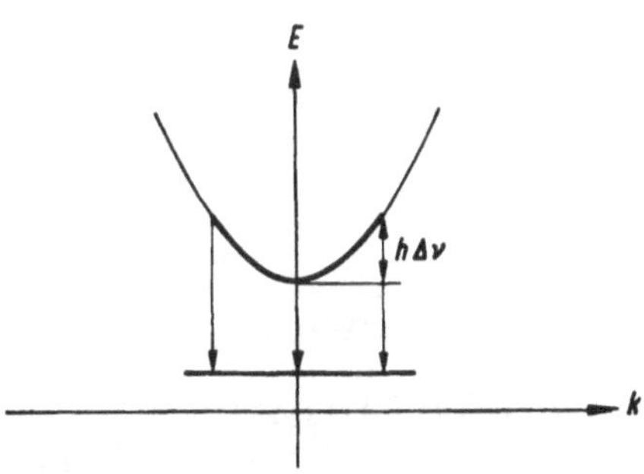

Abb. 7
Band- zu Störstellenübergang. Da die Störstellenwellenfunktion aus Bandfunktionen mit allen k-Vektoren aufgebaut ist (allerdings mit verschieden starken Anteilen), kommen beim optischen Übergang alle k-Vektoren ins Spiel

9. Die Laserbedingung

Unsere Betrachtungen beziehen sich im folgenden, dem jetzigen Stand der Theorie entsprechend, auf Band- zu Bandübergänge. Immerhin lassen sich die Ergebnisse unter Verwendung der in Abschnitt 8 angeführten Formeln auch relativ leicht auf andere Fälle übertragen.

Damit der Laserprozeß stattfinden kann, müssen im Sinne der Bilanzgleichungen mehr Lichtquanten pro Sekunde durch induzierte Emission geschaffen werden als wieder absorbiert werden. Die Differenz aus der Zahl der pro Sekunde induziert emittierten Quanten und derjenigen der pro Sekunde absorbierten Quanten ist durch

$$Z_E = \frac{c}{n_0} \alpha_E \cdot n \quad \text{(vgl. Gl. (8.11))} \tag{9.1}$$

gegeben. (Dabei ist n_0 der Brechungsindex (s.w.u.)).
Aus der Ungleichung $Z_E > 0$ (9.1) folgt sofort eine Ungleichung für die Quasi-Fermi-Niveaus

$$E_{FL} - E_{FV} > \hbar\omega, \tag{9.2}$$

die also besagt, daß die Differenz zwischen den Quasi-Fermi-Niveaus größer als die ausgestrahlte Lichtquantenenergie sein muß [35].
Wir besprechen nun hinreichende Bedingungen für den Laserprozeß unter Zuhilfenahme von Bilanzgleichungen. Um die oben eingeführten Absorptions- bzw. Emissionskoeffizienten direkt verwenden zu können, untersuchen wir nicht die zeitliche, sondern die örtliche Änderung der Photonenzahl, wobei gilt

$$\frac{\mathrm{d}n(t)}{\mathrm{d}t} = \frac{\mathrm{d}n(z)}{\mathrm{d}z} \cdot \frac{c}{n_0}. \tag{9.3}$$

1. Die Zunahme der Photonenzahl

a) Wird ständig für eine bestimmte Inversion des Elektronensystems gesorgt, so kann $\mathrm{d}n/\mathrm{d}t$ z.B. durch die in Abschnitt 8 eingeführten Koeffizienten (8.10) (8.11) ausgedrückt werden.

$$\frac{\mathrm{d}n}{\mathrm{d}t} = \alpha_E n. \tag{9.4}$$

Zahlenbeispiel:

α) direkter Übergang [31]
GaAs, 10^{16} Elektronen bzw. Löcher pro cm^3.

$$\hbar\omega = E_g + 0{,}0027 \text{ eV}.$$

Konstante A abgeschätzt 6000 $cm^{-1}(eV)^{-1/2}$, $T = 0$ °K

$$\alpha_E = 300 \text{ cm}^{-1}. \tag{9.5}$$

β) indirekter Übergang [31]
für stärksten indirekten Übergang bei Ge (mit 320°Phononen)
$B = 2400$ $cm^{-1}(eV)^{-2}$
mit Konzentrationen $n = 1{,}9 \times 10^{18}$ cm^{-3} mit $p = 1{,}0 \times 10^{18}$ cm^{-3}

$$\alpha_E = 0{,}24 \text{ cm}^{-1}. \tag{9,6}$$

b) Die Zahl der pro cm erzeugten Photonen kann im Falle eines p-n-Überganges, an dem Elektron-Loch-Paare rekombinieren, auch direkt mit dem durch den p-n-Übergang fließenden Strom in Verbindung gebracht werden [36]:

Ist j die Stromdichte, η die Quantenausbeute, d die Dicke der lichtemittierenden Zone, so werden pro Sekunde und Volumeneinheit spontan

$$\frac{j\eta}{ed}$$

Lichtquanten erzeugt. Da uns jedoch nur eine bestimmte Lichtquantensorte interessiert, müssen wir noch durch die Zahl aller möglichen Lichtwellen dividieren, die (in der Volumeneinheit) gegeben ist durch

$$8\pi \frac{n_0^3}{c^3} \nu^2 \Delta \nu .$$

Mit dem Umrechungsfaktor $\frac{n_0}{c}$ erhalten wir

$$\left.\frac{\mathrm{d}n}{\mathrm{d}z}\right|_{\text{induziert}} = \frac{c^2}{8\pi n_0^2 \nu^2 \Delta \nu} \frac{j\eta}{ed} \cdot n. \tag{9.7}$$

2. Verluste

Diese setzen sich additiv aus den folgenden Beiträgen zusammen:

a) endliches Reflexionsvermögen der Spiegel:
sind L die Länge des Kristalls und R das Reflexionsvermögen, so ist

$$\frac{\mathrm{d}n}{\mathrm{d}z} = -\frac{(1-R)}{L} n = -\alpha_R n. \tag{9.8}$$

b) Brechung infolge endlicher Ausdehnung d der Spiegel:
Nach einer Abschätzung von *Lasher* [36] ergibt sich

$$\alpha_{Br} = 0{,}42 \frac{\lambda}{n_0 d^2} \tag{9.9}$$

(λ: Wellenlänge).

c) Absorption durch Störstellen und Gitterfehler:
Hier kann natürlich keine allgemeine theoretische Vorhersage gemacht werden.

d) Absorption durch freie Ladungsträger:
Dieser Verlustmechanismus ist für die Diskussion des Zustandekommens von Lasertätigkeit [31] ganz entscheidend, da für die Lasertätigkeit zum einen eine genügend große Zahl freier Ladungsträger bereitgestellt werden muß, zum andern jedoch damit auch die Absorption durch diese stark anwächst. Diese Absorption besteht in Übergängen von Elektronen bzw. Löchern innerhalb eines Bandes unter Zuhilfenahme von Phononen. Lediglich bei hoher Konzentration können auch Störstellen diese Absorption erhöhen, indem sie für die Erhaltung des Impulssatzes sorgen. Infolge der Beteiligung von Phononen nimmt die Absorption mit sinkender Temperatur ab, bleibt dann aber unter etwa 100 °K annähernd konstant. Sind n und p die Konzentrationen von Elektronen und Löchern und σ_n und σ_p deren Wirkungsquerschnitte für Lichtabsorption, so ist die Absorptionskonstante durch $\alpha_{FL} = n\sigma_n + p\sigma_p$ gegeben.

Zahlenbeispiele [31]
Wir betrachten einen Kristall von 1 mm Länge, $R = 30\%$:
endliches Reflexionsvermögen: $\alpha_R = 7\ \text{cm}^{-1}$
Brechung: bei $d = 10^{-3}$ cm, $\alpha_{Br} \approx 7\ \text{cm}^{-1}$
freie Ladungsträger:
GaAs: $n = 10^{16}\ \text{cm}^{-3}$, $\sigma_n = 0{,}5\times 10^{-17}\ \text{cm}^2$
setzt man dasselbe für die Löcher an, so folgt

$$\alpha_{FL} = 0{,}1\ \text{cm}^{-1}.$$

Ge:
$$n = 1{,}9\times 10^{18}\ \text{cm}^{-3}, \qquad p = 1{,}0\times 10^{18}\ \text{cm}^{-3}$$
$$\sigma_n = 0{,}3\times 10^{-17}\ \text{cm}^2, \qquad \sigma_p = 0{,}15\times 10^{-17}\ \text{cm}^2,$$

also $\alpha_{FL} = 7\ \text{cm}^{-1}$.
Ersichtlich sind bei Ge die Verluste wesentlich größer als der Gewinnfaktor (9.6).
Faßt man Verluste und Gewinn zusammen, so erhält man für den Schwellwert der Stromdichte (Gl. (9.7)) folgenden Ausdruck [36]:

$$j = \frac{8\pi\, e n_0^2 \mathrm{d} \Delta \nu}{\eta \lambda^2} \left[\sum_{\text{Verluste}} \alpha\right] \text{oder} \tag{9.10}$$

$$j = \left[\frac{\text{Amp}}{\text{cm}^2}\right] = 6{,}3 \cdot 10^4\, \frac{n_0^2 \mathrm{d} E^2 \Delta E}{\eta} \sum_{\text{Verluste}} \alpha. \tag{9.11}$$

Danach kann man die Stromdichte in Ampère pro cm² sofort bestimmen, wenn man die Lichtquantenenergie E und die Linienbreite ΔE in Elektronenvolt einsetzt.
Für das obige Zahlenbeispiel ergibt sich:
GaAs: $j = 830\ \text{Amp/cm}^2$.

10. Spezielle Fragen

Im Abschnitt 9 hatten wir verschiedene Formen der Laserbedingung diskutiert. Wir besprechen nun mit deren Hilfe, wie man die Temperaturabhängigkeit der Laserfrequenz und des Maximums der spontanen Emission sowie des Schwellwert-Stromes deuten kann.

1. Die Temperaturabhängigkeit der Laserfrequenz [32, 37]

In der Laserbedingung

$$\alpha_{\text{Gewinn}} = \alpha_{\text{Verlust}} \tag{10.1}$$

hängen im allgemeinen beide „Absorptionskonstanten" von der Temperatur ab. Man kann jedoch, wenigstens qualitativ, Übereinstimmung mit dem Experiment erzielen, wenn man die Verluste als temperaturunabhängig voraussetzt.
Dagegen hängt α_{Gewinn} sicher wegen des Auftretens der Quasifermi-Funktion von der Temperatur und auch von der emittierten Lichtfrequenz ab: Natürlich wird diejenige Laserwelle dominieren, bei der $\alpha(\omega)$ ein Maximum hat:

$$\frac{\mathrm{d}\alpha(\omega)}{\mathrm{d}\omega} = 0 \quad \text{legt} \quad \omega = \omega_0 \quad \text{fest.} \tag{10.2}$$

Legt man ungestörte Band- zu Bandübergänge zugrunde, so ist für $\alpha_g = \alpha_E$ Formel (8.11) zu verwenden; im Falle einer völligen Verletzung der k-Auswahlregel jedoch Formel (8.11a). In beiden Fällen ergibt sich, daß wegen des „Aufweichens" der Fermikante mit zunehmender Temperatur das Maximum sich zu längeren Wellen verschiebt [32, 37].

2. Die Temperaturabhängigkeit der spontanen Emission

Da in den Ausdruck für die spontane Emission die Quasi-Fermi-Funktionen in der Form $f_L(1-f_V)$, bei der induzierten Emission (unter Berücksichtigung der induzierten Absorption) jedoch in der Form $f_L - f_V$ eingehen, liegt das Maximum der spontanen Emission bei einer anderen Frequenz als das von α_g. Wie bei Gültigkeit der k-Auswahlregel aus einer elementaren Diskussion folgt, fallen die Maxima lediglich bei $T = 0$ °K zusammen; bei höheren Temperaturen verschiebt sich die Laserlinie immer mehr zu längeren Wellenlängen, und zwar stärker als das Maximum der spontanen Emission. Dieses Verhalten ergibt sich auch qualitativ im Falle keiner k-Auswahlregel [32].

3. Die Temperaturabhängigkeit des Schwell-Stromes [32]

Wie wir schon früher anführten, ist mit einer Stromdichte j durch die p-n-Schicht eine spontane Erzeugungsrate von Photonen (aller Wellenlängen usw.) verknüpft:

$$\left(\frac{\mathrm{d}n}{\mathrm{d}t}\right)_{\text{Spontan}} = \frac{j\eta}{ed}. \tag{10.3}$$

Andererseits kann man — unter Zugrundelegung eines bestimmten Modells (z.B. parabolische Bänder, k-Auswahlregel, Quasi-Fermi-Niveaus) sowohl die spontane als auch die induzierte Emission als Funktion der Quasi-Fermi-Niveaus ausdrücken. Zur Bestimmung von j_{Schwelle} ist nun (im Prinzip) der folgende Weg eingeschlagen worden: Zuerst wird bei vorgegebener Temperatur das Quasi-Fermi-Niveau des Leitungsbandes bestimmt*), bei dem α_g den Schwellwert erreicht. Sodann wird mit diesem E_F die spontane Emissionrate $\mathrm{d}n/\mathrm{d}t$ und damit schließlich nach Gl. (10.3) j bestimmt. Dabei wird vorausgesetzt, daß an der Schwelle die Beziehung (10.3) noch gültig ist, also noch wesentlich mehr Photonen spontan als durch induzierte Emission entstehen. Wird bei diesem Verfahren die Temperatur variiert, so erhält man $j_S(T)$. Nach Rechnungen von *Lasher* und *Stern* [32] sollte der Schwellstrom mit $T^{1,8}$ bis zu $T^{2,6}$ ansteigen und bei etwa 20 °K zu tieferen Temperaturen hin flacher verlaufen. (Experimentall findet man bei tiefen Temperaturen bis etwa 100 °K einen sehr flachen Verlauf und dann ein T^3-Gesetz) [38].

4. Verschiebung der Laserlinie mit der Stromstärke

Mit wachsender Stromstärke tritt eine Verschiebung der Laserlinie zu kürzeren Wellenlängen auf, was qualitativ sofort durch eine höhere Auffüllung des Leitungsbandes mit Elektronen zu verstehen ist. Zu einer quantitativen Behandlung ist insbesondere die Kenntnis der Zustandsdichte in den Band-„schwänzen" nötig. Sowohl die Annahme einer exponentiellen Zustands-

---

*) Das Quasi-Fermi-Niveau E_F des Valenzbandes wird festgehalten.

dichte unterhalb des Leitungsbandes [34] als auch einer Gaussverteilung [33] oberhalb des Valenzbandes haben zu einer erfolgreichen quantitativen Deutung geführt.

11. Über die Bilanzgleichung hinausgehende Ansätze [37]

Die vorangegangene Diskussion stützte sich ausschließlich auf eine Bilanzgleichung vom Typus (4.4). Im Lichte der Betrachtungen des Abschnittes A erscheint es jedoch für ein genaueres Verständnis von Linienverschiebungen notwendig zu sein, Gleichungen der Art (5.1) – (5.3) auch beim Halbleiterlaser zu behandeln. Wir besprechen daher zum Abschluß noch für den einfachsten Fall einer Einzelschwingung, wie diese Gleichungen auf den Halbleiterlaser zu übertragen sind. Bei Gültigkeit der k-Auswahlregel kann man die Übergänge zwischen den einzelnen k-Zuständen der Bänder formal ganz analog wie solche zwischen einzelnen Atomen mit einer inhomogen verbreiterten Linie behandeln:

Wir haben dann $\varepsilon_\mu = \varepsilon(k) = \frac{1}{\hbar}(E_L(k) - E_V(k))$ zu setzen, während h_μ durch

$$-\frac{1}{n_0}\frac{e}{\hbar m}\sqrt{\frac{2\pi\hbar}{\omega V}}\int \varphi_{k,V}^*(\boldsymbol{r})\, e p \varphi_{k,L}\, \mathrm{d}v \tag{11.1}$$

gegeben ist. In $2\varkappa$ fassen wir alle Verluste $\alpha \cdot c/n_0$, die bereits besprochen wurden, zusammen. Identifizieren wir noch 2γ mit der homogenen Linienbreite bei einer Einzelrekombination, so sind Gl. (5.1) und (5.2) bereits auf den jetzigen Fall übertragen. Um Gl. (5.3) zu übertragen, ersetzen wir σ_μ durch σ_k = Inversion bei festem k-Wert und setzen
d_k(bzw. $\sigma(0)$) jetzt abhängig von k an, und zwar in der Form:

$$d_k = f_L(E_L(k)) - f_V(E_V(k))$$

wobei f die oben eingeführten Quasi-Fermifunktionen sind.
In Übertragung des Verfahrens von Abschnitt 5 lassen sich zwei Gleichungen herleiten, die es gestatten
1. die Photonenzahl als Funktion der Quasi-Fermi-Niveaus und
2. die Frequenzverschiebung zu bestimmen.
Legen wir zwei parabolische Bänder zugrunde, so lauten diese Gleichungen:

$$\varkappa = C(f_L - f_V)\sqrt{\Delta} - Dn(f_L - f_V)\sqrt{\Delta} \tag{11.2}$$

$$\Omega = \omega + \frac{2}{\pi} C\left\{2\sqrt{\xi} + \sqrt{\Delta}\ln\frac{|\sqrt{\xi}-\sqrt{\Delta}|}{|\sqrt{\xi}+\sqrt{\Delta}|}\right\} + (kT)^2 \cdot C \cdot \frac{\pi}{6}\left[\left(\frac{m_L}{m'}\right)^2 + \left(\frac{m_V}{m'}\right)^2\right]\left\{-\frac{\sqrt{\xi}}{(\xi-\Delta)^2} + \frac{1}{2}\frac{1}{\sqrt{\xi}\,(\xi-\Delta)}\right\} - \gamma Dn\frac{d}{\mathrm{d}\Omega}\left((f_L - f_V)\sqrt{\Delta}\right), \tag{11.3}$$

Darin bedeuten:

$$C = \frac{g^2\hbar}{\pi}\left(\frac{2m'}{\hbar^2}\right)^{3/2} \text{ mit } g = h/\sqrt{V};\ 1/m' = 1/m_L + 1/m_V;$$

m_L, m_V = scheinbare Masse des Leitungs- bzw. Valenzbandes;
n: Photonendichte $\Delta = \hbar\Omega - E_G$;
E_G: Breite des verbotenen Bandes;
$D = 2T_1 g^2 C/\gamma$.

In den Fermi-Funktionen $f_L = (1+e^x)^{-1}$ und $f_V = (1+e^y)^{-1}$ sind die folgenden Argumente zu benutzen:

$$x = \frac{1}{kT}\left[\frac{m'}{m_L}\Delta - \xi'_L\right], \quad y = \frac{1}{kT}\left[-\frac{m'}{m_V}\Delta + |\xi_V|\right]. \tag{11.4}$$

ξ'_L ist dabei die von der unteren Kante des Leitungsbandes aus gerechnete Quasi-Fermi-Energie. Ferner ist ξ durch $\xi_L \cdot m_L/m'$ gegeben. Für $n = 0$ läßt sich aus (11.2) sofort eine Schwellwertbedingung herleiten und die oben besprochene Temperaturverschiebung der Laserlinie, die sich hier als nullte Näherung des Iterationsverfahrens ergibt. Bei einer Vergrößerung der Inversion ergeben in (11.3) die Zusatzglieder insgesamt eine (relativ kleine) Verschiebung zu kürzeren Wellenlängen.

12. Abschließende Bemerkungen

Im vorangegangenen haben wir versucht, einen kurzen Abriß der Lasertheorie und insbesondere derjenigen des Halbleiters zu geben. Dabei zeigte sich, daß die Theorie des Halbleiterlasers zur Zeit noch an starke Vereinfachungen geknüpft ist. Immerhin lassen sich damit die Experimente qualitativ, zum Teil auch halb-quantitativ erfassen. Ganz zweifellos aber werden diese Erscheinungen dazu anregen, die schwierige Frage der Bandstruktur stark gestörter Kristalle und die darin vorkommenden optischen Übergänge eingehend zu untersuchen — ganz zu schweigen natürlich von den technischen Anwendungen.

Literatur

[1] *A. W. Schawlow* und *C. H. Townes*, Phys. Rev. **112**, 1940 (1958).
[2] *T. H. Maiman*, Nature **187**, 493 (1960).
[3] *R. N. Hall, G. E. Fenner, J. D. Kingsley, T. J. Soltys* und *R. O. Carlson*, Phys. Rev. Letters **9**, 366 (1962); *M. I. Nathan, W. P. Dumke, G. Burns, F. H. Dill* jr. und *G. Lasher*, Appl. Phys. Letters **1**, 62 (1962).
[4] *J. P. Gordon, H. Z. Zeiger* und *C. H. Townes*, Phys. Rev. **95**, 282 (1954).
[5] *A. G. Fox* und *T. Li*, Bell System Techn. Journal **40**, 453 (1961).
[6] *L. A. Vainshtein*, Soviet Phys. JETP **17**, 709 (1963).
[7] *H. Risken*, Z. Phys. **180**, 150 (1964).
[8] *G. D. Boyd* und *J. P. Gordon*, Bell System Techn. Journ. **40**, 489 (1961).
[9] *Whorter, H. Z. Zeiger* und *M. Lax*, J. Appl. Phys. **34**, 235 (1963).
[10] *F. Stern*, Vortrag auf dem Internat. Symposium on Radiative Recombination in Semiconductors, Paris 1964.
[11] *H. Haken*, unveröffentlichtes Manuskript.
[12] *A. Kastler*, Appl. Optics, Suppl. **1**, Optical Masers, 67.
[13] *M. I. Nathan, A. B. Fowler* und *G. Burns*, Phys. Rev. Letters **11**, 152 (1963).
[14] *H. Statz* und *G. A. de Mars*, in Quantum Electronics herausgegeben durch *C. H. Townes* (Columbia University Press, New York 1960).

[15] *H. Haken* und *H. Sauermann*, Z. Phys. **173**, 261 (1963).
[16] *C. L. Tang*, *H. Statz* und *G. A. de Mars*, J. Appl. Phys. **34**, 2289 (1963).
[17] *H. Haken*, Vortrag auf der Internat. Tagung über optisches Pumpen, Heidelberg 1962.
[18] *H. Haken* und *H. Sauermann*, Z. Physik **176**, 47 (1963); *W. E. Lamb* jr., Phys. Rev. **134**, A 1429 (1964).
[19] *W. R. Bennett*, Phys. Rev. **128**, 1013 (1962).
[20] *W. J. Witteman* und *J. Haisma*, Phys. Rev. Letters **12** (22), 617 (June 1. 1964).
[21] *M. Born* und *E. Wolf*, Principles of Optics, London, Pergamon Press Ltd.
[22] Eine zusammenfassende Darstellung vom Standpunkt der Netzwerktheorie gibt *E. I. Gordon*, Bell System, Techn. Journ. **43**, 507 (1964).
[23] *W. G. Wagner* und *G. Birnbaum*, J. Appl. Phys. **32**, 1185 (1961).
[24] *D. E. McCumber*, Phys. Rev. **130**, 675 (1962).
W. H. Wells, Ann. Phys. (N.Y.) **12**, 1 (1961).
[25] *H. Haken*, Z. Phys. **181**, 96 (1964); **182**, 346 (1965); Phys. Rev. Letters **13**, 329 (1964).
[26] *F. J. McClung* und *R. W. Hellwarth*, J. Appl. Phys. **33**, 828–29 (1962).
[27] *W. Kaiser* und *H. Lessing*, Z. Phys. im Druck.
[28] *J. Bardeen*, *F. J. Blatt* und *L. H. Hall*, Proc. of the Atlantic City Photoconductivity Conference, 1954 (John Wiley & Sons Inc., New York 1956).
[29] *D. M. Eagles*, Phys. Chem. Solids **16**, 76 (1960).
[30] *W. P. Dumke*, Phys. Rev. **132**, 1998 (1963).
[31] *W. P. Dumke*, Phys. Rev. **127**, 1559 (1962).
[32] *G. Lasher* und *F. Stern*, Phys. Rev. **133**, 553, (1964).
[33] *V. S. Bagaev*, *Y. N. Berozashvili*, *B. M. Vul*, *E. I. Zavaritskaya*, *L. V. Keldysh* und *A. P. Shotov*, Vortrag auf dem Internat. Symposium on Radiative Recombination in Semiconductors, Paris 1964.
[34] *W. P. Dumke*, Diskussionsbemerkung, Internat. Symposium on Radiative Recombination in Semiconductors, Paris 1964.
[35] *M. Bernard* und *C. Duraffourg*, Phys. Stat. Sol. **1**, 699 (1961).
[36] *G. Lasher*, IBM — J. Res. and Development **7**, 58 (1963).
[37] *E. Haken* und *H. Haken*, Z. Phys. **176**, 421 (1963).
[38] *M. H. Pilkuhn* und *H. Rupprecht*, Vortrag auf dem Internat. Symposium on Radiative Recombination in Semiconductors, Paris 1964.

W. HEYWANG und G. WINSTEL*)

Injektionslaser, Aufbau und physikalische Eigenschaften

Mit 17 Abbildungen

Summary

As compared with the earlier known types of laser (solid state and gas lasers), the injection laser has a much simpler excitation mechanism and offers a very high light yield. Owing to its small dimensions, the characteristics of induced emission (threshold value of excitation, focussing, polarization, linewidth, coherence) are less distinctly marked. On the other hand the low *Q*-factor of its optical resonator („Fabry-Perot"-Cavity) offers the advantage of allowing direct modulation by way of the excitation up to the gigacycle region. Its characteristics can be determined quantitatively with the aid of the known data of the resonator.

Many problems still exist in connection with the physical recombination mechanism in highly doped semiconductors, especially since further mechanisms are in competition with radiative transitions. Thus far only direct radiative band-to-band transitions in $A^{III}B^{V}$ compounds have been successfully utilized. Investigations on effects of pressure, magnetic field and doping on the emitted radiation are assisting an understanding of unsolved problems.

I. Allgemeine Voraussetzungen

Die im Injektionslaser wie in allen anderen Lasertypen wirksame induzierte Emission bewirkt eine quantenmäßige Verstärkung von Licht. Trifft auf ein Atom, das sich im angeregten Energiezustand z.B. E_2 befindet, eine Lichtwelle der Frequenz $\nu = \frac{E_2 - E_1}{h}$, so kann das Atom in den energetisch niedrigeren Zustand E_1 übergehen unter Aussendung eines Photons, das sich nach Phase, Ausbreitungsrichtung und Polarisation in das induzierende Wellenfeld einpaßt.

Für die Wechselwirkung zwischen Teilchen und Wellenfeld muß es nach *Einstein* neben der Absorption und der spontanen Emission auch eine induzierte Emission geben; sonst wäre die Konstruktion eines perpetuum mobile zweiter Art möglich. So gelten für die Änderung der Besetzungsdichten n_2 und n_1 von angeregtem bzw. nicht angeregtem Zustand folgende Bilanzgleichungen:

$$\frac{dn_2}{dt} = -\frac{dn_1}{dt} = An_1\varrho_\nu - A'n_2\varrho_\nu - Bn_2, \tag{1}$$

wobei A, A', B konstante Koeffizienten sind. In den beiden ersten Termen für Absorption und induzierte Emission erscheint im Gegensatz zum letzten

*) Aus dem Forschungslaboratorium der Siemens & Halske AG, München.

Term für die spontane Emission neben den Konstanten A und A' als Proportionalitätsfaktor die Dichte der Photonen ϱ_ν mit der dem betrachteten Übergang entsprechenden Energie $h\nu$; denn es werden umsomehr Photonen absorbiert und induziert emittiert, je höher ihre Dichte ist.
Im stationären Zustand ergibt sich aus (1) für das Besetzungsverhältnis zwischen oberem und unterem Term

$$\frac{n_2}{n_1} = \frac{A\varrho_\nu}{B+A'\varrho_\nu}. \tag{2}$$

Ohne die induzierte Emission, d.h. im Falle $A' = 0$, würde der obere Term mit zunehmender Strahlungsdichte immer höher besetzt und n_2 könnte größer als n_1 werden. Es ließe sich also durch Wechselwirkung mit einem Körper endlicher Temperatur in dem System n_2/n_1 eine einer negativen Temperatur entsprechende Besetzung erzeugen; dies widerspricht dem 2. Hauptsatz. Richtig wird Gleichung (2), wenn man

$$A' = A \tag{1a}$$

setzt; denn dann wird mit zunehmender Photonendichte n_2 asymptotisch höchstens gleich n_1. Es kann durch thermische Einstrahlung keine Überbesetzung des oberen Terms geschaffen werden. Für die hier weniger interessierende Größe B folgt aus (2) mit dem Planckschen Strahlungsgesetz die Einstein-Relation

$$\frac{A}{B} = \frac{8\pi\nu^2}{c^3}. \tag{1b}$$

Um eine Lichtwelle nicht nur im Bereich eines Atoms, d.h. für einen einzelnen Quantenprozeß, sondern auch makroskopisch zu verstärken, müssen sich, wie man aus Gleichung (1) und (1a) erkennt, in einem endlichen Volumen mehr angeregte als nichtangeregte Atome befinden, d.h. es muß $n_2 > n_1$ sein. Ein solcher invertierter Zustand kann auf verschiedenen Wegen erzielt werden, und die Art der Anregung ist das eigentliche Unterscheidungsmerkmal der verschiedenen Lasertypen.
Durch Einstrahlung von thermischem oder auch anderem Licht ist dies im bisher betrachteten Zwei-Term-System nicht möglich. Trotzdem kann man mittels Licht eine Inversion erzielen, wenn man weitere, höher liegende Terme miteinbezieht, in die die Elektronen durch optische Absorption hochgepumpt werden und aus denen dann die laseraktiven Terme gespeist werden. Ein solches Verfahren wird bekanntlich beim Festkörperlaser eingesetzt [1]; auf die Einzelheiten soll hier nicht eingegangen werden. Auch im Gaslaser wird ein Pumpmechanismus über derartige Hilfsterme verwendet, wobei allerdings an Stelle der optischen Anregung eine Anregung über Ionenstöße innerhalb einer Gasentladung tritt und Pumpsystem und Lasersystem i. a. unterschiedlichen Ionenarten zugeordnet sind [2].

II. Aufbau und Laserbedingungen

Die bisher erwähnten Anregungsverfahren müssen über Hilfsterme verlaufen, weil die verwendeten Pumpmechanismen jeweils an einem Atom angreifen und Pumpprozeß und Emissionsprozeß aus den genannten thermodynamischen

Gründen voneinander verschieden sein müssen. Einfacher gestaltet sich die Anregung, wenn Transportmechanismen eingesetzt werden. Besonders günstig erscheint es, durch ein elektrisches Feld die Elektronen dem oberen Term zuzuführen und nach der Lichtemission aus dem unteren Term wieder abzutransportieren. Diese Möglichkeit bietet der Halbleiter mit seinen beiden Leitungssystemen. Ist der obere Term dem Leitungs- und der untere dem

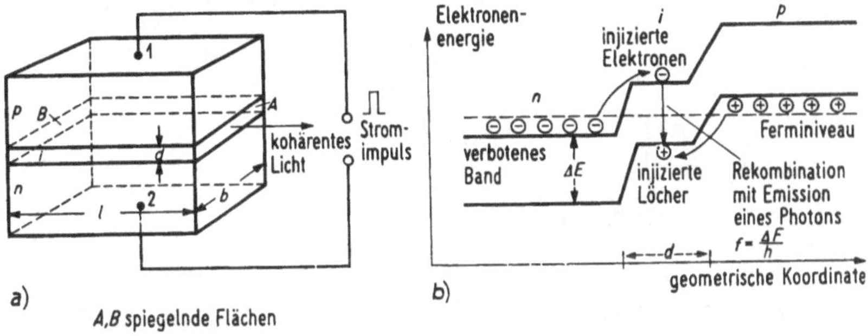

Abb. 1. Injektionslaser
a) Geometrischer Aufbau, b) Bändermodell

Valenzband zugeordnet — beispielsweise innerhalb der in Abb. 1 eingezeichneten Intrinsic-Zone (i) — , so genügt es, wenn die eine Seite des Halbleiters n- und die andere p-dotiert ist. Dies ist der bekannte Aufbau einer Diode. Elektronenzufuhr und -abtransport geschehen dadurch, daß der p-n-Übergang in Flußrichtung belastet wird, d.h. daß Elektronen und Löcher injiziert werden. Aber nicht jeder in Flußrichtung gepolte Gleichrichter ist eine Laserdiode, auch wenn man zunächst voraussetzt, daß alle Rekombinationsprozesse strahlend erfolgen. Dafür, daß eine optische Welle sich verstärken kann, müssen sehr viele Ladungsträger in die Übergangszone injiziert werden. Selbstverständlich kann eine Inversion des gesamten Leitungsbandes gegenüber dem gesamten Valenzband nie erreicht werden; dies würde eine Injektion bis zu einer Anreicherung auf ca. 10^{22} Träger je cm^3 erfordern. Es genügt jedoch für eine Laserwirkung, wenn bereits für einen Teil der auftretenden Elektronenübergänge Inversion erzielt ist. Dies ist erreicht, wenn der untere Rand des Leitungsbandes stärker mit Elektronen besetzt ist als der obere Rand des Valenzbandes, d.h., die Quasiferminiveaus F_n und F_p von Elektronen und Löchern müssen iweter aufgespalten sein als der Bandabstand ΔE [3]:

$$F_n - F_p > \Delta E \tag{3}$$

Diese Gleichung gilt für einen Laser, bei dem der Elektronenübergang direkt von Band zu Band erfolgt. Geschieht aber der Übergang nicht direkt, sondern über Zwischenterme — auf diese Frage wird später eingegangen — so kann man sich nicht auf den Bandabstand beziehen; man muß allgemein formulieren:

$$F_n - F_p > h\nu, \tag{4}$$

d.h. ΔE ist durch die Energie des ausgestrahlten Photons zu ersetzen.
Für das weitere wollen wir uns zunächst der Einfachheit halber beschränken

auf den Fall eines direkten Band-Band-Übergangs, wie er im wesentlichen bei den heute vorliegenden Laserdioden, insbesondere der zuerst realisierten GaAs-Diode [4, 5, 6], auftritt. Die nach der Bedingung (3) — mindestens für eine Trägerart — erforderliche Entartungskonzentration im Bereich des p-n-Übergangs ist nur dann zu erzielen, wenn die angrenzenden p- bzw. n-leitenden Halbleiterbereiche selbst bis zur Entartung dotiert sind und zudem ausreichende Stromdichten angewandt werden. Diese kann man abschätzen: Für einen Rekombinationsstrom im Volumen V gilt allgemein

$$I = \frac{enV}{\tau_n}, \tag{5}$$

n Dichte
τ_n Trägerlebensdauer } der Elektronen.

Dabei ist im vorliegenden Fall zu setzen

$$V = b \cdot F, \tag{5a}$$

F Fläche des p-n-Übergangs
b Breite des invertierten Bereiches.

Hieraus folgen mit einer Trägerlebensdauer von 10^{-9} sec, einer Entartungsdichte n_0 von 10^{17} cm^{-3}, wie sie für Elektronen in GaAs bei 100 °K gelten, sowie einer Breite der aktiven Zone von 10^{-3} bis 10^{-4} cm Schwellenstromdichten von 10^3 bis 10^4 A/cm^2 für den Lasereinsatz.
Dieser „Lasereinsatz" macht sich in der Strom-Intensitätskennlinie der Abb. 2a dadurch bemerkbar, daß die Lichtausbeute nicht mehr wie für geringe Stromdichten im Luminenszenzbereich linear, sondern wesentlich stärker ansteigt. Sowie die Laserstrahlung überwiegt und praktisch die gesamte Träger-Rekombination durch induzierte Emission bestimmt ist, ergibt sich wieder Proportionalität. Wodurch die Überproportionalität zustandekommt, darüber

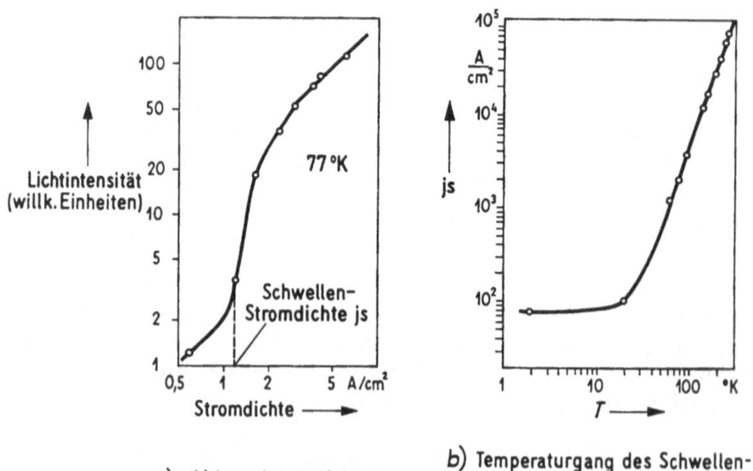

a) Lichtausbeute einer GaAs-Diode (FL/S&H)

b) Temperaturgang des Schwellenstroms für GaAs-Laser-Diode (nach Burns und Mitarb. [7])

Abb. 2. Schwellenstrom beim Iniektionslaser

wird später noch zu sprechen sein. Hier soll zunächst nur die Höhe des Schwellenstromes interessieren. Sie stimmt in der vorliegenden Kurve gut mit der obigen Abschätzung überein, wobei allerdings zu bemerken ist, daß diese Probe einen sehr niedrigen Schwellenstrom aufwies. Verschiebungen des Schwellenstromes nach höheren Stromdichten durch störende Zusatzeffekte wurden sehr oft beobachtet.

Die obige Abschätzung gibt daher eine Grenze für den niedrigst möglichen Schwellenstrom. Diese Grenze nimmt mit steigender Temperatur zu (Abb. 2b), vor allem weil der Boltzmannausläufer der Fermiverteilung mit höherer Temperatur immer tiefer in die Bereiche des Bandes mit hoher Termdichte eindringt. So erhält man im Falle eines parabolischen Bandes für die Entartungsdichte

$$n_0 \sim \int_0^\infty \frac{\sqrt{E}\,\mathrm{d}E}{\mathrm{e}^{\frac{E}{kT}}+1} \sim T^{3/2}. \tag{6}$$

Die beobachteten Abweichungen von dem hiernach zu erwartenden Gang des Schwellenstromes $\sim T^{3/2}$ sind u. a. darauf zurückzuführen, daß dieser nicht durch die Entartung allein bestimmt ist. Laserlicht wird erst dann emittiert, wenn die Verstärkung alle Verluste deckt.

Wichtig sind hierbei (vgl. [8]):

1. Verluste durch nicht stimulierte Übergänge. Berücksichtigt man diese, so ergibt sich ein etwas stärkerer Temperaturgang (im Falle parabolischer Bänder zwischen T^2 und T^3).
2. Verluste durch Absorption in den hochdotierten Randgebieten und durch Abstrahlung. Diese zeigen eine geringe Temperaturabhängigkeit. Die dadurch bedingte Mindestverstärkung bestimmt den nahezu konstanten Grenzschwellenstrom für tiefe Temperaturen.

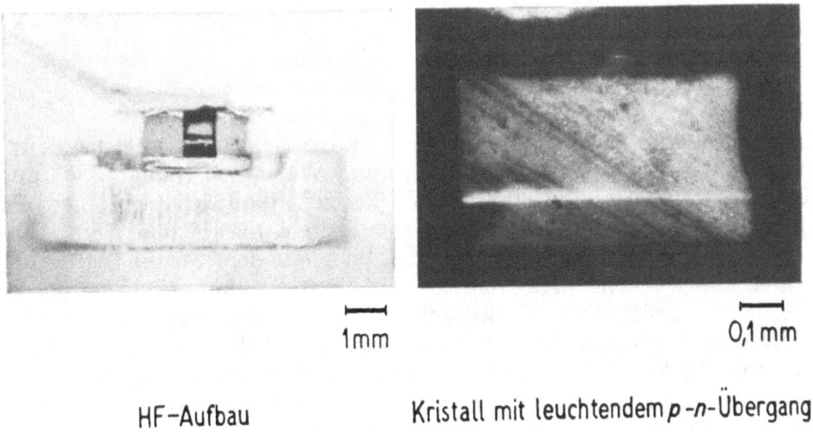

Abb. 3. Laserdiode

Um niedrige Schwellenstromdichten zu erhalten, wird i.a. unter Kühlung und im Impulsbetrieb gearbeitet. Dauerbetrieb kann nur erzielt werden, wenn für einen ausreichenden Abtransport der Verlustwärme, z.B. durch Kühlung mit

flüssiger Luft, gesorgt wird. Dieser ist also im wesentlichen ein thermisches Problem.
Um den Absolutbetrag der Verlustwärme möglichst klein zu halten, sind die Dioden i.a. kleinflächig aufgebaut mit einem Querschnitt von 10^{-4} bis 10^{-3} cm^2. Ein entsprechender Aufbau ist in Abb. 3 wiedergegeben, links eine gekapselte Diode, rechts der herausgegriffene Kristall mit lumineszierendem p-n-Übergang. Die Breite des Kristalls ist hier 0,3 mm, die kleinste bisher realisierte Größe 0,05 mm.

III. Emittierte Strahlung

Die durch das Anregungsverfahren bedingte Kleinheit des Diodenlasers (zum Vergleich: Länge eines üblichen Festkörperlasers einige cm, Länge des Gaslasers bis zu etwa einem Meter) bestimmt nun wesentlich das Erscheinungsbild seiner Strahlung; denn der aktive Bereich des Lasers stellt für das Licht einen optischen Wellenleiter dar (vgl. Abb. 4a), der durch die spiegelnde Wirkung

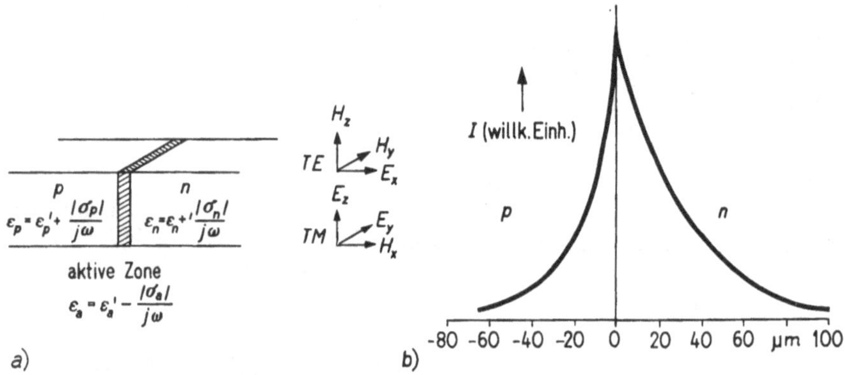

Abb. 4. Laserdiode als Wellenleiter
a) Modell, b) Experimentelle Intensitätsverteilung senkrecht zur p-n-Ebene

der Begrenzungsflächen rückgekoppelt ist, so daß bei ausreichendem Verstärkungsgrad Selbsterregung eintritt. Eine Welle, die in der Richtung der größten Längenausdehnung des aktiven Bereichs läuft, wird bei einem Durchgang am höchsten verstärkt; stehen die Begrenzungsflächen nach Art eines Fabry-Perot-Interferometers genau senkrecht auf dem Strahl (vgl. Abb. 1a), so wird entsprechend dem Unterschied der Brechungsindizes oder auch infolge einer zusätzlichen Verspiegelung ein Teil der Welle zurückreflektiert und der ursprünglichen Welle hinzuaddiert. Deckt die Verstärkung bei einem Durchgang die Verluste durch Abstrahlung nach außen und durch Absorption in den angrenzenden hochdotierten Kristallbereichen, so kommt es zur Aufschaukelung und zum Einsatz der Laser-Emission.
Aus dieser Überlegung erkennt man, daß parallel zum p-n-Übergang laufende Wellen im Laserfall bevorzugt emittiert werden, während quer dazu verlaufende sich nicht aufschaukeln können. Während also im Falle der spontanen Emission das Licht kugelsymmetrisch emittiert wird, werden die Photonen, sowie die induzierte Emission überwiegt, bevorzugt in der Richtung

abgerufen, in der sie ohne Durchlaufen absorbierender Bereiche den Kristall verlassen können. Damit ist der überlineare Anstieg der Lichtausbeute beim Übergang in den Laserbereich verständlich; experimentell wurden bis zu 50% Lichtausbeute erzielt.
Entsprechend dieser bevorzugten Emission in einer Richtung bildet sich in der aktiven Zone eine ebene Welle aus mit Wellenfronten parallel zu den Spiegeln des Fabry-Perot. Eine ebene Welle kann jedoch nicht am Rand der aktiven Zone aufhören, sie setzt sich gedämpft in den absorbierenden Bereichen des Kristalls fort, wie dies experimentell von *Bond* und Mitarbeitern [9] gezeigt wurde (Abb. 4b). Das exponentielle Abklingen läßt sich aus den in das Modell des Wellenleiters (Abb. 4a) eingetragenen komplexen Dielektrizitätskonstanten für die in Betracht stehenden elektrisch oder magnetisch transversalen Moden (TE, TM) berechnen [10].
Beim Austritt aus dem Kristall wird diese Welle durch die Austrittsöffnung zusätzlich gebeugt. Da diese Austrittsöffnung (vgl. Abb. 1) einem Schlitz entspricht, ist die Bündelung in der Ebene des p-n-Übergangs wesentlich besser als senkrecht dazu (Abb. 5). Daß die Divergenz des ausgesandten

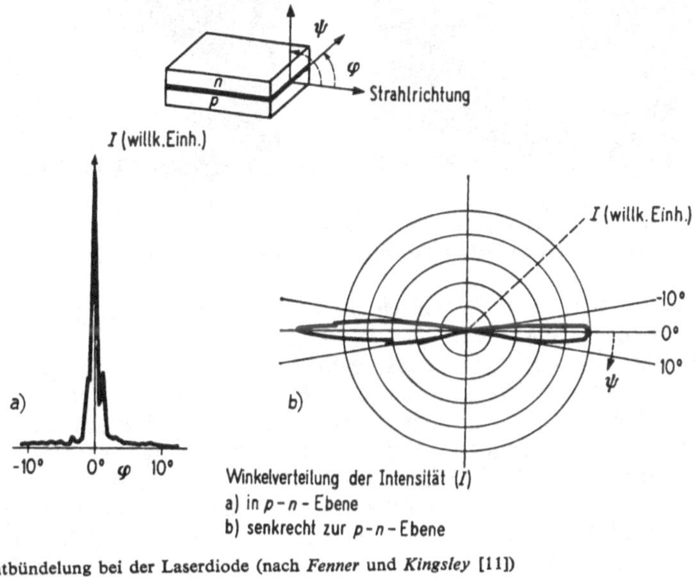

Abb. 5. Lichtbündelung bei der Laserdiode (nach *Fenner* und *Kingsley* [11])

Strahls auf Beugung beruht, erkennt man aus der Untersuchung der räumlichen Verteilung des Lichtes bei verschiedenen Abständen von der Austrittsöffnung. Eine entsprechende Bildserie ist in Abb. 6 wiedergegeben. Während die Intensitätsverteilung im Nahfeld komplex erscheint, kann die Streifung im Fernfeld durch Beugung an der Austrittsöffnung des p-n-Übergangs verstanden werden [12]. Die Einzelheiten, wie sie auch durch Messung der Intensitätsverteilung gefunden wurden (vgl. z.B. [13]), sind allerdings mit diesem einfachen Bild nicht zu erfassen, zumal hierbei Material-Inhomogenitäten eine beträchtliche Rolle spielen dürften.
Ein weiteres Charakteristikum der emittierten Strahlung ist, wie schon eingangs erwähnt, ihre Polarisation. Die Polarisationsrichtung ist jedoch nicht

von vornherein festgelegt und hängt anscheinend ebenfalls von Zufälligkeiten ab, z.B. davon, welche Welle sich in den Kristall bevorzugt ausbildet. So wird über Polarisationsrichtungen parallel und senkrecht zur Ebene des

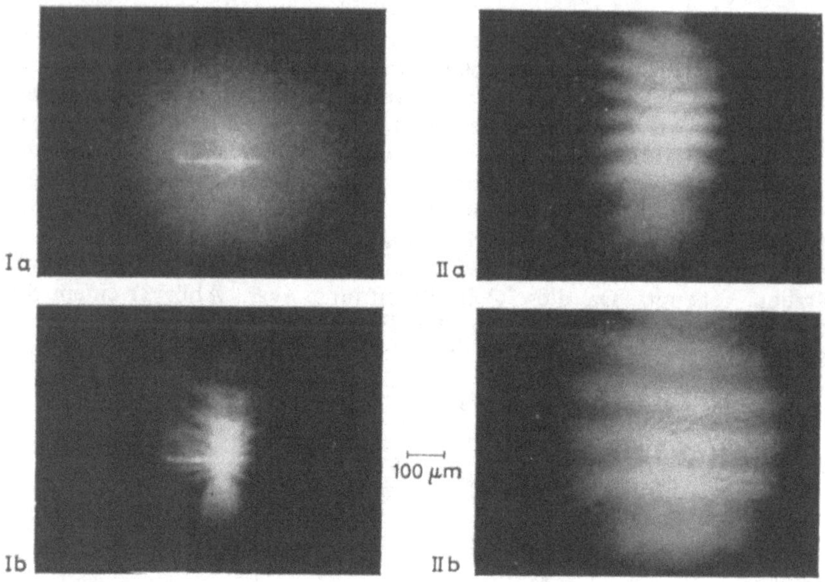

Abb. 6. Beugungsbild der Strahlung einer Laserdiode
I) Nahfeld, a) beim Lasereinsatz, b) bei doppeltem Schwellenstrom
II) Fernfeld bei doppeltem Schwellenstrom, a) im Abstand von 5 mm, b) im Abstand von 10 mm

p-n-Übergangs berichtet. Nach eigenen Untersuchungen [12] treten auch Neigungen von etwa 45° auf.

Zu den bisher beschriebenen markanten Änderungen der Lichtausstrahlung kommt als weiteres die Verschmälerung der ausgesandten Spektrallinie beim Einsatz des Laserlichtes. Sie beruht wie die Bündelung auf der Tatsache, daß die Teile der natürlichen Emissionslinie bevorzugt werden, bei denen Verstärkungsgrad und Rückkopplung zur Selbsterregung ausreichen. Wie dies im einzelnen vor sich geht, erkennt man am besten bei tiefen Temperaturen, wie *Sorokin* und Mitarbeiter [14] gezeigt haben. Abb. 7 zeigt in sehr genauer Auflösung die Feinstruktur einer Lumineszenzlinie, die sich durch Interferenz im Fabry-Perot des Laser-Resonators ergibt. Mit zunehmender Stromstärke entwickelt sich aus den bevorzugten Moden des Resonators schließlich die emittierte Laserlinie, deren Breite mit etwa $2 \cdot 10^{-3}$ Å entsprechend 60 MHz um den Faktor 10^4 unter der natürlichen Linienbreite bei Heliumtemperatur liegt.

Wie gut auch die örtliche Kohärenz bei einer Laserdiode ist, zeigt neben den bereits erwähnten Versuchen über die Beugung vor allem der nun wieder bei der Temperatur der flüssigen Luft durchgeführte Interferenzversuch von *Michel* und *Walker* [15] (Abb. 8). Der von einer Oberfläche der Laserdiode ausgesandte Strahl wurde mit dem von der gegenüberliegenden Fläche ausgesandten mit Hilfe eines Spiegels zur Interferenz gebracht. Die beobachteten Interferenzringe zeigen, daß die von beiden Seiten ausgehende Strahlung im

Gegensatz zu einer gewöhnlichen Lichtquelle kohärent ist, und zwar auch über eine optische Wegdifferenz von über 2 cm. Dies entspricht einer Linienbreite von weniger als 0,3 Å, d.h. 10 GHz, wie sie größenordnungsmäßig den Beobachtungen bei flüssiger Luft entspricht.

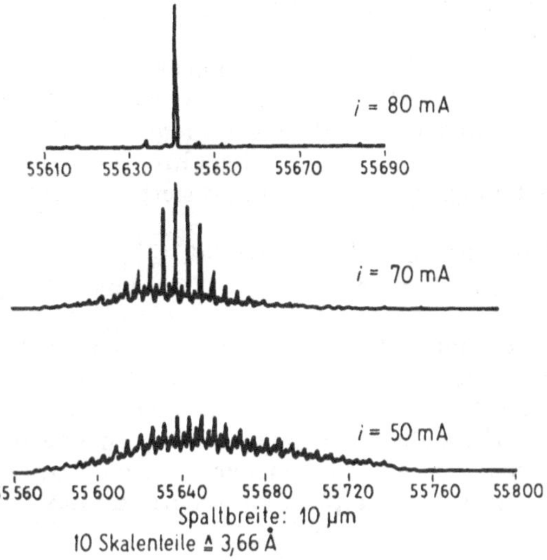

Abb. 7
Modenselektion mit zunehmender Anregung, $T < 2{,}1$ °K (nach *Sorokin* und Mitarb. [14])

Die bisher besprochenen charakteristischen Erscheinungen, die beim Überschreiten des Schwellenstromes auftreten:
1. das überproportionale Ansteigen der Lichtausbeute,
2. die Bündelung,
3. die Polarisation,
4. das Absinken der Linienbreite und die Zunahme der Kohärenz,
beschreiben recht gut den Laserzustand einer Diode.

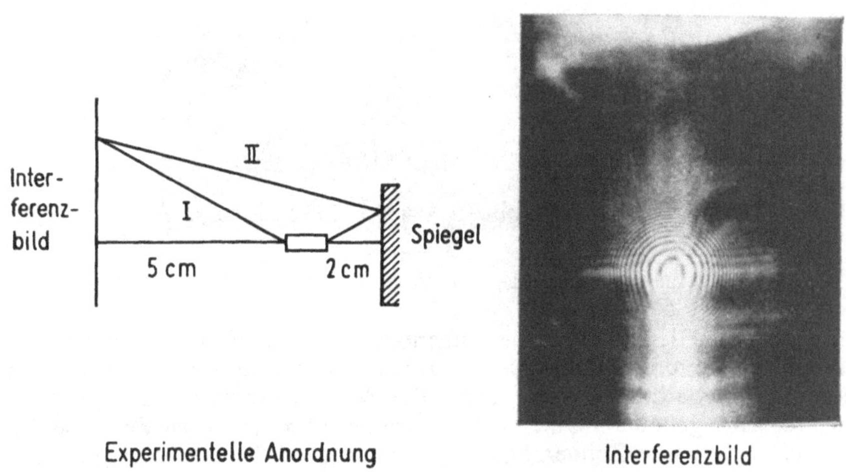

Abb. 8. Räumliche Kohärenz des Lichts einer Laserdiode (nach *Michel* und *Walker* [15])

Es erhebt sich aber die Frage, inwieweit diese Kriterien genügen, um zu entscheiden, ob es sich wirklich um induzierte Strahlung, also um Laserlicht, handelt. Da die charakteristischen Eigenschaften der induzierten Strahlung beim Diodenlaser wegen seines relativ schlechten Resonators weniger zur Geltung kommen als bei Gas- und Festkörperlaser, muß dies — sofern es sich um eine unbekannte Substanz handelt — verneint werden, solange man diese Kriterien nur qualitativ anwendet.

Bei Erhöhung des Stromes kann ein neuer Strahlungsmechanismus, z.B. über einen Term, eingeschaltet werden, so daß die Lichtausbeute steigt. Dieser Term kann einer schärferen Linie entsprechen, so daß die Linienbreite kleiner und die Kohärenz größer wird. Ist er überdies anisotrop ins Gitter eingebaut, so kann das emittierte Licht zum mindesten teilweise polarisiert und besser gebündelt sein.

Dem entsprechend konnte die Tatsache, daß bisher in SiC-Dioden keine induzierte Strahlung erzielt wurde, erst durch eine quantitative Behandlung entschieden werden [16, 17].

Wegen seiner geringen Resonatorgüte bietet aber der Diodenlaser neben den schon erwähnten Vorzügen der einfachen Anregung, der Kleinheit und der hohen Lichtausbeute einen weiteren Vorteil, den der einfachen Modulierbarkeit bis in den Gigahertzbereich. Die dabei erreichbaren Frequenzgrenzen wurden mit einer Impulsmessung in Abhängigkeit von der Anregung direkt untersucht [18]. Abb. 9 gibt als Beispiel das Sampling-Oszillogramm des mit

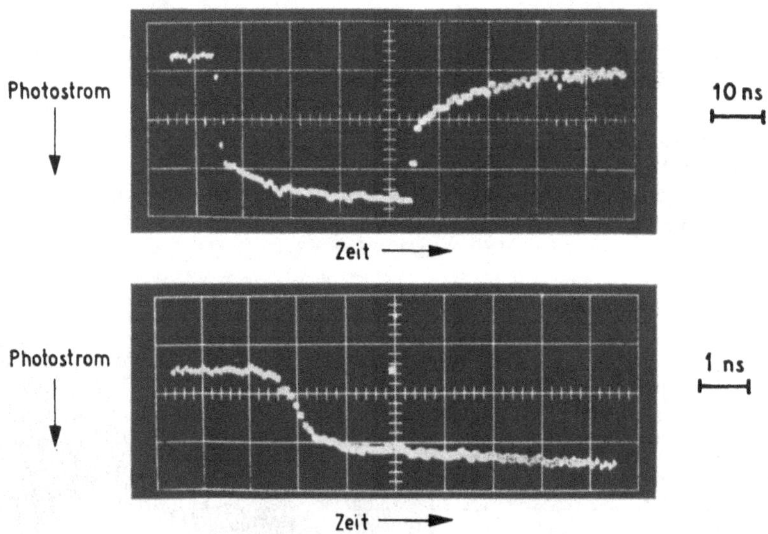

Abb. 9. Sampling-Diagramm des Lichtimpulses einer Hochfrequenz-Laserdiode

Hilfe einer schnellen Photodiode aufgenommenen Lichtimpulses einer Laserdiode. Die im unteren Oszillogramm erkennbare Anstiegszeit von etwa 1 nsec entspricht innerhalb der Fehlergrenzen der Zeitkonstanten der übrigen Schaltelemente. Eine genauere Untersuchung zeigte, daß die durch die Laserdiode selbst hervorgerufene Zeitverzögerung weniger als 1/10 nsec beträgt, d.h. die Laserdiode ist direkt über die Anregung bis zu etwa 10 GHz modulierbar.

Diese Modulierbarkeit bis zu höchsten Frequenzen besagt nicht nur, daß der durch den GaAs-Kristall gegebene optische Resonator eine ausreichend geringe Güte hat, sondern auch, daß der physikalische Grundmechanismus der Rekombination der injizierten Ladungsträger rascher als in 1/10 nsec abläuft. Diese Zeit nimmt mit zunehmender Injektion ab, wie es theoretisch bei induzierter Emission zu erwarten ist.

IV. Emissionsprozeß

Das bisher besprochene äußere Erscheinungsbild der Lichtemission war im wesentlichen durch den Resonator, d.h. den geometrischen Aufbau der Laserdiode, bestimmt. Allerdings war hierbei vorausgesetzt, daß die Rekombination zwischen den injizierten Ladungsträgern durchweg strahlend verläuft, und dies ist bekanntlich keinesfalls der einzige Weg einer Ladungsträgerrekombination. Es gibt vielmehr die verschiedensten physikalischen Prozesse, die den Übertritt eines Elektrons vom Leitungs- ins Valenzband ermöglichen, von denen die wichtigsten in Abb. 10 zusammengestellt sind.

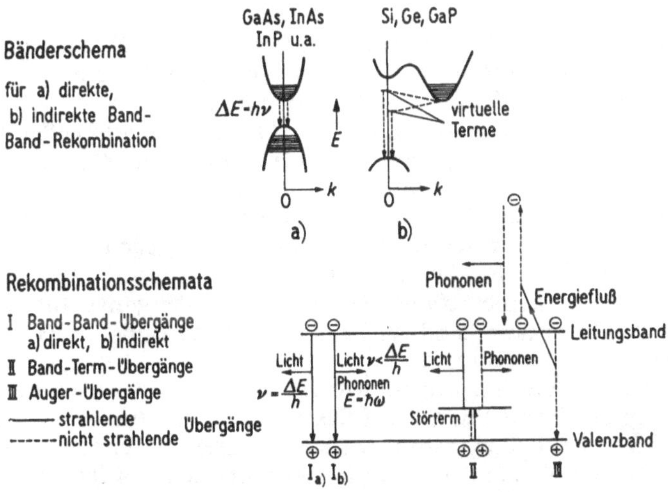

Abb. 10. Rekombinationsprozesse in Halbleitern

Hierbei ist, wie im oberen Teil dargestellt, zwischen zwei Gruppen von Halbleitern zu unterscheiden: Die erste, bei der Minimum des Leitungsbandes und Maximum des Valenzbandes im k-Raum übereinanderliegen; die zweite, bei der dies nicht der Fall ist. Nur bei der ersten ist ein direkter strahlender Band-Band-Übergang möglich, bei der zweiten muß auch der Impuls des Elektrons geändert werden, und es sind am Emissionsprozeß auch Phononen beteiligt, deren Wirkung man durch virtuelle Terme darstellen kann. Dies entspricht im Rekombinationsschema den Fällen Ia und Ib. Sind an Stelle virtueller Terme echte Störterme (Fall II) am Übergang beteiligt, so spricht man von einem Band-Term-Übergang, der sowohl strahlend als auch nicht strahlend erfolgen kann. Schließlich können Leitungselektronen auch die beim Übergang ins Valenzband oder in Störterme freiwerdende Energie im sogenannten Auger-Prozeß (Fall III) an andere Leitungselektronen abgeben, die ihrerseits mit Phonen in Wechselwirkung treten. Für diese Fälle I – III ist in Abb. 11 das prinzipielle Verhalten der Rekombinationszeitkonstanten in

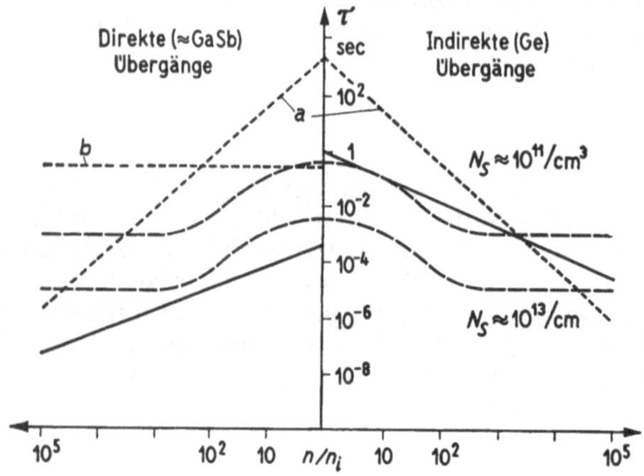

Abb. 11
Rekombinationszeitkonstanten (prinzipielles Verhalten)
——— Strahlende Band-Band-Übergänge (I)
—·—·— Multiphonon-Übergänge über Störstellen (II)
– – – – Auger-Effekt (III), a) von Band zu Band, b) über Störterme

Abhängigkeit von der Trägerdichte wiedergegeben (vgl. hierzu auch [19]), und zwar links für Substanzen mit einem Leitungsbandminimum bei $k = 0$, rechts für Substanzen mit einem Leitungsbandminimum bei $k \neq 0$. Im Falle II des Übergangs über Störterme sind die Kurven für Störstellendichten von 10^{11} und 10^{13} cm^{-3} — entsprechend heute erzielbaren Reinheiten — eingetragen.

Während bei der ersten Gruppe im gesamten Dotierungsbereich der direkte Band-Band-Übergang am schnellsten verläuft, überwiegen bei der zweiten die Störstellenrekombination oder der Auger-Prozeß je nach Dotierungsbereich. So lange man also keine strahlenden Störstellenübergänge für einen Laserübergang ausnützen kann, sind für Laserdioden nur Substanzen mit direktem Band-Band-Übergang geeignet.

Innerhalb dieser Substanzgruppe wurden bisher nur verschiedene $A^{III}B^{V}$-Verbindungen zur Herstellung von Injektionsdioden*) herangezogen. Da diese $A^{III}B^{V}$-Verbindungen lückenlose Mischkristallreihen bilden, kann bereits hiermit ein breiter Wellenlängenbereich überstrichen werden, der in Abb. 12 mit den realisierten Wellenlängen von Festkörper- und Gas-Lasern verglichen ist. Die langwellige Grenze ist gegeben durch InSb, das den kleinsten Bandabstand aufweist, die kurzwellige Grenze durch die Ga(As, P)-Verbindung, die noch einen direkten Band-Band-Übergang ermöglicht. Die eingetragenen Striche entsprechen den Lasern, über die bisher in der Literatur veröffentlicht wurde.

An dieser Stelle sei ein Vorschlag erwähnt zur Realisierung eines Injektionslasers mit einem Halbleiter, dessen Leitungsbandminimum nicht bei $k = 0$ liegt [20b]. Das entsprechende Schema zeigt Abb. 13. Über einen steilen p-n-Übergang tunneln Elektronen ins Leitungsband. Da sie hierbei den k-Vektor nicht ändern, befinden sie sich zunächst im metastabilen Minimum

*) Inzwischen wurde allerdings auch bei $A^{II}B^{VI}$-Verbindungen (Cd Te u.a.) eine hohe Quantenausbeute der Injektionslumineszenz gefunden und (mit Pb Te) ein Diodenlaser realisiert [20a].

des Leitungsbandes bei $k = 0$, wo sie für einen strahlenden laseraktiven Band-Band-Übergang zur Verfügung stehen, nun in völliger Analogie zu den Injektionsdioden auf der Basis von $A^{III}B^{V}$-Verbindungen. Dieser Vorschlag zeigt, daß noch prinzipiell neue Wege zur Realisierung von Halbleiterlasern

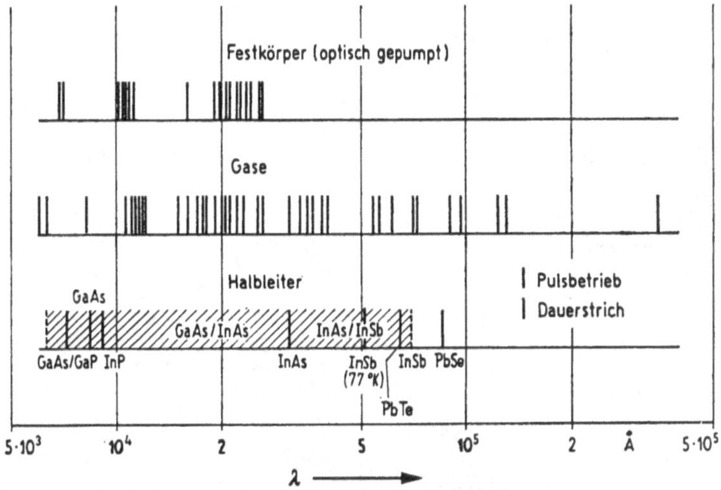

Abb. 12. Laser-Emissionslinien

offenstehen, vielleicht auch eines Tages außerhalb des Bereiches direkter Band-Band-Übergänge.

Inwieweit direkte Band-Band-Übergänge wirklich in reiner Form die Lichtemission aus $A^{III}B^{V}$-Laserdioden bestimmen, ist noch nicht klargestellt, obwohl sie sich als Auswahlregel für Injektionslaser bisher ausnahmslos bewährt haben.

Für diesen Mechanismus sprechen weiterhin folgende experimentelle Ergebnisse:

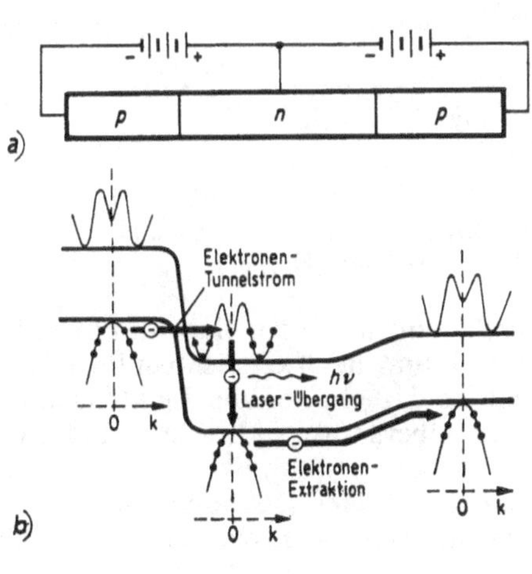

Abb. 13
Transistor-Laser-Anordnung (nach *Shyh Wang* [20])
a) Schematischer Aufbau; b) Bänderschema, ▬▬ räumlich, —— im k-Raum

Erstens verschiebt sich das Maximum der ausgesandten Laserlinie zu kürzeren Wellenlängen mit zunehmender Trägerinjektion (Abb. 14). Dies läßt sich ebenso wie die Verschiebung der Absorptionskante durch das Auffüllen des Leitungsbandes deuten.

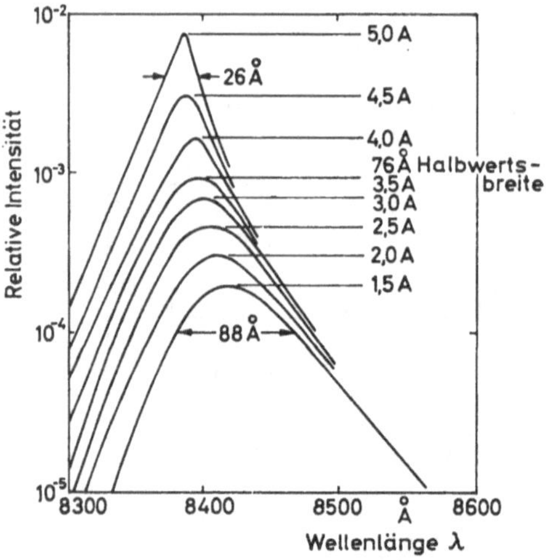

Abb. 14
Spektrale Lichtverteilung einer GaAs-Emissionsdiode in Abhängigkeit von der Injektion (nach *Hall* [21])

Einen weiteren Hinweis geben die Druckeffekte. Neben der spektralen Verschiebung der Laserlinie infolge der Bandabstandsänderung wird hier vor allem eine Änderung des Schwellenstromes beobachtet, wie sie in Abb. 15a wiedergegeben ist. Und zwar steigt er unter hydrostatischem Druck beachtlich an

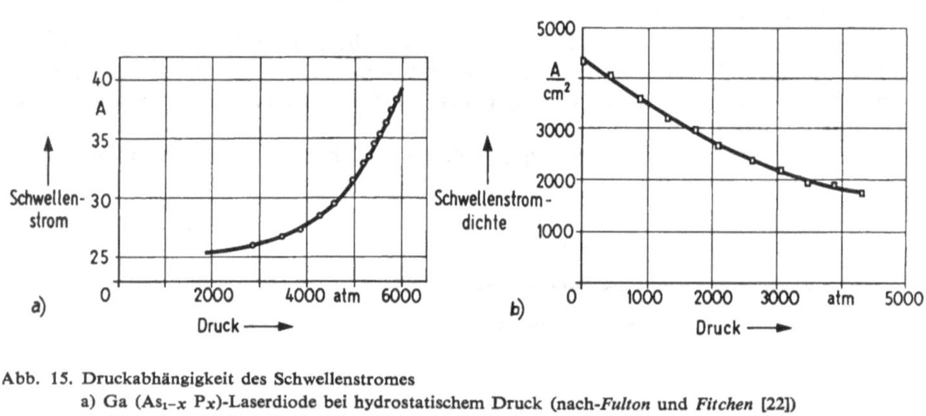

Abb. 15. Druckabhängigkeit des Schwellenstromes
a) Ga (As_{1-x} P_x)-Laserdiode bei hydrostatischem Druck (nach-*Fulton* und *Fitchen* [22])
b) GaAs-Laserdiode bei uniaxialem Druck (nach *Ryan* und *Miller* [23])

[22]. Gedeutet wird dieser Anstieg dadurch, daß in diesen Substanzen unter hydrostatischem Druck das (100)-Nebenminimum des Leitungsbandes relativ zum Minimum bei $k = 0$ nach unten rückt, so daß ein Teil der Elektronen ins Nebenminimum übertritt und für direkte Übergänge, d.h. für die Laserstrahlung, verlorengeht.

Ein völlig anderes Verhalten fanden *Ryan* und *Miller* [23] unter uniaxialem Druck Abb. 15b. Die beobachtete Abnahme des Schwellenstromes läßt sich bei einem Band-Band-Übergang in folgender Weise deuten: Durch uniaxialen Druck wird die kubische Symmetrie des Valenzbandes aufgehoben, so daß eine gerichtete Lichtemission bereits im Bereich der Lumineszenz zustandekommt. Liegen die bevorzugten Richtungen in der Ebene des p-n-Übergangs, so kann der Schwellenstrom sinken. Allerdings ist ein ähnlicher Mechanismus auch bei Termbeteiligung vorstellbar.

Ähnlich wie dieser uniaxiale Druckeffekt kann auch die bei InSb gefundene Verringerung des Schwellenstromes (Abb. 16a) in einem longitudialen Magnetfeld gedeutet werden, denn im transversalen Magnetfeld tritt ein entsprechend

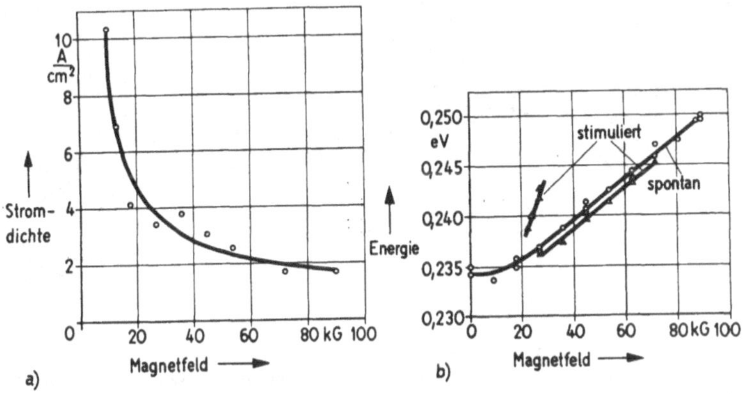

Abb. 16. InSb-Laserdioden. Einfluß eines Magnetfeldes auf a) Schwellenstrom (< 2 °K) und b) Energie der emittierten Photonen (nach *Phelan* und Mitarb. [24])

ausgeprägter Effekt nicht auf. In einem Magnetfeld wird darüber hinaus die emittierte Linie aufgespalten (Abb. 16b). Wegen der selektiven Rückkopplung durch den Resonator wird allerdings im Bereich der induzierten Emission jeweils nur eine der beiden Spektrallinien beobachtet. Quantitativ könnte diese *Landau*-Aufspaltung zwar durch ein Donatorniveau hervorgerufen sein. *Phelan* und Mitarbeiter vermuten jedoch, daß es sich um die Aufspaltung eines Excitonenterms handelt, daß also das Laserlicht von Excitonen herrührt. Diese Annahme wird durch neuere Untersuchungen von *D. K. Wilson* [25] über die absolute Lage der Laserlinie aus GaAs gestützt. Danach entwickelt sich im Temperaturbereich der flüssigen Luft die Laserlinie aus dem Anteil des Lumineszenzspektrums, der einem Excitonenübergang zuzuordnen sein dürfte.

Bei den bisher betrachteten Erscheinungen spielte die Art der Dotierung keine merkliche Rolle. Einen direkten Einfluß fanden jedoch *Nathan* und Mitarbeiter [26]. In Abb. 17a ist die spektrale Verteilung des Fluoreszenzlichtes von Te-dotiertem und Zn-dotiertem GaAs wiedergegeben, wie sie jeweils bei einer Dotierung von $1{,}6 \cdot 10^{18}$ cm^{-3} gefunden wurde. Bei den Tellur-dotierten Proben überwog die Lichtemission aus Störzentren, beim Zn-dotierten der Band-Band-Übergang. Betrachtet man nun eine GaAs-Diode, deren n-Bereich mit Tellur und deren p-Bereich mit Zn dotiert ist, so gewinnt man bereits aus der spektralen Lichtverteilung den Eindruck, daß die Hauptlinie des ausgesandten Lichtes aus Band-Band-Übergängen des Zn-dotierten Materials herrührt. Dieses Ergebnis wurde erhärtet durch Untersuchungen darüber, wie sich das Emissionsmaximum für den Band-Band-Übergang mit der Dotierung verschob (Abb. 17b). Während bei Te-dotiertem Material infolge des Auffüllens des Leitungsbandes die Energie der emittierten Photonen schwach ansteigt, sinkt sie bei Zn-dotiertem Material bei höherer Dotierung scharf ab, und zwar beginnt dieser Effekt erwartungsgemäß jeweils mit einsetzender Entartung. Die zum Vergleich herangezogenen Dioden bestanden aus einem Tellur-

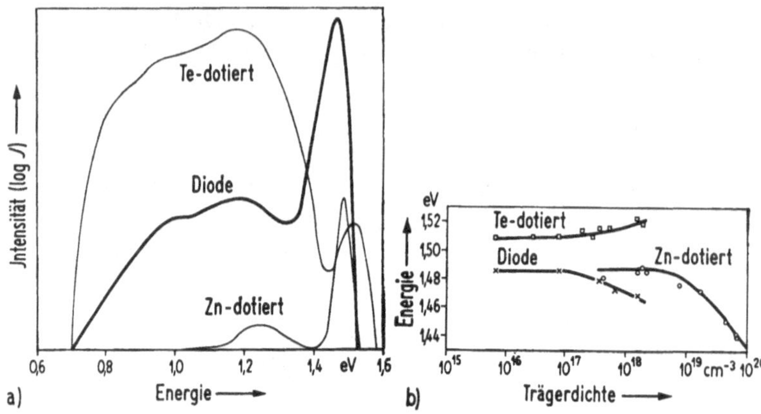

Abb. 17. Einfluß der Dotierung (77 °K) beim GaAs-Injektionslaser
a) Spektrale Lichtverteilung, ——— Fluoreszenz (Dotierung: Te = $1{,}6 \cdot 10^{18}$ cm^{-3}, Zn = $1{,}6 \cdot 10^{18}$ cm^{-3}), ——— Elektrolumineszenz
b) Energetische Lage des Maximums der Band-Band-Emission

dotierten Grundkristall. Der p-Bereich war eindiffundiert und seine Zn-Konzentration lag mit einigen 10^{19} cm^{-3} durchwegs über der Entartungsgrenze. In Abb. 17b ist die Energie der emittierten Photonen über der Te-Dotierung des n-Bereichs aufgetragen. Man erkennt, daß die Strahlung langwelliger wird, sowie auch im n-Bereich Entartung erreicht ist, d.h. sowie induzierte Emission möglich wird. Dieser Übergang zu längeren Wellen entspricht dem Verhalten des Zn-dotierten Bereiches, d.h. die Laserlinie dürfte bevorzugt auf der Zn-Seite des p-n-Übergangs ausgesandt werden.

Daß nun doch die Art der Dotierung bedeutsam wird, läßt sich an Hand der bereits früher entwickelten Modellvorstellung über den Aufbau des Bandrandes bei zunehmender Dotierung [27, 28] verstehen. Bei schwacher Dotierung spalten die Akzeptoren vom Valenzband ab, werden aber bei hoher Dotierung durch Anhebung des Bandrandes wieder in dieses einbezogen und bilden echte Bestandteile des Valenzbandes, da die Akzeptorzustände aus Eigenfunktionen des Bandes aufgebaut sind. So erscheint es verständlich, daß die für einen direkten Band-Band-Übergang maßgeblichen Überlegungen, wie sie sich aus den Symmetrieeigenschaften der Eigenfunktion im k-Raum ergaben, auch für einen durch Akzeptorterme begünstigten Laserübergang gültig sind.

Aus diesen Untersuchungen und Überlegungen folgt, daß gerade auf der Seite der grundlegenden physikalischen Vorgänge noch viele Fragen offen sind, deren Lösung Aufgabe weiterer Forschung ist.

Herrn Dipl. Phys. *Mettler* danken wir für seine Mühe bei der Vervollständigung und Korrektur der Arbeit.

Literatur

[1] *Schawlow, A. L., C. H. Townes*, Infrared and Optical Masers, Phys. Rev. **112,** 1940 (1958).
Maiman, T. H., Stimulated Optical Radiation in Ruby, Nature **187,** 493 (1960).

[2] *Javan, A.*, et. al., Population Inversion and Continous Optical Maser Oscillation in a Gas Discharge, Phys. Rev. Lett. **6,** 106 (1961).

[3] *Bernard, M., G. Duraffourg*, Possibilités de Lasers à Semiconducteurs, J. Phys. Radium **22,** 836 (1961).
Benoit à la Guillaume C., Mme *Tric*, Les Semiconducteurs et leur Utilisation Possible dans les Lasers, J. Phys. Radium **22,** 834 (1961).
Basov, N. G., O. N. Krokhin, Y. M. Popov, Possibility of Using Indirect Transitions to Obtain Negative Temperatures in Semiconductors, Soviet Phys., JETP **12,** 1033 (1961).

[4] *Hall, R. N., G. E. Fenner, J. D. Kingsley, J. T. Soltys, R. O. Carlson*, Coherent Light Emission from GaAs Junctions, Phys. Rev. Letters **9,** 366 (1962).

[5] *Nathan, M. I., W. P. Dumke, G. Burns, F. H. Dill*, jr., *G. Lasher*, Stimulated Emission of Radiation from GaAs p-n-Junctions, Appl. Phys. Lett. **1,** 62 (1962).

[6] *Quist, T. M., R. H. Rediker, R. J. Keyes, W. E. Krag, B. Lax, A. L. McWhorter, H. J. Zeigler*, Semiconductor Maser of GaAs, Appl. Phys. Lett. **1,** 91 (1962).

[7] *Burns, G., F. H. Dill, M. I. Nathan*, The Effect of Temperature on the Properties of a GaAs-Laser, Proc. IEEE **51,** 947 (1963).

[8] *Lasher, G., F. Stern*, Spontaneous and Stimulated Recombination Radiation in Semiconductors, Phys. Rev. **133,** A 553 (1964).

[9] *Bond, W. L., B. G. Cohen, R. C. C. Leite, A. Yariv*, Observation of the Dielectric-Waveguide Mode of Light Propagation in p-n Junctions, Appl. Phys. Lett. **2,** 57 (1963).

[10] *McWhorter, A. L.*, Electromagnetic Theory of the Semiconductor Junction Laser, Solid State Electronics **6,** 417 (1963).

[11] *Fenner, G. E., J. D. Kingsley*, Spatial Distribution of Radiation from a GaAs-Laser J. Appl. Phys. **34,** 3204 (1963).

[12] *Mettler, K., W. Raetzel*, bisher unveröffentlichte Ergebnisse.

[13] *Henkel, H. J.*, Untersuchungen an GaAs-Laser-Dioden, Vortrag bei der Physikertagung in Hamburg, 1963.

[14] *Sorokin, P .P., J. D. Axe, J. R. Laukard*. Spectral Characteristics of GaAs-Lasers Operating in „Fabry-Perot" Modes, J. Appl. Phys. **34,** 2553 (1963).

[15] *Michel, A. E., E. J. Walker*, Interference between the Infrared Beams from Opposite Ends of a GaAs Laser, J. Appl. Phys. **34,** 2492 (1963).

[16] *Griffiths, L. B., A. I. Mlavsky, G. Rupprecht, A. J. Rosenberg, P. H. Smakula, M. A. Wricht*, Silicon Carbide Diode Laser, Proc. IEEE **51,** 1374 (1963).

[17] *Hall, R. N.*, Silicon Carbide Diode „Laser", Proc. IEEE **52,** 91 (1964).

[18] *Winstel, G., K. Mettler*, Zur Trägerrekombination in einem GaAs-Injektionslaser, Proceedings of the International Conference on the Physics of Semiconductors, Paris 1964 (im Druck).

[19] *Hall, R. N.*, Recombination Processes in Semiconductors, Proc. IEEE **106B,** Suppl. 17, 923 (1960).

[20a] *Butler, J. F., Calawa, A. R., Phelan, R. J., Harman, T. C., Strauss, A. J., Rediker, R. H.*, PbTe Diode Laser, Appl. Phys. Lett. **5,** 75 (1964).

[20b] *Shyh Wang*, Proposal for a Two-Stage Semiconductor Laser through Tunneling and Injection, J. Appl. Phys. **34,** 3443 (1963).

[21] *Hall, R. N.*, Coherent Light Emission from p-n-Junctions, Solid-state Electronic **6,** 405 (1963).

[22] *Fulton, T. A., D. B. Fitchen, G. E. Fenner*, Pressure Effects in Ga ($As_{1-x}P_x$) Electroluminescent Diodes, Appl. Phys. Lett. **4**, 9 (1964).
[23] *Ryan, F. M., R. C. Miller*, The Effect of Uniaxial Strain on the Threshold Current of GaAs Lasers, Appl. Phys. Lett. **3**, 162 (1963).
[24] *Phelan, R. J., A. R. Calawa, R. H. Rediker, R. J. Keyes, B. Lax*, Infrared JnSb-Laser Diode in High Magnetic Fields, Appl. Phys. Lett. **3**, 143 (1963).
[25] *Wilson, D. K.*, Stimulated Emission of Exciton Recombination Radiation in GaAs p-n-Junctions, Appl. Phys. Lett. **3**, 127 (1963).
[26] *Nathan, M. I., G. Burns, S. Blum, J. C. Marinace*, Electroluminescence and Photoluminescence of GaAs at 77 °K, Phys. Rev. **132**, 1482 (1963).
[27] *Pankove, J. I.*, Optical and Electrical Properties of Very Impure Germanium, Proc. Int. Conf. on Semicond. Phys., Prague 1960, S. 369.
[28] *Winstel, G., W. Heywang*, Zum Bandaufbau bei hochdotierten Halbleitern, Z. f. Naturf. **16a**, 440 (1961).

N. RIEHL*)

Organische und protonische Halbleiter

Mit 3 Abbildungen

Summary

In the last years a rising interest for the electric conductivity of organic solids can be found caused both by a biophysical and technical point of view. As yet most of the experimental and theoretical efforts are concerned with the question of the physical nature of the conductive process in organic solids. The best quantitative experiments are done on the electronic or defect-electronic conductivity of molecular crystals as naphthalene, anthracene etc. In spite of the multiple experimental observations there are some difficulties in the interpretation of the phenomena. Especially the very low value of the effective activation energy is not explained in a sufficiently reliable manner. In the so-called „protonic semiconductors" with displacable protons in hydrogen bridges the conductivity is based on collective jumps of protons from one possible position in the hydrogen bridge to another. Owing to this fact the effective mobility of protons in ice is much higher than in liquid water. This effect might be of high interest for the mobility of protons and the transport of charges and energy in biological systems.

Die elektrische Leitfähigkeit organischer Substanzen in festem oder flüssigem Zustand ist in den letzten zehn Jahren vielfach untersucht worden. Es besteht auch ein gewisses technisches Interesse für dieses Gebiet, und es wurde das nur teilweise berechtigte Schlagwort „organische Halbleiter" geprägt. Eine Berechtigung für diese Bezeichnung besteht insofern, als die Leitfähigkeit organischer Substanzen durchweg einen positiven Temperaturkoeffizienten aufweist. Da die Temperaturabhängigkeit überdies bei den allermeisten organischen Systemen streng exponentiell ist, so besteht hier tatsächlich eine Analogie zu den anorganischen Halbleitern. Aber der Absolutwert der spezifischen Leitfähigkeit organischer Stoffe liegt meistenteils wesentlich unter $10^{-10}\,\Omega^{-1}\,cm^{-1}$. Dies rechtfertigt mehr die Bezeichnung „organische Isolatoren". Allerdings gibt es auch organische Systeme mit wesentlich höherer Leitfähigkeit. So tritt z. B. bei Polyacrylnitril, nach einer gewissen Vorbehandlung (partieller thermischer Zersetzung) eine Leitfähigkeit auf, die bis $10^{-3}\,\Omega^{-1}\,cm^{-1}$ hinaufreicht. Diese Beobachtung gab Anlaß zu Hoffnungen auf technische Anwendungen. Die Möglichkeiten eines technischen Einsatzes organischer „Halbleiter" wurden jedoch infolge Mißdeutung russischer Veröffentlichungen zunächst überbewertet, so daß das technische Interesse für diese Stoffe zunächst wieder nachließ. Das Hauptaugenmerk der meisten jetzigen Arbeiten richtet sich auf die Klärung der Leitungsmechanismen in organischen Stoffen, vorerst ohne technische Zielsetzung. Angesichts des zunächst rein wissenschaftlichen Interesses an der Leitfähigkeit organischer

*) Laboratorium für Technische Physik der Technischen Hochschule, München.

Substanzen konzentrieren sich die jetzigen Arbeiten mehr auf solche Modellsubstanzen, die in besonders definierter und reiner Form herstellbar sind, und nicht etwa solche, die, wie etwa das Polyacrylnitril, Anlaß zu technischen Hoffnungen gegeben hatten.

Das Interesse für die Leitfähigkeit organischer Systeme beruht zum Teil auch auf biophysikalischen Fragestellungen. Schon vor Jahrzehnten hatten wir sowohl an anorganischen als auch an organischen Systemen den Effekt der sogenannten „Energiewanderung" oder „Fortleitung" feststellen können, indem es sich zeigte, daß in manchen Festkörpern oder Molekülkomplexen gewisse Mechanismen bestehen, durch deren Vermittlung die Anregungsenergie von einem Atom zu einem weit entfernten anderen Atom strahlungslos hinwandern kann. Dieser Effekt ist inzwischen vollständig geklärt, soweit es sich um eine Energiewanderung in anorganischen Kristallen handelt. Hier ist er durch die Beweglichkeit der Elektronen und der Defektelektronen in den Energiebändern zu erklären. Bei manchen anderen Systemen, insbesondere bei organischen, ist die Natur des Energieübertragungsmechanismus noch nicht ganz geklärt. Dabei ist es aber gerade sehr reizvoll, auch bei organischen Systemen mehr über den Energiewanderungsmechanismus zu erfahren, und zwar aus folgendem Grund: Es sind nämlich auf dem Gebiet der Biologie und Biochemie Tatsachen bekannt geworden, die dafür sprechen, daß in den biologisch so wichtigen Proteinmolekülen Energiewanderungsphänomene stattfinden. Es muß in diesen Makromolekülen eine Möglichkeit sowohl zur strahlungslosen Energiewanderung als auch zur Wanderung von Ladungen vorhanden sein. Bei organischen Systemen kann es sich sowohl um eine elektronische oder defektelektronische Leitung handeln als auch um eine protonische. — Für die erstgenannte Gruppe stellen Einkristalle aus Anthrazen, Naphthalin u.dgl. ein besonders geeignetes Untersuchungsobjekt dar, daneben aber auch Polymere und organische Flüssigkeiten. — Für die protonischen Halbleiter ist das Eis eine besonders eingehend untersuchte Modellsubstanz. Daneben werden aber auch andere, organische Substanzen, wie etwa midazol, Proteine und Polyamide, untersucht, bei denen die Leitfähigkeit ganz oder zum Teil auf Protonensprüngen beruht. Für die Beteiligung von Protonen an der Ladungsübertragung bei manchen biologisch wichtigen Systemen spricht der Umstand, daß die sogenannten „Wasserstoffbrücken", bei denen gewisse Teile des Proteinmoleküls durch dazwischenliegende Protonen zusammengehalten werden, eine große Rolle im Aufbau des Proteinmoleküls spielen. Ein solches an der Wasserstoffbrücke beteiligtes Proton kann zwei verschiedene Lagen einnehmen. Man kann sich nun vorstellen, daß das Herüberspringen der Protonen aus einer Lage in die andere für die Ladungswanderung in Proteinen verantwortlich ist. Hierbei muß man sich vorstellen, daß solch ein Umklappen der Protonen in einer Kette hintereinandergestellter Wasserstoffbrücken stattfindet, so daß im Endeffekt eine Ladungsübertragung über große Strecken im Proteinmolekül zustande kommt.

Wir wollen uns nun zunächst den Systemen zuwenden, die einen elektronischen bzw. defektelektronischen Leitfähigkeitsmechanismus aufweisen.

Elektronische bzw. defektelektronische Leitfähigkeit

Die ersten experimentellen Untersuchungen ergaben folgende Resultate:

1. Die Temperaturabhängigkeit der Leitfähigkeit aller organischen Molekülkristalle sowie auch des Paraffins, des Polystyrols und mancher anderer

organischer Festkörper läßt sich stets sehr gut durch die Beziehung

$$\sigma = \sigma_0 \cdot e^{-\frac{\gamma E}{kT}} \quad (1)$$

wiedergeben.

2. Das Ohmsche Gesetz ist nur bei Feldstärken von höchstens einigen 1000 V/cm erfüllt. Bei höheren Feldstärken nimmt die Stromstärke steiler als proportional der Feldstärke zu („Wien-Poole-Effekt").
3. Beim Schmelzen des organischen Kristalls trat eine Erhöhung der Leitfähigkeit um einen Faktor von 10^3 bis 10^4 auf.
4. Sofern Metallelektroden verwendet wurden, war keine eindeutige Abhängigkeit der Leitfähigkeit oder der Stromspannungscharakteristik vom Elektrodenmaterial zu beobachten.

Zu diesen älteren Grundergebnissen, die von vielen Autoren bestätigt sind, ist zunächst folgendes zu sagen.

Das auffallendste und am schwersten deutbare Ergebnis der Beobachtungen ist das folgende: Die Aktivierungsenergie E der Leitfähigkeit bei allen untersuchten organischen Molekül-Kristallen hat überaus niedrige Werte. So erhält man zum Beispiel für Naphthalin einen Wert von 0,7 eV, bei Anthrazen etwa 0,9 eV usw. Bei den Schmelzen ergaben sich zum Teil noch viel niedrigere Werte der Aktivierungsenergie. Dieses Ergebnis ist schwer zu verstehen. Die Ionisierungsenergie der hier in Betracht kommenden Moleküle liegt etwa bei 10 eV. Selbst wenn man diesen Wert durch die DK der hier infrage kommenden Substanzen dividiert, so kommt man immer noch mindestens auf eine Energie von 3 oder 4 eV, die zum Abspalten eines Elektrons von einem neutralen Molekül erforderlich ist. Das ist etwa fünfmal mehr als die Werte, die wir beobachten. — Man könnte versuchen, noch mit folgender Argumentation weiterzukommen. Da die Rekombination eines abgespaltenen, freigewordenen Elektrons mit dem positiv geladenen Restmolekül eine Reaktion zweiter Ordnung darstellt, so muß man in der Formel (1) den Faktor 2 vor kT setzen. Dies würde ergeben, daß die wirkliche Aktivierungsenergie um den Faktor 2 größer ist, als es sich unmittelbar aus der Beobachtung ergibt, d.h. wir müßten z.B. für Naphthalin statt 0,7 eV den Wert 1,4 eV setzen, usw. Aber auch diese Werte sind mindestens um den Faktor 2 kleiner, als man erwarten sollte. — So erhebt sich also zunächst als wichtigste Frage die nach der physikalischen Bedeutung der gefundenen Werte für die Aktivierungsenergie. Man könnte vorerst annehmen, daß bei allen bisherigen Untersuchungen nicht die aus der Grundsubstanz entstandenen freien Leitungsträger beobachtet werden, sondern solche aus verunreinigenden fremden Molekülen. Aber die bisherigen Bemühungen, die Leitfähigkeit auf Verunreinigungen zurückzuführen, haben zu keinem Erfolg geführt. Würde die Leitfähigkeit auf der Anwesenheit von Verunreinigungen beruhen, so müßten sich nach langdauerndem Stromdurchgang irgendwelche Veränderungen der Leitfähigkeit (etwa infolge eines Herauswandern der leicht ionisierbaren Verunreinigung) beobachten lassen. Solche Effekte sind aber weder an den Kristallen noch an den Schmelzen feststellbar. Auch ist der Absolutwert der Leitfähigkeit war nicht allzu stark von dem Reinheitsgrad abhängig, obschon der letztere bei den verschiedenen bisher untersuchten Proben sicher sehr stark schwankte. — Wir sehen also, daß wir zunächst bemüht sein müssen, die Natur der Ladungsträger und den Mechanismus ihrer Entstehung in den organischen Halbleitern zu klären.

Einen wesentlichen methodischen Fortschritt brachte die Einführung von Elektroden, die es erlauben, Defektelektronen in die Kristalle zu injizieren. *Kallman* und *Pope* verwandten hierzu als Anode eine wäßrige Kaliumjodidlösung, der gelöstes Jod beigemischt war, und als Kathode eine Kaliumjodidlösung ohne Jod. Hierdurch gelang es, eine Injektion von Defektelektronen zu erreichen. Der Defektelektronenstrom floß nur von der jodhaltigen Elektrode zur jodfreien, nicht aber umgekehrt. Die Stromstärken, die dabei erzielt wurden, waren um Zehnerpotenzen größer als die bisher erreichten. Bei allzu hohen Feldstärken trat eine Sättigung des Stromes ein, die darauf zurückzuführen war, daß die Nachlieferung der Defektelektronen in der Flüssigkeitsgrenzschicht nicht ausreichte, denn diese Nachlieferung ist ja durch Nachdiffusion von Jodmolekülen zum Kristall hin beschränkt. — Eine Injektion von Elektronen wollte lange Zeit nicht gelingen; doch neuerdings konnte durch Anwendung geeigneter flüssiger Kathoden auch eine Elektroneninjektion in Anthrazen-Kristalle realisiert werden.

Eine weitere Klärung ergab sich aus der Bestimmung der Beweglichkeit von optisch erzeugten Elektronen und Defektelektronen in Anthrazen-Kristallen. Am einfachsten war hierbei die zunächst von *Kepler* und *Le Blanc* angewandte Methode. Hierbei wurden die Elektronen bzw. Löcher durch Lichtblitze erzeugt, und die Transitzeit für den Durchgang der Leitungsträger durch die Kristallschicht gemessen. Die Untersuchungen von *Mark* und *Helfrich* erlaubten es auf anderem Wege, auch für die nicht lichtelektrisch injizierten Löcher die Beweglichkeit zu ermitteln. Hierbei ergab sich eine sehr gute Übereinstimmung mit den von *Kepler* gefundenen Werten:

Beweglichkeit (in $cm^2/Vsec$) von Elektronen und Defektelektronen in Anthrazen-Einkristallen (senkrecht zur Spaltebene).

	Elektronen	Defektelektronen
nach *Kepler*	0,3	0,4
nach *Le Blanc*	0,6	1,0
nach *Helfrich* u. *Mark*		0,4

Die Beweglichkeit nimmt mit steigender Temperatur ab. Hieraus kann man schließen, daß bei den organischen Kristallen die Elektronen und Defektelektronen sich in Energiebändern bewegen und nicht etwa durch Sprünge von Molekül zu Molekül. Im letzteren Falle hätte eine Zunahme der Beweglichkeit mit steigender Temperatur herauskommen sollen.

Unter Verwendung von löcherinjizierenden Elektroden (Jod in Kaliumjodid-Lösung) haben *Helfrich* und *Mark* eingehende Untersuchungen über die Stromspannung-Charakteristik bei Anthrazen-Einkristallen durchgeführt. Sofern keine Haftstellen im Kristall vorhanden sind, und sofern man eine Beweglichkeit für die Leitungsträger definieren kann, ist das folgende Stromspannungsgesetz zu erwarten:

$$j = \frac{9}{8}\, \varepsilon \varepsilon_0 \mu \frac{V^2}{d^3},$$

wo d der Elektrodenabstand und μ die Beweglichkeit der Ladungsträger ist. Die Versuche haben ergeben, daß Haftstellen sehr wohl in den uns interessierenden Kristallen vorhanden sind, und daher im allgemeinen das obige Gesetz nicht erfüllt ist. Aber, unmittelbar nach Einschalten des Stroms, d.h. solange die Haftstellen noch alle leer sind, stimmt dieses Gesetz — bis auf einen konstanten Faktor — sehr gut. Man sieht sofort, daß man schon hieraus die Beweglichkeit μ bestimmen kann.

Nach Einstellen des stationären Stromes aber gilt ein anderer, komplizierterer Zusammenhang zwischen Stromstärke und Spannung. *Helfrich* und *Mark* haben diese Beziehungen durchgerechnet und dabei gute Übereinstimmung mit ihren experimentellen Ergebnissen erreichen können. Ferner gelang es auch, die Konzentration der Haftstellen und anderer wesentlicher Größen zu ermitteln. Auch wurde, wie schon erwähnt, eine Methode ausgearbeitet, welche die Bestimmung der Beweglichkeit von nicht optisch injizierten Löchern gestattete.

Als Stromspannungscharakteristik erhielten *Helfrich* und *Mark* experimentell $j \sim V^n$, wo $n \geqslant 3$ war (für verschiedene Kristalle etwas verschieden). Bei der quantitativen Deutung führten sie — im Anschluß an *Rose* und *Ruppel* — eine exponentielle Haftstellen-Verteilung (für Defektelektronen) ein. Anstelle des Childschen Gesetzes erhielten sie dann:

$$j = N_0 \mu \, e^{1-l} \left[\frac{\varepsilon \varepsilon_0 l}{H(l+1)}\right]^l \left[\frac{2l+1}{l+1}\right]^{l+1} \frac{V^{l+1}}{d^{2l+1}},$$

wo H = Haftstellendichte

und $l = T_c/T$, wobei T_c eine für den betreffenden Kristall charakteristische Konstante von der Dimension einer Temperatur ist. (Man könnte sie vielleicht als Einfriertemperatur der Fehlordnung bei der Herstellung des Kristalls interpretieren.)

Diese Formel konnte experimentell — durch Variation von d — recht gut bestätigt werden.

Für die Haftstellendichte H ergab sich bei den meisten von *Helfrich* und *Mark* untersuchten Kristallen ein Wert um 10^{17} cm^{-3}, bei einigen wenigen um 10^{15} cm^{-3}.

Neuerdings sind weitere interessante Ergebnisse hinzugekommen, die sich auf die Leitfähigkeit von Kohlenwasserstoffen und deren Derivaten im *flüssigen* Zustand beziehen *(Bässler, Riehl, Vogel)*.

An flüssigen Kohlenwasserstoffen (Benzol, Naphthalin, Anthrazen, Diphenyl usw.) wurde festgestellt, daß für die Leitfähigkeit die Beziehung gilt:

$$\sigma = \sigma_1 + \sigma_2 = \sigma_{01} e^{-E_1/kT} + \sigma_{02} e^{-E_2/kT},$$

wobei $E_1 > E_2$. Für hohe Temperaturen (bezogen auf das Temperaturintervall des flüssigen Zustandes) überwiegt i.A. das erste Glied, wobei für alle ungesättigten Kohlenwasserstoffe die Aktivierungsenergie den gleichen Wert $E_1 = 0{,}87$ eV hat. Auch σ_{01} ist unabhängig von Art und Reinheit der Substanz. Die Aktivierungsenergie des flachen Abschnittes E_2 dagegen ist materialabhängig. Bei zunehmender Verunreinigung einer bestimmten Grundsubstanz steigt auch σ_{02}, während E_2 konstant bleibt. Je nach der Art der Grundsubstanz ändert sich aber E_2 innerhalb der Grenzen 0,25 - 0,45 eV (vgl. Abb. 1; inzwischen sind sehr viel mehr Messungen durchgeführt worden, die die obige Beziehung bestätigt haben. Bei substituierten ungesättigten Kohlenwasserstoffen hat E_2 andere Werte).

Die Aktivierungsenergie E_2 der Niedertemperaturleitfähigkeit σ_2 wurde nun auch für verschiedene Halogen-, Nitro- und Methylderivate des Benzols bestimmt. Hierbei ergab sich ein sehr deutlicher Zusammenhang des Wertes von E_2 mit dem Wert der Dielektrizitätskonstante. Trägt man die Aktivierungsenergie des flachen Abschnitts E_2 als Funktion der reziproken DK auf, so erhält man für eine Stoffgruppe (reine Kohlenwasserstoffe, Halogen-, Nitro-, Methylderivate) jeweils eine Gerade, die durch den Nullpunkt geht. Die Neigungen sind für die verschiedenen Stoffgruppen etwas verschieden. Die Proportionalität von E_2 mit $1/\varepsilon$ legt den Schluß nahe, daß E_2 eine reine

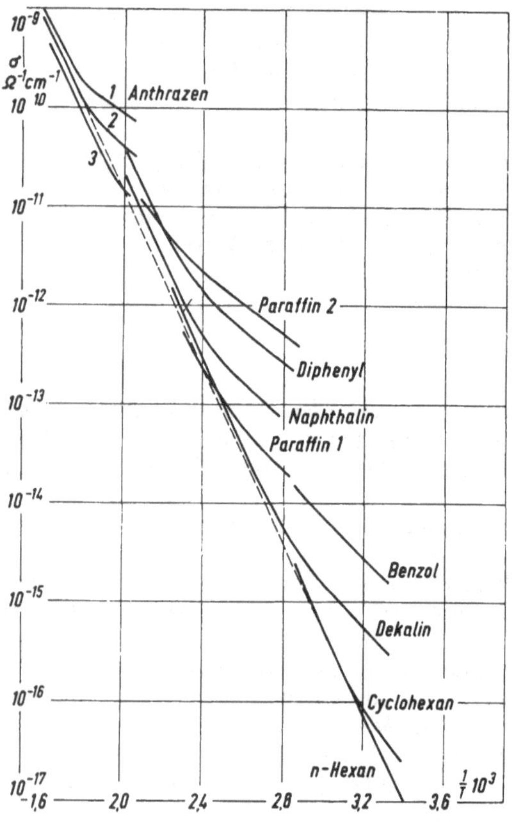

Abb. 1
Temperaturabhängigkeit der spez. Leitfähigkeit einiger Kohlenwasserstoffe im flüssigen Zustand.
Anthrazen und Paraffin sind in mehreren verschiedenen Reinheitsgraden vertreten (mit 1, 2 und 3 bezeichnet). Für alle aromatischen Kohlenwasserstoffe münden bei höherer Temperatur die Kurven in eine gemeinsame Gerade ein. Wie ausführlichere Messungen gezeigt haben, gilt dies jedoch nicht für gesättigte Kohlenwasserstoffe

Coulombenergie ist. Das würde einem Mechanismus der Ladungsträgererzeugung entsprechen, bei dem durch einen vorläufig noch unbekannten, aber jedenfalls nicht thermisch aktivierten Prozeß ein Elektron in die Entfernung r von Ladungsschwerpunkt des positiven Molekülrumpfes gebracht wird. Zur völligen Loslösung ist dann noch die Coulombenergie $e^2/\varepsilon r$ aufzubringen. Da die Rekombination freier Ladungsträger mit den positiven Rümpfen wahrscheinlich durch einen bimolekularen Prozeß bestimmt wird, muß noch der Faktor 1/2 angebracht werden:

$$E_2 = e^2/2\varepsilon r.$$

Der Wert von r errechnet sich zu 4 – 9 Å und entspricht somit recht gut der Größe eines Moleküls.

Während also im Niedertemperaturgebiet (für welches die Größen σ_2, σ_{02} und E_2 gelten) die Leitfähigkeit auf Ladungsträger zurückzuführen ist, die offensichtlich von leicht ionisierbaren verunreinigenden Fremdsubstanzen stammen (Abhängigkeit von σ_{02} vom Reinheitsgrad!) und die Grundsubstanz nur insofern von Einfluß ist, als ihre Dielektrizitätskonstante ε den Wert der Aktivierungsenergie E_2 festlegt, tritt im Hochtemperaturgebiet eine ganz andere Situation auf. Die in diesem Gebiet geltenden Größen σ_1, σ_{01} und E_1 sind unabhängig vom Vorhandensein von Verunreinigungen und charakteristisch für die Grundsubstanz selbst. Wie schon erwähnt, hat E_1 für alle ungesättigten cyklischen Kohlenwasserstoffe den gleichen Wert (0,87 eV). Bei den verschiedenen Derivaten der Kohlenwasserstoffe erweist sich das substituierende Atom bzw. die substituierende Gruppe als maßgeblich für die Aktivierungsenergie E_1. Sind im Molekül mehrere H-Atome durch *verschiedene* Gruppen substituiert, so bestimmt die Gruppe mit dem kleinsten E_1-Wert die effektive Aktivierungsenergie der Leitfähigkeit. Als Beispiel hierfür sei angeführt:

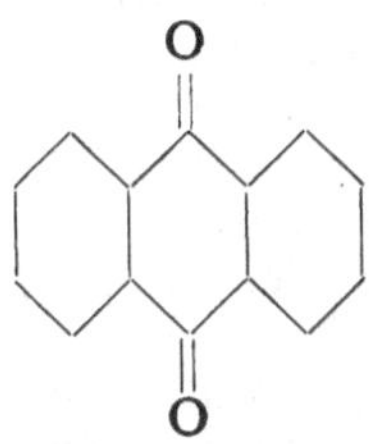

Anthrachinon

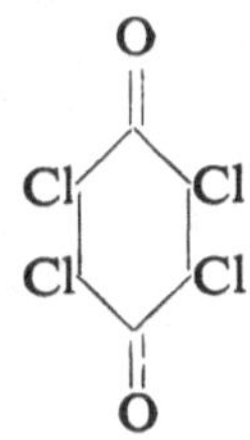

Chloranil

Beide Substanzen ergeben die für die CO-Gruppe charakteristische Aktivierungsenergie $E_1 = 0{,}62$, obschon der Bau des übrigen Moleküls sehr verschieden ist. (Die für das Cl als Substituent charakteristische Aktivierungsenergie von 1,25 eV kommt beim Chloranil nicht zur Geltung, da die CO-Gruppe eine kleinere Aktivierungsenergie liefert, und daher für das Gesamtmolekül $E_1 = 0{,}62$ eV effektiv ist).

Zahlreiche weitere, von *H. Bässler* im Laboratorium des Verfassers durchgeführte Versuche haben jeden Zweifel ausgeschlossen, daß die „Hochtemperatur"-Leitfähigkeit σ_1 flüssiger aromatischer Kohlenwasserstoffe und ihrer Derivate eine Eigenschaft darstellt, die an die Moleküle der Substanz selbst gebunden ist und nicht an unkontrollierbare Verunreinigungen. Auch konnte gezeigt werden, daß diese Leitfähigkeit nicht etwa allein durch Eleutrodeneffekte, d. h. Injektion von Elektronen oder Defektelektronen zustandekommt, sondern daß sie von einer Ionisation im Volumen der Flüssigkeit stammt. Ferner konnten gewisse quantitative Zusammenhänge zwischen der Aktivierungsenergie E_1 und anderen physikalischen und chemischen Eigenschaften der betreffenden Moleküle ermittelt werden, wodurch sich eine Deutungsmöglichkeit für den Mechanismus der Ladungsträger-Erzeugung und für die Kleinheit der auftretenden Aktivierungsenergie-Werte ergab. Diese letzteren Ergebnisse seien hier kurz angeführt.

Besonders aufschlußreich sind die Resultate, die an Lösungen substituierter Kohlenwasserstoffe in reinen Kohlenwasserstoffen erhalten wurden. Sofern die Aktivierungsenergie des Gelösten kleiner als die des Lösungsmittels und die Konzentration nicht zu gering, ist E_1 allein vom Gelösten bestimmt. Es ergab sich für 13 verschiedene Carbonyl-substituierte Kohlenwasserstoffe $\begin{matrix}R_1\\R_2\end{matrix}\!\!>\!C = 0$ stets eine lineare Abnahme von E_1 mit der Wellenzahl $\tilde{V}$ der Infrarotschwingung der CO-Gruppe. Die Bindung zwischen C und O wird hier bekanntlich durch die Mesomerie einer unpolaren C=O Struktur und einer polaren C$^{\oplus}$—O$^{\ominus}$ Struktur beschrieben, wobei die Anteiligkeit der polaren Struktur umso größer ist, je elektropositiver die Reste R_1 bzw. R_2 sind. Aus der festgestellten linearen Beziehung zwischen E und $\tilde{V}$ und aus dem bekannten linearen Zusammenhang von $\tilde{V}$ mit dem C—O-Abstand d und dessen linearem Zusammenhang mit der Anteiligkeit der polaren Struktur ergibt sich, daß die Aktivierungsenergie E_1 linear mit der Anteiligkeit der polaren Grenzstruktur der Carbonylgruppe abnimmt! — Man kann hieraus folgendes Bild für die Ladungsträgererzeugung ableiten. Durch Beteiligung der polaren Grenzstruktur wird innerhalb des Moleküls eine Ladungstrennung erreicht. Das Molekül geht hierdurch in einen energetisch tieferen Zustand über. Wird thermische Energie (E') zugeführt, so kann die reine polare Grenzstruktur angeregt werden, wobei ihre Lebensdauer aber sehr kurz sein wird. Es ist dann das vom Verfasser seinerzeit vorgeschlagene „kurzlebige Ionenpaar" innerhalb eines Moleküls realisiert. Die zur völligen Abtrennung der Ladung erforderliche zusätzliche Energie E_c wird durch ein gestörtes Coulombpotential bestimmt (ε ist in der Nähe des Muttermoleküls eine Funktion des Ortes). Insgesamt ergibt sich $E_1 = E' + E_c/2$ (Faktor 1/2 wegen der bimolekularen Rekombination). — Weitere neue Ergebnisse, die hier nicht besprochen werden sollen, brachten eine Bestätigung und Konkretisierung des hier angedeuteten Bildes. — Auch für die oben besprochene „Niedertemperatur"-Leitfähigkeit ist eine analoge Deutung anwendbar. Hier ermöglichen charge-transfer-Komplexe, von stets vorhandenen Verunreinigungen stammend, die Ladungstrennung, wobei $E' \approx 0$ und daher nur die Coulombenergie als erforderlicher Energieaufwand übrigbleibt.

Zum Schluß sei noch vermerkt, daß beim Auftragen von log σ_0 gegen die Aktivierungsenergie E für verschiedene organische Verbindungen (Abb. 2)

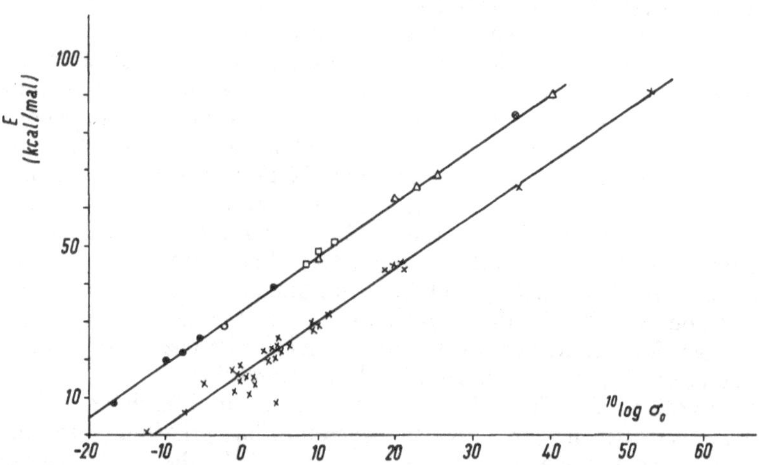

Abb. 2. Zusammenhang zwischen log σ_0 und Aktivierungsenergie E bei organischen Halbleitern („Meyer-Neldelsche Regel", „Kompensationseffekt")
Untere Gerade: verschiedene konjugierte Systeme
Obere Gerade: Polymere nach verschiedener thermischer Vorbehandlung
Dreiecke — Polyäthylenterephtalat
Vierecke und dicke Punkte — Polytrifluorchloräthylen
Kreise — Pentaplast

sich über fast 60 Zehnerpotenzen von σ_0 (annähernd eine Gerade ergibt (analog der bekannten Meyer-Neldelschen Regel bei anorganischen Halbleitern). Diese auch als „Kompensationseffekt" bekannte Gesetzmäßigkeit ist — nach neuen Ergebnissen sowjetischer Forscher — besonders exakt bei einigen Polymeren erfüllt (Polyäthylenterephtalat, Polytrifluorchloräthylen und Pentaplast nach verschiedener thermischer Vorbehandlung, durch die sowohl σ_0 wie E sehr stark verändert wird). Auf die verschiedenen Deutungsmöglichkeiten dieser Regel, die sehr allgemein gültig ist und sich nicht nur auf Halbleitereigenschaften beschränkt (sondern z.B. auch bei der Wirksamkeit von Katalysatoren sich in analoger Weise wiederfindet) sei hier nicht eingegangen.

Protonische Leitfähigkeit

Die Bezeichnung „protonische Halbleiter" ist nicht unzweckmäßig, solange nur man im Auge behält, daß der Mechanismus der Beweglichkeit der Ladungsträger (Protonen) hier ein wesentlich anderer ist als der der Beweglichkeit von Elektronen oder Defektelektronen in den üblichen, anorganischen Halbleitern. Eine Analogie zu den üblichen Halbleitern besteht zumindest darin, daß hier wie dort die Leitfähigkeit mit steigender Temperatur exponentiell zunimmt. Wie aber aus dem weiteren ersichtlich, geht die Analogie über das rein Phänomenologische noch wesentlich hinaus.
Es gibt recht viele feste Substanzen, die als „protonische Halbleiter" angesprochen werden können. Hierher gehören außer dem schon erwähnten Eis auch viele Hydrate organischer und anorganischer Salze (beispielsweise Tartrate oder Borax) sowie zahlreiche Polymere. Am besten untersucht ist jedoch bislang die Leitfähigkeit des Eises. Wir wollen daher die Physik der protonischen Halbleiter am Beispiel des Eises erläutern.

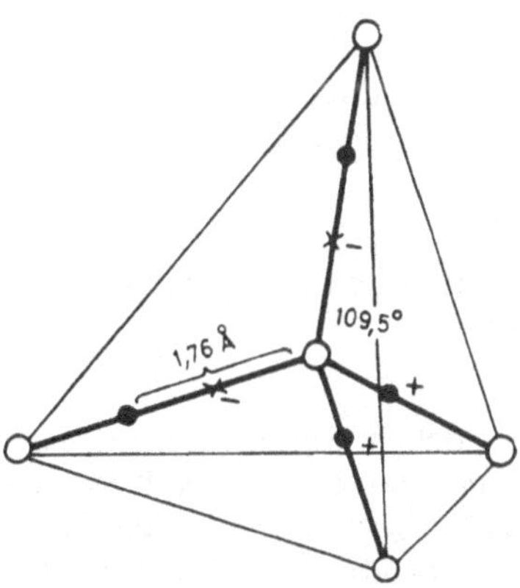

Abb. 3
Anordnung der O^{2-}-Ionen (große Kreise) und Protonen (schwarze dicke Punkte) im Kristallgitter des Eises

Anhand von Abb. 3 sei zunächst einiges über die Struktur des Eises gesagt. Im Bild sind die Sauerstoff-Ionen (O^{2-}) durch große Kreise angedeutet, die Protonen durch dicke, schwarze Punkte. Wie man sieht, kann man sich jedes Sauerstoff-Ion als im Mittelpunkt eines Tetraeders sitzend denken. Die vier Ecken des Tetraeders sind durch weitere Sauerstoff-Ionen besetzt. Um jedes Sauerstoff-Ion herum sind vier Plätze vorhanden, die von Protonen eingenommen werden können. Da jedoch — entsprechend der Formel H_2O — zu jedem Sauerstoff-Ion nur 2 Protonen gehören, sind jeweils nur 2 von den

4 verfügbaren Plätzen besetzt. Je 2 Plätze an jedem Sauerstoff-Ion sind also nicht von Protonen besetzt. (Diese unbesetzten Plätze sind in der Abbildung durch schräge Kreuze angedeutet.) Zwischen zwei Sauerstoff-Ionen findet sich somit ein Proton, welches die sogenannte „Wasserstoffbrücke" repräsentiert, die die beiden O-Atome zusammenhält. Man sieht hieraus sofort, daß die Protonen eine gewisse Auswahl zwischen den einzunehmenden Plätzen haben. Sie können also von einem Platz auf einen anderen springen. Hierbei ist natürlich anzunehmen, daß ein solcher Sprung über einen Potentialberg hinüber geht, d.h. es bedarf einer gewissen Aktivierungsenergie, damit der Sprung zustande kommt. Man sieht ferner, daß ein Protonensprung von einem Platz neben dem Sauerstoff-Ion auf einen anderen Platz neben demselben Ion einer Drehung des H_2O-Moleküls gleichkommt und somit auch eine Drehung des permanenten elektrischen H_2O-Dipols darstellt. Diese Protonensprünge sind für die sehr auffälligen dielektrischen Eigenschaften des Eises verantwortlich. Bei sehr geringer Feldfrequenz (etwa 10^2 Hertz) ist die DK des Eises nahe 100; bei zunehmender Frequenz tritt eine Dispersion der DK ein und ihr Wert sinkt bei genügend hoher Frequenz (etwa 10^5 Hertz) auf etwa 3 herab, d.h. auf einen Wert, der nur noch von der Elektronenpolarisation herstammt. Dies liegt daran, daß bei hoher Frequenz die Protonen-Sprünge mit der Feldfrequenz nicht mehr „mitkommen". Die Dispersionsfrequenz verschiebt sich mit steigender Temperatur zu höheren Werten. Hieraus kann man die Aktivierungsenergie berechnen, die der Protonen-Sprung erfordert. Diese Aktivierungsenergie ergibt sich zu 13,5 kcal/mol = 0,6 eV.

Wie steht es nun mit der Leitfähigkeit (Gleichstromleitfähigkeit) des Eises? Sie beruht darauf, daß ein überschüssiges Proton, d.h. ein drittes am Sauerstoff-Ion sitzendes Proton einen Sprung zum benachbarten Sauerstoff-Ion vollführt. Man kann auch ebensogut sagen, daß ein überschüssiges Proton von einem H_2O-Molekül zu einem anderen, benachbarten H_2O-Molekül springt und daß auf diese Weise die Ladung durch den Eiskristall transportiert wird. Formelmäßig ist dies wie folgt auszudrücken:

$$H_3O^+ + H_2O \rightarrow H_2O + H_3O^+.$$

Die Temperaturabhängigkeit der Gleichstromleitfähigkeit von Eis läßt sich durch

$$\sigma = \sigma_0 \cdot e^{-E/kT}$$

ausdrücken. Besonders interessant ist nun der folgende Umstand. Der Absolutwert der Leitfähigkeit von Eis nahe dem Schmelzpunkt ist wenig von dem des flüssigen Wassers nahe Null Grad verschieden. Nun ist aber die Leitfähigkeit bekanntlich durch das Produkt $c \cdot v \cdot e$ gegeben, wo c die Ionenkonzentration und v die Ionenbeweglichkeit ist. Sicherlich ist die Ionenkonzentration (H_2O^+-Konzentration) bei Eis viel niedriger als bei flüssigem Wasser. Wenn trotzdem die Leitfähigkeit (d.h. das Produkt $c \cdot v$) fast unverändert ist, so muß also die Protonenbeweglichkeit v bei Eis wesentlich größer sein als bei Wasser! Es ist sehr bemerkenswert, daß in dem starren Gitter des Eises der Ladungstransport durch die nacheinander ablaufenden Absprünge der Protonen schneller erfolgt als in flüssigem Wasser! Während der Verfasser seinerzeit diesen Schluß nur auf Grund der oben angeführten Betrachtung ziehen konnte, haben *Eigen* und *De Maeyer* durch direkte Messungen nach-

zuweisen vermocht, daß die effektive Protonenbeweglichkeit in Eis tatsächlich um einen Faktor nahe 100 größer ist als die in Wasser. Die genannten Autoren verwandten dazu die folgende Methodik. Eine dünne Schicht Eis wurde mit Elektroden versehen, die keine Protonen nachzuliefern vermögen, und die angelegte Spannung wurde soweit gesteigert, daß alle durch thermische Dissoziation von H_2O-Molekülen in Eis entstehenden Ionen (freie Protonen bzw. H_3+-Ionen) jeweils zur Kathode abgeführt wurden. Auf diese Weise wurde also eine Sättigung der Stromstärke erreicht, wobei der Wert des Sättigungsstromes ein Maß für die Zahl der pro Zeiteinheit im Eis entstehenden freien Protonen ($H_3O_3^+$-Ionen) ist.
So erhält man also die Reaktionsgeschwindigkeitskonstante k_2 für die Dissoziation des H_2O-Moleküls in Eis. Die Reaktionsgeschwindigkeitskonstante k_R für die Rekombination der H_3O^+- und OH^--Ionen ergab sich aus einer von *Debye* angegebenen Beziehung, und so konnte der Wert der Gleichgewichtskontakte $K = k_D/k_R$, d.h. der Dissoziationsgrad berechnet werden. Dieser liefert die Ionenkonzentration c, und aus dem experimentell bekannten Produkt $c \cdot v$ errechnet sich dann die Protonenbeweglichkeit v.
Aus den Messungen von *Spatz* über die Temperaturabhängigkeit von k_D ergab sich die Aktivierungsenergie für den Dissoziationsvorgang (Ionisierung) zu 22,5 kcal/mol. Die Dissoziationsenthalpie E_D ergab sich zu 22 kcal/mol. Man kann nun auf Grund aller dieser Werte den folgenden Schluß ziehen. Die Leitfähigkeit $\varkappa$ ist proportional dem Produkt aus Ionenkonzentration und Ionenbeweglichkeit und somit

$$\sigma \sim e^{-E_D/2kT} \cdot e^{-E_B/2kT}$$

E_B = Aktivierungsenergie der Beweglichkeit.
Die experimentell feststellbare „Aktivierungsenergie" für die Leitfähigkeit, die nach *Eigen* und *Spatz* sich zu 11 kcal/mol ergibt, setzt sich also wie folgt aus E_D und E_B zusammen:

$$11 = \frac{E_D}{2} + E_B.$$

Da $E_D = 22$ kcal/mol beträgt, so sieht man, daß E_B einen Wert von höchstens etwa 1 kcal/mol haben kann. Dieser äußerst geringe Wert für die Aktivierungsenergie der Beweglichkeit der Protonen in Eis zwingt zu der Folgerung, daß die Sprünge der Überschußprotonen von Molekül zu Molekül durch einen Tunneleffekt zustande kommen. Dies macht auch die erstaunlich hohe Protonenbeweglichkeit in Eis begreiflich. Diese Beweglichkeit erreicht fast die Beweglichkeit von Elektronen in anorganischen Halbleitern!
Zum Schluß sei noch erwähnt, daß wir bei einem Protein, nämlich bei wasserarmer Gelatine, bei der ebenfalls die Beteiligung von Protonenbrücken am Leitfähigkeitsprozeß zu erwarten ist, für die effektive „Aktivierungsenergie" der Leitfähigkeit (bei Feldstärken oberhalb 10 000 V/cm und bei Elektroden, die keine Protonen nachzuliefern vermochten) den Wert von etwa 21 kcal/mol erhielten. Dieser Wert liegt dem Wert von etwa 22 kcal/mol für die Aktivierungsenergie des Dissoziationsprozesses (thermischer Ionisierung) in Eis sehr nahe. Dies führt uns zur eingangs erwähnten Betrachtung der Proteine als „protonische Halbleiter". Da jedoch die diesbezüglichen Untersuchungen an Proteinen noch in vollem Gange und lange nicht abgeschlossen sind, sei hierauf noch nicht weiter eingegangen.

Zum Schluß seien noch die neuesten Resultate angeführt, die sich aus den Versuchen von *H. Engelhardt* im Laboratorium des Verfassers ergaben. Durch entsprechende experimentelle Maßnahmen gelang es, das Verhalten von Protonen zu untersuchen, die nicht durch thermische Dissoziation von H_2O in Eis entstanden, sondern (bei sehr tiefen Temperaturen und elektrischen Feldstärken bis $5 \cdot 10^5$ V/cm) ins Eis injiziert wurden. Auf diese Weise wurden sämtliche aus der elektronischen Leitfähigkeit bekannten Gesetzmäßigkeiten für raumladungsbeschränkte Ströme jetzt an der protonischen Leitfähigkeit wiedergefunden. Hier sei nur das besonders interessante Ergebnis erwähnt, daß mit abnehmender Temperatur eine Zunahme der Protonen-Beweglichkeit auftrat! Dies rechtfertigt die vor kurzem von *Gosar* und *Pintar* entwickelte theoretische Behandlung des Vorgangs als Beweglichkeit in „Protonen-Energiebändern".

Literatur

[1] *H. Mette* und *H. Pick*, Z. Phys. **134,** 566 (1963).
[2] *N. Riehl*, Naturwiss. **41,** 145 (1956); Ann. Phys. (6) **20,** 93 (1957); Kolloid-Z. **151,** 66 (1957).
[3] *J. Kommandeur* und *W. G. Schneider*, J. Chem. Phys. **28,** 590 (1958).
[4] *D. C. Northrop* und *O. Simpson*, Proc. Roy. Soc. **234,** 124 (1956).
[5] *L. E. Lyons*, J. Chem. Soc. **5001** (1957).
[6] *H. Kallmann* und *M. Pope*, J. Chem. Soc. **30,** 585 (1959); **32,** 300 (1960).
[7] *O. H. Le Blanc*, J. Chem. Phys. **33,** 626 (1960).
[8] *R. G. Kepler*, *P. E. Bierstedt* und *R. E. Merrifield*, Phys. Rev. Letters **5,** 503 (1960).
[9] *W. Helfrich* und *P. Mark*, Z. Phys. **166,** 370 (1962); **168,** 495 (1962); **171,** 527 (1963).
[10] *H. Boroffka*, Z. Phys. **160,** 93 (1960).
[11] *H. Gränicher*, Phys. kondens. Materie **1,** 1 (1963).
[12] *M. Eigen* und *L. De Maeyer*, Proc. Roy. Soc. **A 247,** 505 (1958).
[13] *M. Eigen*, *L. De Maeyer* und *H.-Chr. Spatz*, Ber. d. Bunsenges. f. physik. Chem. **68,** 19 (1964).
[14] *H. Inokuchi* und *H. Akamatu*, Solid State Physics **12,** 93 (1961).
[15] *D. D. Eley*, *H. Inokuchi* und *M. R. Willis*, Faraday Soc. Disc. 1959, Nr. 28, S. 54.
[16] *B. J. Sashin* und *N. G. Podossenowa*, Ber. Akad. Wiss. UdSSR, **148**/3, 627 (1962).
[17] *H. Bässler*, Phys. kondens. Materie **2,** 187 (1964).
[18] *H. Vogel* und *H. Bässler*, Z. Naturforsch. **19a,** 1070 (1964).
[19] *H. Bässler* und *N. Riehl*, Physics Letters **12,** 101 (1964).
[20] *H. Bässler* und *N. Riehl*, Z. Naturforsch. (im Druck).
[21] *H. Bässler*, *P. Mayer* und *N. Riehl*, Z. Naturforsch. (im Druck).
[22] *N. Riehl*, Naturwiss. **43,** 145 (1956); Ann. d. Phys. **20,** 93 (1957).
[23] *H. Engelhardt* und *N. Riehl*, Physics Letters 1964 (im Druck).
[24] *P. Gosar* und *M. Pintar*, Phys. stat. sol. **4,** 675 (1964).

H. C. WOLF*)

Lumineszenz und Energieleitung in organischen Molekülkristallen

Mit 18 Abbildungen

Summary

It is the aim of this article to give a survey of the present state of our knowledge on fluorescence spectra and energy transfer processes in organic crystals, especially benzene, naphthalene and anthracene.
The most important crystal properties in the optical fluorescence spectra are the Davydov-splitting, the occurence of crystalline (K-) and molecular (M-)series and so-called X-series. This X-fluorescence is a disturbed intrinsic fluorescence of the crystal. We have observed both impurities and imperfections as origins for this disturbance. There are no self-trapped excitons to be detected in the spectra.
Energy transfer processes in organic crystals can be described by an exciton diffusion mechanism (hopping model). Various calculations and experiments give values of $10^5 - 10^6$ steps per lifetime for singulet — and 10^{10}– 10^{11} steps per lifetime for triplet excitons. The exciton diffusion in pure crystals does not need a measurable thermal activation.

I. Einleitung

In organischen Molekülkristallen sind im allgemeinen die zwischenmolekularen Kräfte wesentlich kleiner als die innermolekularen Kräfte. Die Bausteine der Kristalle, also die Moleküle, bleiben mit vielen ihrer Eigenschaften auch im Kristall erhalten. Für viele Probleme der Molekülphysik stellt der Kristall nur ein Gerüst dar, das die Moleküle orientiert und fest im Raume hält, ohne sie sonst wesentlich zu verändern.
Der Kristall als „*Orientiertes Gas*" wird so zum Objekt der Molekülphysik und ermöglicht die Untersuchung physikalischer Eigenschaften von Molekülen, bei denen es auf eine bekannte Orientierung der Moleküle ankommt. Dazu gehört zum Beispiel die Lage der Übergangsmomente optischer Dipolübergänge in Molekülen. Man kann sie aus der Polarisation von Absorptions- und Fluoreszenzspektren an Einkristallen bestimmen. Gerade bei diesem Problem zeigte sich jedoch, daß das Modell des orientierten Gases nicht ausreicht. Es sei hier auf die zusammenfassenden Darstellungen von *McClure* [1] und *Wolf* [2] verwiesen.
Bei der Untersuchung der auf der Wechselwirkung zwischen den Molekülen beruhenden *Kristall-Eigenschaften* organischer Molekülkristalle hat man sich besonders zwei Problemkreisen zugewandt: der elektrischen Leitfähigkeit und den optischen Spektren. Das Interesse an den optischen Spektren hat wenig

*) Aus dem 3. Physikalischen Institut der Technischen Hochschule, Stuttgart.

praktische Bedeutung. Für die Anwendung der Kristalle als Szintillationszähler sind die Kristalleigenschaften kaum maßgebend. Wenn man sich besonders in den letzten Jahren etwas intensiver mit der optischen Spektroskopie organischer Molekülkristalle beschäftigt, dann hat das andere Gründe: In der *Festkörperphysik* stellen die optischen Anregungszustände von Molekülkristallen einen besonders anschaulichen Grenzfall der Excitonen dar und zwar denjenigen Grenzfall, bei dem sich Elektron und Loch im gleichen Molekül befinden. Man kann viele Eigenschaften, Prozesse und Wechselwirkungen von Excitonen besonders einfach an Molekülkristallen studieren, weil hier Excitonenzustände mit angeregten Molekülzuständen weitgehend identifiziert werden können. Es sei hier auf die Bücher von *Davydov* [3] und *Knox* [4] verwiesen. — In der *Biophysik* benutzt man in zunehmendem Maße Methoden und Erkenntnisse der Festkörperphysik, und man kann die organischen Molekülkristalle als das natürliche Bindeglied zwischen Biophysik und Festkörperphysik ansehen [5]. Das gilt besonders für das Problem der Energieleitung und Energieübertragung.

Im folgenden soll versucht werden, einige aktuelle Probleme der Lumineszenz und Energieleitung in organischen Molekülkristallen zu diskutieren. Die Diskussion beschränkt sich im wesentlichen auf Kristalle aus der Gruppe der Acene, speziell auf *Benzol*, *Naphthalin* und *Anthracen*. Diese Kristalle sind sehr viel besser untersucht als alle anderen Molekülkristalle, und nur hier kann man hinreichend sicher zwischen den Eigenschaften des reinen Kristalls und Einflüssen von Kristallfehlern unterschieden. Die Verallgemeinerung der an diesen Kristallen gewonnenen Ergebnisse auf andere Molekülkristalle ist möglich, wenn man berücksichtigt, daß es sich bei den hier untersuchten elektronischen Übergängen zwischen Grund- und Anregungszustand um relativ schwache Übergänge mit Oszillatorenstärken zwischen 0,001 (Benzol, Naphthalin) und 0,01 (Anthracen) handelt. Die Eigenschaften stärkerer Übergänge wurden von *Simpson* und *Peterson* [6] diskutiert.

An zusammenfassender Literatur sind außer den Artikeln von *McClure* [1] und *Wolf* [2] und den Büchern von *Davydov* [3] und *Knox* [4] noch die Arbeiten von *Broude* u.a. [7] und *Hochstrasser* [8] zu nennen.

II. Die Kristalle

1. Kristallstruktur

Die *Kristallstrukturen* der im folgenden zu behandelnden Kristalle sind bekannt. Zum Beispiel ist das Gitter von Naphthalin und von Anthracen monoklin mit 2 Molekülen in der Einheitszelle [9]. — Kristallzucht und Orientierung der Kristalle machen keine prinzipiellen Schwierigkeiten. Die wichtigsten Methoden sind in [2] zusammengestellt.

2. Reinigung

Das zentrale experimentelle Problem ist gegenwärtig die *Reinigung*. Es hat sich in den letzten Jahren gezeigt, daß die organischen Molekülkristalle zahlreiche für die betreffende Substanz charakteristische Verunreinigungen enthalten, die zum Teil sehr schwer zu entfernen sind, und deren Sensibilisierte Fluoreszenz den überwiegenden Anteil der gesamten Kristall-Lumineszenz

ausmachen kann. Es gibt in der Literatur über die Fluoreszenz organischer Kristalle zahlreiche Beispiele dafür, daß Verunreinigungen als solche nicht erkannt und ihre Einflüsse auf die Fluoreszenzspektren falsch gedeutet wurden. Dafür einige Beispiele: Alle vor etwa 1961 gemessenen Fluoreszenzspektren von Naphthalin-Kristallen sind tatsächlich überwiegend die Fluoreszenzspektren von β-Methyl-Naphthalin, Thionaphthen und anderen Verunreinigungen in Naphthalin [10, 11]. Die Beobachtung von „selbst-eingefangenen" Excitonenzuständen in Anthracen-Kristallen ist ein Verunreinigungseffekt [12, 13]. Das Einfrieren der Energieübertragung auf einen Gast im Wirt-Kristall bei tiefer Temperatur ist die Folge einer Konkurenz zwischen Gast- und Verunreinigungs-Emission bzw. X-Emission (siehe unten), und verschwindet bei zunehmender Reinigung der Kristalle [13, 14, 15].
Das wichtigste Reinigungsverfahren ist auch hier das Zonenreinigen. Die Probleme und Schwierigkeiten variieren von Substanz zu Substanz. Man kann die Wirksamkeit des Verfahrens vielleicht summarisch durch die folgenden Zahlenangaben charakterisieren: Es gelingt im allgemeinen, die Verunreinigungs-Konzentration auf weniger als 10^{-7} zu reduzieren, und dazu sind im allgemeinen mehrere 100 Zonendurchgänge nötig. — Methoden zur zuverlässigen Messung von Verunreinigungskonzentrationen unter 10^{-7} gibt es noch nicht.

III. Die Kristall-Fluoreszenzspektren

Wenn man sich bemüht, die Fluoreszenzspektren der reinen Kristalle zu beobachten und zu analysieren, dann muß man sich besonders mit folgenden Problemen auseinandersetzen:

1. Man muß das Fluoreszenzspektrum des Kristalls, seine Eigenfluoreszenz, trennen von der Fluoreszenz von Verunreinigungen und Fallen.
2. Man muß die Fallen identifizieren.
3. Man muß sich mit der Exciton- Phonon-Wechselwirkung beschäftigen.

Dies sind die gegenwärtig aktuellen Probleme.

1. Die Struktur des Eigenfluoreszenz-Spektrums

Zum Verständnis der Kristallspektren hat man von den optischen Spektren der freien Moleküle auszugehen. Das *Absorptionsspektrum* der freien Moleküle enthält im allgemeinen mehrere elektronische Übergänge mit unterschiedlicher Oszillatorenstärke, denen Molekül-, Schwingungs- und Rotationsübergänge überlagert sind. — Das *Fluoreszenzspektrum* entspricht im allgemeinen (außer bei stark verdünnten Gasen) Übergängen zwischen dem niedersten elektronischen Anregungszustand und den Schwingungsniveaus des Grundzustandes. Die Wellenzahlen der Linien in den Absorptions- und Fluoreszenzspektren lassen sich also als Serien von Linien darstellen in der Form

$$\bar{\nu} = \bar{\nu}_{0,0} \pm (n_1\bar{\nu}_1 + n_2\bar{\nu}_2 + \ldots) \tag{1}$$

Dabei bedeuten: 0,0 die Resonanzlinie

$\bar{\nu}_1, \bar{\nu}_2 \ldots$ Wellenzahlen von Molekülschwingungen

$n_1, n_2 \ldots$ kleine ganze Zahlen (0, 1, 2, 3).

Im Termschema (Abb. 1) sind die wichtigsten Eigenschaften der Molekülspektren zusammengefaßt. Außer dem Singulett-System ist auch das Triplett-System eingetragen. Übergänge zwischen beiden Systemen werden beobachtet, jedoch in Absorption und Emission nur mit extrem kleiner Oszillatorenstärke.

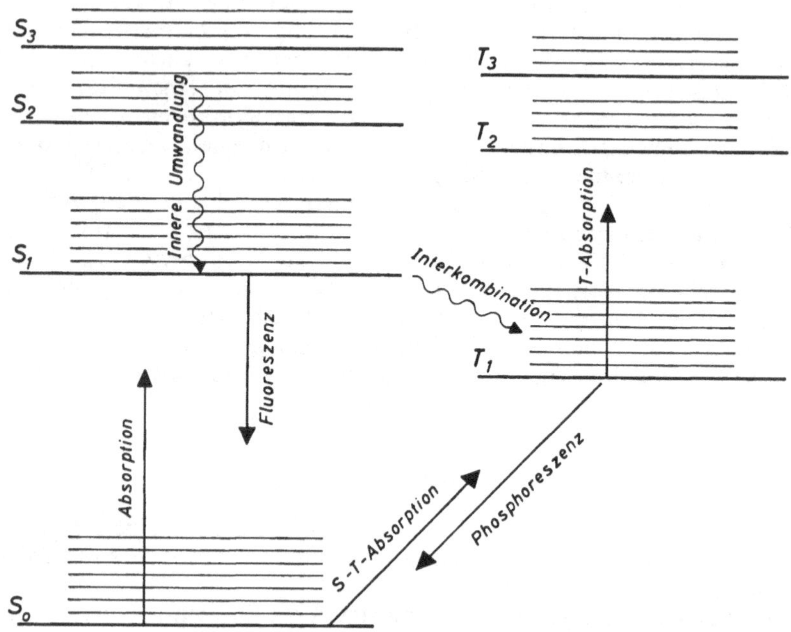

Abb. 1. Energie-Niveaus und Übergänge in organischen Molekülen, schematisch. Eingetragen sind die elektronischen Singulett- und Triplett-Niveaus, Schwingungsniveaus sowie die wichtigsten Übergänge. Strahlungslose Übergänge sind als Wellenlinien eingetragen

Strahlungslose Übergänge (insbesondere das intersystem crossing vom angeregten Singulett- in einen angeregten Triplett-Zustand) können eine wesentlich höhere Wahrscheinlichkeit haben.

Der *Kristall*-Zustand kann die folgenden vier hauptsächlichen Änderungen an den Spektren hervorrufen:

1. Eine allgemeine Verschiebung nach Rot oder Violett.
2. Eine völlige oder teilweise Aufhebung von Entartungen von Molekülzuständen.
3. Eine Verletzung von Auswahlregeln des freien Moleküls.
4. Eine Vermehrung der Anzahl der Linien gegenüber der Anzahl, die zum freien Molekül gehört, hervorgerufen durch zwischenmolekulare Resonanz.

Das *Kristall-Spektrum* unterscheidet sich vom Spektrum des freien Moleküls also durch eine geänderte Intensitätsverteilung (Punkte 2 und 3), durch eine gemeinsame Verschiebung aller Linien (Punkt 1) sowie durch eine Aufspaltung einzelner Linien, die sogenannte *Davydov-Aufspaltung*. Für die Termabstände ΔE_{Kr} in einem Kristall mit zwei Molekülen in der Einheitszelle gilt im i-ten Anregungszustand

$$\Delta E^i_{\mathrm{Kr}} = \Delta E^i_{\mathrm{M}} + D^i + I^i_1 \pm I^i_2 \tag{2}$$

Wenn die Anzahl der Moleküle in der Einheitszelle größer ist, kommen weitere Aufspaltungsterme ($\pm I_3, I_4 \ldots$) hinzu.
In Gl. (2) bedeuten:
ΔE^i_{Kr} = Energiedifferenz zwischen Grund- und i-tem Anregungszustand im Kristall,
ΔE^i_{M} = Energiedifferenz zwischen Grund- und i-tem Anregungszustand im Molekül,
D_i = Bandenverschiebung, hervorgerufen durch die Differenz zwischen der Wechselwirkungsenergie eines Moleküls m im i-ten Anregungszustand und im Grundzustand mit allen anderen Molekülen n im Kristall. D läßt sich darstellen in der Form

$$D^i_{mn} = \sum_n \{(\varphi^i_m \varphi_n | V_{mn} | \varphi^i_m \varphi_n) - (\varphi_m \varphi_n | V_{mn} | \varphi_m \varphi_n)\} \tag{3}$$

(φ_n, φ^i_n sind die Wellenfunktionen des Moleküls n im Grundzustand bzw. im i-ten Anregungszustand, V_{mn} ist das Wechselwirkungspotential),
I^i_1 = Bandenverschiebung, hervorgerufen durch Energieaustausch eines angeregten Moleküls m mit allen translationsäquivalenten Molekülen n' im Kristall.
I läßt sich darstellen in der Form

$$I^i_1 = \sum_{n'} (\varphi^i_m \varphi_n | V_{mn} | \varphi_m \varphi^i_n) \tag{4}$$

n' bedeutet, daß nur über die zum Molekül m translationsäquivalenten Moleküle summiert wird.
I^i_2 = Aufspaltungsterm, hervorgerufen durch Energieaustausch eines angeregten Moleküls m mit allen nicht-translationsäquivalenten Molekülen n'' im Kristall. I^i_2 läßt sich darstellen in der Form

$$I^i_2 = \sum_{n''} (\varphi^i_m \varphi_n | V_{mn} | \varphi_m \varphi^i_n) \tag{5}$$

n'' bedeutet, daß über alle zu m nicht-translationsäquivalenten Moleküle summiert wird.
Die exakte Berechnung der Wechselwirkungsterme D und I findet sich bei [1], [3] und [16].
Häufig kann man das Wechselwirkungspotential durch eine Dipol-Wechselwirkung (d.h. durch das Übergangs-Dipolmoment) mit den nächsten Nachbarn hinreichend gut annähern. Dann gilt für die Ausdrücke I:

$$I \text{ prop. } z \cdot \frac{M^2}{R^3_{mn}} \tag{6}$$

oder auch

$$I = \text{const} \cdot \frac{f}{\Delta E^i_M} \tag{7}$$

Dabei bedeuten:
z = einen Orientierungsfaktor der Größenordnung 1,
M = das Übergangsdipolmoment für den betreffenden optischen Übergang,
f = die Oszillatorenstärke des optischen Überganges,
R = den Molekülabstand im Kristall.

Quantitative Berechnungen der beobachten Davydov-Aufspaltungen finden sich zum Beispiel in [16]. Dabei ergibt sich, daß man im Falle des ersten Singulett-Überganges im Naphthalin-Kristall nicht mit der Dipol-Näherung auskommt, sondern Oktupol-Momente zu berücksichtigen hat.

Als Anhaltspunkt für die Größenordnung der Bandenverschiebung und Bandenaufspaltung kann gelten:

Für Oszillatorenstärken f zwischen 0,001 und 0,01 liegen die Zahlenwerte für D und I zwischen 100 und 1000 cm^{-1}.

Anzahl und Polarisation der Davydov-Komponenten sind durch die Kristallsymmetrie eindeutig gegeben [3]. Für Dipolübergänge erhält man die Polarisation der Davydov-Komponenten durch einfache vektorielle Addition bzw. Subtraktion der Übergangsmomente der Einzelmoleküle [17].

Schließlich muß man daran denken, daß die bisherigen Überlegungen für das starre Molekül gelten. Zusätzlich sind noch Schwingungsterme zu berücksichtigen. Aus den Ausdrücken I (Gl. 4, 5) werden dann Ausdrücke $I \cdot S^2$, wobei S das Schwingungs-Überlappungs-Integral (Franck-Condon-Integral) zwischen Grund- und Anregungszuständen eines einzelnen Moleküls bedeutet.

2. Erläuterung am Beispiel Naphthalin

Abb. 2 zeigt nebeneinander das Absorptionsspektrum von Naphthalin in Lösung und im Kristall, beides für die beiden ersten Singulett-Übergänge. Man erkennt die große Ähnlichkeit der beiden Spektren.

Für den Naphthalin-Kristall (Raumgruppe C_{2h}^5) gilt: der erste elektronische Anregungszustand des Moleküls gehört zur Darstellung B_{2u} der Molekül-Symmetrie-Gruppe D_{2h}, der Übergang zum Grundzustand A_g ist längs der langen Molekülachse orientiert (allerdings mit sehr kleinem Übergangsmoment). Im Kristall spaltet der Molekül-Zustand B_{2u} in zwei Davydov-Komponenten auf, die zu den Darstellungen B_u und A_u der Kristallsymmetrie C_{2h}^5 gehören.

Die Übergänge zum Grundzustand sind dann in der ac-Ebene (B_u) bzw. parallel zur b-Achse (A_u) polarisiert. Der Übergang 0,0($B_u \rightarrow A_g$) liegt bei 31476, der Übergang 0,0 ($A_u \rightarrow A_g$) liegt bei 31626 cm^{-1} (Abb. 3).

3. K- und M-Serien

Serien von Fluoreszenz- oder Absorptionslinien, die sich durch Gl. (1) und (2) beschreiben lassen, bei denen also alle Molekül-Linien im Kristall aufgespalten sind, und bei denen die Polarisation und die Anzahl der Komponenten durch die Kristall-Symmetrie bestimmt sind, bezeichnet man als *K-Serien* (*Kristall-Serien*). Sie sind weiter dadurch charakterisiert, daß alle aktiven Molekül-Schwingungen (die $\bar{\nu}_i$ in Gl. (1)) totalsymmetrische Schwingungen sind.

Außerdem beobachtet man Serien, an denen jeweils eine nicht-totalsymmetrische Molekülschwingung beteiligt ist. Es gibt also für solche Serien einen „falschen" Ursprung der vom eigentlichen Ursprung (O, O-Übergang) um den Frequenzwert einer nicht total-symmetrischen Schwingung entfernt ist. So beobachtet man zum Beispiel im Naphthalin-Kristall für den ersten Singulett-Übergang:

Falsche Ursprünge für das Absorptionsspektrum:

$31960 = 31543 + 417\ cm^{-1}, \quad 32412 = 31543 + 869\ cm^{-1}$

Falsche Ursprünge für das Fluoreszenzspektrum:

$30968 = 31476 - 508\ cm^{-1}$, $30541 = 31476 - 935\ cm^{-1}$

Diese Serien zeigen keine Davydov-Aufspaltung. Ihre Polarisation ist nicht durch die Kristallsymmetrie, sondern nur durch die Lage des Übergangsmomentes im freien Molekül bestimmt. Für Naphthalin gilt [18]: Die angeführten nicht-totalsymmetrischen Schwingungen gehören zur Molekül-Symmetrie b_{3g}. Damit erhält man für die elektronischen Niveaus die Symmetrie $(B_{2u} \cdot b_{3g}) = B_{1u}$, d.h. eine Polarisation längs der kurzen Molekülachse für den Übergang zum Grundzustand. Solche Serien heißen *M-Serien* (*Molekülserien*). Sie sind bei Molekülen wie Benzol oder Naphthalin wichtig und intensiv, wo der Übergang zwischen dem Grundzustand und dem niedersten Singulett-Anregungszustand weitgehend Symmetrie-verboten ist, bzw. nur ein sehr kleines optisches Übergangsmoment besitzt. Hier wird das Symmetrie-Verbot durch die nicht-totalsymmetrische Schwingung teilweise aufgehoben.

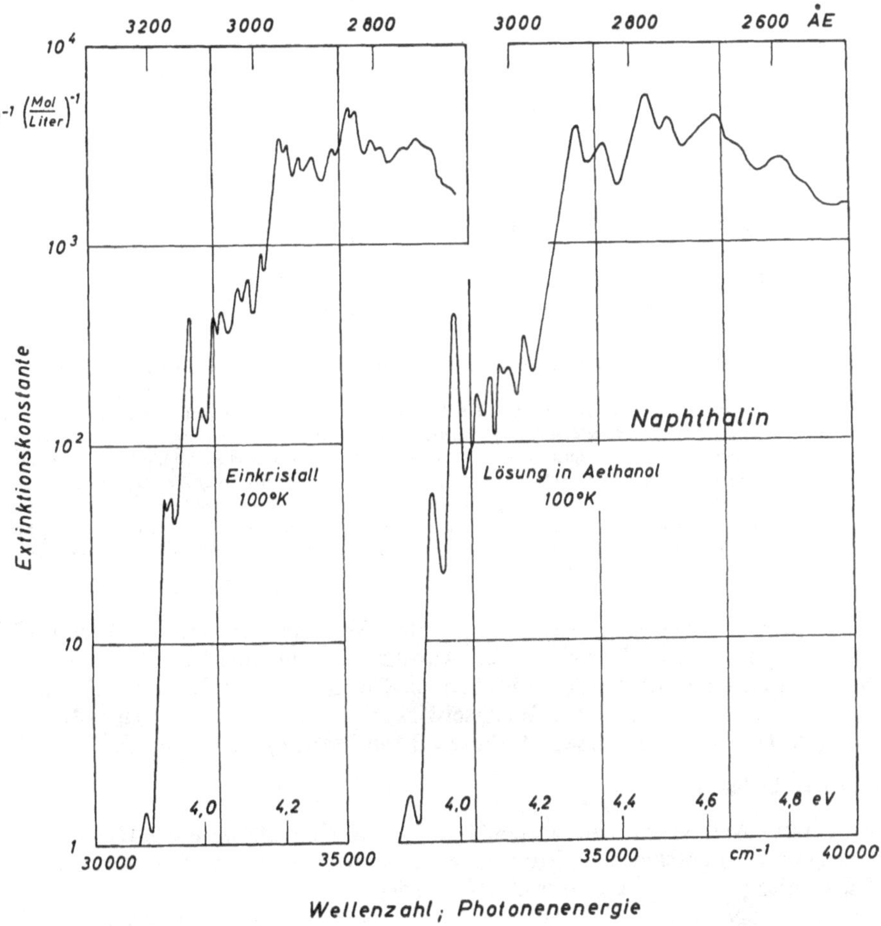

Abb. 2. Absorptionsspektrum von Naphthalin bei 100 °K. Links Einkristall, unpolarisiert, rechts Lösung in Aethanol

In Abb. 3 sind die Daten für den Naphthalin-Kristall zusammengestellt. Es gilt folgendes:

Grundzustand A_g

K-Serie aus 2 Komponenten, Symmetrie A_u und B_u, Emission bei Tieftemperatur nur aus dem tiefsten Aufspaltungszustand.

M-Serien ohne Aufspaltung, Symmetrie $B_{2u} \cdot b_{3g} = B_{1u}$.

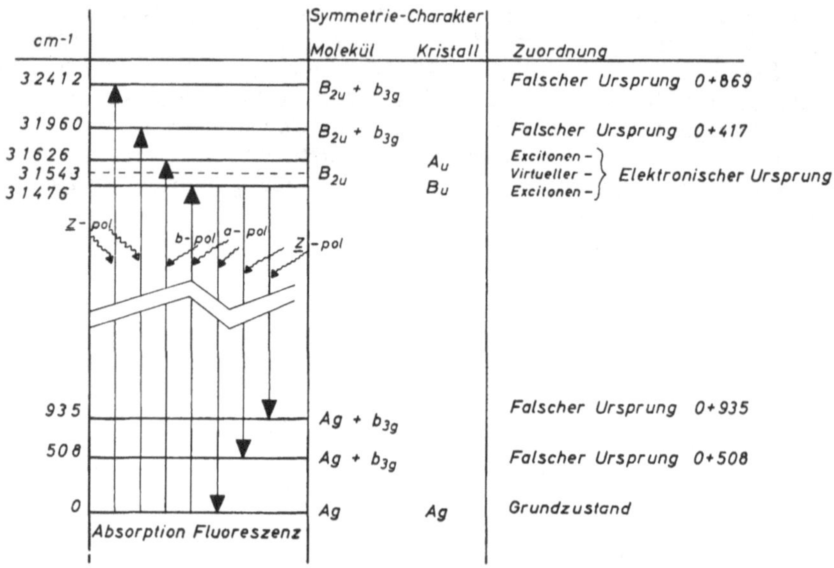

Abb. 3. Energie-Niveau-Schema für den ersten Singulett-Übergang im Naphthalin-Kristall. Eingetragen sind nur die Ursprünge für die Serien. Die Übergänge nach oben (Absorption) gehen zum aufgespaltenen elektronischen Anregungszustand (a- und b-polarisiert) und zu zwei nicht aufgespaltenen falschen Ursprüngen (etwa längs der Z-Achse polarisiert, wenn Z die kurze Molekülachse ist). Die Serien entstehen, indem sich auf diese Ursprünge Progressionen in totalsymmetrischen Molekülschwingungen (a_{1g}) aufbauen. Die Übergänge nach unten (Fluoreszenz) beginnen bei tiefer Temperatur im niedersten elektronischen Zustand. Es gibt einen echten (K-Serie) und zwei falsche (M-Serie) Ursprünge, ebenfalls mit Progressionen in a_{1g}-Frequenzen. Die stärksten Schwingungsbanden entsprechen den a_{1g}-Schwingungen 503, 716, 987, 1390, 1430 cm^{-1} in Absorption und 762, 1021 (?), 1144, 1381, 1460, 1631 cm^{-1} in Fluoreszenz. Siehe dazu [18]

Die fehlende Davydov-Aufspaltung in den M-Serien ist vermutlich eine Folge des Franck-Condon-Prinzips. Bei Anregung einer nicht-totalsymmetrischen Molekülschwingung werden die Franck-Condon-Integrale S (s. S. 62) und damit auch die Resonanz-Wechselwirkung mit benachbarten Molekülen kleiner. Das führt zu einer stärkeren Lokalisierung der Energie.

4. Fallen-Emission

Man hat zwei Sorten von Fallen für die im Kristall wandernde Anregungsenergie zu unterscheiden. Ihre sensibilisierten Fluoreszenz-Spektren sollen als Gast- und als X-Serien bezeichnet werden.

Die *Gast-Serien* sind die Absorptions- bzw. Fluoreszenzspektren von Gast-Molekülen in den Wirt-Kristallen. Die Energiedifferenzen zwischen den Linien dieser Serien entsprechen Eigenschwingungen der Gast-Moleküle, wie man sie

aus Raman- oder Infrarot-Untersuchungen kennt. Sie sind dadurch leicht von den Serien des Wirtes zu unterscheiden.
Sehr charakteristisch für die Fluoreszenzspektren von Molekülkristallen sind daneben die *X-Serien*. Damit sollen hier Serien bezeichnet werden, die identisch mit denen des Wirt-Kristalls sind, jedoch insgesamt nach Rot verschoben. So gilt zum Beispiel für Naphthalin (10):

K -Serie: 0,0 bei 31476 cm^{-1}
X_1-Serie: 0,0 bei 31446, Fallentiefe 30 cm^{-1}
X_2-Serie: 0,0 bei 31420, Fallentiefe 56 cm^{-1}
X_3-Serie: 0,0 bei 31397, Fallentiefe 79 cm^{-1}
und weitere. Siehe dazu die Abb. 4.

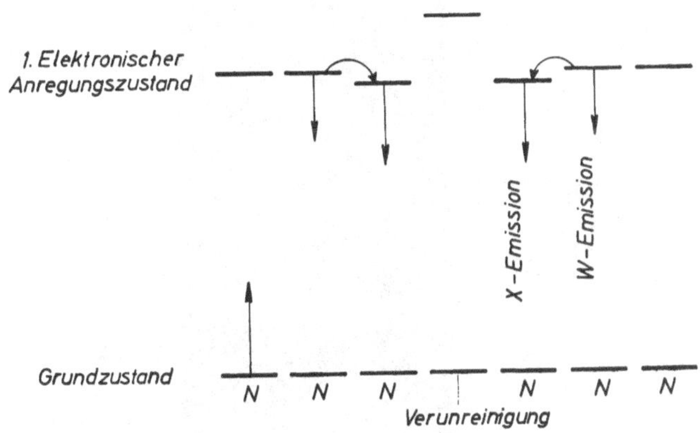

Abb. 4
Schema zur Erklärung der X-Emission (gestörte Eigen-Emission). Naphthalin-Moleküle N in der Nachbarschaft einer Verunreinigung sind gestört und wirken als flache Falle für die Energie. Die Emission aus dem ungestörten Naphthalin-Kristall ist hier als W- (Wirt)-Emission bezeichnet; aus [10]

Man beobachtet also das Fluoreszenzspektrum des Naphthalin-Kristalls mehrfach nebeneinander. Bei den X-Serien handelt es sich um die Lumineszenz von Molekülen des Wirt-Kristalls in gestörten Kristallbereichen. Sie sind also ein Analogon zu den sogenannten α und β-Banden in Alkalihalogenid-Kristallen. Die Störung kann entweder ein Verunreinigungs-Molekül sein. So konnte zum Beispiel gezeigt werden, daß die Serie X_1 in Naphthalin durch Thionaphthen als Verunreinigung hervorgerufen wird [11]. In diesem Falle kann das X-Spektrum durch Zonenreinigung reduziert oder ganz entfernt werden [10]. Es kann sich aber auch um eine lokale Störung der Kristallstruktur handeln. So wird zum Beispiel eine schwache X-Serie mit einer Verschiebung von 165 cm^{-1} gegen die Fluoreszenz des reinen Naphthalins durch eine plastische Verformung der Kristalle erheblich stärker [19]. Hier kann man den Fehler thermisch wieder ausheilen, und damit die Serie weitgehend aus dem Fluoreszenzspektrum entfernen.

5. Selbst-eingefangene Excitonen

Aus der Tatsache, daß man häufig in Molekülkristallen eine Lücke zwischen Absorptions- und Emissions-Spektren beobachtet, hat man auf die Existenz von selbst-eingefangenen Excitonen-Zuständen geschlossen [12]. Eine Gitter-Relaxation am Ort eines mehr oder weniger lokalisierten Excitons soll zu einem Energieverlust und damit zu einer Stokes-Verschiebung zwischen Absorption und Fluoreszenz führen. In den bisher gut analysierten Fällen (d.h. bei Benzol [2], Naphthalin [10], Anthracen [13] und Phenanthren [14] konnte gezeigt werden, daß diese Stokes-Verschiebung durch Verunreinigungen im Kristall, die als Fallen wirken (G- oder X-Serien) hervorgerufen sind. Selbsteingefangene Excitonen in Molekülkristallen wurden bisher nicht beobachtet. Die Frage, ob es in organischen Molekülkristallen eine Emission freier Excitonen gibt, das heißt eine Emission aus Excitonen-Zuständen ohne Gitterrelaxation, wurde lange und oft bezweifelt. Man kann heute feststellen, daß dies offenbar der Normalfall ist.

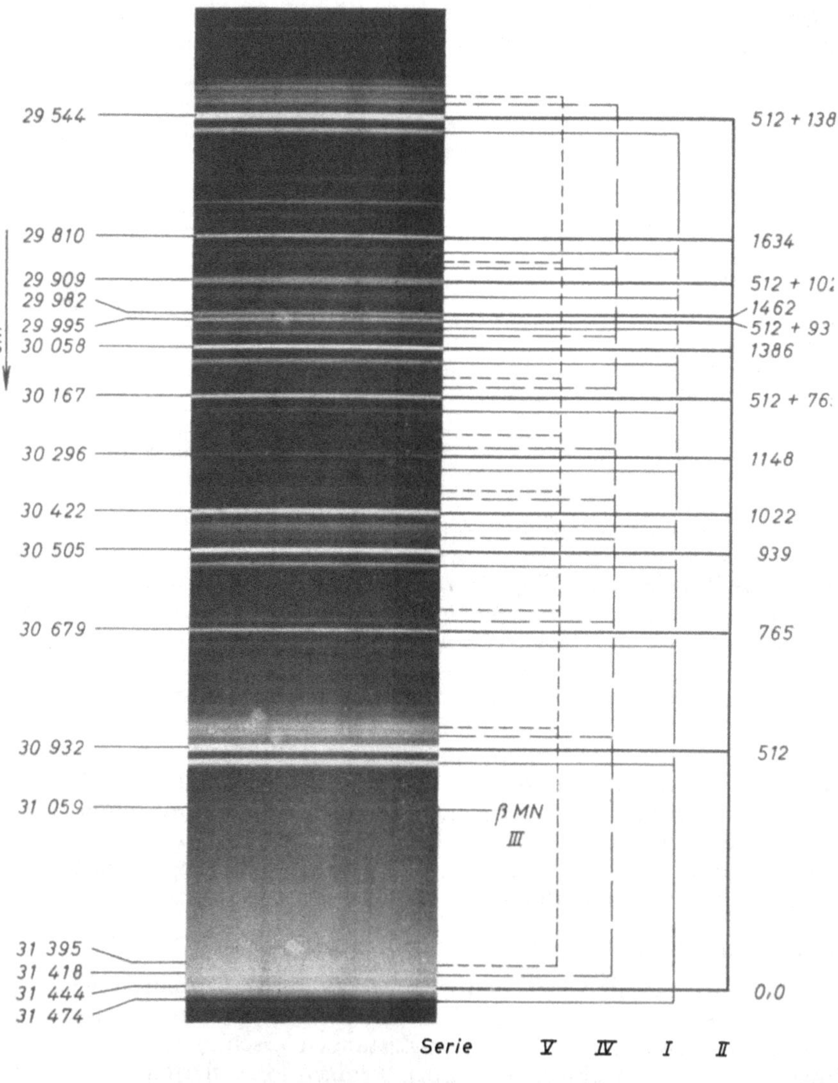

Abb. 5. Ausschnitt aus dem Fluoreszenzspektrum eines Naphthalin-Einkristalls bei 4,2 °K. Man sieht den Bereich um die 0,0-Linie (die eigentliche 0,0-Linie bei 31476 cm^{-1} ist reabsorbiert) und die erste Progression der Molekülschwingungen. Serie I gehört zum ungestörten Naphthalin, die Serien II, IV und V sind X-Serien, Serie III gehört zum β-Methylnaphthalin; aus [10]

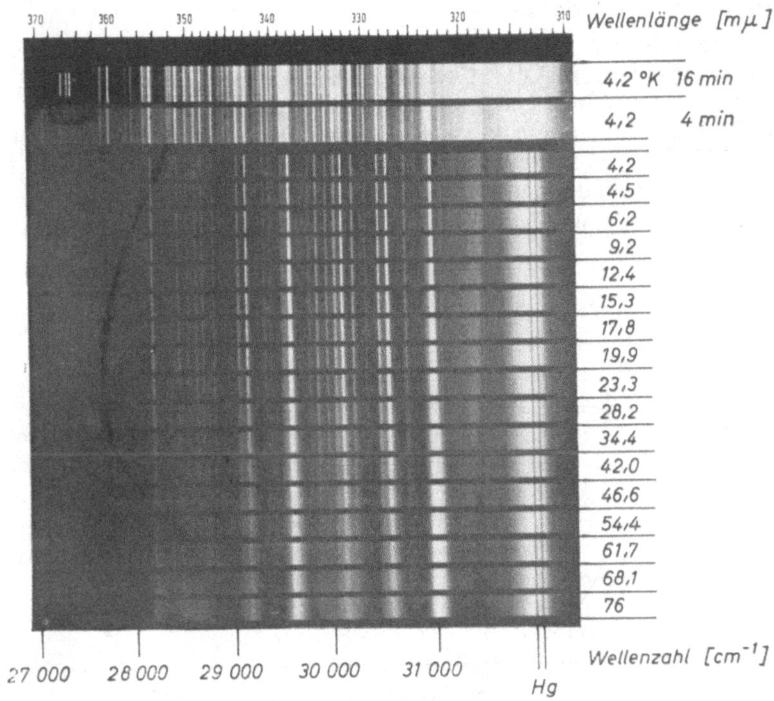

Abb. 6. Fluoreszenzspektrum eines Naphthalin-Einkristalls zwischen 4,2 und 70 °K. Rechts im Bild sieht man das reflektierte Hg-Licht, besonders die Liniengruppe bei 313 μm. Vom 0,0-Übergang bei 31476 cm^{-1} aus erstreckt sich nach rechts die Absorption, nach links die Fluoreszenz. Dieser Kristall enthält noch etwas β-Methyl-Naphthalin, dagegen fast keine X-Serien mehr; aus [10]

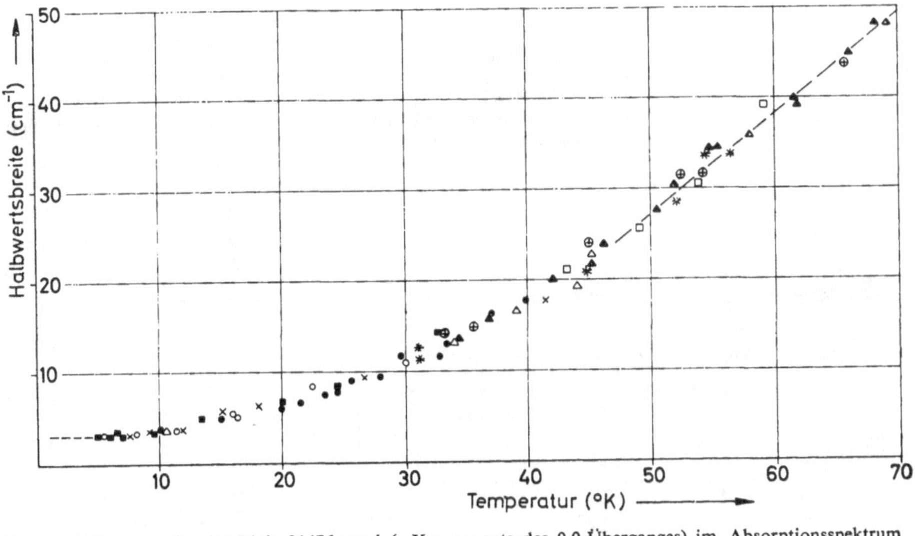

Abb. 7. Halbwertsbreite der Linie 31476 cm^{-1} (a-Komponente des 0,0-Überganges) im Absorptionsspektrum eines Naphthalin-Kristalls als Funktion der Temperatur. Messungen an verschiedenen Kristallen; aus [21]

6. Exciton-Phonon-Wechselwirkung

Die *Linienbreite* in den Fluoreszenz- und Absorptionsspektren von Kristallen ist durch Wechselwirkung der Excitonenzustände mit Phononen bestimmt. Beispiele geben die Abb. 7 und 8 [10, 20, 21, 22].

Man beobachtet eine unterschiedliche Temperaturabhängigkeit für die verschiedenen Davydov-Komponenten. In den Abb. 7 und 8 ist nur die a-Komponente von Naphthalin dargestellt. Die b-Komponente erreicht schon bei höherer Temperatur, nämlich bei ca. 60 °K, ihren Minimalwert von ca. 40 cm^{-1}.

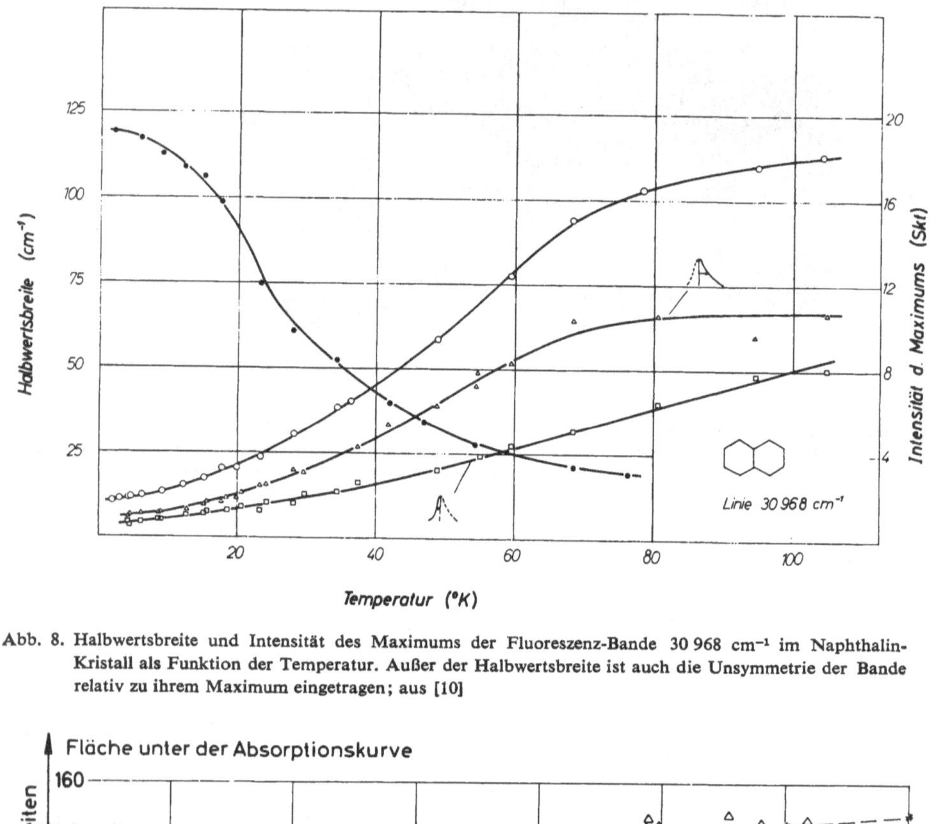

Abb. 8. Halbwertsbreite und Intensität des Maximums der Fluoreszenz-Bande 30 968 cm^{-1} im Naphthalin-Kristall als Funktion der Temperatur. Außer der Halbwertsbreite ist auch die Unsymmetrie der Bande relativ zu ihrem Maximum eingetragen; aus [10]

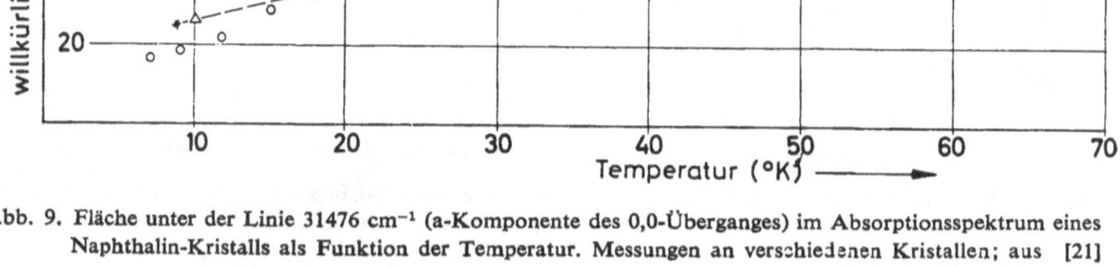

Abb. 9. Fläche unter der Linie 31476 cm^{-1} (a-Komponente des 0,0-Überganges) im Absorptionsspektrum eines Naphthalin-Kristalls als Funktion der Temperatur. Messungen an verschiedenen Kristallen; aus [21]

Parallel zur Temperaturabhängigkeit der Linienbreite geht auch eine solche der *Oszillatorenstärke*. Abb. 9 zeigt die Gesamtabsorption im Gebiet der a-Komponente des Naphthalin-O, O-Überganges.

Eine explizite theoretische Berechnung dieser *Exciton-Phonon-Wechselwirkungsprozesse* gibt es noch nicht. Gewisse Hinweise auf den Mechanismus geben die Arbeiten von *Toyozawa* [23]. Jedenfalls benötigt man zur Erklärung der beobachteten Effekte im Naphthalin-Kristall Phononen mit Energiewerten zwischen 10 und 20 cm^{-1} für die Davydov-Komponente der Symmetrie B_u (a-Komponente) und Phononen von 40 – 100 cm^{-1} für die Komponente A_u

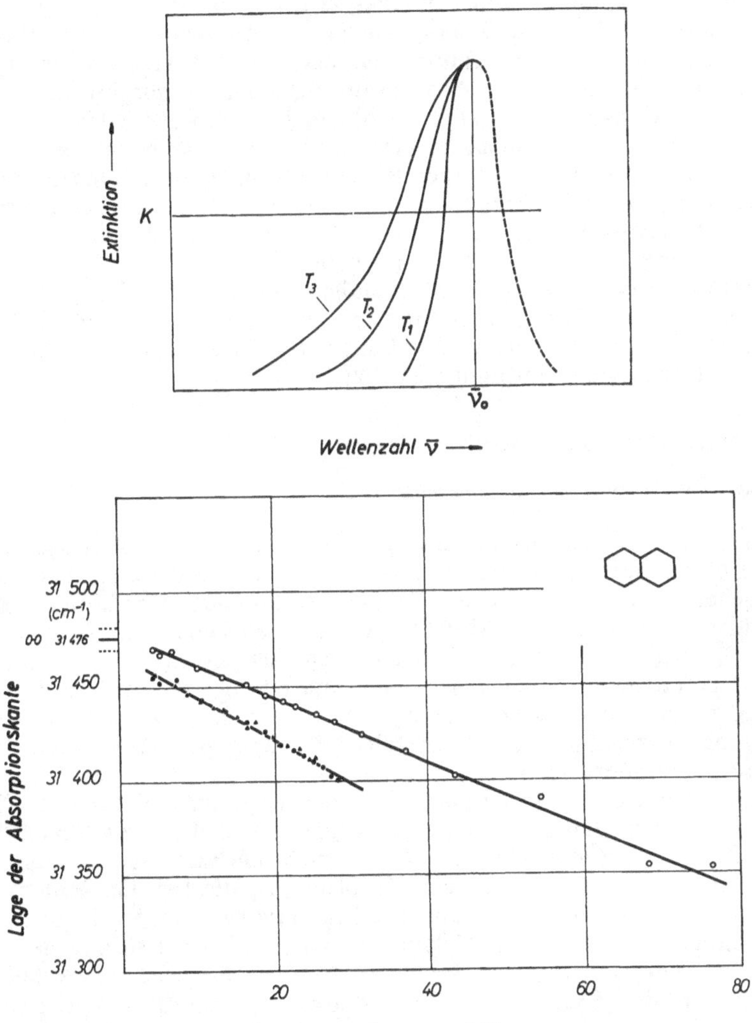

Abb. 10. Temperaturabhängigkeit der Absorptionskante im Naphthalin-Kristall als Funktion der Temperatur. Oberes Teilbild: Erläuterung der Meßmethode. Es wurde die Temperaturabhängigkeit der spektralen Lage eines bestimmten Wertes der Absorptionskonstanten gemessen.
Unteres Teilbild: Meßergebnisse an zwei Kristallen verschiedener Dicke; aus [10]

(b-Komponente). Solche Phononen wurden im Ramanspektrum beobachtet [24, 25]. Allerdings gibt es noch keine eindeutige Zuordnung zu den verschiedenen Zweigen des Phononenspektrums.
Weitere charakteristische Beobachtungen beziehen sich auf die Linienform von Fluoreszenz- und Absorptionslinien. Hier sei auf die Arbeiten [10] und [21] verwiesen.
Die Temperaturabhängigkeit der Absorptionskante gehorcht einer *Urbach-Regel* (Abb. 10 [10]. Dieses Verhalten kann hier durch eine temperaturabhängige Besetzung von Phononen-Niveaus im elektronischen Grundzustand hinreichend gut beschrieben werden.
Für den Experimentator und zur Analyse der Spektren ist die Beobachtung von besonderem Wert, daß das Temperaturverhalten der Linienbreite für Wirt-Excitonen-Linien ganz anders ist als das von Gast- oder X-Linien, d.h. für eine Emission oder Absorption aus lokalisierten Zuständen.
Die Gast- und X-Zustände koppeln offenbar nicht oder jedenfalls sehr viel schwächer mit den Phononen, und ihre Linienbreite bleibt in weiten Grenzen fast unabhängig von der Temperatur. Dieses unterschiedliche Temperatur-Verhalten ist in vielen Fällen das sicherste Kriterium zur Unterscheidung zwischen Eigenabsorption oder Eigenfluoreszenz und solchen Linien, die zu Verunreinigungen oder Gitterfehlern gehören.
Mechanische Spannungen in den Kristallen, wie sie zum Beispiel auftreten, wenn ein fest auf einer Quarz-Unterlage haftender Kristall abgekühlt wird, führen zu einer Verbreiterung der Linien. Sie wirken sich also ähnlich aus wie eine Temperatur-Erhöhung [21, 22].

IV. Energieleitung und Energieübertragung

1. Hüpfmodell für die Excitonendiffusion

Zum Verständnis der *Struktur* des optischen Spektrums organischer Kristalle hat es sich bewährt, vom spektroskopischen Verhalten des einzelnen Moleküls auszugehen und die schwache Wechselwirkung mit den übrigen Kristallmolekülen als Störung des Molekülspektrums zu behandeln. — Andererseits ist ein Zustand des Kristalls, bei dem sich das Molekül m im Anregungszustand befindet, mit allen Zuständen entartet, bei denen irgend eines der anderen n Kristallmoleküle angeregt ist. Man kommt so zur Beschreibung des Anregungszustandes eines Kristalls mit *Excitonenwellen.* Siehe dazu die Literatur, besonders [3, 4].
Als gute Näherung zum Verständnis vieler Experimente hat sich die Vorstellung erwiesen, daß die Anregungsenergie von Molekül zu Molekül hüpft, das sogenannte *Hüpfmodell für die Excitonendiffusion.* Man kann diesen Prozeß charakterisieren durch eine Hüpfzeit t_H, die für die Weitergabe der Anregungsenergie von Gitterplatz zu Gitterplatz benötigt wird. Im folgenden sollen einige Methoden zur Messung von t_H und zur Prüfung der Berechtigung und der Grenzen des genannten Modells besprochen werden.
Im Rahmen des Excitonen-Diffusionsmodells gelten die folgenden Beziehungen:

Es sei t_H die Hüpfzeit,
τ_W die Abklingdauer der Wirt-Fluoreszenz, also die mittlere Lebensdauer eines Wirt-Excitons,

dann ist $z = \tau_W / t_H$ die Anzahl der Schritte pro Lebensdauer
und $l = \sqrt{d^2 \cdot z}$ die mittlere Reichweite der Excitonendiffusion, wenn d der Molekülabstand ist.

2. Bestimmung der Hüpfzeit aus dem optischen Übergangsmoment

Gegeben seien zwei gleiche Moleküle 1 und 2. Sie seien beschrieben durch die Wellenfunktionen φ_1^i und φ_2^i (Abb. 11). Der Index i bezieht sich auf den

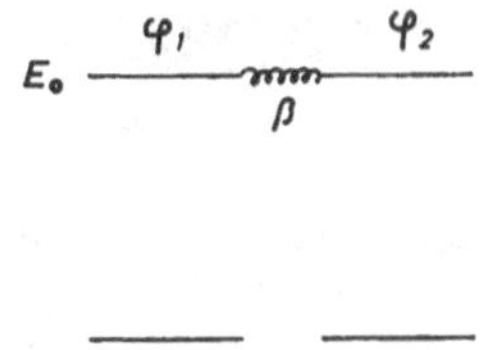

Abb. 11
Schema zur Berechnung der Kopplung zwischen zwei Molekülen φ_1 und φ_2

i-ten Anregungszustand. Dazu gehören die Energie E_0 und das Matrixelement β für die Kopplungs-Energie. Dann gilt für dieses Doppelmolekül die neue Wellenfunktion

$$\psi_{1,2}^i = \varphi_1^i \pm \varphi_2^i$$

mit den neuen Energiewerten

$$E_{1,2}^i = E_0 \pm \beta$$

und man erhält als Oszillationszeit für die Anregungsenergie

$$t_H = \frac{h}{4\beta} \tag{1}$$

(h = Planck-Konstante).
In Dipol-Näherung gilt

$$\beta = \frac{M^2 \cdot z}{R^3 n^2} \tag{2}$$

M = Übergangs-Dipolmoment
R = Molekülabstand
n = Brechungsindex
z = Orientierungsfaktor

Damit erhält man für Übergänge mit einer Oszillatorenstärke von $f = 0{,}001$ (Naphthalin, erster Singulett-Übergang) [26]

$$t_H = 10^{-12} - 10^{-13} \text{ sec.} \tag{3}$$

3. t_H aus der Davydov-Aufspaltung

Nach der Unschärfe-Relation kann man die Größenordnung einer Hüpfzeit auch aus dem Meßwert für die Davydov-Aufspaltung ΔE berechnen. Es gilt

$$t_H \simeq \frac{\hbar}{\Delta E} \tag{1}$$

Für $\Delta E = 100 \text{ cm}^{-1}$ ergibt sich

$$t_H \simeq 3 \cdot 10^{-13} \text{ sec.} \tag{2}$$

4. t_H aus der Sensibilisierten Fluoreszenz von Gast-Molekülen in Wirtkristallen

Das klassische System für solche Messungen ist das Mischsystem Anthracen-Tetracen. Wenn man einen solchen Mischkristall mit Licht anregt, das praktisch ausschließlich vom Wirt (Anthracen) absorbiert wird, so beobachtet man eine relativ sehr starke Tetracen-Fluoreszenz (Abb. 12). Bei Tetracen-

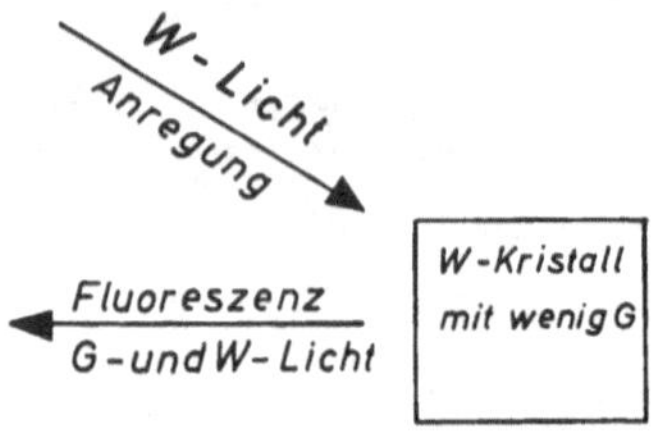

Abb. 12
Schema zur Beobachtung der sensibilisierten Gast- Fluoreszenz in einem Wirt-Kristall

Konzentrationen zwischen 10^{-5} und 10^{-6} sind die Quantenausbeuten für Tetracen und Anthracen etwa gleich groß. Siehe dazu die Abb. 13 und 14. Dieses Experiment zeigt, daß die Anregungsenergie mit großer Ausbeute vom Wirt W auf den Gast G übertragen wird. Qualitativ läßt sich das Ergebnis in Abb. 13 und 14 so interpretieren: Das Exciton erkundet während seiner Lebensdauer im Mittel 10^5 bis 10^6 Gitterplätze. Wenn einer davon

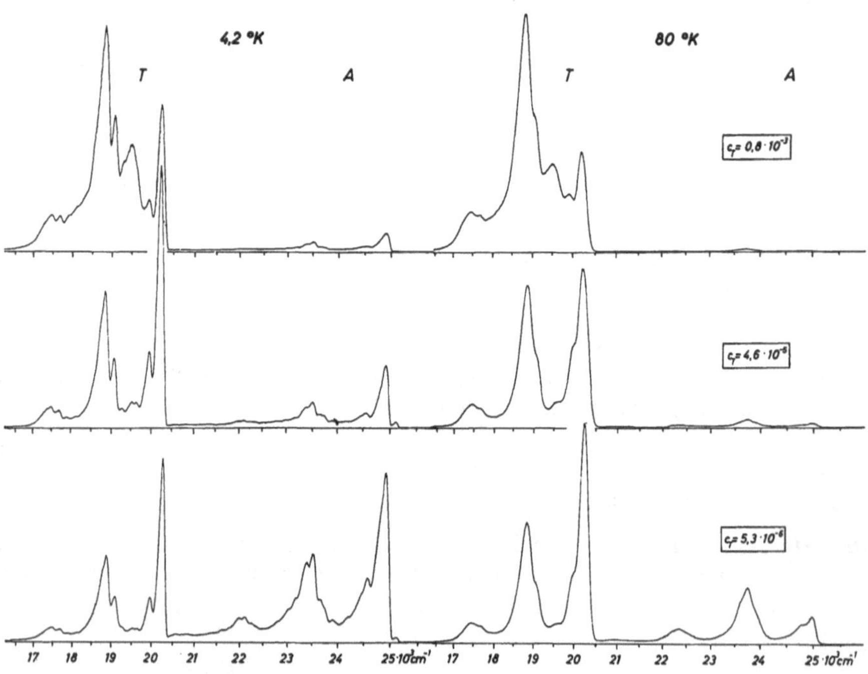

Abb. 13. Fluoreszenzspektrum von Anthracen-Tetracen-Mischkristallen bei zwei Temperaturen. Aufgetragen ist der Photostrom des Spektralphotometers. Die Intensitäten verschiedener Kristalle sind nicht unmittelbar vergleichbar; aus [14]

mit einem Tetracen-Molekül besetzt ist, wird das Exciton dort eingefangen und als Tetracen-Quant emittiert.

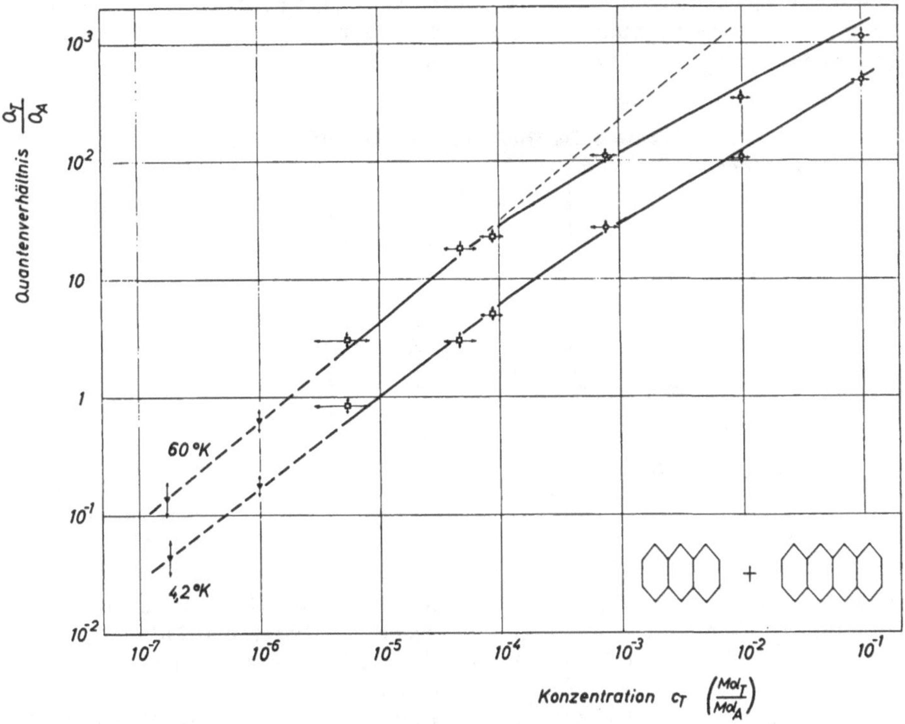

Abb. 14. Fluoreszenz-Quantenverhältnisse Q_T/Q_{A+X} in Abhängigkeit von der T (Tetracen)-Konzentration in einem Anthracen-Mischkristall, bei zwei Temperaturen. Bei der höheren Temperatur ist die X-Emission zu vernachlässigen (d.h. $Q_{A+X} = Q_A$); aus [14]

Folgende weitere Meßresultate liegen vor:
Für die *Konzentrationsabhängigkeit* gilt [13, 14]:

$$\frac{I_G}{I_W} = k \cdot c_G^p \tag{1}$$

mit c_G = Gast-Konzentration
$p \simeq 1$
$k \simeq 10^5$
I_G, I_W = relative Fluoreszenz-Quantenausbeute für Gast und Wirt.

Für die *Temperaturabhängigkeit*: In verschiedenen Mischsystemen mit Naphthalin [27, 28], Anthracen [29, 30, 13] und Phenanthren [14] als Wirt wurde ein teilweises Einfrieren der Energieübertragung bei tiefen Temperaturen beobachtet. Es konnte gezeigt werden, daß diese Abnahme der Energieübertragung bei Tieftemperatur nur das Resultat einer Konkurrenz zwischen tiefen und flachen Fallen ist (Abb. 15). Die tiefen Fallen sind dabei die Gast-Moleküle. Die flachen Fallen sind die oben erwähnten X-Zentren. Sie gehören zu Verunreinigungen und sind nur bei hinreichend tiefer Temperatur wirksam,

d.h. für $kT < \Delta E$, ΔE = Fallentiefe. Bei höherer Temperatur werden die flachen Fallen wieder thermisch entleert und dadurch wird die Wahrscheinlichkeit für eine Energieübertragung auf die Gastmoleküle erhöht.
In reinen Kristallen ist keine Abnahme der Energieübertragung bei tiefer Temperatur zu beobachten. Man kann daraus schließen, daß die Energieleitung im Kristall keiner thermischen Aktivierung bedarf.

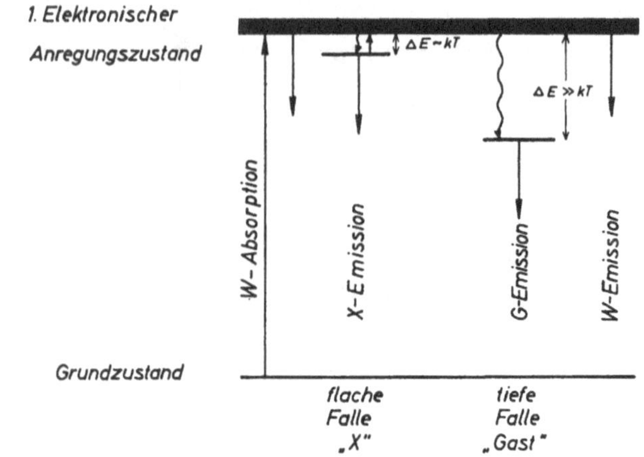

Abb. 15
Termschema für die Emission eines Kristalls mit flachen Fallen X und Gastmolekülen G, zur Veranschaulichung der Konkurrenz zwischen den Fallen; aus [28]

Andererseits sollte die Energieübertragung bei tiefer Temperatur *besser* als bei höherer Temperatur möglich sein, wenn die Excitonen-Diffusion durch Streuung an Phononen behindert wird. Es gibt Beobachtungen, die einen solchen Effekt als möglich erscheinen lassen [19]. Sie bedürfen jedoch noch einer weiteren Nachprüfung. Theoretisch wurde diese Möglichkeit von *Agranovich* [31] untersucht.

5. Analyse der Energieübertragung im Hüpfmodell

Zur Vereinfachung werden im folgenden strahlungslose Rückprozesse aus dem Excitonen- in den Grundzustand ausgeschlossen, d.h. es wird mit der Quantenausbeute 1 gerechnet. Folgende Bezeichnungen werden verwendet:

N_W, N_G, N_X = Zahl der Wirt-, Gast-, X-Moleküle im cm^3,
ε_W, ε_G = Einfangquerschnitt von Wirt und Gast für die wandernde Energie, in Dipolnäherung proportional dem Absorptionskoeffizienten von W bzw. G bei der betreffenden Energie,
I_W, I_G, I_X = Intensitäten (relative Quantenausbeuten) der Fluoreszenz.

Es werden nun die folgenden Prozesse berücksichtigt (Abb. 16)
Prozeß I: Wirtemission, Wahrscheinlichkeit proportional $1/\tau_W$,
II: Übertragung der Energie vom Wirt auf den Gast, Wahrscheinlichkeit berechnet aus der Zeit für einen Schritt mal der Anzahl der Schritte, gegeben zu $\frac{1}{t_H} \cdot \frac{N_G}{N_W} \cdot \frac{\varepsilon_G}{\varepsilon_W}$
III: Gastemission, Wahrscheinlichkeit proportional $1/\tau_G$,
IV: Rückweg von der Falle in das Energieleitungsband, thermisch aktiviert, $\gamma e^{-\Delta E/kT}$

In diesem Modell ergibt sich für ein *binäres System* [28]:

$$\frac{I_G}{I_W} = \frac{\tau_W \cdot C_G \cdot \varepsilon_G/\varepsilon_W}{\tau_G \cdot t_H \left(\frac{1}{\tau_G} + \gamma e^{-\Delta E/kT}\right)} \tag{1}$$

mit den Grenzfällen

$$\left(\frac{I_G}{I_W}\right)_{kT \ll \Delta E} = \frac{\tau_W}{t_H} \cdot C_G \cdot \frac{\varepsilon_G}{\varepsilon_W} \tag{2}$$

und

$$\left(\frac{I_G}{I_W}\right)_{kT \gg \Delta E} = \frac{\tau_W}{t_H} \cdot C_G \cdot \frac{\varepsilon_G}{\varepsilon_W} \frac{1}{(1+\tau_G\gamma)} \tag{3}$$

Vergleich von Gl. (2) mit Gl. (4.1) liefert zum Beispiel im Falle des Systems Anthracen-Tetracen

$$t_H \simeq 2 \cdot 10^{-13} \text{ sec } [13]$$

Im *ternären System* (Wirt, flache Falle X, tiefe Falle G) ergibt sich folgender einfacher Ausdruck für das „Einfrierverhältnis": [10, 28]

$$\frac{\left(\frac{I_G}{I_W + I_X}\right)_{kT \gg \Delta E}}{\left(\frac{I_G}{I_W + I_X}\right)_{kT \ll \Delta E}} \simeq \frac{\tau_W}{t_H} \cdot C_X + 1 \tag{4}$$

Aus Gl. (4) folgt in Übereinstimmung mit dem Experiment (s. Abb. 14) eine Unabhängigkeit des Einfrierverhältnisses von der Konzentration. Man erhält

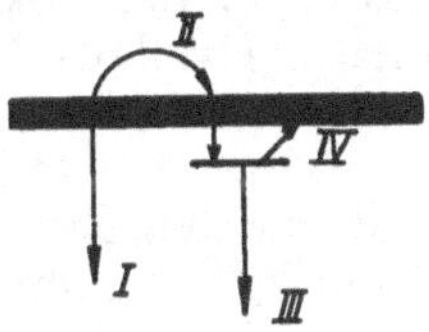

Abb. 16
Die konkurrierenden Übertragungs- und Ausstrahlungsprozesse, siehe Gl. (1) in IV, 5

aus der Messung des Einfrierverhältnisses die Konzentration der flachen Fallen X, und man kann leicht zeigen, daß das Einfrierverhältnis nahezu gleich 1 wird, wenn die Konzentration der flachen Fallen X kleiner wird als ca. 10^{-6}. Bei kleineren Konzentrationen der Fallen X ist also kein Einfrieren der Energieübertragung mehr zu beobachten.

Zusammenfassend kann festgestellt werden, daß das Hüpfmodell einen Wert für t_H liefert, der mit den auf andere Weise gewonnenen Werten gut übereinstimmt, und daß sich alle bisherigen Beobachtungen über Sensibilisierte Fluoreszenz in Kristallen damit gut verstehen lassen.

6. Einfluß von Kristallfehlern auf die Energieübertragung

Über die Frage nach einem Einfluß der Kristallqualität auf die Energieübertragung liegen bisher erst sehr wenige Untersuchungen vor. An Naphthalin/Anthracen-Mischkristallen wurden zwei Arten von Experimenten ausgeführt [19]. Zunächst wurde versucht, durch Tempern Kristallfehler auszuheilen und damit die Kristallqualität zu verbessern. Diese Versuche ergaben keine Änderung der Energieübertragung und stehen damit im Gegensatz zu früheren Beobachtungen von *Kazzaz* und *Zahlan* [32]. Andererseits wurden die Kristalle durch Pressen stark plastisch verformt. Hierbei ergaben sich Änderungen im Fluoreszenzspektrum. Sie lassen sich mit der Annahme verstehen, daß die Energieleitung unverändert gut ist, daß aber durch die plastische Verformung neue Fallen geschaffen wurden. Man kann mindestens 3 verschiedene neue Fallen indentifizieren:

1. Dimere im angeregten Zustand, wie sie zuerst von *Förster* in konzentrierter Lösung beobachtet wurden. Sie kommen vermutlich dadurch zustande, daß in gestörten Kristallbereichen eine gewisse Wahrscheinlichkeit dafür gegeben ist, daß zwei benachbarte Moleküle mit ihren Ebenen mehr oder weniger parallel liegen.
2. Fallen X mit einer Fallentiefe von 165 cm^{-1}.
3. Ein mehr oder weniger kontinuierlicher Untergrund unter dem Naphthalin-Spektrum.

Alle diese Fehler lassen sich thermisch wieder ausheilen. Wegen weiterer Einzelheiten sei auf die Arbeit [19] verwiesen.

7. Messungen der Abklingdauer

Messungen der Abklingdauer von Gast- und Wirt-Emission in Mischkristallen ergeben ebenfalls Werte für die Geschwindigkeit der Excitonenwanderung. Solche Untersuchungen stammen besonders von *Schmillen* und Mitarbeitern [33 – 36], sowie von einigen anderen Autoren (37, 38).

Experimentell besteht hier die Schwierigkeit, daß die meisten Messungen mit Phasenfluorometern ausgeführt werden. Derartige Messungen ergeben direkt einen Phasenwinkel, und nur unter der Annahme, daß es sich um einen exponentiellen Abklingvorgang handelt, eine Abklingzeit. Ob es sich tatsächlich um einen einheitlichen exponentiellen Prozess handelt, kann man im allgemeinen nicht feststellen.

Man mißt die Zeiten τ_W und τ_G als Funktion der Konzentration c_G bei Anregung mit G-Licht oder mit W-Licht (d.h. von Licht, das vom Gast oder das vom Wirt absorbiert wird). Meßbeispiele zeigen die Abb. 17 und 18.

Man beobachtet ungefähr folgendes:

1. τ_W wird kleiner mit steigender Gast-Konzentration c_G
2. τ_G bei Anregung über den Wirt ist größer als τ_G bei Anregung direkt (d.h. mit G-Licht), und nimmt mit steigender Gast-Konzentration ab.

Man kann ansetzen:

$$(\tau_G)_{\text{W-Anregung}} = \tau_{\text{Wanderung W}\to\text{G}} + \tau_{\text{Lokalisierung}} + \tau_G$$

Für die Zeit $\tau_{\text{Lokal.}}$, während der das Exciton lokalisiert ist an einem G-Platz, erhält man Werte zwischen 0,2 und $1 \cdot 10^{-8}$ sec [37]. Für $\tau_{\text{Wanderung W}\to\text{G}}$ ergibt sich im Excitonen-Diffusionsmodell wieder der Ausdruck $\tau_{\text{Wanderung}} = t_H \cdot 1/c_G$. Die Meßwerte für t_H aus τ-Messungen sind in [35] zusammengestellt. Als

Zahlenwert ergibt sich (mit einer ziemlich breiten Streuung) ebenfalls

$$t_H \simeq 10^{-12} \text{ sec.}$$

Die große Streuung und Unsicherheit in diesen Meßwerten ist vermutlich auf experimentelle Schwierigkeiten, besonders auf die Verwendung eines Phasenfluorometers, weiter auf nicht ausreichende Reinheit der Kristalle

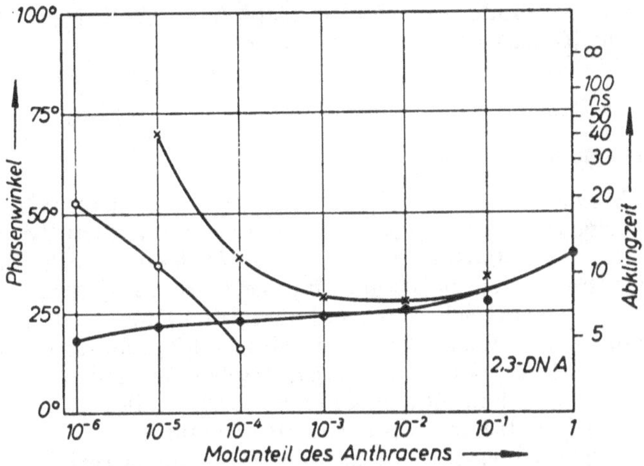

Abb. 17. Phasenfluorometerwinkel und Abklingzeiten von 2,3-Dimethyl-Naphthalin/Anthracen in Abhängigkeit von der Konzentration
-·-·-·- DN-Fluoreszenz bei Anregung mit 3130 Å,
-x-x- Anthracen-Fluoreszenz bei Anregung mit 3130 Å,
-·-·-·- Anthracenfluoreszenz bei Anregung mit 3660 Å; aus [34]

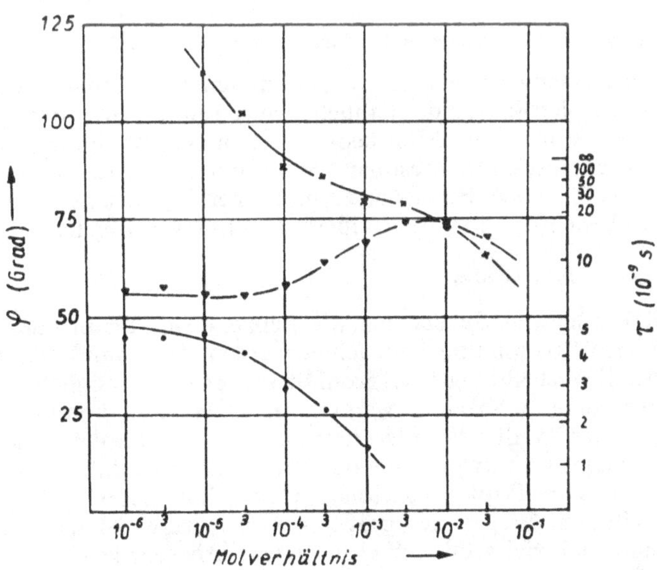

Abb. 18. Abklingzeiten von Tetracen und Anthracen in Mischkristallen
▽ Gesamtemission • Anthracen-Emission, • Tetracenemission; aus [38]

zurückzuführen. In diesem Zusammenhang ist auch zu erwähnen, daß die Meßwerte bei Anregung mit Elektronen oder γ-Strahlen wesentlich von denen mit UV-Anregung verschieden sind. Das deutet auf Strahlenschädigungsprozesse hin [36].
Zusammenfassend kann zum Thema „Energieleitung in Kristallen" festgestellt werden: Verschiedene Meßmethoden geben übereinstimmend als Wanderungsgeschwindigkeit für Singulett-Excitonen in den niedersten optischen Anregungszuständen von Benzol, Naphthalin, Anthracen und ähnlichen Substanzen ca. 10^5 *Schritte pro Lebensdauer.*

V. Triplett-Excitonen

1. Triplett-Zustände der Moleküle

Organische Moleküle wie Benzol oder Naphthalin besitzen außer den bisher behandelten Singulett-Anregungszuständen auch ein Triplett-System, d.h. Zustände mit einem Gesamtspin $S = 1$ für das Molekül — siehe dazu Abb. 1. Mit Lichtabsorption oder -emission verbundene Übergänge zwischen Singulett- und Triplett-System sind sehr stark verboten. Man kann die Triplett-Zustände jedoch strahlungslos über angeregte Singulett-Zustände besetzen. Dann beobachtet man als Emission aus diesen Triplett-Zuständen eine sogenannte Phosphoreszenz, falls deren Intensität nicht durch strahlungslose Konkurrenz-Prozesse zu stark reduziert wird. Zur Beobachtung einer starken Triplett-Singulett-Emission ist es im allgemeinen nötig, die Moleküle in eine feste Matrix einzubauen. So zeigt zum Beispiel Naphthalin in fester Lösung in Durol (Tetramethyl-Benzol mit sehr ähnlicher Kristallstruktur wie Naphthalin und deshalb als Matrix gut geeignet), oder auch in glasartig erstarrtem Aethanol, unterhalb von ca 100 °K eine intensive grüne Phosphoreszenz (0,0-Übergang bei ca. 21250 cm^{-1}) mit einer Abklingdauer von ca. 10 sec.

2. Nachweis des Triplett-Zustandes durch Elektronenspin-Resonanz

Der eindeutige Nachweis, daß es sich bei diesen metastabilen Anregungszuständen um Triplett-Zustände handelt, wurde mit Hilfe der Elektronen-Spin-Resonanz geführt [39]. Man beobachtet an Naphthalin in einkristalliner Durol-Matrix ein Elektronenresonanz-Spektrum mit einer für den Zustand $S = 1$ charakteristischen Feinstruktur und einer Hyperfeinstruktur, die eine Analyse der Wellenfunktion des Triplett-Zustandes ermöglicht.

3. Triplett-Zustände in Kristallen

In reinen Kristallen aus Substanzen wie Benzol, Naphthalin oder Anthracen kann keine Triplett-Emission beobachtet werden. Man muß also annehmen, daß in Kristallen strahlungslose Konkurrenzprozesse möglich sind, die in fester Lösung nicht beobachtet werden. In letzter Zeit konnte nun gezeigt werden, daß hierfür die Wanderungsfähigkeit der Triplett-Zustände, also Triplett-Excitonen, verantwortlich sind. Man weiß jetzt, daß die Wanderungsgeschwindigkeit von Triplett-Excitonen vergleichbar ist mit derjenigen von Singulett-Excitonen. Wegen der größeren Lebensdauer ist der zurückgelegte Weg dann natürlich viel größer. Wegen ihrer relativ sehr großen Wanderungsfähigkeit gibt es zwei strahlungslose Vernichtungsprozesse für Triplett-Excitonen:

1. Durch Exciton-Exciton-Wechselwirkung nach dem Schema $T^x + T^x \rightarrow S^x \rightarrow S$ können zwei Triplett-Excitonen unter Aussendung von einem Singulett-Quant zerfallen. Daraus resultiert eine verzögerte Fluoreszenz, d.h. eine Emission, die spektral genau mit der Fluoreszenz (Singulett-Emission) übereinstimmt, die jedoch zeitlich verzögert ist.
2. Die Triplett-Excitonen können an Fehlstellen im Kristall gelangen, an denen sie strahlungslos vernichtet werden können. In diesem Falle sind sie überhaupt nicht beobachtbar.

Es ist keineswegs selbstverständlich und wurde lange Zeit für unmöglich gehalten, daß auch Triplett-Excitonen ähnlich wie Singulett-Excitonen wandern. Wegen der kleinen Übergangs-Matrixelemente scheidet Dipol-Wechselwirkung als Übertragungsmechanismus im Kristall aus. Man muß die beobachtete Energieübertragung mit *Austausch-Wechselwirkung* zwischen benachbarten Molekülen erklären.

Im folgenden sollen einige Experimente beschrieben werden, aus denen sich die Wanderungsgeschwindigkeit oder wenigstens die Wanderungsfähigkeit von Triplett-Excitonen berechnen läßt.

4. Experimente zur Triplett-Wechselwirkung

Zunächst sollen einige Experimente beschrieben werden, die einen qualitativen Nachweis der starken Wechselwirkung zwischen Triplett-Zuständen ermöglichen:

a) Aus der verzögerten Fluoreszenz

Was unter verzögerter Fluoreszenz zu verstehen ist, wurde bereits oben erklärt. Man beobachtet bei Messungen der Abklingdauer von Kristallen, daß das Abklingen häufig nicht rein exponentiell erfolgt. So wurde bei Anthracen neben einer rasch exponentiell mit τ_W abklingenden intensiven Komponente ein verzögerter Anteil gemessen. Die Intensität des rasch abklingenden Anteils war proportional zur Intensität I_0 des Anregungslichtes, die Intensität des verzögerten Anteils dagegen proportional zu I_0^2 [40]. Das läßt sich mit folgendem Schema erklären:

$$S \longrightarrow S^x \longrightarrow S \quad \text{mit } \tau_W\text{, normale Fluoreszenz}$$
$$(I_0) \qquad \text{(strahlungslos)} \longrightarrow T^x,$$
$$T^x + T^x \longrightarrow S^x \longrightarrow S\text{, verzögerte Fluoreszenz}$$

b) Fluoreszenz und Phosphoreszenz bei isotopischer Verdünnung

In Mischkristallen aus verschieden stark deuterierten Benzolen mit zwei verschieden tiefen Fallen (z.B. leichtes Benzol und 2-fach deuteriertes Benzol als Fallen in vollständig deuteriertem Benzol) wurde die relative Quantenausbeute von Fluoreszenz und Phosphoreszenz beider Fallen-Sorten gemessen [41]. Es ergab sich, wenn mit 2 die tiefere Falle bezeichnet wird, und mit I die relative Quantenausbeute:

$$\frac{I_{\text{Fl, Falle 1}}}{I_{\text{Fl, Falle 2}}} \gg \frac{I_{\text{Ph, Falle 1}}}{I_{\text{Ph, Falle 2}}}$$

Dieses Experiment kann mit der Annahme gedeutet werden, daß eine Energieübertragung von Falle zu Falle zwar für die Phosphoreszenz (d.h. zwischen

Triplett-Zuständen), nicht aber für die Fluoreszenz (d.h. zwischen Singulett-Zuständen) möglich ist. Phosphoreszenz erfolgt dadurch fast nur von der tieferen Falle aus.

c) Feinstruktur der Elektronenresonanz

Wenn Naphthalin- und Phenanthren-Moleküle gleichzeitig in eine einkristalline Matrix (hier Diphenyl) eingebaut sind, kann man die ESR-Spektren der Triplett-Zustände beider Moleküle beobachten. Der Triplett-Zustand von Naphthalin liegt etwas tiefer als der von Phenanthren. Es konnte das ESR-Spektrum des Naphthalin-Triplett-Zustandes bei Anregung über das Phenanthren beobachtet werden [42]. Die Anregungsmöglichkeit erbringt den Nachweis für einen Energieübergang vom Phenanthren-Triplett-Zustand auf den Triplett-Zustand des Naphthalins. Die Analyse der Feinstruktur, d.h. die Ausmessung des Feinstruktur-Tensors, bringt den Nachweis, daß dabei Naphthalin- und Phenanthren-Moleküle nicht nächste Nachbarn waren. Auch dieses Experiment läßt sich nur verstehen, wenn eine recht starke Wechselwirkung zwischen Triplett-Zuständen von Molekülen im Kristall besteht.

5. Quantitative Messung der Weglänge von Triplett-Excitonen

a) Aus der verzögerten Fluoreszenz

Kepler und Mitarbeiter [43] regten die violette Anthracen-Fluoreszenz mit dem roten Licht eines Rubin-Laser an. Die beobachtete Fluoreszenz hat eine verzögerte Komponente. Während der Dauer des Laser-Blitzes handelt es sich bei der beobachteten Anthracen-Fluoreszenz wenigstens teilweise um das Ergebnis eines Zweiquanten-Überganges im Anthracen [44]. Die verzögerte Komponente kommt dadurch zustande, daß außerdem durch das Laser-Licht auch der Anthracen-Triplett-Zustand (0,0 bei ca. 14 720 cm^{-1}, also in der Gegend des Laser-Lichtes) bevölkert wird. Die geringe Übergangswahrscheinlichkeit für diese Absorption führt wegen der hohen Strahlungsdichte doch zu einer meßbaren Bevölkerung des Triplett-Zustandes. — Exciton-Exciton-Wechselwirkung führt dann über den Prozeß $T^x + T^x \rightarrow S^x \rightarrow S$ zu der beobachteten verzögerten Fluoreszenz.

Bei diesem Experiment gilt für die Konzentration n der Triplett-Excitonen

$$\frac{dn}{dt} = \alpha I_0 - \beta n - \gamma n^2$$

α = Erzeugung der Triplett-Excitonen durch Lichtabsorption
β = Reziproke Lebensdauer der Triplett-Excitonen
γ = Bimolekulare Wechselwirkungskonstante für die Triplett-Excitonen-Wechselwirkung.

Aus der Analyse der Meßergebnisse findet man

$$\alpha = 10^{-5}\ \text{cm}^{-1}, \quad \beta = 10^{2}\ \text{sec}^{-1}, \quad \gamma = 10^{-11}\ \text{cm}^3\text{sec}^{-1}.$$

Im Bilde der Excitonen-Diffusion gilt

$$\gamma = \sigma \cdot v$$

mit σ = Wirkungsquerschnitt für den Triplett-Wechselwirkungs-Prozeß
v = Geschwindigkeit der Excitonen

Setzt man ein $\sigma = 9$ Å², so ergibt sich
$v =$ (Triplett-Exc) $\simeq 10^4$ cm/sec
und die mittlere Reichweite

$$l = \sqrt{v \cdot \tau \cdot \lambda}$$
$$\simeq 1{,}5 \cdot 10^{-3} \text{ cm}$$

τ = Lebensdauer
λ = Weglänge für einen Schritt (Molekülabstand)
(gegenüber einem Wert von ca. 10^{-5} cm für Singulett-Excitonen).

Ähnliche Experimente mit ähnlichem Ergebnis wurden von *Hall* und Mitarbeitern [44] mitgeteilt. Weitere Experimente betreffen die Messung des Triplett-Absorptionsspektrums mit Hilfe des Anregungsspektrums der verzögerten Fluoreszenz [45].

Theoretische Rechnungen für Exciton-Exciton-Wechselwirkung unter Bildung von freien Ladungsträgern oder höheren Anregungszuständen wurden in letzter Zeit für verschiedene Singulett- und Triplett-Zustände durchgeführt [46]. Die Ergebnisse der Rechnungen geben ähnliche Werte, wie sie auch experimentell bestimmt wurden. Man darf wohl vermuten, daß diese Beobachtungen und Rechnungen wesentlich zum besseren Verständnis der bisher vielfach noch recht unverständlichen Photoleitung in organischen Kristallen beitragen werden.

6. Die Methode der Variation des Energie-Nenners

Da wegen der geringen optischen Übergangswahrscheinlichkeit die Davydov-Aufspaltung und damit die Kopplungsenergie β für Triplett-Zustände nicht direkt beobachtbar ist, ist man auf indirekte Messungen angewiesen. Eine solche indirekte Methode beruht auf der Messung der Störung von Energiezuständen eines Gast-Moleküls durch nahe liegende Kristall-Zustände des Wirtes.

Diese Methode wurde zuerst von *Rashba* [47] angegeben und wird in der russischen Literatur als Rashba-Effekt bezeichnet. *Robinson* und Mitarbeiter [48] haben damit das Matrixelement für die paarweise Wechselwirkung von Triplett-Excitonen in Benzol-Kristallen gemessen. Sie verwenden die Bezeichnung „Methode der Variation der Energie-Nenner".

Beobachtet wird die 0,0-Linie des Triplett-Zustandes von Benzol (C_6H_6) in Emission, d.h. die Benzol-Phosphoreszenz. Als Matrix für C_6H_6 werden folgende Wirtkristalle verwendet: C_6D_6, $C_6H_3D_3$ und $C_6H_4D_2$, also verschieden stark deuterierte Benzole. Die Fallentiefe ΔE für C_6H_6 d.h. der Abstand zwischen dem tiefsten Kristall- und dem Gast-Anregungszustand beträgt in den 3 Wirtkristallen 200, 100 bzw. 67 cm^{-1}. Die beobachtete C_6H_6-Linie verschiebt sich von ihrem Wert in C_6D_6 (29663 cm^{-1}) um $\delta = 3{,}5$ cm^{-1} in $C_6H_3D_3$ bzw. $\delta = 6$ cm^{-1} in $C_6H_4D_2$. Die Störungsrechnung liefert für das gesuchte Matrixelement β für die paarweise Wechselwirkung zwischen Triplett-Nachbar (falls $\Delta E \gg \beta$) den Ausdruck

$$\delta = \frac{4\beta^2}{\Delta E}$$

(4 ist die Zahl der nächsten Nachbarn)
und daraus hier $\beta = 12$ cm^{-1} (gegenüber einem Wert von ca. 100 cm^{-1} für Singulett-Excitonen).

Damit ist also nachgewiesen, daß Triplett-Excitonen in Kristallen vom Typ des Benzol, Naphthalin, Anthracen stark delokalisiert sind. Ihre Delokalisierung läßt sich beschreiben durch die Zahl 10^8 *bis* 10^{11} *Schritte/Lebensdauer.*

VI. Schluß

Abschließend und zusammenfassend läßt sich also unsere gegenwärtige Kenntnis über Lumineszenz und Energieleitung in organischen Molekülkristallen so charakterisieren:
Es gibt aus den letzten Jahren viel konkretes Material. Es gibt auch die Grundlagen der exakten Theorie. Man hat also begründete Hoffnung, das Gebiet bald noch besser und vollständiger zu verstehen. Auf die große Bedeutung der hier diskutierten Probleme für die Biophysik sei zum Schluß noch hingewiesen.

Literatur

[1] *McClure, D. S.*, Solid State Physics **8,** 1 (1959).
[2] *Wolf, H. C.*, Solid State Physics **9,** 1 (1959).
[3] *Davydov, A. S.*, Theory of Molecular Excitons, McGraw-Hill, New York 1962.
[4] *Knox, R. S.*, Theory of Excitons, Academic Press, New York, 1963.
[5] *Kasha, M.*, Review Modern Physics **31,** 162 (1959).
[6] *Simpson, W. T.* und *D. L. Peterson*, J. Chem. Phys. **26,** 588 (1957).
[7] *Broude, V. L., A. F. Prichotjko, E. I Rashba*, Soviet Physics Uspekhi **67** (**2**), 38 (1959).
[8] *Hochstrasser, R. M.*, Rev. Mod. Phys. **34,** 531 (1962).
[9] *Robertson, J. M.*, Organic Crystals and Molecules, Cornell Univ. Press., Ithaca 1953.
[10] *Pröpstl, A.* und *H. C. Wolf*, Z. Naturforsch. **18a,** 724 (1963).
[11] *Shpak, M. T.* und *N. J. Sheremet*, Opt. and Spectr. 1964.
[12] *Sidman, J. W.*, Phys. Rev. **102,** 96 (1956).
[13] *Benz, K. W.* und *H. C. Wolf*, Z. Naturforsch. **19a,** 177 (1964).
[14] *Benz, K. W.* und *H. C. Wolf*, Z, Naturforsch. **19a,** 181 (1964).
[15] *Lyons, L. E.*, Organic Crystal Symposium, Ottawa 1962.
[16] *Craig, D. P.* und *S. H. Walmsley*, Molec. Physics **4,** 113 (1961).
[17] *Wolf H. C.*, Z. Naturforsch. **11a,** 798 (1956).
[18] *Craig, D. P.* und *H. C. Wolf*, J. Chem. Phys. **40,** 2057 (1964).
[19] *Schnaithmann, R.* und *H. C. Wolf*, Z. Naturforsch. **20a**, 76 (1965).
[20] *Maria, H. J.*, J. Chem. Phys. **40,** 551 (1964).
[21] *Marrum M.*, Diplomarbeit, Stuttgart 1964.
[22] *Prichotjko, A. F.* und *M. S. Soskin*, Opt. and Spectr. **13,** 291 (1963).
[23] *Toyozawa, Y.*, Prog. Phys. **20,** 53 (1958); **22,** 455 (1959).
[24] *Cruickshank, D. W. J.*, Rev. Mod. Phys. **30,** 163 (1958).
[25] *Moser, H.* und *D. Stieler*, Z. Angew. Phys. **12,** 280 (1960).
[26] *Förster, Th.*, Comparative Effects of Radiation, Wiley, New York 1960, p. 300 ff.
[27] *Gschwendtner, K.* und *H. C. Wolf*, Naturwiss. **48,** 42 (1961).
[28] *Pröpstl, A.* und *H. C. Wolf*, Z. Naturforsch. **18a,** 822 (1963).
[29] *Avakian, P.* und *H. C. Wolf*, Z. Physik **165,** 439 (1961).
[30] *Lyons, E. L.* und *J. W. White*, J. Chem. Phys. **29,** 447 (1958).
[31] *Agranovich, V. M.* und *Y. V. Konobeev*, Sov. Phys. Solid State **5,** 999 (1963).
[32] *Kazzaz, A. A.* und *A. B. Zahlan*, Phys. Rev. **124,** 90 (1961).
[33] *Schmillen, A.*, Z. Physik **150,** 123 (1958).

[34] *Schmillen, A.* und *R. Legler*, Z. Naturforsch. **18a,** 1 (1963).
[35] *Schmillen, A.* und *J. Kohlmannberger*, Z. Naturforsch. **18a,** 627 (1963).
[36] *Schmillen, A.*, Luminescence of Organic and Inorganic Materials (ed. H. Kallmann), New York 1962, S. 30.
[37] *Bronch-Bruevich, A. M., B. P. Kovalev, L. M. Belaev* und *G. S. Belikova*, Optics and Spectroscopy **11,** 335 (1961).
[38] *Wendel G.* und *G. Härtig*, Z. physikal. Chemie **221,** 17 (1962).
[39] *Hutchison, C. A.* und *B. W. Mangum*, J. Chem. Phys. **34,** 908 (1961).
[40] *Birks, J. B.*, Organic Crystal Symposium, Ottawa 1962.
[41] *Nieman, G. C.* und *G. W. Robinson*, J. Chem. Phys. **37,** 2150 (1962).
[42] *Hutchison, C. A.*, Organic Crystal Symposium, Ottawa 1962.
[43] *Kepler, R. G., J. C. Caris, P. Avakian* und *E. Abramson*, Phys. Rev. Letters **10,** 400 (1963).
[44] *Hall, J. L., D. A. Jennings* und *R. M. McClintock*, Phys. Rev. Letters **11,** 364 (1963).
[45] *Avakian, P., E. Abramson, R. G. Kepler* und *J. C. Caris*, J. Chem. Phys. **39,** 1127 (1963).
[46] *Choi, S.* und *S. A. Rice*, J. Chem. Phys. **38,** 366 (1963); *Jortner, J., S. Choi, J. L. Katz* und *S. A. Rice*, Phys. Rev. Letters **11,** 323 (1963).
[47] *Broude, V. L., E. I. Rashba* und *E. F. Sheka*, Sov. Phys. Doklady **6,** 718 (1962).
[48] *Nieman, G. C.* und *G. W. Robinson*, J. Chem. Phys. **39,** 1298 (1963).

W. RUPPEL*)

Photospannungen in Isolatoren

Mit 5 Abbildungen

Summary

Steady-state photovoltages are considered for the case of insulators in which the majority carrier concentration is so small that it may undergo large changes under illumination. Moreover, the lifetimes of the majority and the minority carriers may not be equal. Since this case is more general than that of a semiconductor with negligible majority carrier change under illumination and equal lifetimes of both carriers, some necessary conditions for the observation of steady-state photovoltages are discussed. In particular, the metal-insulator contact both with majority carrier depletion and accumulation is considered as well as arbitrary inhomogeneities with unequal recombination at both ends of the illuminated region. The experimental observations of steady-state photovoltages are reviewed for CdS and ZnS since for these two materials most observations exist which may be compared with the theory. It is concluded that the extension of the semiconductor theory to insulators by including the abovementioned majority carrier and lifetime effects may in principle account for the observed „anomalous" behavior of the photovoltage changing its sign as a function of wavelength or intensity of illumination.

1. Einleitung

Die durch die Belichtung von Halbleitern hinreichend hoher Leitfähigkeit eingeprägten elektromotorischen Kräfte, sog. Photospannungen, sind sehr genau untersucht und in fast allen Einzelheiten verstanden. So hat das Studium der Abhängigkeit der Höhe der Photospannung und des bei Kurzschluß des Halbleiters fließenden Photostroms von Halbleiterparametern, wie z.B. dem Bandabstand des bestrahlten Halbleiters, Beweglichkeit, Lebensdauer und Diffusionslänge der Minoritätsträger zur Konstruktion von Batterien geführt, den sog. Solarzellen, die bei der Umwandlung von Strahlungsenergie, z.B. der des Sonnenlichts, in elektrische Energie nahezu den theoretisch optimalen Wirkungsgrad erreichen.

Die quantitative Behandlung der Photospannungen war dabei im allgemeinen auf solche Substanzen beschränkt, bei denen die Konzentration der Majoritätsträger im thermischen Gleichgewicht so groß ist, daß die durch die Belichtung zusätzlich erzeugten Majoritätsträger-Konzentrationen gegenüber der Gleichgewichtskonzentration vernachlässigt werden können. Im Rahmen dieser Berichte hat *Wiesner* [1] die am p-n-Übergang auftretende Photospannung unter dieser Voraussetzung behandelt.

Eine weitere Voraussetzung, die bei der Behandlung von Photospannungen in Halbleitern gemacht wird, ist die der Gleichheit der Lebensdauern von

*) Institut für angewandte Physik der Technischen Hochschule, Karlsruhe.

Majoritäts- und Minoritätsträger-Konzentrationen. Eine zusammenfassende Darstellung der Theorie der Photospannung in Halbleitern, bei denen die Lebensdauern beider Trägersorten gleich sind, hat *Tauc* [2] gegeben.
Diese Bedingungen schränken nun aber den betrachteten Bereich von Halbleitern ein, indem sie bei isolierenden Halbleitern nicht mehr allgemein erfüllt zu sein brauchen. Diese Abgrenzung der Isolatoren soll im nächsten Abschnitt erläutert und an Zahlenbeispielen illustriert werden. Im dritten Abschnitt wird der stationäre Zustand in einem Isolator behandelt und daraus ein Lösungsansatz für die Größe der Photospannung hergeleitet, bei dem die genannten einschränkenden Bedingungen nicht gemacht werden. Da die Annahmen, die bei der Behandlung des Isolatorproblems gemacht werden, weniger einschränkend sind als sie zu der Beschreibung von Photospannungen in nicht isolierenden Halbleitern zu sein brauchen, folgt daraus, daß der Isolatorfall den des bekannten Halbleiterfalls mit einschließt. Dementsprechend lassen sich aus der Betrachtung des Lösungsansatzes für Isolatoren einige allgemeine Bemerkungen über das Auftreten von Photospannungen in inhomogenen Strukturen ablesen und formulieren, die für Halbleiter beliebiger Ladungsträger-Konzentrationen und beliebige Lebensdauern jeder Trägersorte gültig sind. Es soll dabei der Isolator sich auf einer einheitlichen Temperatur befinden, auch soll kein Magnetfeld vorhanden sein. Thermospannungen und der PEM-Effekt werden also nicht behandelt. In einem letzten Abschnitt schließlich sollen einige experimentelle Ergebnisse über Messungen an Photospannungen in Isolatoren, für die die Voraussetzungen kleiner Majoritätsträger-Zusatzkonzentration bei Belichtung und gleicher Lebensdauer beider Trägersorten nicht zutreffen, erwähnt werden. Diese im Lichte der Theorie der Photospannung nichtisolierender Halbleiter z.T. anomal erscheinenden Effekte lassen sich durch den im dritten Abschnitt diskutierten Lösungsansatz qualitativ verstehen; für eine quantitative Anpassung fehlt jedoch meistens die Kenntnis der Potentialverteilung im Isolator im thermischen Gleichgewicht, und die wegen der örtlichen Inhomogenität örtlich verschiedenen Parameter, wie vor allen Dingen die Lebensdauer der Minoritätsträger, sind auch unbekannt.

2. Definition des Isolators

Um die Gültigkeitsgrenzen einer Theorie der Photospannung abzuschätzen, bei der die Änderung der Majoritätsträger-Konzentration bei Belichtung als vernachlässigbar klein gegenüber der thermischen Gleichgewichtskonzentration der Majoritätsträger sowie die Lebensdauer der Majoritäts- und Minoritätsträger als gleich angenommen werden, seien im Folgenden anhand konkreter Zahlenbeispiele diese Voraussetzungen für typische Isolatoren geprüft.
Zur Übersicht sind in Tab. 1 die dielektrische Relaxationszeit τ_{rel}, spezifische Leitfähigkeit σ und unter Annahme eines n-Typ Isolators die Elektronenkonzentration n_0, sowie die Lage der Fermi-Kante, deren Zählung durch Abb. 1 eingeführt ist, bei Zimmertemperatur dargestellt. Diese Größen sind bei Vernachlässigung der Minoritätsträger durch

$$\tau_{\text{rel}} = \frac{\varepsilon\varepsilon_0}{\sigma} = \frac{\varepsilon\varepsilon_0}{n_0 e \mu_n} = \frac{\varepsilon\varepsilon_0}{N_L e \mu_n} e^{\frac{E_L - E_f}{kT}}$$

verknüpft. Hier ist N_L die effektive Zustandsdichte des Leitungsbands, ferner eine Elektronenbeweglichkeit $\mu_n = 100\ \text{cm}^2\text{V}^{-1}\,\text{sec}^{-1}$, eine Dielektrizitätskonstante $\varepsilon = 5$ und eine der freien Elektronenmasse gleiche effektive Elektronenmasse angenommen. Man erkennt aus Tab. 1, daß bei Isolatoren, wenn deren dielektrische Relaxationszeit in der Größenordnung von Sekunden liegt, der Bandabstand mindestens in der Größenordnung von 1,6 eV liegen muß, damit die Fermi-Kante um den in Tab. 1 gegebenen Betrag von den Bandkanten entfernt liegen kann, wobei selbstverständlich ein großer Bandabstand allein keinen hinreichenden Grund für eine entsprechend niedrige Trägerkonzentration und damit hohe Isolation darstellt.

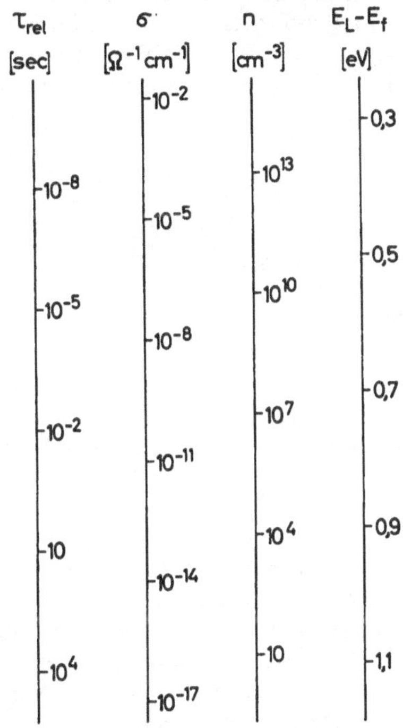

Tab. 1
Dielektrische Relaxationszeit τ_{rel}, spezifische Leitfähigkeit σ, Elektronen-Konzentration n und Lage der Fermi-Kante (Größe des chemischen Potentials der Elektronen) in einem Isolator. Zur Zählung der Lage der Energieterme siehe Abb. 1. Der Bandabstand $E_L - E_V$ sei so groß, daß $E_f - E_V$ um mindestens einige kT größer ist als $E_L - E_f$, so daß der Beitrag der Defektelektronen zur Leitfähigkeit vernachlässigt werden kann. Es ist angenommen $\mu_n = 100$ cm^{2}V^{-1} sec^{-1}, $m_{n\,eff} = m_0$, $\varepsilon = 5$

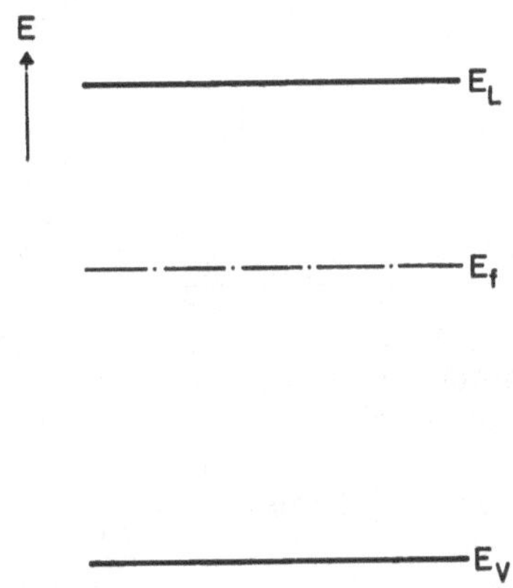

Abb. 1
Potentiale der Elektronen und Defektelektronen im thermischen Gleichgewicht
E_L = Unterkante des Leitungsbandes (elektrostatisches Potential der Elektronen)
E_V = Oberkante des Valenzbandes (elektrostatisches Potential der Defektelektronen)
E_f = Fermi-Kante (elektrochemisches Potential der Elektronen und Defektelektronen)

Die Majoritätsträger-Konzentration n_0 im thermischen Gleichgewicht werde nun mit der durch Belichtung zusätzlich erzeugten stationären Majoritätsträger-Konzentration Δn verglichen. Δn ist, wieder bei Vernachlässigung der Minoritätsträger, gegeben durch

$$\Delta n = g_n \tau_n,$$

wobei g_n die Erzeugungsrate durch die Belichtung in der Volumeneinheit und τ_n die Lebensdauer der Majoritätsträger bedeutet. Bestrahlt man den

Isolator z.B. mit 10^{10} Quanten/cm^2 · sec im Bereich der Grundgitterabsorption, nimmt also die Absorptionskonstante K zu etwa $K = 10^5$ cm^{-1} an, so wird damit $g_n = 10^{15}$ cm^{-3} sec^{-1}. Andererseits kann die Lebensdauer der Majoritätsträger in einem gut photoleitenden Isolator, wie z.B. CdS, 10^{-3} sec betragen. In diesem Fall wird $\Delta n = 10^{12}$ cm^{-3}; es kann also um mehrere Zehnerpotenzen über n_0 bei Isolatoren liegen.
Die zweite Annahme betraf gleiche Lebensdauern der Majoritäts- und Minoritätsträger. Diese Lebensdauern werden nun im allgemeinen nicht gleich sein, sobald die Konzentration der Rekombinationszentren die der freien Ladungsträger überwiegt [3]. Dann werden vorwiegend nicht freie Ladungsträger rekombinieren, sondern die Rekombination wird sich über die Rekombinationszentren abspielen. In Abb. 2 ist ein einzelner Rekombinationsterm ange-

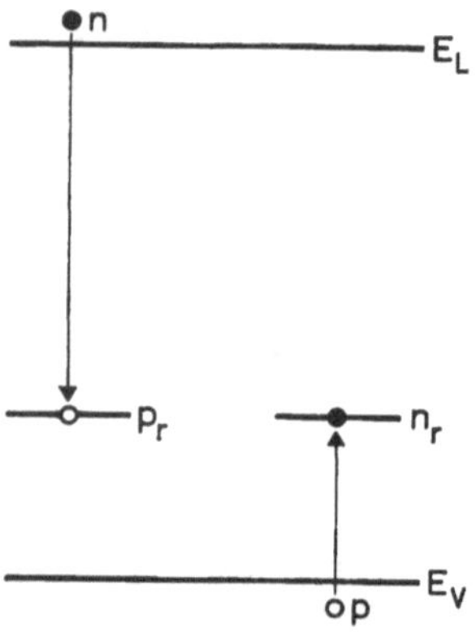

Abb. 2
Rekombination über einen einzelnen Rekombinationsterm, n_r ist die Konzentration der mit Elektronen besetzten Rekombinationszentren, p_r die Konzentration der unbesetzten Zentren

nommen, wobei p_r die Konzentration der mit Elektronen unbesetzten Zentren ist, die einen Einfangquerschnitt s_n für Elektronen haben mögen, und entsprechend n_r die Konzentration der besetzten Zentren bedeutet, die einen Einfangquerschnitt s_p für Defektelektronen haben. Bezeichnet v_{th} die thermische Geschwindigkeit der Elektronen und Defektelektronen, so werden die Lebensdauern τ_n der Elektronen und τ_p der Defektelektronen

$$\tau_n = \frac{1}{p_r v_{th} s_p} \quad \text{und} \quad \tau_p = \frac{1}{n_r v_{th} s_p}.$$

Sie sind unabhängig voneinander und können, wie in photoleitenden Isolatoren, sich um viele Größenordnungen unterscheiden. Wegen einer eingehenden Diskussion der Rekombination in Isolatoren mit Berücksichtigung von mehreren Rekombinationstermen, Haftstellen und des Übergangs zur direkten Rekombination zwischen freien Ladungsträgern in Halbleitern sei auf *Rose* [3, 4] verwiesen.

3. Stationäre elektrostatische Potentialdifferenzen und Photospannung im Isolator

a) Stationarität bei beiden beweglichen Trägersorten

In Abb. 3 sei die Ortsabhängigkeit der in Abb. 1 bezeichneten Potentiale im thermischen Gleichgewicht in einem Isolator dargestellt. Wird der Isolator belichtet, so gilt im stationären Zustand bei offenem Stromkreis, daß an jedem Punkt der Gesamtstrom verschwinden muß. Der Gesamtstrom teilt sich auf in einen ortsabhängigen Elektronenstrom i_n und einen Defektelektronenstrom i_p, wobei jeder dieser Ströme wieder aus einem Feld- und einem Diffusionsanteil zusammengesetzt ist. Da sich die Fermi-Verteilungen der

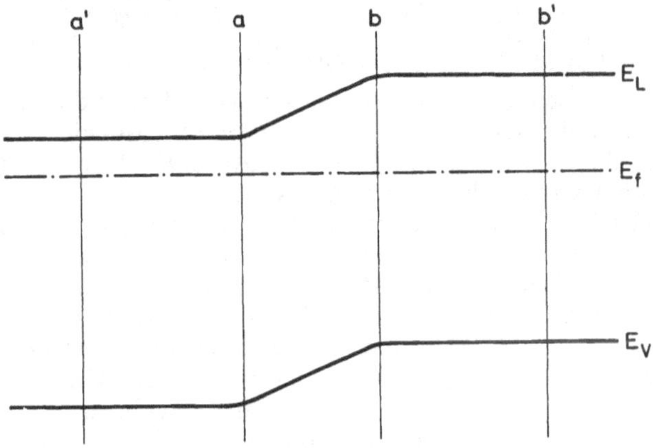

Abb. 3
Potentialverteilung in einem inhomogenen Isolator in thermischem Gleichgewicht

Elektronen und Defektelektronen bei den betrachteten Konzentrationen (s. Tab. 1) auf Boltzmann-Verteilungen reduzieren, wird

$$i_n = n\mu_n \text{ grad } E_L + \mu_n kT \text{ grad } n$$

$$i_p = p\mu_p \text{ grad } E_V - \mu_p kT \text{ grad } p.$$

Führt man mittels

$$E_L - E_{fn} = kT \ln \frac{N_L}{n}$$

$$E_{fp} - E_V = kT \ln \frac{N_V}{p}$$

die elektrochemischen Potentiale oder Quasi-Fermi-Kanten [5] E_{fn} der Elektronen und E_{fp} der Defektelektronen auch für den Fall, daß kein thermisches Gleichgewicht vorliegt, ein, so läßt sich der stationäre Fall schreiben als

$$n\mu_n \text{ grad } E_{fn} + p\mu_p \text{ grad } E_{fp} = 0.$$

Am Orte thermischen Gleichgewichts reduzieren sich E_{fn} und E_{fp} natürlich auf E_f.

Es sei noch eine Bemerkung angefügt darüber, was im Folgenden unter einer stationären Photospannung verstanden sein möge. Stationarität bedeute nicht einfach Zeitunabhängigkeit der beobachteten Spannung in dem Sinne, daß etwa die Zeitunabhängigkeit nur durch eine unendlich große RC-Zeit des Meßkreises bedingt ist, indem etwa eine Elektrode kapazitiv an den belichteten Kristall angekoppelt ist und auch das die Photospannung messende Elektrometer nur als eine Kapazität ohne einen endlichen Innenwiderstand gedacht wird. Zur Beobachtung einer stationären Photospannung habe vielmehr der belichtete Kristall mit seinen Zuleitungen zum Meßinstrument einen endlichen Widerstand, wobei zur Messung der Spannung natürlich der Innenwiderstand des Meßinstrumentes groß gegen den Kristallwiderstand gewählt werden muß.

b) Photospannung bei nur einer beweglichen Trägersorte

Es läßt sich nun sofort angeben, daß bei nur einer beweglichen Trägersorte, wenn also etwa $\mu_p = 0$, keine stationäre Photospannung auftreten kann; denn wegen

$$n\mu_n \operatorname{grad} E_{fn} = 0$$

muß grad E_{fn} an jedem Ort verschwinden.

Eine stationäre Photospannung als Differenz der elektrochemischen Potentiale an zwei verschiedenen Orten thermischen Gleichgewichts kann also in diesem Fall nicht auftreten, da bei Belichtung E_{fn} überall, im belichteten und unbelichteten Gebiet, horizontal verläuft.

Die Belichtung bedingt jedoch eine Änderung des elektrostatischen Potentialverlaufs E_L [6, 7]. Derartige Änderungen des elektrostatischen Potentialverlaufs lassen sich dann allerdings über die Ladung, die auf einer vom belichteten Kristall isolierten Platte influenziert wird, beobachten. In diesem Falle lassen sich auch die auf Grund eines Konzentrationsgradienten von nur einer einzigen beweglichen Trägersorte (oder bei beiden beweglichen Trägersorten entsprechend der Differenz der Beweglichkeiten) influenzierten Ladungen beobachten. Der zeitliche Verlauf der auf einem Elektrometer im Außenkreis durch die influenzierte Ladung hervorgerufenen Spannung ist von *Tolpygo* [8] und *Ludwig* [9], allerdings auch nur für den Fall, daß die durch Licht erzeugten Änderungen der Majoritätsträger-Konzentration als klein gegen die Dunkelkonzentration angesehen werden können, diskutiert worden. Als Beispiele von Messungen von derartigen Photospannungen an photoleitenden Substanzen großen Bandabstands, die aber keine stationär eingeprägte Photo-EMK in dem hier diskutierten Sinne darstellen und auf die deswegen hier nicht näher eingegangen werden soll, seien für Materialien mit großem Bandabstand Messungen am CdS [10, 11], ZnS [12] und AgCl [13] erwähnt.

c) Photospannung bei beiden beweglichen Trägersorten

Sind beide Trägersorten beweglich und wird ein inhomogenes Gebiet a—b (Abb. 3) belichtet, so wird man eine Photospannung beobachten. Die Photospannung ist dabei nur zwischen Punkten thermischen Gleichgewichts erklärt. Derartige Punkte, die hinreichend weit vom belichteten Gebiet entfernt sind, seien a' und b' in Abb. 4. Zwischen a' und b' werden dann im Falle der Belichtung die elektrochemischen Potentiale E_{fn} der Elektronen und E_{fp} der Defektelektronen nicht mehr einander gleich sein (Abb. 4). Die Photospannung ergibt sich nun durch Integration über grad E_{fn} oder grad E_{fn} von a' bis b'. Ein derartiger Weg zur Berechnung der Photospannung in photoleitenden Isolatoren wurde in [14] eingeschlagen.

Zum gleichen Ziel führt auch eine Betrachtung der Differenz des elektrostatischen Potentials zwischen den Gleichgewichtsorten a' und b' im stationären Zustand. Diese Differenz ist gleich der Photospannung, sobald man die Differenz $E_L(b) - E_L(a)$ im thermischen Gleichgewicht abzieht. Um die Änderung der elektrostatischen Potentialdifferenz zwischen a' und b' bei Belichtung anzugeben, müssen die Elektronen- und Defektelektronen-Konzentrationen außer an den Orten thermischen Gleichgewichts a' und b' mindestens noch an den Rändern des belichteten Gebiets a—b vorgegeben sein. Dann hat man zunächst die Aufgabe, die elektrostatische Potentialdifferenz zwischen zwei Orten, an denen die Nichtgleichgewichts-Konzentrationen $n(a)$, $n(b)$, $p(a)$ und $p(b)$ vorliegen, anzugeben. Hierzu ist im Prinzip die Angabe der Konzentrationsverläufe n und p erforderlich. Macht man hierfür die

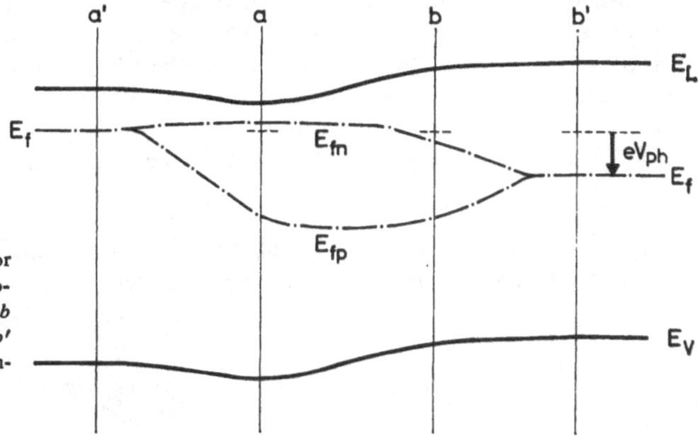

Abb. 4
Potentialverteilung im Isolator der Abb. 3, wenn das inhomogene Gebiet zwischen a und b belichtet wird. In a' und b' herrsche thermisches Gleichgewicht

Annahme, daß die Konzentrationen nur um einen ortsunabhängigen Term n_1 bzw. p_1 von einer Boltzmann-Verteilung differieren, so lassen sich n und p schreiben als

$$n = n_c e^{-E_L/kT} + n_1$$
$$p = p_c e^{+E_L/kT} + p_1,$$

wobei n_c und p_c Konstanten bedeuten.

Die Voraussetzungen für die Annahme eines solchen Konzentrationsverlaufs sind in [14] diskutiert. Wegen der Stationarität muß gelten, daß

$$\mu_n n_1 + \mu_p p_1 = 0.$$

Hiermit läßt sich nun die gesuchte Potentialdifferenz sofort schreiben als

$$E_L(b) - E_L(a) = kT \frac{\mu_n n_c e^{-\frac{E_L(a)}{kT}} + \mu_n n_1 + \mu_p p_c e^{+\frac{E_L(b)}{kT}} + \mu_p p_1}{\mu_n n_c e^{-\frac{E_L(b)}{kT}} + \mu_n n_1 + \mu_p p_c e^{+\frac{E_L(a)}{kT}} + \mu_p p_1},$$

weil nur der erste Term im Zähler und Nenner einfach eine andere Schreibweise der linken Seite darstellen, sich der dritte Term in Zähler und Nenner dann durch korrespondierende Addition hinzufügen läßt und schließlich der zweite und vierte zusammen je verschwinden.

Als Ergebnis für die elektrostatische Potentialdifferenz zwischen a und b erhält man damit

$$E_L(b) - E_L(a) = kT \ln \frac{\mu_n n(a) + \mu_p p(b)}{\mu_n n(b) + \mu_p p(a)}.$$

Über die Größe der Konzentrationen $n(a, b)$ und $p(a, b)$ und die Höhe ihrer Abweichung vom thermischen Gleichgewicht ist dabei in diesem Ausdruck nichts vorausgesetzt.

Wendet man die gleiche Überlegung auf die Abschnitte $a'-a$ und $b-b'$ an, addiert die so erhaltenen Ausdrücke und subtrahiert die Differenz des elektrostatischen Potentials im thermischen Gleichgewicht, so ergibt sich die zwischen a' und b' auftretende Photospannung [14].

d) Der belichtete Metall-Isolator-Kontakt

Das durch Abb. 3 und 4 gegebene allgemeine Schema läßt sich nun leicht spezifizieren. So gewinnt man z.B. den belichteten Kontakt zwischen einem Metall und einem Isolator dadurch, daß man die Rekombinationsrate in der Metall-Isolator Grenzschicht als so groß annimmt, daß sich keine von den thermischen Gleichgewichtswerten abweichenden Konzentrationen bei Belichtung einstellen können. Liegt im thermischen Gleichgewicht eine Verarmungsrandschicht der Elektronen im n-Typ Isolator vor, heißt das also auf Abb. 3 angewandt, daß die Zusatzkonzentrationen

$$\Delta n(b) = \Delta p(b) = 0.$$

Setzt man nicht ganz schwache Belichtung voraus, so daß $\Delta p(a, b) \gg p_0(a, b)$, dann lautet die zwischen a' und b' beobachtete Photospannung

$$V_{\mathrm{ph}} = \frac{kT}{e} \ln \frac{1 + \frac{\mu_{\mathrm{p}}}{\mu_{\mathrm{n}}} \frac{\Delta p(a)}{n_0(a)}}{1 + \frac{\mu_{\mathrm{p}}}{\mu_{\mathrm{n}}} \frac{\Delta p(a)}{n_0(b)}}.$$

Wenn die Elektronenverarmung im thermischen Gleichgewicht so stark ist, daß $n_0(a) \gg n_0(b)$ und außerdem die Anregung nicht so stark ist, daß die Änderung der Minoritätsträger-Konzentrationen bei Belichtung den Majoritätsträger-Konzentrationen im thermischen Gleichgewicht vergleichbar werden, reduziert sich diese Gleichung auf

$$V_{\mathrm{ph}} = -\frac{kT}{e} \ln \left(1 + \frac{\mu_{\mathrm{p}}}{\mu_{\mathrm{n}}} \frac{\Delta p(a)}{n_0(b)}\right).$$

Hierbei bedeutet $\frac{\mu_{\mathrm{p}}}{\mu_{\mathrm{n}}} \frac{\Delta p(a)}{n_0(b)}$ das Verhältnis des auf Grund der Belichtung fließenden Feldstroms der Minoritätsträger in der Randschicht zu dem thermisch erzeugten Feldstrom der Majoritätsträger. Die Photospannung kann in diesem Fall einfach als eine in Flußrichtung des gleichrichtenden Metall-Isolator Kontakts eingeprägte Spannung verstanden werden, die nötig ist, um den durch die Belichtung vergrößerten Feldstrom in Sperrichtung zu kompensieren.

Ganz analog wie bei der Behandlung des Metall-Isolator Kontakts mit einer Verarmungsrandschicht läßt sich mit dem Schema der Abb. 3 bei der Behandlung eines Metall-Isolator Kontakts mit einer Anreicherungsrandschicht im thermischen Gleichgewicht vorgehen. Die Metall-Isolator Grenzfläche wird in diesem Fall in den Punkt a gelegt, und es wird $\Delta n(a) = \Delta p(a) = 0$. Dann wird bei genau den gleichen Voraussetzungen wie bei der Behandlung der Verarmungsrandschicht

$$V_{\mathrm{ph}} = \frac{kT}{e} \ln \frac{1 + \frac{\mu_{\mathrm{p}}}{\mu_{\mathrm{n}}} \frac{\Delta_p(b)}{n_0(a)}}{1 + \frac{\mu_{\mathrm{p}}}{\mu_{\mathrm{n}}} \frac{\Delta_p(b)}{n_0(b)}}$$

bzw.

$$V_{\mathrm{ph}} = -\frac{kT}{e} \ln \left(1 + \frac{\mu_{\mathrm{p}}}{\mu_{\mathrm{n}}} \frac{\Delta_{\mathrm{p}}(b)}{n_0(b)}\right).$$

Das Vorzeichen der Photospannung für eine Verarmungs- und eine Anreicherungsrandschicht ist dabei entgegengesetzt, weil bei der Anpassung des Schemas der Abb. 3 das Metall in einem Fall rechts, im andern links vom Isolator zu denken war.

Obwohl $\frac{\mu_p}{\mu_n} \frac{\Delta p(b)}{n_0(b)}$ wieder als Quotient zweier Feldströme aufgefaßt werden kann, läßt sich doch im Falle der Anreicherungsrandschicht nicht wie bei der Verarmungsrandschicht die Photospannung als eine einen zusätzlichen Sperrstrom eines Gleichrichters kompensierende Spannung am Gleichrichter verstehen. Diese „Bevorzugung" der Verarmungsrandschicht vor der Anreicherungsrandschicht, die in dem Namen „Sperrschicht-Photoeffekt" zum Ausdruck kommt und häufig so verstanden wird, daß die gleichrichtende Wirkung einer Randschicht eine notwendige Begleiterscheinung bei dem Auftreten einer Photospannung über einer Randschicht oder allgemein einem

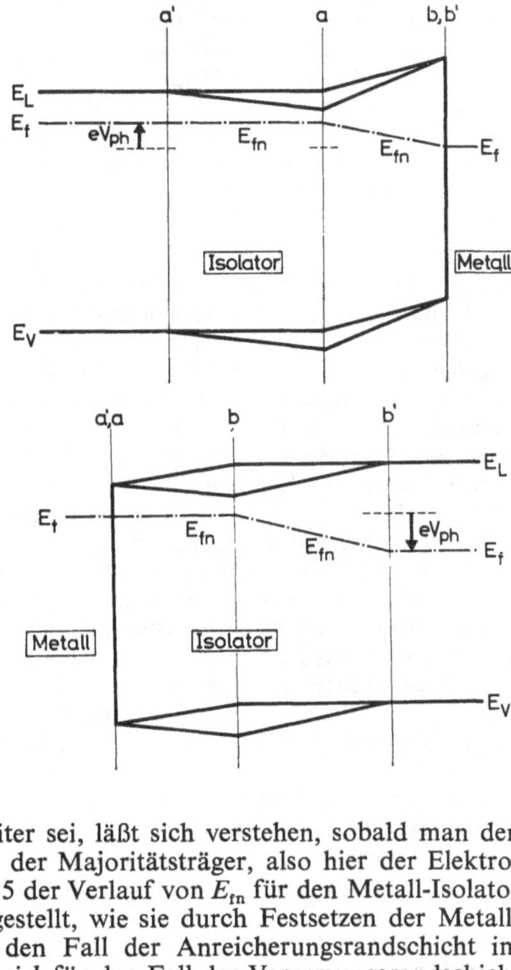

Abb. 5
Verlauf des elektrochemischen Potentials E_{fn} der Majoritätsträger im Isolator bei Belichtung im Kontakt mit einem Metall. Der Verlauf der elektrostatischen Potentiale E_L und E_V ist für zwei verschiedene Zusatzkonzentrationen der Majoritätsträger bei Belichtung dargestellt.
a) Im thermischen Gleichgewicht Verarmungsrandschicht.
b) Im thermischen Gleichgewicht Anreicherungsrandschicht

inhomogenen Bereich im Halbleiter sei, läßt sich verstehen, sobald man den Verlauf der Quasi-Fermi-Kanten der Majoritätsträger, also hier der Elektronen, betrachtet. Dazu ist in Abb. 5 der Verlauf von E_{fn} für den Metall-Isolator Kontakt in der Anordnung dargestellt, wie sie durch Festsetzen der Metall-Isolator Grenzfläche bei *a* für den Fall der Anreicherungsrandschicht im thermischen Gleichgewicht und bei *b* für den Fall der Verarmungsrandschicht aus Abb. 3 hervorging [14]. Im Falle der Verarmungsrandschicht (Abb. 5a) ändert sich nämlich E_{fn} hauptsächlich über der belichteten Randschicht, während es bei der Anreicherungsrandschicht hauptsächlich über dem unbelichteten Gebiet zwischen der Grenze des belichteten Bereichs und dem Bereich thermischen Gleichgewichts abfällt. Nun liegt bei einer äußeren angelegten Spannung am Gleichrichter fast der ganze Spannungsabfall an der Sperrschicht in Übereinstimmung mit dem Verlauf der Quasi-Fermi-Kante der Majoritätsträger bei Belichtung bei einer Sperrschicht, also einer Verarmungsrandschicht der Majoritätsträger, so daß die Identifizierung der Photospannung mit der Potentialdifferenz des elektrochemischen Potentials der Majoritätsträger das richtige Resultat liefert. Da aber allgemein die Photospannung eine Differenz zweier Fermi-Kanten in Gleichgewichtspunkten darstellt, muß auch der Verlauf der Quasi-Fermi-Kante der Majoritätsträger über Nichtgleichgewichtsgebiete außerhalb des eigentlich belichteten Gebiets berücksichtigt werden, und gerade dieser liefert im Falle der Anreicherungsschicht den größten Beitrag (Abb. 5b).

Die Höhe der Majoritätsträger-Konzentration bei Belichtung geht in die Photospannung am Metall-Isolator Kontakt bei $\Delta p(a, b) \gg p_0(a, b)$ nicht ein. Das heißt, daß dann die Höhe der Photospannung sogar unabhängig davon ist, ob überhaupt durch die Belichtung Majoritätsträger zusätzlich erzeugt werden oder nicht. Das Verständnis von Photospannungen, die durch Licht einer Wellenlänge, die einer Energie kleiner als der des Bandabstands entspricht, in einem Isolator erzeugt wird, bietet also grundsätzlich keine Schwierigkeiten, sofern durch das Licht nur freie Minoritätsträger erzeugt werden*).

Im Gegensatz zum Verlauf des elektrochemischen Potentials ist aber nun der Verlauf der elektrostatischen Potentiale E_L und E_V nicht unabhängig von der Höhe der Majoritätsträger-Konzentration, denn der Abstand des elektrostatischen Potentials der Majoritätsträger vom elektrochemischen Potential, also das chemische Potential, ist ja ein direktes Maß für die Höhe der Majoritätsträger-Konzentration. Dementsprechend ist der Potentialverlauf E_L und E_V in Abb. 5a und b bei gleichen Minoritätsträger-Konzentrationen für zwei verschieden große Majoritätsträger-Konzentrationen angedeutet, wobei die untere Kurve der höheren Majoritätsträger-Konzentration entspricht. Man erkennt, daß im Fall der Abb. 5b, in dem im thermischen Gleichgewicht eine Anreicherungsrandschicht vorausgesetzt ist, sich bei hinreichend starker Majoritätsträger-Erzeugung in b sogar die Richtung des inneren Feldes auf dem belichteten Gebiet a—b umkehren kann, ohne daß sich die Höhe der Photospannung, geschweige denn ihr Vorzeichen, ändert. Für das Vorzeichen der Photospannung am Metall-Isolator Kontakt ist also nicht das Vorzeichen des inneren Feldes auf dem belichteten Gebiet unter Belichtung, sondern im thermischen Gleichgewicht maßgebend.

Bei hohen Anregungsdichten tritt, auch unabhängig von der Größe der

---

*) Wenn durch die Belichtung nur die freie Majoritätsträger-Konzentration verändert wird, ergibt sich im Prinzip auch eine endliche Photospannung, die jedoch bei $\mu_p p_0 \ll \mu_n n_0$ (in der Bezeichnungsweise der Abb. 5) für Verarmungsrandschichten höchstens $-\frac{kT}{e}\frac{\mu_p}{\mu_n}\frac{p_0(a)}{n_0(b)}$ und bei Anreicherungsrandschichten höchstens $-\frac{kT}{e}\frac{\mu_p}{\mu_n}\frac{p_0(b)}{n_0(b)}$ werden kann, also sehr klein ist. Nur wenn die Minoritätsträger unbeweglich sind, tritt prinzipiell keine stationäre Photospannung auf (Kap. 3b, vgl. dazu auch [6]).

durch Belichtung erzeugten Majoritätsträger-Zusatzkonzentration, als Sättigungswert der Photospannung die elektrostatische Potentialdifferenz in a und b im thermischen Gleichgewicht auf, und zwar sobald die Minoritätsträger-Zusatzkonzentration groß gegen die Majoritätsträger-Konzentration im thermischen Gleichgewicht wird.

e) Inhomogenität mit beliebiger endlicher Rekombination

Wird keine einschränkende Bedingung über die Rekombination an einem Rand der belichteten Inhomogenität im Isolator gemacht, sondern auch die Möglichkeit eingeräumt, daß die Rekombinationsraten der Elektronen und Defektelektronen endlich, aber an beiden Rändern des belichteten Gebiets verschieden sind, so ist ein Verlauf der Potentiale wie in Abb. 4 gezeichnet zu erwarten. Als Beispiel einer derartigen Inhomogenität sei das durch Oberflächenzustände bedingte innere Feld unter der Oberfläche eines an eine Gasatmosphäre oder an Vakuum angrenzenden Isolators genannt.

Sind die Minoritätsträger-Konzentrationen sowohl im thermischen Gleichgewicht als auch bei Belichtung klein gegen die entsprechenden Majoritätsträger-Konzentrationen und sind weiter die thermischen Minoritätsträger-Konzentrationen gegenüber der durch Belichtung erzeugten Zusatzkonzenrationen zu vernachlässigen, so wird die Photospannung

$$V_{\text{ph}} = \frac{kT}{e} \ln \frac{1 + \dfrac{\mu_{\text{p}}}{\mu_{\text{n}}} \Delta p(a) \left[\dfrac{1}{n_0(a)} - \dfrac{1}{n_0(b) + \Delta n(b)} \right]}{1 + \dfrac{\mu_{\text{p}}}{\mu_{\text{n}}} \Delta p(b) \left[\dfrac{1}{n_0(b)} - \dfrac{1}{n_0(a) + \Delta n(a)} \right]} .$$

In diesem Fall wird also die Höhe der Photospannung auch durch die Größe der Zusatzkonzentrationen der Majoritätsträger mitbestimmt. Außerdem ist im Gegensatz zum Metall-Isolator Kontakt das Vorzeichen der Photospannung nicht mehr eindeutig durch die Konzentrationsverhältnisse im thermischen Gleichgewicht festgelegt. Die Photospannung kann das Vorzeichen vielmehr wechseln sowohl in Abhängigkeit von der eingestrahlten Lichtintensität bei einem festen Anregungsverhältnis in a und b als auch in Abhängigkeit von der Wellenlänge des eingestrahlten Lichts, also variiertem Anregungsverhältnis in a und b. Zur genauen Kenntnis der Zusatzkonzentrationen in a und b müssen dazu natürlich nicht nur die Anregungsraten in a und b bekannt sein, sondern vor allen Dingen auch die Lebensdauern beider Trägersorten in a und b. Für das oben genannte Beispiel der Oberflächen-Photospannung hieße das, da dann a etwa die an die Gasatmosphäre anstoßende Oberfläche und b das Volumen innerhalb der Randschicht bedeutet, daß Anregungsraten und Lebensdauern beider Trägersorten an der Oberfläche und im Volumen bekannt sein müssen. Es ist dabei bemerkenswert, daß auch ohne die quantitative Kenntnis dieser Größen sich die Möglichkeiten des Verlaufs der Photospannung, z.B. hinsichtlich eines Vorzeichenwechsels in Abhängigkeit von Intensität oder Wellenlänge des eingestrahlten Lichts, abschätzen lassen. Bezüglich einer eingehenderen derartigen Abschätzung sei auf [14] verwiesen. Das genannte „anomale" Verhalten ist dabei nur möglich, sobald man ungleiche Lebensdauern der Elektronen und Defektelektronen und die Möglichkeit großer stationärer Zusatzkonzentrationen auch der Majoritätsträger in die Betrachtung einschließt. Photospannungen, die Effekte wie den genannten Vorzeichenwechsel zeigen, ohne daß er unbedingt auf an mehreren Inhomogenitäten entstehende gegeneinander wirkende Photospannungen zurückzuführen wäre, sind denn auch an Substanzen beobachtet worden, die gemäß Kap. 2 als Isolatoren zu klassifizieren sind. Über derartige Beobachtungen soll im nächsten Abschnitt berichtet werden.

4. Diskussion der Photospannungen in speziellen isolierenden Substanzen

Durch die in Kap. 2 getroffene Definition des Isolators wurden diejenigen Substanzen als Isolatoren bezeichnet, bei denen die durch Belichtung erzeugten Majoritätsträger-Zusatzkonzentrationen nicht mehr vernachlässigbar gegen die Dunkelkonzentrationen und außerdem die Lebensdauern beider Trägersorten nicht mehr gleich sind. Die mehr prinzipiellen als auf eine bestimmte Substanz gemünzten Ausführungen des vorigen Kapitels sollten dann die Aufmerksamkeit auf diejenigen Punkte lenken, die notwendig bei der Berechnung der Photospannung in Halbleitern zu beachten sind, sobald man alle Halbleiter ohne Begrenzung zur isolierenden Seite hin betrachten will. Es ist klar, daß die Beschreibung auch die weniger isolierenden Halbleiter mit einschließt. Eine Diskussion der Photospannung in isolierenden Substanzen kann sich dann aber auf diejenigen Substanzen und Effekte beschränken, bei denen die Voraussetzungen vernachlässigbarer Majoritätsträger-Zusatzkonzentrationen und gleicher Lebensdauern nicht erfüllt sind. Es ist dann zu prüfen, ob die hier entwickelten Vorstellungen im Prinzip in diesen Fällen Effekte erklären könnten, die der Beschreibung im Rahmen wenig isolierender Halbleiter unzugänglich sind. Eine solche Diskussion ist nun sehr erschwert dadurch, daß experimentelle Angaben über Photospannungen fast nie mit Angaben über Konzentrationen und Lebensdauern verknüpft sind. Um sicher zu sein, daß erst die Berücksichtigung der Änderungen der Majoritätsträger-Konzentration bei Belichtung und der Verschiedenheit der Lebensdauern von Elektronen und Defektelektronen eine Beschreibung der beobachteten Photospannung möglich machen, ist man also auf von der Photospannung unabhängige Messungen oder Angaben der Ladungsträger-Konzentrationen und Lebensdauern angewiesen.

Unter denjenigen isolierenden Substanzen, bei denen einmal mehrere Beobachtungen der Photospannung vorliegen, zum andern aber, hauptsächlich aus Messungen der Photoleitung bei angelegter äußerer Spannung, bekannt ist, daß einmal die Lebensdauern beider Trägersorten um Größenordnungen voneinander abweichen können, und zum andern auch die Konzentration der Majoritätsträger bei Belichtung um Größenordnungen über der Dunkelkonzentration liegt, ist in erster Linie das CdS zu nennen, obwohl diese Voraussetzungen sicherlich auch noch für eine Anzahl anderer Substanzen, für die Beobachtungen der Photospannung vorliegen, wie z.B. das ZnS, gelten. Da an diesen beiden Substanzen von allen Isolatoren auch die eingehendsten Messungen der Photospannung vorliegen, sei die Diskussion auf diese beiden Substanzen beschränkt, zumal auch beide Substanzen diejenigen „anomalen" Effekte, die offenbar darauf hindeuten, daß zu ihrer Erklärung eine Theorie der wenig isolierenden Halbleiter wegen ihrer stark einschränkenden Voraussetzungen nicht ausreicht, von allen isolierenden Substanzen am ausgeprägtesten zeigen.

a) CdS

Reynolds und Mitarbeiter [15, 16] beobachteten das Auftreten einer stationären Photospannung an Metall-CdS Kontakten, wobei besonders bemerkenswert war, daß die Photospannung nicht nur im Bereich der Grundgitterabsorption des CdS auftrat, sondern auch noch bei längeren Wellenlängen des eingestrahlten Lichts. Die Autoren schlugen zur Deutung Anregung der Elektronen in einen verbreiterten Störterm vor, in dem die Elektronen durch Störbandleitung beweglich sind. *Williams* und *Bube* [17] haben ähnliche Beobachtungen durch Photoemission von Elektronen aus der bestrahlten Metallelektrode in das CdS interpretiert. *Fabricius* [18] zeigte jedoch, daß der Effekt auf Anregung in der Raumladungs-Randschicht des CdS zurückzuführen ist. Desgleichen zeigten *Grimmeiss* und *Memming* [19], daß die Photospannung bei CdS-Einkristallen und aufgedampften Schichten nicht auf Elektronenemission aus dem Metall, sondern auf p-n-artigen Inhomogenitäten im CdS beruht, nachdem schon *Woods* und *Champion* [20] die Existenz von p-leitendem CdS nach starker Cu-Dotierung postuliert hatten. Es sei in diesem Zusammenhang darauf hingewiesen, daß in Kap. 3d gezeigt wurde, daß das Auftreten einer Photospannung bei beliebig langwelliger Bestrahlung der Raumladungs-Randschicht des CdS solange prinzipiell möglich ist, wie durch die Belichtung nur zusätzliche bewegliche Minoritätsträger erzeugt werden. Das Vorzeichen der Photospannung von CdS im Kontakt mit einem Metall entspricht bei gleichrichtenden Kontakten dem an einer Verarmungsrandschicht von Elektronen auftretenden Photospannungen, d.h. die Metallelektrode am bestrahlten CdS ist positiv gegenüber der an den unbestrahlten Teil des CdS angrenzenden Elektrode. Erzeugt man jedoch Anreicherungsrandschichten im CdS z.B. durch Aufbringen von In [21] oder durch Aufdampfen von Al auf vorgeheiztes CdS [22], so beobachtet man tatsächlich eine Photospannung entgegengesetzten Vorzeichens der über einer Verarmungsrandschicht auftretenden Spannung [23 – 25].

Wird ein CdS-Kristall nicht am Kontakt zum Metall belichtet, so ist das Auftreten von Photospannungen beobachtet worden, deren Vorzeichen von der Wellenlänge des eingestrahlten Lichts abhängt [27 – 30]. Ein derartiges Verhalten tritt einmal auf, sobald eine p-n-p-Struktur vorliegt und beide Übergänge in von der Wellenlänge abhängiger Weise in entgegengesetzter Richtung zur Photospannung beitragen [26]. Wie in Kap. 3e ausgeführt, sind derartige Effekte jedoch auch schon verständlich, sobald man berücksichtigt, daß an beiden Rändern einer einzigen belichteten Raumladungsschicht die Lebensdauern der Minoritäts- und Majoritätsträger voneinander abweichen und die durch die Belichtung erzeugten Zusatzkonzentrationen der Majoritätsträger groß gegen die Dunkelkonzentrationen sind. Eine derartige Raumladungsschicht mit unterschiedlichen Rekombinationsverhältnissen, aber endlichen Rekombinationsraten an beiden Rändern stellt die durch Oberfächenzustände bedingte Randschicht unter der freien, also z.B. an eine Gasatmosphäre angrenzenden Oberfläche, dar. Die genannten, auch im Vorzeichen von der Wellenlänge abhängigen Photospannungen sind dementsprechend wahrscheinlich als über eine derartige Randschicht eingeprägte stationäre Photospannung zu deuten. Ebenso können derartige Spannungen auftreten, wenn die freie Oberfläche in der Umgebung eines Spitzenkontakts belichtet wird. So lassen sich die in [23] und [27] beobachteten Vorzeichenwechsel der Photospannung als Funktion der Lichtintensität analog dem Vorzeichenwechsel als Funktion der Wellenlänge auch durch die Photospannung über der Randschicht zwischen freier Oberfläche und Volumen des CdS verstehen.

b) ZnS

Außer am CdS ist das Auftreten stationärer Photospannungen bei isolierenden Substanzen wohl am eingehendsten am ZnS untersucht, und zwar an synthetischen Einkristallen, bei denen kubische und hexagonale Strukturbereiche unter starker Fehlordnung alternierend auftreten.

Das auffälligste Merkmal der Photospannung an derartigen ZnS-Kristallen ist ihre die Größe des Bandabstands weit übersteigende Höhe, sobald die Spannung senkrecht zu den kristallographischen Übergängen beobachtet wird [31]. Dementsprechend waren die Bemühungen zunächst darauf gerichtet, die Höhe der Photospannung über in dem Kristall „in Reihe geschaltete" durch Potentialschwellen gebildete elementare Batterien zu erklären. *Merz* [32] postulierte die Existenz identischer asymmetrischer Potentialschwellen an den kubisch-hexagonalen und hexagonal-kubischen Übergängen, da kristallographisch jeder Übergang durch die gleiche Operation der Drehung einer ZnS-Bindung um 60° zustandekommt. *Tauc* [33] nahm das Auftreten von Störstellengradienten und *Hutson* [34] piezoelektrische Verspannung als wesentlich für die zu der anomal hohen Photospannung führende Potentialverteilung an. Wenn auch die anomale Höhe der Photospannung im ZnS noch keineswegs geklärt ist, so hat sich doch herausgestellt, daß derartig hohe Photospannungen in vielen Stoffen, besonders in aufgedampften Schichten, auftreten. Sie sind dabei keineswegs auf Isolatoren beschränkt, sondern sind z.B. auch in Ge und Si [35] beobachtet worden. Da es sich also bei der Frage des Zustandekommens anomal hoher Photospannungen nicht um ein spezifisches Isolatorproblem handelt, das damit verknüpft wäre, daß die Trägerkonzentrationen bei Belichtung groß gegen die Dunkelkonzentrationen sein können und die Lebensdauern beider Trägersorten nicht gleich zu sein brauchen, sei dieses Problem hier nicht weiter verfolgt.

Cheroff und *Keller* [29] sowie *Lempicki* [36] fanden, daß das Vorzeichen der Photospannung von der Wellenlänge abhängt, wobei die Wellenlänge, bei der der Vorzeichenwechsel stattfindet, noch von der Polarisationsrichtung des eingestrahlten Lichts abhängt [37, 38]. *Neumark* [39] hat diesen Vorzeichenwechsel darauf zurückgeführt, daß wegen der verschiedenen Lage der Absorptionskante für kubisches und hexagonales ZnS das Licht vorzugsweise in nur eine der beiden Modifikationen eindringt, wobei dann die über der hexagonalen Modifikation eingeprägte Photospannung der über der kubischen Modifikation eingeprägten entgegengerichtet ist. Außerdem diskutiert *Neumark* die Möglichkeit, daß die Potentialverteilung an der Oberfläche des ZnS-Kristalls sich von der im Volumen unterscheidet derart, daß die Felder an der Oberfläche denen im Volumen entgegengerichtet sind. Dann wäre das Vorzeichen der Photospannung davon bestimmt, ob vorzugsweise die Oberfläche oder das Volumen durch die Belichtung angeregt wird.

Neumarks Berechnungen der Photospannung im ZnS gehen aus von der Voraussetzung gleicher Lebensdauer für Elektronen und Defektelektronen. Eine derartige Theorie enthält dann nicht die Möglichkeit einer Änderung des Vorzeichens der Photospannung über einer einzigen Randschicht, wie sie in [14] diskutiert wird. Da nun z.B. am CdS auch Vorzeichenwechsel der

Wellenlängenabhängigkeit der Photospannung in Analogie zum ZnS beobachtet werden [30], erhebt sich die Frage, ob nicht zwar die absolute Größe der Photospannung am ZnS durch die kristallographisch inhomogene Struktur bedingt ist, der Vorzeichenwechsel jedoch als auch über einer einzigen Randschicht auftretender Effekt nicht ursächlich mit der anomalen Höhe der Photospannung verknüpft zu sein braucht. Dieses Problem kann sicher nicht endgültig beantwortet werden, bevor nicht experimentell die zur Photospannung bei verschiedenen Wellenlängen Anlaß gebenden Kristallbereiche genau lokalisiert sind.

5. Schlußbemerkungen

Isolatoren waren in dem vorliegenden Bericht im Bereich der Halbleiter derart definiert, daß ihre Majoritätsträger-Konzentration im thermischen Gleichgewicht so klein ist, daß ihre Änderung bei Belichtung nicht vernachlässigt werden darf. Da außerdem in diesen Substanzen die freien Ladungsträger nicht direkt, sondern vorwiegend über Rekombinationszentren rekombinieren, werden die Lebensdauern beider Trägersorten stark voneinander abweichen können. Es sollte in diesem Bericht gezeigt werden, wie die Theorie der Photospannungen in Halbleitern größerer Majoritätsträger-Konzentration im thermischen Gleichgewicht in diesem Falle erweitert werden muß und welche zusätzlichen Effekte durch die Berücksichtigung der Änderung der Majoritätsträger-Konzentration bei Belichtung und der Verschiedenheit der Lebensdauern beider Trägersorten auftreten können. Es ist klar, daß die Berechnung der Photospannung gegenüber dem Halbleiterfall komplizierter wird, da eben die Änderung der Majoritätsträger-Konzentration bei Belichtung und der Unterschied der Lebensdauern beider Trägersorten als neue Parameter hinzukommen. Dann ist noch die Ortsabhängigkeit dieser Größen zu berücksichtigen, die sehr erheblich sein kann, wenn man bedenkt, wie stark sich die Rekombinationsverhältnisse und damit die Lebensdauern in einem photoleitenden Isolator etwa an der Oberfläche und im Volumen unterscheiden können. Die Berechnung der Photospannung wird dabei nun noch erschwert dadurch, daß für Isolatoren vor allen Dingen Parameter der Minoritätsträger, wie Beweglichkeit und Lebensdauer, kaum bekannt sind. Im ZnS z.B. müßte dazu dann noch die Ortsabhängigkeit aller Parameter über so kurze Abstände, wie sie durch die Größe der kristallographisch homogenen Bereiche vorgegeben sind, bekannt sein.

Aus allen diesen Gründen ergibt sich, daß das quantitative Verständnis der stationär eingeprägten Photospannungen in Isolatoren mehr und experimentell schwieriger zu erhaltende Kenntnisse der Majoritätsträger und Minoritätsträger-Parameter erfordert als das Verständnis der Photospannung im Dunkeln besser leitender Halbleiter. Es sollte hier gezeigt werden, inwieweit die Berücksichtigung einer Änderung der Majoritätsträger-Konzentrationen bei Belichtung und der Verschiedenheit der Lebensdauern prinzipiell dann aber auch die Beschreibung von vor allem am CdS und ZnS beobachteten stationären Effekten ermöglicht, die im Lichte einer Theorie, die diese Faktoren nicht berücksichtigt, durchaus anomal erscheinen müssen. Um dabei zu einem genauen Verständnis der Photospannungen in jedem einzelnen Isolator zu kommen, ist dann natürlich die quantitative Kenntnis aller genannten Parameter notwendig, wovon bei unserem heutigen Stand der Einsicht in die elektronischen Prozesse in Isolatoren noch keine Rede sein kann.

Literatur

[1] *R. Wiesner*, in Halbleiterprobleme, Bd. III, S. 59. Verlag Vieweg, Braunschweig, 1956.
[2] *J. Tauc*, Photo and Thermoelectric Effects in Semiconductors. Pergamon Press, Oxford, 1962.
[3] *A. Rose*, Phys. Rev. **97**, 322 (1955).
[4] *A. Rose*, Concepts in Photoconductivity and Allied Problems, Interscience Publishers, New York, 1963.
[5] *W. Shockley*, Electrons and Holes in Semiconductors, J. Wiley and Sons, New York 1950, S. 308.
[6] *W. Schottky*, Anmerkung zu [1].
[7] *L. Landau* und *E. Lifshitz*, Phys. Z. d. Sowjetunion **9**, 477 (1936).
[8] *K. B. Tolpygo*, Izv. Akad. Nauk. SSSR, **26**, 46 (1952).
[9] *W. Ludwig*, Phys. stat. sol. **2**, 194 (1962).
[10] *W. Ludwig*, Phys. stat. sol. **2**, K244 (1962), ibid. **3**, 1738 (1963).
[11] *R. Williams*, J. Phys. Chem. Sol. **23**, 1057 (1962).
[12] *F. F. Morehead* und *A. B. Fowler*, J. Electrochem. Soc. **109**, 688 (1962).
[13] *A. M. Goodman* und *G. Warfield*, Phys. Rev. **120**, 1142 (1960).
[14] *W. Ruppel*, Phys. stat. sol. **5**, 657 (1964).
[15] *D. C. Reynolds*, *G. Leies*, *L. L. Antes* und *R. E. Marburger*, Phys. Rev. **96**, 533 (1954).
[16] *D. C. Reynolds* und *S. J. Czyzak*, Phys. Rev. **96**, 1705 (1954).
[17] *R. Williams* und *R. H. Bube*, J. Appl. Phys. **31**, 968 (1960).
[18] *E. D. Fabricius*, J. Appl. Phys. **33**, 1597 (1962).
[19] *H. G. Grimmeiss* und *R. Memming*, J. Appl. Phys. **33**, 2217 u. 3596 (1962).
[20] *J. Woods* und *J. A. Champion*, J. Electron. and Control **7**, 243 (1959).
[21] *R. W. Smith*, Phys. Rev. **97**, 1525 (1955).
[22] *K. W. Böer* und *K. Lubitz*, Z. f. Naturf. **15***a*, 91 (1960).
[23] *W. Ruppel*, Helv. Phys. Acta **34**, 790 (1961).
[24] *O. Dehoust*, Z. angew. Phys. **14**, 404 (1962).
[25] *G. O. Müller*, Phys. stat. sol. **3**, 523 (1963).
[26] *K. Thiessen* und *G. Jungk*, Phys. stat. sol. **3**, 2383 (1963).
[27] *S. Ibuki*, *H. Komiya* und *H. Yamashita*, J. Phys. Jap. **15**, 2356 (1960).
[28] *R. J. Robinson*, Bull. Am. Phys. Soc. II, **3**, 115 (1958).
[29] *G. Cheroff* und *S. P. Keller*, Phys. Rev. **111**, 98 (1958).
[30] *W. Ruppel*, Helv. Phys. Acta **36**, 458 (1963).
[31] *S. G. Ellis*, *F. Herman*, *E. E. Loebner*, *W. J. Merz*, *C. W. Struck* und *J. G. White*, Phys. Rev. **109**, 1860 (1958).
[32] *W. J. Merz*, Helv. Phys. Acta **31**, 625 (1958).
[33] *J. Tauc*, J. Phys. Chem. Sol. **11**, 345 (1959).
[34] *A. R. Hutson*, Bull. Am. Phys. Soc. II, **6**, 110 (1961).
[35] *H. Kallmann*, *B. Kramer*, *E. Haidemenakis*, *W. J. McAleer*, *H. Barkemeyer* und *P. I. Pollak*, J. Electrochem. Soc. **108**, 247 (1961).
[36] *A. Lempicki*, Phys. Rev. **113**, 1204 (1959).
[37] *G. Cheroff*, *R. C. Enck* und *S. P. Keller*, Phys. Rev. **116**, 1091 (1959).
[38] *J. A. Beun* und *G. J. Goldsmith*, Helv. Phys. Acta **33**, 508 (1960).
[39] *G. F. Neumark*, Phys. Rev. **125**, 838 (1962).

WALTER J. MERZ*)

Ferroelektrizität: Überblick und neuere Entwicklungen

Mit 17 Abbildungen

Summary

A general survey about the characteristic properties of ferroelectrics is given first. This is followed by a discussion of some recent developments in the field of ferroelectrics. They are:

(1) Nucleation of domain and domain wall motion during switching of a ferroelectric crystal, in particular of sidewise motion of the walls and the switching in extremely high electric fields.

(2) Relaxation of the dielectric constant at high frequencies and the infrared reflectivity of $BaTiO_3$, which in connection with the theory of Cochran leads to a better understanding of the mechanisms involved in ferroelectricity.

(3) Behaviour of the optical absorption edge of a ferroelectric material in an applied electric field.

(4) Some problems connected with the space charge in ferroelectrics, in particular, the influence of space charge on switching and on stability of the material.

1. Einleitung

Die Physik der Ferroelektrizität hat sich in den letzten Jahren in verschiedener Weise entwickelt. Einerseits sind viele neue ferroelektrische Substanzen gefunden worden, und andererseits sind einige neue Effekte entdeckt und etliche Aspekte des ferroelektrischen Verhaltens genauer untersucht worden. Als Folge dieser Arbeiten weiß man heute, daß das Auftreten der Ferroelektrizität in Dielektrika kein so seltenes Ereignis ist, wie man bis vor einigen Jahren angenommen hat. Verschiedene fundamentale Fragen sind durch diese Untersuchungen weitgehend geklärt worden, so daß man heute ein recht gutes Bild über die prinzipiellen Mechanismen der Ferroelektrizität gewonnen hat. Da es unmöglich ist, in einem einstündigen Referat all diese neuen Substanzen und Entwicklungen zu behandeln, wollen wir uns in dieser Übersicht auf einige typische Substanzen und einige typische Effekte konzentrieren. Wir werden uns hauptsächlich mit zwei Verbindungen befassen. Einerseits mit $BaTiO_3$, einer altbekannten klassischen ferroelektrischen Substanz, an der in letzter Zeit verschiedene neuere Untersuchungen durchgeführt worden sind und andererseits mit SbSJ, einer neuen ferroelektrischen Substanz, die in verschiedener Beziehung sich ganz anders verhält, als die üblichen Ferroelektrika.

*) Laboratories RCA Ltd., Zürich, Schweiz.

Bevor wir aber diese neueren Entwicklungen besprechen, wollen wir zuerst einen allgemeinen Überblick über die charakteristischen Eigenschaften der Ferroelektrika geben [1, 2, 3].

2. Allgemeiner Überblick

Bei allen Ferroelektrika manifestiert sich die große Polarisierbarkeit in einer hohen Dielektrizitätskonstante (DK), die am Curiepunkt eine ausgeprägte Spitze aufweist. Werte in der DK zwischen 10 000 und 100 000 am Curiepunkt sind durchaus normal. Oberhalb der Curie-Temperatur T_c ist die DK unabhängig vom angelegten elektrischen Feld. Die Temperaturabhängigkeit läßt sich in den meisten Fällen durch ein Curie-Weiss-Gesetz der Form

$$\varepsilon = \frac{A}{T-T_c} + B$$

beschreiben. Unterhalb des Curiepunktes ist das dielektrische Verhalten viel komplizierter, da dort die typisch ferroelektrischen Eigenschaften auftreten. So verschwindet die Feldunabhängigkeit der DK. Zwischen angelegtem elektrischem Feld E und elektrischer Polarisation P besteht kein linearer Zusammenhang mehr; es tritt eine spontane Polarisation auf, die die Ursache für eine Hysteresisschleife bildet. Diese spontane Polarisation nimmt am Curiepunkt mit abnehmender Temperatur stark zu, um dann bei tiefer Temperatur einer Sättigung zuzustreben. Werte von 1 – 30 μ Coul/cm^2 für die spontane Polarisation sind typisch.

Die Polarisation wird durch die spontane Ausrichtung permanenter Dipole verursacht, wobei bei einigen Substanzen, als Beispiel sei $BaTiO_3$ erwähnt, die Dipole am Curiepunkt zuerst durch eine Gitterdeformation erzeugt werden. In andern Substanzen findet am Curiepunkt eine spontane Ausrichtung schon bestehender Dipole statt. In beiden Fällen tritt dabei eine Änderung des Gitters auf, wobei die kristallographische Symmetrie beim Eintritt ins ferroelektrische Gebiet meistens verkleinert wird. Bei $BaTiO_3$, das oberhalb T_c eine kubische Symmetrie aufweist (Abb. 1), dehnt sich das kubische Gitter spontan in einer Richtung, der c-Richtung aus und kontrahiert sich spontan in der a-Richtung senkrecht zur c-Achse.

Dies erfolgt im wesentlichen durch eine Verschiebung der Ti-Ionen aus dem Zentrum der Sauerstoffoktaeder gegen ein Sauerstoff-Atom. Die exzentrische Lage der Ti-Ionen in den Sauerstoffoktaedern gibt Anlaß zur Bildung elektrischer Dipole in der Verschiebungsrichtung (c-Richtung) und zur Bildung einer tetragonalen Symmetrie. Bei SbSJ bleibt die orthorhombische Symmetrie am Curiepunkt erhalten (Abb. 2), aber die senkrecht zur c-Achse (Achse der nadelförmigen Kristalle) vorhandene Spiegelebene verschwindet mit dem Auftreten der spontanen Polarisation in der c-Richtung. Auch hier ändern sich die kristallographischen Achsen spontan am Curiepunkt.

Erwartungsgemäß findet man in allen Ferroelektrika einen direkten Zusammenhang dieser Deformation und deren Temperaturabhängigkeit mit der spontanen Polarisation, da sowohl die Dipolmomente als auch die kristallographische Strukturänderung durch dieselben Ionenverschiebungen bedingt sind.

Das Verhalten der DK, der spontanen Polarisation und der Gitterdeformation kann auf folgende Weise an Hand von $BaTiO_3$ illustriert werden. In Abb. 3

ist die potentielle Energie des Ti-Ions zwischen den zwei benachbarten Sauerstoff-Ionen in vereinfachter Form als Funktion der Temperatur dargestellt. Oberhalb des Curiepunktes sitzt das Ti-Ion zentral in einer symmetrischen Potentialmulde. Bei Annäherung an den Curiepunkt wird die Mulde flacher; d.h. die Ti-Ionen können mit einem Feld leicht verschoben werden. Die

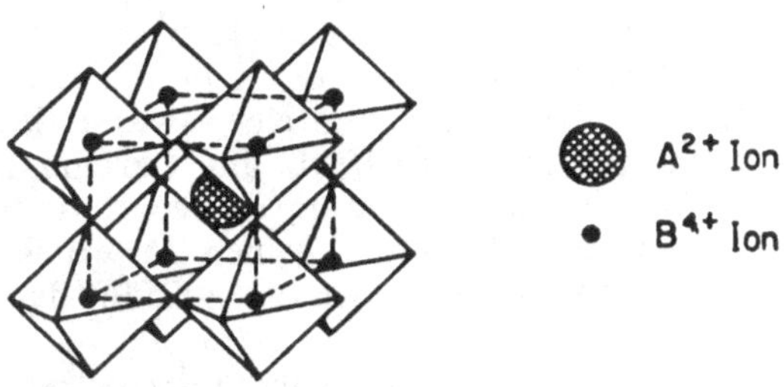

Abb. 1
Struktur von $BaTiO_3$

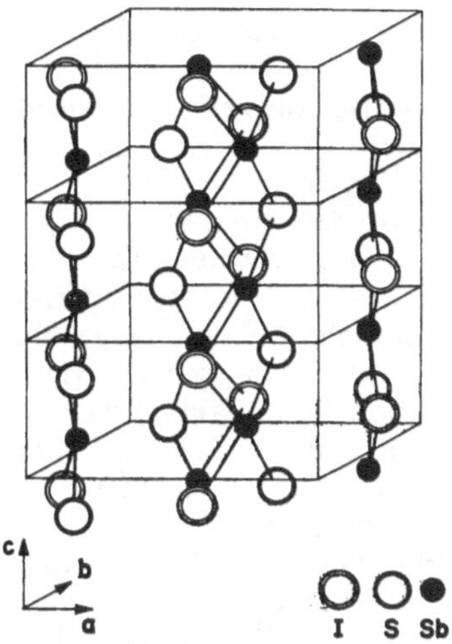

Abb. 2
Struktur von SbSJ

Folge davon ist natürlich eine starke Zunahme der DK. Unterhalb des Curiepunktes besetzen die Ti-Ionen exzentrische Lagen, wie schon erwähnt, wobei einerseits die erhöhte Krümmung der Mulden einen Abfall der DK bewirkt und andererseits das Dipolmoment und die Gitterdeformation sich mit abnehmender Temperatur proportional zu der Auslenkung der Ti-Ionen in die exzentrische Lage vergrößern. An Hand dieser Abbildung ist auch leicht ersichtlich, weshalb unterhalb T_c die reversible DK, d.h. die DK bei ganz kleinen elektrischen Wechselfeldern, praktisch unabhängig davon ist, wo an der Hysteresisschleife gemessen wird. Ob man sich im Gebiet der Sättigung, wo alle Dipole parallel orientiert sind, oder im steilen Teil der Hysteresisschleife befindet, man erhält immer ungefähr den gleichen Wert für die DK, da nur die Bewegung der Ti-Ionen in der Mulde von Bedeutung ist, unab-

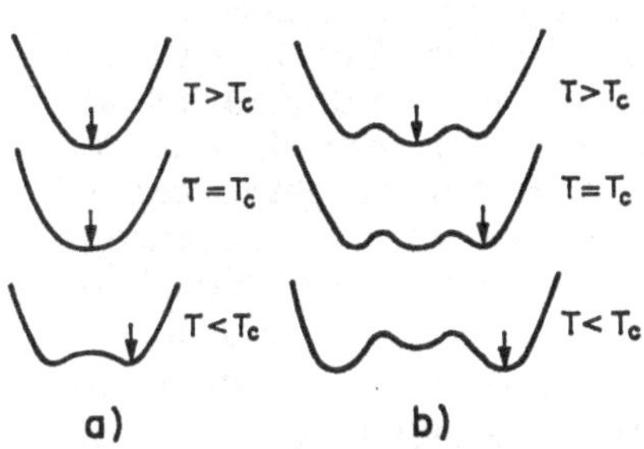

Abb. 3
Potentialverteilung O-Ti-O in einem TiO-Oktaeder
a) für Umwandlung zweiter Ordnung
b) für Umwandlung erster Ordnung
($BaTiO_3$ selbst zeigt eine Umwandlung erster Ordnung)

hängig davon, ob die Ti-Ionen die rechte oder linke Potentialmulde besetzen. Sobald Verschiebungen der Ti-Ionen von einer Mulde zur andern auftreten, wird die Polarisationsänderung groß. Der Quotient dieser Polarisationsänderung über die Änderung des angelegten elektrischen Feldes ergibt die irreversible DK (Neigung der steilen Flanken der Hysteresisschleife), die bedeutend größer als die normale (reversible) DK ist. Wir werden auf diese irreversiblen Prozesse bei der Behandlung der Schaltprozesse zurückkommen.

Die starke Kopplung zwischen Gitterdeformation und elektrischer spontaner Polarisation zeigt sich in einem starken piezoelektrischen Verhalten, da der inverse Piezoeffekt eine durch ein angelegtes elektrisches Feld hervorgerufene Deformation beschreibt. Ist die spontane Deformation am Curiepunkt groß, so ist das ein gutes Indiz für einen großen Piezoeffekt. $BaTiO_3$ und SbSJ sind in dieser Beziehung zwei klassische Ferroelektrika, da beide Materialien außerordentlich stark piezoelektrisch sind. $BaTiO_3$ wird daher wegen dieser Eigenschaft schon lange als Transducer-Material verwendet. Kürzliche Messungen haben gezeigt, daß SbSJ einen noch besseren elektromechanischen Wirkungsgrad aufweist; es ist die Substanz mit dem stärksten elektromechanischen Effekt, die man heute kennt. Normalerweise ist der Piezoeffekt am Curiepunkt am größten. Bei $BaTiO_3$ und SbSJ findet man eine etwas andere Situation, weil bei diesen Substanzen der Piezoeffekt am Curiepunkt ($BaTiO_3$: $T_c = 120$ °C, SbSJ : $T_c = 22$ °C) Null sein muß, da die Kristalle in eine zentrosymmetrische Klasse übergehen. In diesen beiden Materialien nimmt der Piezoeffekt mit zunehmender Temperatur stark zu und fällt dann am Curiepunkt steil auf Null.

Charakteristisch für die Ferroelektrika ist das Vorhandensein ferroelektrischer Domänen. Die Ausrichtung der Dipole tritt nicht spontan im ganzen Kristall auf, sondern nur gebietsweise in sogenannten Domänen. In den meisten Ferroelektrika, so auch in SbSJ, gibt es zwei Orientierungsmöglichkeiten, parallel nach „oben" oder parallel nach „unten". $BaTiO_3$ und einige andere Substanzen mit pseudokubischer Struktur im ferroelektrischen Gebiet verhalten sich anders. Alle 6 (100) Richtungen stehen zur Verfügung so daß die Domänen 6 Polarisationsrichtungen haben können. Ferroelektrische Domänen können im Polarisationsmikroskop leicht beobachtet werden oder durch Ätzen sichtbar gemacht werden. Detaillierte optische und elektrische Untersuchungen der Domänen in $BaTiO_3$, vor allem das Verhalten der 90°-Wände (Wände zwischen Domänen, die um 90° zueinander polarisiert sind) und der 180°-Wände (Wände zwischen antiparallel polarisierten Domänen) haben viel zum Verständnis des Polarisationsmechanismus beigetragen. Auch an andern Ferroelektrika sind Domänen beobachtet und untersucht worden. Die Untersuchungen haben gezeigt, daß für die statische Domänenänderung folgende Tatsachen maßgebend sind: Die Kopplung der Dipole in der Vorwärtsrichtung ist außerordentlich groß, d.h. bei Dipolketten fügt sich das positive Ende eines Dipoles immer dem negativen Ende des Nachbardipoles an, auch wenn die Dipole senkrecht zueinander stehen (Abb. 4). Eine Anordnung, in der zwei negative oder zwei positive Enden sich gegenüber stehen, würde einer Raumladung im Kristall gleichkommen; das ist jedoch energetisch ungünstig und kommt daher normalerweise nicht vor. Die Kopplung der Dipole senkrecht zur Dipolachse ist klein, d.h. energetisch besteht nur ein kleiner Unterschied zwischen paralleler und antiparalleler Anordnung (zwischen ferroelektrischer und antiferroelektrischer Anordnung).

Nach dieser allgemeinen Übersicht der charakteristischen Eigenschaften der Ferroelektrika sollen die folgenden neueren Entwicklungen diskutiert werden:

1. Domänenbildung und Wandverschiebung bei Schaltprozessen; das Verhalten der Wände beim schnellen Schalten.
2. Relaxation der DK; Infrarot-Absorption.
3. Das Verhalten der optischen Absorptionskante im elektrischen Feld.
4. Raumladungserscheinungen.

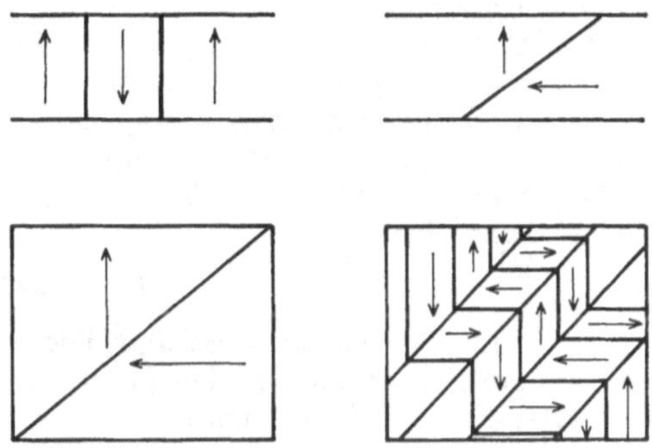

Abb. 4
Typische Dipolanordnung in $BaTiO_3$

3. Domänenbildung und Wandverschiebung bei Schaltprozessen; Das Verhalten der Wände beim schnellen Schalten

Bei kleinen angelegten Feldern erhält man, wie schon bemerkt wurde, die reversible DK, die durch Oszillation der Ionen um ihre Gleichgewichtslage verursacht wird, ohne daß dabei die Ionen in andere Gleichgewichtszustände versetzt werden. Bei großen Feldern treten die typisch ferroelektrischen Eigenschaften auf. Die DK ist nicht mehr reversibel, da Dipole und Domänen umgeklappt werden. Die Folge ist eine Hysteresisschleife. Je nach Größe des angelegten Feldes wird die ganze Schleife von einem Sättigungsast zum andern oder nur ein Teil der Schleife umfahren.

Eine große Anzahl detaillierter Untersuchungen der Vorgänge beim Umpolen der Polarisation durch elektrische Impulse sind in den letzten Jahren durch-

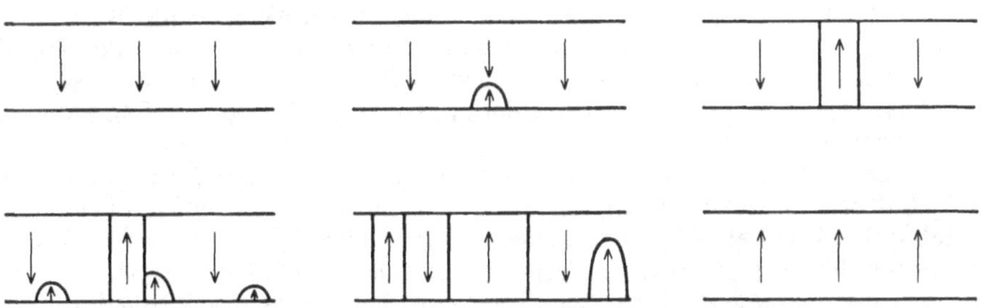

Abb. 5. Schematische Darstellung der Schritte beim Umpolarisieren eines Ferroelektrikums

geführt worden. Dabei sind sowohl elektrische als auch optische Methoden benutzt worden.

Es hat sich gezeigt, daß das Umpolen in folgenden Schritten vor sich geht [3] (siehe Abb. 5):

1. Nukleation von Keimen an den Elektroden mit der umgekehrten Polarisationsrichtung gegenüber dem ursprünglich einheitlich polarisierten Kristall.
2. Wachstum dieser Keime in der Vorwärtsrichtung (d.h. in Richtung des angelegten Feldes) durch den Kristall zur gegenüberliegenden Elektrode.
3. Seitliches Wachstum der Domänen mit der neuen Polarisationsrichtung.

Wir wollen zuerst die zwei ersten Schritte diskutieren [4], um dann später den dritten Punkt etwas ausführlicher zu behandeln. Da die Nukleation ein statistischer Prozeß ist, erwartet und findet man auch eine exponentielle Abhängigkeit der Nukleationszeit (Nukleationswahrscheinlichkeit) vom angelegten Feld. Die Wachstumsgeschwindigkeit der Keime (Domänen) in der Vorwärtsrichtung andererseits hängt mehr oder weniger linear vom angelegten Feld ab, analog zu der Verschiebung einer Wand durch ein viskoses Material. Experimentell findet man tatsächlich ein exponentielles Verhalten der Nukleationszeit von der Form

$$t_n = t_\infty e^{\alpha/E}$$

wobei t_∞ und α zwei Konstante sind. Dieser etwas außergewöhnliche Ausdruck kann theoretisch erklärt werden [4, 7]. Für die Wandverschiebungszeit (in der Vorwärtsrichtung) findet man:

$$t_w = \frac{d}{\mu E}$$

wo d die Dicke des Kristalles und μ die Beweglichkeit der Wand ist. Die Gesamtzeit des Schaltprozesses t_s ist in erster Näherung durch die Summe dieser zwei Prozesse gegeben.

Die Schaltzeit ist also durch die langsamere der zwei Zeiten bestimmt. Da die Feldabhängigkeit der Geschwindigkeit in einem Falle exponentiell und im andern Fall linear ist, findet man bei den meisten Ferroelektrika einen Übergang von einem exponentiellen Verhalten bei kleinen Feldern zu einem linearen Verhalten bei großen Feldern. Anschaulich kann das am besten auf folgende Art erklärt werden. Bei kleinen Feldern ist t_s nur durch t_n bestimmt, d.h. die Schaltzeit ist gegeben durch die Nukleation aller Domänen. Dabei entspricht dies der Zeit um alle Domänen zu bilden. Die jeweilige Wandverschiebungszeit jeder einzelnen Domäne kann vernachlässigt werden. Bei hohen Feldern ist jedoch die Nukleation so schnell, daß praktisch alle Keime zur gleichen Zeit gebildet werden, und die Schaltzeit t_s ist dann durch die Wandverschiebungszeit gegeben. Es gibt aber Fälle, wo die Nukleationszeit t_n immer länger ist als die Wandverschiebungszeit t_w. Die beiden Fälle sind in Abb. 6 schematisch dargestellt.

Eine große Anzahl Experimente sind ausgeführt worden, um diese Vorstellung des Schaltprozesses zu bestätigen. So wurde an Triglyzin-Sulfat (TGS) eine Feldabhängigkeit der Schaltzeit gemessen [5] (Abb. 7), die dem in Abb. 6a skizzierten Verlauf entspricht. Ferner zeigt sich in TGS bei hohen Feldern eine lineare Abhängigkeit der Schaltzeit von der Dicke des Kristalles, nicht aber bei kleinen Feldern, da bei hohen Feldern t_w, bei kleinen Feldern t_n maßgebend ist. Wie man erwarten würde, findet man, daß die Schaltgeschwindigkeit bei kleinen Feldern sehr stark durch schnelle Erwärmung der Oberfläche (Infrarot-Licht) erhöht werden kann. In andern Worten, obwohl die Temperatur des Kristallinnern sich nicht verändert, verkürzt sich t_s, weil durch die Temperaturerhöhung der Oberfläche die Nukleationswahrscheinlichkeit vergrößert wird. Bei hohen Feldern kann jedoch eine Verkürzung von t_s nur durch Erwärmen des ganzen Kristalles erreicht werden, da nun die Wandverschiebungszeit t_w maßgebend ist. Auch Experimente mit ganz kurzen elektrischen Pulsen erlauben eine Prüfung des Modells. Mit dieser Methode kann nämlich das Zusammenklappen, d.h. der Rückzug derjenigen Domänen gut beobachtet werden, die während der kurzen Impulszeit die gegenüberlie-

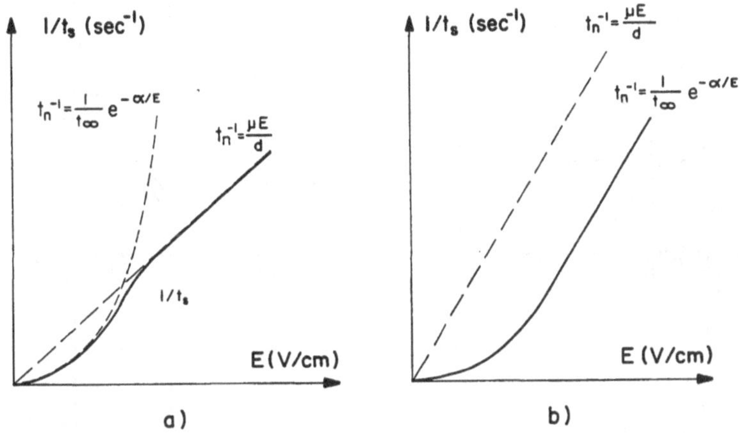

Abb. 6. Schematische Darstellung der Feldstärkeabhängigkeit der Nukleationszeit t_n und der Wandverschiebungszeit t_w

gende Elektrode nicht erreichen können (Schaltstrom in der umgekehrten Richtung, wenn das Feld abgeschaltet wird). Diese Beispiele mögen genügen, um das oben diskutierte Modell zu erklären.

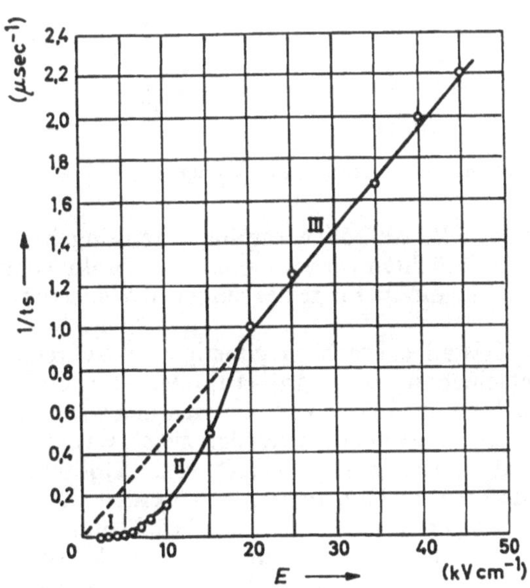

Abb. 7
Feldstärkeabhängigkeit der reziproken Schaltzeit t_s in Triglyzin-Sulfat (nach *Fatuzzo, Merz* [5]

In $BaTiO_3$ ist das Verhalten etwas anders als bei Triglycin-Sulfat. Messungen mit Feldstärken bis ca. 20 kV/cm zeigen, daß im ganzen Feldstärke-Bereich t_s exponentiell von E abhängig ist. Das lineare Gebiet, das durch t_w bedingt ist, wird nicht erreicht. Die experimentelle Kurve (Abb. 8) ist identisch mit dem in Abb. 6b dargestellten Fall.

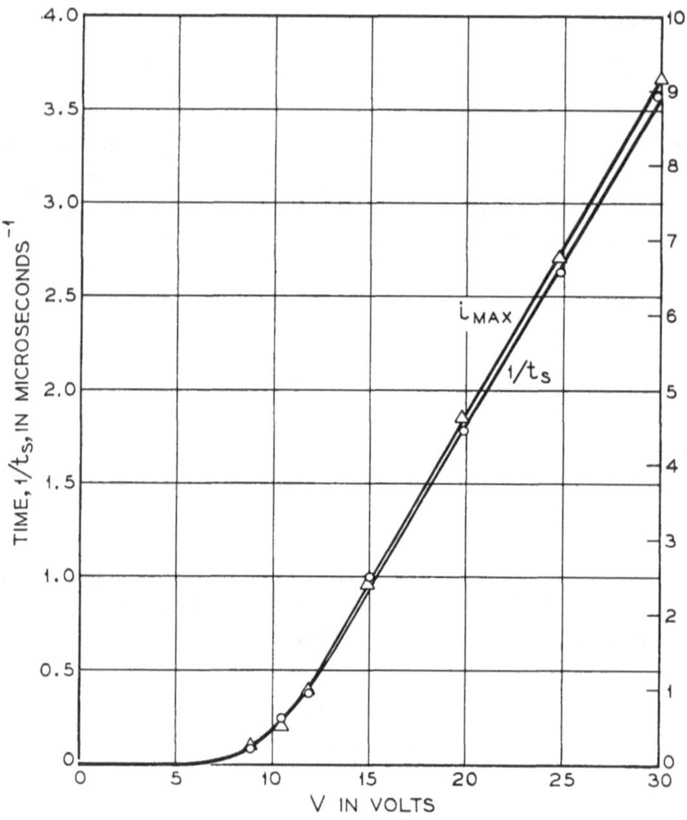

Abb. 8. Feldstärkeabhängigkeit der reziproken Schaltzeit t_S in $BaTiO_3$ (nach *Merz* [4])

Bei ganz großen Feldern treten neue Effekte auf, die wir weiter unten eingehend behandeln werden. Bevor wir dies tun, möchten wir aber zuerst auf Punkt 3 der obigen Aufstellung zurückkommen, d.h. auf die Frage des seitlichen Wachstums der Domänen.

Die Frage lautet, ist es für den Kristall energetisch günstiger, existierende Domänen durch seitliche Wandverschiebung zu vergrößern, oder ist es einfacher, neue Domänen zu bilden, die dann nur in der Vorwärtsrichtung wachsen. Nicht alle ferroelektrischen Substanzen müssen sich natürlich gleich verhalten. Detaillierte Untersuchungen wurden bis jetzt nur an $BaTiO_3$ und TGS durchgeführt. Hier soll nur das Verhalten des $BaTiO_3$ besprochen werden. Durch Ätzen von Kristallen, die teilweise umgepolt sind, kann das Wachstum einer einzelnen Domäne untersucht werden, indem eine Reihe kurzer elektrischer Impulse angelegt wird [6]. Abb. 9 zeigt, wie sich die Domäne nach jedem kurzen Impuls vergrößert. Dabei stellt sich heraus, daß ein seitliches Wachstum tatsächlich stattfindet, daß aber diese seitliche Wachstumsgeschwindigkeit exponentiell und zwar wie $e^{-\beta/E}$ von der angelegten Pulsfeldstärke abhängt, wie in Abb. 10 gezeigt wird [6].

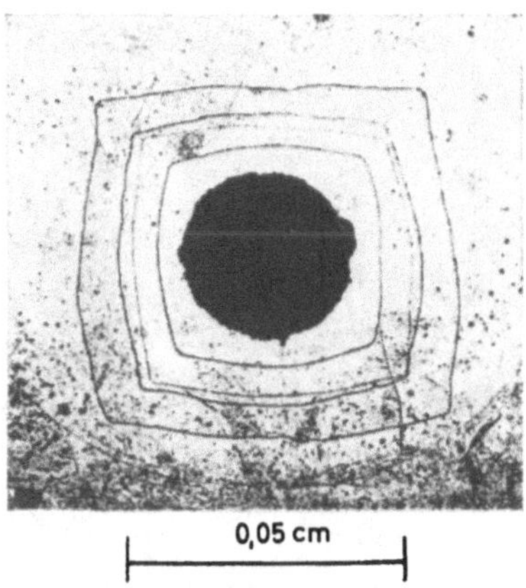

Abb. 9
Photographie einer Oberfläche eines teilweise umgepolten $BaTiO_3$-Kristalles. Viermal wurde ein kurzer elektrischer Impuls angelegt und die Elektrodenoberfläche geätzt. Die vier konzentrischen Vierecke zeigen, wie die Einzeldomäne durch seitliche Verschiebung der Wände wächst (nach *Miller*, *Savage* [6])

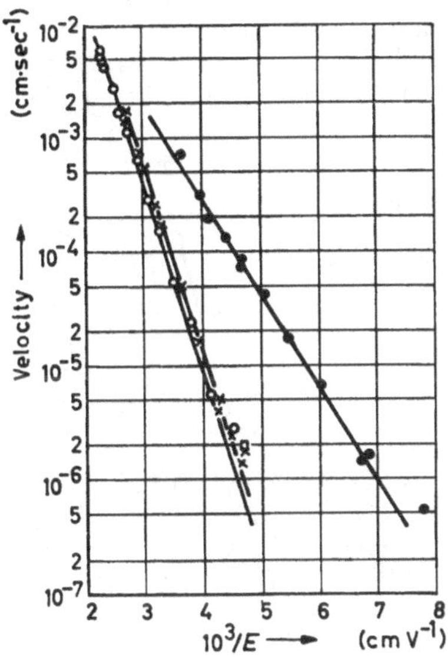

Abb. 10
Feldstärkeabhängigkeit der seitlichen Wachstumsgeschwindigkeit in $BaTiO_3$ (nach *Miller*, *Savage* [6])

Das exponentielle Verhalten deutet sicherlich auf einen Nukleationsprozeß hin und nicht auf eine lineare „viskose" Wandverschiebung. Man wird also annehmen müssen, daß es wohl eine seitliche Verschiebung der Wände gibt, die aber nicht durch eine wahre lineare Verschiebung der Wand erfolgt, sondern durch eine kontinuierliche Nukleation von neuen Domänen an der Oberfläche der schon existierenden Domänen. Es scheint also, daß der Kristall lieber neue Domänen bildet, als bestehende Domänen durch wahre Wandverschiebung zu vergrößern. Dabei ist es aber von Vorteil, die neuen Domänen an der Wand einer schon bestehenden Domäne zu bilden, da dabei weniger neue Wände aufgebaut werden müssen. Detaillierte Rechnungen über diesen kontinuierlichen Nukleationsprozeß, insbesondere über die Form und Größe der Keime sind von *Miller* und *Weinreich* [7] durchgeführt worden.
Kürzlich wurde die Frage aufgeworfen, wie schnell die Domänen sich in der Vorwärtsrichtung bewegen können. Wird das Feld des angelegten elektrischen Pulses stark vergrößert, kann schließlich ein Punkt erreicht werden, wo die Vorwärtsgeschwindigkeit der Wand Schallgeschwindigkeit erreicht. *Stadler* et. al. [8] haben in $BaTiO_3$ diese Frage untersucht und finden bei hohen Feldern (bis zu 450 kV/cm), daß sowohl die seitliche Verschiebung der Wände

als auch die Nukleationsrate neuer Domänengebiete mit $E^{1,4}$ zunehmen. Da die seitliche Verschiebung ja durch kontinuierliche Nukleation erfolgt, ist es offensichtlich, daß für beide Effekte das gleiche Gesetz gefunden wird. Die Autoren glauben, das $E^{1,4}$-Gesetz auf Grund der Theorie von *Miller* und *Weinreich* erklären zu können.
Da man sowohl den Schaltstrom als auch die Zahl der Nukleationsplätze kennt, kann man die Vorwärtsgeschwindigkeit der einzelnen Domänen bei den hohen Feldern abschätzen. Aus den Messungen von *Stadler* erhält man

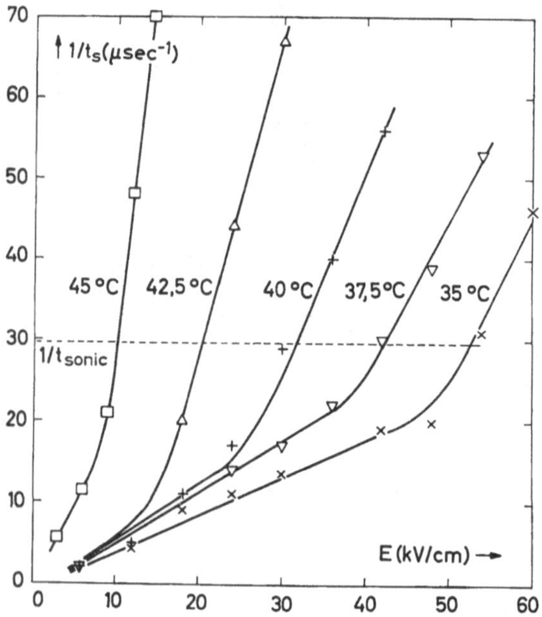

Abb. 11
Feldstärkeabhängigkeit der reziproken Schaltzeit in Triglyzin-Sulfat bei hohen Feldern (nach *Binggeli, Fatuzzo* [9]

dann Werte, die ungefähr 10 mal höher sind als die Schallgeschwindigkeit. *Binggeli* und *Fatuzzo* [9] haben diese Fragen am TGS untersucht und finden, daß auch hier die Wände in der Vorwärtsrichtung schneller als Schallgeschwindigkeit bewegen können. Im Gegensatz zu den Messungen in $BaTiO_3$ finden sie in TGS einen Knick in der Kurve $t_s(E)$ an der Stelle, wo die Schaltzeit der Schallgeschwidigkeit entspricht (Abb. 11). Bemerkenswert ist die Tatsache, daß oberhalb dieses Punktes die Beweglichkeit der Wand größer ist als bei kleinen Schaltgeschwindigkeiten. Das heißt, wenn sich die Wände schneller als Schallgeschwindigkeit bewegen, wird die Dämpfung herabgesetzt. Dies kann wohl damit erklärt werden, daß bei diesen Geschwindigkeiten der Wand die Gitterdeformationen nicht mehr mitkommen.
Die Tatsache, daß bei $BaTiO_3$ kein Knick in der $t_s(E)$ Kurve beobachtet werden kann, wenn die Schallgeschwindigkeit erreicht wird, hängt damit zusammen, daß bei $BaTiO_3$ t_s auch bei diesen hohen Feldern immer noch durch die Nukleationszeit t_n und nicht durch die Wandverschiebungszeit t_w bedingt ist.
Die Nukleationszeit selbst hat aber mit der Schallgeschwindigkeit nichts zu tun. Überschallgeschwindigkeit einer ferroelektrischen Domänenwand scheint nichts außergewöhnliches zu sein, wenn man sich überlegt, daß beim

Umpolarisieren nur einzelne Ionen (z.B. Ti-Ionen im $BaTiO_3$) in jeder Einheitszelle sich um ganz kleine Distanzen bewegen müssen ($\sim$0,1 Å), währenddem die Gitterkonstante ja mehrere Å groß ist. Obwohl die Übertragungsgeschwindigkeit der Bewegung von Zelle zu Zelle außerordentlich groß ist, ist die Geschwindigkeit der Ionenbewegung beträchtlich kleiner.

4. Relaxation der DK-Infrarot-Absorption

Seit langem war die Frage der Relaxation der reversiblen DK bei hohen Frequenzen von großem Interesse. Die hohe DK von ungefähr 150 in $BaTiO_3$ muß ja bei hoher Frequenz einmal auf $n^2 \simeq 6$ fallen. Die ersten Messungen an Keramik und an Multidomänen-Kristallen haben Relaxationsfrequenzen von ca. 10^9 Hz ergeben [10, 11], die sich dann aber nicht als wahre Relaxation der Ti-Ionen in den Potentialmulden erwiesen haben, sondern als Relaxation der Schwingungen von 180°-Wänden zwischen antiparallelen Domänen. Wird nämlich die reversible DK eines sorgfältig polarisierten Einkristalles von $BaTiO_3$ gemessen, der keine antiparallelen Domänen und somit keine 180°-Wände enthält, so findet man bis zu 10^{10} Hz keine Relaxation [12]. Die wahre Relaxation muß also im Millimeter- oder Submillimeter-Gebiet stattfinden.

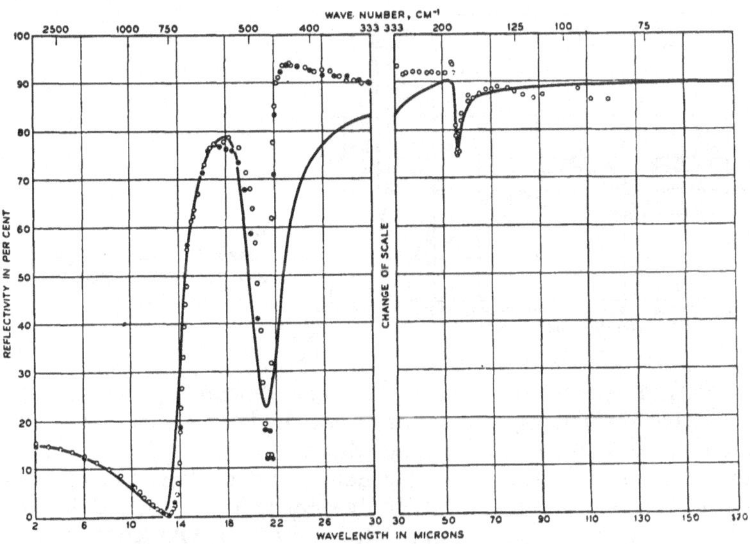

Abb. 12. Infrarot-Reflexionsvermögen in $BaTiO_3$ als Funktion der Wellenlänge (nach *Spitzer* et. al [13])

Spitzer, Miller, Kleinmann und *Horwarth* [13] einerseits und *Barker* und *Tinkham* [14] andererseits haben kürzlich das Infrarot-Reflexionsvermögen von $BaTiO_3$ im Gebiet von 2 – 120 μ untersucht, um Aufschluß über die Relaxation zu erhalten. Sie finden 3 Reflexions-Maxima, wobei das dritte langwellige oberhalb 120 μ liegt (Abb. 12). Unter Benutzung der Kramers-Kronig-Relationen kann aus den Reflexionsmessungen über das ganze Spektralgebiet der reale und imaginäre Anteil der DK berechnet werden. *Spitzer* et. al. erhalten dann folgende Kurve für den imaginären Teil der DK als Funktion der Frequenz (Abb. 13). Bei Zimmertemperatur befinden sich

die drei Spitzen des imaginären Teiles der DK, d.h. die 3 Resonanzen (Relaxationen) bei 19,6 μ, 54,7 μ und 296 μ.
Die ersten zwei Resonanzen sind absolut normal und entsprechen einer Biegungsschwingung des TiO_6-Oktaeders und einer Schwingung des Ba-Ions gegen das TiO_6-Oktaeder. Die langwellige Resonanz, die einer Dehnungsschwingung im Ti-Oktaeder entspricht, ist aber von ganz besonderem Inter-

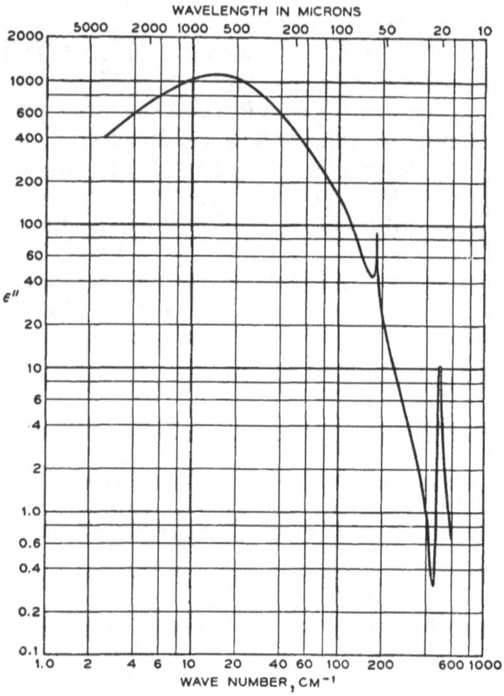

Abb. 13
Imaginäre Dielektrizitätskonstante ε'' in $BaTiO_3$ als Funktion der Wellenlänge (nach *Spitzer* et. al [13])

esse. Sie befindet sich bei sehr langen Wellenlängen und verschiebt sich zu noch größeren Wellenlängen ($\sim$1 mm), wenn die Temperatur erhöht wird. Zudem ist sie außerordentlich stark, die Oszillationsstärke ist größenordnungsmäßig 1000 mal größer, als bei den 2 andern Resonanzen. Zudem ist sie außerordentlich stark gedämpft. Es besteht kein Zweifel, daß diese Dehnungsschwingung, in der die Ti- und O-Ionen im TiO_6-Oktaeder gegeneinander schwingen, mit dem ferroelektrischen Verhalten in enger Beziehung steht. Mit Hilfe der Theorie von *Cochran* [15] läßt sich demnach das dielektrische Verhalten eines Ferroelektrikums sehr gut auf Grund dieser optischen Messungen erklären. Bekanntlich besteht zwischen der DK, ε, und dem Berechnungsindex $n^2 = \varepsilon_\infty$, der longitudinalen und transversalen optischen Gitterschwingung ω_L und ω_T folgende Beziehung [16]:

$$\frac{\varepsilon}{\varepsilon_\infty} = \frac{\omega_L^2}{\omega_T^2}$$

Eine hohe DK, wie man sie bei Ferroelektrika beobachtet, kann durch einen kleinen Wert von ω_T erklärt werden. Im üblichen Diagramm der Gitterschwingungsfrequenz als Funktion der Wellenzahl k wird man daher bei Ferroelektrika erwarten, daß der transversale optische Ast bei $k = 0$ (unendlich lange Wellenlänge) absinkt, wie das in Abb. 14 schematisch angedeutet ist. Die dritte Resonanz in $BaTiO_3$, die bei einigen hundert μ stattfindet, ist dann auch die experimentelle Bestätigung dieses Effektes. Da die DK bei Annäherung an den Curiepunkt steigt, muß eine Verschiebung der Resonanz zu noch längeren Wellenlängen erwartet werden, wenn die Temperatur erhöht wird.

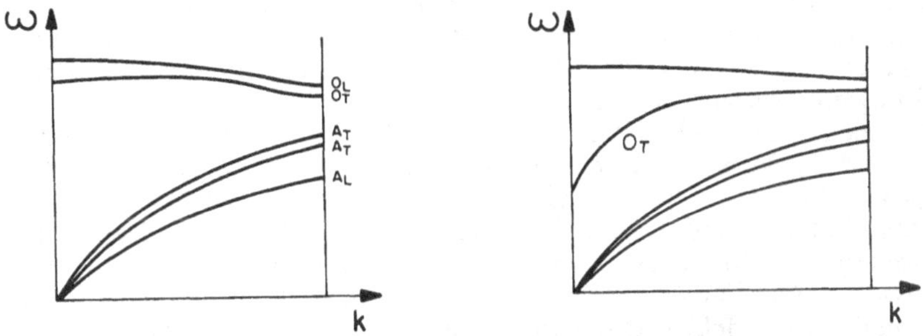

Abb. 14. Schematische Darstellung des Spektrums der Gitterschwingungen in einem Ferroelektrikum

Experimentell findet man eine Verschiebung der langwelligen Resonanz bis zur Wellenlänge von ca. 1000 μ.

Cochran hat das Problem der optischen Gitterschwingungen in Ferroelektrika des $BaTiO_3$-Typus detailliert in seiner Theorie behandelt. Der Grund, weshalb die transversale optische Schwingungsfrequenz in einem Ferroelektrikum viel kleiner wird (speziell am Curiepunkt), nicht aber die longitudinale Frequenz, wird auf folgende Art erklärt: Für beide Schwingungen wird die Rückstellkraft des Ti-O-Oszillators (Dehnungsschwingung) durch das hohe innere Feld stark reduziert, welches durch die große elektrische Polarisation im Kristall gegeben ist. Mit zunehmender Temperatur wird also nicht nur die DK vergrößert sondern auch die Rückstellkraft und damit die Resonanzfrequenz des Ti-O-Oszillators stark verkleinert. Im Gegensatz zur transversalen optischen Schwingung zeigt sich, daß bei der longitudinalen Schwingung noch das depolarisierende Feld 4 πP hinzukommt, welches den Effekt des innern Feldes eliminiert. Damit behält die longitudinale optische Frequenz ω_L einen normalen Wert.

Das Verhalten der optischen Reflexion und der elektrischen Relaxation kann also auf folgende Art anschaulich mit dem Phänomen der Ferroelektrizität in Verbindung gebracht werden. Das hohe innere Feld der Ferroelektrika bedingt einerseits eine hohe DK und andererseits eine starke Herabsetzung der transversalen optischen Gitterschwingung. Dies äußert sich in einer intensiven und stark gedämpften Resonanz im langwelligen Infrarot (zwischen 300 μ und 1000 μ), die zu einer Relaxation der DK führt. Die starke Dämpfung gibt zudem Anlaß zu hohen dielektrischen Verlusten im Mikrowellen-Gebiet. Aus diesen theoretischen und experimentellen Untersuchungen können interessante Folgerungen gezogen werden. So wird z.B. die dritte (langwellige) Resonanz am Curiepunkt durch ein elektrisches Vorfeld verändert, da die Curietemperatur in einem elektrischen Feld nach oben verschoben wird.

5. Das Verhalten der optischen Absorptionskante im elektrischen Feld

Die klassischen Untersuchungen der Ferroelektrika haben sich immer auf Messungen dielektrischer, piezoelektrischer und elastischer Eigenschaften und auf Domänen und Umpolarisations-Effekte gestützt. Eigenschaften wie Leitfähigkeit, Photoleitfähigkeit und andere Transport-Untersuchungen, wie sie in der Halbleiter- und Isolator-Physik üblich sind, sind bis heute praktisch nicht an diesen Materialien ausgeführt worden. Für solche Untersuchungen wären von allen Ferroelektrika $BaTiO_3$ und SbSJ am besten geeignet. Beide sind chemisch relativ einfache anorganische Verbindungen, die sich am ehesten mit klassischen Halbleitern oder Isolatoren wie III-V-Verbindungen (GaAs etc.), II-VI-Verbindungen (CdS etc.) und ternären Verbindungen ($ZnIn_2S_4$ etc.) vergleichen lassen.
Wir haben sowohl an $BaTiO_3$ als auch an SbSJ die fundamentale Absorptionskante und ihr Verhalten in einem elektrischen Feld untersucht. Die Absorptionskante befindet sich für $BaTiO_3$ bei 4000 Å, für SbSJ bei 6000 Å. Beide Kanten sind steil und gut meßbar. Messungen an Si, CdS und andern Halbleitern und Isolatoren haben gezeigt, daß sich die Absorptionskante in einem elektrischen Gleichfeld zu längerer Wellenlänge, d.h. zu kleinerer Energie verschiebt. Der Effekt wurde von *Franz* [17] und *Keldysh* [18] berechnet und damit erklärt, daß die Wellenfunktionen im elektrischen Feld etwas in die verbotene Zone eindringen können und damit den Bandabstand für optische Übergänge etwas verkleinern. Der Effekt ist von der Größenordnung 10 – 100 Å in einem Feld von 10^5 V/cm. Da die Ferroelektrika eine große Polarisierbarkeit aufweisen, haben wir den Einfluß des elektrischen Feldes auf die Absorptionskante an $BaTiO_3$ und SbSJ untersucht, in der Hoffnung, dort speziell große Verschiebungen der Kante zu finden. Detaillierte Messungen sind bis jetzt an SbSJ durch *Harbeke* [19] ausgeführt worden und haben Resultate gebracht die in zwei Beziehungen interessant sind. Erstens ist der Effekt tatsächlich

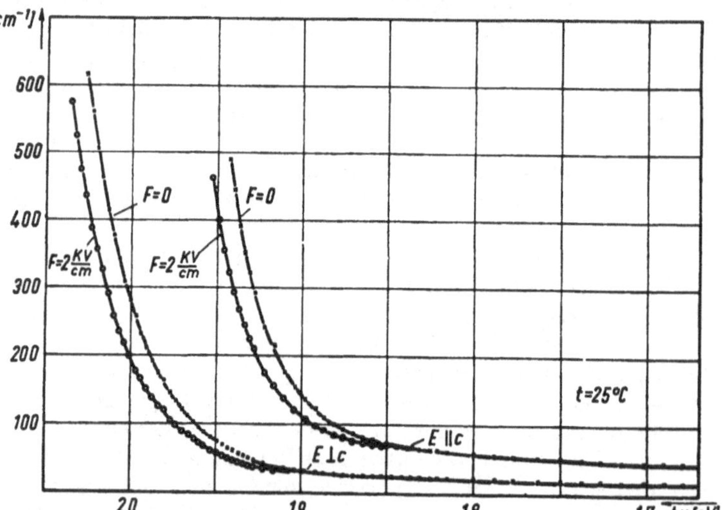

Abb. 15. Absorptionskante in SbSJ für zwei Polarisationsrichtungen mit und ohne angelegtem Gleichfeld (nach *Harbeke* [19])

größenordnungsmäßig größer als bei nicht-ferroelektrischen Substanzen (90 Å mit nur $2 \cdot 10^3$ V/cm) und zweitens ist die Verschiebung in der umgekehrten Richtung, d.h. die Kante verschiebt sich in einem elektrischen Feld zu kürzeren Wellenlängen. In Abb. 15 sind die Absorptionskurven für die beiden Polarisationsrichtungen des elektrischen Wellenvektors des Lichtes bezüglich der ferroelektrischen Achse mit und ohne angelegtem Gleichfeld dargestellt. Obwohl der Dichroismus in SbSJ groß ist, findet man, daß sich die Absorptionskante für beide Richtungen gleichviel im elektrischen Gleichfeld gegen kürzere Wellenlänge verschiebt. Eine Verschiebung zu kürzeren Wellen längen schließt den Franz-Keldysh-Effekt aus. Es muß nach einem andern Mechanismus gesucht werden.

Messungen haben gezeigt, daß unterhalb des Curiepunktes die Verschiebung linear, oberhalb des Curiepunktes quadratisch vom angelegten elektrischen Feld abhängt, wobei die maximale Verschiebung am Curiepunkt selbst auftritt. Dies deutet unmittelbar auf einen elektromechanischen Effekt hin, da SbSJ unterhalb des Curiepunktes einen großen linearen Piezoeffekt und oberhalb des Curiepunktes einen großen quadratischen elektrostriktiven Effekt aufweist. Neuere Messungen haben denn auch gezeigt, daß SbSJ das stärkste piezoelektrische Material ist, das man heute kennt [20]. Der piezoelektrische Koeffizient d_{33} erreicht am Curiepunkt einen Wert von $2000 \cdot 10^{-12}$ Coul/Newton (Abb. 16). Was aber besonders interessant ist, ist der große

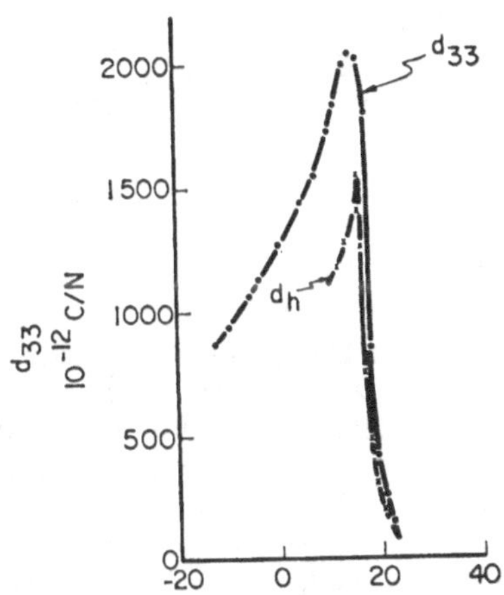

Abb. 16
Piezoelektrischer Koeffizient d_{33} in SbSJ als Funktion der Temperatur (nach *Berlincourt* et al. [20])

elektromechanische Kopplungsfaktor k von 0,9 am Curiepunkt und das fast temperaturunabhängige Verhalten desselben hinunter zu tiefen Temperaturen (Abb. 17).

Der große piezoelektrische Effekt bedingt eine große Gitteränderung im elektrischen Feld, die andererseits einen starken Einfluß auf die Bänder und den Bandabstand der verbotenen Zonen hat. Es zeigt sich, daß sich die Änderung des Bandabstandes (Verschiebung der Absorptionskante) mit der Änderung der Gitterkonstante direkt in Zusammenhang bringen läßt, unabhängig davon, ob die Gitteränderung durch Änderung der Temperatur oder durch Anlegen eines elektrischen Feldes verursacht wird. Man findet, daß in diesem außerordentlichen stark anisotropen Material nur das Verhalten der ferroelektrischen c-Achse von Bedeutung ist, währenddem die a- und b-Richtung, in denen nur schwache van der Waals-Bindungen vorhanden sind, keinen Einfluß haben. Die folgenden 4 Koeffizienten zwischen Bandabstand-Energie E_G, relativer Gitteränderung in der c-Richtung $\Delta c/c$, angelegtem

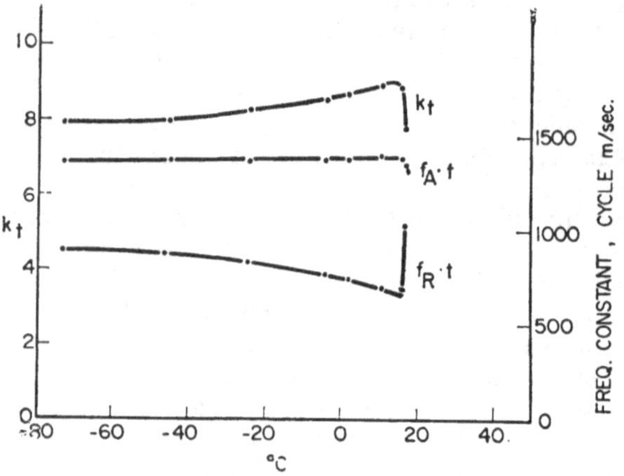

Abb. 17
Temperaturabhängigkeit des elektromechanischen Kopplungsfaktors in SbSJ (nach *Berlincourt* et. al [20])

elektrischem Feld E und Temperatur T sind am Curiepunkt T_c außerordentlich groß.

$$\left(\frac{\mathrm{d}E_G}{\mathrm{d}E}\right)_{T_c} = +1{,}6 \cdot 10^{-5}\ \mathrm{eV/V/cm}; \left(\frac{\mathrm{d}E_G}{\mathrm{d}T}\right)_{T_c} = -22 \cdot 10^{-4}\ \mathrm{eV/grad}$$

$$\left(\frac{\mathrm{d}\Delta c/c}{\mathrm{d}E}\right)_{T_c} = +2 \cdot 10^{-6}\ \mathrm{cm/V}; \left(\frac{\mathrm{d}\Delta c/c}{\mathrm{d}T}\right)_{T_c} \simeq -5 \cdot 10^{-5}\ \mathrm{eV/grad}$$

Man ersieht aus dieser Zusammenstellung, daß ein positives elektrisches Feld den gleichen Einfluß auf den Bandabstand und auf die Gitterkonstante in der c-Richtung hat wie eine negative Temperaturänderung. Sowohl der Bandabstand als auch die Gitterkonstante c nehmen in einem elektrischen Feld stark zu und nehmen mit zunehmender Temperatur stark ab. Bemerkenswert ist, daß die nadelförmigen Kristalle in der Nadelrichtung (c-Achse) sich mit abnehmender Temperatur stark ausdehnen.

In $BaTiO_3$ sind ähnliche Messungen im Gange. Auch dort zeigt sich, daß die große Verschiebung der Bandkante in einem elektrischen Feld durch eine Gitterdeformation erklärt werden kann. In beiden Materialien ist also der Franz-Keldysh-Effekt, der sich auf das Verhalten der Wellenfunktionen der Elektronen im Gitter stützt, vollständig durch eine durch elektromechanische Deformation bedingte Kristallgitteränderung verursacht.

6. Raumladungserscheinungen

Ein anderes Problem, das in der Halbleiter und Isolatoren-Physik von großer Bedeutung ist und das bei den Ferroelektrika näher behandelt werden sollte, ist das Problem der Raumladung. Ich möchte hier zwei spezifische Fragen kurz erwähnen.

In den letzten Jahren haben sich verschiedene Autoren mit der Frage der vorgespannten und deformierten Hysteresisschleife befaßt, d.h. mit der

Frage, weshalb die Hysteresisschleifen oft nicht symmetrisch sind, sondern längs der *P*- oder *E*-Achse verschoben sind oder aus verschiedenen Teilschleifen bestehen. In einigen Fällen findet man, daß die Form der Hysteresisschleife eine ganz definierte Beziehung mit dem Ort im Einkristall hat, d.h. die Schleife an einem Präparat, das aus dem Zentrum des Kristalles herausgeschnitten wurde, sieht anders aus, als diejenige eines Randstück-Präparates. Oft findet man, daß die Hysteresisschleife in einer ganz definierten Art deformiert ist, nachdem der Kristall in einer bestimmten Richtung polarisiert wurde. In vielen Fällen können vorgespannte oder deformierte Hysteresisschleifen auch durch Dotieren mit gewissen Verunreinigungen oder durch Bestrahlung mit α- oder β-Teilchen, Röntgen- oder Neutronenstrahlen erhalten werden. In all diesen Fällen scheint es, daß durch die Wanderung von Verunreinigungen im Kristallfeld oder im angelegten äußeren Feld Raumladungen lokal aufgebaut werden, die dann die Form der Hysteresisschleife entscheidend beeinflussen. Dabei muß angenommen werden, daß bei den bestrahlten Kristallen gewisse chemische Bindungen gebrochen werden, wobei dann die Restprodukte als Verunreinigungen wirken. In diesem Zusammenhang muß die kürzlich erschienene Arbeit von *Frazer* und *Jona* [21] über die Struktur und Hysteresis von bestrahltem Rochellesalz-Präparat erwähnt werden. Unter anderem wird dort die Frage aufgeworfen, ob mit Hilfe von Röntgen- und Neutronen-Beugung die Struktur gewisser organischer, Wasserstoffbrücken enthaltender, Substanzen überhaupt bestimmt werden kann, da diese Strahlen schwerwiegende Strahlungsschäden und damit Kristalländerungen hervorrufen können, wie man an Hand der Hysteresisschleife gut beobachten kann.
Das Problem der Einschnürung der Hysteresisschleife, was oft beobachtet wird, nachdem das Kristallpräparat für eine Weile einem elektrischen Gleichfeld ausgesetzt worden ist, ist von *Müser* und *Unruh* [22] untersucht worden. Sie glauben, daß auch dies durch Wanderung von Verunreinigungen im innern Feld erklärt werden kann. Die Verunreinigungen setzen sich dabei vor allem an Fehlstellen und Domänenwänden fest. Man findet auch einen engen Zusammenhang zwischen der Deformation der Schleife und der Richtung des elektrischen Feldes, das zur Polarisation des Präparates benutzt wurde. Die zweite Frage, die ich kurz besprechen möchte und die mit Raumladung zusammenhängt, ist das Problem der Alterung. Wird ein $BaTiO_3$-Präparat einer Folge von Spannungsimpulsen für Schaltzwecke ausgesetzt, so nimmt das Schaltsignal mit der Zeit schnell ab. Als Funktion der Zeit wird ein immer kleinerer Teil der Dipole (Domänen) umgeklappt. Man weiß, daß dieser Alterungsprozeß durch Injektion von Ladungsträgern in den Kristall verursacht wird. Die in Haftstellen eingefangene Raumladung ändert das innere Feld und damit die Nukleation und Bewegung der Domänen. Verwendet man eine nicht injizierende Elektrode, z.B. in Form einer flüssigen Elektrolytlösung, so wird keine Alterungserscheinung beobachtet. Neuere Untersuchungen sind momentan im Gange und haben bisher sehr interessante Resultate geliefert. Leider können aber noch keine definitiven Aussagen gemacht werden.

7. Schlußbemerkung

Obwohl das Gebiet der Ferroelektrizität eigentlich schon ziemlich alt ist (das erste Ferroelektrikum wurde 1921 entdeckt) und obwohl dieses Gebiet der Festkörper-Physik nie eine große Popularität erreicht hat, sind hier viele interessante Probleme zu finden. Wir haben in dieser kurzen Zusammenfassung versucht, einige neuere Aspekte zu skizzieren; es gibt natürlich noch viele mehr. Wir glauben, daß speziell die halbleitenden Eigenschaften der Ferroelektrika ein offenes Gebiet darstellen und interessante Resultate geben können. Wir denken dabei an all die optischen Eigenschaften und Transport-Probleme, die durch das außerordentlich hohe innere Feld (Polarisation) beeinflußt werden.

Die mehr spekulativen Eigenschaften der Ferroelektrika wie die Existenz ferromagnetischer Ferroelektrika oder die möglichen ferroelektrischen Eigenschaften biologisch interessanter Substanzen wie Nukleinsäure sind in dieser Zusammenfassung nicht behandelt worden.

Literatur

Allgemeine Artikel

[1] *F. Jona, G. Shirane*, „Ferroelectric Crystals" (Oxford, London, New York, Paris: Pergamon Press 1962).

[2] *W. Känzig*, „Ferroelectrics and Antiferroelectrics" Solid State Physics **4,** 1 (1957), Academic Press Inc. New York.

[3] *W. J. Merz*, „Ferroelectricity" Progress in Dielectrics — **4,** 103 (1962), Heywood & Co Ltd., London.

Spezialliteratur

[4] *W. J. Merz*, Phys. Rev. **95,** 690 (1954).

[5] *E. Fatuzzo, W. J. Merz*, Phys. Rev. **116,** 61 (1959).

[6] *R. C. Miller, A. Savage*, Phys. Rev. **112,** 755 (1958).

[7] *R. C. Miller, G. Weinreich*, Phys. Rev. **117,** 1460 (1960).

[8] *H. L. Stadler, P. J. Zachmanidis*, J. Appl. Phys. **34,** 3255 (1963).

[9] *B. Binggeli, E. Fatuzzo*, J. Appl. Phys., im Druck.

[10] *A. von Hippel*, Rev. Mod. Physics **22,** 221 (1950).

[11] *J. Fousek*, Czech. J. Phys. **8,** 254 (1958); **9,** 172 (1959).

[12] *T. S. Benedict, J. L. Durand*, Phys. Rev. **109,** 1091 (1958).

[13] *W. G. Spitzer, R. C. Miller, D. A. Kleinmann, L. E. Howarth*, Phys. Rev. **126,** 1710 (1962).

[14] *A. S. Barker, M. Tinkham*, Phys. Rev. **125,** 1529 (1962).

[15] *W. Cochran*, Advances in Physics **9,** 387 (October 1960).

[16] *H. Fröhlich*, „Theory of Dielectrics" Oxford Clarendon Press (1949) p. 155.

[17] *W. Franz*, Z. f. Naturforsch. **13a,** 484, (1958).

[18] *L. W. Keldysh*, J. Exp. Theor. Phys. USSR **34,** 1138 (1958).

[19] *G. Harbeke*, J. Phys. Chem. Solids **24,** 957 (1963).

[20] *D. Berlincourt, H. Jaffe, W. J. Merz, R. Nitsche*, J. Appl. Phys. Letters **4,** 61 (1964).

[21] *H. Boutin, B. C. Frazer, F. Jona*, J. Phys. Chem. Solids **24,** 1341, (1963).

[22] *H. Unruh, H. E. Müser*, Z. f. angew. Physik **14,** 121 (1962): **16,** 315 (1963).

EMIL DEEG*)

Zusammenhang zwischen Glasstruktur und physikalischen Glaseigenschaften

Mit 29 Abbildungen

Summary

Using the glass definition accepted by the ASTM and the British Standard Organization the relationship between structure and properties of glass is discussed. Random network hypothesis and crystallite hypothesis are considered from a view point, common in both theories.

The topics mentioned and discussed are: glass forming and devitrification; temperature dependence of specific volume, viscosity, Young's modulus, internal friction, thermal and elastic after-effect; elasticity and strength of glass as a function of thermal history; electric conductivity, electrolysis, ion exchange; dielectric properties; optical properties; fluorescence. Glass should not be considered as a new state of matter but as a highly disordered solid.

1. Einleitung

In Anlehnung an eine Definition der ASTM und der British Standard Organization sowie eine Empfehlung der Deutschen Glastechnischen Gesellschaft soll hier unter „Glas" ein anorganisches Schmelzprodukt verstanden werden, das abgekühlt und erstarrt ist ohne merklich zu kristallisieren. Damit ist auch gesagt, daß die Gläser zu den amorphen, festen Körpern zu rechnen sind. Hochpolymere Kunststoffe, die sich hinsichtlich gewisser Eigenschaften glasähnlich verhalten und die ebenfalls zu den amorphen Körpern gehören, werden nicht berücksichtigt. Diese zweite Gruppe von Stoffen unterscheidet sich sowohl in wichtigen physikalischen Eigenschaften als auch strukturell von der Gruppe der Gläser.

Gegenüber dem täglichen Sprachgebrauch enthält die Definition eine Erweiterung, indem sie auch Stoffe umfaßt, die man heute noch nicht allgemein als „Gläser" bezeichnet. Hierbei handelt es sich beispielsweise um amorphe Körper der Mehrstoffsysteme As—S—Halogene, die besonders interessante infrarotoptische und elektrische Eigenschaften besitzen.

Glas ist bei den gewöhnlich vorkommenden Temperaturen spröde. Es verhält sich bei gewissen Versuchen wie eine Flüssigkeit mit hoher innerer Reibung. In den meisten Fällen ist es durchsichtig und kann eine optische Homogenität besitzen, die es erlaubt, die Brechzahlen bis auf einige Einheiten der sechsten Dezimale anzugeben. Man kennt Gläser, die sehr gute elektrische Isolatoren sind und es gibt Gläser, die z.B. als Membranen von Glaselektroden elektrische Leiter sein müssen.

*) Jenaer Glaswerk Schott & Gen., Mainz; jetzige Anschrift: American University in Cairo, Ägypten.

Glas wird als Träger optisch wirksamer dünner Schichten, z.B. der Interferenzfilter und als Werkstoff zur Herstellung von Festkörperlasern, Ultraschallverzögerungsleitungen, Dosimetern, Fluoreszenzstandards und Lichtleitfasern verwendet. Man baut Vakuumanlagen, chemische Apparate, Volumenmeßgeräte und Thermometer aus Glas. Gefäße aus Spezialgläsern finden in der Pharmazie und Medizin Verwendung. Im Alltag begegnet uns Glas als Baustoff, Verpackungsmaterial, Glasur und Email.
Trotz des hohen Standes der Glastechnik weiß man über den Zusammenhang zwischen Glasstruktur und Glaseigenschaften verhältnismäßig wenig und dieses Wissen ist im wesentlichen beschränkt auf die Kenntnis qualitativer Zusammenhänge.

2. Der Feinbau der Gläser

Bei der Aufklärung der Struktur der Kristalle, hat die Methode der Beugung von Wellen- und Korpuskularstrahlung an den in den Gitterpunkten befindlichen Ionen die bedeutsamste Rolle gespielt. So hat man insbesondere von der Röntgenbeugungsmethode erwartet, daß sie auch das Problem der Aufklärung des Feinbaues der Gläser zu lösen gestattet. Diese Hoffnungen haben sich nur zu einem gewissen Grad erfüllt.
Nachdem *Randall*, *Rooksby* und *Cooper* die diffusen Banden in den Röntgenspektren der Gläser durch die Annahme einer Teilchengrößenverbreiterung der Kristallreflexe gedeutet hatten [63], beschäftigten sich *Warren* und Mitarbeiter eingehend mit dem Versuch, die Glasstruktur röntgenographisch aufzuklären [82 – 91, 4 – 8, 38]. Ausgehend von der Debyeschen Formel

$$J = \sum_m \sum_n f_m \cdot f_n \cdot \frac{\sin(s \cdot r_{mn})}{s \cdot r_{mn}} \tag{1}$$

betrachtet *Warren* zunächst eine, um ein willkürlich herausgegriffenes Ion kontinuierlich verteilte Atomverteilung. In (1) sind f_n und f_m die Atomstreufaktoren, r_{mn} sind die Abstände zwischen dem Atom m und n während s gegeben ist durch

$$s = \frac{4\pi \sin\Theta}{\lambda}$$

worin 2Θ der Streuwinkel und λ die Wellenlänge der verwendeten Strahlung ist. Für die Intensität der gestreuten Strahlung erhält man zunächst

$$J = N \cdot \sum_m f_m^2 + \int_0^\infty \sum f_m \cdot \sum \varrho_n(r) \cdot f_n \cdot 4\pi r^2 \cdot \frac{\sin(sr)}{sr}\, dr \tag{2}$$

$\varrho(r)$ ist hierin die radiale Elektronendichteverteilung.
Um die bei der Auswertung von Röntgenbeugungsdiagrammen übliche Fouriertransformation der Gleichung (2) durchführen zu können, führte *Warren* [87] die Annahme ein, daß

$$f_m = K_m \cdot f_e$$

ist. Hierin ist f_e der Streufaktor eines einzelnen Elektrons und K_m ein Gewichtsfaktor. Diese Annahme ist gleichbedeutend mit der Vernachlässigung der für die streuenden Atome (bzw. Ionen) charakteristischen Winkelabhängigkeit der Atomformfaktoren. Mit einer mittleren Atomdichte ϱ_0 der Probe erhält man dann schließlich unter Anwendung des Fourierschen Integraltheorems für die radiale Elektronendichteverteilung:

$$4\pi r^2 \cdot \sum_m K_m \cdot \sum_n \varrho_n(r) \cdot K_n = 4\pi r^2 \cdot \sum_m K_m \cdot \sum_n \varrho_0 \cdot K_n + \\ + \frac{2r}{\pi} \cdot \int_0^\infty s \cdot \frac{J - N \cdot f_m^2}{f_e^2} \cdot \sin(rs) ds. \quad (3)$$

Außer den weitgehenden Vereinfachungen in der Streuformel besteht die Schwierigkeit, daß man das Integral in (3) experimentell nicht vollständig ermitteln kann. Besondere Schwierigkeiten bereitet die Erfassung der Intensitätsverteilung der Kleinwinkelstreuung. Ferner enthält die gemessene Intensitätsverteilung Meßfehler. Auch die Normierung der Meßwerte durch Anpassung an die theoretischen Werte der unabhängigen Streuung bringt eine Unsicherheit in die Ermittlung der Elektronendichteverteilung.

Nach *Zachariasens* [95], auf Grund kristallchemischer Betrachtungen axiomatisch eingeführten Vorstellungen, sind die Oxidgläser aus den gleichen Baugruppen aufgebaut wie die entsprechenden kristallisierten Verbindungen.

Abb. 1
Modell eines $[SiO_4]^{4-}$-Tetraeders. Die Kugeln repräsentieren die vier Sauerstoffionen (Ionenradius 1,32 Å). Das Siliciumion befindet sich im Schwerpunkt des Tetraeders (Ionenradius 0,39 Å)

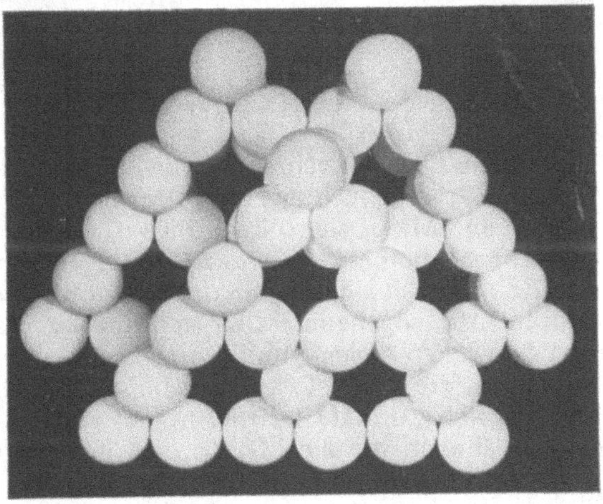

Abb. 2
Modell zur Demonstration der regelmäßigen Anordnung der $[SiO_4]$-Tetraeder in einer kristallinen Form des SiO_2 (Cristobalit)

Im Falle des Kieselglases — SiO_2 — wären diese Baugruppen reguläre Tetraeder, in deren Schwerpunkten sich Siliciumionen und in deren Ecken sich Sauerstoffionen befinden. Diese sind in Abb. 1 durch weiße Kugeln veranschaulicht. Zwischen ihnen, im Inneren des Tetraeders liegt das etwa um einen Faktor 3,4 kleinere, ebenfalls kugelförmig gedachte Siliciumion. Im Kristall sind diese Baugruppen symmetrisch und periodisch (Abb. 2) angeordnet. Das

Kristallgitter erscheint beim Glas in ein unregelmäßiges, mit Fehlstellen behaftetes räumliches Netzwerk verzerrt (Abb. 3). Im Kristall liegt eine Nah- und Fernordnung der ihn aufbauenden elementaren Gebilde (Ionen, Atome, „Moleküle") vor, im Glas nur eine Nahordnung. Über den Grad dieser Ordnung kann aus der *Zachariasenschen* Axiomatik, in der diese Nahordnung postuliert wird, naturgemäß nichts gefolgert werden.

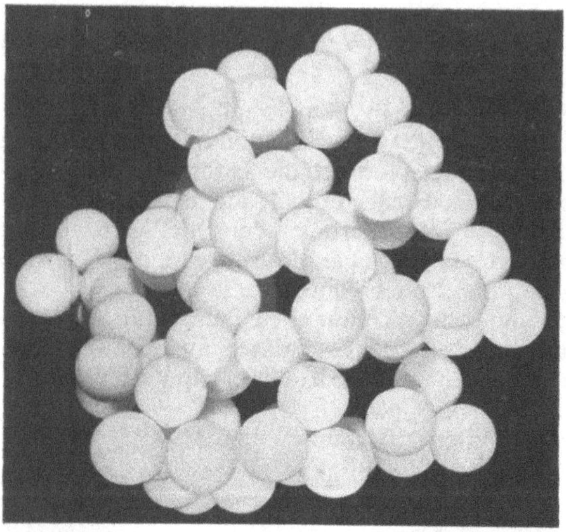

Abb. 3
Modell zur Demonstration der unregelmäßigen Anordnung der $[SiO_4]$-Tetraeder in Kieselglas (Quarzglas)

Trotz der oben erwähnten Schwierigkeiten, die bei röntgenographischen Glasstrukturuntersuchungen auftreten, trugen die Veröffentlichungen von *Warren* und Mitarbeitern wesentlich dazu bei, die heute weitgehend akzeptierte „Netzwerkhypothese" der Glasstruktur entstehen zu lassen.
Parallel zur Entwicklung der *Zachariasen-Warren*schen Netzwerkhypothese entstand die sogenannte „Kristallittheorie", ausgehend von *A. A. Lebedew* [49] und *J. T. Randall* und Mitarbeitern [63]. Im Rahmen dieser Strukturhypothese, die sich z.T. auf Ergebnisse röntgenographischer Untersuchungen von *Parmelee* und Mitarbeitern [60] stützte, stellte man sich vor, daß die Gläser, ähnlich wie die Metalle, aus Kristalliten der entsprechenden Verbindungen zusammengesetzt sind. So folgerte *Lebedew* aus Messungen der Temperaturabhängigkeit des Brechungsindex, daß die Struktur von Silicatgläsern mikrokristalline Bauelemente enthält, von denen eine Form aus Quarz-Kristalliten besteht. Daß eine solche Schlußfolgerung keineswegs verallgemeinert werden darf, haben neuere Untersuchungen an Kieselglas ergeben. Aus Messungen der Temperaturabhängigkeit der inneren Dämpfung schwingender Quarzglasstäbe mußte gefolgert werden, daß handelsübliches Quarzglas gleicher Bezeichnung strukturell nicht immer homogen aufgebaut ist. Es mußte angenommen werden, daß im Quarzglas Strukturelemente vorkommen können, die ähnlich aufgebaut sind wie die Kristallarten Tridymit, Cristobalit und Quarz. Wie aus den in [12] wiedergegebenen Messungen hervorgeht, ist dies jedoch nicht immer der Fall.
Der schroffe Gegensatz, der anscheinend zwischen „Kristallittheorie" und „Netzwerkhypothese" besteht, und der sich wiederholt in der Literatur nie-

derschlug, kann heute als aufgelöst gelten [20]. Beide Auffassungen begegnen sich in der Hypothese einer mikroheterogenen Struktur der Gläser. Nach den gegenwärtig bekannten Untersuchungsergebnissen kann man die beispielsweise im Quarzglas aus etwa 100 $[SiO_4]^{4-}$-Tetraedern bestehenden Mikrokristalle [17] nicht einfach als Bruchstücke entsprechender Einkristalle auffassen. Man stellt sich vielmehr vor, daß wohl die zentralen Bereiche dieser Teilchen im Hinblick auf den Ordnungszustand der Bauelemente dem Kristall stark ähneln. Mit Annäherung an die Peripherie des Mikrokristallits nimmt der Ordnungsgrad des Gitters jedoch immer mehr ab. Die einzelnen „Kristallite" bestehen aus einigen zehn Baugruppen und sind untereinander durch ungeordnete Zwischenschichten verbunden. Der Anteil an geordneten und ungeordneten Bereichen hängt dabei von den Herstellungsbedingungen des Glases und der Vorgeschichte der zur Untersuchung verwendeten Probe ab. Diese Zusammenhänge sind noch nicht ausreichend untersucht. An Hand eines Modelles werden sie in einem Film des Max-Planck-Instituts für Silicatforschung, Würzburg, teilweise demonstriert [25].
Eine Veränderung der Eigenschaften eines einfachen Glases, etwa des Quarzglases, kann man durch Zusatz geeigneter Verbindungen zum Grundglas erreichen. Die in diesen mehrkomponentigen Gläsern vorhandenen, nicht zum Grundglas gehörenden Ionen bilden Störstellen besonderer Art im Netzwerk des eigentlichen, unter den üblichen Abkühlbedingungen der Schmelze glasbildenden Materials. Die Ionen dieser Stoffe nennt man daher verschiedentlich „netzwerkbildende Ionen", während man die das Glasnetzwerk unterbrechenden Ionen mit dem Ausdruck „netzwerkwandelnde Ionen" bezeichnet. Diese Bezeichnung charakterisiert nach dem derzeitigen Wissensstand die Wirkung der Ionen gut, jedoch nicht vollständig. Es empfiehlt sich, drei Gruppen von Ionen zu unterscheiden, nämlich netzwerkbildende (Glasbildner,

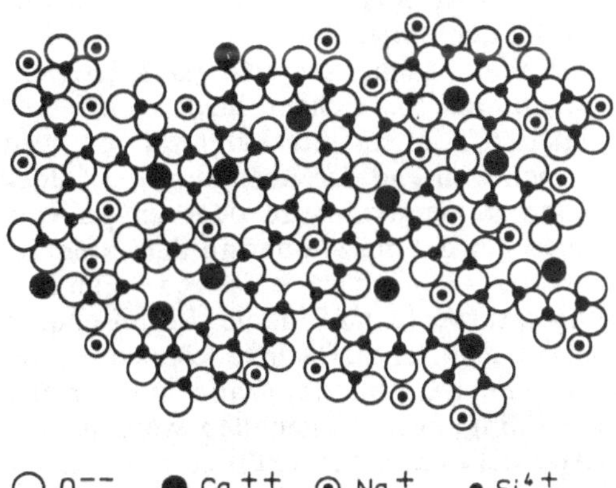

Abb. 4
Schematische Darstellung der Verteilung netzwerkspaltender Ionen (Na^+ und Ca^{2+}) im Netzwerk der $[SiO_4]$-Tetraeder eines Alkali-Kalk-Silicatglases nach [23]

s.o.), netzwerkspaltende (z.B. Alkalien, Erdalkalien) und netzwerkwandelnde Ionen (z.B. Seltene—Erden—Metalle, Blei, Aluminium). In Abb. 4 ist die Anordnung netzwerkspaltender Ionen zwischen den Tetraedergrundflächen glasbildender $[SiO_4]^{4-}$-Gruppen veranschaulicht.
Aus den röntgenographischen Untersuchungen von *Warren* und Mitarbeitern wurde geschlossen, daß diese netzwerkspaltenden Ionen statistisch zufällig über das Netzwerk verteilt sind.

Es deuten manche makroskopischen Eigenschaften darauf hin, daß die netzwerkspaltenden Ionen im Sinne einer „latenten Entmischung" [22] im Netzwerk der Glasbildner (z.B. SiO_2, P_2O_5, B_2O_3) verteilt sind. Zu ähnlichen Folgerungen gelangt man, wenn man der Untersuchung des Zusammenhanges zwischen Glasstruktur und Glaseigenschaften die Hypothese des mikroheterogenen Aufbaues zu Grunde legt. Die bisweilen vertretene Auffassung, daß eine derartige Anhäufung der netzwerkspaltenden Ionen dem röntgenographisch gewonnenen Ergebnis einer zufälligen statistischen Verteilung widerspricht, ist nicht stichhaltig, solange nicht eine zahlenmäßige Aussage über den Homogenitätsgrad dieser Verteilung gemacht werden kann. Daß eine „latente Entmischung" in Gläsern vorliegen kann, wird am Beispiel der Gläser vom Vycor-Typ besonders eindrucksvoll gezeigt. Bei diesem, aus B_2O_3, SiO_2 und Na_2O in bestimmtem Mischungsverhältnis bestehendem Glas kann durch geeignete Wärmebehandlung eine makroskopisch nachweisbare Entmischung erzeugt werden. Diese Entmischung in eine aus fast reinem Quarzglas bestehende Matrix und darin eingelagerten leicht löslichen Na_2O- und B_2O_3-haltigen Bereichen wird technisch nutzbar gemacht.
Die seit etwa fünf Jahren zur Aufklärung der Glasstruktur verwendeten Methoden der Elektronen- und Neutronenbeugung haben die bekannte Auffassung in der hier wiedergegebenen Art im wesentlichen bestätigt [53]. In Einzelfällen hat man auch Kernresonanzen bestimmter Glasbestandteile benützt um weitere Aufschlüsse über die Glasstruktur zu erhalten [53, 57].

3. Glasbildung und Entglasung

Kühlt man eine Schmelze auf eine unterhalb ihres Erstarrungspunktes liegende Temperatur ab, so beobachtet man in der Regel die Bildung von Kristallen. Die Kristallbildung ist jedoch nur möglich, wenn zwei Bedingungen erfüllt sind:

a) es müssen Kristallkeime in der Schmelze vorliegen oder während des Abkühlens entstehen;
b) die Wachstumsgeschwindigkeit der sich an diesen Keimen bildenden Kristalle muß hinreichend hoch sein.

Schmelzen können unterkühlt werden, wenn in ihnen keine Keime vorliegen oder sich während der Abkühlung ausbilden. Die Keimbildung kann entweder spontan in der Schmelze oder an gasförmigen oder festen Einschlüssen im Inneren der Schmelze oder an den Grenzflächen Schmelze — Tiegelwand und Schmelze — Gasphase einsetzen. Einige Schmelzen zeigen in bestimmten Temperaturbereichen lokale Entmischungserscheinungen. An den dadurch entstehenden Grenzflächen können ebenfalls Kristallkeime entstehen. Die heterogene Keimbildung kann nur vermieden werden, wenn besondere Versuchsbedingungen eingehalten werden, die sich im Rahmen der technischen Glasherstellung nicht realisieren lassen. Bei bestimmten Systemen scheint selbst eine homogene Keimbildung infolge der erwähnten Entmischungserscheinungen unvermeidlich zu sein.
Ein Glas muß weitgehend frei von Kristallen sein. Zur Erfüllung dieser Forderung wird die unter b) genannte, noch freie Bedingung benutzt. Dabei geht man so vor, daß die gegebene Schmelze so rasch abgekühlt wird, daß sich keine Kristalle ausbilden können, selbst wenn hinreichend viel Keime zur Verfügung stehen. Zur Kennzeichnung der Kristallisations- oder „Entglasungsneigung" einer Glasschmelze benutzt man die sogenannte lineare Kristallisationsgeschwindigkeit, die man gegen die Temperatur aufträgt. Dabei wird die

Zeitabhängigkeit dieser Geschwindigkeit vernachlässigt. Abb. 5 gibt eine derartige Kurve für die Kristallart Devidrit ($Na_2O \cdot 3\,CaO \cdot 6\,SiO_2$) in einem Glas der Zusammensetzung SiO_2 70,97 Gew.-%, CaO 11,81 Gew.-%, Na_2O 17,04 Gew.-%, R_2O_3 0,17 Gew.-% wieder. Will man aus einer Schmelze dieser

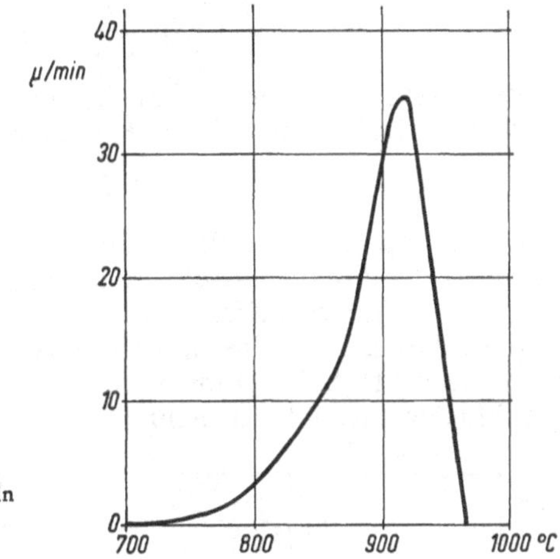

Abb. 5
Lineare Kristallisationsgeschwindigkeit von Devidrit in einem Natron-Kalk-Glas nach [24]

Zusammensetzung ein Glas gewinnen, so ist der kritische Bereich, der hier etwa von 960 bis 750 °C reicht, bei der Abkühlung möglichst rasch zu durchfahren. Mit Rücksicht auf die niedrige Wärme- und Temperaturleitzahl der Glasschmelzen sind durch die Art der Temperaturabhängigkeit der linearen Kristallisationsgeschwindigkeit die Abmessungen eines, aus einer Schmelze bestimmter Zusammensetzung herstellbaren Glaskörpers nach oben begrenzt. Schmelzen, in denen unmittelbar oberhalb der Liquidustemperatur Makromoleküle oder große Ionenkomplexe mit relativ niedriger Beweglichkeit vorliegen, werden beim Abschrecken nicht so leicht kristallisieren wie etwa dünnflüssige Schmelzen, bei denen dies nicht der Fall ist. So ist es nicht überraschend, daß die gelegentlich als „anorganische Hochpolymere" bezeichneten Silicate, Phosphate und Borate für die Glasbildung besondere Bedeutung besitzen[1]).

Es gibt mehrere Versuche, Hypothesen bezüglich der zur Glasbildung erforderlichen Voraussetzungen eines Systems aufzustellen. So ist nach *A. Smekal* [72] die Fähigkeit eines Stoffes ein Glas zu bilden an das Vorhandensein gemischter Bindungsarten (z.B. homöopolare *und* ionogene) geknüpft. — Nach der bereits erwähnten *Zachariasen*schen Hypothese [95] können Oxide R_xO_y Gläser bilden, wenn sie folgende Voraussetzungen erfüllen:

Jedes O ist niemals an mehr als zwei R gebunden;
die Koordinationszahl des Ions R muß klein sein;
die $[R_nO_m]$-Polyeder haben nur Ecken gemeinsam;
eine räumliche Vernetzung bildet sich dadurch aus, daß mindestens drei Ecken jedes Polyeders zugleich je einem Nachbarpolyeder angehören.

[1]) Da die Bildung eines Glases von der Temperaturführung während des Abkühlens der Schmelze abhängt ist es unmöglich den „Glaszustand" im gleichen Sinne zu verstehen wie dies nach dem derzeitigen Sprachgebrauch bei den Zuständen „fest", „flüssig" und „gasförmig" der Fall ist.

Nach diesen Bedingungen sind Gläser aus folgenden Oxiden möglich und auch gefunden worden:

SiO_2; GeO_2;

B_2O_3; P_2O_3; As_2O_3; Sb_2O_3;

P_2O_5; As_2O_5; V_2O_5; Nb_2O_5; Ta_2O_5.

Außer Oxiden können aber auch andere Stoffe Gläser im Sinne der eingangs erwähnten Definition bilden. Hierzu gehören z.B.

Se, Sb, BeF_2, As_2S_3, Sb_2S_3, Al_2S_3.

Von den genannten „Glasbildnern" oder „Netzwerkbildnern" hat das Siliciumdioxid SiO_2 die größte Bedeutung erlangt. Das Zustandsdiagramm des SiO_2 (glastechnisch „Kieselsäure") ist in Abb. 6 wiedergegeben. Nach neueren Untersuchungen ist die in dem Diagramm enthaltene Kristallart Tridymit nicht als echte SiO_2-Modifikation anzusehen sondern als ein in besonderer Art fehlgeordneter Cristobalit [29].

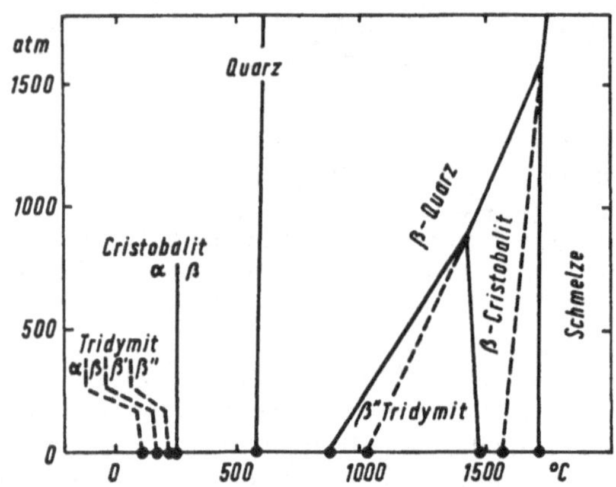

Abb. 6
Zustandsdiagramm des SiO_2. Die Kristallart Tridymit ist nach neueren Untersuchungen als fehlgeordneter Cristobalit anzusehen [52, 29]

Schmilzt man Quarz und schreckt die Schmelze ab, so erhält man das Quarzglas oder Kieselglas. Bezüglich seines spezifischen Volumens kann man es am ehesten mit der Modifikation Cristobalit vergleichen. Beide besitzen eine Dichte von etwa 2,2 g/cm³. Die Unterschiede in der Struktur werden deutlich, wenn man die von beiden erzeugten Röntgenbeugungsdiagramme vergleicht. In Abb. 7 sind zwei, unter gleichen Bedingungen aufgenommene Zählrohrdiagramme wiedergegeben. Während beim Cristobalit scharfe Kristallreflexe auftreten, kann man beim Kieselglas nur eine, über einen weiten Winkelbereich verlaufende Bande im Beugungsdiagramm erkennen. Dieses Verhalten deutet an, daß im Kieselglas eine flüssigkeitsähnliche Struktur eingefroren ist[1].

[1]) Auf Grund dieses Befundes kann jedoch nicht gesagt werden „Glas ist eine unterkühlte Flüssigkeit" (vgl. hierzu Abschnitt 4). Betrachtet man die Gesamtheit der Glaseigenschaften und der Bedingungen die bei der Glasherstellung zu erfüllen sind, so neigt man mehr dazu Glas als Festkörper mit hohem Fehlordnungsgrad aufzufassen (vgl. hierzu auch die in [37] wiedergegebenen Röntgenaufnahmen einer TlJ-Schicht sowie die Ausführungen in [20]).

In welchem Maße die Struktur von Kieselglas von der Wärmevorgeschichte abhängt wird durch die Temperaturabhängigkeit der spezifischen Wärme sehr gut gezeigt. In Abb. 8 ist nach Messungen von *Westrum* [92] die Differenz zwischen der spezifischen Wärme von Kieselglas und Quarz gegen die Tem-

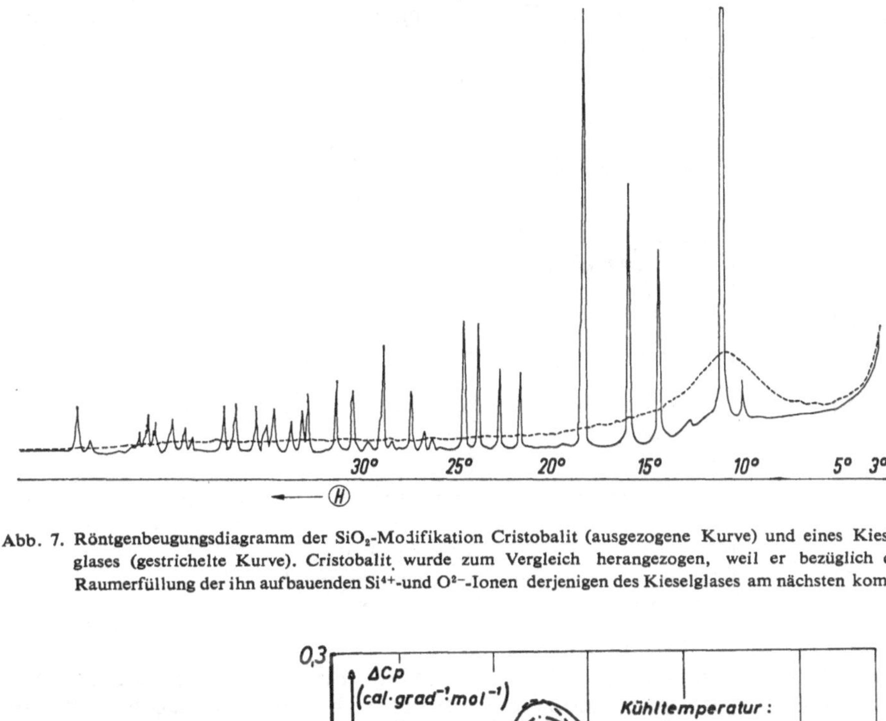

Abb. 7. Röntgenbeugungsdiagramm der SiO_2-Modifikation Cristobalit (ausgezogene Kurve) und eines Kieselglases (gestrichelte Kurve). Cristobalit wurde zum Vergleich herangezogen, weil er bezüglich der Raumerfüllung der ihn aufbauenden Si^{4+}-und O^{2-}-Ionen derjenigen des Kieselglases am nächsten kommt

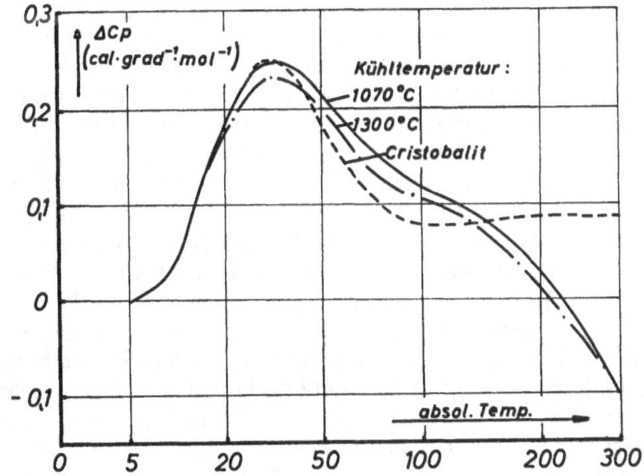

Abb. 8
Differenz der spezifischen Wärmen von Quarz und Kieselglas (bzw. Cristobalit) als Funktion der Temperatur nach [92]

peratur aufgetragen. Dabei erhält man je nach der gewählten Kühltemperatur unterschiedliche Kurven. Zum Vergleich ist die für Cristobalit geltende Kurve ebenfalls wiedergegeben. Setzt man Quarz einer Bestrahlung mit Neutronen aus, so werden im Kristallgitter Fehlstellen erzeugt. Die spezifische Wärme nähert sich dabei mit steigendem Neutronenstrom der des Quarzglases (Abb. 9) [92].

Wenn die Untersuchungen über die Struktur von Gläsern aus „Glasbildnern" insbesondere aus SiO_2 im Mittelpunkt des Interesses standen und auch heute noch nicht als abgeschlossen zu betrachten sind, so wurde doch immer wieder die Frage nach dem Einfluß der im technischen Sinne als „nichtglasbildend" anzusehenden Oxide auf die Glaseigenschaften gestellt. Schmilzt man beispielsweise SiO_2 mit einem zweiten Oxid R_mO_n zusammen, so spaltet dieses

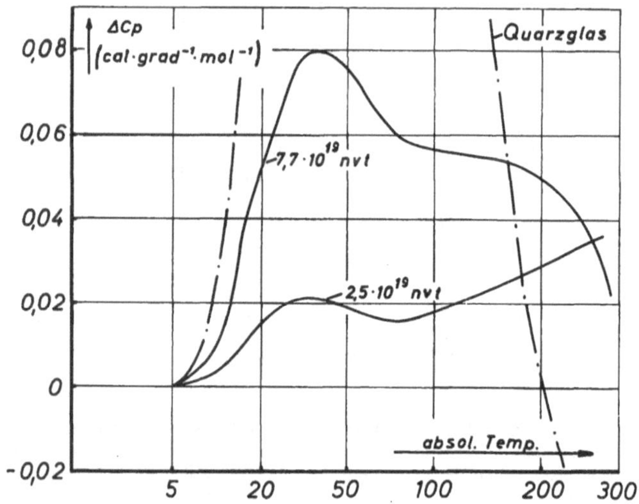

Abb. 9
Differenz der spezifischen Wärmen von Quarz und neutronenbestrahltem Quarz nach [92]

das Netzwerk der $[SiO_4]$-Tetraeder einerseits auf; andererseits ist das dem Glasbildner zugesetzte Fremdkation bestrebt, sich ebenso wie das Si^{4+}-Ion mit den O^{2-}-Ionen zu koordinieren. Je nach der Stärke der Bindung R—O hat dies in der Schmelze eine (bei gleicher Temperatur) Erniedrigung der Viskosität zur Folge. Nach *Endell* und *Hellbrügge* [26] wirkt ein Kation R umso mehr verflüssigend, je kleiner sein Ionenradius und je größer seine Ladung ist. Bei niedriger Temperatur verknüpfen dagegen die Fremdkationen die $[SiO_4]$-Tetraeder umso fester, je fester die R—O-Bindung ist [21, 22].

In derartigen binären Systemen kommt es zu Entmischungen [21] und zu einer Erhöhung der Entglasungsneigung (s. Abb. 10). Bei ternären und polynären Systemen werden die Verhältnisse verwickelter, insbesondere wenn die Schmelzen Ionen enthalten, die, wie etwa die seltenen Erdenmetalle oder Blei, nicht als ausgesprochen netzwerkspaltende Ionen anzusehen sind. Es sei hier nur erwähnt, daß z.B. im binären System SiO_2—CaO eine Mischungslücke geschlossen werden kann, wenn Alkalioxide zugesetzt werden. Das Bestreben Gläser zu erschmelzen, die bei der Herstellung und bei einer nachfolgenden Wärmebehandlung möglichst geringe Kristallisationstendenz zeigen führte, gemeinsam mit speziellen Forderungen bezüglich der Eigenschaften dazu, polynäre Systeme zu verwenden. Auch wirtschaftliche Gesichtspunkte wie sie etwa bei der Auswahl der Rohstoffe und bei der Forderung nach möglichst niedrigen Temperaturen zur Herstellung eines technischen Glases auftreten, bestimmen die Zusammensetzung technischer Glasschmelzen (s. Tabelle 1).

An einigen, erst in jüngster Zeit gefundenen Gläsern [27, 81, 28, 18, 19] kann besonders deutlich gezeigt werden, wie ein Glas bestrebt ist, in die entsprechende kristallisierte Form überzugehen. Bei einfachen Systemen, bei denen

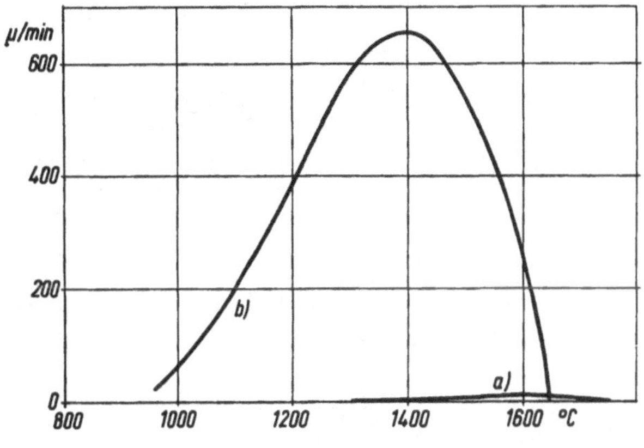

Abb. 10
Temperaturabhängigkeit der linearen Kristallisationsgeschwindigkeit eines Kieselglases a) und eines binären Alkali-Silicat-Glases b). Das zuletzt genannte Glas wurde aus 98,64% Dörentruper Kristallglassand OPB und 1,36% Na_2O erschmolzen. Entglasungsprodukt: Cristobalit. Daten nach [36]

nur eine einzige Kristallart möglich ist, geschieht diese „Entglasung" besonders rasch. Bei polynären Systemen geeigneter Zusammensetzung ist die Entglasungsneigung in der Regel hoch, wenn sich eine Kristallart bei besonders niedriger Temperatur bilden kann und wenn die Diffusionskoeffizienten der für die Ausbildung dieser Kristalle erforderlichen Ionen besonders groß sind. Durch Einführung geeigneter, die Diffusion behindernder Ionen, gelingt es im technischen Sinne entglasungsfeste Gläser herzustellen. So sind etwa die bekannten Gläser für die Elektrotechnik, die Chemie und die Optik bei den Gebrauchstemperaturen als entglasungssicher anzusehen. Zur Demonstration einer Entglasung wird deshalb ein Glas besonderer Zusammensetzung gewählt, nämlich 20 Gew.-% As, 50 Gew.-% S, 30 Gew.-% J. Unmittelbar nach der

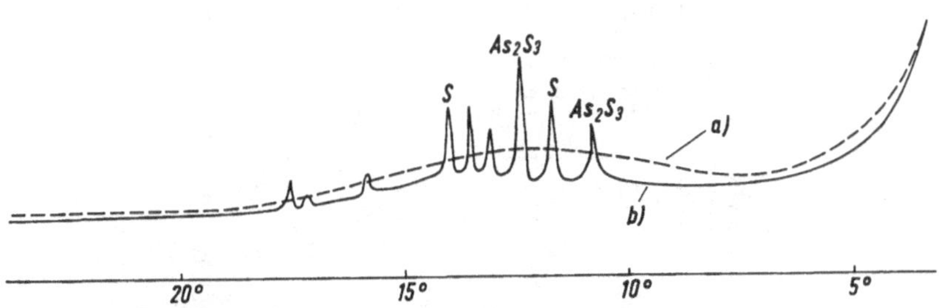

Abb. 11. Röntgenbeugungsdiagramm eines As—S—J-Glases unmittelbar nach der Herstellung des Glases a) und 9 Tage später b) aufgenommen. Die Probe war bei Zimmertemperatur aufbewahrt worden

Herstellung ergab sich das in Abb. 11a wiedergegebene Röntgenbeugungsdiagramm. Nach Aufbewahrung der Probe bei Zimmertemperatur konnte nach einigen Tagen bereits eine deutliche Trübung und im Röntgenbeugungsdiagramm die Ausbildung von Kristallreflexen beobachtet werden (Abb. 11b).

Tabelle 1. Beispiele für die ungefähre Zusammensetzung einiger im technischen Maßstab erschmolzenen Gläser[1])

	SiO_2	Al_2O_3	B_2O_3	Fe_2O_3	CaO	MgO	BaO	PbO	ZnO	Na_2O	K_2O	SO_3	F_2	As_2O_3
Tafelglas	71,3	0,8	—	—	9,4	2,6	—	—	—	15,3	—	0,5	—	—
Gußglas	70,5	1,0	—	0,1	14,1	0,7	—	—	—	13,1	0,3	—	—	—
Flaschenglas weiß	72,6	2,0	—	—	10,4	—	0,5	—	—	13,6	0,4	0,3	0,2	—
Weißhohlglas	75,3	1,0	0,1	—	7,5	0,1	0,1	—	—	14,7	1,0	—	—	—
Kristallglas	75,0	0,2	—	—	5,8	0,1	—	—	—	9,0	9,0	—	—	0,8
Bleikristallglas	56,1	—	—	—	—	—	—	31,1	—	0,6	12,1	—	—	—
Borosilikatglas niedriger Ausdehnung	80,5	2,1	12,9	—	—	—	—	—	—	3,8	0,5	—	—	—
Glühlampenglas	73,2	1,0	—	—	5,6	3,6	—	—	—	16,0	0,6	—	—	—
Flintglas	49,8	0,1	—	—	—	—	13,4	18,7	8,0	1,2	8,2	—	—	0,5
Borkronglas	69,6	—	9,9	—	—	—	2,5	—	—	9,0	8,4	—	—	0,3
Brillenkronglas	73,0	—	—	—	12,0	—	—	—	—	14,0	1,0	—	—	—

[1]) Die Angaben beruhen z. T. auf den in [80] angeführten Beispielen. Zusätze unter 0,1 Gew.-% sind vernachlässigt.

Mit der Zeit nahm der Grad der Entglasung zu. Bild 12 veranschaulicht dies durch Wiedergabe der zeitlichen Veränderung der Höhe zweier Kristallreflexe [19].

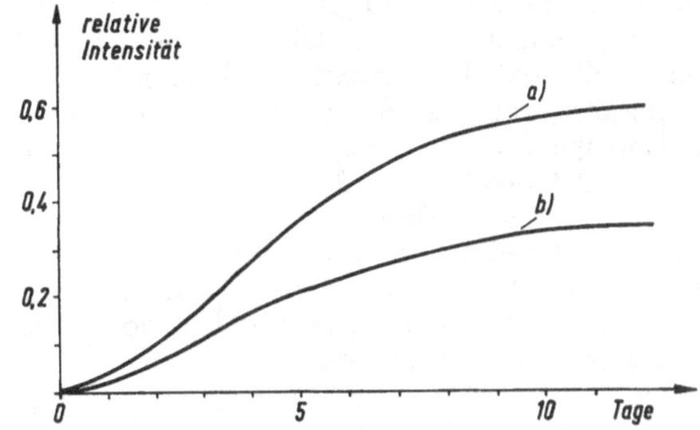

Abb. 12
Entglasungsverlauf der in Abb. 11 erwähnten Glasprobe. Zur Kennzeichnung des Grades der Entglasung wurde die Höhe zweier Kristallreflexe verwendet. Soweit die Entglasungsprodukte identifiziert werden konnten handelt es sich um As_2S_3 (Kurve a) und S (Kurve b)

Wenn auch noch keine Theorie der Glasbildung und Entglasung vorliegt, so erlaubt doch die Fülle der bekannten Versuchsergebnisse die Aufstellung einer Hypothese über die Möglichkeit der Glasbildung. Zum anderen können in vielen Fällen wichtige Fragen bezüglich der Glasbildung und Entglasung in speziellen Mehrstoffsystemen unmittelbar beantwortet werden. Die bisher vertretene Auffassung, daß die Fähigkeit zur Glasbildung ausschließlich eine Eigenschaft der Komponenten eines Ein- oder Mehrstoffsystemes sei, kann nicht mehr aufrechterhalten werden. *Gläser bilden sich wenn es gelingt eine Schmelze so rasch abzukühlen, daß sich keine Kristalle in ihr ausbilden können.* Dies kann dadurch geschehen, daß man das Keimbildungsvermögen der Schmelze möglichst klein macht, daß man die heterogene Keimbildung möglichst unterdrückt und daß man durch geeignete Wahl der Zusammensetzung der Schmelze die Kristallisationsgeschwindigkeit der Entglasungsprodukte möglichst klein wählt. Abgesehen von der heterogenen Keimbildung sind diese Forderungen weitgehend durch die Beachtung der bisher vom kristallchemischen Standpunkt aus aufgestellten Regeln zu erfüllen. Hinzu kommt jedoch die von der Versuchsführung und den thermischen Kennzahlen Wärmeleitzahl und Temperaturleitzahl der betrachteten Schmelze abhängige Abkühlgeschwindigkeit. Anzustreben ist aus einer, durch die Thermodynamik irreversibler Prozesse begründeten, Theorie der Kristallbildung in mehrphasigen und mehrkomponentigen Systemen die Wachstumskurven der möglichen Entglasungsprodukte in Abhängigkeit von der Zeit und der Temperatur zu ermitteln. Unter Verwendung dieser in speziellen Fällen auch experimentell ermittelbaren Kurven und unter Beachtung der Forderung, daß die bei der Abkühlung auftretenden Kristalle eine bestimmte Größe nicht überschreiten dürfen, kann mit Hilfe der Theorie der Wärmeleitung errechnet werden, in welcher Größe bei gegebener Kühlgeschwindigkeit aus einer Schmelze noch ein Glasgegenstand hergestellt werden kann.

4. Mechanische Glaseigenschaften

4. 1. Allgemeines

Gustav Tammann hat in seinem Buch „Kristallisieren und Schmelzen" [77] die Gläser als stark unterkühlte Flüssigkeiten bezeichnet. Seine Folgerungen stützen sich auf thermodynamische Messungen und auf Ergebnisse der Untersuchung der Kristallisationskinetik. Sie sind insbesondere unter Berücksichtigung der von *Tammann* vorgeschlagenen Systematik der Aggregatzustände zu verstehen. Nach ihm gibt es „zwei Hauptzustände, von denen jeder mehrere Unterabteilungen hat". Diese beiden Hauptzustände sind der „isotrope Zustand" und der „anisotrope Zustand". Ersterer unterteilt sich in die drei Unterabteilungen gasförmiger, flüssiger und amorpher isotroper Zustand. Der anisotrope Zustand entspricht dem Kristallzustand mit verschiedenen polymorphen Kristallarten. Gelöst von diesen allgemeinen Gesichtspunkten wurde die *Tammann*sche Bezeichnung der amorphen Körper als unterkühlte Flüssigkeiten teilweise auch auf die Gläser angewandt. Hieraus ergibt sich eine eigenartige Konsequenz wenn man nämlich die Spannungs—Dehnungs-Beziehungen von Flüssigkeit und isotropem Festkörper miteinander vergleicht. Für letzteren ist bekanntlich

$$\sigma_{ik} = 2\mu \cdot \varepsilon_{ik} + \lambda \cdot \delta_{ik}\Theta \tag{4}$$

mit

σ_{ik} = Spannungskomponenten
ε_{ik} = Deformationskomponenten
δ_{ik} = Kroneckersymbol
μ, λ = Elastizitätskoeffizienten
$\Theta = \Sigma\, \varepsilon_{ii}$.

Für die kompressible, reibende Flüssigkeit ergibt sich dagegen

$$-p_{ik} = \sigma_{ik} = 2\mu' \cdot \dot{\varepsilon}_{ik} + \lambda' \cdot \delta_{ik}\dot{\Theta}. \tag{5}$$

mit den beiden Viskositätskoeffizienten μ' und λ' [73]. An die Stelle der Deformationen ε_{ik} ist deren zeitliche Ableitung $\dot{\varepsilon}_{ik}$ getreten. Nun verhalten sich die technisch verwendeten Gläser bei Zimmertemperatur und z.T. noch bei mehreren hundert Grad Celsius wie isotrope, feste Körper. Insbesondere kann man ihnen eindeutige Werte für den Elastizitäts- und Schubmodul zuordnen. Diese experimentell festgestellte Tatsache würde dazu führen zwischen den Elastizitätskoeffizienten μ und λ einerseits und den Viskositätskoeffizienten μ' und λ' andererseits die Relationen

$$\mu = \mu' \cdot \frac{\partial}{\partial t} \quad \text{und} \quad \lambda = \lambda' \cdot \frac{\partial}{\partial t} \tag{6}$$

anzunehmen.

Eine derartige Beziehung zwischen Materialkonstanten ist zumindest ungewöhnlich. Deshalb sollte man Gläser nicht als „unterkühlte Flüssigkeiten mit hoher innerer Reibung" bezeichnen. Daß sie sich aber auch nicht wie Festkörper im üblichen Sinne verhalten, zeigt sich insbesondere bei der Untersuchung der Temperaturabhängigkeit mechanischer Glaseigenschaften.

Besonders deutlich zeigt sich der Unterschied zwischen Glas und Kristall in der Temperaturabhängigkeit des spezifischen Volumens. Während ein Kristall beim Schmelzpunkt in einem sehr engen Temperaturbereich sein spezifisches Volumen ändert, geht das Volumen des Glases allmählich in einem relativ breiten Temperaturintervall von dem des starren Glases in das der Schmelze über (Abb. 13). Das Glas besitzt ein „Transformationsgebiet" bezüglich der Temperatur. Dieses wird durch die „Transformationstemperatur" (Tg) gekennzeichnet (Abb. 14). Die Wärmeausdehnung eines Glases hängt von der chemischen Zusammensetzung und der Wärmevorgeschichte der Probe ab. Dabei ist der Ausdehnungskoeffizient eines Glases umso größer, je häufiger das Netzwerk des Glasbildners unterbrochen ist und je schwächer die netzwerkspaltenden und netzwerkwandelnden Ionen gebunden sind. Eine Anomalie die z.B. bei Alkaliboratgläsern insofern auftritt als die Ausdehnung mit

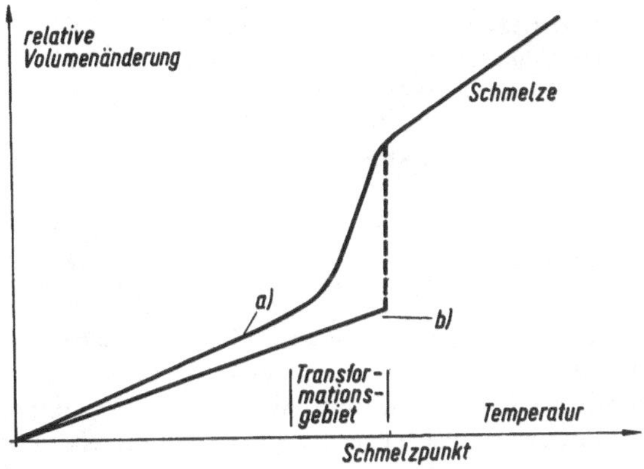

Abb. 13
Schematische Darstellung des unterschiedlichen Verhaltens eines Glases a) und eines Kristalles b) beim Schmelzen demonstriert an der Änderung des spezifischen Volumens mit der Temperatur

steigendem Alkaligehalt zunächst ab- und von einem gewissen Gehalt an Alkalioxid an wieder zunimmt, wird mit einem Koordinationswechsel des Borions ($[BO_3] \rightarrow [BO_4]$) erklärt. Man spricht in diesem Zusammenhang von

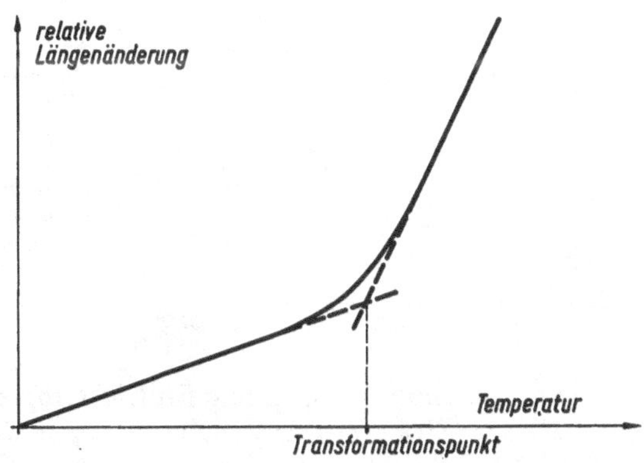

Abb. 14
Zur Definition des Transformationspunktes Tg aus der Wärmeausdehnungskurve eines Glases nach DIN 52 324

der (noch nicht restlos aufgeklärten) „Borsäureanomalie". Tabelle 2 gibt einen Überblick über die linearen Wärmeausdehnungskoeffizienten verschiedener Gläser [40, 41].

Die Wärmevorgeschichte eines Glases bestimmt die Temperaturabhängigkeit des spezifischen Volumens in besonders charakteristischer Weise. Für die beiden Extremfälle eines feingekühlten Glases und einer mit hoher Abschreckgeschwindigkeit hergestellten Glasfaser, sind entsprechende Ausdehnungskurven in Abb. 15 wiedergegeben. Es ist deutlich zu erkennen, daß die durch

Tabelle 2. Koeffizient der linearen Wärmedehnung einiger Gläser des Jenaer Glaswerks, Schott und Gen., Mainz im Temperaturbereich von 20 bis 100 °C in $10^{-7} \cdot grd^{-1}$ und Dichte bei Zimmertemperatur in $g \cdot cm^{-3}$ [40, 41]

Glasbezeichnung	Dichte in $g \cdot cm^{-3}$	Wärmedehnung in $10^{-7} \cdot grd^{-1}$
Duran 50	2,23	32
Geräteglas 20	2,40	48
Fiolax klar	2,39	48
Supremax	2,47	33
Normalglas 16III	2,58	82
Einschmelzglas 8243	2,26	50
Einschmelzglas 4210	2,68	116
FS-Kolben-Glas 8196	2,59	86
BK 7	2,51	82
SF 6	5,19	83
SFS 1	5,96	91

Abschrecken einer Glasschmelze hergestellte Faser bereits bei einer unterhalb des Transformationsbereiches liegenden Temperatur schrumpft und eine höhere Dichte annimmt. Während bei einem unter den üblichen technischen Bedingungen hergestellten Glas der Zusammensetzung 74 Gew.-% SiO_2, 16 Gew.-% Na_2O und 10 Gew-% CaO die Einfriertemperatur bei etwa 540 °C liegt, kann man aus der Wärmeausdehnung nach Abb. 15 für die Glasfaser

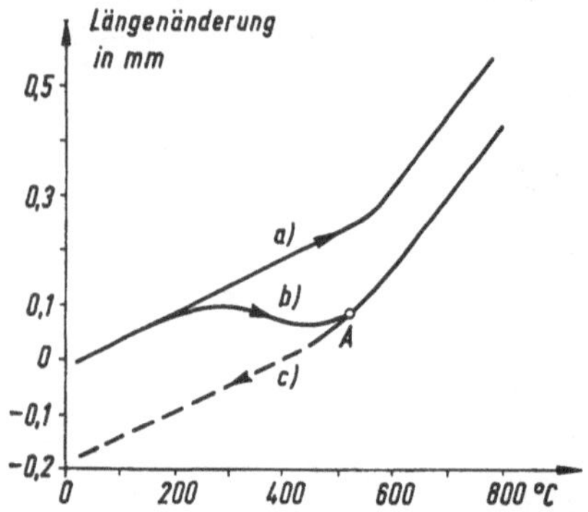

Abb. 15
Dilatometerdiagramm eines Glases der Zusammensetzung 74 Gew.-% SiO_2, 16% Na_2O, 10% CaO. Ausdehnung eines kompakten Glasstabes von 50 mm Länge a) und eines ebenso langen Bündels aus Fasern mit einem mittleren Faserdurchmesser von 12 μm b). Kurventeil c) gibt die Schrumpfung des Faserbündels während der Abkühlung wieder. Der Kurventeil von *A* nach höheren Temperaturen ist extrapoliert. Aufheizgeschwindigkeit während der Messung: 3 grd/min (vgl. [11, 71])

gleicher Zusammensetzung eine Einfriertemperatur von etwa 740 °C abschätzen [11, 71]: Die Struktur der Glasfaser entspricht der Struktur einer bei höherer Temperatur eingefrorenen Schmelze mehr, als dies beim, unter gewöhnlichen Bedingungen hergestellten Glas der Fall ist [1, 2, 11, 71].
Man kann den Durchmesser einer Glasfaser als Maß für den während der Herstellung herrschenden Abschreckgrad nehmen. Dann wird der Befund, daß die Eigenschaften einer Glasfaser sich mit dem Durchmesser verändern, verständlich [11]. In Bild 16 ist eine derartige Änderung, wie sie an mechanischen Eigenschaften gemessen wurde, wiedergegeben. Mit abnehmendem Faserdurchmesser nehmen Elastizität und Festigkeit einer Glasfaser zu. Eine strukturelle Deutung dieses Befundes wurde in [11] versucht. Dort ist auch ein empirischer Zusammenhang zwischen dem Abschreckgrad und den Faser-

eigenschaften am Beispiel der Festigkeit von Kieselglasfasern mitgeteilt (Bild 17).
Zwar läßt die Temperaturabhängigkeit des spezifischen Volumens den, im Gegensatz zum Kristall allmählichen Übergang vom festen „Zustand" in die Schmelze deutlich erkennen; noch deutlicher wird dies jedoch bei der Betrachtung der Zähigkeits-Temperaturkurven. Der Transformationstemperatur entspricht eine Zähigkeit von etwa 10^{14} Poise. Sehr exakt mit Hilfe eines Rotationsviskosimeters durchgeführte Messungen von *Meerlender* [56] ergaben

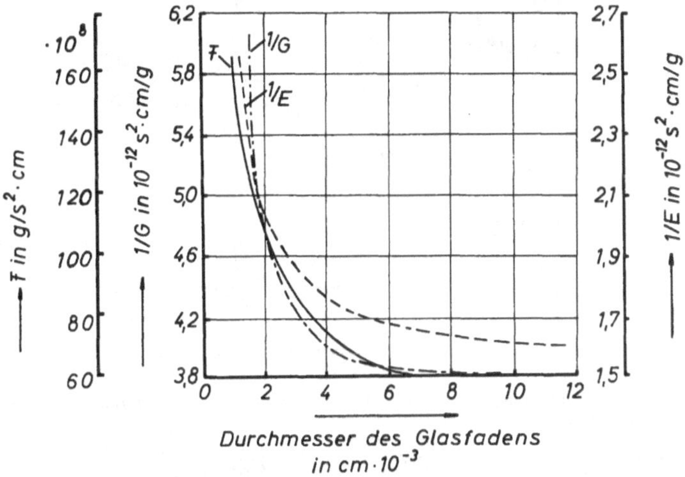

Abb. 16. Abhängigkeit einiger Glasfasereigenschaften vom Faserdurchmesser. E = Elastizitätsmodul G = Schubmodul; F = Zugfestigkeit. Bezüglich der Quellen vgl. [11]

jedoch, daß der Transformationspunkt sich aus Zähigkeitsmessungen nicht ermitteln läßt. Es ergibt sich vielmehr eine glatte, mit steigender Temperatur abfallende Kurve des Viskositätskoeffizienten, die sich beschreiben läßt durch die sogenannte *Vogel-Tammann-Fulcher*-Gleichung:

$$\ln \frac{\eta}{\eta_0} = \frac{B}{T - T_0} \tag{7}$$

η = Viskosität; T = Temperatur; T_0, B, η_0 = Konstante.
Es hat sich eingeführt die Temperaturabhängigkeit der Zähigkeit eines Glases durch vier Zahlenpaare zu kennzeichnen. Dabei werden für die Zähigkeiten sehr häufig die folgenden Werte gewählt:

Zähigkeit in Poise	Bezeichnung der zugehörigen Temperatur
10^{4}	Verarbeitungspunkt
$10^{7,6}$	Erweichungspunkt
$10^{13,0}$	Oberer Kühlpunkt
$10^{14,5}$	Unterer Kühlpunkt

Die zu diesen Zähigkeitswerten gehörenden Temperaturen sind in den meisten, zur Kennzeichnung eines Glases veröffentlichten Tabellen angegeben. Für einige typische, in der Chemie, Vakuumtechnik und Elektrotechnik verwendeten Gläser sind diese Werte in Tabelle 3 zusammengestellt.
Zur strukturellen Deutung der Temperaturabhängigkeit der Zähigkeit geht man wieder von der Netzwerkhypothese aus. Bei Temperaturerhöhung wird

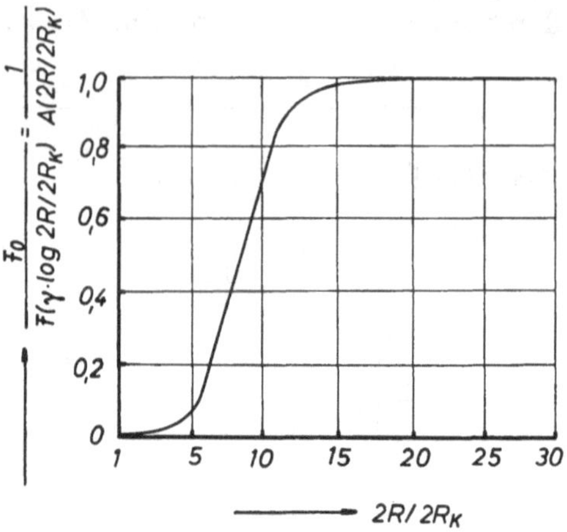

Abb. 17. Festigkeit von Fasern aus Kieselglas in Abhängigkeit vom reduzierten Faserdurchmesser. Die Kurve wurde berechnet nach

$$F\left(\gamma \cdot \log \frac{2R}{2R_k}\right) = F_0 \cdot A\left(\frac{2R}{2R_k}\right)$$

mit F = Festigkeit
γ = Konstante
$2R$ = Faserdurchmesser
$2R_k$ = kritischer Faserdurchmesser
F_0 = Festigkeit des kompakten Kieselglases
A = Abschreckgrad

Der kritische Faserdurchmesser wird berechnet nach

$$2R_k = 2 \cdot \sqrt{a \cdot \tau}$$

mit a = Temperaturleitzahl
τ = Relaxationszeit im Einfrierbereich.

Dre Abschreckgrad ist definiert als

$$A = \frac{T_0}{T(O, \tau)},$$

wobei T_0 die Temperatur der Glasschmelze ist, aus der die Faser gezogen wird und $T(0, \tau)$ die berechnete Temperatur $T(r, t)$ im Faserkern ($r = 0$) zur Zeit $t = \tau$ ist.

das Glasnetzwerk zunächst an den Stellen aufgerissen an denen die schwächsten Bindungen vorliegen. Mit zunehmender Erwärmung werden auch stärkere Bindungen aufgetrennt, so daß die Anzahl kleinerer, leichter beweglicher Netzwerkbruchstücke zunimmt. Betrachtet man diese als anorganische Makromoleküle so kann man von einem, mit steigender Temperatur monoton abnehmendem Polymerisationsgrad der Gläser sprechen.
Eine ähnliche Wirkung wie die Temperaturerhöhung hat die Einführung netzwerkspaltender Ionen. Diese erzeugen zunächst Trennstellen im Netzwerk

des Glasbildners. Außerdem lockern sie, etwa in Silicatgläsern die Si—O-Bindungen in ihrer Nachbarschaft durch Kontrapolarisation. Aus Messungen von *Endell* und *Hellbrügge* [26] an Gläsern der Zusammensetzung RO (bzw. $R_2O) \cdot Al_2O_3 \cdot 4SiO_2$ stellte *Dietzel* [22] den in Abb. 18 wiedergegebenen

Tabelle 3. Temperaturabhängigkeit der Zähigkeit einiger in Chemie, Physik und Elektrotechnik verwendeter Gläser des Jenaer Glaswerks Schott & Gen., Mainz, [40]

Glas Nr.	Transformationspunkt Tg in °C	Temperaturen bei denen das Glas die folgenden Werte der Zähigkeit in Poise besitzt (in °C):			
		$10^{14,5}$	$10^{13,0}$	$10^{7,6}$	$10^{4,0}$
8330	530	510	568	815	1260
2877	560	524	569	794	1190
3891	553	516	567	793	1195
2955	715	665	715	938	1220
8409	745	695	745	960	1245
8412	558	519	565	783	1165
16^{III}	543	495	537	712	1000
2954	590	548	590	780	1125
8212	495	470	520	742	1138
8243	485	455	497	715	1040
8447	465	437	492	720	1030
8095	425	375	424	628	974
4210	445	415	455	614	880
8196	437	402	440	660	1025

Zusammenhang zwischen der bei 1500 °C gemessenen Zähigkeit und dem Verhältnis Wertigkeit/Ionenradius der Ionenarten R fest. Das Verhältnis Wertigkeit/Ionenradius wird dabei als Maß für die „Stärke" der Ionen R eingeführt.

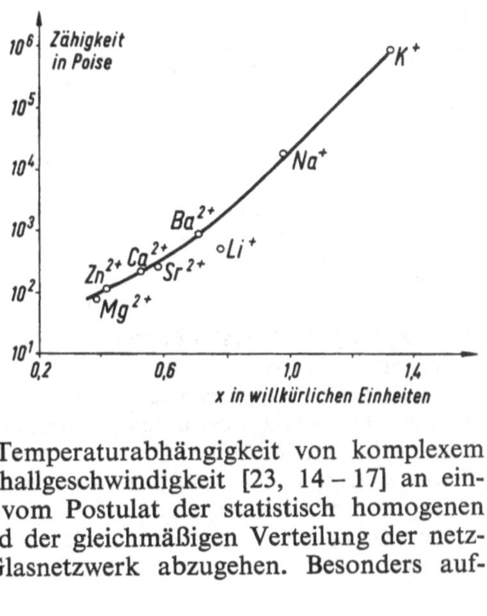

Abb. 18
Abhängigkeit der bei 1500 °C gemessenen Zähigkeit von $(RO \cdot Al_2O_3 \cdot 4SiO_2)$- bzw. $(R_2O \cdot Al_2O_3 \cdot 4SiO_2)$-Gläsern vom Verhältnis $x =$ (Wertigkeit : Ionenradius) der Ionen R

Ausführliche Untersuchungen der Temperaturabhängigkeit von komplexem Elastitätsmodul bzw. komplexer Schallgeschwindigkeit [23, 14 – 17] an einfachen Silicatgläsern führten dazu, vom Postulat der statistisch homogenen Vernetzung der $[SiO_4]$-Tetraeder und der gleichmäßigen Verteilung der netzwerkspaltenden Ionen über das Glasnetzwerk abzugehen. Besonders auf-

schlußreich waren dabei die Ergebnisse von Messungen der Temperaturabhängigkeit des Imaginärteiles des dynamischen Elastizitätsmoduls („innere Reibung", „innere Dämpfung" oder „Schwingungsdämpfung"). Nach *Bennewitz* [3] kommt die innere Dämpfung schwingender fester Körper durch Ausgleichsvorgänge zustande. Von den möglichen Fällen kommt bei den in [23, 16] beschriebenen Versuchen eine Dämpfung durch Wärmeleitung nicht in Frage, so daß nur Platzwechselvorgänge bleiben. Bei polynären Gläsern wird die Dämpfung bevorzugt durch Platzwechsel der netzwerkspaltenden Ionen verursacht wie sich aus der geringen (etwa zwei Zehnerpotenzen kleineren) Dämpfung des Kieselglases ergibt. Erst bei höheren Temperaturen trägt das Glasnetzwerk zu der durch Relaxationsvorgänge bedingten Dämpfung bei. Greift man eines der netzwerkspaltenden Ionen heraus, so kann man mehrere mögliche Potentialminima angeben, wovon das absolute Minimum der Lage im zugehörigen Kristall entsprechen würde. In einem fein gekühlten, gealterten Glas befinden sich die netzwerkspaltenden Ionen an der Stelle kleinster möglicher potentieller Energie (vgl. Abb. 19a; Lage 1′). Es wird jedoch unter gewöhnlichen Bedingungen auch die Lage 2′ zeitweise besetzt sein. Die Übergangswahrscheinlichkeit $W_{1'2'}$ wird jedoch stets kleiner sein als $W_{2'1'}$.
Bei einer mechanischen Beanspruchung des Glases werden die Kraftfelder der das Glas aufbauenden Ionen deformiert. Für das herausgegriffene Ion erhält man dann etwa den in Bild 19b skizzierten Potentialverlauf. Wegen der Vielzahl der netzwerkspaltenden Ionen wird das stets für eine gewisse Zahl von ihnen erfüllt sein. Die stabilste Lage des Ions befindet sich nun in

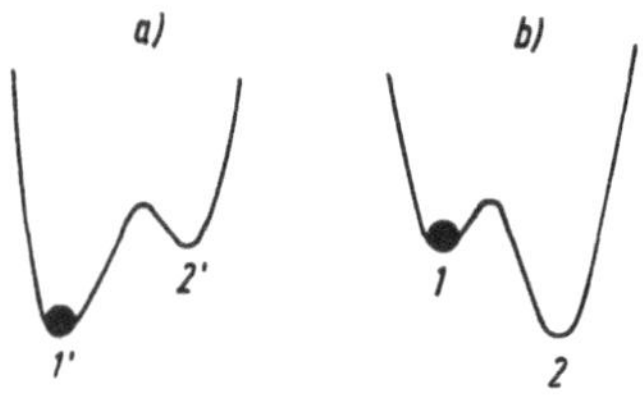

Abb. 19
Schematische Darstellung des Potentialverlaufes für ein netzwerkspaltendes Ion; a) für ein gealtertes Glas; b) während einer mechanischen Deformation des Netzwerkes

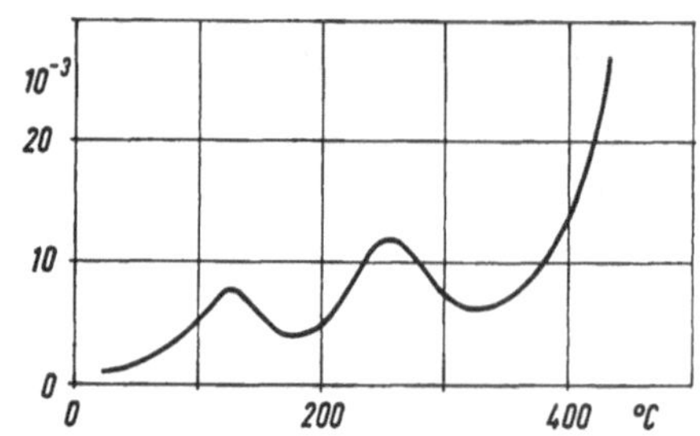

Abb. 20
Temperaturabhängigkeit der inneren Dämpfung eines Glases der Zusammensetzung 70 Mol-% SiO_2, 10% Na_2O, 20% K_2O nach [16]

2; es kann jedoch erst übergehen, wenn seine thermische Energie das Überschreiten der zwischen 1 und 2 liegenden Potentialschwelle erlaubt. Ist das der Fall, so schwingt es nach 2 und gibt dort seine überschüssige Energie an die neue Umgebung, etwa das benachbarte Netzwerkbruchstück, ab. Dadurch kommt bei periodischer Beanspruchung der Probe eine Dissipation eines Teils der dem Glas zugeführten Deformationsenergie zustande, die sich als Dämpfung bemerkbar macht. Dabei ist jedoch zusätzlich zu verlangen, daß Übergang und Energieabgabe innerhalb einer Halbperiode der Schwingung erfolgen.

Mit steigender Temperatur wird, bei festgehaltener Frequenz, die Übergangswahrscheinlichkeit W_{12} größer. In einem der Maxima (Abb. 20) ist sie gerade so groß, daß die Zeit einer Halbperiode für den beschriebenen Prozeß am günstigsten ist.

Wird die Temperatur über die Maximumstemperatur erhöht, so machen sich innerhalb der in Frage kommenden Zeit auch die Rücksprünge bemerkbar (W_{21} nimmt mit steigender Temperatur auch zu); dadurch wird pro Halbperiode insgesamt weniger Energie von 1 nach 2 übertragen und die Verlustzahl nimmt wieder ab. Nun macht sich jedoch die mit steigender Temperatur zunehmende Aufspaltung des Netzwerkes bemerkbar. Für die freien Enden der Netzwerkbruchstücke existieren mit Rücksicht auf die Koordinationsverhältnisse im Glas ebenfalls verschiedene relative Potentialminima, wodurch bei dynamischer Beanspruchung eine entsprechende Dämpfung zustande kommt. Daß dieser Anteil kein Maximum liefert, liegt daran, daß unterhalb der Erweichung des Glases mit zunehmender Temperatur immer noch mehr freie Netzwerkenden gebildet werden.

Dieses Modell erlaubt die Deutung der Frequenz- und Temperaturabhängigkeit der inneren Dämpfung und der mechanischen Nachwirkung polynärer Gläser. Darüber hinaus führt es auch zum Verständnis der an Glas beobachtbaren thermischen Nachwirkung („Thermometereffekt").

Das Auftreten mehrerer Maxima im Temperaturverlauf der inneren Dämpfung von polynären Gläsern [13, 67] kann auf verschiedenartig koordinierte netzwerkspaltende Ionen zurückgeführt werden [17]. Auch der Wassergehalt eines Glases beeinflußt den Temperaturverlauf der Schwingungsdämpfung [9].

Für die Temperaturabhängigkeit des Elastizitätsmoduls eines festen Körpers ist, solange jener überwiegend auf Kohäsionskräfte zurückgeführt werden kann, stets $\mathrm{d}E/\mathrm{d}T < 0$ zu erwarten. Bei den meisten Gläsern ist dies der Fall. Es gibt jedoch auch Gläser für die $\mathrm{d}E/\mathrm{d}T > 0$ ist. Hierzu gehören Kieselglas oder z.B. gewisse PbO- und TiO_2-haltige Alkalisilicatgläser [16]. Ein Anstieg des Elastizitätsmoduls mit der Temperatur wurde von *W. Kuhn* [48] im Anschluß an Arbeiten von *E. Wöhlisch* [93] auf eine Entropie-Elastizität zurückgeführt. Sie tritt auf wenn z.B. Kristallite oder auch Fadenmoleküle im ungedehnten Zustand eines Körpers eine größere Wahrscheinlichkeit bezüglich ihrer Gestalt oder Orientierung besitzen als im gedehnten. Mit Rücksicht auf die oben geschilderte mikroheterogene Struktur der Gläser ist es möglich die Erscheinung, daß für gewisse Gläser in einem bestimmten Temperaturbereich $\mathrm{d}E/\mathrm{d}T > 0$ ist, zu erklären [17]. Diese Überlegungen sind bei der Entwicklung von Gläsern für Ultraschallverzögerungsleitungen mit temperaturunabhängiger Verzögerungszeit wichtig geworden.

Die technisch besonders wichtige Festigkeit von Glasgegenständen wird nach dem derzeitigen Entwicklungsstand in überwiegendem Maße von der Beschaffenheit der Glasoberfläche bestimmt. Durch abschrecken oder spezielle Oberflächenbehandlung wie z.B. Ionenaustausch, Aufschmelzen von Gläsern bestimmter Wärmedehnung oder Oberflächenentglasung kann man Glasgegenstände „härten".

Von besonderem Interesse erscheint in diesem Zusammenhang die Erwähnung der Zeitabhängigkeit bestimmter Glaseigenschaften. Im Jahre 1866 stellte *A. Matthiesen* [55] fest, daß der Wärmeausdehnungskoeffizient eines Glasstäbchens am Morgen größer war als — nach vorhergehender Erhitzung am Morgen — zu einer späteren Tageszeit. Als gegen Ende des vorigen Jahrhunderts die gebräuchlichen Quecksilberthermometer einer Zuverlässigkeitsprüfung unterzogen wurden, zeigten sich eigenartige Störungen, die man unter der Bezeichnung „Thermometereffekt" zusammenfaßte, ohne daß man sich über ihre strukturellen Ursachen klar war. Im Rahmen der Versuche Präzisionsthermometer herzustellen wurde von *O. Schott* das noch heute im Gebrauch befindliche Normalglas 16^{III} entwickelt. Die Deutung der Erscheinung des Thermometereffekts unter Berücksichtigung struktureller Gesichtspunkte wurde erstmalig in [23] versucht. Bei dem genannten „Effekt" handelt es sich um folgende, sich überlagernde Erscheinungen:

a) Ein frisch hergestelltes, unter normalen Bedingungen lagerndes Thermometer zeigt einen säkularen Anstieg des Eispunktes infolge des Zusammenziehens des Quecksilberbehälters. Diese zeitliche Änderung wird beschleunigt, wenn man das Thermometer auf etwa 200 – 300 °C erhitzt (künstliches Altern).

b) Erhitzt man ein (auch gealtertes) Thermometer auf mäßig hohe Temperaturen (etwa 100 °C) und läßt es an freier Luft abkühlen, so bleibt das Quecksilbergefäß gegenüber seinem vor der Erwärmung bei Zimmertemperatur gegebenem Volumen erweitert. Das hat eine Depression des Eispunktes zur Folge. Die Depressionskonstante, das ist der maximale Depressionswert nach einer vorhergehenden Erhitzung auf 100 °C, wächst mit der Zeit und nähert sich asymptotisch einem Endwert. Längeres Erhitzen auf Temperaturen von etwa 200°C beschleunigt diesen Depressionsanstieg; dagegen wird die Depressionskonstante durch Erhitzen auf Temperaturen über 250 °C und nachfolgendes Abkühlen an freier Luft zunächst herabgesetzt, um dann nach dem normalen Alterungsprozeß zuzunehmen.

Diese Erscheinungen faßt man heute unter der Bezeichnung „thermische Nachwirkung" des Glases zusammen. Hierunter versteht man jedoch außer den, den Thermometereffekt verursachenden Vorgängen jede zeitliche Änderung einer Glaseigenschaft, die ohne Einwirkung eines äußeren Feldes erfolgt. So fallen z.B. die Erscheinungen der mechanischen oder dielektrischen Relaxation nicht hierunter. Dagegen wird die zeitliche Änderung der elastischen Eigenschaften wie sie etwa in [12, 14, 17] diskutiert werden als thermische Nachwirkung bezeichnet. Es ist interessant, daß bei geeignet gekühlten optischen Gläsern selbst bei extrem genauen Messungen über Jahrzehnte hinweg keine zeitliche Änderung der Brechungsindizes festgestellt werden konnte. Dagegen stellte man an einfachen Alkali-Kalk-Silicatgläsern und an gewissen technischen Gläsern zeitliche Änderungen der Dichte [69], des Elastizitätsmoduls [14], der inneren Dämpfung (Abb. 21) [12,14] fest. Bei feingekühlten Proben dieser Gläser konnten in den zuletzt genannten Fällen zeitliche Änderungen nicht beobachtet werden. Erwähnenswert ist, daß nach Bestrahlung der Probe mit Röntgenstrahlen eine Erhöhung der inneren Dämpfung gemessen werden konnte, die bei Zimmertemperatur im Verlauf einiger Stunden wieder abgeklungen war [14].

Der strukturellen Deutung legt man die oben bei der Diskussion der Ursache der inneren Dämpfung bereits verwendeten Vorstellungen zu Grunde. Bei abgeschreckten Gläsern befinden sich die netzwerkspaltenden Ionen bevorzugt in den Lagen 2'. Sie sind jedoch bestrebt die Lage 1' anzunehmen. Bei sehr vielen Gläsern ist der Potentialwall zwischen 1' und 2' so niedrig, daß ein Übergang bereits bei Zimmertemperatur möglich ist. Bezüglich einer ausführlichen Diskussion dieses Grundgedankens, angewandt auf die genannten Einzelfälle, wird auf [23, 17] verwiesen.

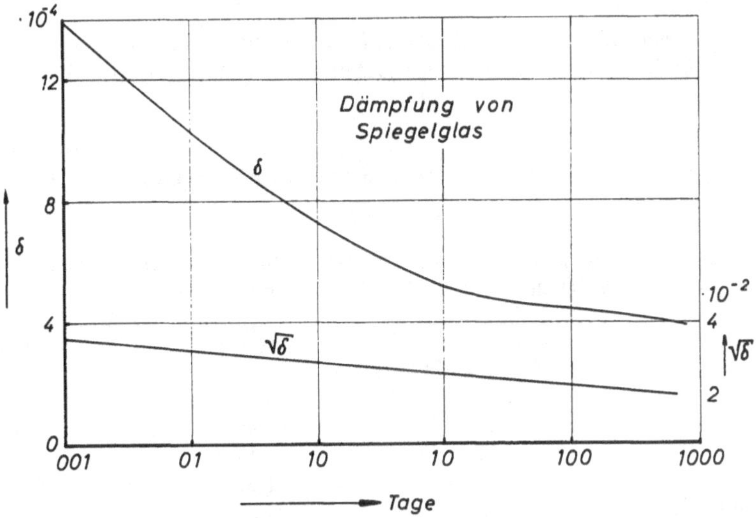

Abb. 21. Zeitliche Änderungen der inneren Dämpfung eines Spiegelglases. Das Gesetz $\sqrt{\delta}$ = const. log t gilt nur für einen zweiseitigen begrenzten Zeitraum $0 < t_1 \leqslant t \leqslant t_2$. Die Größe δ hängt mit dem logarithmischen Dekrement ϑ der Schwingung zusammen nach

$$\delta = \frac{\vartheta}{\pi}$$

5. Elektrische Glaseigenschaften

Mit Rücksicht auf die bei Zimmertemperatur vorliegende sehr niedrige elektrische Leitfähigkeit werden die Gläser gewöhnlich als Isolatoren, bezeichnet. Obwohl bereits *Königsberger* im Jahre 1909 darauf hingewiesen hat, daß eine elektronische Leitfähigkeit der Gläser möglich sei [43], betrachtet man als Ursache ihrer Volumenleitfähigkeit nahezu noch immer ausschließlich die Leitung durch Ionen [59, 80]. Dies gilt tatsächlich für die meisten der technisch gegenwärtig benutzten Gläser. Als Träger der Ionenleitung kommen insbesondere Alkali-Ionen in Frage. Bei tiefen Temperaturen beobachtet man eine Abweichung vom Ohmschen Gesetz [61]. Es hat sich gezeigt, daß zur Beschreibung der Temperaturabhängigkeit des spezifischen Widerstands ϱ von Glasschmelzen der Ansatz

$$\ln \frac{\varrho}{\varrho_0} = B \cdot T + C \cdot T^2 \qquad (8)$$

mit den empirischen, für eine bestimmte Zusammensetzung der Schmelze gegebenen Konstanten ϱ_0, B und C eine ausreichende Näherung darstellt. Für Temperaturen unterhalb der Erweichungstemperatur hat sich eine von *Rasch* und *Hinrichsen* [64] angegebene Formel gut bewährt:

$$\log \frac{\varrho}{\varrho_0} = \frac{A}{T} + A'. \qquad (9)$$

Hierin sind ϱ_0, A und A' empirische Konstanten. Für einige Gläser sind diese Werte in Tabelle 4 angegeben. Gleichung (9) ist als ein Spezialfall einer von *Königsberger* [42] angegebenen Formel anzusehen:

$$\ln \frac{\varrho}{\varrho_0} = \frac{D}{T} - \ln(D' + \alpha T + \beta T^2). \tag{10}$$

Aus dieser, gegenüber der Orginalveröffentlichung umgeschriebenen Formel, ergibt sich für kleine Werte der empirischen Konstanten α und β die Gleichung (9).

Tabelle 4. Zur Berechnung der Temperaturabhängigkeit des spezifischen elektrischen Widerstandes einiger Gläser des Jenaer Glaswerks Schott & Gen., Mainz, nach der Formel

$$\log \frac{\varrho}{\varrho_0} = A' + \frac{A}{T}$$

$\varrho_0 = 1\ \Omega \cdot \text{cm}$; T = Temperatur in °K. A' und A sind Konstanten, deren Werte die Tabelle wiedergibt. Bezüglich des $T_{\varkappa 100}$-Wertes vgl. Abb. 21.

Glas Nr.	$A \cdot 10^{-3}$	A'	T_{130}-Wert
8330	4,91	−1,44	248
2877	4,41	−1,44	195
3891	4,93	−1,51	245
2955	6,06	0,33	517
8409	5,50	1,82	616
16III	4,46	−2,19	165
2954	3,89	−1,47	137
8212	6,17	−1,16	401
8243	6,10	−1,92	342
8095	5,96	−2,24	311
8196	6,78	−4,5	272

Für ein Modellglas in dem die Leitfähigkeit durch Transport von Alkali-Ionen einer Art verursacht wird, berechnete *Stevels* [74]

$$\ln \frac{\varrho}{\varrho_0} = \frac{q}{kT} - \ln\left(\frac{d \cdot ec \cdot b^2 \cdot \nu}{6\,kT}\right) \tag{11}$$

Hierin ist q die Höhe der Potentialschwelle zwischen zwei benachbarten Lagen des Alkaliions, k die Boltzmannkonstante, d eine zwischen 2 und 6 liegende Zahl, e die Ladung des Alkaliions, c die Konzentration der Alkaliionen, b die Breite der Potentialschwelle und ν die Frequenz der Schwingung des betrachteten Alkaliions. Dieses Modell wurde von *Stuart* und *Anderson* [76] unter Berücksichtigung einer statistischen Verteilung der Höhe und Breite des Potentialwalles der von einem netzwerkspaltenden Ion überwunden werden muß, verfeinert. Für den Grenzfall hoher Temperatur (Glasschmelze) erhält man nach [76] die Abhängigkeit (8), für Temperaturen unterhalb des Erweichungsbereiches ergibt sich die Formel (9). Auch die von *Poole* [61] festgestellte Abweichung vom Ohmschen Gesetz bei tiefen Temperaturen kann auf Grund der in [76] wiedergegebenen Rechnungen gedeutet werden.

Diese Betrachtungen gelten für binäre Alkalisilicatgläser. Sind in das Glasnetzwerk mehr als nur eine Art von netzwerkspaltenden oder (und) netzwerkwandelnden Ionen eingelagert, so tritt eine gegenseitige Beeinflussung der verschiedenen Ionenarten ein. Ausführliche experimentelle Untersuchungen über den Einfluß verschiedener Ionenarten auf die elektrische Leitfähigkeit wurden z.B. von *Gehlhoff* und *Thomas* und von *Fulda* [31, 32, 33] veröffentlicht. Aus den in [31] wiedergegebenen Daten für Gläser der Zusammensetzungen 80% (SiO_2+R_2O)+20% PbO, 82% (SiO_2+RO)+18% Na_2O, 82%(SiO_2+ +R_2O_3)+18% Na_2O mit R^I = Na, K, R^{II} = Ca, Ba, Mg, Zn, Pb, R^{III} = =B, Al, Fe kann deutlich die gegenseitige Beeinflußung verschiedener Ionenarten erkannt werden (Abb. 22, 23, 24). Zur Deutung der Ergebnisse neuerer

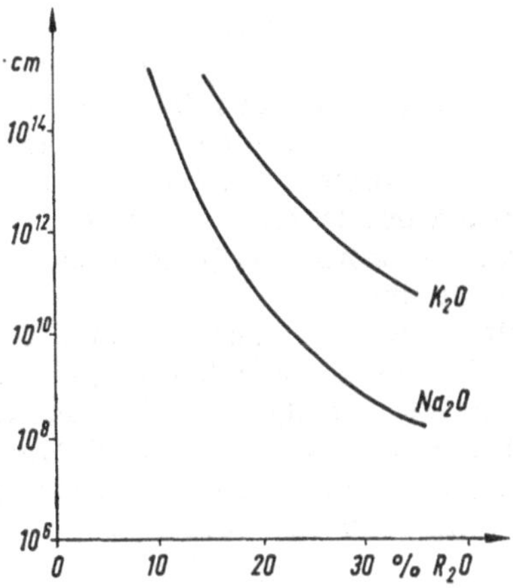

Abb. 22 Spezifischer elektrischer Widerstand von Gläsern der Zusammensetzung 82% (SiO_2+ +RO) und 18% Na_2O nach [31]

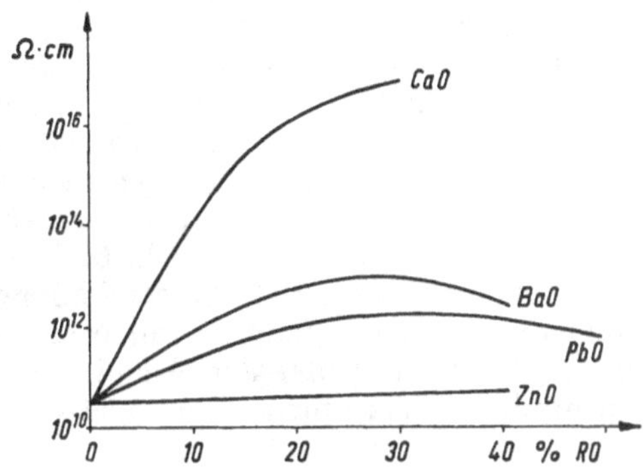

Abb. 23
Spezifischer elektrischer Widerstand von Gläsern der Zusammensetzung 80% (SiO_2+R_2O) und 20% PbO nach [31]

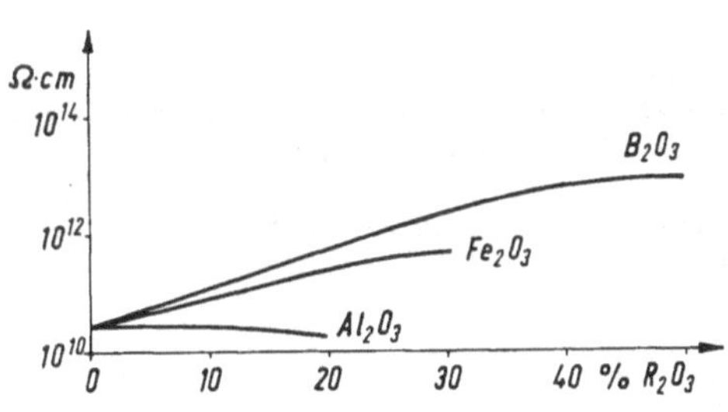

Abb. 24
Spezifischer elektrischer Widerstand von Gläsern der Zusammensetzung 82% (SiO_2+R_2O_3) und 18% Na_2O nach [31]

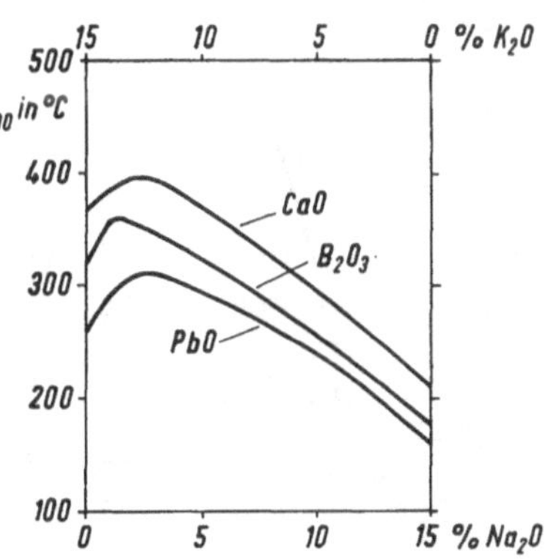

Abb. 25
$T_{\varkappa 100}$-Wert verschiedener Gläser der Zusammensetzung 65% SiO_2, 15% (Na_2O+K_2O) und 20% R_mO_n. Der $T_{\varkappa 100}$-Wert ist die Temperatur in Grad Celsius, bei der ein Glas eine spezifische elektrische Leitfähigkeit von $100 \cdot 10^{-10} \Omega^{-1} \cdot cm^{-1}$ bzw. einen spezifischen Widerstand von $100 \cdot 10^{8}$ Ω cm besitzt. Diese Größe wird auch zur Kennzeichnung der Leitfähigkeit der Gläser bei Zimmertemperatur verwendet. In der Regel besitzt ein Glas bei Zimmertemperatur eine umso höhere Leitfähigkeit, je niedriger der $T_{\varkappa 100}$-Wert liegt. Den Kurven liegen Messungen von *Gehlhoff* und *Thomas* zu Grunde [33]

Messungen an ternären Alkali-Silicatgläsern bei denen ein ähnliches Verhalten wie in Abb. 25 wiedergegeben, festgestellt wurde, entwickelten *Lengyel* und *Boksay* eine Modellvorstellung, die die geometrische Hinderung beim Übertritt eines größeren Ions auf die leer gewordene Stelle eines kleineren Ions berücksichtigt [50, 51]. Diese, für konstante Temperatur geltenden Betrachtungen führten zu folgendem Ausdruck für die spezifische Leitfähigkeit:

$$\ln \frac{\varkappa}{\varkappa_0} = \text{const} \cdot \{f(n_1, n_2) \cdot \varkappa_1 n_1 + g(n_2, n_1) \cdot \varkappa_2 n_2\} \qquad (12)$$

Hierin sind $\varkappa_i$ die spezifischen Leitfähigkeiten der durch den Index gekennzeichneten binären Gläser, n_i die entsprechenden, auf die Alkalien bezogenen Molenbrüche, die Funktionen f und g werden als Übertrittsfaktoren bezeichnet und werden durch die Größe der Behinderung des Übertritts der einzelnen Ionen im oben angegebenen Sinne bestimmt. Die Formel (12) beschreibt die in Abb. 26 nach [51] wiedergegebenen Kurven gut.

Die bisher vorliegenden Untersuchungen über die Ionenleitfähigkeit führen dazu im stabilen Netzwerk der Glasbildner leicht bewegliche netzwerkspaltende Ionen anzunehmen, durch die der Ladungstransport erfolgt. Dabei tragen die Alkaliionen, die nur schwach im Netzwerk gebunden sind, den Hauptanteil der Leitfähigkeit. Unter den Alkaliionen ist das Li-Ion wegen seines kleinen Ionenradius hinsichtlich einer Leitwerterhöhung stärker wirksam als die

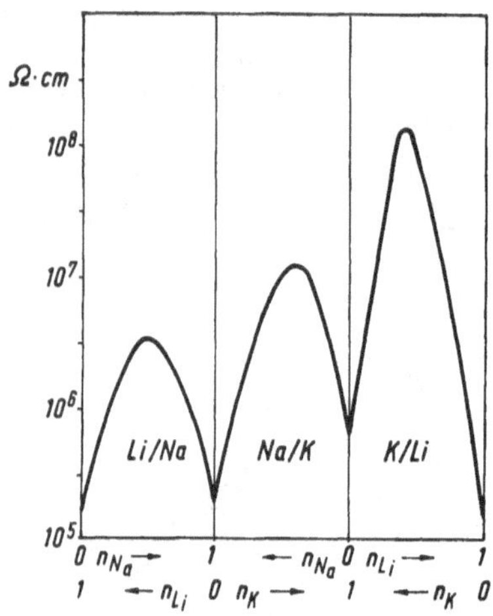

Abb. 26
Spezifische Leitfähigkeit von Gläsern der Zusammensetzung 68 Mol-% SiO_2, 8% BaO, 8% MgO, 16% $(X_2 + Y_2)O$ für verschiedene Werte der Molenbrüche n_X bzw. n_Y. Die wiedergegebenen Kurven beziehen sich auf Messungen bei 350 °C [51]

anderen Alkaliionen. Wie in Abschnitt 4 dieser Abhandlungen erläutert wurde, sind in abgeschreckten Gläsern die netzwerkspaltenden Ionen schwächer gebunden als in feingekühlten der gleichen Zusammensetzung. Bezüglich der Ionenleitfähigkeit ist demnach zu erwarten, daß diese bei gekühlten Gläsern kleiner ist als bei rasch abgeschreckten. Dies wurde auch experimentell z.B. von *Fulda* [31] festgestellt. — Ein mit Röntgenstrahlen bestrahltes Glas hatte nach *W. C. Röntgen* [66] bei Tageslicht eine höhere Leitfähigkeit als im Dunkeln.

Gegenwärtig werden Untersuchungen der Ionenleitfähigkeit von Gläsern hauptsächlich durchgeführt um den Einfluß von geringen Beimengungen fremder Oxide zu studieren. So stellten *Milnes* und *Isard* [58] fest, daß die Temperaturabhängigkeit des spezifischen Widerstandes eines Bleiglases davon abhängt, ob das Glas im Vakuum oder in feuchter Atmosphäre erschmolzen wurde (Abb. 27).

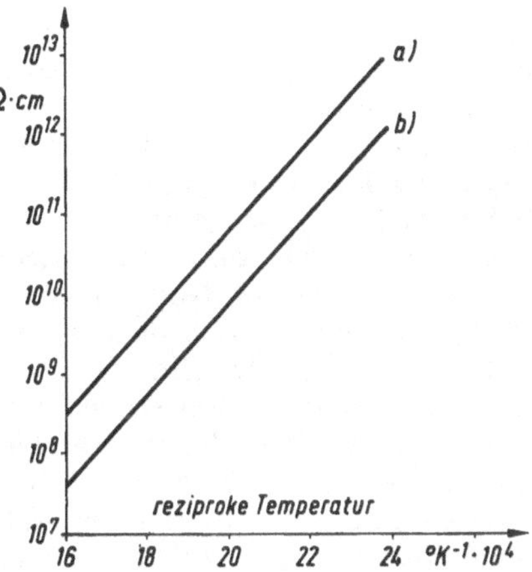

Abb. 27
Spezifische Leitfähigkeit eines Bleisilicatglases mit 50 Mol-% PbO als Funktion der Temperatur. Kurve a) entspricht einem im Vakuum erschmolzenen Glas, Kurve b) einem unter Wasserdampf-Sauerstoff-Atmosphäre erschmolzenen Glas [58]

Mit Rücksicht auf die oben geschilderten Zusammenhänge zwischen Glasbildung und Entglasung ist zu erwarten, daß eine zur Kristallisation führende Wärmebehandlung eines Glases eine wesentliche Änderung der elektrischen Leitfähigkeit zur Folge hat. Dies wurde z.B. von *Foex* [30] untersucht. Bei diesen Versuchen wurde im System Na_2O—SiO_2 sowohl an Gläsern als auch an entglasten Proben jeweils gleicher Zusammensetzung der spezifische Widerstand bei 450 °C gemessen. Geringfügige Zusätze von Na_2O zu Kieselglas verursachten zunächst einen steilen Abfall des Widerstandes. Bei einer Zusammensetzung von etwa 70 Mol Na_2O auf 100 Mol SiO_2 durchläuft die Na_2O-Gehalts-Abhängigkeit des spezifischen Widerstandes der Gläser ein breites Minimum um gegen die Zusammensetzung $Na_2O \cdot SiO_2$ wieder geringfügig zuzunehmen. Die entglasten Proben weisen einen weniger ausgeprägten Abfall des Widerstandes auf. Bei den Zusammensetzungen $Na_2O \cdot 2SiO_2$ und $Na_2O \cdot SiO_2$ besitzt die Widerstandskurve Maxima. Die Eutektika $SiO_2/Na_2O \cdot 2SiO_2$ und $Na_2O \cdot 2SiO_2/Na_2O \cdot SiO_2$ besitzen Minima der Widerstandskurve. Eine teilweise Entglasung von Gläsern die mehr SiO_2 enthalten als das Eutektikum $SiO_2/Na_2O \cdot 2SiO_2$ bei Temperaturen über 793 °C führt zu Produkten deren spezifischer Widerstand kleiner ist als der des Ausgangsglases. Die Ursache dieser Widerstandserniedrigung ist darin zu suchen, daß das Restglas infolge der Bildung von Kristallen aus SiO_2 (Quarz, Tridymit) eine Zunahme des Na_2O-Gehaltes erfährt und dadurch näher an das Minimum bei etwa 70 $Na_2O \cdot$ 100 SiO_2 heranrückt.

Bei den in Abschnitt 4 erwähnten Versuchen zur „Härtung" von Gläsern durch Ionenaustausch hat die Elektrolyse der Gläser wieder besonderes Interesse gefunden. Grundsätzliche Versuche hierzu wurden, unter Berücksichtigung vorhergehender Untersuchungen von *F. Kopfermann* [44] bereits 1908 durchgeführt. Es gelang durch Elektrolyse bei 220 Volt aus Salzschmelzen die Ionen der Metalle Na, K, Ag, Cu, Pb, Sn, Fe, Ba, Sr in ein Thüringer Glas einzuführen. Dabei wurden bemerkenswerte Änderungen der Beschaffenheit der Glasoberflächen festgestellt, die je nach der Art des eingeführten Ions verschieden waren.

Über die chemischen Vorgänge bei der Glaselektrolyse liegen zahlreiche Untersuchungen vor. So fand *Günther-Schulze* an Na_2O-haltigen Silicatgläsern, daß die Reaktion

$$Na_2SiO_2 \rightarrow 2Na^+ + O^{2-} + SiO_2$$

auftritt, wenn die Elektrolyse zwischen einer beliebigen Kathode und einer im Glas unlöslichen Anode durchgeführt wird [35]. Ein elektrolytischer Transport von Wasserstoff, Sauerstoff und Stickstoff durch Glas konnte von *Taylor* nachgewiesen werden [78]. Schließlich gelang es auch NH_4-Ionen in Gläser elektrolytisch einzuführen [39].

Während zur Deutung der Ionenleitung und der Elektrolyse von Gläsern die oben erläuterte Netzwerkhypothese ausreicht, ist man, von einfachen Fällen abgesehen, noch nicht in der Lage die Ursachen zu erkennen, die zur Elektronenleitung in Gläsern führen. Da die Halbleiter-Eigenschaften eines Körpers wesentlich von spurenförmigen Verunreinigungen beeinflußt werden und da beim Glas als weiterer Parameter der von der Wärmevorgeschichte und den Schmelzbedingungen stark abhängige Strukturzustand des Netzwerks hinzukommt, sind die z.T. einander widersprechenden Ergebnisse der Leitfähigkeitsmessungen z.B. an Kieselglas nicht überraschend. *J. Cohen* hat an einer von zwei Kieselglasproben vorwiegend elektronische Leitfähigkeit, an der zweiten vorwiegend Ionenleitung festgestellt [10]. Der Unterschied wird durch verschiedenen Reinheitsgrad der Proben erklärt. Angaben über die Elektronenleitfähigkeit von Gläsern bestimmter Zusammensetzung können nur dann zu einer Aussage über die Struktur herangezogen werden, wenn ausführliche Angaben über den Reinheitsgrad der Rohstoffe und über die Herstellungsbedingungen z.B. Schmelzatmosphäre, Tiegelmaterial, Schmelzdauer, Art der Läuterung, Kühlung, gemacht werden. Als Arbeitshypothese wird meist zur Erklärung der Elektronenleitfähigkeit von Gläsern ein Elektronenaustausch zwischen verschiedenen, gleichzeitig im Glas vorhandenen Wertigkeitsstufen polyvalenter Ionen angenommen. Vom technologischen Standpunkt aus betrachtet *Mackenzie* die allgemeinen, bei der Herstellung halbleitender Oxidgläser zu beachtenden Gesichtspunkte [54].

Über die Untersuchungen an elektronisch leitenden Gläsern gibt Tabelle 5 Auskunft. Der Versuch einer theoretischen Behandlung der elektronischen Leitfähigkeit der Gläser führt auf das Problem der Untersuchung der Elektronenleitung bei ungeordneter Lage der Atome, wie es zusammenfassend von *R. Kronig* [47] behandelt wurde. Zu den dort erwähnten Schwierigkeiten kommt im Fall der Gläser noch die Unsicherheit bezüglich der anzunehmenden Abweichung des Potentials von der Periodizität. Ferner bereitet die Erfassung des Einflusses von Verunreinigungen Schwierigkeiten, da beispielsweise selbst die Art des Einbaues von H_2O in Kieselglas noch nicht ausreichend aufgeklärt zu sein scheint.

Ähnlich wie die elektrische Leitfähigkeit der Gläser in engem Zusammenhang steht mit der Leitung in Ionenkristallen ist dies auch für das dielektrische Verhalten der Gläser der Fall. Für die meisten Gläser liegt die Dielektrizitätskonstante so wie für die Mehrzahl der Ionenkristalle etwa zwischen den Werten 4 und 9. Mit steigender Temperatur nimmt die Dielektrizitätskonstante der Gläser in der Regel zu. Der Verlustfaktor steigt rasch an, sobald die Leitfähigkeit mit steigender Temperatur ansteigt. Das ist bei den meisten

Gläsern etwa bei 80 bis 100 °C der Fall. Dann setzt auch eine starke Frequenzabhängigkeit des Verlustfaktors ein. Die Dielektrizitätskonstante ε wird beeinflußt durch Polarisation der Elektronenhüllen (Elektronenpolarisation) und durch geringfügige Verschiebungen der Ionen unter Einwirkung des angelegten Feldes (Ionenpolarisation). So ist z.B. bei Kieselglas das Quadrat der Brechzahl $n_d^2 \approx (1{,}5)^2 = 2{,}25$ während bei niedrigen Frequenzen $\varepsilon = 3{,}7$ beträgt [68]. Zur strukturellen Deutung von Dielektrizitätskonstante und Verlustfaktor verwendet man wieder das in Abschnitt 3 beschriebene Modell [34, 75]. Der Einfluß der Glaszusammensetzung auf die dielektrischen Eigenschaften der Gläser wurde von *E. Schott* eingehend untersucht [70]. Danach besitzen Alkali-Blei-Silicatgläser bei hohem Gehalt an PbO hohe Werte der Dielektrizitätskonstanten. Auch Barium-Silicatgläser mit kleineren Zusätzen von B_2O_3, Al_2O_3 und ZnO ergeben hohe Werte der Dielektrizitätskonstanten. Der Verlustfaktor wird durch Alkalizusatz zu einem Grundglas und durch Zusatz von Al_2O_3 in Gegenwart von PbO vergrößert. Relativ niedrige Werte des Verlustfaktors besitzen alkalifreie Bariumsilicatgläser, Bleiboratgläser und Gläser mit größeren Gehalten an PbO, BaO und Sb_2O_3.
An verschiedenen Gläsern wurde von *Wüllner* und *Wien* eine Verringerung der Dielektrizitätskonstante festgestellt, wenn diese an einer senkrecht zur Richtung des elektrischen Feldes zugbelasteten Probe gemessen wurde [94]. Eine Volumenzunahme, die an Gläsern auftritt, wenn diese einem elektrischen Feld ausgesetzt sind, beobachtete *G. Quincke* [62]. Die Volumenänderung nimmt mit steigender Feldstärke zu und verschwindet nicht unmittelbar nach Abschalten des elektrischen Feldes. Es zeigt sich eine Nachwirkung, wie sie in Abschnitt 4 am Beispiel der thermischen Nachwirkung erläutert wurde. Nach dem derzeitigen Stand der Glasstrukturforschung ist diese, von *Quincke* beobachtete Erscheinung strukturell in gleicher Weise zu deuten wie die thermische Nachwirkung.

6. Optische Glaseigenschaften

Die Forderungen, die seitens der technischen Optik bezüglich der Glaseigenschaften gestellt werden, bestimmen weitgehend die chemische Zusammensetzung und die Struktur der optischen Gläser. Bei den Glaseigenschaften handelt es sich dabei insbesondere um die genaue Kenntnis der Brechzahlen im sichtbaren Spektralbereich sowie um besonders hohe Homogenität und Lichtdurchlässigkeit. Ferner sind neuerdings Brechzahlen und Lichtdurchlässigkeit im Bereich des ultravioletten und infraroten Lichtes sowie Lumineszenzerscheinungen wichtig geworden.
Zur Aufklärung des Zusammenhanges zwischen Glasstruktur und optischen Eigenschaften zieht man bevorzugt die Ionenrefraktion heran. Dabei wird angenommen, daß die Additivitätsregel bezüglich der Refraktionswerte der einzelnen Ionen eines Glases gilt. Diese Annahme hat zur Folge, daß man z.B. für das Sauerstoffion je nach der Art seiner Bindung verschiedene Werte der Ionenrefraktion erhält. Eingehende Berechnungen hierzu wurden von *E. Kordes* [45, 46] durchgeführt.
Zur Berechnung der Dispersion optischer Gläser kann man als Interpolationsformel den Ausdruck

$$n^2 - 1 = \sum_{\mu=1}^{3} \frac{q_\mu}{(\nu_{0\mu}^2 - \nu^2)}$$

n = Brechungsindex
ν = Frequenzen
q_μ = Konstanten
$\nu_{0\mu}$ = Konstanten

Tabelle 5 · Veröffentlichungen über halbleitende Gläser

Verfasser	Zitat	Untersuchte Systeme
Green, R. L. und *Blodgott, K. B.*	J. Amer. Ceram. Soc. **31**, 89 (1948)	Oberflächenleitfähigkeit durch Reduktion von Pb-, Bi- und Sb-oxidhaltiger Gläser
Fischer, A.	Z. Naturf. **9a**, 508 (1954)	Dünne, leitende Schichten auf Glas
Denton, E. P. u.a.	Nature **173**, 1030 (1954)	P_2O_5—V_2O_5-Gläser
Baynton, P. L. u.a.	J. Electrochem. Soc. **104**, 237 (1957)	P_2O_5—V_2O_5-Gläser
Cohen, J.	J. Appl. Phys. **28**, 587 (1957)	2 verschiedenartige Kieselglasstäbchen
Munakata, M. u.a.	J. Ceram. Assoc. Jap. **67**, 344 (1959)	V_2O_5—P_2O_5—BaO-Gläser
Joffe, W. A.	Silikattechnik **10**, 599 (1959)	Alumosilicate
Joffe, W. A. u.a.	Solid State Phys. **2**, 656 (1960)	V_2O_5—P_2O_5-Gläser V_2O_5—P_2O_5—BaO-Gläser W_2O_3—P_2O_5—K_2O-Gläser
Kolomiets, B. T. u.a.	Fiz. Tverdogo Tela **2**, 174 (1960)	$As_2SeTe_2(As_2Se_3 \cdot 2\,As_2Te_3)$
Müller, R. L.	Vestnik Leningrader Univ. Ser. Fiz. Chim **16**, 86 (1961)	Theoretische Untersuchungen
Müller, R. L.	Zh. prikl. Chim. **35**, 541 (1962)	Theoretische Untersuchungen
Deeg, E. W.	Advances in Glass Technol. Bd. 1, Plenum Press, New York 1962, S. 348	Photoleitung in As—S-Halogen-Gläsern
Pearson, A. D. u.a.	Advances in Glass Technol. Bd. 1, Plenum Press, New York 1962, S. 357	As—Te—J
Trap, H. J. L. und *Stevels, J. M.*	Phys. Chem. Glasses **4**, 193 (1963); s. auch: Advances in Glass Technology, Bd. 2, Plenum Press, New York 1963, S. 70	Fe_3O_4—MnO—Alk—Al_2O_3-Silicatglas Fe_3O_4—MnO—B_2O_3—Al_2O_3—Na_2O Fe_3O_4—MnO—Co_3O_4—Al_2O_3—B_2O_3—Na_2O Fe_3O_4—Co_3O_4—Al_2O_3—B_2O_3—Na_2O
Mackenzie, J. D.	Advances in Glass Technol. Bd. 2, Plenum Press, New York 1963, S. 3	Kurze Mitteilung über Grundlagen der Herstellung halbleitender Oxidgläser
Mackenzie, J. D.	J. Amer. Ceram. Soc. **47**, 211 (1964)	P_2O_5—CoO P_2O_5—CaO—Fe_3O_4 B_2O_3—MnO B_2O_3—CaO—CoO B_2O_3—CaO—Fe_3O_4 B_2O_3—CaO—V_2O_5 B_2O_3—BaO—TiO_2 GeO_2—BaO—V_2O_5

verwenden. Die $\nu_{0\mu}$ entsprechen den Eigenfrequenzen der den Brechungsverlauf bestimmenden Eigenschwingungen im kurzwelligen (Elektronenschwingungen) und im langwelligen (Ionenschwingungen) Teil des Spektrums. Für Kieselglas ist die spektrale Durchlässigkeit in Abb. 28 wiedergegeben. Bei der

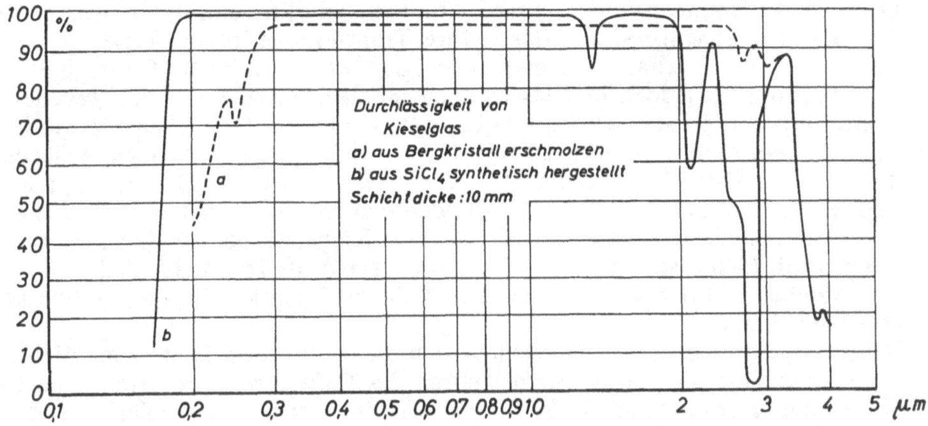

Abb. 28. Lichtdurchlässigkeit zweier nach verschiedenen Verfahren hergestellter Kieselgläser
a) aus Bergkristall erschmolzen
b) synthetisch aus der Gasphase aus $SiCl_4$ hergestellt

aus Bergkristall erschmolzenen Probe bewirken Verunreinigungen eine Absorption bereits bei etwa 250 nm, bei der synthetischen Probe macht sich der Gehalt an OH-Ionen im infraroten Spektralbereich stark bemerkbar. In Abb. 29 sind die infraroten Reflexionsbanden von Silicatgläsern dargestellt

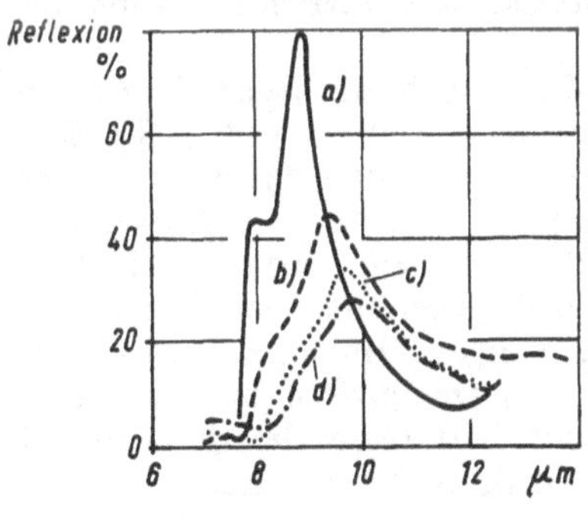

Abb. 29
Resonanzstellen im infraroten Spektralbereich einiger Silicatgläser. Mit abnehmenden Gehalt an SiO_2 nimmt die Intensität der Reflexion ab und die Lage der Resonanzstelle wird zu niedrigeren Frequenzen verschoben (nach *Reitmayer* [65])
a): Kieselglas; rd. 100% SiO_2
b): BK7; rd. 70% SiO_2
c): ZK5; rd. 60% SiO_2
d): SK4; rd. 33% SiO_2
Die Gläser BK7, ZK5 und SK4 sind optische Gläser des Jenaer Glaswerks Schott & Gen., Mainz

[65]. Man erkennt, daß mit zunehmender Konzentration netzwerkspaltender bzw. -wandelnder Ionen das von den Si—O-Schwingungen herrührende Reflexions- bzw. Absorptionsmaximum abnimmt. Die Absorption nimmt mit abnehmender Zahl schwingungsfähiger Dipole ab. Befinden sich in der Nähe eines Si—O-Dipoles schwächer gebundene netzwerkspaltende Ionen, so sind diese in der Lage den Dipol zu dämpfen. Das müßte sich in einer Verbreiterung der Absorptionsbanden äußern. Ein derartiger Einfluß kann an den in Abb. 29 wiedergegebenen Kurven jedoch nur andeutungsweise erkannt werden. Dagegen ist mit abnehmendem Gehalt an SiO_2 eine deutliche Verschiebung der Re-

sonanzstelle nach niedrigeren Frequenzen zu erkennen. Die Ursache ist in der kontrapolarisierenden, lockernden Wirkung der netzwerkspaltenden bzw. netzwerkwandelnden Ionen auf die Si—O-Bindung zu sehen.
Durch Zusatz von Schwermetalloxiden kann man zusätzlich zu den beiden für ein Glas charakteristischen Absorptionsstellen, die jeweils mit anomaler Dispersion verbunden sind, weitere Absorptionsstellen einführen. Auf diese Art entstehen ionengefärbte Gläser. Ihre Transmissionskurven lassen die für das färbende Ion charakteristischen Banden erkennen (z.B. Cu^{++}, Nd^{3+}). Eine Färbung ist jedoch in Gläsern auch möglich durch kolloidale Teilchen. Hierbei handelt es sich meist um kolloidales Gold, Kupfer, Silber oder Sulfo-Selenide. Bei diesen Gläsern erfolgt die Ausbildung der färbenden Teilchen durch eine Wärmebehandlung des fertig erschmolzenen Glases. Je nach Temperatur und Zeit der Behandlung bilden sich unterschiedlich große Teilchen aus, wodurch die Durchlässigkeitskurve bei gleicher färbender Substanz festgelegt wird. Es hat sich gezeigt, daß man die spektrale Durchlässigkeit solcher „Anlaufgläser" unter Verwendung der *Mie*schen Theorie mit guter Näherung errechnen kann.
Bei ionengefärbten Gläsern verschiebt sich die Absorptionskante nach niedrigeren Frequenzen wenn die Koordination des färbenden Ions durch benachbarte, starke Ionen aufgelockert wird. Auch Zusätze von polarisierenden Ionen der Nebenreihen haben diese Wirkung. Außer dieser Änderung der Koordination färbender Ionen kann eine Änderung der Bindungsart eine grundsätzliche Änderung der spektralen Durchlässigkeit des betreffenden Glases bewirken. Dies kann beispielsweise bei Co, Ni oder Fe auftreten. Eine weitere Modifikation der Wirksamkeit färbender Ionen in Gläsern ist durch die Möglichkeit gegeben die Wertigkeit eines polyvalenten Ions durch Wahl der Glaszusammensetzung oder auch der Schmelzbedingungen (oxydierend, reduzierend) zu verändern. Auch die Wärmevorgeschichte eines Glases beeinflußt die Koordinationsverhältnisse des färbenden Ions und damit die Lichtdurchlässigkeit.
Von besonderer Bedeutung sind neuerdings Untersuchungen der Fluoreszenz bestimmter Gläser im Rahmen der Entwicklung von Werkstoffen für Glasdosimeter und Festkörperlaser geworden. Noch bevor diese Probleme gestellt wurden, untersuchten *Tomaschek* und *Deutschbein* [79], um die strukturellen Verhältnisse zu klären, die Fluoreszenz des dreiwertigen Europiums in Glas. Es ergab sich ein grundsätzlicher Unterschied gegenüber der Fluoreszenz des Eu^{3+}-Ions in Kristallen oder auch in Lösungen: Im Glas sind die auf das fluoreszierende Ion einwirkenden Felder unsymmetrisch und schwächer als in wäßriger Lösung. Auch diese Versuche bestätigen die derzeitige, in Abschnitt 2 erläuterte Auffassung von der Struktur der Gläser.

7. Zusammenfassung

Unter Verwendung einer von der ASTM und der *British Standard Organization* vorgeschlagenen, von der *Deutschen Glastechnischen Gesellschaft* empfohlenen Definition wurde der Zusammenhang zwischen Glasstruktur und physikalischen Glaseigenschaften diskutiert. Es wurde der Versuch gemacht die beiden, bisher als gegensätzlich angesehenen Strukturvorstellungen des Kristallitaufbaues und des Netzwerkaufbaues der Gläser in ein gemeinsames Strukturmodell einzuordnen. — Die Vorgänge der Glasbildung und Entglasung wurden diskutiert. Es ergab sich, daß es zweckmäßig ist Glas nicht als neuen Aggregatzustand sondern als Festkörper mit hohem Fehlordnungsgrad anzusehen. — Es wird versucht, die nachfolgend genannten Glaseigenschaften strukturell zu interpretieren: Temperaturabhängigkeit des spezifischen Volumens; Elastizität und Festigkeit in Abhängigkeit vom Abschreckgrad; Temperaturabhängigkeit der Viskosität, des komplexen Elastizitätsmoduls, der thermischen und elastischen Nachwirkung; elektrische Leitfähigkeit, Elektrolyse und Ionenaustausch, Dielektrizitätskonstante, Verlustfaktor; Brechzahl, Dispersion, Lichtabsorption, Fluoreszenz.

Literatur

[1] *Anderson, O. L.*, J. Appl. Phys. **29**, 9 (1958).
[2] *Bateson, S.*, J. Soc. Glass Technol. **37**, 302 (1953).
[3] *Bennewitz, K.*, Phys. Z. **25**, 417 (1924).
[4] *Biscoe, J.* und *Warren, B. E.*, J. Amer. Ceram. Soc. **21**, 287 (1938).
[5] *Biscoe, J.*, *Robinson, C. S.* jr. und *Warren, B. E.*, J. Amer. Ceram. Soc. **22**, 180 (1939).
[6] *Biscoe, J.*, *Druesne, M. A. A.* und *Warren, B. E.*, J. Amer. Ceram. Soc. **24**, 100 (1941).
[7] *Biscoe, J.*, *Pincus, A. G.*, *Smith, C. S.* jr. und *Warren, B. E.*, J. Amer. Ceram. Soc. **24**, 116 (1941).
[8] *Biscoe, J.*, J. Amer. Ceram. Soc. **24**, 262 (1941).
[9] *Coenen, M.*, persönl. Mitt. vgl. auch Conference on non-crystalline solids, Delft, 1964.
[10] *Cohen, J.*, J. Appl. Phys. **28**, 587 (1957).
[11] *Deeg, E.* und *Dietzel, A.*, Glastechn. Ber. **28**, 221 (1955).
[12] *Deeg, E.*, Naturwiss. **44**, 203 (1957).
[13] *Deeg, E.*, Naturwiss. **44**, 440 (1957).
[14] *Deeg, E.*, Glastechn. Ber. **31**, 1 (1958).
[15] *Deeg, E.*, Glastechn. Ber. **31**, 85 (1958).
[16] *Deeg, E.*, Glastechn. Ber. **31**, 124 (1958).
[17] *Deeg, E.*, Glastechn. Ber. **31**, 229 (1958).
[18] *Deeg, E.*, Mechanical properties of engineering ceramics, Hrsg. *Kriegel, W. W.* und *Palmour, H.*, Interscience Publ., New. York, London 1961, 539.
[19] *Deeg, E.*, Verhandlungen VI. Internat. Glaskongr. Advances in glass technology, Plenum Press, New York 1962, Bd. I, 348.
[20] *Deeg, E.*, Physik von Heute, **3**, 24 (1963); vgl. auch Zeiß-Werkzeitschrift **9**, 58 (1961).
[21] *Dietzel, A.*, Naturwiss. **29**, 537 (1941).
[22] *Dietzel, A.*, Glastechn. Ber. **22**, 49 (1948/49).
[23] *Dietzel, A.* und *Deeg, E.*, Glastechn. Ber. **27**, 105 (1954).
[24] *Dietzel, A.* und *Flörke, O.*, Glastechn. Ber. **28**, 423 (1955).
[25] *Dietzel, A.* und *Deeg, E.*, Verhandlungen 3. Internat. Kongr. Reaktiv. Festkörper, Madrid 1956, II, 127; s. a. Glastechn. Ber. **30**, 282 (1957).
[26] *Endell, K.* und *Hellbrügge, H.*, Z. Ver. dtsch. Chem., Beiheft 38, (1940).
[27] *Flaschen, S. S.*, *Pearson, D. A.* und *Northover, W. R.*, J. Amer. Ceram. Soc. **42**, 450 (1959).
[28] *Flaschen, S. S.*, *Pearson, D. A.* und *Northover, W. R.*, J. Amer. Ceram. Soc. **43**, 274 (1960).
[29] *Flörke, O. W.*, Ber. Dtsch. Keram. Ges. **32**, 369 (1955).
[30] *Foex, M.*, Compt. rend. **218**, 196 (1944).
[31] *Fulda, M.*, Sprechsaal **60**, 769, 789, 810, 831, 853 (1927).
[32] *Fulda, M.*, Glastechn. Ber. **6**, 203 (1928/29).

[33] *Gehlhoff, G.* und *Thomas, M.*, Fachausschußber. d. Dtsch. Glastechn. Ges. Nr. 12, 17 (1928).
[34] *Gevers, M.* und *du Pré, F. K.*, Philips Tech. Rev. **9,** 91 (1947).
[35] *Günther-Schulze, A.*, Ann. Phys. **37,** 435 (1912).
[36] Heraeus-Festschrift, Hanau 1961, S. 71 (Beitrag von *A. Dietzel*).
[37] *Hilsch, R.*, Physikertagung Wiesbaden, Physik-Verlag, Mosbach 1956, 107.
[38] *Hultgren, R.*, *Gingrich, N. S.* und *Warren, B. E.*, J. Chem. Phys. **3,** 351 (1935).
[39] *Hurd, Ch. B.*, *Engel, E. W.* und *Vernon, A. A.*, J. Amer. Chem. Soc. **49,** 447 (1927).
[40] Jenaer Glaswerk Schott und Gen., Mainz, Physikalische und chemische Eigenschaften technischer Gläser.
[41] Jenaer Glaswerk Schott und Gen., Mainz, Jenaer Glas für die Optik.
[42] *Koenigsberger, J.*, Phys. Z. **8,** 833 (1907).
[43] *Koenigsberger, J.*, Z. f. Elektrochemie **15,** 97 (1909).
[44] *Kopfermann, F.*, Dissertation Münster, 1908.
[45] *Kordes, E.*, Z. anorgan. Chem. **241,** 1 (1939).
[46] *Kordes, E.*, Z. Phys. Chem. **43,** 119 (1939).
[47] *Kronig, R.*, Physikertagung Stuttgart, Physik-Verlag, Mosbach 1963, 1.
[48] *Kuhn, W.*, Angew. Chem. **51,** 640 (1938).
[49] *Lebedew, A. A.*, Transact. Opt. Inst. USSR **11,** 57 (1921).
[50] *Lengyel, B.* und *Boksay, Z.*, Z. Phys. Chem. **203,** 93 (1954).
[51] *Lengyel, B.* und *Boksay, Z.*, Z. Phys. Chem. **204,** 157 (1955).
[52] *Levin, E. M.*, *McMurdie, H. F.* und *Hall, F. P.*, Phase Diagrams for Ceramists, Verlag der Amer. Ceram. Soc. Inc., Columbus/Ohio 1956.
[53] *Mackenzie, J. D.*, Modern Aspects of the vitreous state, Vol. I, Butterworth u.Co. Ltd., London 1960.
[54] *Mackenzie, J. D.*, J. Amer. Ceram. Soc. **47,** 211 (1964).
[55] *Matthiesen, A.*, Phil. Mag. (4) **31,** 149 (1866).
[56] *Meerlender, G.*, Trans. Soc. Rheol. 1964 (in Vorbereitung).
[57] *Meyer, F.* und *Spalthoff, W.*, Glastechn. Ber. **34,** 184 (1941).
[58] *Milnes, G. C.* und *Isard, J. O.*, Physics and Chemistry of Glasses **3,** 157 (1962).
[59] *Moorey, G. W.*, The properties of glass, Reinhold Publishing Co., New York 1947.
[60] *Parmelee, C. W.*, *Clark, G. L.* und *Badger, A. E.*, J. Soc. Glass Technol. **13,** 285 (1929),
[61] *Poole, H. H.*, Phil. Mag. (6) **42,** 488 (1921).
[62] *Quincke, G.*, Ann. Phys. **10,** 160, 374, 512 (1880).
[63] *Randall, J. T.*, *Rooksby, H. P.* und *Cooper, B. S.*, J. Soc. Glass Technol. **14,** 219 (1930)
[64] *Rasch, E.* und *Hinrischsen, F. W.*, Z. Elektrochem. **14,** 41 (1908).
[65] *Reitmayer, F.*, Glastechn. Ber. **34,** 122 (1961).
[66] *Röntgen, W. C.*, Ann. Phys. (4) **64,** 1, 130 (1921).
[67] *Rötger, H.*, Glastechn. Ber. **31,** 54 (1958).
[68] *Salmang, H.*, Die Glasfabrikation, Springer-Verlag, Berlin/Göttingen/Heidelberg 1957.
[69] *Schönborn, H.*, Silikattechn. **6,** 367 (1955).
[70] *Schott, E.*, Z. f. drahtlose Telegraphie **18,** 82 (1921).
[71] *Slayter, G.*, Bull. Amer. Ceram. Soc. **31,** 276 (1952).
[72] *Smekal, A.*, Nov. Acta Leopoldina **11** (1942).
[73] *Sommerfeld, A.*, Mechanik der deformierbaren Medien, Dieterichsche Verlagsbuchhandlung, Wiesbaden 1947.
[74] *Stevels, J. M.*, J. Soc. Glass Technol. **30,** 31 T (1946).
[75] *Stevels, J. M.*, Progress in the Theory of the Physical Properties of Glass, Elsevier Publ. Co., New York 1948.
[76] *Stuart, D. A.* und *Anderson, O. L.*, J. Amer. Ceram. Soc. **36,** 27 (1953).

[77] *Tammann, G.*, Kristallisieren und Schmelzen, J. A. Barth-Verlag, Leipzig 1903.
[78] *Taylor, J.*, Nature **121,** 708 (1928).
[79] *Tomaschek, R.* und *Deutschbein, O.*, Glastechn. Ber. **16,** 155 (1938).
[80] *Tooley, F. V.*, Handbook of glass manufacture, Vol. I, Ogden Publishing Co., New York 1961.
[81] *Vaipolin, A. A.* und *Poray-Koshits, E. A.*, The Structure of Glass, Vol. 2, Conference Leningrad 1959, 423.
[82] *Warren, B. E.*, Z. Kristallogr. **86,** 349 (1933).
[83] *Warren, B. E.* und *Gingrich, N. S.*, Phys. Rev. **46,** 368 (1934).
[84] *Warren, B. E.*, J. Amer. Ceram. Soc. **17,** 249 (1934).
[85] *Warren, B. E.* und *Loring, A. D.*, J. Amer. Ceram. Soc. **18,** 269 (1935).
[86] *Warren, B. E.*, *Krutter, H.* und *Morningstar, O.*, J. Amer. Ceram. Soc. **19,** 202 (1936).
[87] *Warren, B. E.*, J. Appl. Phys. **8,** 645 (1937).
[88] *Warren, B. E.* und *Biscoe, J.*, J. Amer. Ceram. Soc. **21,** 49 (1938).
[89] *Warren, B. E.* und *Biscoe, J.*, J. Amer. Ceram. Soc. **21,** 259 (1938).
[90] *Warren, B. E.*, Chem. Rev. **26,** 237 (1940).
[91] *Warren, B. E.*, J. Amer. Ceram. Soc. **24,** 256 (1941).
[92] *Westrum, E. F.* jr., Verhandlungen IV. Internat. Glaskongreß VII — 6, Paris 1956.
[93] *Wöhlisch, E.*, Kolloid-Z. **89,** 239 (1939), (Zusammenfassung vorhergehender Veröffentlichungen).
[94] *Wüllner, F.* und *Wien, W.*, Ann. Phys. **11,** 619 (1903).
[95] *Zachariasen, W. H.*, J. Amer. Chem. Soc. **54,** 3841 (1932).

KURT HÜBNER*)

„Transmitted Phonon-Drag"

Mit 15 Abbildungen

Summary

This summary of partially published work on transmitted phonon drag in silicon and germanium treats experimental results on phonon scattering by holes and grain boundaries, on phonon-phonon scattering, and on the influence of temperature. In a theoretical counterpart the transmitted phonon drag is first described with the aid of a classical model. A more refined approach, suitable for analysis of certain experimental results is then detailed, followed by the description of the homogeneous movable plane model for phonon scattering by a small angle grain boundary.

Die vorliegende Arbeit ist im Wesentlichen eine Übersicht über die in der Zeit von 1959 – 1963 im Shockley Research Laboratory der Clevite Corporation in Palo Alto, Kalifornien, ausgeführten und teilweise veröffentlichten Messungen von „Transmitted Phonon-Drag". Diese Untersuchungen sind in Zusammenarbeit des Autors zum Teil mit *W. Shockley*, zum Teil mit *R. Gereth* entstanden.

I. Einleitung

A. Historischer Überblick

Zur Einleitung erinnern wir an *Herrings* [1] ausgezeichneten Beitrag über die Rolle von niederfrequenten Phononen bei der Thermoelektrizität in Halbleitern. Abb. 1 ist dieser Arbeit entnommen. Sie zeigt unveröffentlichte Messungen von *Geballe*, die den Koeffizienten der thermoelektrischen Spannung Q als Funktion der Temperatur für reines p-Germanium betreffen. Die ausgezogene Kurve sind die gemessenen, die gestrichelte die nach der klassischen Metallelektronen-Theorie berechneten Werte. Die Diskrepanz unterhalb ca. 100 °K ist offensichtlich.

Frederikse [2, 3] und *Herring* [4, 5] haben unabhängig voneinander diese Resultate interpretiert und gezeigt, daß zum Verständnis der Vorgänge nicht nur die Elektronen, sondern auch die Phononen und ihre Wechselwirkungen mit den Elektronen in Betracht gezogen werden müssen.

$$Q = Q_e + Q_\Phi \tag{1.1}$$

$$Q_e = \mp \left[\frac{|E_B - E_F|}{eT} \right] + \alpha \cdot \frac{k_B}{e} \tag{1.2}$$

Die Thermoelektrizität Q setzt sich wie in (1.1) ersichtlich aus dem klassischen Elektronenanteil Q_e und einem sogenannten „Phonon-Drag"-Anteil Q_Φ

*) Centre Electronique Horloger SA, Neuchâtel, Schweiz.

zusammen. In (1.2) ist Q_e wiedergegeben, wo E_B die Energie des jeweiligen Bandrandes, E_F die Fermienergie und α ein dimensionsloser Faktor darstellen. Die restlichen Symbole sind: k_B die Boltzmann-Konstante, e die Elementarladung und T die absolute Temperatur. In einem Temperaturgefälle fließen aber nicht nur Elektronen von heiß nach kalt, sondern auch Phononen, die den Elektronen durch Stöße Impuls und Energie übertragen und sie gewissermaßen mit sich ziehen. Daher der Name „Phonon-Drag". Das thermoelek-

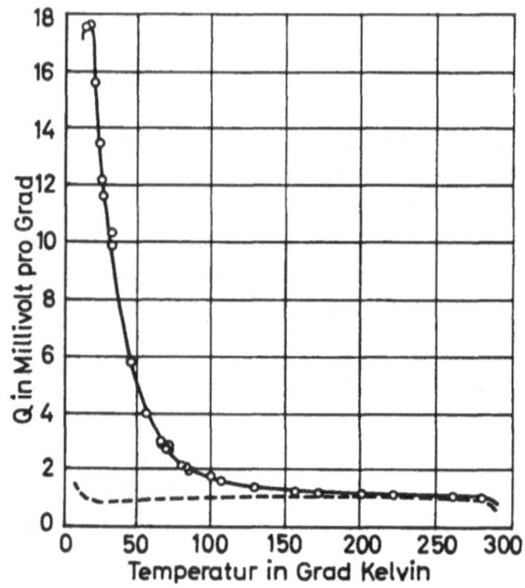

Abb. 1
Von *Geballe* gemessene thermoelektrische Spannung Q, sowie nach der klassischen Metallelektronik berechnete Werte (gestrichelte Kurve) als Funktion der Temperatur für reines p-Germanium (nach *Herring* [1])

trische Feld muß im Gleichgewicht auch diesen Effekt kompensieren und dieser Anteil ist Q_Φ.

$$Q_\Phi = \mp \frac{1}{3} \frac{c L_\Phi}{\mu T} \tag{1.3}$$

Gleichung (1.3) wurde von *Herring* [1] abgeleitet. Das obere Zeichen gilt wie auch in (1.2) für Elektronen, das untere für Löcher. Die Symbole bedeuten: c eine mittlere Schallgeschwindigkeit, L_Φ eine mittlere freie Weglänge der beteiligten Phononen, μ die Beweglichkeit der Elektronen für reine Gitterstreuung und T die absolute Temperatur.
Veröffentlichte Messungen [1] von Q_Φ für Silicium ergeben nach (1.3) für die mittlere freie Weglänge ungefähr $L_\Phi = 50\,\mu$m bei 100 °K und einige Mikrometer bei Zimmertemperatur. Der Umgang mit diesen Längen ist uns aber von der modernen Transistortechnologie her geläufig. Es sollte daher möglich sein, in einem Experiment diese freie Weglänge direkt zu messen. Aus diesen Überlegungen ging die Idee des „Transmitted Phonon-Drag" hervor [6, 7].

B. Experimentelle Methode

Der Grundgedanke bei der Planung der Experimente ist die Anwendung des klassischen Prinzips, physikalische Vorgänge in der Anordnung Quelle-Ausbreitungsmedium-Empfänger zu studieren. In einer Reihe von Experimenten können dann in kontrollierter Weise Streuzentren in das Ausbreitungsmedium gebracht werden. Es sind so die Streuung von Phononen an Defektelektronen, Versetzungen, Einschlüssen sowie der Effekt der Phonon-Phononstreuung und ihrer Temperaturabhängigkeit untersucht worden.

Als Quelle und Empfänger der Phononen werden Elektronen benützt, die durch Gitterstreuung mit den Phononen gekoppelt sind. Für die Emission und Absorption von Phononen durch Elektronen gelten Auswahlregeln zur Energie- und Impulserhaltung*). Daher können die Elektronen nur mit einem Teil des Phononenspektrums in Wechselwirkung treten. Die Phononen, die dieser Gruppe angehören, werden künftig Primärphononen genannt, alle übrigen Sekundärphononen.

Ein elektrisches Feld in einem Festkörper mit freien Elektronen bewirkt eine Driftgeschwindigkeit der Elektronen in Richtung des Feldes. Da im dynamischen Gleichgewicht die Elektronen Impuls und Energie an die Phononen verlieren, hat dies eine Störung der Gleichgewichtsverteilung der Primärphononen zur Folge. Das Resultat ist eine Phononendrift in Richtung des elektrischen Feldes, ohne daß ein Temperaturgradient vorhanden ist. Dieser Mechanismus wird in den hier beschriebenen Experimenten als Phononenquelle benützt. Dabei handelt es sich aber nicht um einen monochromatischen Phononenstrom in einer bestimmten Richtung, wie z.B. bei Ultraschallexperimenten mit piezoelektrischen oder magnetischen Übertragern, sondern um eine Störung der Gleichgewichtsverteilung aller Primärphononen. Diese Störung breitet sich auch senkrecht zur Richtung des angelegten elektrischen Feldes aus.

Da die Elektronen hauptsächlich von Phononen gleicher Wellenlänge gestreut werden [10], liegt das Zentrum des Spektrums der Primärphononen für $T = 77\,°\mathrm{K}$ bei einer Wellenlänge λ_0

$$\lambda_0 = h(3m^* k_B T)^{-\frac{1}{2}} \approx 10^2\,\text{Å} \quad (\text{für } m^* = m_0) \tag{1.4}$$

wo m^* die effektive Elektronenmasse bedeutet. Bei einer Schallgeschwindigkeit $c = 8,4 \cdot 10^5$ cm/sec entspricht dies einer Frequenz $\nu_0 \approx 10^{12}$ Hertz. Wir haben es daher mit ultrahochfrequenten Schallwellen zu tun. Da die Elektronenenergie statistisch verteilt ist, ist die Grenzwellenlänge der Primärphononen nach unten durch die höchste Elektronenenergie und nach oben durch die Dimension des Kristalls gegeben.

Der umgekehrte Mechanismus, nämlich die Störung der Gleichgewichtsverteilung der Elektronen durch ein Phononendriftfeld, wird als Empfänger benützt. In diesem Falle bewirken die Phononen eine Driftgeschwindigkeit der Elektronen, was unter stromfreien Bedingungen im Gleichgewicht ein elektrisches Feld zur Folge hat. Dieses Feld ist meßbar und ist ein Maß für die Störung der Gleichgewichtsverteilung der Phononen.

Im Experiment werden zur Trennung der Quelle und des Empfängers vom Übermittlungsmedium pn-Übergänge benützt, die Phononen durchlassen, für Elektronen jedoch eine Potentialschwelle darstellen. Die für alle aus-

*) Als Impuls eines Phonons ist die Größe $\hbar\, \boldsymbol{k}$ gemeint, wo $\boldsymbol{k}$ den Wellenvektor bedeutet. Wie beispielsweise *Süssmann* [8] und *Leibfried* [9] zeigen, sollte diese Größe eher Pseudoimpuls genannt werden. Da das Phonon selbst nur ein Pseudokorpuskel ist, wird im folgenden einfachheitshalber dieser Unterschied vernachlässigt.

gemessenen Proben typische Struktur ist in Abb. 2 wiedergegeben. Das stark gezeichnete Rechteck stellt dabei ein Stück einkristallines, ursprünglich mit Bor dotiertes und daher p-leitendes Silicium dar. Durch Diffusion von Phosphor werden zwei einander gegenüberliegende Schichten an der Oberfläche n-leitend gemacht. Ein entlang der oberen n-Schicht angelegtes Feld E_1 verleiht den Elektronen eine Driftgeschwindigkeit nach rechts. Die durch Gitterstreu-

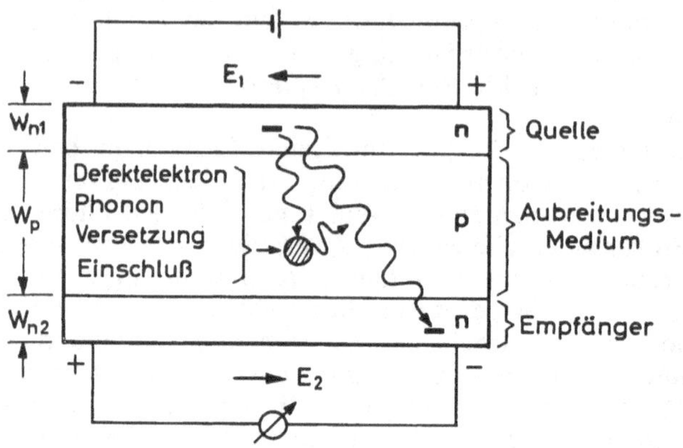

Abb. 2
Silicium-npn-Struktur zur Messung des „Transmitted Phonon-Drag"

ung der Elektronen bewirkte Störung der Verteilung der Primärphononen breitet sich nach der mittleren p-Schicht hin aus. Verschiedene Streuprozesse lassen die Stärke dieser Störung mit der Distanz von der oberen n-Schicht abfallen. Ein solches Streuzentrum ist in Abb. 2 symbolisch eingezeichnet. Einem Teil der Phononen gelingt es jedoch ohne Streuung die untere n-Schicht zu erreichen und dort mit den Elektronen in Wechselwirkung zu treten. Da diese Primärphononen eine Driftkomponente nach rechts haben, muß unter stromfreien Bedingungen ein im Gleichgewicht dem Effekt des „Phonon-Drags" entgegenwirkendes Feld E_2 resultieren. Zum ersten Male wurde dieser Effekt 1960 in Silicium [11] und 1962 in Germanium [12] beobachtet.
Das elektrische Feld E_2 ist im Vergleich zu E_1 von entgegengesetzter Polarität, eine Eigenschaft, die zur eindeutigen Identifizierung des Effektes beiträgt. Kriechströme über die Oberfläche oder jede andere ungewollte direkte Stromverbindung zwischen Quelle und Empfänger würden ein Feld E_2 bewirken, das mit E_1 in Phase ist.
Das Verhältnis E_2/E_1 ist ein Maß für die Größe der Driftkomponente der die Empfängerschicht erreichenden Primärphononen. Die Messungen von E_2/E_1 an einer Reihe von Proben, die sich nur in der Dicke W_p der mittleren p-Schicht unterscheiden, liefern Aufschluß über die Abnahme der Driftkomponente mit dem Abstand von der oberen n-Schicht und gestatten daher die direkte Bestimmung der mittleren freien Weglänge der Primärphononen. Im folgenden wird über eine Anzahl solcher Meßreihen für verschiedene Zusammensetzungen der mittleren p-Schicht berichtet.
Die Fotografie einer typischen Probe zeigt Abb. 3 mit Blick auf die ungefähr 15 μm tiefe, mit Phosphor diffundierte Eingangsschicht. Von den vier Goldkontakten sind die äußeren zwei Stromzuführungen, während die inneren der stromfreien Messung des resultierenden Eingangsfeldes dienen. Die beiden Kontakte auf der Sekundärseite sind gegen die Mitte verschoben,

um Einflüsse thermoelektrischer Spannungen zu vermeiden, die von den Leistungsverlusten an den stromführenden Kontakten herrühren könnten. Wird als Primärsignal Wechselstrom von genügend hoher Frequenz verwendet, so kann ein Temperaturgradient zwischen den beiden Sekundärkontakten nicht folgen, da die thermische Zeitkonstante zu groß ist. Ungleiche Verluste an den stromführenden Kontakten verursachen daher höchstens eine Gleich-

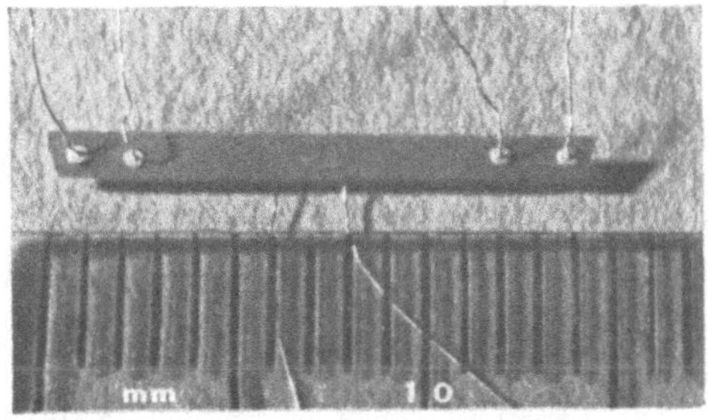

Abb. 3
Fotografie einer typischen Probe mit den vier Kontakten auf der Eingangsschicht. Zum Größenvergleich ein Millimetermasstab

stromkomponente, die vom Wechselstromsignal des gesuchten Effektes leicht getrennt werden kann.

Für jede Probe werden E_1 und E_2 als Funktion des Primärstromes J graphisch aufgetragen. Da beides lineare Funktionen des Stromes sind, können thermoelektrische Signale, die mit dem Quadrat des Stromes ansteigen, sofort erkannt werden. Das Verhältnis der mittleren Steigungen der beiden Geraden ist gleich dem Verhältnis der beiden elektrischen Feldstärken. Es ist das Ziel jeder Messung diese Größe E_2/E_1 zu bestimmen die ja proportional dem die Empfängerschicht erreichenden Phononimpuls ist. In graphischen Darstellungen wird dann E_2/E_1 für Proben mit verschiedenen Dicken W_p der mittleren p-Schicht aufgetragen. Eine Kurve verbindet jeweils diejenigen Meßpunkte von Proben, die sich nur in W_p unterscheiden, sonst aber identisch sind. Dies ist durch gleichzeitige Diffusionsbehandlung verschieden dicker Silicium-Scheibchen erreicht worden. Die Streuung der Punkte ist auf Meßfehler, Variationen der Diffusionsparameter und zufälliger Kristalldefekte von Probe zu Probe zurückzuführen. Jeder Punkt entspricht einer Messung an einer neuen Probe.

II. Meßergebnisse und Diskussion

A. Streuung an Defektelektronen

In Abb. 4 wird der Einfluß der Defektelektronen auf die Ausbreitungseigenschaften der Primärphononen bei der Temperatur des flüssigen Stickstoffes gezeigt. Die gemessenen Werte von E_2/E_1 sind für vier Probengruppen, die sich hauptsächlich in der Konzentration der Defektelektronen in der mittleren p-Schicht unterscheiden, als Funktion von W_p aufgetragen worden [13, 14]. Da E_2/E_1 proportional der Störung der Phononenverteilung ist, und diese der Streuprozesse wegen in erster Näherung exponentiell mit einer mittleren freien Weglänge L_Φ abfällt, sollte E_2/E_1 als Funktion von W_p in halblogarithmischer Auftragung eine Gerade ergeben. Ihre Steigung ist dabei umgekehrt proportional zu L_Φ. Eine hohe Defektelektronenkonzentration wird

L_Φ wegen der vermehrten Streuung an Defektelektronen verkürzen, und die resultierende Gerade wird steiler abfallen als für eine niedrige Konzentration. Wie ein Blick auf Abb. 4 zeigt, wird dieses Verhalten tatsächlich beobachtet. Die Kurven 3 und 4 in Abb. 4 weisen trotz eines Unterschiedes in p von

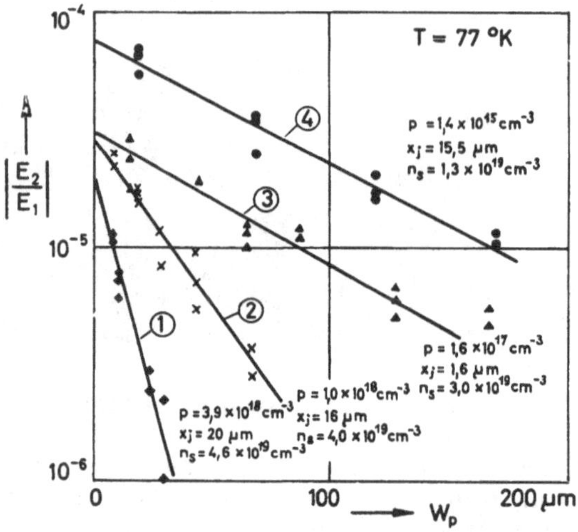

Abb. 4
Das Verhältnis Ausgangs- zu Eingangsfeld E_2/E_1 als Funktion der Dicke W_p der mittleren p-Schicht mit der Borkonzentration p als Parameter

nahezu einem Faktor 10^2 praktisch die gleiche mittlere freie Weglänge L_Φ für den Zerfall der Phononendriftkomponente auf. Dies weist darauf hin, daß für diese niedrige Borkonzentration ein anderer Streumechanismus, nämlich Phonon- Phononstreuung vorherrscht. Die Primärphononen werden in Dreiphononstößen aus dem Primärbereich herausgestreut und können in der Empfängerschicht nicht mehr mit den Elektronen in Wechselwirkung treten. In Kurve 2 macht sich die zusätzliche Streuung an Defektelektronen bereits deutlich bemerkbar, und in Kurve 1 herrscht diese Streuung vor. Die unterschiedlichen Achsenabschnitte für die nach $W_p = 0$ extrapolierten Meßwerte von E_2/E_1 werden mit den steigenden Oberflächenkonzentrationen n_s des Phosphors erklärt (siehe Daten in Abb. 4). Die stark dotierte Oberfläche schließt einen Teil des induzierten Signales kurz. Im Falle von Kurve 1 bewirkt der tiefere pn-Übergang ebenfalls eine Verkleinerung des Achsenabschnittes. Die mittlere freie Weglänge L_Φ bestimmt sich aus den Steigungen der Kurven 1 bis 4 zu 11, 31, 76 und 80 µm. Eine Abschätzung des Einflusses der Boratome durch ihre von Silicium verschiedene Masse [15] ergibt, daß dieser neben Phonon-Phononstreuung und Löcherstreuung vernachlässigbar ist.

B. Phonon-Phononstreuung bei 77 °K

Die Parameter der Meßreihe in Abb. 5 sind die Kristallorientierung und die Herstellungsmethode der Kristalle [16]. Die Borkonzentration p ist dabei niedrig gehalten worden, damit Phonon-Phononstreuung gegenüber der Phonon-Defektelektron-Streuung überwiegt. Der Abfall der Phononendriftkomponente ist bis zu einem Abstand $W_p = 1000$ µm gemessen worden.

Auffallend ist die Krümmung der Kurven von Abb. 5 in der halblogarithmischen Auftragung. Die mittlere freie Weglänge $L_{\Phi\Phi}$ für reine Phonon-Phononstreuung hängt von der quantenmechanischen Übergangswahrscheinlichkeit und den möglichen Endzuständen ab. Die Anzahl der Endzustände ist dabei eine Funktion der Phononfrequenz [1]. Da die Primärphononen nicht monochromatisch sind, haben diese eine mit steigender Frequenz abnehmende

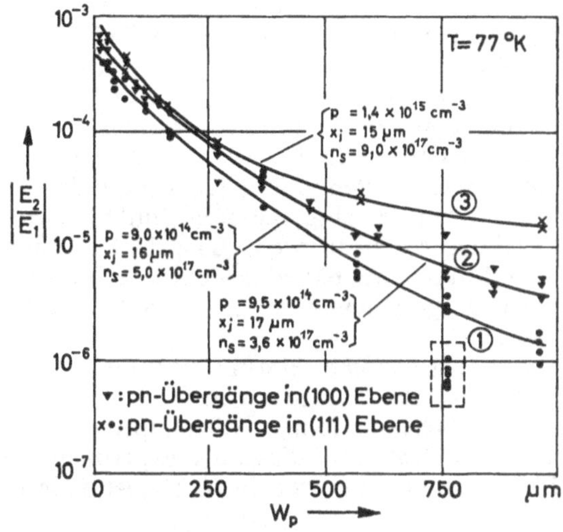

Abb. 5
Die Größe E_2/E_1 als Funktion von W_p für verschiedene Orientierungen und Herstellungsmethoden der Kristalle. Phonon-Phononstreuung bewirkt eine Sortierung der Phononen nach ihrer Energie, darum die Abweichung von einer Geraden in der halblogarithmischen Auftragung

mittlere freie Weglänge. Der Abfall der Kurven für kleine W_p ist daher hauptsächlich durch Streuung hochfrequenter Phononen und derjenige für große W_p durch Streuung niederfrequenter Phononen bestimmt.

Der Unterschied zwischen dem Verlauf der drei Kurven in Abb. 5 ist, wie ein Vergleich von Kurve 1 mit 3 zeigt, offensichtlich nicht durch die verschiedenen Kristallorientierungen bestimmt. Es wird vermutet, daß Kristalldefekte für diese Unterschiede verantwortlich sind. Diese Vermutung wird durch folgende Tatsachen bestärkt:

Das Silicium für die Kurven 2 und 3 ist aus einem Quarztiegel gezogen und weist, nach dem Ätzbild beurteilt, eine Versetzungsdichte $d < 10$ cm^{-2} auf. Zwischen den beiden Kristallen ist jedoch ein deutlicher Unterschied in der Ätzgeschwindigkeit unter gleichen Bedingungen gefunden worden. So wird in einer verdünnten Lösung von HF und HNO_3 das Silicum für Kurve 2 nahezu doppelt so schnell geätzt wie das für 3, nämlich 35 µm/h verglichen mit 20 µm/h. Trotz kleiner Versetzungsdichte sind aus einem Quartztiegel gezogene Siliciumkristalle anscheinend stark verunreinigt und weisen wahrscheinlich eine hohe Dichte von SiO_2- und anderen Einschlüssen auf. Der Kristall für Kurve 1 ist durch vertikales Zonenschmelzen hergestellt und hat eine Versetzungsdichte von der Größenordnung 10^4 cm^{-2}, was für diesen Herstellungsprozeß durchaus normal ist. Da dieses Silicium jedoch nie im flüssigen Zustand mit Quarz in Berührung gekommen ist, sollte es sehr rein sein.

Nimmt man, an daß für die Kurven 2 und 3 eine zusätzliche Streuung an kleinen SiO_2-Einschlüssen [17] und für Kurve 1 eine solche an Versetzungen stattfindet,

so kann der unterschiedliche Verlauf qualitativ wie folgt erklärt werden: Einschlüsse, die kleiner sind als die kürzeste Wellenlänge der Primärphononen werden vor allem hochfrequente Phononen streuen. Es ist daher zu erwarten, daß die Kurven 2 und 3 für kleine W_p unter die der reinen Phonon-Phononstreuung entsprechenden Werte fallen. Für Versetzungen werden im folgenden jedoch Anhaltspunkte dafür gegeben, daß ihr Streuquerschnitt mit einem positiven Exponenten der Phononenwellenlänge zunimmt, und daher die Werte für große W_p heruntergedrückt werden.
Ein weiterer Hinweis auf den Einfluß von Kristallbaufehler auf die Streuung der Phononen liefern die in Abb. 5 unten rechts eingerahmten Punkte. Diese sind an Proben, die vom gleichen Siliciumscheibchen stammen, gemessen worden und liegen ungefähr um einen Faktor 1/3 unter dem erwarteten Wert. Eine Wiederholung der Messung an neuen Proben vom gleichen Kristall hat die eingezeichneten und in den Verlauf der Kurve 1 passenden Punkte geliefert. Die Proben der eingerahmten Punkte sind darauf zur Sichtbarmachung von Defekten geätzt worden. Eine Untersuchung der Seiten der Proben unter dem Mikroskop hat eine deutliche Reihe von runden Ätzgrübchen in der mittleren p-Schicht gezeigt. Die Natur dieser Defekte ist nicht genau ermittelt worden.
Der offensichtliche Einfluß von Gitterfehlern wird zur Interpretation von reiner Phonon-Phononstreuung größtenteils dadurch ausgeschaltet, daß man an sämtliche an reinen Siliciumproben gefundenen Meßpunkte eine obere Tangente legt und diese als experimentelles Ergebnis für reine Phonon-Phononstreuung wertet. In Abb. 6 ist diese Kurve, für $W_p = 0$ auf 1 normiert,

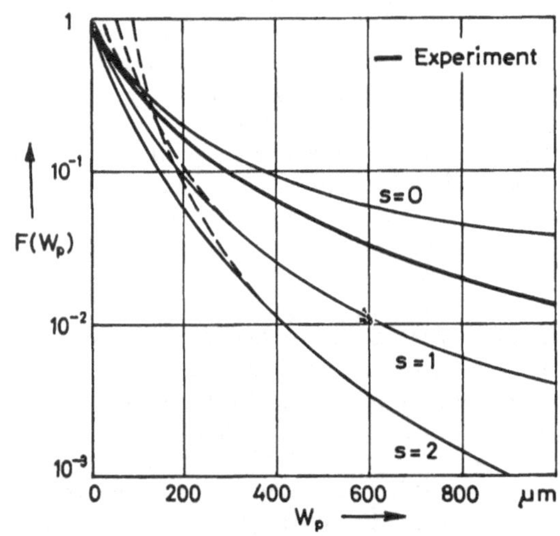

Abb. 6
Vergleich von Experiment und Rechnung (Abschnitt IIIB) für reine Phonon-Phononstreuung. Der Parameter $s = \frac{1}{2}$ entspricht longitudinalen, $s = 2$ transversalen akustischen Phononen

mit einer dicken Linie eingezeichnet. Die mit dem Parameter s beschriebenen Kurven sind das Resultat einer in Abschnitt IIIB ausgeführten Rechnung, wobei $s = \frac{1}{2}$ den Verlauf des normierten „Transmitted Phonon-Drag" für die Streuung longitudinaler akustischer Phononen, $s = 2$ denjenigen transversaler Phononen darstellt. Die beiden Polarisationen ergeben verschiedene Resultate, da sich die freien Weglängen ihrer Phononen als Funktion der Wellenzahl k um eine ganze Potenz in k unterscheiden [1]. Obwohl der Rechnung stark vereinfachende Annahmen zugrunde liegen, scheinen die Primärphononen, wie aus Abb. 6 klar ersichtlich, bei 77 °K hauptsächlich dem longitudinalen Zweig anzugehören.

C. Temperaturabhängigkeit

Es soll die freie Weglänge als Funktion der Temperatur für Phonon-Phononstreuung gemessen werden. In Abb. 7 sind typische Werte von E_2/E_1, für fünf verschiedene Proben mit Dicken W_p der mittleren p-Schicht zwischen

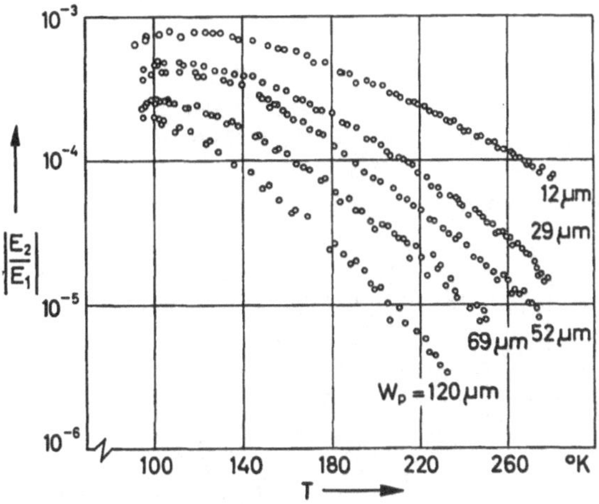

Abb. 7
„Transmitted Phonon-Drag" als Funktion der absoluten Temperatur für Proben mit verschiedenen Dicken W_p der mittleren p-Schicht, deren Borkonzentration $1{,}4 \cdot 10^{15}\,cm^{-3}$ beträgt. Die Tiefe des diffundierten pn-Überganges ist 15 µm und die Phosphor-Oberflächenkonzentrationen sind $1{,}2 \cdot 10^{18}\,cm^{-3}$ für eine Gruppe ($W_p = 12$, 52 und 120 µm), $1{,}4 \cdot 10^{18}\,cm^{-3}$ für die andere ($W_p = 29$ und 69 µm)

12 und 120 µm als Funktion der absoluten Temperatur T aufgetragen [18, 19]. Die Kurve für $W_p = 12$ µm geht bei ungefähr 110 °K durch ein Maximum. Dies ist eine Folge der Temperaturabhängigkeit des Wirkungsgrades der äußeren n-Schichten, die als Sender und Empfänger dienen [19]. Diese Frage wird auch in Abschnitt IIIA kurz gestreift. Um diesen Einfluß zu eliminieren

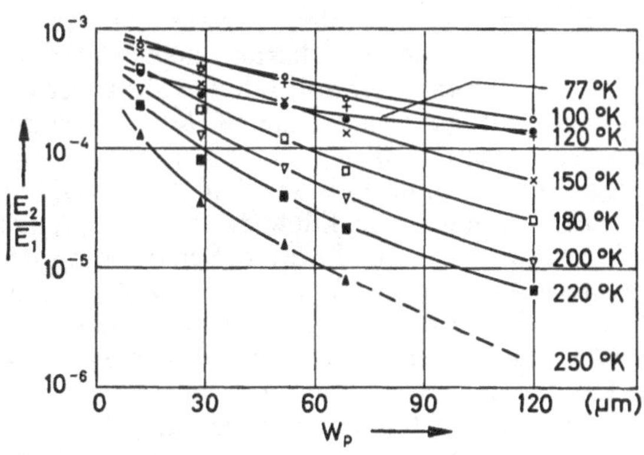

Abb. 8
Die umgezeichneten Resultate von Abb. 7 mit der Temperatur als neuer Parameter

und um ferner mit der gleichen Methode der Analyse wie in IIB die Resultate interpretieren zu können, ist Abb. 7 umgezeichnet und in Abb. 8 mit der Temperatur als Parameter wiedergegeben worden.

Für jede Dicke W_p wurden mehrere Proben ausgemessen. In Abb. 8 sind die Mittelwerte für sämtliche Proben und nicht nur diejenigen von Abb. 7

wiedergegeben. Man sieht, daß die Werte für $W_p = 69$ μm und speziell für $W_p = 29$ μm unter die eingezeichneten Kurven fallen. Dies kommt daher, weil die Proben mit $W_p = 29$ und 69 μm und diejenigen mit $W_p = 12$, 52 und 120 μm je miteinander diffundiert wurden und daher etwas unterschiedliche Oberflächenkonzentrationen des eindiffundierten Phosphors aufweisen.
Aus der mittleren Steigung bei dem möglichst kleinen Wert $W_p = 10$ μm läßt sich in erster Näherung eine mittlere freie Weglänge L_Φ fast aller Primärphononen bestimmen. Das Ergebnis dieses Auswertungsverfahrens ist in Abb. 9 mit Punkten eingezeichnet. Abb. 9 zeigt zusätzlich zwei schraffierte

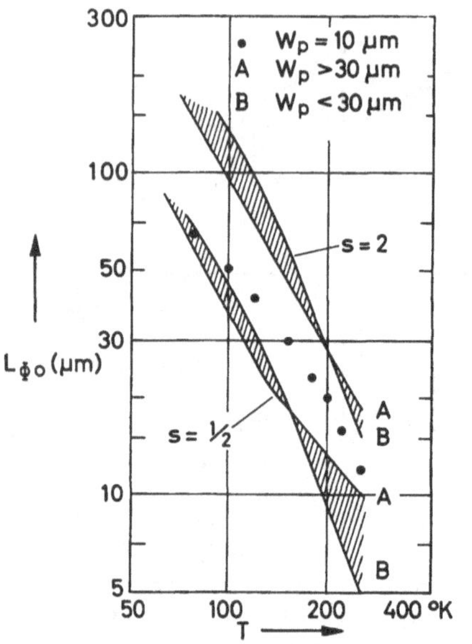

Abb. 9
Die aus Abb. 8 bestimmten freien Weglängen der Primärphononen als Funktion der Temperatur

Streifen. Sie stellen einen Versuch dar, den gesamten Verlauf der Kurven von Abb. 8 zur Ermittlung einer freien Weglänge heranzuziehen. Darauf werden wir in Abschnitt IIIB zurückkommen. Hier soll nur erwähnt werden, daß diese Streifen durch Vergleich mit zwei berechneten Kurvenscharen ermittelt wurden (s. Abb. 12 und 13). Der Parameter dieser Scharen ist $L_{\Phi 0}$, die freie Weglänge des höchstenergetischen Primärphonons. Die freie Weglänge $L_{\Phi 0}$ ist daher kein Mittelwert mehr, sondern die kürzeste freie Weglänge, die man im Spektrum der Primärphononen findet. Eine Schar entspricht longitudinalen ($s = \frac{1}{2}$), die andere transversalen ($s = 2$) Primärphononen. Die Breite der Streifen in Abb. 9 ist ein Maß dafür, wie schlecht die experimentelle Kurve über ihre ganze Länge mit der berechneten zur Deckung gebracht werden konnte. Die Kurven A entsprechen der besten Übereinstimmung der Resultate für $W_p > 30$ μm, die Kurven B derjenigen für $W_p <$ 30 μm. Es ist nun zu erwarten, daß die freie Weglänge $L_{\Phi 0}$ des höchstenergetischen Primärphonons unter die, aus der Steigung bei $W_p = 10$ μm bestimmte mittlere freie Weglänge aller Primärphononen zu liegen kommt. Wie man aus Abb. 9 ersieht, trifft dies nur für den Fall $s = \frac{1}{2}$ zu. Hier liegt wiederum der Schluß nahe, daß vor allem Phononen des longitudinalen Astes am „Transmitted Phonon-Drag" beteiligt sind.

Abb. 10 schließlich zeigt in der gewohnten Darstellung den „Transmitted Phonon-Drag" der gleichen Probengruppe bei 77 °K und 4,2 °K für W_p-Werte bis zu 2 mm [20]. Um ein Ausfrieren der Elektronen bei 4,2 °K zu verhindern, mußten leicht entartete diffundierte n-Schichten als Sender und Empfänger verwendet werden. Ferner wurde Silicium hoher Reinheit (1000 Ω cm) benützt, um Phonon-Phononstreuung vorherrschen zu lassen. Unter

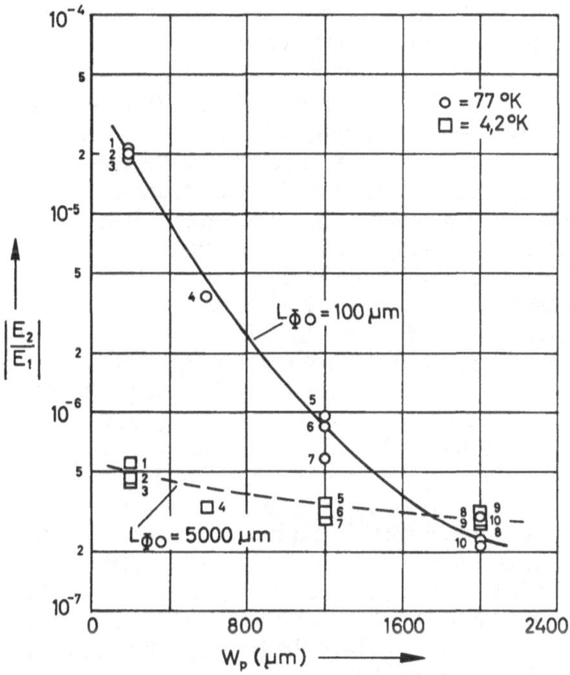

Abb. 10
Vergleich von E_2/E_1 bei 77 °K und 4,2 °K für Proben mit einer Borkonzentration von $1{,}4 \cdot 10^{14}\,cm^{-3}$, einer Phosphor-Oberflächenkonzentration von $3 \cdot 10^{19}\,cm^{-3}$ und einer Tiefe des pn-Überganges von 8 µm. Im Gegensatz zu allen anderen Proben, sind die Dimensionen in diesem Falle $25 \cdot 2 \cdot (0{,}2-2)$ mm

der Annahme, daß longitudinale Phononen dominieren, bestimmt sich in analoger Weise wie vorhin $L_{\Phi 0}$ zu 100 µm bei 77 °K und 5000 µm bei 4,2 °K. Die Primärphononen haben also bei der Temperatur des flüssigen Heliums eine freie Weglänge von rund einem halben Zentimeter.

Der Unterschied der Absolutwerte ist nun nicht mehr allein mit der Temperaturabhängigkeit des Wirkungsgrades der n-Schichten zu erklären. Wie *Walker* und *Keyes* [21 und Abschnitt IIIA] kürzlich für den Fall von Germanium gezeigt haben, frieren mit sinkender Temperatur zuerst alle hochenergetischen Phononen aus, so daß sämtliche Phononen relevant werden. Bei noch tieferer Temperatur beginnen auch diese Primärphononen auszufrieren. Die Werte von E_2/E_1 sollten daher mit der Phononenenergiedichte $C_v T \propto T^4$ (C_v ist die spezifische Wärme) abnehmen, was von *Walker* und *Keyes* auch tatsächlich beobachtet wird.

D. Phononenstreuung an Versetzungen

Über Messungen an Proben mit einer Kleinwinkelkorngrenze in der mittleren p-Schicht wurde wiederholt berichtet [22, 23, 24]. Da eine gute Zusammenfassung in deutscher Sprache der anläßlich der Exeter Halbleiter-Tagung

vorgetragenen Ergebnisse [23] in der vorliegenden Publikationsserie [24] bereits erschienen ist, beschränken wir uns hier auf eine Wiederholung der wichtigsten Resultate.
Es werden vorerst zwei Probengruppen miteinander verglichen. Beide Gruppen wurden von der Diffusionstemperatur thermisch abgeschreckt, um die Bildung von Fremdphasen-Abscheidungen zu verhindern. Eine Gruppe enthält in der mittleren p-Schicht eine 10°-Korngrenze. Diese Bikristalle wurden auf gleiche Weise wie für die Diffusionsversuche von *Queisser* et al. [25] hergestellt. Wie in [25] wird vermutet, daß die Korngrenze aus einer regelmäßigen Anordnung von Stufenversetzungen mit abwechselnden Burgersvektoren $\boldsymbol{b}_1 = (a/2)$ [011] und $\boldsymbol{b}_2 = (a/2)$ [01$\bar{1}$], mit den Versetzungen parallel zur [100]-Richtung besteht [26, 27, 28]. Die andere Probengruppe dient zur Kontrolle und wurde aus den anliegenden einkristallinen Teilkristallen geschnitten. Messungen des „Transmitted Phonon-Drag" bei 77 °K zeigen einen mit zunehmendem W_p wachsenden Unterschied. Bei $W_p \approx 900$ μm ist die Kontrollmessung um rund einen Faktor 3 größer.
Da sich die mittlere Wellenlänge der Primärphononen mit wachsendem W_p wegen des zuvor erwähnten Filtereffektes der Phonon-Phononstreuung zu größeren Werten verschiebt, bedeutet dies, daß die Phononenstreuung der Versetzungen mit größeren Phononenwellenlängen zunimmt. Von den in der Literatur veröffentlichten Theorien [29, 30. 31] kann nur ein dynamisches Modell diese Wellenlängenabhängigkeit des Streuquerschnittes erklären. In einem solchen Modell wird die Versetzung mit einer schwingenden Saite verglichen. Die von den einfallenden Primärphononen angeregte Versetzung oszilliert und sendet dabei hauptsächlich Sekundärphononen aus. Wenn dieses Modell zutrifft, dann sollte ein Blockieren der Versetzung durch z.B. Kupferausscheidungen [32] ihren Streuquerschnitt reduzieren. Entsprechend behandelte Proben zeigen in der Tat ein vollständiges Verschwinden jeglicher Wellenlängenabhängigkeit des Einflusses der Korngrenzen und der konstante Unterschied zwischen Proben mit Korngrenze und Kontrollproben beträgt höchstens noch 10%.
Diese Resultate besagen also, daß nur ein Drittel der bei $W_p = 900$ μm bereits gefilterten Primärphononen mit einer Wellenlänge von rund 300 Å [23] eine 10°-Korngrenze durchdringen. Zwei Drittel werden gestreut und gehen für den „Transmitted Phonon-Drag" verloren. Dies ist ein außerordentlich starker Streueffekt der Korngrenze, und wir stellten uns die Frage, ob ein vereinfachtes dynamisches Modell in der oberen Grenze diese Verhältnisse wirklich quantitativ erklären kann [33]. In Abschnitt IIIC wird gezeigt werden, daß für stark idealisierte Voraussetzungen diese Frage bejaht werden kann.

III. Bemerkungen zur Theorie

A. Klassisches Modell

Wir setzen uns zum Ziel, anhand eines einfachen klassischen Modelles einen Ausdruck für die Größe E_2/E_1 zu finden, wobei die Primärphononen durch Mittelwerte beschrieben werden. So sollen als wesentliche Annahme sämtliche Primärphononen die gleiche mittlere freie Weglänge haben.
Leider gestatten es die Resultate dieser von *Herring* [1] und *Shockley* [6] übernommenen Behandlungsweise nicht, unsere Experimente quantitativ

zu interpretieren. Dies ist jedoch mehr durch die Beschaffenheit der Proben als durch ein Versagen des Modelles bedingt. Da Sender- und Empfängerschichten diffundiert sind, folgt die Trägerkonzentration mit der Eindringtiefe einer Gaußschen Verteilung. Für einen quantitativen Vergleich mit der Theorie müßten aber, wie wir sehen werden, die effektiven Frequenzen für Gitter- und Störstellenstreuung der ganzen Schicht bekannt sein. Wegen ihrer Komplexheit wird auf diese Mittelwertbildung verzichtet und zur Interpretation ein anderes Modell benützt, das den speziellen Experimenten in verschiedener Hinsicht besser angepaßt ist. Da das klassische Modell jedoch sehr instruktiv und bei Verwendung von z.B. epitaktischen äußeren Schichten mit konstanter Trägerdichte durchaus brauchbar ist, soll es hier trotzdem behandelt werden. Die Grundlage des Modelles bildet die folgende Definition einer Driftgeschwindigkeit $\boldsymbol{v}_\Phi$ der Primärphononen:

$$\boldsymbol{v}_\Phi = \frac{\text{Energiestromdichte}}{\text{Energiedichte}} = \frac{\boldsymbol{P}_\Phi c^2}{n_M k_B T} \tag{3.1}$$

Es bedeuten $\boldsymbol{P}_\Phi$ den relevanten Impuls der Primärphononen pro Volumeneinheit, c die für alle Phononen als gleich angenommene Schallgeschwindigkeit, n_M die Dichte der Primär-Eigenschwingungen und k_B die Boltzmann-Konstante. Wie man sieht, verhält sich $n_M k_B\, T/c^2 = M_\Phi$ wie eine „Masse" der Eigenschwingungen. Es wird nun die weitere wesentliche Annahme getroffen, daß die zeitliche Änderung der x-Komponente $P_{x\Phi}$ durch Wechselwirkung mit Elektronen mit einer Driftgeschwindigkeit v_{xe} proportional der Differenz $(v_{xe} - v_{x\Phi})$ ist. In Abwesenheit anderer auf das Phononensystem wirkender Kräfte gilt daher im Gleichgewicht $v_{x\Phi} = v_{xe}$. Diese Aussage ist, wie im Anhang mit Hilfe von Statistik für den Fall von Gleichverteilung und verdünnter Elektronenkonzentration gezeigt wird, bis auf einen Faktor 1/3 korrekt. Wie *Herring* [1] und *Shockley* [6] vernachlässigen wir hier diese Korrektion. Es gelten dann für die zeitlichen Ableitungen von Elektronenimpulsdichte P_{xe} und Phononenimpulsdichte $P_{x\Phi}$ die folgenden Gleichungen:

$$\dot{P}_{xe} = M_e \dot{v}_{xe} = M_e (v_{x\Phi} - v_{xe}) \nu_{e\Phi} - M_e v_{xe} \nu_{ei} - enE_x \tag{3.2}$$

$$\dot{P}_{x\Phi} = M_\Phi \dot{v}_{x\Phi} = M_\Phi (v_{xe} - v_{x\Phi}) \nu_{\Phi e} - M_\Phi v_{x\Phi} \nu_{\Phi\Phi} \tag{3.3}$$

Hier sind M_e die Elektronenmasse pro Volumeneinheit, E_x ein angelegtes elektrisches Feld, e die Elektronenladung, n die Elektronendichte und ν_{ei} die Frequenz der Störstellenstreuung für Elektronen. Die Frequenz für Gitterstreuung der Elektronen ist $\nu_{e\Phi}$, für Elektronenstreuung der Phononen $\nu_{\Phi e}$ und $\nu_{\Phi\Phi}$ beschreibt die Wechselwirkung der Primärphononen mit Sekundärphononen. Andere Streumechanismen für Phononen werden vernachlässigt. Das Verhältnis der Relaxationsfrequenzen für Phononen und Elektronen kann durch Normierungsdichten n_Φ und n_i der Elektronen ausgedrückt werden,

$$\nu_{\Phi e}/\nu_{\Phi\Phi} = n/n_\Phi \tag{3.4}$$

$$\nu_{ei}/\nu_{e\Phi} = n/n_i \tag{3.5}$$

wobei n_Φ diejenige Dichte ist, bei der die Primärphononen gleich oft mit Sekundärphononen wie mit Elektronen kollidieren. Diese Größe kann leicht vom Sättigungseffekt des „Phonon-Drag"-Beitrages zur thermoelektrischen Span-

nung [34] gefunden werden. Beweglichkeitsmessungen in Funktion der Elektronenkonzentration [35, 36] liefern n_i, die Dichte, bei der Gitter- und Störstellenstreuung gleich sind.
Die mittlere freie Weglänge L_Φ von Phononen als Funktion von n wird dann

$$L_\Phi(n) = \frac{L_{\Phi\Phi}}{\left(1+\frac{n}{n_\Phi}\right)}. \tag{3.6}$$

Gleichung (3.6) besagt, daß die freie Weglänge der Primärphononen in Gegenwart von Elektronen L_Φ gleich der Weglänge für reine Phonon-Phononstreuung $L_{\Phi\Phi}$ dividiert durch einen Faktor ist, der den zusätzlichen Effekt der Phonon-Elektronstreuung berücksichtigt. Werden die Primärphononen gleich stark von Elektronen wie von Sekundärphononen gestreut, so muß die Elektronendichte n definitionsgemäß gleich n_Φ sein. Der Nenner wird dann 2 und L_Φ die Hälfte von $L_{\Phi\Phi}$, wie es auch sein sollte.
Mit diesen Grundlagen läßt sich nun das Verhältnis E_2/E_1 berechnen. Die Bestimmung der Driftgeschwindigkeit v_{e1} der Elektronen in der Eingangsschicht in Richtung des angelegten Feldes

$$v_{e1} = \frac{\mu_{e\Phi} E_1}{(1+n/n_i)} \tag{3.7}$$

wo $\mu_{e\Phi}$ die Gitterbeweglichkeit ist, führt im Gleichgewicht zur Phononendriftgeschwindigkeit $v_{\Phi 1}$

$$v_{\Phi 1} = v_{e1} \frac{1}{(1+n_\Phi/n)}. \tag{3.8}$$

Die beiden Klammern im Nenner von (3.7) und (3.8) bewirken wie im obigen Beispiel eine Reduktion, diesmal der Driftgeschwindigkeit, wegen Störstellenstreuung (3.7) und Phonon-Phononstreuung (3.8). Gleichung (3.8) besagt, daß $v_{\Phi 1} = v_{e1}$ wäre, wenn nicht fortwährend die Primärphononen Impuls und Energie an die Sekundärphononen weitergeben würden, was eine Verkleinerung der Phonondriftgeschwindigkeit zur Folge hat. Diese fällt dann in der mittleren p-Schicht mit einer freien Weglänge $L_\Phi(p)$ exponentiell ab, so daß das gemittelte $v_{\Phi 2}$ in der Empfängerschicht den in (3.9) angegebenen Wert annimmt.

$$\begin{aligned} v_{\Phi 2} &= v_{\Phi 1} \frac{1}{6} \frac{L_\Phi(n)}{W_{n2}} \, e^{-\frac{W_p}{L_\Phi(p)}} \\ &= \frac{1}{6} \frac{L_{\Phi\Phi}}{W_{n2}} \frac{v_{\Phi 1}}{(1+n/n_\Phi)} \, e^{-\frac{W_p}{L_\Phi(p)}} \end{aligned} \tag{3.9}$$

Der Faktor 1/6 kommt daher, daß sich in Anlehnung an die klassische kinetische Gastheorie nur etwa 1/6 aller Primärphononen in Richtung der mittleren p-Schicht bewegen. Die Multiplikation mit $L_\Phi(n)/W_{n2}$ ergibt in erster Näherung einen Mittelwert für $v_{\Phi 2}$ in der ganzen Empfängerschicht der Dicke W_{n2}. Die Elektronendriftgeschwindigkeit v_{e2} und das Feld E_2 ergeben sich zu

$$v_{e2} = v_{\Phi 2} \frac{1}{(1+n/n_i)} = \frac{\mu_{e\Phi} |E_2|}{(1+n/n_i)} \tag{3.10}$$

Die Gleichungen (3.7) bis (3.10) liefern endlich

$$\left|\frac{E_2}{E_1}\right| = \frac{1}{6}\,\frac{L_{\Phi\Phi}}{W_{n2}}\,\frac{1}{(1+n/n_\Phi)(1+n_\Phi/n)(1+n/n_i)}\,e^{-\frac{W_p}{L_{\Phi(p)}}} \tag{3.11}$$

Auffällig an (3.11) sind die drei Klammerausdrücke im Nenner mit den Größen n, n_i und n_Φ. Diese beschreiben nichts anderes als den Wirkungsgrad der beiden n-Schichten als Sender und Empfänger. In dieser Herleitung ist die Elektronenkonzentration n in den beiden n-Schichten als homogen angenommen worden. Da in unseren Experimenten die Struktur jedoch durch Diffusion mit nichtkonstanter Oberflächenkonzentration hergestellt ist, nimmt n mit einer Gaußschen Verteilung mit der Entfernung von der Oberfläche ab. Die Berechnung der korrekt gemittelten effektiven Elektronenkonzentration ist kompliziert und wird hier nicht durchgeführt. Ein quantitativer Vergleich von Rechnung und Experiment ist daher nicht möglich. Versuchshalber setzen wir einmal als effektive mittlere Elektronendichten $n_1 = 10^{17}$ cm^{-3} und $n_2 = 10^{18}$ cm^{-3} mit $L_{\Phi\Phi} = 100$ µm, $W_{n2} = 16$ µm und $W_p = 0$ ein. Die Referenzdichten bei $T = 77$ °K sind zufällig bei dieser Temperatur gleich, nämlich $n_\Phi = n_i = 8{,}0 \cdot 10^{15}$ cm^{-3} [19]. Man erhält für n_1 und n_2 die E_2/E_1-Werte 10^{-2} und 10^{-4}. Ein Vergleich mit den Achsenabschnitten ($W_p = 0$) von Abb. 4 und 5 zeigt größenordnungsmäßig eine vernünftige Übereinstimmung für die aus den angegebenen Oberflächenkonzentrationen n_s zu erwartenden mittleren Elektronendichten.

Wie wir bereits bei den Messungen bei 4,2 °K gesehen haben, werden bei tiefen Temperaturen alle Phononen für den „Phonon-Drag" relevant. Die Unterteilung in Primär- und Sekundärphononen und damit die Definition von n_Φ gilt daher in diesem Temperaturbereich nicht mehr. *Walker* und *Keyes* [21] haben für diesen Fall und, da die freien Weglängen sehr groß sind, unter Vernachlässigung des Einflusses der Dicke der mittleren p-Schicht, das Verhältnis E_2/E_1 berechnet. Ihre Rechnung ist mit unseren Symbolen und in leicht geänderter Anordnung hier wiedergegeben.

Der erste Teil von (3.12) ist nichts anderes als die Definition der Phononendriftgeschwindigkeit (vgl. 3.1). Das Symbol C_v ist die spezifische Wärme.

$$Pc^2 = C_v T v_\Phi = C_v T(\tfrac{1}{3}\mu E_1) \tag{3.12}$$

und [21, Gl. 2]

Im Gleichgewicht ist aber die Phononendriftgeschwindigkeit ein Drittel der Elektronendriftgeschwindigkeit (siehe Anhang). Dies kommt im dritten Term von (3.12) zum Ausdruck, wo μ die totale Beweglichkeit ist. Störstellenstreuung in der Eingangsschicht ist also hier schon berücksichtigt. Gleichung (3.13) besagt nun, daß der den Elektronen der Empfängerschicht mit der Dicke W_{n2} pro Zeiteinheit zugeführte Impuls unter stromfreien Bedingungen gleich der durch das induzierte Feld auf die Elektronen ausgeübten Kraft sein muß.

$$\tfrac{1}{6}Pc = neE_2\,W_{n2} \tag{3.13}$$

und [21, Gl. 1]

Durch Elimination von P erhält man aus (3.12) und (3.13) das Verhältnis E_2/E_1 von (3.14).

$$\left|\frac{E_2}{E_1}\right| = \frac{C_v T\mu}{18\,nec\,W_{n2}} \tag{3.14}$$

und [21, Gl. 3]

Mit Hilfe von (3.14) lassen sich anhand von Messungen als Funktion der Temperatur die spezifische Wärme C_v und damit die Debye-Temperatur und die Eigenschwingungsdichte der Primärphononen bestimmen. Unter Zulassung aller drei Phonon-Polarisationen finden *Walker* und *Keyes* für Germanium, daß nur etwa ein Drittel der für die Elektronenstruktur des Germaniums zu erwartenden Phononeneigenschwingungen am „Transmitted Phonon-Drag" teilhaben. Auf den Temperaturbereich von 77 °K und höher zurückkommend ist zu ergänzen, daß (3.11) noch weitere offensichtliche Unzulänglichkeiten aufweist. Eine ist die Vernachlässigung der Winkelabhängigkeit der gestörten Phononenverteilung von der Richtung des angelegten Feldes. Die meisten Primärphononen fallen mit einem anderen Winkel als $\pi/2$ in die p-Schicht ein und müssen daher eine größere Strecke als W_p zurücklegen, um die Empfängerschicht zu erreichen. Ebenso ist die Annahme, daß alle Primärphononen die gleiche freie Weglänge L_Φ haben, wie aus den Experimenten klar ersichtlich, zu einschneidend. Im folgenden Abschnitt soll nun ein verfeinertes Modell untersucht werden, das die Schwierigkeiten der Diffusionsprofile durch Bildung von Verhältnissen umgeht und auch den andern hier genannten Unzulänglichkeiten gerecht wird.

B. Verfeinertes Modell

Das verfeinerte Modell basiert auf den folgenden vereinfachenden Annahmen:

1. Die Verteilungsfunktion der Primärphononen sei ein Debye-Spektrum von der Form k^{-1}. Dieses Spektrum wird bei der Wellenzahl k_0, dem höchstenergetischen Phonon, das mit den Elektronen noch direkt in Wechselwirkung treten kann, abgeschnitten.
2. Es seien entweder nur longitudinale oder nur transversale Phononen beteiligt.
3. Die mittlere freie Weglänge sei proportional zu k^{-1} für transversale und zu k^{-2} für longitudinale Phononen [37]. (Neuere Resultate sollen eine Abweichung von diesen idealen Streugesetzen für niederenergetische Phononen zeigen [38]).
4. Die Elektronen sollen durch eine sphärische Verteilungsfunktion beschrieben werden.
5. Phonon-Phononstreuung sei dominant.

Das gewählte Koordinatensystem zeigt Abb. 11. In der gleichen Figur ist auch dargestellt, wie das angelegte elektrische Feld E_1 die Elektronenverteilung aus dem Ursprung verschieben soll. Die schraffierte Fläche zeigt die Winkelverteilung der resultierenden Elektronendrift und damit auch des Vorzugsimpulses der Primärphononen. Derjenige Teil dieses Vorzugsimpulses, der die Empfängerschicht erreicht und daher auch proportional dem beobachtbaren Feld E_2 ist, sei F gennannt. Er ist von der Form:

$$F \propto \int_{k=0}^{k_0} \int_{\theta=0}^{\pi/2} \int_{\alpha=0}^{\pi/2} (k \sin\theta \sin\alpha)(k^{-1})(\sin\theta \sin\alpha)\left(e^{-\frac{W_p}{L_{\Phi\Phi}(k)\cos\theta}}\right)(k^2 \sin\theta \, dk \, d\theta \, d\alpha) \quad (3.15)$$

Der erste Term unter dem Integral ist die Komponente des Wellenzahlvektors und damit des Impulses parallel zu E_1. Die zweite Klammer ist die Verteilungsfunktion der Primärphononen. Der dritte Term beschreibt die Abnahme des Vorzugsimpulses für andere Richtungen als die von E_1 und ist gleich dem

Cosinus des Winkels zwischen E_1 und $\boldsymbol{k}$. Die vierte Klammer beschreibt den exponentiellen Abfall des Vorzugsimpulses in der mittleren p-Schicht. Im Exponenten steht das Verhältnis von wirklich zurückgelegter Strecke $W_p/\cos\theta$ zu freier Weglänge $L_{\Phi\Phi}$, welche eine Funktion von k ist. Das Symbol $L_{\Phi\Phi}$ mit seinen zwei Indizes soll anzeigen, daß nur Phonon-Phononstreuung berücksichtigt wird. Das etwas eigenartige Koordinatensystem hat den Vorteil, daß nur ein Winkel im Exponenten auftritt. Der letzte Term schließlich ist das Volumenelement im k-Raum.

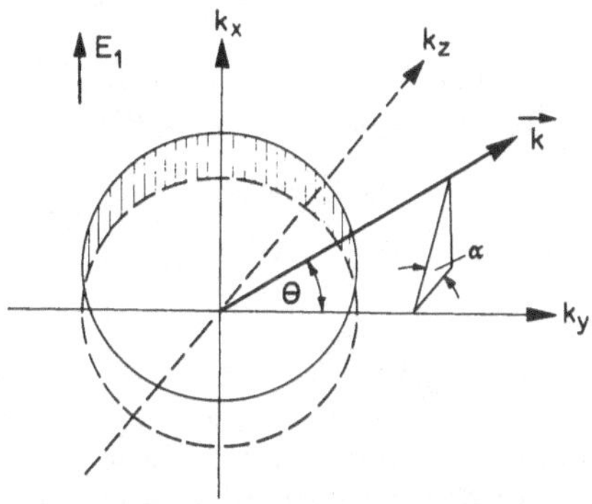

Abb. 11
Das zur Berechnung von $F_n(W_p)$ verwendete Koordinatensystem

Die Integration erstreckt sich über das ganze Primärspektrum bis zur Grenzwellenzahl k_0. Die freie Weglänge $L_{\Phi\Phi}(k)$ wird der Annahme 3 folgend mit

$$L_{\Phi\Phi}(k) = L_{\Phi 0}\left(\frac{k_0}{k}\right)^{r} \tag{3.16}$$

angesetzt, wo r ein Parameter und $L_{\Phi 0}$ die freie Weglänge des Phonons mit Wellenzahl k_0 ist. Gleichung (3.15) wird nun zum Vergleich mit dem Experiment für $W_p = 0$ auf 1 normiert. Diese neue Größe F_n ist gleich der rechten Seite von (3.15) dividiert durch denselben Ausdruck aber mit $W_p = 0$ eingesetzt. Mit den Substitutionen

$$x = \frac{W_p}{L_{\Phi 0}} \tag{3.17}$$

$$y^{-1} = \left(\frac{k_0}{k}\right)^{r} \tag{3.18}$$

$$s = \frac{3}{r} - 1 \tag{3.19}$$

und nach Ausführung elementar lösbarer Integrationen erhält man für F_n den Ausdruck (3.20)

$$F_n = \frac{3}{2}\,(s+1) \int\limits_{y=0}^{1} \int\limits_{\theta=0}^{\pi/2} \mathrm{e}^{-\frac{xy}{\cos\theta}}\, y^s \sin^3\theta \,\mathrm{d}y\,\mathrm{d}\theta \tag{3.20}$$

Gleichung (3.20) kann mit der Substitution

$$z = \frac{xy}{\cos\theta} \tag{3.21}$$

auf die Form von (3.22) gebracht werden,

$$F_n = \frac{3}{2}(s+1)\int_0^{\pi/2}\left(\frac{\cos\theta}{x}\right)^{s+1}\sin^3\theta\, d\theta \int_0^{\frac{x}{\cos\theta}} e^{-z}z^s dz \tag{3.22}$$

die für große Werte von x oder $W_p > L_{\Phi 0}$ mit (3.23) angenähert werden kann-

$$F_n = \frac{3}{2}(s+1)\,\overline{|(s+1)}\left(\frac{1}{x}\right)^{s+1}\int_{\theta=0}^{\pi/2}\cos^{(s+1)}\theta\sin^3\theta\, d\theta \tag{3.23}$$

Für ganze Werte von s kann (3.23) leicht ausgewertet werden. Das Resultat ist in untenstehender Tabelle zusammengestellt.

s:	0	1	2
F_n:	$\frac{3}{8}\frac{L_{\Phi 0}}{W_p}$	$\frac{2}{5}\frac{L_{\Phi 0}^2}{W_p^2}$	$\frac{3}{4}\frac{L_{\Phi 0}^3}{W_p^3}$

Dieses Ergebnis wird in Abb. 6 mit der für $W_p = 0$ auf Eins normierten experimentellen Kurve verglichen. Jene in Abb. 6 stark gezeichnete Kurve repräsentiert die gemessenen Werte für reine Phonon-Phononstreuung. Bei kleinen W_p werden hauptsächlich hochfrequente Phononen mit $k \approx k_0$ und $L_{\Phi\Phi} \approx L_{\Phi 0}$ gestreut. Von der Messung wird daher in erster Näherung $L_{\Phi 0}$ auf 100 μm geschätzt, da F_n bei $W_p = 100\,\mu$m rund $e^{-1} \approx \frac{1}{3}$ wird. Mit diesem $L_{\Phi 0}$ sind dann in Abb. 6 die oben tabellierten Funktionen eingezeichnet worden, wobei die Kurven für kleine W_p stetig nach $F_n(0) = 1$ extrapoliert worden sind.

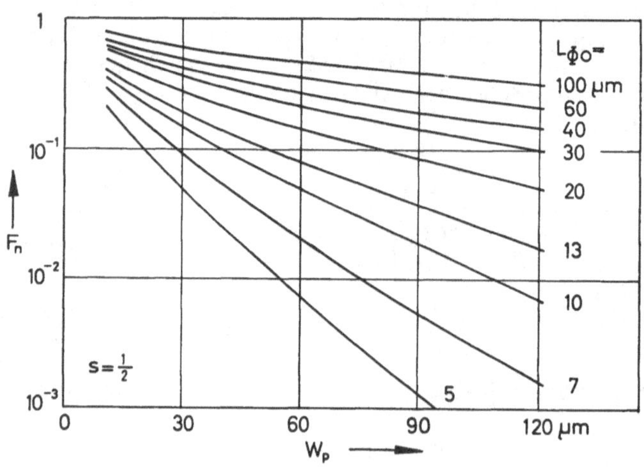

Abb. 12
Normierte Kurven für $s = \frac{1}{2}$
(Longitudinale Phononen)

Der exakte Verlauf der Näherungsfunktionen ist bei kleinen W_p in Abb. 6 gestrichelt eingezeichnet.
Wie aus Annahme 3 und Gleichungen (3.16) und (3.19) hervorgeht, entspricht $s = 1/2$ dem Falle bei dem alle Primärphononen dem longitudinalen Zweig angehören. Für transversale Phononen ist $s = 2$.

Zur genaueren Auswertung der Messungen des „Transmitted Phonon-Drags" als Funktion der Temperatur und damit der Bestimmung der freien Weglänge $L_{\Phi 0}$ wurde Gleichung (3.20) für $s = 1/2$ und $s = 2$ graphisch gelöst. Die Resultate sind wiederum nur Funktionen von W_p und $L_{\Phi 0}$. Abb. 12 und 13 zeigen die so ermittelte Funktion $F_n(W_p)$ mit $L_{\Phi 0}$ als Parameter für $s = 1/2$ und $s = 2$. Die experimentellen Kurven von Abb. 8 wurden nun mit den berechneten von Abb. 12 und 13 verglichen. Zur Bestimmung von $L_{\Phi 0}$ suchte

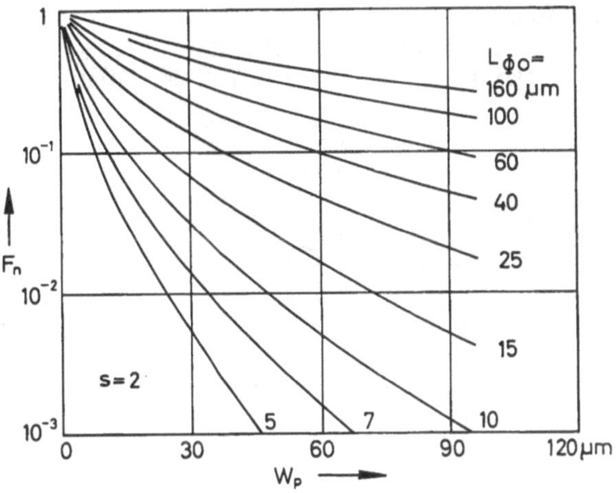

Abb. 13
Normierte Kurven für $s = 2$ (Transversale Phononen)

man diejenige berechnete und mit dem Parameter $L_{\Phi 0}$ versehene Kurve, die über einen möglichst großen Bereich von W_p mit der experimentellen am besten übereinstimmt. Die so ermittelten Werte von $L_{\Phi 0}$ sind für beide Phononenpolarisationen in Abb. 9 aufgetragen. Leider konnte nicht immer eine ideale Übereinstimmung über den ganzen W_p-Bereich erzielt werden, so daß die beste Annäherung für $W_p > 30\,\mu m$ (Kurve A) und für $W_p < 30\,\mu m$ (Kurve B) getrennt in Abb. 9 wiedergegeben wurde. Der Abstand zwischen den Kurven A und B ist daher ein Maß dafür, wie gut die experimentelle Kurve über ihren ganzen Bereich mit unserem Modell beschrieben werden kann.

C. Elastische Lamelle als Korngrenzenmodell

Wie in Abschnitt IID bereits angedeutet, soll ein stark vereinfachtes dynamisches Modell für Phononenstreuung an einer Kleinwinkel-Korngrenze untersucht werden. Es ist das Ziel dieser Berechnungen eine obere Grenze für die Streuintensität der Kleinwinkel-Korngrenze aufgrund eines solchen Modelles zu finden. Dazu werden folgende Annahmen getroffen:

1. Die Phononenwellenlänge sei groß verglichen mit dem Abstand zwischen zwei nächsten Versetzungen in der Korngrenze. Dies gestattet die Korngrenze als homogene Lamelle zu behandeln. Der Streueffekt ist sozusagen über das Volumen verschmiert.
2. Alle Versetzungen seien identisch.
3. Es soll nur der Fall des senkrechten Einfalls von transversalen Phononen behandelt werden. Dies ergibt in Übereinstimmung mit dem Ziel der oberen Grenze den größten Streueffekt. Longitudinale und transversale Phononen, die unter andern Winkeln auf die Korngrenze einfallen, werden jedoch in

den meisten Fällen auch Komponenten von Schubkräften in der entsprechenden Richtung zur Folge haben. Der Effekt wird allerdings durch trigonometrische Faktoren reduziert werden.

Die Rechnung geht in zwei Schritten vor sich. Zuerst wird die Korngrenze als elastische Lamelle behandelt und ihre Eigenschaften werden mit drei Konstanten beschrieben. Auf dieser Basis wird der Durchlässigkeitskoeffizient für die einfallende transversale Welle bestimmt. Im zweiten Schritt wird die wichtigste der drei Konstanten anhand eines atomistischen Modelles berechnet.

Abb. 14 zeigt bei $x = 0$ die Korngrenze als homogene elastische Lamelle mit Dicke dx. Unter dem Einfluß der Schubkräfte der einfallenden, reflektier-

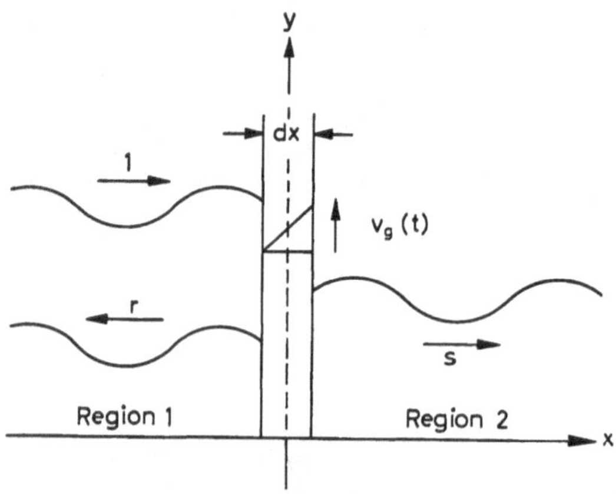

Abb. 14
Koordinatensystem für das Streumodell einer Korngrenze

ten und durchgelassenen Welle, je mit Amplitude 1, r und s, gibt die elastische Lamelle nach. Linke und rechte Seite werden mit $v_g(t)$ gegeneinander verschoben. Die y-Verschiebungen der Wellen mit Wellenzahl k werden in Region 1 mit v_1 und in Region 2 mit v_2 beschrieben.

$$v_1 = \mathrm{e}^{i\omega t}(\mathrm{e}^{-ikx} + r\mathrm{e}^{+ikx}) \tag{3.24}$$

$$v_2 = s\,\mathrm{e}^{i\omega t}\mathrm{e}^{-ikx} \tag{3.25}$$

$$v_g = q\,\mathrm{e}^{i\omega t} \tag{3.26}$$

Zur Bestimmung der drei Unbekannten r, s und q benötigen wir die drei folgenden Randbedingungen.

$$v_2 = v_1 + v_g \qquad \text{bei } x = 0 \tag{3.27}$$

$$\frac{\mathrm{d}v_1}{\mathrm{d}x} = \frac{\mathrm{d}v_2}{\mathrm{d}x} \qquad \text{bei } x = 0 \tag{3.28}$$

$$\ddot{v}_g = a_g \frac{\mathrm{d}v}{\mathrm{d}x} - \beta\dot{v}_g - \eta^2 v_g \qquad \text{bei } x = 0 \tag{3.29}$$

Während (3.27) und (3.28) selbstredend sind, bedarf (3.29) einer Erklärung. Dieser Ausdruck ist die Bewegungsgleichung für die elastische Lamelle mit den drei zuvor erwähnten Konstanten. Weiter unten wird (3.29) mit einem von der Kristall-Struktur abhängenden Ausdruck für a_g hergeleitet werden.

In Gleichung (3.29) gehen drei Arten von Kräften ein. Zur Erläuterung von zweien vergleichen wir eine Versetzung mit einer gespannten Saite. Wird die Versetzung aus ihrer Gleichgewichtslage verschoben, so stellt sich wegen den Peierlskräften eine Feder- oder Rückstellkraft ein. Diese kann Anlaß zu Schwingungen geben. Die Größe η in (3.29) ist die Kreisfrequenz dieser Schwingung. Bewegt sich ferner eine Versetzung mit konstanter Geschwindigkeit durch den Kristall und wird die treibende Kraft plötzlich entfernt, so wird die Geschwindigkeit der Versetzung wie in einem viskosen Medium exponentiell mit einer Relaxationsfrequenz β abfallen. Die kinetische Energie wird dabei in hochfrequente Phononen überführt. Die Größe β beschreibt daher indirekt eine Reibungskraft.

Die dritte Kraft schließlich ist eine Trägheitskraft. Der erste Term auf der rechten Seite von (3.29) besagt, daß sich die elastische Lamelle einer relativen Verschiebung ihrer beiden Oberflächen widersetzt. Als Folge muß die Beschleunigung der Relativbewegung der beiden Oberflächen proportional der Schubkraft sein, die ihrerseits proportional der Auslenkung ist. Der Koeffizient a_g ist daher die Beschleunigung der einen Lamellenoberfläche in Verhältnis zur andern bei angelegter Einheitsschubkraft.

Die drei Randbedingungen (3.27) bis (3.29) gestatten nun mit Hilfe von (3.24) bis (3.26) die Amplitude s der durchgelassenen Welle zu berechnen. Man findet:

$$s = \frac{1}{1 + \dfrac{ika_g}{2(\eta^2 + i\omega\beta - \omega^2)}} \tag{3.30}$$

Da bei dem vorliegenden Modell eine möglichst frei bewegliche Versetzung den größten Streueffekt ergibt, werden zur Berechnung einer oberen Grenze für s Reibungs- und Federkräfte vernachlässigt. Dies bedeutet, daß die Bewegung der Versetzungen lediglich durch Trägheit begrenzt ist.

Zum Vergleich mit dem Experiment interessiert uns die Größe $|s|^2$, d.h. die Energie der die Korngrenze durchlaufenden Phononen. Mit der weiter unten bestätigten Annahme, daß $|s|^2 < 1$ erhält man aus (3.30):

$$|s|^2 \approx \left(\frac{2c\omega}{a_g}\right)^2 \tag{3.31}$$

Hier bedeuten c die Schallgeschwindigkeit und ω die Kreisfrequenz der Phononen.

Das nächste Ziel ist die Berechnung von a_g. Dazu muß die kinetische Energie einer sich bewegenden Versetzung bekannt sein. In der Literatur [29, 30, 31] finden sich verschiedene Behandlungen dieses Problems. Hier soll eine besonders einfache Darstellung wiedergegeben werden, mit dem Akzent auf der physikalischen Beschreibung unter weitgehender Unterdrückung der Mathematik.

Wichtig ist die Frage nach dem Ursprung der erwähnten effektiven trägen Masse der Versetzung. Bewegt sich eine Versetzung von der einen Seite eines Kristalls bis zur gegenüberliegenden, so wissen wir, daß sich die zwei durch die Bahnebene der Versetzung getrennten Teile um einen Burgersvektor $\boldsymbol{b}$ gegenseitig verschieben [39]. Es werden folglich Atome in Bewegung versetzt. Die kinetische Energie der Versetzung ist nun gleich der kinetischen Energie sämtlicher Atome im Kristall, die von dieser Bewegung der Versetzung herrührt. Zur Berechnung dieser Energie benötigen wir zuerst eine Beziehung zwischen der Verschiebung Δx der Atome als Funktion ihres Ortes im Kristall und der Lagekoordinate der Versetzung. Wir nehmen an, Δx sei eine trigonometrische Funktion des Winkels θ zwischen der Bahn der Versetzung in der x-Richtung und der Geraden, die das Atom mit der Versetzung verbindet.

$$\Delta x = \frac{b}{4}(1-\cos\theta) \quad \text{für} \quad r > w/2 \tag{3.32}$$

Der Koeffizient in (3.32) ist so gewählt, daß bei einem vollständigen Durchgang der Versetzung die Verschiebung $\frac{1}{2}b$ ist, wo b den Betrag des Burgervektors bedeutet. Da sich die Atome auf der anderen Seite der Bahnebene

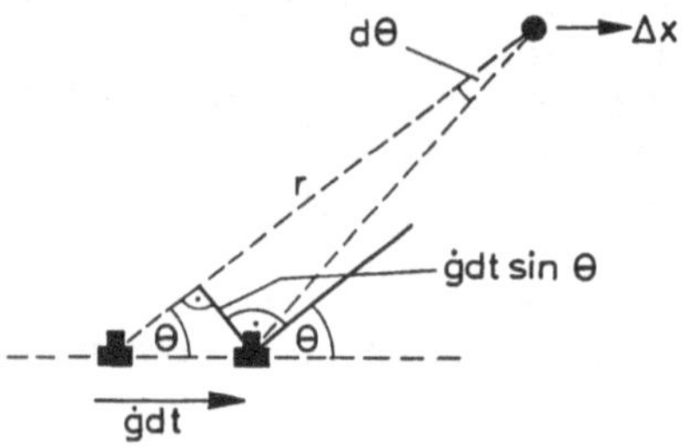

Abb. 15
Die Verschiebung Δx eines Atomes beim Gleiten einer Stufenversetzung mit Lagekoordinate g

der Versetzung um den gleichen Betrag in der anderen Richtung verschieben, erhalten wir eine Gesamtverschiebung der beiden Kristallteile um b, wie es nach der Bedeutung von b gefordert werden muß. Der Gültigkeitsbereich von (3.32) ist auf Atome außerhalb eines Kreises mit Radius $r = w/2$ beschränkt, wo w die wirkliche physische Breite der Versetzung selbst ist. Der Bereich $r < w/2$ wird weiter unten diskutiert. Differentiation von (3.32) nach der Zeit t und die Beziehung $d\theta = \dot{g}\, dt \sin\theta / r$ (vgl. Abb. 15) ergeben für die Geschwindigkeit $(\dot{\Delta x})$ den Ausdruck (3.33).

$$(\dot{\Delta x}) = \frac{d(\Delta x)}{dt} = \frac{b}{4}\sin\theta \frac{d\theta}{dt} = \frac{b\dot{g}}{4r}\sin^2\theta \tag{3.33}$$

Damit (3.33) auch für $r < w/2$ gilt, muß (3.33) noch mit einer Korrekturfunktion $f(r, w)$ multipliziert werden, die nachstehende Werte annimmt:

$$f(r, w) = \begin{matrix} 1 & \text{für} & r > w/2 \\ 2\,r/w & \text{für} & r < w/2 \end{matrix}$$

Diese Funktion sorgt dafür, daß sämtliche Atome innerhalb des physischen Durchmessers w der Versetzung die gleiche Geschwindigkeit wie für $r = w/2$ haben.

Da sich die Versetzung im Verband einer Korngrenze befindet, genügt es, die kinetische Energie der Atome bis zu einem Radius R, dem halben Abstand zwischen zwei nächsten Versetzungen zu integrieren. Diese kinetische Energie E_{kx} einer sich in der x-Richtung bewegenden Versetzung wird in (3.34) unter Berücksichtigung von (3.33) und der Korrekturfunktion $f(r, w)$ berechnet.

$$E_{kx} = \int_{\theta=0}^{2\pi}\int_{r_0}^{R} \frac{1}{2}(\varrho r\, dr\, d\theta)(\dot{\Delta x})^2 = \frac{3\pi}{128}\varrho b^2 \dot{g}^2 \left[\ln\left(\frac{2R}{w}\right) + \frac{1}{2}\left(1 - \frac{4r_0^2}{w^2}\right)\right] \tag{3.34}$$

Die untere Grenze r_0 ist der Abstand eines Atoms vom Zentrum der Versetzung und ϱ ist die Dichte. Eine effektive Masse M_d der Versetzung erhält man durch die in (3.35) ausgedrückten Beziehungen.

$$M_d \equiv \frac{2E_{kx}}{\dot{g}^2} \equiv \frac{3\pi}{64}\varrho b^2\left[\ln\frac{2R\sqrt{e}}{w} - \frac{2r_0^2}{w^2}\right] \equiv \frac{3\pi}{64}\varrho b^2 F_d \qquad (3.35)$$

In (3.34) und (3.35) tritt in der Klammer eine Summe resp. Differenz auf, weil sich die Integration aus den Schritten von r_0 bis $r = w/2$ und von $r = w/2$ bis R zusammensetzt. Um die Verbindung zwischen der in (3.35) definierten effektiven Masse einerseits und der Bewegungsgleichung der elastischen Lamelle (3.29) andererseits herzustellen, muß man sich vorerst zwei Tatsachen in Erinnerung rufen: Da die Halbkristalle auf beiden Seiten der Korngrenze um einen Winkel α verdreht sind, ist eine Bewegung der Versetzung in der x-Richtung stets mit einer solchen in der y-Richtung verbunden [40], wie dies in (3.36) ausgedrückt ist.

$$v_g = \alpha g \qquad (3.36)$$

Weiter folgt aus der allgemeinen Elastizitätstheorie, daß die durch die Phononen auf die elastische Lamelle ausgeübte Schubspannung in der y-Richtung $s_{xy} = G\left(\frac{\partial v}{\partial x}\right) = -s_{yx}$ gleich dem Betrag der Schubspannung s_{yx} in der x-Richtung der Gleitebene ist. Das Postulat, daß die von den Schubkräften geleistete Deformationsarbeit gleich der kinetischen Energie E_{kx} sein muß einerseits, oder die intuitive Anwendung des Newtonschen Gesetzes andererseits, führt auf die Bewegungsgleichung (3.37) der elastischen Lamelle. Reibungs- und Federkraft sind darin wieder mitberücksichtigt.

$$M_d\ddot{g} = Gb\frac{\mathrm{d}v}{\mathrm{d}x} - M_d(\beta\dot{g} + \eta^2 g) \qquad (3.37)$$

Mit (3.36) und einer kleinen Umformung erhält man die ursprünglich angenommene Randbedingung (3.29), wobei leicht zu zeigen ist, daß der Koeffizient a_g die Form (3.38) hat.

$$a_g = \frac{Gb\alpha}{M_d} \qquad (3.38)$$

Zur quantitativen Bestimmung von $|s|^2$ setzen wir M_d von (3.35) in (3.38) und den so berechneten Ausdruck für a_g in (3.31) ein. Man erhält so den ersten Term in (3.39).

$$|s|^2 = \frac{3\pi}{32}\frac{c\omega\varrho b F_d}{G\alpha} = \left(\pi^2 F_d \frac{R}{\lambda}\right)^2 \qquad (3.39)$$

Den zweiten Ausdruck für $|s|^2$ in (3.39) erhält man mit den sukzessiven Substitutionen (3.40) bis (3.42)

$$G \approx \frac{3}{8}E = \frac{3}{8}\varrho c^2 \qquad (3.40)$$

$$2R = \frac{b}{\alpha} \qquad (3.41)$$

$$\lambda = \frac{2\pi c}{\omega} \qquad (3.42)$$

Es sind E der Elastizitätsmodul, $2R$ der Abstand zwischen zwei Versetzungen und λ die Phononenwellenlänge. Mit der Definition von F_d (3.35) und den Annahmen $r_0 = b/2$ und $w = 2b$ erhält man schließlich (3.43).

$$|s|^2 = \left[\pi^2 \left(\frac{R}{\lambda}\right)\left(\ln\frac{0{,}824}{\alpha} - \frac{1}{8}\right)\right]^2 \tag{3.43}$$

Für die spezielle in IID beschriebene Korngrenze, mit $\alpha = 10{,}25° = 0{,}18$ rad, wird der Betrag des Burgervektors $b = a/\sqrt{2} = 5{,}42/\sqrt{2} = 3{,}83$ Å [25] und der Abstand S zwischen zwei Versetzungen $S = 2R = b/\sqrt{2}\,\alpha = 15$ Å und damit $R = 7{,}5$ Å. Eine Abschätzung [23] der Phononenwellenlänge im Experiment ergibt $\lambda = 300$ Å. Gleichung (3.43) liefert dann $|s|^2 = 0{,}12$ verglichen mit dem experimentellen Resultat $|s|^2 = 0{,}3$ (Abschnitt IID und [23, 24]). Da die übrigen, die freie Bewegung der Versetzung hemmenden Kräfte, wie Federkraft und Dämpfung vernachlässigt wurden, ist es nur vernünftig, daß die berechnete obere Grenze eine stärkere Streuung vorhersagt als experimentell festgestellt wurde.

Durch eine weitere detaillierte Berechnung von β und η könnte das Modell der elastischen Lamelle wahrscheinlich auf eine allgemein gültige Form gebracht werden.

Für die Berechnung der kinetischen Energie haben wir nur die Bewegung in der x-Richtung berücksichtigt. Im allgemeinen wird die Bewegung der Atome in der y-Richtung mit der Wellengleichung beschrieben, so daß diese Energie nicht berücksichtigt werden muß. Da jedoch innerhalb eines Radius R der Versetzung die Kristallstruktur stark gestört ist, dürfte hier die der Wellengleichung zugrundeliegende Elastizitätstheorie nicht mehr allgemein gültig sein. Die bisher vernachlässigte Energie ist daher die Summe der kinetischen Energie in der y-Richtung aller Atome in einem $2R$ breiten gestörten Streifen um die Korngrenze, vermindert um die von der Wellengleichung herrührende Energie. Die Berechnung dieser Energie setzt natürlich eine detaillierte Kenntnis der gestörten Kristallstruktur voraus. Um eine Idee von der Größenordnung dieser Energie zu bekommen, haben wir die Energie E_{ky} der y-Richtung für ungestörtes Material berechnet und gefunden, daß diese rund 35% von E_{kx} ist. Da der Einfluß des gestörten Materials vermutlich eine relativ kleine Korrektur von E_{ky} zur Folge hat, kann dieser Effekt in erster Näherung vernachlässigt werden.

IV. Schlußbemerkungen

Die vorliegende Zusammenfassung der Arbeiten über den „Transmitted Phonon-Drag" dürfte deutlich zeigen, daß dieser Effekt ein leistungsfähiges Werkzeug zur experimentellen Untersuchung, sowohl von Phononen-Streuprozessen als auch des Phononenspektrums ist. Der Effekt sollte sich zu einer ganzen Reihe weiterer Untersuchungen eignen, wie z.B.:

1. Ein Biegen der Proben hat durch den Mechanismus von „Intervalley Scattering" eine relative Verschiebung der Spektren der Primärphononen in den beiden Schichten zur Folge, da die eine Schicht unter Zug, die andere unter Druck steht. In qualitativen Versuchen konnte ein großer Einfluß des Biegemomentes auf den „Transmitted Phonon-Drag" festgestellt werden. Die Interpretation solcher Messungen scheint jedoch

schwierig zu sein und reiner Druck und Zug ist von diesem Standpunkt aus vorzuziehen.

2. Das Gebiet der heißen Elektronen und ihrer Primärphononen dürfte sehr interessant sein. *R. Gereth* versucht zur Zeit den „Transmitted Phonon-Drag" mit dem Effekt der akustischen Verstärkung [41, 42] in Silicium zu kombinieren. Diese Verstärkung wäre in Silicium aufgrund der Deformationspotentialkopplung zwischen Elektronen und Phononen zu erwarten.
3. In Vorversuchen ist an Proben mit polierter Oberfläche Reflexion von Primärphononen unter Erhaltung eines Teiles des Driftimpulses festgestellt worden. Weitere Versuche in Gemeinschaft mit theoretischen Arbeiten dürften Licht in ein noch nicht völlig geklärtes Gebiet bringen.
4. Während die hier erwähnten Messungen an Silicium bei höheren Temperaturen noch keine Ansätze von Multiphonon-Prozessen zeigen, muß das bei Germanium und ev. anderen Materialien nicht der Fall sein. Ein experimenteller Nachweis solcher Prozesse, die sich durch einen plötzlichen Abfall der freien Weglänge mit steigender Temperatur bemerkbar machen sollten, wäre sehr interessant.
5. Neben den hier bereits erwähnten Kristalldefekten, können mit α- oder β-Teilchen bestrahlte Proben auf die dadurch erzeugten Defekte hin untersucht werden. Leider wird dadurch auch die Qualität der isolierenden pn-Übergänge beeinflußt. Die dabei auftretenden Kriechströme können das Experiment behindern.

Zum Schluß möchte ich nochmals in Erinnerung rufen, daß Teile der hier berichteten Ergebnisse in Zusammenarbeit mit den Herren Dr. *W. Shockley* und Dr. *R. Gereth* entstanden sind. Ihnen, sowie auch meinem verehrten Lehrer Herrn Prof. Dr. *G. Busch* und Herrn Dr. *C. Herring*, die sehr zum Gelingen der Arbeiten beigetragen haben, sei an dieser Stelle herzlich gedankt. Für die Einladung diese Arbeiten im Rahmen der Halbleiter-Tagung und des vorliegenden Bandes über Festkörperprobleme vortragen zu dürfen, bin ich Herrn Prof. Dr. *K. Seiler* und Herrn Prof. Dr. *F. Sauter* zu Dank verpflichtet. Die Untersuchungen wurden durch Dienststellen der US-Regierung finanziell unterstützt, wofür hier ebenfalls bestens gedankt sei.

V. Anhang: Driftgeschwindigkeit von Elektronen und Phononen

A. Problemstellung

Es soll ein abgeschlossenes System von Elektronen und Phononen mit konstanter Gesamtenergie E und gegebenem Gesamtimpuls P_x in der x-Richtung untersucht und die Beziehung zwischen den in IIIA definierten Driftgeschwindigkeiten der Elektronen v_{xe} und der Phononen $v_{x\Phi}$ berechnet werden.

Nomenklatur und Definitionen sind in Anlehnung an die Behandlung von *Landau* und *Lifschitz* [43]. Die diskreten Energiezustände der Teilchen werden in Gruppen unterteilt, wobei die j-te Gruppe G_j Zustände mit insgesamt N_j Teilchen umfaßt. Die mittlere Besetzungszahl der Zustände in der Gruppe ist dann $n_j = N_j/G_j$ und ein Satz aller n_j wird Verteilung genannt. Der Gang der Rechnung besteht aus der Bestimmung des Maximums der statistischen Wahrscheinlichkeit W für die Elektronen und Phononen mit den Nebenbedingungen der Konstanz der Energie, des Impulses und der Anzahl Elektronen. Es wird nur der Fall des verdünnten Elektronengases mit $N_j \ll G_j$ untersucht. Dies führt zur Boltzmann-Statistik. Für die Phononen wird die Rechnung auf den Fall $N_j \gg G_j$ beschränkt, was einem Spezialfall der Bose-Statistik entspricht und zur Planck-Verteilung in der Näherung für $h\nu_\Phi \ll k_B T$ führt. Mit der bekannten Gleichung für die Entropie S

$$S = k_B \ln W \tag{A1.1}$$

und der Lagrangeschen Multiplikatorenmethode zur Berücksichtigung der Nebenbedingungen

$$E = E_e + E_\Phi = \text{const} \tag{A1.2}$$

$$P_x = P_{xe} + P_{x\Phi} = \text{const} \tag{A1.3}$$

$$N_e = \text{Anzahl Elektronen} = \text{const} \tag{A1.4}$$

wird die Gleichung zur Bestimmung der wahrscheinlichsten Verteilung

$$\frac{\partial}{\partial n_{j\Phi,je}}\left[\frac{1}{k_B}(S_\Phi + S_e) + \beta(E_\Phi + E_e) + \gamma(P_{x\Phi} + P_{xe}) + \mu N_e\right] = 0 \tag{A1.5}$$

B. Elektronen

Für die Elektronen wird die statistische Wahrscheinlichkeit W_e [43, S. 117]

$$W_e = \prod_j \frac{G_j^{N_j}}{N_j!} \tag{A1.6}$$

Gleichung (A1.5) wird dann

$$-\ln n_{je} + \beta\varepsilon_{je} + \gamma p_{xje} + \mu = 0 \tag{A1.7}$$

oder nach n_{je} aufgelöst

$$n_{je} = e^{\beta\varepsilon_{je} + \gamma p_{xje} + \mu} = A e^{\beta\varepsilon_{je} + \gamma p_{xje}} \tag{A1.8}$$

wo ε_{je} und p_{xje} die Elektronenenergie und die Impulskomponente in der x-Richtung bedeuten. Ohne Vorzugsimpuls in der x-Richtung wäre (A1.8) mit $\beta = -1/k_B T$ die gewöhnliche Boltzmann-Statistik. Der Exponent in (A1.8) kann auf die folgende Form gebracht werden:

$$-\frac{mv_{je}^2}{2k_B T} + \gamma m v_{xje} = -\frac{m}{2k_B T}[(v_{xje} - v_{xe})^2 + v_{yje}^2 + v_{zje}^2] + \text{const} \tag{A1.9}$$

Ein Koeffizientenvergleich des in v_{xje} linearen Gliedes ergibt:

$$\gamma = \frac{v_{xe}}{k_B T} \tag{A1.10}$$

wobei v_{xe} die Driftgeschwindigkeit der Elektronen in der x-Richtung ist.

C. Phononen

Für die Phononen wird W_Φ für $N_j \gg G_j$ [43, S. 154 und 192]

$$W_\Phi = \prod_j \frac{N_j^{(G_j - 1)}}{(G_j - 1)!} \tag{A1.11}$$

Mit den Nebenbedingungen wird Gleichung (A1.5) für Phononen zu

$$n_{j\Phi}^{-1} + \beta\varepsilon_{j\Phi} + \gamma p_{xj\Phi} = 0 \tag{A1.12}$$

oder mit β und γ eingesetzt und nach $n_{j\Phi}$ aufgelöst

$$n_{j\Phi} = \frac{k_B T}{\varepsilon_{j\Phi} - v_{xe} p_{xj\Phi}} = \frac{k_B T}{c\,|p_{j\Phi}| - v_{xe} p_{xj\Phi}} \tag{A1.13}$$

$$= \frac{k_B T}{c|p_{j\Phi}|\,[1-(v_{xe}/c)\cos\theta]} \approx \frac{k_B T}{c/|p_{j\Phi}|}\,[1+(v_{xe}/c)\cos\theta]$$

Dabei bedeuten $\varepsilon_{j\Phi}$ die Phononenenergie und $\boldsymbol{p}_{j\Phi}$ den Phononenimpuls. Der Winkel zwischen der x-Achse und $\boldsymbol{p}_{j\Phi}$ ist θ. In (A1.13) ist der Ausdruck rechts die Entwicklung nach v_{xe} cos θ/c, wo c die Schallgeschwindigkeit bedeutet. Der erste Term dieser Entwicklung ist mit $|c\boldsymbol{p}_{j\Phi}| = |c\hbar\,\boldsymbol{k}_{j\Phi}| = h\nu_{j\Phi}$ die ungestörte Planckverteilung für $h\nu_{\Phi} \ll k_B T$. Den gesamten Phononenimpuls $P_{xj\Phi}$ der j-ten Eigenschwingung erhält man durch folgende Integration im Impulsraum über eine Kugeloberfläche F:

$$P_{xj\Phi} = \frac{1}{F}\int_F p_{xj\Phi} n_{j\Phi}\,\mathrm{d}F = \frac{v_{xe} k_B T}{2c^2}\int_0^{\pi} \cos^2\theta \sin\theta\,\mathrm{d}\theta = \tag{A1.14}$$

$$= \frac{1}{3}\cdot\frac{v_{xe} k_B T}{c^2}$$

Jede Eigenschwingung liefert, wie aus (A1.14) ersichtlich, den gleichen Anteil an den totalen Phononenimpuls, unabhängig von $\boldsymbol{p}_{j\Phi}$. Nach Definition (3.1) ist die Phononendriftgeschwindigkeit $v_{x\Phi}$ gleich der Energiestromdichte dividiert durch die Energiedichte.

$$v_{x\Phi} = \frac{c^2 P_{xj\Phi}}{k_B T} = \frac{1}{3} v_{xe} \tag{A1.15}$$

Die Phononendriftgeschwindigkeit ist daher im Gleichgewicht ein Drittel der Elektronendriftgeschwindigkeit.

Literatur

[1] *C. Herring*, Halbleiter und Phosphore, S. 184, Friedr. Vieweg & Sohn, Braunschweig 1958.

[2] *H. B. K. Frederikse*, Phys. Rev. **91,** 491 (1953).

[3] *H. B. K. Frederikse*, Phys. Rev. **92,** 249 (1953).

[4] *C. Herring*, Phys. Rev. **92,** 857 (1953).

[5] *C. Herring*, Phys. Rev. **96,** 1163 (1954).

[6] *W. Shockley*, Structure and Properties of Thin Films, S. 306 (Herausgegeben von *C. A. Neugebauer* et al.), John Wiley and Sons, New York 1959.

[7] *W. Shockley* und *K. Hübner*, Bull. Am. Phys. Soc. **4,** 455 (1959).

[8] *G. Süssmann*, Z. Naturf. **11***a*, 1 (1956); **13***a*, 1 (1958).

[9] *G. Leibfried*, Handbuch der Physik, Bd. VII, Teil 1, S. 304, Springer Verlag, Berlin 1955.

[10] Siehe z. B: *W. Shockley*, Electrons and Holes in Semiconductors S. 265, D. van Nostrand, Princeton, New Jersey 1950.

[11] *K. Hübner* und *W. Shockley*, Phys. Rev. Lett. **4,** 505 (1960).

[12] *E. J. Walker*, Bull. Am. Phys. Soc. II, **7,** 77 (1962).

[13] *K. Hübner* und *W. Shockley*, Bull. Am. Phys. Soc. **5,** 376 (1960).

[14] Siehe auch: *K. Hübner* und *W. Shockley*, Proceedings Int. Conf. Semiconductor Physics, Prague 1960, S. 299, Czechoslovakian Academy of Sciences, Prague 1961.
[15] Siehe z. B.: *J. M. Ziman*, Electrons and Phonons, S. 222, Clarendon Press, Oxford 1962.
[16] *K. Hübner*, Dissertation ETH Zürich (1962).
[17] *W. Kaiser*, Phys. Rev. **105**, 1751 (1957).
[18] *K. Hübner* und *R. Gereth*, Bull. Am. Phys. Soc. **7**, 617 (1962).
[19] *R. Gereth* und *K. Hübner*, Phys. Rev. **134**, A 235 (1964).
[20] *R. Gereth, K. Hübner* und *C. Stephens*, Unveröffentlichte Messungen.
[21] *Walker & Keyes*, Phys. Rev. Lett. **12**, 217 (1964).
[22] *K. Hübner* und *W. Shockley*, Advanced Energy Conversion **1**, 93 (1961).
[23] *K. Hübner* und *W. Shockley*, Proc. Int. Conf. Phys. Semic. Exeter 1962 S. 157 (Inst. Physics and Phys. Soc. London 1962).
[24] *H. J. Queisser*, Festkörperprobleme, Bd. II, S. 179 (Herausgeber *F. Sauter*), Friedr. Vieweg & Sohn, Braunschweig 1963.
[25] *H. J. Queisser, K. Hübner* und *W. Shockley*, Phys. Rev. **123**, 1245 (1961).
[26] *R. S. Wagner* und *B. Chalmers*, J. Appl. Phys. **31**, 581 (1959).
[27] *W. G. Pfann* und *F. L. Vogel*, Acta Met. **7**, 377, 1957.
[28] *J. Hornstra*, J. Phys. Chem. Solids **5**, 129, (1958).
[29] *J. M. Ziman*, Electrons and Phonons, S. 228, Clarendon Press, Oxford 1962.
[30] *J. D. Eshelby*, Proc. Roy. Soc. A **197**, 396 (1949).
[31] *R. F. N. Nabarro*, Proc. Roy. Soc. A **209**, 278, (1951).
[32] *W. C. Dash*, J. Appl. Phys. **29**, 736 (1958).
[33] *W. Shockley* und *K. Hübner*, Bull. Am. Phys. Soc. **7**, 617 (1962).
[34] *T. H. Geballe* und *G. W. Hull*, Phys. Rev. **98**, 940 (1955).
[35] *E. M. Conwell*, Proc. IRE **46**, 1281 (1958).
[36] *F. J. Morin* und *J. P. Maita*, Phys. Rev. **96**, 28 (1954).
[37] *C. Herring*, Phys. Rev. **95**, 954 (1954).
[38] *C. Herring*, Private Mitteilungen.
[39] Siehe z. B.: *W. T. Read*, Dislocations in Crystals McGraw-Hill (1953), S. 42.
[40] *A. Granato*, Phys. Rev. **103**, 832 (1956); Phys. Rev. **111**, 740 (1958).
[41] *A. R. Hutson* et al., Phys. Rev. Lett. **7**, 237 (1961).
[42] *A. R. Hutson* und *D. L. White*, J. Appl. Phys. **33**, 40 (1962).
[43] *L. D. Landau* und *E. M. Lifschitz*, Statistical Physics, Pergamon Press, London 1958.

A. SEEGER*)

Strahlenschädigung von Metallen und Halbleitern**)

Summary

The investigation of the radiation damage of metals and semiconductors on one hand and the study of the properties of crystal defects on the other hand are closely linked. The relation to the generation of point-defects by plastic deformation or quenching is emphasized. The general understanding of radiation damage appears to be more progressed in metals than in semiconductors. We have a clear picture of the nature of neutron damage in metals and its effects on physical properties as well as of the characteristic properties of point defects. In semiconductors, we have a detailed knowledge of some defects (particularly in silicon) that can be studied by electron spin resonance but know virtually nothing about others. The specific difficulties in radiation damage studies of semiconductors, which are partially responsible for this situation, are outlined.

Bei der Erforschung der Strahlenschädigung hat man sich im allgemeinen gleichzeitig sowohl mit der Frage der Natur der Strahlenschädigung als auch mit den Eigenschaften struktureller Fehler im Kristallgitter zu befassen. Während bei den Ionenkristallen solche Fehler auch durch Ionisierung (etwa von Röntgenstrahlen oder ultraviolettem Licht) erzeugt werden können, geschieht dies bei der Strahlenschädigung von Metallen und (Valenz-)Halbleitern allein durch Rückstoß der Gitterbausteine (Atome bzw. Ionen). Es kann sich hier sowohl um primären Rückstoß durch die einfallende Strahlung (elastische Streuung von schnellen Neutronen, α-Teilchen, Deuteronen, Protonen, Elektronen, schweren Ionen), um Stöße von verlagerten Atomen des Grundgitters, oder um den Rückstoß bei (n, γ)-Prozessen handeln. Primäre γ-Strahlung wirkt indirekt durch die von ihr erzeugten schnellen Elektronen (vorwiegend Comptonelektronen); die Wirkung von Kernumwandlungen ist neben der Verlagerung der Gitterbausteine fast immer zu vernachlässigen (*Lark-Horowitz* 1947 [6]) [1, 5].

Die durch die Bestrahlung erzeugten Fehler sind zum Teil dieselben wie die durch plastische Verformung oder Abschrecken von hohen Temperaturen erzeugten (z. B. Leerstellen, Doppelleerstellen, Zwischengitteratome), zum Teil auch andersartig (enge Frenkelpaare, Crowdionen, ausgedehnte Fehlstellen bei Neutronenbestrahlung). Bei den Metallen ist ein Haupthilfsmittel für die Identifizierung der Fehlstellen die vergleichende Betrachtung von Bestrahlung, plastischer Verformung und Abschrecken, insbesondere hinsichtlich des Erholungsverhaltens des elektrischen Widerstandes [13, 14]. Bei den Halbleitern kommt wegen deren Tieftemperatursprödigkeit zur Erzeugung der nur bei tiefen Temperaturen beständigen Fehlstellen praktisch allein die

*) Max-Planck-Institut für Metallforschung, Stuttgart, und Institut für theoretische und angewandte Physik der Technischen Hochschule Stuttgart.

**) Ausführliche Literaturangaben befinden sich am Ende der Arbeit.

Bestrahlung in Frage. Zur Identifizierung der Fehlstellen dienen hier in erster Linie die energetische Lage von Akzeptoren- oder Donatorenniveaus [15] und die Elektronen- und Kernspinresonanz (vor allem bei Silicium) [16, 17], ferner ihr Einfluß auf Trägerzahl, Beweglichkeit und Lebensdauer [4, 15]. Allerdings ist die wirkungsvollste und ergiebigste Methode, die Elektronenspinresonanz, nur auf wenige Stoffe anwendbar, und auch dort nur auf Fehlstellen mit ungepaarten Elektronen. Das Problem ist darüber hinaus dadurch kompliziert, daß der Ladungszustand und damit u. a. auch die Wechselwirkung mit anderen Fehlstellen von der Lage der Fermienergie, indirekt also auch von der Temperatur, abhängt. n- und p-leitende Materialien zeigen aus diesem Grunde meist ein sehr verschiedenes Verhalten. Ferner hängt damit die „Bestrahlungserholung", eine Erholungswirkung ionisierender, aber nicht verlagernder Strahlung, zusammen. Die geschilderten Komplikationen sind der Grund dafür, daß selbst bei Germanium und Silicium bis jetzt nur einige wenige Fehlstellen mit Sicherheit identifiziert werden konnten, z. B. Einfach- und Doppelleerstellen in bestimmten Ladungszuständen. Es zeigt sich, daß bei den Anlaßvorgängen Verunreinigungen eine wichtige Rolle spielen. Bei Silicium konnten beispielsweise durch paramagnetische Elektronenresonanz Leerstellen-Sauerstoff- und Leerstellen-Phosphor-Komplexe nachgewiesen werden [15, 16, 17]. Noch sehr wenig ist über das Verhalten der durch Verformung oder Bestrahlung entstandenen Zwischengitteratome im Diamantgitter bekannt.

Im Vergleich hierzu besitzt man bei den kubisch-flächenzentrierten Metallen, insbesondere den Edelmetallen sowie Nickel und Aluminium, ein ziemlich vollständiges, wohl abgerundetes Bild von den bei der Bestrahlung entstehenden Fehlstellen [13, 14], das auch durch theoretische Berechnungen der Fehlstelleneigenschaften gestützt wird [18]. Durch Verwendung extrem hoher Fehlstellenkonzentrationen konnte gezeigt werden, daß die den Eigenfehlstellen zugeschriebenen Phänomene in der Tat unabhängig vom Verunreinigungsgehalt sind [19].

Zum Studium der Vorgänge bei der Verlagerung einzelner Atome eignet sich besonders die Elektronenbestrahlung, da hier in definierter Weise Energien von der Größenordnung der Schwellenenergie für die Atomverlagerung übertragen werden können. Man kann annehmen, daß es in jeder Kristallrichtung eine scharfe Schwellenenergie für die Verlagerung gibt, und erhält dann durch Richtungsmittelung die Verlagerungswahrscheinlichkeit als Funktion der übertragenen Energie. Diese kann dann mit Experimenten über die Energieabhängigkeit der Schädigungsrate verglichen werden. Für Kupfer ist auf diese Weise die Richtungsabhängigkeit der Schwellenenergie ermittelt worden [20].

Bei niedrigen Stoßenergien spielen Fokussierungsvorgänge, d. h. die bevorzugte Fortpflanzung von Energie, Impuls und Materie in dichtgepackten Gittergeraden, eine wichtige Rolle [13, 21, 22]. Im Vergleich dazu scheinen die sog. Kanalleitungseffekte [23, 24] weniger wichtig zu sein, wie insbesondere für Germanium und Silicium direkt nachgewiesen werden konnte [25].

Besondere Probleme wirft die Bestrahlung mit schnellen Neutronen auf, da bei diesen die Fehlstellenverteilung sehr inhomogen ist und die lokale Fehlstellendichte sehr hoch werden kann. In Germanium sind diese Gebiete p-leitend; ihre Wirkung auf die elektrischen Eigenschaften von n-Germanium wird sehr gut durch die Raumladung an der p-n-Schicht beim Übergang zum

weniger geschädigten Material beschrieben (*Crawford*, *Gossik* und Mitarbeiter [15, 26]).
Die Ausdehnung der Schädigung, die von einem primären Rückstoßteilchen ausgeht, kann an Hand der Sättigungserscheinungen bei hohen Neutronendosen studiert werden (bei Metallen bis jetzt vor allem mit Hilfe des elektrischen Widerstands [22] und der Bestrahlungsverfestigung [27]). Der Materietransport über größere Entfernungn durch dynamische Crowdionen spielt dabei eine wichtige Rolle.
Bei Edelmetallen ist es mit Hilfe der Theorie [28], genauen Messungen der Bestrahlungsverfestigung [29] sowie Kleinwinkelstreuexperimenten [30] mit subthermischen Neutronen und Röntgenstrahlen möglich, auch noch die Fehlstellenverteilung innerhalb der von einem primären Rückstoßteilchen erfaßten Schädigungsgebiete genauer zu analysieren. Man findet eine größere Anzahl Gebiete hohen Leerstellenüberschusses (sog. verdünnte Zonen). Ihre experimentell ermittelte Größe und Anzahl ist in Einklang mit den theoretischen Erwartungen. Die Geometrie der größeren dieser Zonen konnte in neutronenbestrahltem Kupfer mit Hilfe der Durchstrahlung dünner Schichten im Elektronenmikroskop untersucht werden [31]. Es ergab sich, daß die Mehrzahl eine ⟨111⟩-Vorzugsrichtung besitzt, also wohl aus Stufenversetzungen mit Stapelfehlern auf {111}-Ebenen besteht. In jüngster Zeit ist der Abbau dieser Zonen infolge einer plastischen Verformung nach der Bestrahlung an Kupfer- und Nickeleinkristallen ausführlich untersucht worden [32].

Literatur

Zusammenfassende Darstellungen:

[1] *F. Seitz* und *J. S. Koehler*, Displacement of Atoms during Irradiation, Solid State Physics **2**, 305 (1956).
[2] *G. J. Dienes* und *G. H. Vineyard*, Radiation Effects in Solids, Interscience, New York 1957.
[3] *J. J. Harwood*, *H. H. Hausner*, *J. G. Morse*, und *W. G. Rauch*, Effects of Radiation on Materials, Reinhold, New York 1958.
[4] *D. S. Billington* und *J. H. Crawford*, jr., Radiation Effects in Solids, Princeton University Press, Princeton 1961.
[5] *G. Leibfried*, Bestrahlungseffekte in Festkörpern, Teubner, Stuttgart 1965.

Konferenzberichte:

[6] *K. Lark-Horovitz*, In: Semiconducting Materials, Butterworth, London 1951, p. 47.
[7] Proc. 2nd UN Int. Conf. Peaceful Uses of Atomic Energy, Geneva 1958, Vol. 6.
[8] Proc. Conf. Radiation Effects in Semiconductors, Gatlinburg, Tenn., J. Appl. Phys. **30**, 1117 – 1322 (1959).
[9] Radiation Damage in Solids (Scuola Intern. di Fisica E. Fermi, XVIII Corso), Academic Press, New York, London 1962.
[10] Radiation Damage in Solids (Proc. Symp. Radiation Damage in Solids and Reactor Materials, Venice 1962), Intern. Atomic Energy Agency, Vienna 1962, Vol. I, II, III.
[11] Proc. Int. Conf. Crystal Lattice Defects, Kyoto 1962, J. Phys. Soc. Japan **18**, Suppl. I, II, III (1963).
[12] The Interaction of Radiation with Solids (Summer School on Solid State Physics, Mol, Belgium, 1963) North-Holland Publishing Company, Amsterdam 1964.

Originalarbeiten:

[13] *A. Seeger*, in [7], p. 250; in [10], Vol. I, p. 101; in [11], Suppl. III, p. 260.
[14] *D. K. Holmes*, in [12], p. 147.
[15] *J. H. Crawford*, jr., in [12], p. 421.
[16] *G. D. Watkins*, *J. W. Corbett* und *R. M. Walker*, J. Appl. Phys. **30**, 1198 (1959); *G. D. Watkins* und *J. W. Corbett*, Phys. Rev. **121**, 1001 (1961); Phys. Rev. **134**, A 1359 (1964).
[17] *G. Bemski*, J. Appl. Phys. **30**, 1195 (1959); *G. Feher*, Phys. Rev. **114**, 1219 (1959); *G. Feher* und *E. A. Gere*, Phys. Rev. **114**, 1245 (1959).
[18] *A. Seeger* und *E. Mann*, J. Phys. Chem. Solids **12**, 326 (1960); *A. Seeger*, *E. Mann* und *R. v. Jan*, J. Phys. Chem. Solids **23**, 639 (1962); *G. Schottky*, *A. Seeger* und *G. Schmid*, phys. stat. sol. **4**, 419, 439 (1964).
[19] *G. Burger*, *H. Meissner* und *W. Schilling*, phys. stat. sol. **4**, 267 (1964).
[20] *R. v. Jan* und *A. Seeger*, phys. stat. sol. **3**, 465 (1963).
[21] *G. Leibfried*, in [9], p. 227; *R. Frère*, phys. stat. sol. **3**, 1252, 1441, 1453 (1963).
[22] *G. Burger*, *H. Meissner* und *W. Schilling*, phys. stat. sol. **4**, 281 (1964).
[23] *O. S. Oen*, *D. K. Holmes* und *M. T. Robinson*, J. Appl. Phys. **34**, 302 (1963); *M. T. Robinson* und *O. S. Oen*, Appl. Phys. Lett. **2**, 30 (1963); Phys. Rev. **132**, 2385 (1963).
[24] *C. Lehmann* und *G. Leibfried*, J. Appl. Phys. **34**, 2821 (1963).
[25] *M. Balarin*, phys. stat. sol. **5**, 93 (1964).
[26] *J. H. Crawford*, jr. und *J. W. Cleland*, J. Appl. Phys. **30**, 1204 (1959); *B. R. Gossik*, J. Appl. Phys. **30**, 1214 (1959); *B. R. Gossik*, in [11], Suppl. III, p. 226.
[27] *J. Diehl*, in [10], Vol. I, p. 129; *A. Rukwied* und *J. Diehl*, Z. Metallkunde **55**, 266 (1964).
[28] *R. v. Jan*, phys. stat. sol. **6**, 925 (1964); **7**, 299 (1964); **8**, 331 (1965).
[29] *A. Rukwied*, Z. Metallkunde **55**, 146, 205 (1964); *J. Fischer*, Z. Naturf. **17a**, 603 (1962).
[30] *W. Schilling* und *W. Schmatz*, phys. stat. sol. **4**, 95 (1964).
[31] *U. Essmann* und *M. Wilkens*, phys. stat. sol. **4**, K 53 (1964).
[32] *A. Seeger* und *U. Essmann*, in [9], p. 717; *H. Rieger*, *A. Seeger* und *H. Kronmüller*, phys. stat. sol. **4**, 163 (1964); *J. Diehl* und *F. Hinzner*, phys. stat. sol. **7**, 121 (1964).

Zusatz bei der Korrektur:

Im Zusammenhang mit dem VIIten Internationalen Kongreß über die Physik der Halbleiter fand in der Zeit vom 16. bis. 18. Juli 1964 in Royaumont ein Symposium über Strahlungseffekte in Halbleitern statt, auf dem die Mehrzahl der in vorstehendem Resümee angeschnittenen Fragen zur Strahlenschädigung von Halbleitern behandelt wurde. Die vorgetragenen Arbeiten sowie die Diskussionen sind veröffentlicht worden. (Effets des Rayonnements sur les Semiconducteurs, Dunod, Paris 1965).

A. SCHARMANN*)

Strahlenbeeinflussung von Leuchtstoffen

Mit 19 Abbildungen

Summary

Phosphors are deteriorated under bombardment with electrons and ions. The decrease of luminescence intensity can be described by simple equations. The dependence of the deterioration on ion mass and ion energy is discussed with respect to the theory of *Seitz* and *Koehler*. Phosphors with more than one emission band show a dependence of the luminescence damage on ion current density. The excitation and the deterioration of thin phosphor layers can be used to measure penetration depths of electrons and ions.

A. Einleitung

Unter der Einwirkung energiereicher Strahlung können Leuchtstoffe ihre physikalischen Eigenschaften ändern [1]. Hier soll nur die Beeinflussung der Lumineszenzfähigkeit interessieren.

Durch Strahlenbeeinflussung können Leuchtstoffe ihre Lumineszenzfähigkeit teilweise oder auch vollkommen verlieren. Eine Leuchtstoffschädigung kann auch durch Einwirkung der umgebenden Atmosphäre oder durch Druck bewirkt werden. Am besten untersucht ist jedoch die Leuchtstoffzerstörung unter Strahleneinwirkung. Meist werden die Untersuchungen mit energiereicher Strahlung durchgeführt, die in der Lage ist, eine große Zahl von Gitterbausteinen zu beeinflussen. Die Zerstörung wird verursacht durch die Änderung des Fehlordnungszustandes im Festkörper. Dies kann geschehen durch elastische Wechselwirkung der eingeschossenen Teilchen mit den Gitterbausteinen, durch Bildung von Fremdatomen infolge von Kernumwandlungen oder durch Wechselwirkung mit den Elektronen, wobei Änderungen der Elektronenkonfiguration zu Verlagerungen von Gitterbausteinen führen können. Röntgen- und γ-Strahlen wirken im wesentlichen über ihre durch Photo-, Compton- oder Paarbildungsprozesse erzeugten energiereichen Elektronen. Die Schädigung durch UV-Licht beruht auf Photoreaktionen.

Inwieweit die Stoßwechselwirkung mit den Gitterbausteinen oder die Wechselwirkung mit den Elektronen des Festkörpers für die Beeinflussung entscheidend ist, hängt noch vom Leuchtstoff ab. Man unterscheidet vier Gruppen von Leuchtstoffen:

1. Organische Leuchtstoffe (Molekülkristalle),
2. Kristallphosphore (ZnS, CdS ...),
3. Sauerstoffphosphore (Wolframate, Molybdate ...),
4. Halogenidphosphore.

---

*) I. Physikalisches Institut der Universität, Gießen.

Die Zerstörung wächst in dieser Reihenfolge jeweils ungefähr um eine Größenordnung bei gleicher Beanspruchung (Abb. 1). Die Wechselwirkung mit den Elektronen des Festkörpers hat bei organischen Leuchtstoffen Bedeutung und beherrscht vor allem das sehr umfangreiche Gebiet der Verfärbungserscheinungen der Halogenid-Phosphore. Auch bei den Wolframaten und Molybdaten muß sie berücksichtigt werden [2].
Eine Aussage über die Natur der Defekte läßt sich aus den Zerstörungskurven, Abnahme der Lumineszenzintensität als Funktion der Zahl der eingestrahlten

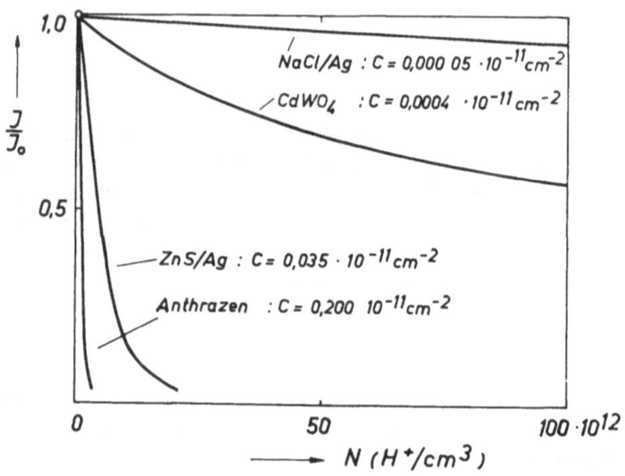

Abb. 1
Relative Lumineszenzintensität verschiedener Leuchtstoffe bei Beschuß mit Ionen
C = Zerstörungskonstante entsprechend Gleichung (1) [1]

Teilchen, nicht machen. Auch durch röntgenographische und elektronenoptische Untersuchungen hat man bis jetzt noch keine bestimmten Aussagen über die physikalische Natur der erzeugten Fehlordnungszustände erhalten können. Alle möglichen Defekte faßt man daher unter dem Sammelbegriff Störstelle zusammen.
Identifiziert man diese Störstellen im Kristall mit tiefen, unbesetzten Haftstellen, wie dies von *Broser* und *Warminsky* [3] gemacht wurde, so kann man mit Hilfe der Reaktionskinetik auf der Grundlage des Bändermodells eine quantitative Beziehung für die Zerstörungskurve angeben. Wenn man von der Annahme ausgeht, daß die Zahl der erzeugten Störstellen der Zahl der eingeschossenen Teilchen proportional und die Aktivator-Konzentration klein gegen die Anregungsdichte im Leuchtstoff ist, so gilt [4]:

$$\frac{I}{I_0} = \frac{1}{1+C\cdot N}. \tag{1}$$

Hierbei ist I_0 die Anfangslumineszenzintensität, N die Zahl der eingeschossenen Teilchen und C die sogenannte Zerstörungskonstante. Für CdS mit hoher Aktivatorkonzentration leiteten *Broser* und *Warminsky* [3] die Gleichung

$$\frac{I}{I_0} = 1-\ln\left(1+\frac{a}{N}\right)^{N/a} \tag{2}$$

ab (a = Zerstörungskonstante, Abb. 2).

Für große N läßt sich diese Beziehung (2) in eine Reihe entwickeln, und man erhält praktisch Übereinstimmung mit Formel (1). Zwischen den beiden Gleichungen besteht also kein wesentlicher Unterschied.
Diese Beziehungen gelten nur für Einbandenphosphore und nur so lange sich die von den eingeschossenen Teilchen erzeugten Anregungskanäle nicht überlappen.

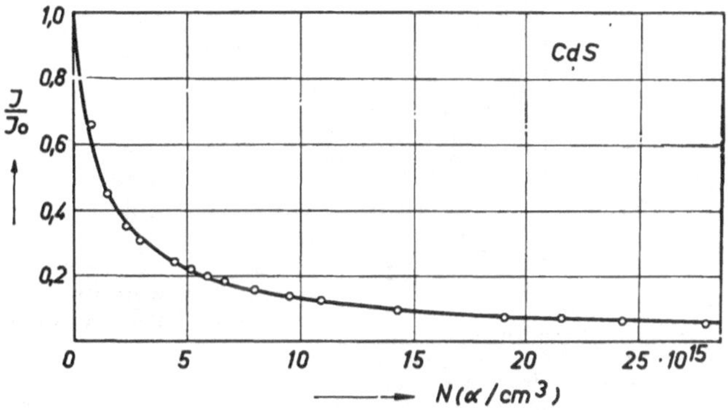

Abb. 2. Relative Lumineszenzintensität von CdS bei Anregung mit Po 210-α-Teilchen [3]

B. Experimentelle Ergebnisse und ihre Deutung

Wegen ihrer Strukturempfindlichkeit ist die Lumineszenz sehr empfindlich gegen geringe Änderungen des Fehlordnungszustandes des Leuchtstoffkristalls. Daher ist die Lumineszenzzerstörung ein leicht zu beobachtender Fall des „radiation damage". Schwierig dagegen ist die Deutung der verschiedenen experimentellen Befunde. Dies liegt daran, daß man keine gesicherten Vorstellungen über die strahleninduzierten Störstellen hat [5] und man nichts sicheres über die physikalische Natur der Leuchtzentren weiß. In den folgenden beiden Abschnitten soll erst der Einfluß der Strahlenart und dann der Einfluß der Leuchtstoffeigenschaften auf die Lumineszenzzerstörung anhand der experimentellen Untersuchungen betrachtet werden.

1. Einfluß der Strahlenart

a) Elektronen

Elektronen mit Energien bis herauf zu etwa 100 keV treten nur mit der Elektronenhülle der Gitterbausteine in Wechselwirkung. Die Verlagerung der Gitterbausteine erfolgt durch Coulomb-Kräfte infolge der Änderung von Ladungszuständen. Elektronen mit Energien über etwa 100 keV sind in der Lage, durch direkten Stoß Defekte zu bilden.
In einer Reihe von Arbeiten haben *Rottgardt* und *Berthold* die Lumineszenzzerstörung von Leuchtstoffen durch Elektronen in Abhängigkeit von der Energie (Abb. 3) und der Stromdichte untersucht [6]. Die Schädigung ist nur von der Zahl der aufgefallenen Teilchen abhängig, sie ist unabhängig von der Energie. Das ist zu erwarten, da in diesem Energiebereich nur eine Wechselwirkung mit den Elektronen der Gitterbausteine vorhanden und der differentielle Energieverlust $dE(x)/dx$ und damit auch die Defektkonzentration praktisch konstant ist. Eine Abhängigkeit von der Stromdichte wurde

wegen des zu erwartenden kleinen Effektes und der geringen Meßgenauigkeit nicht beobachtet.

Untersuchungen mit hochenergetischen Elektronen führten *Kulp* und *Kelley* an CdS durch [7]. Elektronen einer Energie > 115 keV sind in der Lage, Zentren für die grüne Kantenemission zu bilden. Gleichzeitig tritt eine rote Lumineszenz mit einem Maximum bei 7200 Å auf. Dieses Ergebnis deuten

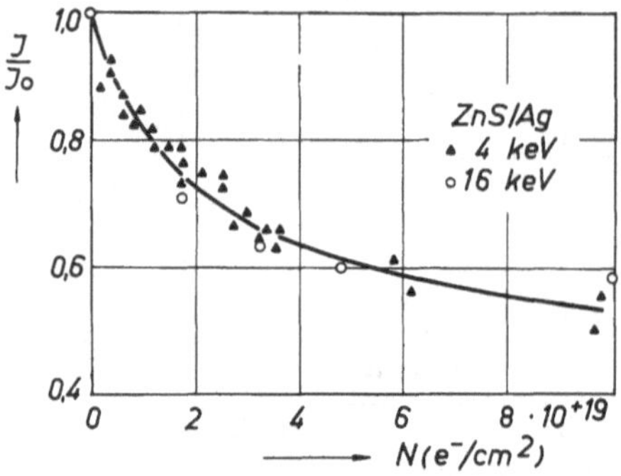

Abb. 3
Relative Lumineszenzintensität von ZnS/Ag bei Anregung mit Elektronen verschiedener Energie [6]

sie mit einer Bildung von Schwefel auf Zwischengitterplätzen und Schwefellükken (vgl. auch [5]). Aus diesen Meßergebnissen folgt für die Verlagerungsenergie von Schwefel in CdS der geringe Wert von 8,7 eV.

b) Ionen

Untersucht man die Lumineszenzzerstörung bei Ionenbeschuß, so findet man eine Abhängigkeit der Schädigung von der Energie und der Masse der Teilchen. Bei Mehrbandenphosphoren ist sie auch abhängig von der Stromdichte. Bei Ionenbeschuß muß man daher zwischen Ein- und Mehrbandenphosphoren unterscheiden.

Energieabhängigkeit. Bei Beschuß mit H^+-Ionen nimmt die Schädigung mit zunehmender Energie ab (Abb. 4). Beschießt man die Leuchtstoffe mit He^+-Ionen, so zeigt sich anfänglich das gleiche Verhalten. Bei einer bestimmten Zahl von aufgetroffenen He^+-Ionen schneiden sich jedoch die Zerstörungskur-

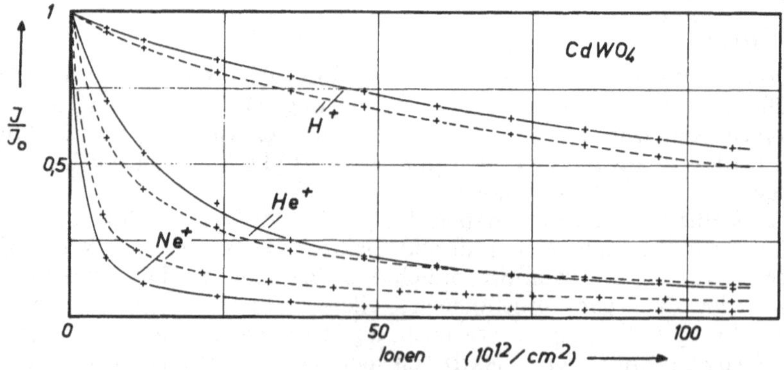

Abb. 4. Relative Lumineszenzintensität von $CdWO_4$ bei Anregung mit Ionen, Ionenenergie 4 keV (---), 20 keV (—) [8]

ven. Nach längerem Beschuß kehrt sich also die Abhängigkeit der Schädigung von der Energie der Teilchen um. Bei schweren Ionen wächst die Zerstörung mit wachsender Energie. In Abb. 5 gibt $N_{1/2}$ die Dichte der aufgetroffenen Ionen an, bei der die Lumineszenz auf die Hälfte abgesunken ist.

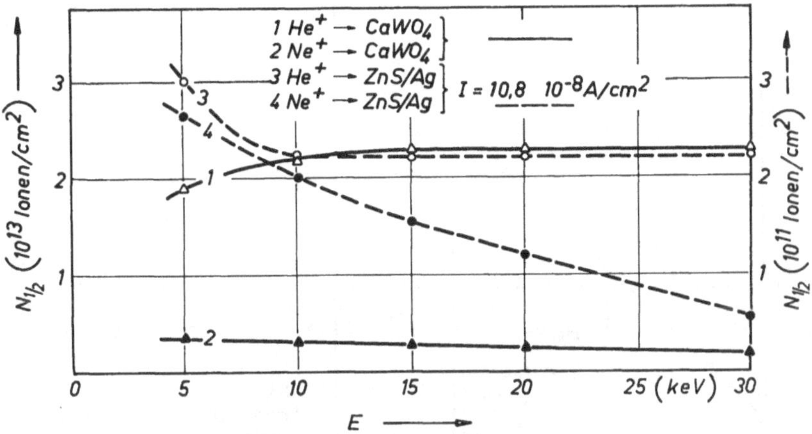

Ab. 5. Lumineszenzs chädigung von $CaWO_4$ und ZnS/Ag als Funktion der Ionenenergie. $N_{1/2}$ gibt die Zahl der pro cm^2 aufgetroffenen Ionen an, bei der die Lumineszenz auf die Hälfte abgesunken ist [9]

Massenabhängigkeit. Bei leichten Ionen nimmt mit wachsender Ionenmasse die Lumineszenzschädigung zu (Abb. 6). Bis zur Massenzahl 20 (Ne^+) ist bei gleicher Teilchenenergie die Zerstörungskonstante C recht gut proportional

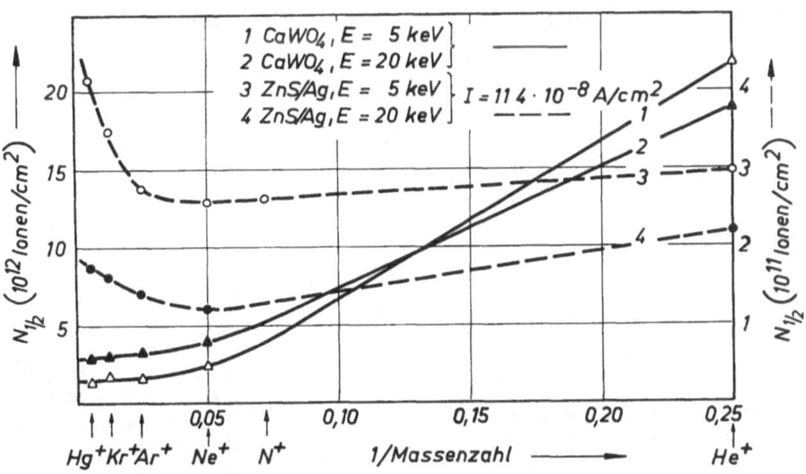

Abb. 6. Lumineszenzschädigung von $CaWO_4$ und ZnS/Ag als Funktion der reziproken Ionenmasse [9]

zur Ionenmasse (Abb. 7). Bei Anregung mit Ionen schwerer als Ne^+ ändert sich dagegen die Lumineszenzzerstörung bei den Wolframaten kaum mehr, während sie bei ZnS wieder kleiner wird. Wie die Abbildungen 4 und 6 zeigen, ist dieser Rückgang der Schädigung stark energieabhängig. Je kleiner die

Energie der Teilchen, desto schwächer die Zerstörung. Hier macht sich die starke Störung der Kristalloberfläche der Leuchtstoffe bemerkbar. Die schweren Ionen bleiben praktisch in der Oberfläche stecken. Sie erregen und zerstören

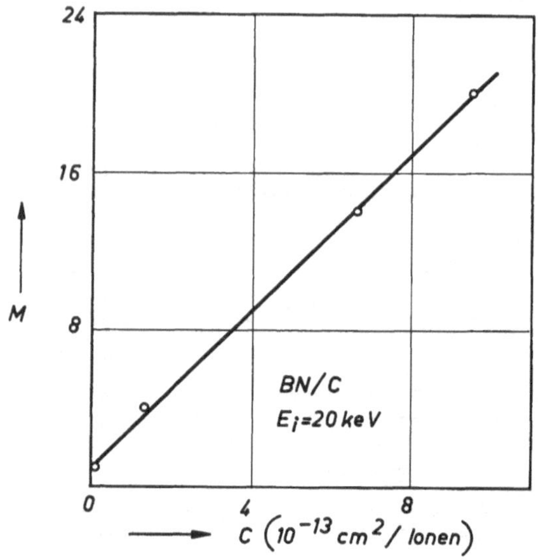

Abb. 7
Zerstörungskonstante C als Funktion der Ionenmasse [10]

also Leuchtstoffbereiche hoher Haftstellen- und geringer Leuchtzentrenkonzentrationen, d.h. die Schädigung muß kleiner werden (Abb. 8).
Zur Deutung der Abhängigkeit der Lumineszenzzerstörung von der Energie E_i und der Masse M_i der Ionen muß man die Festkörperbeeinflussung durch schwere geladene Teilchen betrachten. Dringt ein schnelles Ion in Materie

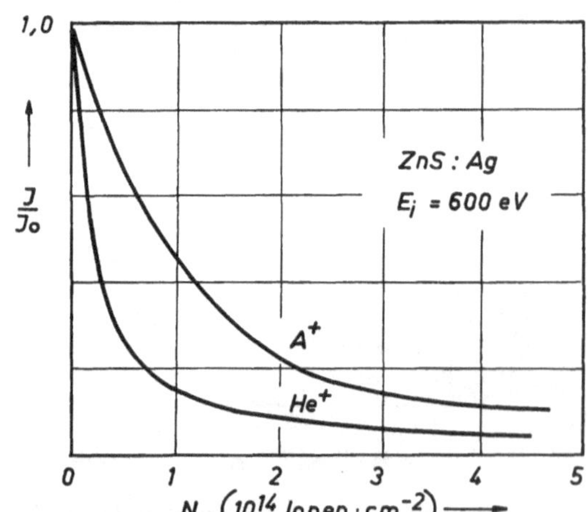

Abb. 8
Relative Lumineszenzintensität von ZnS/Ag bei Anregung mit He^+- und A^+-Ionen [11]

ein, so kann es seine Bewegungsenergie auf zwei Arten verlieren. Einmal durch unelastische Stöße, indem es die Gitterbausteine anregt und ionisiert. Zum anderen durch elastische Stöße unter Bildung von Frenkel-Defekten. Diese Erzeugung von Frenkel-Defekten durch die einfallenden, geladenen

Teilchen ist maßgebend für die Zerstörung der Leuchtstoffe. Dabei werden Störstellen im Kristallgitter geschaffen, die das Lumineszenzverhalten der Phosphore ändern. Die unelastischen Stöße treten im allgemeinen bei hoher Teilchenenergie auf, d.h. im Anfang der Bahn. Gegen Ende der Bahn, wenn das Teilchen bereits stark abgebremst ist, macht es hauptsächlich elastische Stöße mit den Gitterbausteinen. Dieser Übergang vom unelastischen zum elastischen Verhalten ist aber nicht scharf. Die Grenzenergie E_g, oberhalb der das Ion seine Energie hauptsächlich durch Ionisation verliert, kann abgeschätzt werden zu [12]

$$E_g \approx \frac{1}{10} \frac{M_i}{m} I \tag{3}$$

wobei M_i die Masse des einfallenden Teilchens, m die Elektronenmasse und I die niedrigste elektronische Anregungsenergie ist. Unterhalb E_g hat man es hauptsächlich mit einer elastischen Wechselwirkung zwischen dem einfallenden geladenen Teilchen und den Gitterbausteinen zu tun, die zu einer Verlagerung von Atomen führen kann. Nach *Bohr* [13] erfolgt die Wechselwirkung bei solchen Stößen im allgemeinen über ein abgeschirmtes Coulomb-Potential

$$V(r) = \frac{Z \cdot Z_i e^2}{r} \mathrm{e}^{-r/a} \tag{4}$$

(r = Abstand der Teilchen; a = Abschirmkonstante; Z = Ordnungszahl). Ist die Annäherung der beiden Stoßpartner und die Ionenenergie E_i sehr groß, so kann man die Abschirmung vernachlässigen, d.h. die Streuung der Ionen erfolgt durch die Coulomb-Abstoßung der beiden Kerne. Man erhält das Rutherfordsche Streugesetz. Der differentielle Wirkungsquerschnitt für eine Energieübertragung zwischen E und $E+\mathrm{d}E$ ist

$$\mathrm{d}\sigma = C^* \frac{\mathrm{d}E}{E^2}, \tag{5}$$

wobei

$$C^* = 4\pi a_h^2 \cdot \frac{Z^2 \cdot Z_i^2 \cdot R_h^2 \cdot M_i}{E_i \cdot M}$$

(a_h = Bohrscher Wasserstoffradius; R_h = Rydberg-Energie; M = Masse des gestoßenen Teilchens).

Die Beziehung (5) ist gültig für E von einer maximalen Energie E_m bis zu einer bestimmten unteren Grenze, von der ab die Abschirmung durch die Elektronen nicht mehr länger vernachlässigt werden darf. E_m ist die beim Zentralstoß maximale übertragbare Energie

$$E_m = 4 \frac{M_i \cdot M}{(M_i + M)^2} E_i. \tag{6}$$

Fordert man nun, daß ein Gitterbaustein immer nur dann von seinem Platz gestoßen wird, wenn die übertragene Energie einen bestimmten Schwellwert E_d überschreitet, so erhält man mit Hilfe der Beziehung (5) für den totalen Wirkungsquerschnitt der Verlagerung bei Rutherford-Streuung

$$\sigma_d = \int_{E=E_d}^{E=E_m} \mathrm{d}\sigma = 4\pi a_h^2 \cdot \frac{Z^2 \cdot Z_i^2 \cdot R_h^2 \cdot M_i}{E_i \cdot M} \left(\frac{1}{E_d} - \frac{1}{E_m} \right). \tag{7}$$

Die bei einem Rutherford-Stoß im Mittel auf einen verlagerten Gitterbaustein übertragene Energie $\bar{E}$ ist

$$\bar{E} = \frac{E_d \cdot E_m}{E_m - E_d} \ln\left(\frac{E_m}{E_d}\right). \tag{8}$$

Nimmt die Energie der einfallenden Ionen ab, so macht sich beim Stoß die Abschirmung der Kernfelder durch die Elektronenhüllen immer mehr bemerkbar. Die Entfernung der Stoßpartner ist in der Größenordnung des Abschirmradius

$$a = \frac{a_h}{\sqrt{Z_i^{2/3} + Z^{2/3}}}. \tag{9}$$

Bei etwas größeren Entfernungen ist dann die Abschirmung nahezu vollständig, d.h. die stoßenden Teilchen verhalten sich wie elastische Kugeln (Billardkugelstoß). Die Streuung ist isotrop und daher sind bei einem solchen Stoß alle übertragenen Energiebeträge E zwischen 0 und E_m gleich wahrscheinlich. Für den Bereich zwischen Rutherford-Stoß und Billardkugelstoß gibt es keinen geschlossenen analytischen Ausdruck für den Wirkungsquerschnitt für Fehlstellenbildung. *Everhart*, *Stone* und *Carbone* haben hier numerische Berechnungen durchgeführt [14].

Der Wirkungsquerschnitt für die Verlagerung von Gitterbausteinen bei isotroper Streuung ist

$$\sigma_d = \pi a^2 \left(1 - \frac{E_d}{E_m}\right), \tag{10}$$

die mittlere, übertragene Energie

$$\bar{E} = \frac{E_m + E_d}{2}. \tag{11}$$

Es gibt keinen scharfen Übergang vom Rutherford-Stoß zum Billardkugelstoß. Die Stöße gehorchen dem Rutherford-Gesetz, wenn das Verhältnis Stoßparameter b zu Abschirmradius a sehr klein gegen 1 ist.

$$b = \frac{2 \cdot Z \cdot Z_i e^2}{\mu \cdot v^2} \tag{12}$$

(μ = reduzierte Masse; v = Geschwindigkeit der einfallenden Teilchen). Isotrope Streuung liegt vor für $\frac{b}{a} \gg 1$.*)

Die Zahl dn der verlagerten primären Gitterbausteine durch ein einfallendes Ion der Energie E_i nach Durchlaufen der Strecke dR ist

$$\mathrm{d}n = n_0 \cdot \sigma_d \cdot \mathrm{d}R \tag{13}$$

(n_0 = Zahl der Gitterbausteine pro Volumeneinheit).

Die pro Ion erzeugte Anzahl von Frenkel-Defekten errechnet sich dann aus der Gleichung

$$\varrho = n_0 \int_0^R \sigma_d \cdot \bar{\nu} \cdot \mathrm{d}R \tag{14}$$

*) Die Grenze zwischen Rutherford- und Billardkugelstoß liegt etwa bei $E_c = 2 \cdot Z \cdot Z_i \times \sqrt{Z_i^{2/3} + Z^{2/3}} \cdot R_h \frac{M_i + M}{M}$.

$\bar{\nu}$ ist die Zahl von Fehlstellen, die ein primär gestoßenes Teilchen in der weiteren Folge erzeugt. Zur Berechnung von $\bar{\nu}$ muß man berücksichtigen, daß die Energie der primär verlagerten Teilchen sehr unterschiedlich ist. Man verwendet daher die Energiemittelwerte $\bar{E}$ (8) bzw. (11). Die mit Hilfe verschiedener Modelle durchgeführten Abschätzungen von $\bar{\nu}$ unterscheiden sich nur wenig. Wir wollen annehmen, daß für die primär gestoßenen Gitterbausteine die Rutherford-Streuung (7) verantwortlich ist und die von diesen primär gestossenen Gitterbausteinen sekundär erzeugten Fehlstellen durch Billardkugelstoß entstehen (Theorie von *Seitz* und *Koehler* [15]). Damit läßt sich für eine bestimmte Zahl eingefallener Teilchen die bei der Lumineszenzzerstörung interessierende, durch den Beschuß gebildete Fehlstellendichte im Leuchtstoff angenähert berechnen. Die Rechnung wird für H^+-, He^+-, N^+- und Ne^+-Ionen von 10 bzw. 20 keV an ZnS durchgeführt. Als Masse M und Ladung Z wird ungefähr das arithmetische Mittel aus Masse und Ladung von Zink und Schwefel angenommen. Für n_0 von ZnS wird mit $2 \cdot 10^{22}$ Gitterbausteinen pro cm^3, für die Zahl der eingeschossenen Teilchen mit 10^{13} Ionen gerechnet. Die Verlagerungsenergie E_d sei 25 eV. Das Ergebnis der Rechnung zeigt die Tabelle 1. Die Fehlstellendichte ist von der Masse und der Energie der

Tabelle 1. Reichweite R und gebildete Fehlstellendichte in ZnS (10^{13} einfallende Ionen)

E		$R(\mu)$	$n \cdot 10^{-18}$ cm^{-3}
10 keV	H^+	0,15	1,3
	He^+	0,10	28
	N^+	0,05	1440
	Ne^+	0,04	4330
20 keV	H^+	0,27	0,8
	He^+	0,18	16
	N^+	0,09	800
	Ne^+	0,07	2400

eingeschossenen Ionen abhängig. Nimmt man an, daß im wesentlichen die durch Stoß gebildeten Fehlstellen für die Lumineszenzabnahme während des Ionenbeschusses verantwortlich sind, so gibt die Tabelle die Massen- und Energieabhängigkeit bei leichten Ionen richtig wieder. Die im Leuchtstoff steckenbleibenden, eingestrahlten Teilchen, die ebenfalls Störstellen im Kristallgitter darstellen, werden im Rahmen dieser Näherung vernachlässigt. Die leichten Ionen wirken hauptsächlich durch Rutherford-Streuung. Beschießt man daher Leuchtstoffe, die aus leichten Elementen aufgebaut sind, so wird man erwarten, daß entsprechend der Beziehung (7) die Zerstörung proportional zur Masse M_1 der einfallenden Ionen ist. Genau dieses Verhalten zeigt Abb.7. Auch bei den Zinksulfiden konnte dies in recht guter Näherung bestätigt werden. Die Fehlstellendichte ϱ/R ist bei der Rutherford-Streuung in guter Näherung umgekehrt proportional der Ionenenergie. Damit läßt sich die bei Anregung mit leichten Ionen beobachtete Abnahme der Lumineszenzzerstörung mit wachsender Ionenenergie erklären. Bei Beschuß mit schweren Ionen wird jedoch nach dem Experiment die Lumineszenz um so mehr zerstört, je energiereicher die Ionen sind. Hier erfolgt die Fehlstellenbildung im wesentlichen durch Billardkugelstoß. Mit Hilfe der Beziehungen (10), (11), (14) und bei Verwendung der $\bar{\nu}$-Werte

$$\bar{\nu} = 1 \text{ für } \bar{E} \leqslant 2E_d$$

und

$$\bar{\nu} = \frac{\bar{E}}{2E_d} \text{ für } \bar{E} > 2E_d$$

nach *Kinchin* und *Pease* [16] erhält man in erster Näherung

$$\varrho_B = n_0 \cdot R \cdot \frac{\pi a^2}{E_d} \cdot \frac{\mu^2 E_i}{M_i \cdot M} \tag{15}$$

In diesem Fall ist also die durch ein Ion erzeugte Zahl von Defekten proportional zur Energie des Ions, d.h. die Zerstörung wächst mit steigender Energie der Teilchen; das entspricht dem experimentellen Befund bei Anregung mit schweren Ionen.

Nach Gleichung (15) hat ϱ_B für einen bestimmten Energiewert E_i bei „Massenresonanz" ($M_i = M$) ein Maximum. Eine Abschätzung zeigt, daß dieser Einfluß klein ist. Weiterhin ist in dem untersuchten Energiebereich die Eindringtiefe der schweren Ionen sehr gering. Sie bleiben praktisch in der stark gestörten Oberfläche stecken, so daß bei den Zerstörungsmessungen dieser Effekt nicht zu beobachten ist.

Die Umkehr der Energieabhängigkeit der Zerstörung bei He^+-Beschuß für höhere Teilchenzahlen kann mit den bisherigen Überlegungen allein nicht erklärt werden. Trifft ein Ion auf einen bereits gestörten Kristall, so tritt in Konkurrenz zur Defektbildung der dazu inverse Prozeß einer Stoßausheilung der Frenkel-Defekte. Der Ausheilprozeß wird um so wahrscheinlicher, je größer die Konzentration der Zwischengitteratome und je größer die Zahl der Gitterleerstellen ist. Wenn die Fehlstellendichte sehr groß ist, so daß die Wahrscheinlichkeit für die Rückbildung vergleichbar mit der der Neubildung von Störstellen wird, gewinnt der Effekt für die Zerstörung an Bedeutung. Diese Bedingung ist abhängig von der Masse und der Energie der auftreffenden Ionen. Bei hohen Teilchenzahlen wird man daher eine Änderung der nur auf Grund der Stoßgesetze berechneten Fehlstellendichten erwarten, womit dann das experimentelle Ergebnis bei He^+-Beschuß erklärt werden kann.

Stromdichteabhängigkeit. Wie Abb. 9 zeigt, ist bei $CaWO_4$ die Lumineszenzzerstörung unabhängig von der Ionenstromdichte. Dies gilt für alle untersuchten Einbandenphosphore. Bei den Zinksulfiden dagegen und allgemein bei allen untersuchten Mehrbandenphosphoren wird die Schädigung um so kleiner, je größer die Ionenstromdichte ist. Diese Abhängigkeit zeigt auch $CaWO_4$/Sm, das die blaue Wolframatbande und eine durch den Einbau von Sm bedingte rote Emissionsbande zeigt. Die Abhängigkeit der Zerstörung von der Ionenstromdichte wird in der Literatur meist durch den Riehl-Effekt erklärt. Dazu ist notwendig, daß strahlender und strahlungsloser Übergang Prozesse verschiedener Reaktionsordnung sind und daß sich bei Teilchenerregung die Anregungskanäle überlappen. Eine Abschätzung mit Hilfe der von *Kallmann* und Mitarbeitern experimentell ermittelten Kanaldurchmesser zeigt jedoch, daß bei den verwendeten Ionenstromdichten innerhalb der Abklingzeit noch keine Überlappung auftritt [17]. Dies wird bestätigt durch Untersuchungen der Lumineszenzintensität I_0 zu Beginn der Bestrahlung in Abhängigkeit von der Ionenstromdichte. I_0 ist stets proportional zur

Teilchenstromdichte. Eine Erhöhung bedeutet nur eine entsprechende Zunahme der Zahl der leuchtenden Anregungskanäle. Geringe Abweichungen in der Linearität bei sehr niedrigen Ionenenergien sind auf die Inhomogenitäten in den Oberflächenschichten zurückzuführen.

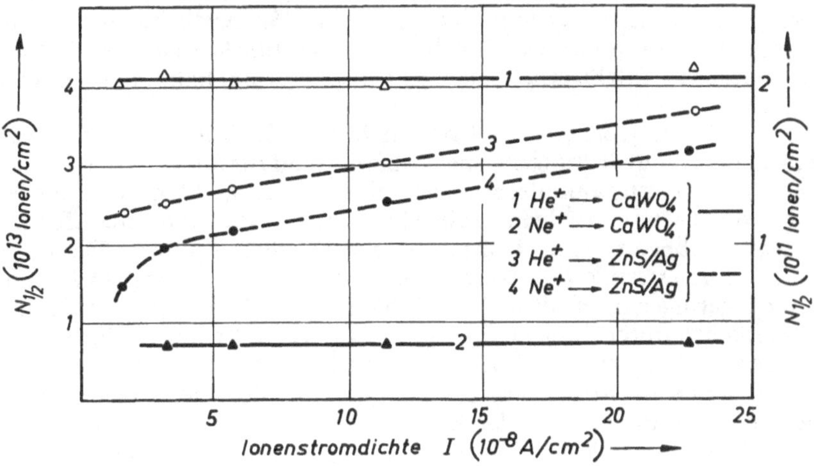

Abb. 9. Lumineszenzschädigung von $CaWO_4$ und ZnS/Ag bei Anregung mit 5 keV-Ionen als Funktion der Ionenstromdichte [9]

2. Einfluß der Leuchtstoffeigenschaften

Untersucht man die Zerstörung von ZnS in Abhängigkeit vom Kristallgittertyp, so wird kubisches ZnS weniger zerstört als hexagonales. Das liegt an der größeren Bindungsenergie des kubischen ZnS-Gitters. Besonders stark ausgeprägt ist der Einfluß des Kristallgittertyps auf die Zerstörung bei Beschuß mit niederenergetischen Elektronen (Abb. 10), da die Verlagerung der Git-

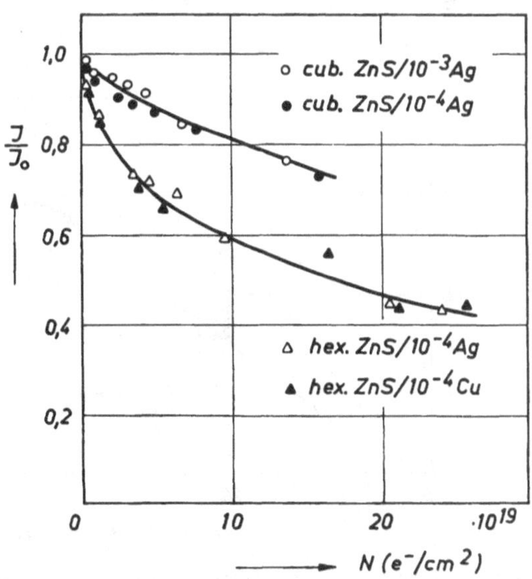

Abb. 10
Relative Lumineszenzintensität von kubischen und hexagonalen ZnS-Leuchtstoffen bei Anregung mit 16 keV-Elektronen [6]

terbausteine durch eine Wechselwirkung der einfallenden Elektronen mit den Bindungselektronen des Kristalls erfolgt. Bei Ionenbeschuß ist der Einfluß klein, wie zu erwarten ist.
Die Untersuchungen von *Rottgardt* an ZnS/Ag-Pulvern verschiedener Korngröße mit niederenergetischen Elektronen zeigen, daß große Kriställchen stabiler gegen Teilchenbeschuß sind als kleine [6]. Auch bei Anregung mit Ionen hat die Korngröße der Leuchtstoffpulver Einfluß auf die Zerstörung. Einen deutlichen Effekt erhält man hier aber erst im Extremfall Einkristall-Pulver.
Mit abnehmender Korngröße wächst im Mittel die Störung der Leuchtstoffkriställchen. Diese Störungen aber wirken bindungslockernd, so daß mit zunehmender Störstellenkonzentration bei Beschuß mit Elektronen die Verlagerung von Gitterbausteinen wahrscheinlicher wird, d.h. die Zerstörung wächst mit abnehmender Korngröße der Leuchtstoffpulver. Daraus folgt auch der experimentelle Befund, daß bei Anregung mit Ionen die Korngröße nur einen geringen Einfluß auf die Schädigung hat, da hier die Fehlstellen im wesentlichen durch direkten Stoß gebildet werden. Regt man einen bestimmten Leuchtstoff einmal in Pulverform und dann in Form eines Einkristalles mit Ionen an, so ist meist die Lumineszenzintensität I_0 beim Einkristall kleiner als beim Pulver, d.h. der Kristall wird schwächer zerstört.
Die verschieden aktivierten Zinksulfide zeigen unterschiedliche Zerstörungsempfindlichkeit. ZnS/Mn wird schwächer zerstört als ZnS/Ag und ZnS/Cu. Verändert man in ZnS/Cu die Aktivatorkonzentration, so nimmt mit steigendem Cu-Einbau die Zerstörung ab. Erst bei höherem Cu-Gehalt läßt sich das durch die Konzentrationslöschung von Leuchtzentren erklären.
Trägt man I_0/I, entsprechend der Beziehung (1), gegen die Teilchenzahl N auf, so ergibt sich, abgesehen von einer anfänglichen Abweichung, die durch eine Wechselwirkung mit den Haftstellen bedingt ist, bei den Einban-

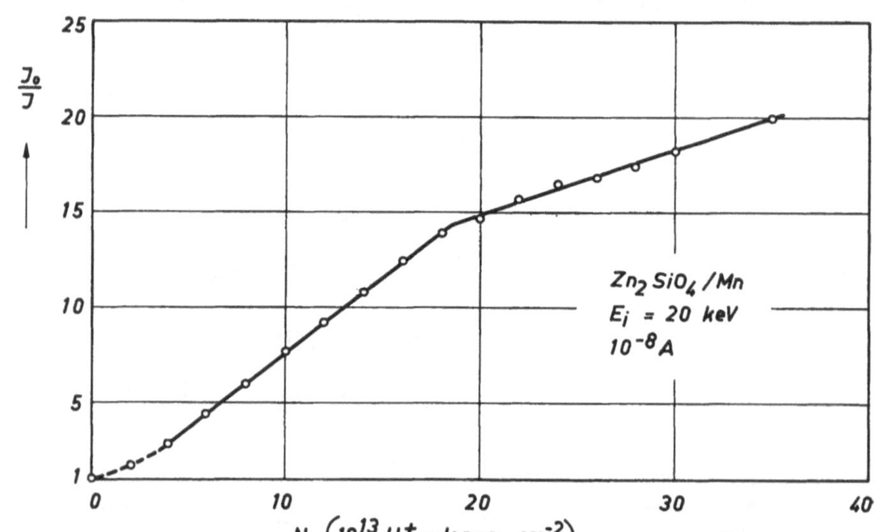

Abb. 11. Reziproke relative Lumineszenzintensität von Zn_2SiO_4/Mn bei Anregung mit H_2^+-Ionen

denphosphoren eine Gerade. Macht man dasselbe bei Mehrbandenphosphoren, so läßt sich der Zerstörungsverlauf nicht mehr geschlossen darstellen. Wie die Abb. 11 zeigt, tritt ein Knick auf. Die Schädigungskurve genügt der Formel (1) nur stückweise. Bei Zinksulfiden hat man meist zwei Knicke im Zerstörungsverlauf. Es liegt daher nahe, die Zahl der Knicke in der Schädigungskurve mit der Zahl der Banden im Emissionsspektrum des Leuchtstoffes in Verbindung zu bringen. Die Spektren von verschieden dotierten ZnS-

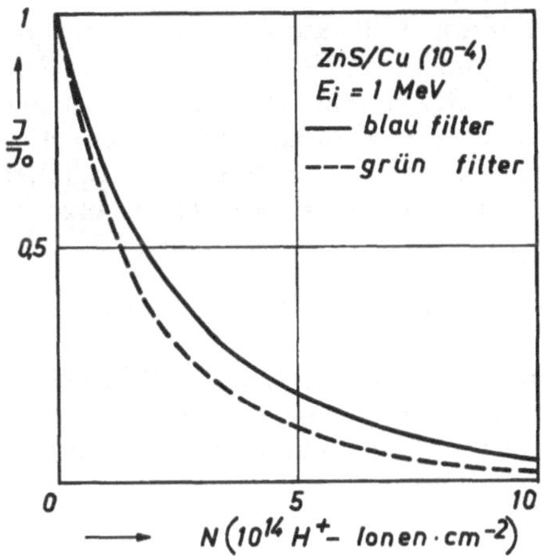

Abb. 12
Lumineszenzschädigung der grünen und blauen Bande von ZnS/Cu

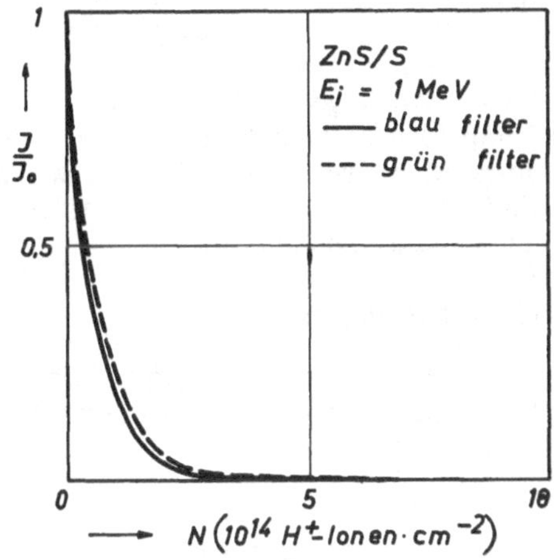

Abb. 13
Lumineszenzschädigung der grünen und blauen Bande von ZnS/S

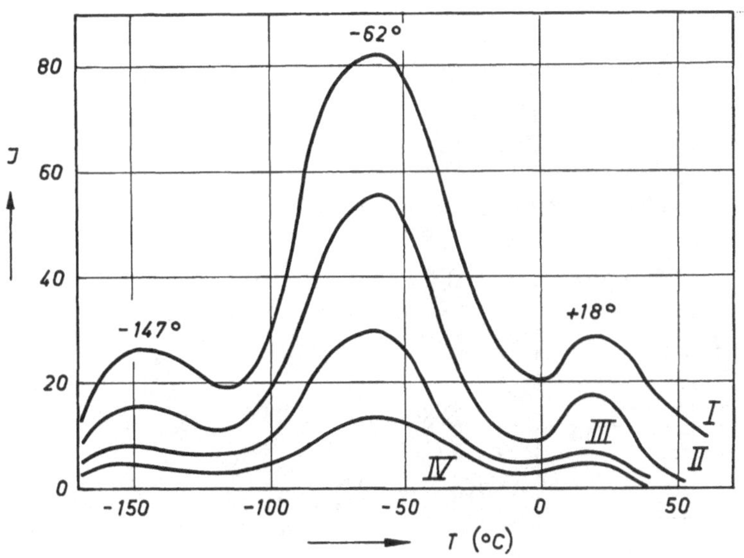

Abb. 14. Glowkurven von ZnS/Cu vor und nach Po 210-α-Bestrahlung. I vor Bestrahlung, II nach Bestrahlung mit $1{,}4 \cdot 10^{12}$, III nach Bestrahlung mit $2 \cdot 10^{13}$, IV nach Bestrahlung mit $2{,}3 \cdot 10^{14}$ α-Teilchen/cm² [5]

Kristallen und ZnS-Pulvern zeigten bei UV- und H^+-Anregung (1 MeV) unabhängig vom Aktivator eine blaue, grüne, gelbe und rote Bande. Dagegen ist die relative Intensität der einzelnen Banden im Spektrum stark vom Aktivator und auch den Anregungsbedingungen abhängig. Untersucht man die Zerstörung der einzelnen Banden für sich, so findet man eine verschiedene Schädigungsempfindlichkeit (Abb. 12 und 13). Welche der Banden stärker zerstört wird, hängt sehr von der Art der Anregung ab. Spektrale Untersuchungen zeigen, daß bei Mehrbandenphosphoren jede einzelne Bande einem Zerstörungsgesetz nach Gleichung (1) gehorcht.
Die Wirkung der Teilchenbestrahlung auf die Glowkurven zeigt Abb. 14. Unabhängig von der Teilchenart (α-, n- und Ionen-Bestrahlung) und dem Leuchtstoff ergibt sich eine Abnahme der Glowintensität über den ganzen Temperaturbereich. Es entstehen weder neue Glowmaxima, noch werden schon vorhandene verstärkt. Die durch Teilchenbestrahlung erzeugten Haftstellen sind daher tief und erhöhen nur die Zahl der strahlungslosen Übergänge im angeregten Leuchtstoff.

C. Anwendungen

Die Anregung und Schädigung der Lumineszenz dünner Leuchtstoffschichten bei Beschuß mit Elektronen und Ionen kann zur Eindringtiefenbestimmung dieser Teilchen benutzt werden. Die Meßmethode sei anhand der Abb. 15 kurz

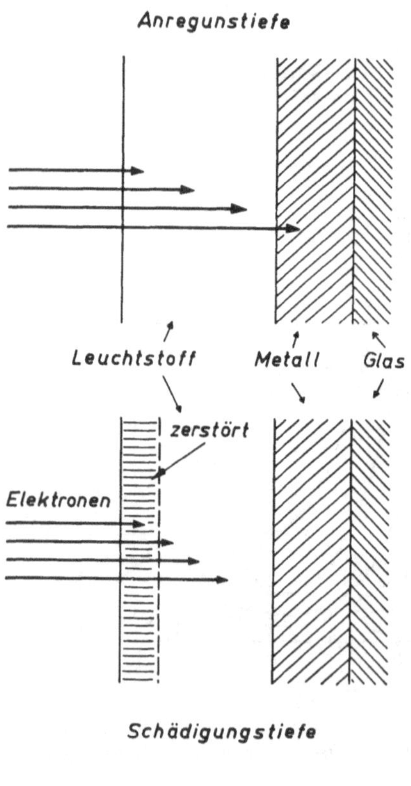

Abb. 15
Schematische Darstellung der Meßmethoden für maximale Anregungs- und maximale Schädigungstiefen

erläutert: Eine Leuchtstoffaufdampfschicht, deren Massenbelegung durch Wägung ermittelt wurde, wird mit Elektronen oder Ionen beschossen und dabei die Lumineszenzintensität als Funktion der Energie der anregenden Teilchen gemessen. Wenn die ersten Teilchen die ganze lumineszierende Schicht durchquert haben, steigt die Lumineszenzintensität von einer bestimmten Energie ab nicht mehr weiter linear an [18, 19]. Die Abb. 16 und 17

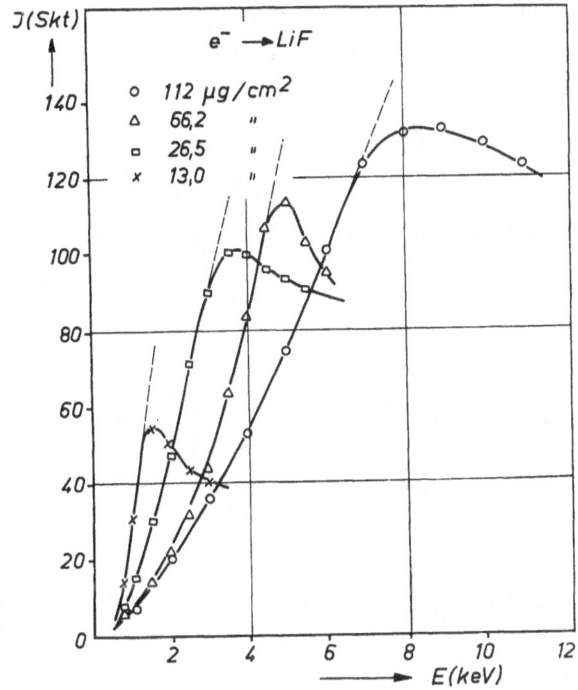

Abb. 16
Lumineszenzintensität von LiF-Schichten verschiedener Dicke als Funktion der Energie der anregenden Elektronen

zeigen die Ergebnisse dieser Messungen an LiF-Aufdampfschichten für Elektronen und He^+-Ionen. Die so bestimmte Eindringtiefe muß als maximale Anregungstiefe bezeichnet werden, da bei Ionen unter 200 – 400 eV keine meßbare Anregung mehr erfolgt. Bei einer weiteren Methode [20, 21] wird zunächst, wie Abb. 15 zeigt, durch Beschuß mit Ionen einer bestimmten Energie die Leuchtstoffschicht bis zu einer gewissen Tiefe geschädigt, die dann mit einem Elektronenstrahl als Sonde abgetastet wird. Dabei wird die Lumineszenz als Funktion der Elektronenenergie gemessen. Durch Vergleich mit der Messung an einer von den Ionen nicht beschossenen Stelle kann das Lumineszenzverhältnis I/I_0, ebenfalls als Funktion der Elektronenenergie, dargestellt werden.

Man erkennt in Abb. 18 deutlich, bei welcher Energie die Elektronen die geschädigte Schicht verlassen. Da die Anregungstiefe der Elektronen nach der ersten Methode bereits bekannt ist, kann nun daraus die Dicke der geschädigten Schicht bestimmt werden, die als maximale Schädigungstiefe bezeichnet wird.

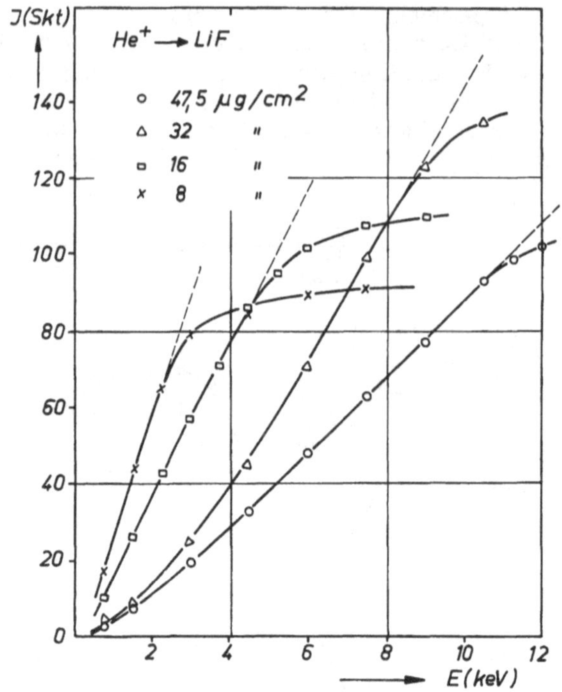

Abb. 17
Lumineszenzintensität von LiF-Schichten verschiedener Dicke als Funktion der anregenden He^+-Ionen

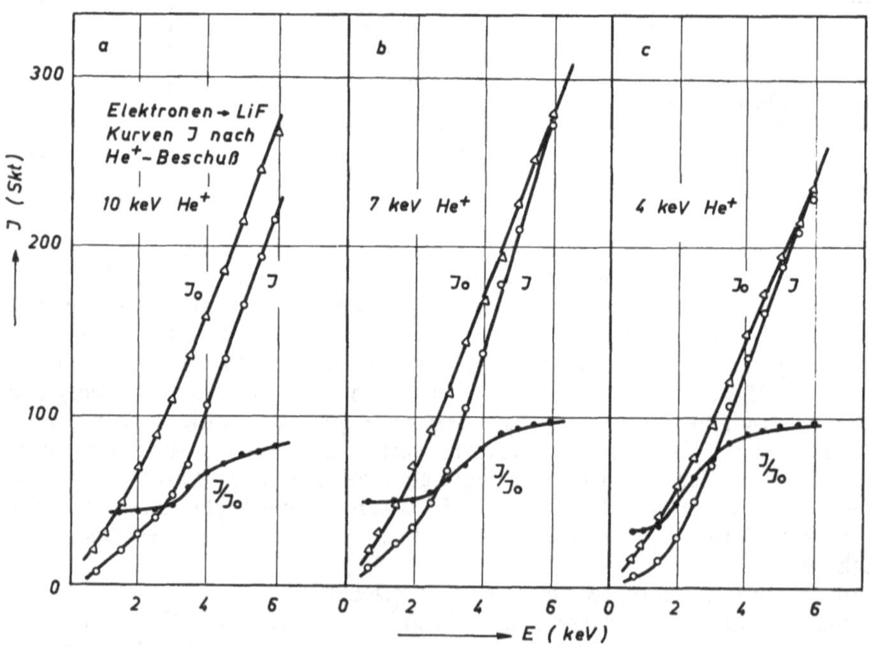

Abb. 18. Lumineszenzintensität von LiF-Schichten als Funktion der Energie der anregenden Elektronen. I_0 ohne vorherigen Ionenbeschuß, I nach Beschuß mit $7 \cdot 10^{14}$ He^+-Ionen/cm² einer Energie von 10 keV (a), 7 keV (b), 4 keV (c)

Abb. 19 zeigt die Ergebnisse der Eindringtiefenmessung von Elektronen und Ionen in LiF-Aufdampfschichten [21]. In doppeltlogarithmischem Maßstab ergeben sich für die Eindringtiefe-Energie-Beziehung in allen Fällen angenähert Geraden, so daß man ohne großen Fehler $R = a \cdot E^n$ dafür setzen kann, wobei der Exponent n mit zunehmender Ionenmasse bei der Schädi-

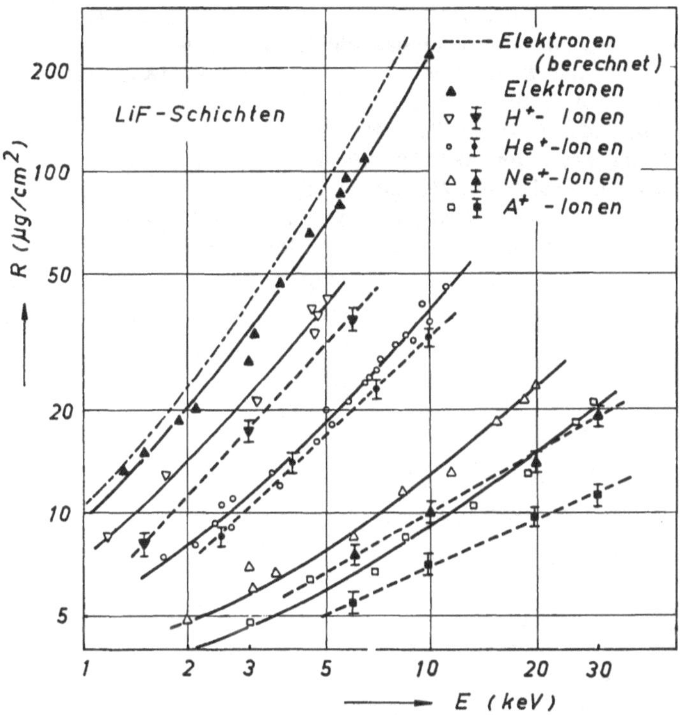

Abb. 19. Maximale Anregungstiefen (—) und maximale Schädigungstiefen (---) in LiF-Schichten

gungstiefe abnimmt. Entsprechende Messungen sind auch an anderen Alkali- und Erdalkalifluoridaufdampfschichten durchgeführt worden [22].
Besonderen Dank schulde ich meinen beiden Mitarbeitern, Dr. *R. Grasser* und Dr. *L. Morbitzer* für unermüdliche, tatkräftige Unterstützung.

Literatur

[1] *W. Hanle* Halbleiter und Phosphore, Symposium Garmisch-Partenkirchen 1956, Verlag Friedr. Vieweg & Sohn, Braunschweig.
[2] *D. Hahn* und *K. Lertes*, Z. Physik **169,** 331 (1962).
[3] *J. Broser* und *R. Warminsky*, Z. Naturf. **6a,** 85 (1951).
[4] *W. Hanle* und *K. H. Rau*, Z. Physik **133,** 297 (1952).
[5] *N. Riehl* und *R. Sizmann*, Phys. stat. sol. **1,** 97 (1961).
[6] *K. H. J. Rottgardt*, Naturw. **40,** 315 (1953); Z. angew. Physik **6,** 160 (1954).
K. H. J. Rottgardt und *W. Berthold*, Naturw. **42,** 67 (1955); Z. Naturf. **10a,** 736 (1955).

[7] *B. A. Kulp* und *R. H. Kelley*, J. Appl. Phys. **31**, 1057 (1960).
[8] *R. Grasser* und *A. Scharmann*, Z. Naturf. **16a**, 10 (1961).
[9] *G. Döll*, Z. Physik **162**, 215 (1961).
[10] *R. Grasser*, Diplomarbeit Gießen 1959.
[11] *L. Morbitzer*, Diplomarbeit Gießen 1960.
[12] *F. Seitz*, Disc. Faraday Soc. **5**, 271 (1949).
[13] *N. Bohr*, Kgl. Danske Videnskab. Selskab., Mat.-Fys. Medd. **18**, 8 (1948).
[14] *E. Everhart*, *G. Stone* und *R. G. Carbone*, Phys. Rev. **99**, 1287 (1955).
[15] *F. Seitz* und *J. S. Koehler*, Solid State Physics, Vol. **2**, 307 (1956).
[16] *G. H. Kinchin* und *R. S. Pease*, Rept. Progr. in Phys. **18**, 1 (1955).
[17] *H. Kallmann* und *J. Dresner*, Phys. Rev. **114**, 71 (1959).
[18] *L. R. Koller* und *E. D. Alden*, Phys. Rev. **83**, 684 (1951).
[19] *Ch. Feldmann*, Phys. Rev. **117**, 455 (1960).
[20] *J. R. Young*, J. Appl. Phys. **26**, 1302 (1955).
[21] *L. Morbitzer* und *A. Scharmann*, Z. Physik **177**, 174 (1964).
[22] *L. Morbitzer* und *A. Scharmann* Z. Physik **181**, 67 (1964).

H. J. VINK*)

Die Rolle der Chemie bei der Untersuchung von Festkörpern

Mit 26 Abbildungen

Summary

This paper deals with the role chemistry may play in the preparation and the study of semiconducting and other non-metallic compounds.
First, general relations are deduced between the concentrations of various centers, those like vacancies and interstitials or foreign atoms, and between these concentrations and the partial pressures of the components and the foreign atoms present in a gasphase in equilibrium with the compound. These relations in general have the form of the law of mass action.
Further, the requ irement that the solid be electrically neutral leads to an equation of electroneutrality.
Using these general relations it is studied how the composition of the gasphase during the preparation of the compound determines the concentration of defects.
Depending on the values of the reaction constants of the reactions between the various defects in the solid and of the reactions between these and the components of the gasphase, the equation of electroneutrality may be simplified in a number of ways for various ranges of the composition of the gasphase. This simplification greatly facilitates the handling of the generally very complicated problems met in this field. This is illustrated by a number of examples that are treated in detail. Great attention is given to how from the state of equilibrium at high temperature the non-equilibrium state at room temperature can be calculated. Finally it is shown how these considerations can be used in the study and reproducible preparation of non-metallic solid compounds.

1. Einleitung

Bei der Untersuchung und reproduzierbaren Herstellung von Festkörpern spielt, wie bekannt, die Chemie eine wichtige Rolle. Die vielfältigen Vorgänge die sich dabei abspielen können, die vielen Möglichkeiten, zwischen denen man zu unterscheiden hat, machen aber auf den ersten Blick einen verwirrenden Eindruck und können Anfänger davon abhalten, etwas näher auf die Zusammenhänge einzugehen. Zweck dieses Referates ist es nun, an Hand einiger allgemeiner Betrachtungen und Beispiele wichtige Gedankengänge zu diesem Thema methodisch zusammenzufassen, um so möglichst klare Einsicht in die Verhältnisse zu erhalten.

*) Philips Forschungslaboratorium, N. V. Philips, Gloeilampenfabrieken, Eindhoven — Niederlande.

Wie bekannt, können Kristallbaufehler in überraschend kleinen Konzentrationen empfindlichen Einfluß auf physikalische Erscheinungen nehmen. Dementsprechend hat sich die Halbleiterchemie zu einem großen Teil zu einer „Defektchemie", also zu einer Chemie der Kristallbaufehler entwickelt. Die Aufgabe der Chemie auf dem Gebiet der Festkörper ist vielseitig. So ist es von Wichtigkeit, die chemische Natur und Konzentration von denjenigen Fehlstellen aufzudecken, die zu wichtigen physikalischen Eigenschaften Anlaß geben. Die Aufgabe wird aber vor allem dadurch kompliziert, daß meistens viele Arten von Fehlstellen zugleich anwesend sind. Im folgenden wird nun gezeigt werden, daß durch geeignete Wahl der Bedingungen während der Herstellung des Festkörpers die Konzentrationen einiger Fehlstellen erheblich erhöht werden können, während die Konzentrationen anderer dagegen erheblich erniedrigt werden. Welche Arten von Fehlstellen in ihrer Konzentration erhöht (oder erniedrigt) werden, kann nun in vielen Fällen durch Änderung der Herstellungsbedingungen nach Willkür gewählt werden. Studiert man nun den Zusammenhang bestimmter physikalischer Erscheinungen mit der Konzentration bestimmter Kristallfehler, deren Konzentrationsänderungen man also hervorruft durch eine Änderung der Herstellungsbedingungen, so kann man oft zu einer „Chemischen Identifikation" von Zentren gelangen, die zu den betreffenden Erscheinungen Anlaß geben. Man muß dabei aber fortwährend im Auge behalten, daß die Herstellung der Halbleiter meistens bei hohen Temperaturen geschieht. Die physikalischen Messungen dagegen können oft prinzipiell nur bei niedrigen und sehr niedrigen Temperaturen ausgeführt werden. Das bedeutet, daß man die Kristalle abkühlen muß. Es ist klar, daß hiermit neue Schwierigkeiten eingeführt werden können. Was geschieht während des Abkühlens? Gerade dieser Aspekt wird in dieser Abhandlung eingehend behandelt werden.

Ein anderer wichtiger Punkt ist die Überlegung, daß wie im Folgenden klar zu machen versucht wird, ein genaues Studium der obengenannten Zusammenhänge zwischen Herstellungsbedingungen, Fehlstellenkonzentrationen und entsprechenden physikalischen Erscheinungen zur Bestimmung wichtiger Konstanten der betreffenden Festkörper führen kann: zum Beispiel der Konstanten, welche (als Funktion der Temperatur) die atomare oder elektronische Fehlordnung oder die Dissoziationsenergie von Donatoren und Akzeptoren beschreiben. In den zuletzt genannten Problemen hat man Beispiele dafür, daß die Festkörperphysik der Chemie entscheidend helfen kann. Wegen der außerordentlich empfindlichen Weise, in welcher physikalische Erscheinungen von Abweichungen der Stöchiometrie oder Fremdatom-Konzentrationen abhängen, kann man nämlich diese Erscheinungen gebrauchen zur Bestimmung von Konzentrationen von Eigen- oder Fremdfehlstellen, die auf rein chemisch-analytische Weise häufig noch nicht erforscht werden konnten. Sobald es gelungen ist, bestimmte physikalische Erscheinungen mit der Anwesenheit von bestimmten Fehlstellen zu verbinden, wird es die Aufgabe der Chemie, die Herstellungsbedingungen so zu gestalten, daß die Konzentration der jeweils wichtigen Fehlstelle(n) völlig beherrscht und reguliert und gleichzeitig die Konzentration von störenden Fehlstellen möglichst niedrig gehalten werden kann. Wie in dieser Arbeit gezeigt werden wird, kommt es in vielen Fällen vor, daß die Konzentrationen von wichtigen Fremd- oder Eigenfehlstellen unter bestimmten Herstellungsbedingungen weitgehend unabhängig von den genauen Werten der Herstellungsvariablen sind, oder daß unerwünschte

Fehlstellen in weiten Bereichen der Herstellungsvariablen auf sehr geringe Konzentrationen hinuntergedrückt werden können. Es ist klar, daß man dann Halbleiter oder Festkörper herstellen kann, die innerhalb enger Grenzen reproduzierbare Eigenschaften besitzen.

Allgemein kann gesagt werden, daß man es bei der Herstellung eines Festkörpers prinzipiell außer mit dem Festkörper, auch noch mit anderen Phasen — gasförmigen, flüssigen oder festen — zu tun hat. Das bedeutet, daß die Festkörperchemie sich oft mit Gleichgewichten befassen wird (oder auch partiellen Gleichgewichten und stationären Zuständen) zwischen der festen Phase des Festkörpers und anderen Phasen. Das bedeutet, daß das Hauptproblem der Festkörperchemie auf das Studium hinausläuft, wie die Zusammensetzung der koexistierenden anderen Phasen die Konzentration und die Art der in der festen Phase anwesenden Fehlstellen beeinflußt.

Hauptaufgabe dieser Arbeit wird es nun sein, etwas näher einzugehen auf diese Zusammenhänge. Dazu werden wir als zweite koexistierende Phase nur ein Gas oder Gasgemisch betrachten, vor allem darum, weil für gasförmige Phasen das thermodynamische Potential einer Komponente meistens in einfacher Weise mit dem Partialdruck zusammenhängt. Was die feste Phase der Halbleiter betrifft, werden wir nur einfache Fälle betrachten. Es werden sich auch dann verschiedene Möglichkeiten ergeben für die Weise, in der die Fehlstellenkonzentrationen von den äußeren Bedingungen abhängen können. Es ist möglich hierbei einige allgemeine Einsichten zu gewinnen, die beim Studium eines realen Falles von Nutzen sein können.

Als feste Phase werden wir eine Verbindung MX betrachten, weil hier schon unmittelbar eine Vielzahl von Einsichten gewonnen werden kann, die man nicht erhält bei der theoretischen Betrachtung der elementaren Festkörper wie Ge oder Te. Auf der anderen Seite ist in dieser Abhandlung die Untersuchung von verwickelteren Verbindungen, wie zum Beispiel $M_nX_mZ_r$ nicht weiter vonnöten, weil hierbei nichts wesentlich Neues gegenüber den einfachen Verbindungen MX auftritt.

Als Kristallbaufehler ist an sich jede Unterbrechung der normalen Periodizität des Kristallgitters anzusehen. In diesem Referat aber wird man sich, um allgemeine Züge einer Festkörper-Defektchemie zu entwickeln, auf einfache Kristallbaufehler beschränken. Diese einfachen Kristallbaufehler kann man in zwei Gruppen einteilen, nämlich in *Fremdfehlstellen* und in *Eigenfehlstellen*. *Fremdfehlstellen* sind Fremdatome (oder -ionen) auf Gitterplätzen und auch Fremdatome (oder -ionen) auf Zwischengitterplätzen. Als *Eigenfehlstellen* werden betrachtet: Leerstellen, Eigenatome (oder -ionen) auf Zwischengitterplätzen, Eigenatome (oder -ionen) auf ihnen nicht zugehörigen Gitterplätzen und, in etwas erweitertem Sinne, quasifreie Elektronen und quasifreie Defektelektronen. Die Fehlstellen werden mit der von *Kröger* und *Vink* [1, 2, 3, 4] eingeführten Nomenklatur bezeichnet werden. In einer Verbindung MX (wie KCl, CdS, GaAs, PbS), worin M den kationartigen (K, Cd, Ga, Pb) und X den anionartigen (Cl, S, As) Bestandteil darstellt, die außerdem Fremdatome F enthalten möge, kann man (neben anderen) folgende Fehlstellen unterscheiden:

a) Fremdfehlstellen

F_M, wenn das F-Atom sich auf einem M-Platz befindet, oder F_X, wenn das F-Atom auf einem X-Platz sitzt; wenn das F-Atom sich im Zwischengitter befindet, schreibt man F_i (i von interstitial).

b) Eigenfehlstellen

Leerstellen: V_M und V_X (V von vacancy); Eigenatome auf Zwischengitterplätzen: M_i und X_i; Eigenatome auf ihnen nicht zugehörigen Gitterplätzen: M_X und X_M; quasifreie Elektronen bzw. Defektelektronen: e' bzw. $h^{\cdot}$ (h = „hole" = Defektelektron).

Die quasifreien Elektronen und Defektelektronen haben eine effektive Ladung gegenüber dem Gitter. In den betreffenden Symbolen ist das angedeutet mit den aus der Elektrochemie stammenden Bezeichnungen für effektiv positive Ladung $^{\cdot}$ und effektiv negative Ladung $'$ also $h^{\cdot}$ und e'. Auch die „atomaren" Fehlstellen haben gegenüber dem Gitter meistens eine effektive Ladung. Zu ihrer Andeutung werden naturgemäß dieselben Symbole gebraucht, z. B. $F_M^{\cdot}$, V_M', $V_X^{\cdot}$, $M_i^{\cdot}$ *).

Bei dem Studium der Wechselwirkungen zwischen Fehlstellen in Festkörpern und der Abhängigkeit deren Konzentrationen von der Zusammensetzung koexistierender Phasen ist ein sehr wichtiger Punkt die Tatsache, daß Festkörper mit relativ kleinen Fehlstellenkonzentrationen als verdünnte Lösungen dieser Fehlstellen behandelt werden können. Das ist schon sehr lange — seit den grundlegenden Arbeiten von *Schottky* und *Wagner* [8, 9, 10, 11, 12, 13, 14, 15] — bekannt.

Weiter ist von den oben genannten Autoren bewiesen worden, daß bei Reaktionen zwischen Fehlstellen im Halbleiter, oder auch zwischen Fehlstellen und Komponenten in den koexistierenden Phasen im Gleichgewicht das Massenwirkungsgesetz (meist mit Konzentrationen, aber bisweilen mit Aktivitäten zu schreiben) angewendet werden darf [4].

2. Beziehungen zwischen Konzentrationen von Fehlstellen**)

Reine Stoffe enthalten immer schon Fehlstellen verschiedener Art, die Eigenfehlstellen. Aus der Forderung der minimalen freien Enthalpie kann bewiesen werden, daß es unmöglich ist, einen reinen Stoff herzustellen, ohne daß gewisse Konzentrationen von Eigenfehlstellen anwesend sind. Bei Abweichungen von der Stöchiometrie treten dieselben Arten von Eigenfehlstellen auf wie in der reinen stöchiometrischen Substanz; sie haben aber andere Konzentrationen. So werden z. B. immer neue (quasi)freie Elektronen und Defektelektronen gebildet, was mit folgender Reaktionsgleichung beschrieben werden kann:

$$0 \rightarrow e' + h^{\cdot},$$

wobei 0 den thermisch ungestörten Kristall darstellt. Solche freie Elektronen und Löcher (Defektelektronen) können wieder miteinander rekombinieren:

$$e' + h^{\cdot} \rightarrow 0.$$

Im Gleichgewicht darf man auf die Reaktionsgleichung

$$0 \rightleftharpoons e' + h^{\cdot} \tag{1}$$

*) Auch Assoziate dieser Fehlstellen (effektiv neutrale wie $(F_M^{\cdot} V_M')$ und $(V_M V_M)$ oder effektiv geladene wie $(F_M^{\cdot} V_M')'$ kommen oft vor und können wichtig sein. Im Folgenden aber wird diese Art von Fehlstellen der Einfachheit halber nicht in Betracht gezogen. Siehe aber [2, 5, 6, 7].

**) Die Abschnitte 2 und 3 enthalten vieles, das schon eher erschienen ist. Es schien aber wünschenswert, dies alles nochmals in einheitlicher Nomenklatur zusammenzufassen.

das Massenwirkungsgesetz anwenden und erhält

$$[e'][h^{\cdot}] = n \cdot p = K_i^0 e^{-E_i/kT} = K_i \tag{2}$$

wobei $[e'] = n$ und $[h^{\cdot}] = p$ die Konzentrationen der freien Elektronen bzw. der freien Löcher im Gleichgewicht seien, E_i die benötigte Enthalpie um ein Elektron und ein Loch zu erzeugen, während K_i^0 Entropieglieder enthält.

Neben diesen *elektronischen* Eigenfehlstellen werden bei genügend hoher Temperatur auch *atomare* Eigenfehlstellen als Folge der thermischen Bewegung fortwährend paarweise erzeugt und werden auch diese nachher rekombinieren können. Im Gleichgewicht wird sich dann ganz analog die Konzentration dieser atomaren Eigenfehlstellen so einstellen, daß die Rekombination die Generation genau aufhebt. Man unterscheidet verschiedene Arten atomarer Fehlordnung. Zwei davon sollen hier genannt werden: Die *Frenkelsche Fehlordnung* kann mit der Reaktionsgleichung

$$M_M + V_i \rightleftharpoons M_i + V_M \tag{3}$$

beschrieben werden, die bei jeder Temperatur zu einem (dynamischen) Gleichgewicht führt: ein M-Atom auf normalem M-Platz reagiert mit einem unbesetzten Zwischengitterplatz V_i; das Ergebnis ist der mit M besetzte Zwischengitterplatz M_i und die zurückbleibende Leerstelle V_M.

Die Reaktionsgleichung (3) ist so geschrieben, daß sie eine sogenannte *realisierbare Reaktion* darstellt [4]; das heißt, daß man nicht nur wie in gewöhnlichen chemischen Reaktionen auf die Erhaltung der Masse und Ladung, sondern wegen der Tatsache, daß die Reaktion in einem kristallinen Festkörper vor sich geht, nun auch auf die Erhaltung von vom Gitter vorgegebenen festen Verhältnissen zwischen den Anzahlen der verschiedenen Gitterplätze zu achten hat*). Im speziellen Fall der Reaktionsgleichung (3) bedeutet die letzte Forderung, daß man rechts ebenso viele Indizes i und M zu zählen hat wie links.

Erst auf eine in solcher Weise formulierte Reaktion ist Anwendung des Massenwirkungsgesetzes erlaubt [4]:

$$\frac{[M_i][V_M]}{[M_M][V_i]} = K.$$

Nun sind meistens $[M_M]$ und $[V_i]$ sehr groß gegen $[M_i]$ und $[V_M]$ und können dann als konstant angenommen werden. Man erhält

$$[M_i][V_M] = K_{Fr}^0 e^{-E_{Fr}/kT} = K_{Fr}. \tag{4}$$

Die *Schottky-Wagnersche* Fehlordnung kann man beschreiben mit Hilfe der Reaktionsgleichung:

$$0 \rightleftharpoons V_M + V_X. \tag{5}$$

Hierbei können als Folge der thermischen Bewegung von der Oberfläche, oder von Versetzungen aus unbesetzte Gitterplätze ins Gitter aufgenommen, oder umgekehrt an der Oberfläche oder an den Versetzungen wieder abge-

*) In [4] ist gezeigt worden, wie wichtig die Formulierung einer realisierbaren Reaktion für die Anwendung des Massenwirkungsgesetzes ist. In dieser Arbeit kann darauf nicht weiter eingegangen werden. Im Folgenden aber werden jedesmal bei den entsprechenden Reaktionen die verschiedenen Aspekte dieses Begriffes etwas näher erläutert werden.

geben werden. Die Reaktionsgleichung (5) ist wieder eine realisierbare Reaktion. Das Verhältnis zwischen der totalen Anzahl (nämlich besetzter und unbesetzter) M-Plätze und der totalen Anzahl X-Plätze ändert sich als Folge der Reaktion nicht, weil bei der Bildung eines unbesetzten M-Gitterplatzes zugleich ein unbesetzter X-Platz geschaffen wird. Darum ist es wieder erlaubt das Massenwirkungsgesetz anzuwenden, und man erhält für den Zustand des Gleichgewichtes:

$$[V_M][V_X] = K_S^0 e^{-E_S/kT} = K_S. \tag{6}$$

Bei den meisten Stoffen ist der Unterschied in den Werten der Gleichgewichtskonstanten (wie K_S und K_{Fr}) groß und daher meistens eine Art atomarer Fehlordnung so überwiegend, daß damit verglichen die anderen Arten vernachlässigt werden dürfen. Im Folgenden wird immer angenommen, daß wir es nur mit *Schottky-Wagner* Fehlordnung zu tun haben. Diese Beschränkung wird der Einfachheit halber eingeführt. Es kommt ihr keine prinzipielle Bedeutung zu.

Sehr oft hat die Leerstelle der relativ elektronegativen Atomart in MX also V_X den Charakter eines Donators, d. h. durch Aufnahme relativ geringer Energie $E_3 (< E_i)$ wird ein quasifreies Elektron abgegeben:

$$V_X \rightleftharpoons V_X^{\cdot} + e'. \tag{7}$$

Wenn das Elektron abgegeben ist, bleibt eine effektiv positiv geladene X-Leerstelle zurück. Im Gleichgewicht hat man:

$$\frac{n[V_X^{\cdot}]}{[V_X]} = K_3^0 e^{-E_3/kT} = K_3 \tag{8}$$

Analoges gilt für M-Leerstellen, die sehr oft Akzeptorcharakter zeigen und leicht $(E_1 < E_i)$ Defektelektronen abgeben können:

$$V_M \rightleftharpoons V_M' + h^{\cdot}. \tag{9}$$

Im Gleichgewicht hat man:

$$\frac{p[V_M']}{[V_M]} = K_1^0 e^{-E_1/kT} = K_1. \tag{10}$$

Bisweilen kann die relativ leichte Abspaltung von quasifreien Elektronen oder Löchern weiter gehen:

$$V_X^{\cdot} \rightleftharpoons V_X^{\cdot\cdot} + e' \tag{11}$$

und

$$V_M' \rightleftharpoons V_M'' + h^{\cdot}, \tag{12}$$

was zu den Beziehungen

$$\frac{n[V_X^{\cdot\cdot}]}{[V_X^{\cdot}]} = K_4^0 e^{-E_4/kT} = K_4 \tag{13}$$

und

$$\frac{p[V_M'']}{[V_M']} = K_2^0 e^{-E_2/kT} = K_2 \tag{14}$$

führt*).

*) Die relativ selten vorkommenden Fälle, bei denen man auch auf das Vorhandensein von V_X' und/oder $V_M^{\cdot}$ zu achten hat, lassen wir außer Betracht.

Es versteht sich von selbst, daß $E_i > E_2 > E_1$ und $E_i > E_4 > E_3$.
Das Energieschema ist in Abb. 1 gezeichnet. In diesem Energieschema werden die Energieniveaus mit dem Symbol derjenigen Fehlstelle bezeichnet, die entsteht, wenn das Niveau von einem Elektron besetzt ist. Man achte im Folgenden stets auf diese Definition von „besetzt", die stets „besetzt mit einem

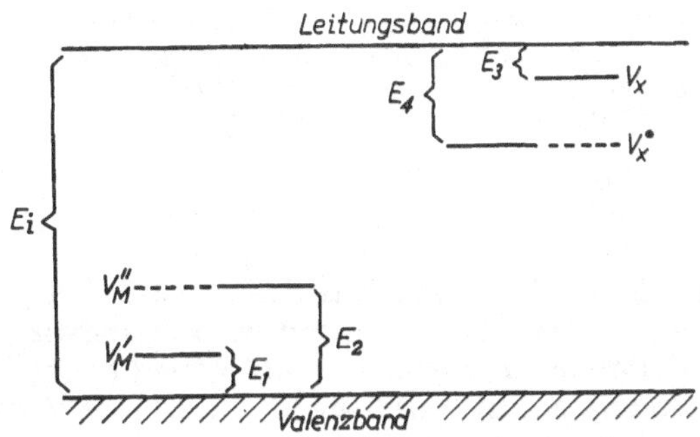

Abb. 1
Elektronenenergieschema eines Halbleiters mit *Schottky-Wagner* Fehlordnung. Die Niveaus (entweder leer ...., oder gefüllt ——) werden immer bezeichnet mit dem Symbol derjenigen Fehlstelle, die anwesend ist, wenn das Niveau mit einem Elektron gefüllt ist. Die relative Größe der Energieabstände E_1,E_2,E_3 und E_4 zueinander und zu E_i ist willkürlich gewählt. (Diese Abbildung stellt kein Gleichgewicht dar.)

Elektron" meint. Das Niveau eines Donators, der sein Elektron noch nicht abgegeben hat, heißt danach besetzt. Hingegen muß das Niveau eines Akzeptors, der sein Loch noch nicht abgegeben (oder in Elektronensprechweise: ein Elektron noch nicht aufgenommen) hat „unbesetzt" oder „leer" heißen. Also ist der besetzte Akzeptorterm jener des ionisierten Akzeptors.
In der physikalischen Theorie der Halbleiter [16] wird abgeleitet, daß man für die Konstanten K_i, K_1 ... K_4 in vielen Fällen einfache Ausdrücke anschreiben kann*):

$$K_i = 4\left(\frac{2\pi m_e^* kT}{h^2}\right)^{3/2}\left(\frac{2\pi m_h^* kT}{h^2}\right)^{3/2} e^{-E_i/kT} \tag{15}$$

für die Akzeptoren:

$$K_{1,2} = 2\left(\frac{2\pi m_h^* kT}{h^2}\right)^{3/2} e^{-E_{1,2}/kT} \tag{16}$$

und für die Donatoren:

$$K_{3,4} = 2\left(\frac{2\pi m_e^* kT}{h^2}\right)^{3/2} e^{-E_{3,4}/kT}. \tag{17}$$

Hierbei sind m_e^* und m_h^* die effektiven Massen der freien Elektronen bzw. freien Defektelektronen.
Für $m_e^* = m_h^* = m$ gleich der Masse des freien Elektrons im Vakuum hat man

$$K_i = 2{,}33 \cdot 10^{31}\, T^3\, e^{-E_i/kT} \tag{18}$$

$$K_{1,2} = 4{,}82 \cdot 10^{15}\, T^{3/2}\, e^{-E_{1,2}/kT} \tag{19}$$

$$K_{3,4} = 4{,}82 \cdot 10^{15}\, T^{3/2}\, e^{-E_{3,4}/kT}. \tag{20}$$

*) Wir werden die Konzentrationen der Fehlstellen immer in Anzahl pro cm^3 ausdrücken. Die Dimensionen der Konstanten K_i, K_S, K_1... K_4, usw. ergeben sich damit von selbst.

Es ist lehrreich, mit einigen schematischen Zeichnungen die Begriffe V_M, V'_M, V_X und $V_X^{\cdot}$ zu illustrieren. Das ist in den Abb. 2 und 3 für eine Substanz M^+X^- (wie zum Beispiel KCl) getan. Man sieht (Abb. 2), daß ein V_M-Zentrum als durch Entfernen eines neutralen M-Atoms aus dem Gitter entstanden auf-

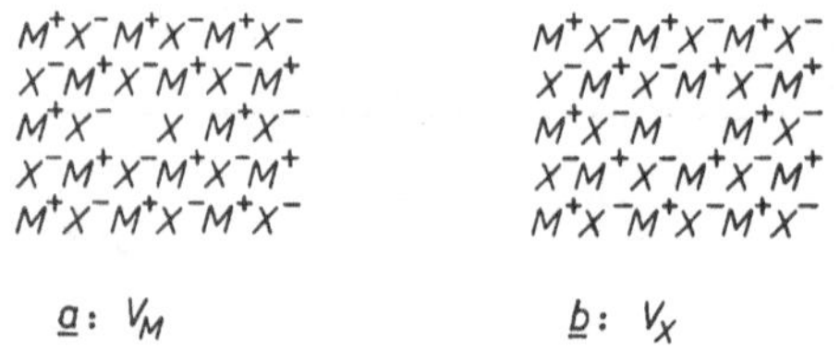

Abb. 2
Schematische Darstellung eines V_M-Zentrums a) und eines V_X-Zentrums b) in einem Gitter M^+X^-

gefaßt werden kann. Das heißt: ein M^+-Ion wird zusammen mit einem Elektron entfernt. Das Elektron wird irgendwie aus der Umgebung der Fehlstelle entnommen und ist in der Abbildung hauptsächlich einem bestimmten X^--Ion entnommen. In Wirklichkeit wird dieser Vorgang meistens nicht so lokalisiert gedacht werden können.

Analog ist V_X die Fehlstelle, die durch Entfernung eines X^--Ions zusammen mit einem Defektelektron entsteht.

Die Fehlstellen V'_M und $V_X^{\cdot}$ (Abb. 3) sind jene, die beim alleinigen Entfernen der entsprechenden Ionen entstehen. V_X hat ein Elektron mehr als $V_X^{\cdot}$. In der Abb. 2 ist, wie gesagt, das extra Elektron lokalisiert gedacht auf eines der erstnächsten M^+-Ionen. In vielen Fällen betrachtet man besser das V_X-Zentrum

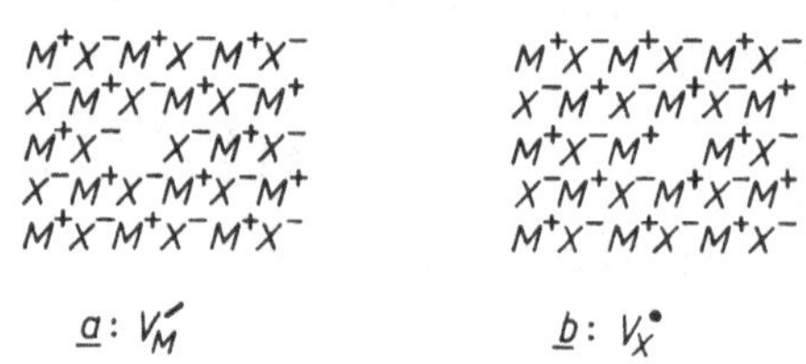

Abb. 3
Schematische Darstellung eines V'_M-Zentrums a) und eines $V_X^{\cdot}$-Zentrums b) in einem Gitter M^+X^-

als ein Gebilde mit $V_X^{\cdot}$ als Kern und einem in wasserstoffähnlicher Bahn kreisenden Elektron, dessen Ladung so über eine große Umgebung verschmiert erscheint. Analoges gilt für das V_M-Zentrum. Hier hat es oft Sinn, das V_M-Zentrum als ein wasserstoffähnliches Gebilde zu sehen mit einem negativen V'_M-Kern und einem Defektelektron in Wasserstoffbahn.

In vielen Substanzen (KCl zum Beispiel) kommt die *Schottky-Wagnersche* Fehlordnung hauptsächlich zustande durch direkte Bildung von V'_M- und $V_X^{\cdot}$-Fehlstellen:

$$0 \rightleftharpoons V'_M + V_X^{\cdot}. \tag{21}$$

Für das Gleichgewicht führt das zu der Beziehung

$$[V'_M][V_X^{\cdot}] = K'_S. \tag{22}$$

Wegen (8) und (10) ist

$$K'_S = \frac{K_1 K_3}{K_i} K_S. \tag{23}$$

Analoges kann man (zum Beispiel für $Ba^{2+}O^{2-}$) für V_M'' und $V_X^{\cdot\cdot}$ als wichtigste Leerstellen sagen. Soweit die Eigenfehlstellen.
Betreffs der Fremdfehlstellen werden wir in diesem Artikel nur die substitutionellen Fremdatome behandeln. Der Fall von auf Zwischengitterplätzen sitzenden Fremdatomen (F_i) wird hier der Beschränkung halber außer Acht gelassen. Beschäftigen wir uns mit einem solchen Fremdatom F auf einem M-Platz: F_M. In sehr vielen Fällen kann man sagen, daß die Fehlstelle F_M ein Donator ist, wenn das Atom F mehr Valenzelektronen besitzt als das durch F substituierte Atom M. In diesem Falle also wird das Zentrum F_M von der thermischen Bewegung verhältnismäßig leicht ionisiert:

$$F_M \rightleftharpoons F_M^{\cdot} + e'. \tag{24}$$

Im Gleichgewicht hat man

$$\frac{n[F_M^{\cdot}]}{[F_M]} = K_5^0 \, \mathrm{e}^{-E_5/kT} = K_S. \tag{25}$$

Hat dagegen das Atom F weniger Valenzelektronen als das Atom M, so ist die Fehlstelle F_M meistens ein Akzeptor und man hat analogerweise:

$$F_M \rightleftharpoons F_M' + h^{\cdot} \tag{26}$$

und

$$\frac{p[F_M']}{[F_M]} = K_6^0 \mathrm{e}^{-E_6/kT} = K_6. \tag{27}$$

Ganz analoges gilt für Fremdatome, die X-Atome substituieren.
Als Beispiel wollen wir hier GaAs betrachten. Hier ist Si auf einem Ga-Platz (Si_{Ga}) Donator, weil Si vier und Ga drei Valenzelektronen hat:

$$Si_{Ga} \rightleftharpoons Si_{Ga}^{\cdot} + e'.$$

Si kann in GaAs auch auf As-Plätzen sich befinden. Das As-Atom hat fünf Valenzelektronen, also mehr als das Si-Atom; Si_{As} wird also Akzeptor sein:

$$Si_{As} \rightleftharpoons Si_{As}' + h^{\cdot}.$$

Ebenso ist Zn (zwei Valenzelektronen) auf Ga-Plätzen Akzeptor:

$$Zn_{Ga} \rightleftharpoons Zn_{Ga}' + h^{\cdot}$$

und Te (sechs Valenzelektronen) auf As-Plätzen Donator

$$Te_{As} \rightleftharpoons Te_{As}^{\cdot} + e'.$$

Instruktiv ist auch hier wieder (Abb. 4) eine schematische Andeutung der Zentren F_M und $F_M^{\cdot}$ in einem polaren Gitter, wie zum Beispiel $M^{2+}X^{2-}$ (BaO, ZnS usw.)

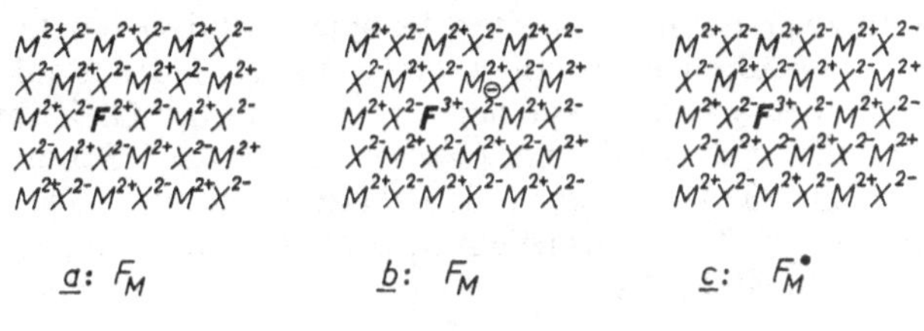

Abb. 4
Schematische Darstellung eines F_M-Zentrums a) oder b) und eines $F_M^{\cdot}$-Zentrums c)

F_M kann genau so als wasserstoffähnlicher Kern mit einem über die Umgebung verschmierten Elektron gedacht werden wie V_X. Auf einer der hier gezeichneten Skizzen (Abb. 4a) ist dieses Elektron auf das F_M-Zentrum selbst lokalisiert gedacht. Dieses Extremum wird aber relativ selten vorkommen. Die andere Darstellung (Abb. 4b), in der das Elektron sich in der Umgebung aufhält, dürfte der Wirklichkeit meistens näher kommen.

In diesem Abschnitt sind wir oft effektiv geladenen Störstellen begegnet wie e', $h^{\bullet}$, $V_X^{\bullet}$, V_M', V_M'', $V_X^{\bullet\bullet}$ und $F_M^{\bullet}$ (oder F_M'). Man muß aber immer fordern, daß die feste Phase elektroneutral sei. Dies bedeutet, daß, für die Konzentrationen der verschiedenen Fehlstellen, welche Werte immer sie haben mögen, stets gelten muß, daß

$$n + [V_M'] + 2[V_M''] = p + [V_X^{\bullet}] + 2[V_X^{\bullet\bullet}] + [F_M^{\bullet}] \tag{28}$$

wenn F_M Donator ist und

$$n + [V_M'] + 2[V_M''] + [F_M'] = p + [V_X^{\bullet}] + 2[V_X^{\bullet\bullet}] \tag{29}$$

wenn F_M Akzeptor ist.

Für die Berechnung der Gleichgewichtszustände innerhalb eines Halbleiters ist die Elektroneutralitätsgleichung wie (28) oder (29) von großer Wichtigkeit.

3. Reaktionen zwischen der festen Phase und einer damit koexistierenden (gasförmigen) Phase

Wie schon in der Einleitung gesagt, ist die Hauptaufgabe der Festkörperchemie zu untersuchen, wie die Zusammensetzung der koexistierenden Phase die Konzentration und die Art der in der festen halbleitenden Phase anwesenden Fehlstellen beeinflußt. Diese Beeinflussung geschieht durch Übergangsreaktionen, die den Eintritt der verschiedenen Komponenten des Systems aus der zweiten Phase in die feste Phase oder umgekehrt beschreiben.

Denken wir uns eine reine feste Phase im Gleichgewicht mit der koexistierenden gasförmigen Phase. Die gasförmige Phase (denken wir an einen binären Stoff wie PbS) wird u. a. die Atome M und die Molekeln X_2 und MX enthalten. Wichtig für uns ist nun der Übergang der Atome M oder der Molekeln X_2 aus der Gasphase in die feste Phase, weil er die Zusammensetzung der festen Phase beeinflussen kann. Den Übergang der M-Atome kann man folgendermaßen formulieren:

$$M_{\text{Gas}} \rightleftharpoons M_M + V_X. \tag{30}$$

Auch hier symbolisiert die Reaktionsgleichung wieder eine realisierbare Reaktion. Das der Gasphase entstammende M-Atom besetzt in der festen Phase einen neuen M-Platz; aber der Realität entspricht ein festes Verhältnis zwischen der totalen Anzahl der M-Plätze und der totalen Anzahl der X-Plätze, und zwar ist im genannten Beispiel: total = besetzt plus unbesetzt.

Es muß dann eben ein neuer X-Platz in der Reaktionsgleichung mit angeschrieben werden. Auf der linken Seite der Gleichung stehen keine X-Atome, und da wir annehmen (Beschränkung auf Schottky-Wagner-Fehlordnung), daß die M-Atome der linken Seite nicht auf X-Plätze eingebaut werden, muß in dieser Reaktionsgleichung der auf der rechten Seite geforderte X-Platz eine Leerstelle V_X sein.

Weil die Reaktionsgleichung (30) aber eine realisierbare Reaktion darstellt, darf für Gleichgewicht das Massenwirkungsgesetz angewendet werden:

$$[M_M][V_X] = Kp_M,$$

wobei p_M den Partialdruck der M-Atome in der Gasphase darstellt. In den meisten Fällen kann man $[M_M]$ in sehr guter Näherung als konstant betrachten und schreiben

$$[V_X] = K_r p_M \tag{31}$$

Den Übergang von X-Atomen aus der gasförmigen in die feste Phase kann man auf entsprechende Weise als realisierbare Reaktion darstellen:

$$1/2 X_2 \rightleftharpoons X_X + V_M \tag{32}$$

und man erhält:

$$[V_M] = K_{ox} p_{X_2}^{1/2}. \tag{33}$$

Die Konstanten wurden K_r und K_{ox} genannt, weil Einwirkung von M-Atomen auf die feste Phase chemisch als Reduktion und Einwirkung von X_2-Molekeln als Oxydation anzusehen ist.
Multiplikation von (31) mit (33) ergibt wegen (6):

$$[V_X][V_M] = K_S = K_r K_{ox} p_M p_{X_2}^{1/2} \tag{34}$$

Das bedeutet, daß mit dem thermodynamischen Potential

$$\mu_M = \mu_M^0 + RT \ln p_M \tag{35}$$

der M-Atome zugleich jenes der Komponente X gegeben ist:

$$\begin{aligned}\mu_{X_2} &= \mu_{X_2}^0 + RT \ln p_{X_2} = \mu_{X_2}^0 + RT \ln \frac{K_S^2}{K_r^2 K_{ox}^2 p_M^2} \\ &= \mu_{X_2}^0 + 2RT \ln \frac{K_S}{K_r K_{ox}} - 2RT \ln p_M\end{aligned} \tag{36}$$

in Übereinstimmung mit der Phasenregel in diesem 2-komponentigen 2-Phasensystem. Folglich kann von den zwei Partialdrücken p_M und p_{X_2} nur einer unabhängig gewählt werden. Selbstverständlich sind die Partialdrücke von anderen etwa anwesenden Atom- oder Molekelarten wie p_{M_2}, p_X oder p_{X_4} gleichfalls nur abhängige Variable. Das bedeutet, daß für die Beschreibung der ganzen Wechselwirkung zwischen reinem MX und einer koexistierenden Gasphase nur eine der Beziehungen (31) oder (33) benötigt wird.
Wir sahen, daß V_X Donator ist. Für genügend hohe Temperaturen kann V_X nach Gleichung (7) nahezu vollständig dissoziiert sein. Es ist dann vorteilhaft zu schreiben:

$$M_{Gas} \rightleftharpoons M_M + V_X^{\cdot} + e', \tag{37}$$

was eine realisierbare Reaktion ist, die bei Anwendung des Massenwirkungsgesetzes ergibt:

$$n[V_X^{\cdot}] = K_r' p_M, \tag{38}$$

wobei wegen (31) und (8)

$$K_r' = K_3 K_r. \tag{39}$$

Sind nun auch Fremdatome anwesend — in der Gasphase wie auch im Festkörper — und ist Wechselwirkung zwischen den beiden Phasen auch für die Fremdatome möglich, dann kann man analog vorgehen. Nehmen wir an, das Fremdatom könne nur M-Plätze im Gitter des Festkörpers besetzen, dann haben wir als *realisierbare Reaktion*:

$$F_{\mathrm{Gas}} \rightleftharpoons F_M + V_X, \tag{40}$$

was unter Anwendung des Massenwirkungsgesetzes ergibt:

$$[F_M][V_X] = K_F p_F. \tag{41}$$

Hat das F-Atom mehr Valenzelektronen als das M-Atom, so ist F_M meistens Donator und man kann auch schreiben:

$$F_{\mathrm{Gas}} \rightleftharpoons F_M^{\cdot} + V_M^{\cdot} + 2e'. \tag{42}$$

Daher

$$n^2[V_M^{\cdot}][F_M^{\cdot}] = K_F' p_F \tag{43}$$

mit (41), (25) und (8) ergibt (43)

$$K_F' = K_3 K_5 K_F. \tag{44}$$

Wird ein Fremdatom E aus der Gasphase auf X-Plätze eingebaut, und ist E_X Donator, so hat man, wenn V_M nach (9) Akzeptor ist

$$E_{\mathrm{Gas}} \rightleftharpoons E_X + V_M \tag{45}$$

oder

$$E_{\mathrm{Gas}} \rightleftharpoons E_X^{\cdot} + V_M' \tag{46}$$

und

$$[E_X^{\cdot}][V_M'] = K_E' p_E. \tag{47}$$

Die Reaktionsgleichungen (42), (45) und (46) stellen alle *realisierbare Reaktionen* dar. Sie genügen den drei Forderungen: Erhaltung der Masse, Erhaltung der Ladung und Erhaltung des Verhältnisses zwischen totaler Anzahl M-Plätze und totaler Anzahl X-Plätze.

4. Einfluß der Zusammensetzung der koexistierenden gasförmigen Phase auf die Konzentrationen der verschiedenen Eigenstörstellen eines reinen Festkörpers *MX*

Diese bisherigen Vorbereitungen reichen hin, unser Programm auszuführen, d. h. die Frage zu beantworten, wie die Konzentrationen der verschiedenen Störstellen von den Herstellungsbedingungen, d. h. der Zusammensetzung der koexistierenden Phase, abhängen.

Gegenstand unserer Beschäftigung ist der Kristall MX. Er wird bei einer hohen Temperatur ins (eventuell partielle) Gleichgewicht gebracht mit einer koexistierenden gasförmigen Phase. Die Zusammensetzung dieser gasförmigen Phase ist das, was wir die Herstellungsbedingungen nennen wollen. Es wird unsere erste Aufgabe sein, dieses *Hochtemperaturgleichgewicht* (Abkürzung „HG") zu berechnen. Danach wird die zweite Aufgabe sein, aus diesem berechneten HG, Schlüsse auf die Eigenschaften des Kristalls in einem *Tieftemperaturzustand* („TZ") zu ziehen.

Die erste Aufgabe lösen wir durch Gebrauch der in den vorigen Abschnitten gesammelten Massenwirkungsgleichungen und einer approximierenden Behandlung der sogenannten Elektroneutralitätsbedingung, über die gleich noch gesprochen werden wird.

Die zweite Aufgabe lösen wir in zwei Schritten; der erste führt zu einem virtuellen, d. h. nur denkbaren, nicht verwirklichbaren *Tiefsttemperaturzustand* („TTZ"). Der Abkühlprozeß vom HG zum TTZ verlaufe dabei in einer Hinsicht völlig ideal: Störstellen mögen von Beginn an nicht mehr diffundieren können, so daß das Gleichgewicht mit der gasförmigen Phase unterbrochen ist, ja diese weggelassen werden kann*). Die Gesamtkonzentration (wie $([V_M]+[V_M']+[V_M''])$ oder $([V_X]+[V_X^{\cdot}]+[V_X^{\cdot\cdot}])$) irgendeiner Art von Fehlstellen bleibt so im TTZ die gleiche wie im HG. Aber im Gegensatz dazu mögen sich die Elektronen beim Abkühlen in jedem Augenblick der Fermistatistik und der jeweiligen Temperatur entsprechend über die Störterme neuverteilen können. Als der durch solchen Abkühlprozeß erreichte Zustand am absoluten Nullpunkt der Temperatur sei der TTZ definiert. Die Einführung dieses TTZ hat den Vorzug, daß man dessen Elektronenverteilung relativ einfach finden kann. Im TTZ hat man natürlich keine freien Elektronen und Defektelektronen mehr. Die beim HG über die Bänder und Störterme verteilten Elektronen und Defektelektronen sind jetzt so über die Terme verteilt, daß die Elektronen die tiefstmöglichen Terme besetzen und die Defektelektronen die höchstmöglichen. Erwärmt man nun in Gedanken zu einer (jetzt reellen) Temperatur, z. B. Zimmertemperatur, wobei aber die Fehlstellen noch nicht miteinander oder mit einer anderen Phase reagieren können, dann geben beim Übergang zu diesem *Tieftemperaturzustand* TZ die Fehlstellen Ladungsträger ab. Enthielt nun ein Kristall im TTZ gefüllte Terme in der Nähe des Leitungsbandes, dann kann er im TZ Elektronen- oder *n-leitend* sein. Entsprechend geben leere Terme im TTZ in der Nähe des Valenzbandes Anlaß zur *p-Leitfähigkeit* im TZ. Weil hierfür die Termtiefe maßgeblich ist, ist auch eine graduelle Aussage möglich: bei größerem Abstand des Störterms vom Band (aber sonst gleicher Fehlstellenkonzentration) werden weniger Ladungsträger frei; der Kristall ist dann vergleichsweise *hochohmig*. Hochohmig ist er auch bei sehr geringer Konzentration der zur Leitfähigkeit Anlaß gebenden Fehlstellen.

In den im folgenden zu behandelnden Beispielen werden diese vielleicht reichlich abstrakten Auseinandersetzungen durch zahlreiche Beispiele verdeutlicht werden. Immer werden wir dabei das HG ausrechnen und graphisch darstellen. Das heißt, die Konzentrationen der verschiedenen Fehlstellen eines Halbleiters werden als Funktion der Partialdrücke der in Betracht kommenden Atome dargestellt. Es wird dann an einem Beispiel im einzelnen gezeigt, wie man aus der graphischen Darstellung eines HG diejenige des TTZ berechnet. Das heißt, wie man für den TTZ die Konzentrationen der verschiedenen Fehlstellen wiederum als Funktion der Partialdrücke während des HG (!) findet. In den gezeigten graphischen Darstellungen der Tiefsttemperaturzustände TTZ wird mit den Ausdrücken: n-Typus, hochohmig, p-Typus, der Leitungscharakter des TZ angedeutet werden.

Um die Sache anfangs nicht zu komplizieren, fangen wir mit einem ganz einfachen Beispiel an. Wir betrachten eine reine Phase *MX* mit *Schottky*-

---

*) Es kann allgemein gezeigt werden, daß auch bei denkbar günstigsten Umständen ein solcher idealer Abkühlungsprozeß nur von einer bestimmten Höchsttemperatur herab stattfinden kann [17].

Wagner Fehlordnung. Die Aktivierungsenergien des Donators V_X (E_3) und des Akzeptors V_M (E_1) seien aber so klein, daß bei der relativ hohen Temperatur des Gleichgewichtes mit der Dampfphase diese Zentren als fast vollständig ionisiert betrachtet werden können. Weiterhin sollen die Zentren nur ein Energieniveau haben. Das bedeutet, daß eine doppelte Ionisation nicht stattfindet. Die interessierenden Störstellen bei der Temperatur des Gleichgewichtes sind deshalb e', $h^{\cdot}$, V'_M und $V^{\cdot}_X$, und wir studieren jetzt, wie die Konzentrationen dieser vier Arten von Störstellen von dem Partialdruck der M-Atome, p_M, abhängen. Wir haben im vorigen Abschnitt schon gesehen, daß im Falle der reinen Substanz MX mit p_M die Zusammensetzung der ganzen Gasphase vollkommen gegeben ist.
Zur Beschreibung der Wechselwirkung beider Phasen brauchen wir also nur die Gleichung (38) des vorigen Abschnittes:

$$n[V^{\cdot}_X] = K'_r p_M. \tag{38}$$

In dem Halbleiter haben wir es nur mit den folgenden Beziehungen zu tun:

$$n \cdot p = K_i \tag{2}$$

$$[V'_M]\,[V^{\cdot}_X] = K'_S. \tag{22}$$

Dazu kommt die Forderung der Elektroneutralität, die in diesem einfachen Falle die Form hat:

$$n + [V'_M] = p + [V^{\cdot}_X]. \tag{48}$$

Nun ist es fast immer so, daß innerhalb großer Bereiche von p_M, das nach dem Gesagten als unabhängige Variable zu betrachten ist, die Forderung der Elektroneutralität in sehr guter Näherung in vereinfachter Form, nämlich durch Gleichstellung von nur zwei Termen, sich schreiben läßt. Das gilt [18] nicht nur in diesem einfachen Falle, sondern auch, wenn die Forderung der Elektroneutralität sehr viel verwickelter ausieht als (48).
Für ganz niedrige Werte von $K'_r p_M$ sind wegen (38), sowohl n als auch $[V^{\cdot}_X]$ sehr klein, und daher wegen (2) und (22) p und $[V'_M]$ groß. Das heißt, (48) kann für niedrige Werte von $K'_r p_M$ immer geschrieben werden als

$$[V'_M] = p. \tag{49}$$

Für sehr hohe Werte von $K'_r p_M$ dagegen haben n und $[V^{\cdot}_X]$ hohe Werte und sind wegen (2) und (22) die Werte von p und $[V'_M]$ damit verglichen vernachlässigbar niedrig. Daher kann (48) für hohe Werte von $K'_r p_M$ in guter Näherung geschrieben werden als:

$$n = [V^{\cdot}_X] \tag{50}$$

Dazwischen gibt es dann Bereiche von $K'_r p_M$, in welchen die Bedingung der Elektroneutralität geschrieben werden kann entweder als

$$n = p \tag{51}$$

oder als

$$[V'_M] = [V^{\cdot}_X]. \tag{52}$$

Bei einer solchen vereinfachten Schreibweise der Elektroneutralitätsbedingung bekommt man für die Logarithmen der Konzentrationen der verschiedenen Fehlstellen als Funktion des Logarithmus von p_M oder $K'_r p_M$ ein System einfacher linearer Gleichungen.

Nehmen wir jetzt ein Beispiel. Wir betrachten eine Verbindung, für die gilt:

$$[V'_M]\,[V^{\bullet}_X] = K'_S = 10^{34}$$

und

$$n \cdot p = K_i = 10^{30}.$$

Das heißt, wir betrachten einen Stoff, der im rein stöchiometrischen Zustand bei der Temperatur des zu behandelnden Gleichgewichtes atomare Eigenfehlstellen V'_M und $V^{\bullet}_X$ enthält in einer Konzentration von je $10^{17}/\text{cm}^3$, und elektronische Eigenfehlstellen e' und $h^{\bullet}$ in einer Konzentration von je $10^{15}/\text{cm}^3$*. Für das Gebiet der sehr niedrigen Werte von $K'_r p_M$, wo also

$$[V'_M] = p$$

gilt, hat man (mit (2), (22) und (38))

$$p = [V'_M] = \frac{K_i^{1/2} K_S'^{1/2}}{K_r'^{1/2} p_M^{1/2}} \tag{53}$$

$$[V^{\bullet}_X] = \frac{K_S'^{1/2} K_r'^{1/2} p_M^{1/2}}{K_i'^{1/2}} \tag{54}$$

$$n = \frac{K_i^{1/2} K_r'^{1/2} p_M^{1/2}}{K_S'^{1/2}}. \tag{55}$$

In einer doppeltlogarithmischen Darstellung mit $K'_r p_M$ als Abszisse und der jeweiligen Fehlstellenkonzentration als Ordinate (Abb. 5) sieht man auf der

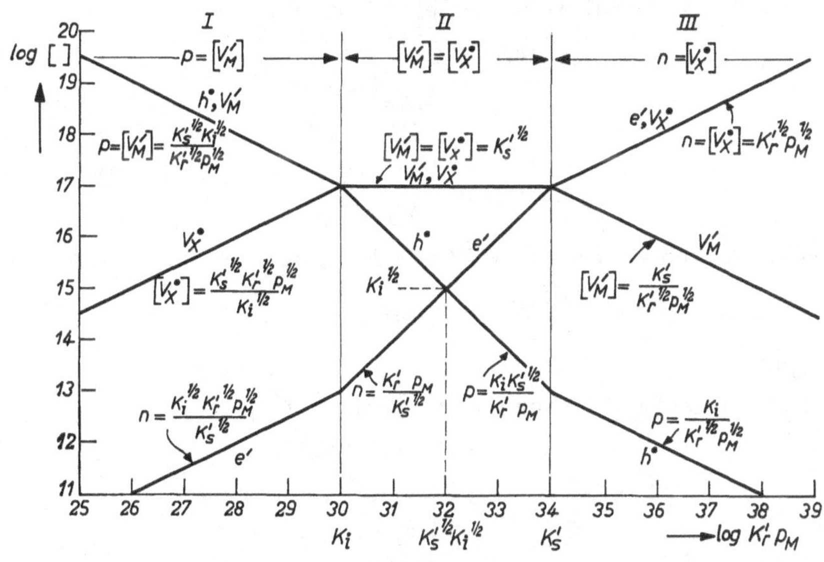

Abb. 5. Angenäherter Verlauf der Konzentrationen der Eigenfehlstellen in reiner Substanz MX als Funktion von $K'_r p_M$ beim Hochtemperaturgleichgewicht HG für die Verbindung I ($K_i = 10^{30}$, $K_s = 10^{34}$). Die drei Gebiete der vereinfachten Formen der Neutralitätsbedingung sind oben in der Zeichnung angegeben. Für den Tiefsttemperaturzustand siehe Abb. 6.

*) Da die Konzentration der M-Atome oder X-Atome auf den ihnen zugehörigen M-Plätzen (M_M) bzw. X-Plätzen (X_X) von der Größenordnung $10^{22}/\text{cm}^3$ ist, sind die soeben genannten Konzentrationen von V'_M und $V^{\bullet}_X$ als sehr niedrig zu betrachten.

linken Hälfte der Abbildung im Gebiete I die betreffende Abhängigkeit der Konzentrationen der verschiedenen Fehlstellen. Man sieht, daß für die gewählten Werte der Konstanten ($K_i = 10^{30}$ und $K'_S = 10^{34}$) für $K'_r p_M = K_i$ die bei steigendem Werte von $K'_r p_M$ ebenfalls steigende Kurve der $V^{\cdot}_X$, jene der $h^{\cdot}$ und V'_M schneidet. Das bedeutet, daß von diesem Wert von $K'_r p_M$ an, für den gewählten Stoff die Neutralitätsbedingung nicht mehr vereinfacht werden kann zu der Form

$$p = [V'_M],$$

sondern von da an

$$[V'_M] = [V^{\cdot}_X]$$

geschrieben werden muß.

Man sieht deutlich, daß die andere Möglichkeit einer vereinfachten Neutralitätsbedingung (für diesen einfachen Fall) nämlich $n = p$ auftreten würde, wenn von den beiden mit derselben Potenz von $K'_r p_M$ zunehmenden Störstellenkonzentrationen $[V^{\cdot}_X]$ und n, n den größeren Wert gehabt hätte, das heißt, wenn

$$\frac{K_i^{1/2} K_r'^{1/2} p_M^{1/2}}{K_S'^{1/2}} > \frac{K_S'^{1/2} K_r'^{1/2} p_M^{1/2}}{K_i^{1/2}},$$

oder wenn

$$K_i > K'_S.$$

In dem gewählten Beispiel mit $K'_S = 10^{34}$ und $K_i = 10^{30}$ ist dies offenbar nicht der Fall.

Für das mittlere Gebiet, wo also $[V'_M] = [V^{\cdot}_X]$ gilt, wird

$$[V'_M] = [V^{\cdot}_X] = K_S'^{1/2} \tag{56}$$

$$n = \frac{K'_r p_M}{K_S'^{1/2}} \tag{57}$$

$$p = \frac{K_i K_S'^{1/2}}{K'_r p_M}. \tag{58}$$

Dieses Gebiet endet bei jenem Wert von $K'_r p_M$, für den

$$n = \frac{K'_r p_M}{K_S'^{1/2}} = [V'_M] = [V^{\cdot}_X] = K_S'^{1/2},$$

das heißt, für den $K'_r p_M = K'_S$ ist.

Von da an tritt das dritte und letzte Gebiet auf:

$$n = [V^{\cdot}_X] = K_r'^{1/2} p_M^{1/2} \tag{59}$$

$$[V'_M] = \frac{K'_S}{K_r'^{1/2} p_M^{1/2}} \tag{60}$$

und

$$p = \frac{K_i}{K_r'^{1/2} p_M^{1/2}}. \tag{61}$$

Graphische Darstellungen wie Abb. 5 stellen eine recht gute Näherung der wirklichen Verhältnisse dar. Nur zeigen bei $K'_r p_M = K_i$ und $K'_r p_M = K'_S$ die Konzentrationslinien in der Abbildung einen Knick, wogegen im realen Fall dort die Linien abgerundet sind.

Für die Berechnung des Tiefsttemperaturzustandes TTZ fangen wir am besten mit dem linken Teil der Abbildung an. Hier werden bei der tiefen Temperatur die Defektelektronen $h^{\cdot}$ die (in fast gleicher Konzentration anwesenden) Zentren V_M' und die Elektronen e' neutralisieren. Das heißt, die freien Elektronen werden zusammen mit den freien Defektelektronen verschwinden, und die Zentren V_M' werden fast alle in effektiv neutrales V_M umgewandelt. Nicht alle V_M'-Zentren aber. Es gibt nämlich auch noch $V_X^{\cdot}$-Zentren, die wegen ihrer positiven Ladung nicht von den Defektelektronen neutralisiert werden können. Daher bleiben im Tiefsttemperaturzustand (TTZ) ebenso viele V_M' und $V_X^{\cdot}$ übrig, wie es $V_X^{\cdot}$-Zentren gibt beim Hochtemperaturgleichgewicht. Bei der Umrechnung von Hochtemperaturkurven zu Tiefsttemperaturkurven muß man, wie man sieht, immer beachten, daß die vereinfachte Elektroneutralitätsbedingung eine Näherung ist, die man nach dem Abschrecken nicht mehr gebrauchen darf.

In der linken Hälfte des zweiten Gebietes ($[V_M'] = [V_X^{\cdot}]$) hat man folgendermaßen zu argumentieren: Das effektiv negativ geladene V_M'-Zentrum neutralisiert nicht nur die fast gleiche Konzentration der $V_X^{\cdot}$-Zentren, sondern auch eine mit zunehmenden $K_r'p_M$ abnehmende Konzentration an Defektelektronen. Nach der Abkühlung werden also diese Defektelektronen eine gleiche Zahl von V_M'-Zentren zu V_M neutralisiert haben.

In der rechten Hälte desselben Gebietes ist es anders. Hier kompensiert im Zustand des Hochtemperaturgleichgewichtes das effektiv positiv geladene Zentrum $V_X^{\cdot}$ sowohl eine fast gleiche Konzentration negativ geladener V_M'-Zentren, als auch eine mit $K_r'p_M$ zunehmende Konzentration an freien Elektronen. Nach der Abkühlung zum TTZ wird hieraus eine mit $K_r'p_M$ zunehmende Konzentration von neutralen V_X in einer Konzentration, die der der freien Elektronen bei der hohen Temperatur genau gleich ist. Abb. 6 ist die graphische Darstellung der Konzentration der verschiedenen Fehlstellen

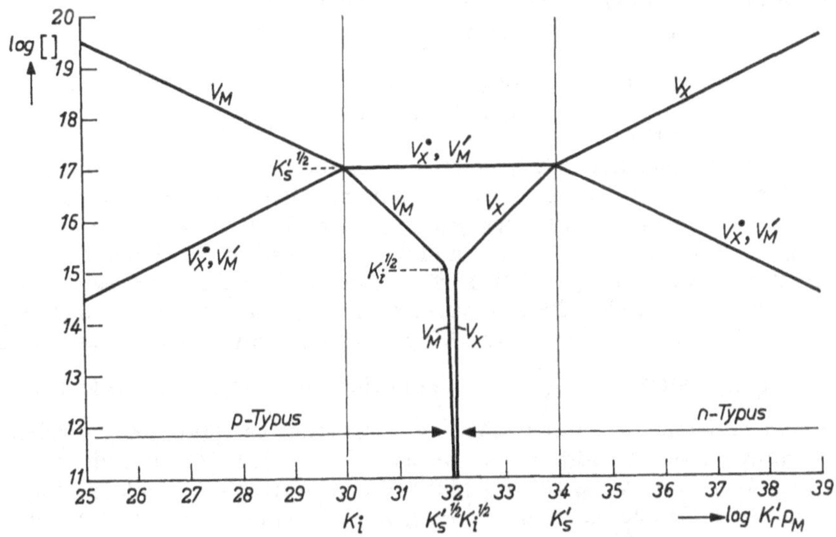

Abb. 6. Angenäherter Verlauf der Konzentrationen der Eigenfehlstellen in reiner Substanz *MX* (Verbindung I) im Tiefsttemperaturzustand (TTZ) nach schnellem Abkühlen aus dem Zustand des Hochtemperaturgleichgewichtes der Abb. 5

im Tiefsttemperaturzustand TTZ als Funktion des Partialdruckes p_M der M-Atome im Hochtemperaturgleichgewicht. Man sieht, daß für den Wert von $K'_r p_M (= K_i^{1/2} K_S'^{1/2})$, wo beim Hochtemperaturgleichgewicht die Konzentrationen von $h^{\cdot}$ und e' denselben Wert $(= K_i^{1/2})$ haben, im TTZ die neutralen Zentren V_M plötzlich gänzlich verschwunden und die neutralen Zentren V_X plötzlich erschienen sind. Da die V_M-Zentren Akzeptoren sind, ist für $K'_r p_M < K_i^{1/2} K_S'^{1/2}$ der Halbleiter im TZ ein p-Halbleiter und für $K'_r p_M > K_i^{1/2} K_S'^{1/2}$ ein n-Halbleiter. Bei $K'_r p_M = K_i^{1/2} K_S'^{1/2}$ fällt bei Zunahme von $K'_r p_M$ die Konzentration der Akzeptoren V_M vom Wert $[V_M] = K_i^{1/2} = 10^{15}/\text{cm}^3$ plötzlich auf Null, und steigt die Konzentration der Donatoren V_X von Null plötzlich auf $[V_X] = K_i^{1/2} = 10^{15}/\text{cm}^3$. Man sieht, daß es in diesem Fall unmöglich ist, die Herstellungsbedingungen so zu wählen, daß man für den TZ hochohmiges Material bekommt. Bemerkungswert ist auch noch, daß z.B. im Gebiet I der hohen Temperatur des Gleichgewichts (Abb. 5) die Konzentration von V'_M mit steigendem Wert von $K'_r p_M$ abnimmt, während nach der Abkühlung (Abb. 6) die Konzentration $[V'_M]$ mit zunehmendem $K'_r p_M$ zunimmt. Solche Unterschiede im Verlauf und Wert der Fehlstellenkonzentration bei Hochtemperatur und Tieftemperatur kommen oft vor und sind bei der Ausarbeitung von zum Beispiel physikalischen Meßdaten fortwährend zu beachten.

In diesem einfachen Beispiel haben wir gesehen, daß das Hochtemperaturgleichgewicht beherrscht wurde von drei Typen vereinfachter Elektroneutralitätsbedingung.

Allgemeiner hat man neben den geladenen Störstellen e', $h^{\cdot}$, V'_M und $V_X^{\cdot}$ auch noch die doppelt geladenen V''_M und $V_X^{\cdot\cdot}$ in Betracht zu ziehen. Die Bedingung der Elektroneutralität wird dann:

$$n + [V'_M] + 2[V''_M] = p + [V_X^{\cdot}] + 2[V_X^{\cdot\cdot}]. \tag{62}$$

Hiervon gibt es 9 mögliche zweitermige Näherungen:

$$\begin{array}{lll} n = p & [V'_M] = p & 2[V''_M] = p \\ n = [V_X^{\cdot}] & [V'_M] = [V_X^{\cdot}] & 2[V''_M] = [V_X^{\cdot}] \\ n = 2[V_X^{\cdot\cdot}] & [V'_M] = 2[V_X^{\cdot\cdot}] & [V''_M] = [V_X^{\cdot\cdot}]. \end{array} \tag{63}$$

In unserem Beispiel haben wir gesehen, daß diese zweitermigen Näherungen in graphischen Darstellungen der Art von Abb. 5 übereinstimmen mit bestimmten Gebieten des Partialdruckes p_M. Für ganz bestimmte Werte von $K'_r p_M$ geht immer das eine Gebiet in das andere über. Weil in (62) jeder der beiden Terme durch zwei andere positive bzw. negative Terme ersetzt werden kann, gibt es, wenn $K'_r p_M$ den Bereich verläßt, der zu einer der Näherungen (63) gehört, jedesmal im Prinzip vier Möglichkeiten von anderen Näherungen. Allgemein hat man also $\frac{9 \cdot 4}{2} = 18$ mögliche Übergänge von einem Gebiet zu einem anderen. Sie sind in Abb. 7 wiedergegeben [19], wo die Pfeile in die Richtung zunehmender $K'_r p_M$ weisen. Neben den Pfeilen steht jedesmal derjenige Wert von $K'_r p_M$ (ausgedrückt in den Werten der Fehlordnungskonstanten des HG), bei dem der Übergang von einem Gebiet zum anderen stattfindet.

Wie schon bemerkt, hat man bei genügend kleinen Werten von $K'_r p_M$ immer den Bereich $p = [V'_M]$; in welches von den 4 möglichen angrenzenden Gebieten eine Verbindung bei steigendem $K_r'p_M$ eintritt, hängt von den Werten der Konstanten $\frac{K_iK_S'}{2^2K_2^2}$, K_S', K_i und $\frac{K_i^3}{2^2K_4^2K_S'}$ ab. Es findet jener Übergang statt, für den der Wert dieser 4 Konstanten der kleinere ist. So geht es weiter, bis die Verbindung endlich bei genügend hohen Werten von $K_r'p_M$ in das Gebiet

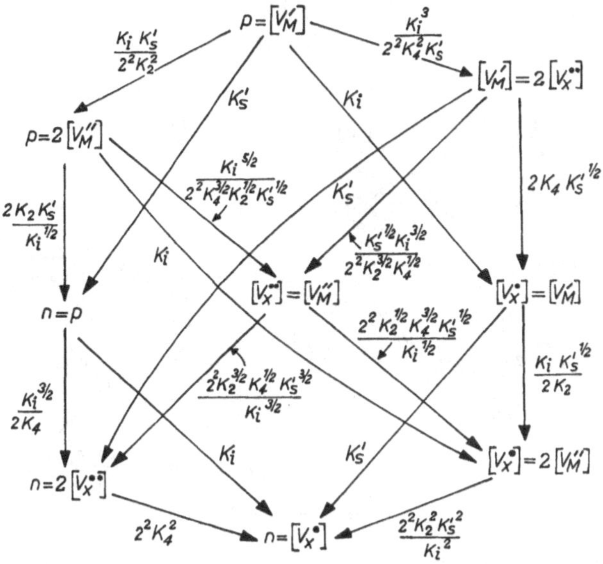

Abb. 7
Mögliche Gebiete von vereinfachten Neutralitätsbedingungen. Die Pfeile deuten die möglichen Übergänge an. Bei jedem Pfeil ist der Wert von $K_r'p_M$ — ausgedrückt in den Konstanten der atomaren und elektronischen Fehlordnung — angegeben, bei welchem der betreffende Übergang stattfindet.

$n = [V_X^{\cdot}]$ einmündet. In unserem Beispiel hatten wir die Gebiete: $p = [V_M']$, $[V_M'] = [V_X^{\cdot}]$, $n = [V_X^{\cdot}]$; aber im Prinzip ist ein Fall, in welchem man die folgenden Gebiete hat

$$p = [V_M'], [V_M'] = 2[V_X^{\cdot\cdot}], [V_X^{\cdot\cdot}] = [V_M''], n = 2[V_X^{\cdot\cdot}], n = [V_X^{\cdot}]$$

bei geeigneten relativen Werten der Konstanten auch möglich*).
Abb. 8 gibt ein Beispiel (Verbindung II) wo, obgleich das Zentrum V_M'' anwesend ist, ein Gebiet mit vorherrschendem $[V_M'']$ in der Elektroneutralitätsbedingung sich noch nicht bilden kann. Die Werte der Konstanten sind $K_i = 10^{30}$, $K_S' = 10^{34}$ und $K_2 = 10^{12}$ und da mit diesen Werten

$$K_i < K_S', \quad K_i < \frac{K_iK_S'}{2^2K_2^2} \text{ und } K_S' < \frac{K_iK_S'^{1/2}}{2K_2}$$

sind für dieses System die Gebiete wiederum

$$p = [V_M'], \quad [V_M'] = [V_X^{\cdot}] \text{ und } n = [V_X^{\cdot}].$$

*) Diese Betrachtungen gehen an der Frage vorbei, ob für eine reelle Verbindung Gleichgewichtsdrücke p_M über solche große Bereiche überhaupt möglich sind. Das Auftreten anderer fester oder flüssiger Phasen wird die möglichen Werte von p_M auf gewisse Bereiche beschränken. In den Abschnitten 7 und 8 wird darauf etwas näher eingegangen.

Mit $K_2 = 10^{15}$ (Verbindung III) dagegen hat man (wieder mit $K_i = 10^{30}$ und $K_S' = 10^{34}$), da jetzt

$$K_i < K_S', \qquad K_i < \frac{K_i K_S'}{2^2 K_2^2} \text{ aber } K_S' > \frac{K_i K_S'^{1/2}}{2K_2}$$

die folgenden Gebiete

$$p = [V_M'], \qquad [V_M'] = [V_X^{\cdot}], \qquad [V_X^{\cdot}] = 2[V_M''] \text{ und } n = [V_X^{\cdot}].$$

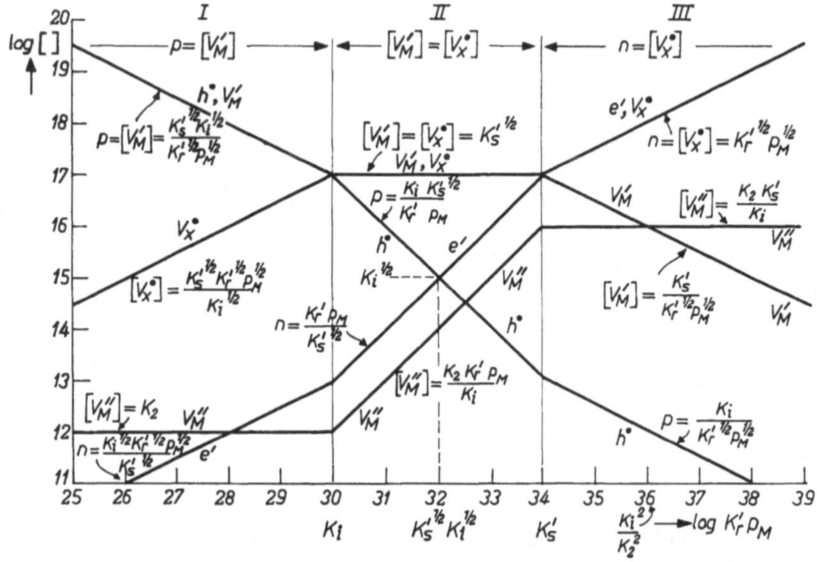

Abb. 8. Angenäherter Verlauf der Konzentrationen der Eigenfehlstellen in reiner Substanz MX als Funktion von $K_r' p_M$ beim Hochtemperaturgleichgewicht (HG) für die Verbindung II ($K_i = 10^{30}$, $K_S' = 10^{34}$, $K_2 = 10^{12}$). Für den Tiefsttemperaturzustand siehe Abb. 11. Abb. 15 und 16 geben das Hochtemperaturgleichgewicht für den Fall, daß der Stoff Donatoren F_M enthält. (Abb. 15, $[F]_{\text{total}} = 5 \cdot 10^{17}/\text{cm}^3$; Abb. 16 $[F]_{\text{total}} = 10^{19}/\text{cm}^3$).

Das Hochtemperaturgleichgewicht ist in Abb. 9 gezeichnet.

Es ist lehrreich, die Energietermschemata dieser drei Verbindungen miteinander zu vergleichen. Unter Anwendung der Formeln (18), (19) und (20) bekommt man (mit $T = 1000$ °K) für:

	E_i(eV)	E_2(eV)
Verbindung I	2,04	—
Verbindung II	2,04	1,61
Verbindung III	2,04	1,02

In Abb. 10 sind die drei Energietermschemata zum Vergleich wiedergegeben. Vergleicht man nun Abb. 9 mit den Abb. 5 und 8 so sieht man, daß für die Verbindung III (Abb. 9) im Gebiet $[V_X^{\cdot}] = 2[V_M'']$ die *M-Leerstelle* V_M'' (neben $V_X^{\cdot}$) eine überwiegende Konzentration hat, und eigentlich unerwartet mit steigendem Partialdruck der M-Atome mit *ansteigt*. Das ist ein deutliches

Anzeichen dafür, daß für Verbindungen, die nur geringfügige Unterschiede im Energieschema zeigen, (Verschiebung von E_2 von 1,61 eV zu 1,02 eV) wichtige Unterschiede im chemischen Verhalten zu erwarten sind.

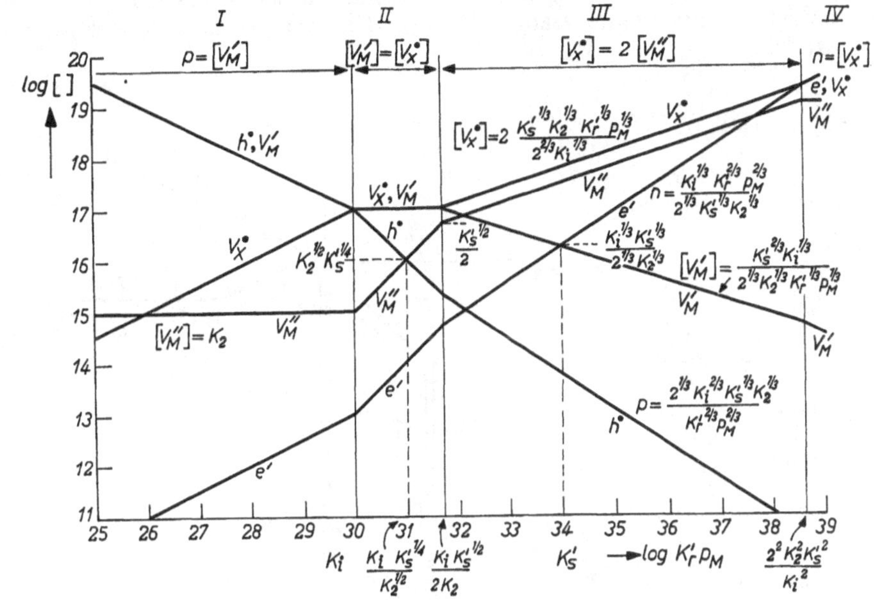

Abb. 9. Angenäherter Verlauf der Konzentrationen der Eigenfehlstellen in reiner Substanz MX als Funktion von $K_r' p_M$ beim Hochtemperaturgleichgewicht (HG) für die Verbindung III ($K_i = 10^{30}$, $K_s' = 10^{34}$, $K_2 = 10^{15}$). Für den Tiefsttemperaturzustand siehe Abb. 12

Die Tiefsttemperaturzustände (TTZ) der zwei letzten Verbindungen sind in Abb. 11 und 12 angegeben. Vergleicht man diese mit Abb. 6, so sieht man, daß für den TZ durch das Auftreten von V_M'' (gleichgültig, ob das Niveau 1,61 oder 1,02 eV vom Valenzband entfernt ist) zwischen dem p-Typusbereich für niedrige Werte von $K_r' p_M$ und dem n-Typusbereich für hohe Werte von

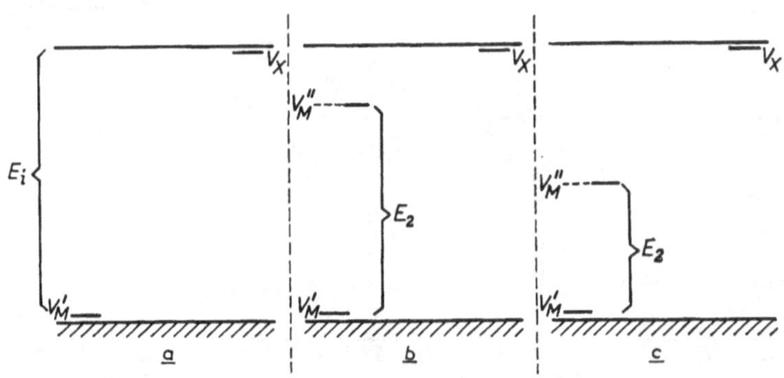

Abb. 10. Die Elektronenenergieschemata für die drei bisher behandelten Verbindungen. a) Verbindung I, $K_i = 10^{30}$, $K_s' = 10^{34}$; b) Verbindung II, $K_i = 10^{30}$, $K_s' = 10^{34}$, $K_2 = 10^{12}$; c) Verbindung III, $K_i = 10^{30}$, $K_s' = 10^{34}$, $K_2 = 10^{15}$

$K_r'p_M$, ein hochohmiges (p-Typus) Gebiet sich befindet. Diese Gebiete (in Abb. 11 für $K_i^{1/2}K_S'^{1/2} < K_r'p_M < K_S'$ und in Abb. 12 für $\frac{K_i K_S'^{1/4}}{K_2^{1/2}} < K_r'p_M < < K_S'$) sind deswegen hochohmig, weil der in diesen Bereichen in großer Konzentration anwesende leere Akzeptor V_M'' weit vom Valenzband entfernt ist.

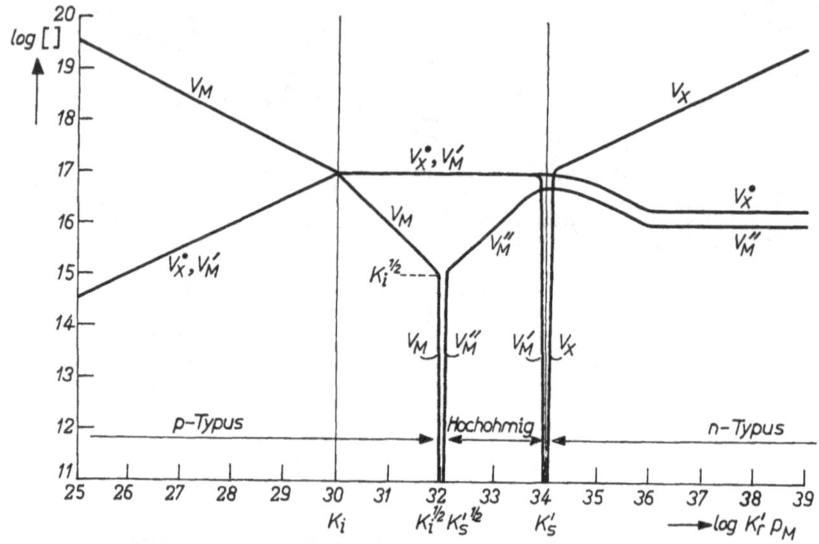

Abb. 11. Tiefsttemperaturzustand (TTZ) der Verbindung II (ohne Fremdatome). Das Hochtemperaturgleichgewicht ist in Abb. 8 wiedergegeben

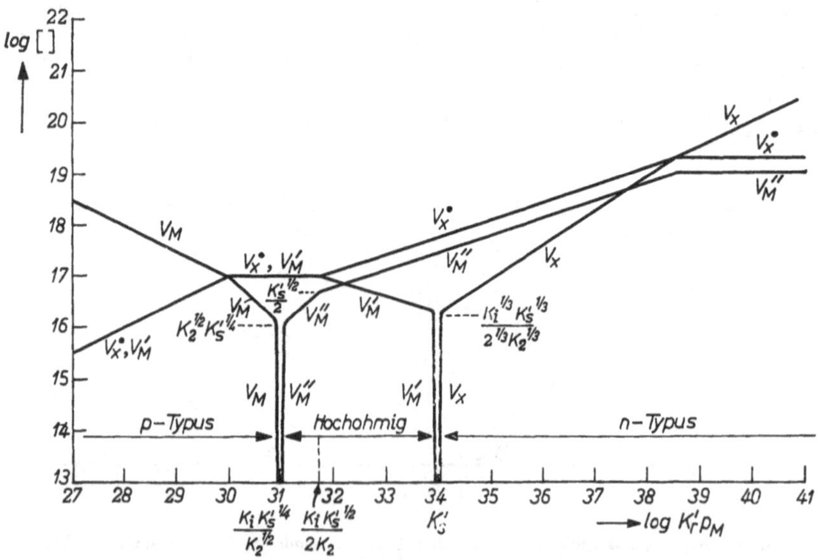

Abb. 12. Tiefsttemperaturzustand (TTZ) der Verbindung III (ohne Fremdatome). Das Hochtemperaturgleichgewicht ist in Abb. 9 wiedergegeben

Ein anderes Beispiel für den Einfluß der Ionisierungsenergien auf das chemische Verhalten hat man, wenn man für die drei Verbindungen die Abweichung der Stöchiometrie als Funktion des $K_r' p_M$ aufträgt. Der Stoff hat einen Überschuß von X-Atomen (δX genannt und ausgedrückt in Anzahl pro cm³) wenn

$$[V_M]+[V_M']+[V_M''] > [V_X]+[V_X^{\cdot}]+[V_X^{\cdot\cdot}].$$

Man schreibt

$$\delta X = [V_M]+[V_M']+[V_M'']-[V_X]-[V_X^{\cdot}]-[V_X^{\cdot\cdot}] > 0. \tag{64}$$

Einen Überschuß von M-Atomen δM gibt es, wenn

$$[V_M]+[V_M']+[V_M''] < [V_X]+[V_X^{\cdot}]+[V_X^{\cdot\cdot}],$$

und man hat:

$$\delta M = [V_X]+[V_X^{\cdot}]+[V_X^{\cdot\cdot}]-[V_M]-[V_M']-[V_M''] > 0. \tag{65}$$

Abb. 13 gibt die auf diese Weise ausgerechneten Abweichungen der Stöchiometrie für die drei Verbindungen als eine Funktion von $K_r' p_M$. Die Kurve a ist diejenige für die Verbindungen I und II, während b zur Verbindung III

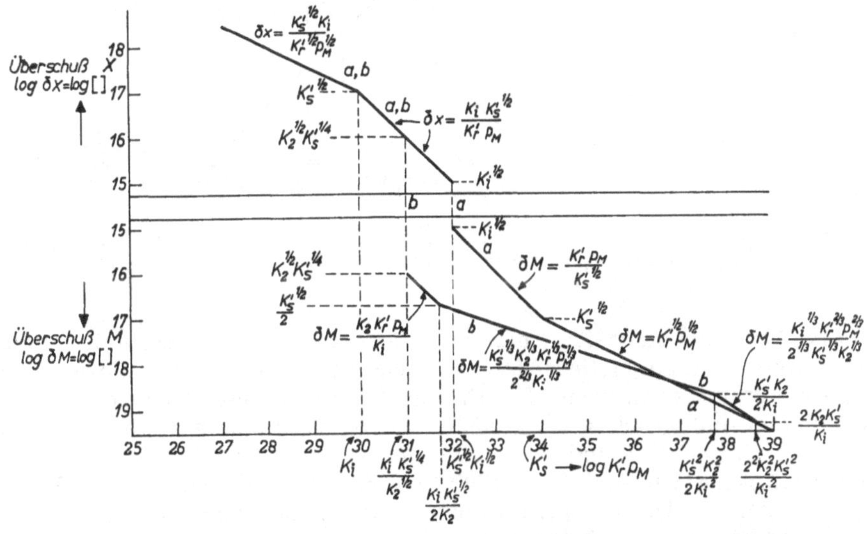

Abb. 13. Die Abweichungen von der Stöchiometrie (δX und δM) als Funktion von $K_r' p_M$ beim Hochtemperaturgleichgewicht; a) für die Verbindungen I und II; b) für die Verbindung III

gehört. Auch hier sieht man deutlich, wie sehr sich ein geringfügiger Unterschied in der Lage des Niveaus V_M'' entscheidend auf die chemischen Eigenschaften auswirkt. Mit Hilfe dieser Abbildung wird es klar, daß man eine Substanz MX niemals wirklich in absolut stöchiometrischer Zusammensetzung bereiten kann. Bei bestimmten Werten von $K_r' p_M$ ($K_r' p_M = K_i^{1/2} K_S'^{1/2}$ für die Verbindungen I und II und $K_r' p_M = K_i K_S'^{1/4}/K_2^{1/2}$ für die Verbindung III) springt die Zusammensetzung plötzlich von Überschuß an M nach Überschuß an X. Für die Verbindungen I und II wird der Überschuß links und rechts vom Sprungpunkt gegeben durch $K_i^{1/2}$ und für die Verbindung III durch

$K_2^{1/2}K_S'^{1/4}$. In Abb. 14 schließlich wird das Hochtemperaturgleichgewicht einer Verbindung IV dargestellt, wobei die Akzeptoren V_M und die Donatoren V_X auch beim Hochtemperaturgleichgewicht nicht vollständig dissoziiert sind. Man findet also in Abb. 14 auch die Konzentrationen der Fehlstellen

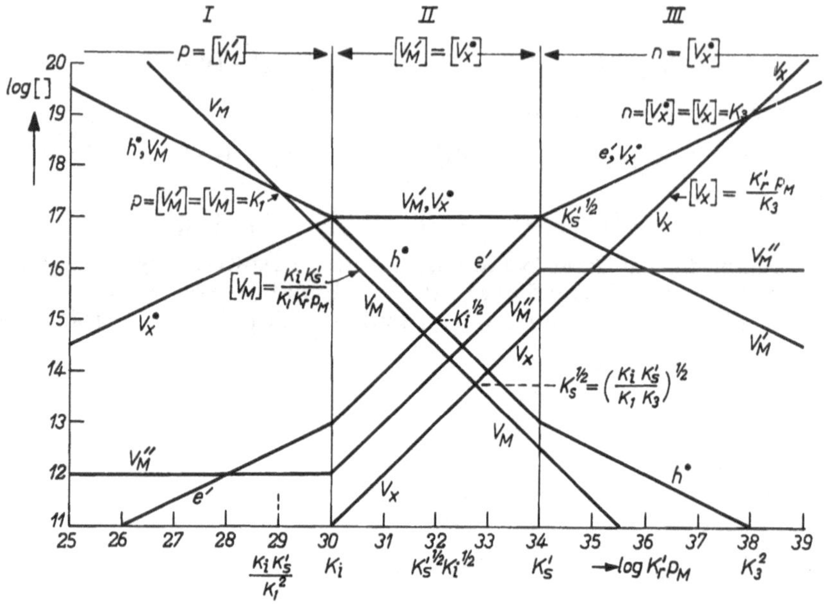

Abb. 14. Angenäherter Verlauf der Konzentrationen der Eigenfehlstellen in reiner Substanz MX als Funktion von $K_r^{\bullet\prime} p_M$ beim Hochtemperaturgleichgewicht (HG) für die Verbindung IV ($K_i = 10^{30}$, $K_s' = 10^{34}$, $K_1 = 10^{17,5}$, $K_2 = 10^{12}$, $K_3 = 10^{19}$)

V_M und V_X. Man sieht abcr, daß auch für diesen Fall die Darstellung aufgeteilt werden kann in (hier drei) Gebiete von vereinfachten Formen der Elektroneutralitätsbedingung. Die für das Auftreten dieser Gebiete wichtigen Konstanten sind gleich groß gewählt wie in Verbindung II, nur sind die Werte für $K_1 = 10^{17,5}$ und $K_3 = 10^{19}$ hinzugekommen. Die dazugehörigen Aktivierungsenergien sind ($T = 1000$ °K) $E_1 = 0{,}53$ eV und $E_3 = 0{,}23$ eV. Das Zeichnen der Tiefsttemperaturkurven und das Berechnen der Abweichung von der Stöchiometrie sei dem Leser überlassen.

Bei keiner der in diesem Abschnitt besprochenen Verbindungen (I, II, III und IV) war die Möglichkeit zur Bildung von $V_X^{\bullet\bullet}$-Zentren angenommen. Es leuchtet aber ein, daß nach der Behandlung von Verbindungen, die V_M'' bilden können, die Besprechung von Verbindungen, wo $V_X^{\bullet\bullet}$ oder V_M'' und $V_X^{\bullet\bullet}$ auftreten kann, sich erübrigt.

5. Der Halbleiter enthält eine feste Konzentration an Fremdatomen, ist aber im Gleichgewicht mit einer gasförmigen Phase, die durch p_M charakterisiert ist

Im vorigen Abschnitt haben wir den Einfluß der Zusammensetzung der koexistierenden gasförmigen Phase auf die Konzentration der Fehlstellen einer reinen Substanz MX besprochen. Jetzt werden wir dazu übergehen, den Einfluß von Fremdatomen F etwas näher zu betrachten. In diesem Abschnitt werden wir den Fall besprechen, daß der Fremdstoff in einer bestimmten festen Konzentration schon im Halbleiter vorhanden ist. Es soll nun verfolgt werden, wie die Zusammensetzung der gasförmigen zweiten Phase, die nur die Komponenten M und X enthalten soll, die Fehlstellenkonzentrationen im Halbleiter beeinflussen wird. Wir besprechen hier also den Fall eines partiellen Gleichgewichtes, wobei wohl die Atome M und X zwischen den beiden Phasen ausgetauscht werden können und so zu einem Gleichgewicht kommen, nicht aber die F-Atome. Diese mögen sich in dem Halbleiter befinden, ohne mit der Gasphase ausgetauscht werden zu können, so daß sie, für sich, kein wirkliches Gleichgewicht bilden. (Beim Mitauftreten anderer kondensierter Phasen, kann man auch im Gleichgewicht einer von p_M unabhängigen (aber nicht variierbaren) Konzentration der Fremdatomem begegnen.) Wir wollen nur den Fall behandeln, in dem die Fremdatome F nur auf M-Plätzen sitzen können.

Diese Fehlstellen F_M sollen Donatoren sein und folglich (wie in (24)) ein freies Elektron abdissoziieren können. Wir nehmen außerdem an, daß bei der Temperatur des partiellen Gleichgewichtes mit der Gasphase nicht nur die Akzeptoren V_M und die Donatoren V_X, sondern auch die Donatoren F_M vollständig dissoziiert sind. Wir haben also im Hochtemperaturgleichgewicht nur die Fehlstellen e', $h^\cdot$, V_M', $V_M^\cdot$, V_M'' und $F_M^\cdot$ zu betrachten. Neben den Beziehungen, welchen wir, für die Verbindungen I, II, III und IV schon im vorigen Abschnitt begegnet sind, nämlich:

$$n[V_X^\cdot] = K_r' p_M \tag{38}$$

$$n \cdot p = K_i \tag{2}$$

$$[V_M'] \, [V_X^\cdot] = K_S' \tag{22}$$

$$\frac{p[V_M'']}{[V_M']} = K_2 \tag{14}$$

haben wir jetzt eine andere Form der Elektroneutralitätsbedingung:

$$n + [V_M'] + 2[V_M''] = p + [V_X^\cdot] + [F_M^\cdot] \tag{66}$$

und die Forderung

$$[F_M^\cdot] = [F_M]_{\text{total}} = \text{const.} \tag{67}$$

in Betracht zu ziehen. (Für Verbindung V, wo die Fehlstelle $V_X^{\cdot\cdot}$ auftritt, hat man die Beziehung (13) in Betracht zu ziehen, und (66) dementsprechend zu ändern.)

Nehmen wir wieder die Verbindung II mit $K_i = 10^{30}$, $K_S' = 10^{31}$, $K_2 = 10^{12}$ und $[F_M]_{\text{total}} = [F_M^\cdot] = 5 \cdot 10^{17}$. Mit diesen Werten sind die mit zunehmendem $K_r' p_M$ aufeinanderfolgenden Näherungen der Neutralitätsbedingung (66)

$$p = [V_M'], \; [F_M^\cdot] = [V_M'], \; n = [F_M^\cdot] \text{ und } n = [V_M^\cdot].$$

Das Hochtemperaturgleichgewicht ist in Abb. 15 wiedergegeben. Vergleicht man diese Kurven mit den von Abb. 8 für dieselbe Verbindung ohne Fremdatome, so sieht man, daß die effektiv positiv geladene Fremdfehlstelle $F_M^\cdot$

von derjenigen Eigenfehlstelle elektrisch kompensiert wird, die neben einer entgegengesetzt effektiven Ladung bei den in Betracht kommenden Drücken in der reinen Substanz die höchste Konzentration hat. So sieht man, daß für $K'_r p_M < K'_S$, wo in Abb. 8 es die negativ geladene atomare Eigenfehlstelle V'_M ist, die die höchste Konzentration hat, in Abb. 15 $F^{\bullet}_M$ von V'_M-Zentren kompensiert ist. Für $K'_r p_M > K'_S$ dagegen, wo für die reine Substanz (Abb. 8)

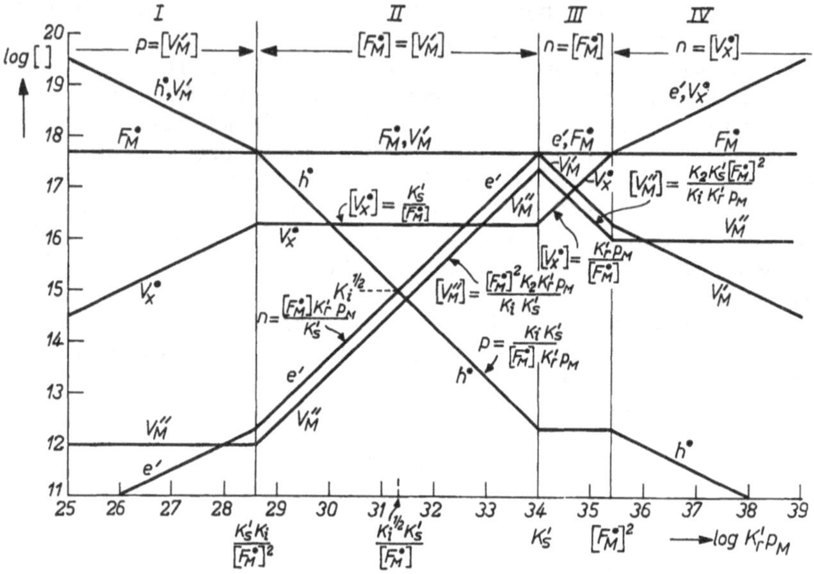

Abb. 15. Angenäherter Verlauf der Konzentrationen der Fehlstellen in einer Substanz MX, die eine bestimmte Konzentration (hier $5 \cdot 10^{17}/cm^3$) an Fremddonatoren F_M enthält, als Funktion von $K'_r p_M$ beim Hochtemperaturgleichgewicht (HG). Als Mutterverbindung ist die Verbindung II gewählt worden ($K_i = 10^{30}$, $K'_s = 10^{34}$, $K_2 = 10^{13}$). Das Hochtemperaturgleichgewicht für die reine Verbindung II ist in Abb. 8 wiedergegeben und jenes für $[F]_{total} = 10^{19}/cm^3$ in Abb. 16

die freien Elektronen e' die negativen Fehlstellen mit der höchsten Konzentration sind, wird (Abb. 15) $F^{\bullet}_M$ von freien Elektronen kompensiert.

Für $K'_r p_M < \dfrac{K_i K'_S}{[F^{\bullet}_M]^2}$ und für $K'_r p_M > [F^{\bullet}_M]^2$ ist (vergleiche Abb. 8) die Eigenfehlordnung so groß, daß die Anwesenheit der Fremdatome $F^{\bullet}_M$ keinen wesentlichen Einfluß hat auf die Größe und Art der Eigenfehlordnung.
Für

$$\frac{K_i K'_S}{[F^{\bullet}_M]^2} < K'_r p_M < [F^{\bullet}_M]^2$$

aber, werden die Konzentrationen der Eigenfehlstellen durchaus von der Anwesenheit der Fremdatome beeinflußt. So ist für

$$\frac{K_i K'_S}{[F^{\bullet}_M]^2} < K'_r p_M < K'_S$$

die Konzentration von V'_M unabhängig von $K'_r p_M$ und gleich der Konzentration $[F^{\cdot}_M]$, während $[V^{\cdot}_X]$ dann mittels $[V'_M][V^{\cdot}_X] = K'_S$ auch unabhängig von $K'_r p_M$ ist und mitbestimmt durch $[F^{\cdot}_M]$. Dieses Gebiet (II) wird das *Hochtemperaturgebiet der gesteuerten atomaren Eigenfehlstellen* genannt. Seine Ausdehnung ist

$$\varDelta \log K'_r p_M = \log K'_S - \log \frac{K_i K'_S}{[F^{\cdot}_M]^2} = \log \frac{[F^{\cdot}_M]^2}{K_i}. \tag{68}$$

Für das angrenzende Gebiet $K'_S < K'_r p_M < [F^{\cdot}_M]^2$, werden die Konzentrationen der freien Elektronen und Defektelektronen unabhängig von $K'_r p_M$. Die Konzentration n der freien Elektronen ist gleich der von $F^{\cdot}_M$, während die Konzentration der Defektelektronen von $[F^{\cdot}_M]$ mitbestimmt ist. Dieses Gebiet (III) wird das *Hochtemperaturgebiet der gesteuerten elektronischen Eigenfehlstellen* genannt. Seine Ausdehnung ist

$$\varDelta \log K'_r p_M = \log [F^{\cdot}_M]^2 - \log K'_S = \log \frac{[F'_M]^2}{K'_S}. \tag{69}$$

Die Beziehungen (68) und (69) sind unmittelbar einleuchtend. Bei gleicher Konzentration von $F^{\cdot}_M$ wird die Ausdehnung des Gebietes der Kompensation durch atomare Fehlstellen gegenüber der der Kompensation mit elektronischen Fehlstellen um so größer sein, je größer die Neigung der Muttersubstanz ist, atomare Fehlstellen (K'_S) an Stelle elektronischer Fehlstellen zu bilden (K_i).

In diesem Beispiel war es so, daß die $F^{\cdot}_M$ von jenen Eigenfehlstellen kompensiert werden, die in der reinen Substanz beim gleichen Wert von $K'_r p_M$ von den Fehlstellen entgegengesetzter effektiver Ladung die höchste Konzentration haben. Dies trifft oft zu, *jedoch nicht immer*. Es stimmt allgemein für Verbindungen (wie Verbindung I), die keine doppelt geladenen Eigenfehlstellen (oder Assoziate) (wie z.B. V''_M oder $V^{\cdot}_X$) bilden können. Kann der Stoff (wie die in Abb. 8 und Abb. 15 behandelte Verbindung II) jedoch doppelt geladene Fehlstellen von dem $F^{\cdot}_M$ entgegengesetzten Ladungsvorzeichen bilden, so trifft es nur für genügend geringe Konzentrationen von $F^{\cdot}_M$ zu. Das war noch in Abb. 15 (mit $[F^{\cdot}_M] = 5 \cdot 10^{17}/\mathrm{cm}^3$) der Fall. Mit $[F^{\cdot}_M] = 10^{19}/\mathrm{cm}^3$ ist das nicht mehr so. Abb. 16 gibt das Hochtemperaturgleichgewicht für die Verbindung II für diese Konzentration an Fremdatomen. Man sieht, daß für diese relativ hohe Konzentration der F_M-Atome die Neutralitätsbedingung (66) mit steigendem $K'_r p_M$ die folgenden Näherungsgebiete hat:

$$p = [V'_M], \quad [V'_M] = [F^{\cdot}_M], \quad [F^{\cdot}_M] = 2[V''_M], \quad n = [F^{\cdot}_M] \text{ und } n = [V^{\cdot}_X].$$

Zwischen die Gebiete $[F^{\cdot}_M] = [V'_M]$ und $n = [F^{\cdot}_M]$ von Abb. 15 hat sich ein neues hineingeschoben, in welchem $[F^{\cdot}_M] = 2[V''_M]$. Das ist eine wichtige Tatsache. Hier wird $F^{\cdot}_M$ kompensiert von einer atomaren Eigenfehlstelle, die bei der reinen Substanz (Abb. 8) bei keinem $K'_r p_M$ eine hohe Konzentration hat. Man sieht, daß auf diese Weise eine Eigenfehlstelle, die in dem reinen Stoff gegenüber anderen Eigenfehlstellen vernachlässigt werden konnte, bei geeigneter Dotierung genügender Stärke über mehrere Dekaden in ihrer Konzentration erhöht und selbst wichtiger als alle andere werden kann.

In Abb. 16 treten zwei Hochtemperaturgebiete von gesteuerten atomaren Eigenfehlstellen auf.

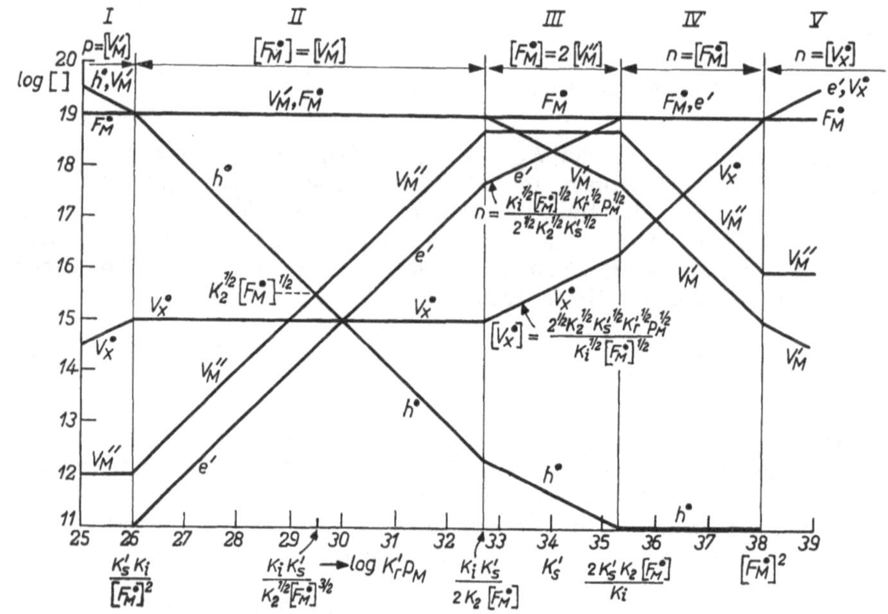

Abb. 16. Hochtemperaturgleichgewicht (HG) der Verbindung II ($K_i = 10^{30}$, $K_S' = 10^{34}$, $K_2 = 10^{12}$) für $[F]_{total} = 10^{19}/cm^3$. Die reine Verbindung ist in Abb. 8 wiedergegeben und der Fall für $[F]_{total} = 5 \cdot 10^{17}/cm^3$ in Abb. 15. Den Tiefsttemperaturzustand dieser Verbindung für $[F]_{total} = 10^{19}/cm^3$ sieht man in Abb. 18

Für $\frac{K_i K_S'}{[F_M^{\cdot}]^2} < K_r' p_M < \frac{K_i K_S'}{2K_2[F_M^{\cdot}]}$ werden V_M' und $V_X^{\cdot}$ in ihrer Konzentration unabhängig von $K_r' p_M$ und $[V_M'] = [F_M^{\cdot}]$, und für $\frac{K_i K_S'}{2K_2[F_M^{\cdot}]} < K_r' p_M < \frac{2K_2 K_S'[F_M^{\cdot}]}{K_i}$ wird $[V_M'']$ unabhängig von $K_r' p_M$ und ist $[V_M''] = {}^1/_2[F_M^{\cdot}]$. Für höhere Werte von $K_r' p_M$, nämlich für $\frac{2K_2 K_S'[F_M^{\cdot}]}{K_i} < K_r' p_M < [F_M^{\cdot}]^2$, hat man dann wieder das Gebiet der gesteuerten elektronischen Eigenfehlstellen.

Es ist lehrreich zu sehen, wie als Funktion von $K_r' p_M$ und $[F_M^{\cdot}]$ die verschiedenen Gebiete der Näherung der Neutralitätsbedingung sich abgrenzen [6]. Dies ist in Abb. 17 für die soeben behandelte Verbindung veranschaulicht. Hier sieht man, daß für $[F_M^{\cdot}] < K_S'^{1/2}$ die Gebiete von vereinfachten Neutralitätsbedingungen, und daher auch die Konzentration der Fehlstellen beim Hochtemperaturgleichgewicht nicht wesentlich von der Anwesenheit der F_M-Atome beeinflußt werden. Für $[F_M^{\cdot}] > K_S'^{1/2}$ hat man immer größere Bereiche von Werten von $K_r' p_M$, wo das nicht mehr der Fall ist. Die Bereiche $[F_M^{\cdot}] = [V_M']$ und $n = [F_M^{\cdot}]$ befinden sich unmittelbar über denjenigen Bereichen des reinen Stoffes, für welche $[V_M']$ bzw. n in der vereinfachten Form der Neutralitätsbedingung auftritt. Das Gebiet $[F_M^{\cdot}] = [V_M']$ geht über in das

Gebiet $n = [F_M^\cdot]$ bei demselben Wert von $K_r' p_M = (K_S')$, wo bei der reinen Substanz in der vereinfachten Form der Neutralitätsbedingung die Konzentration der V_M' durch die der freien Elektronen ersetzt wird. Für $[F_M^\cdot] > \frac{K_i}{2K_2}$ aber entsteht für Halbleiter, bei denen die V_M''-Fehlstelle anwesend ist, ein

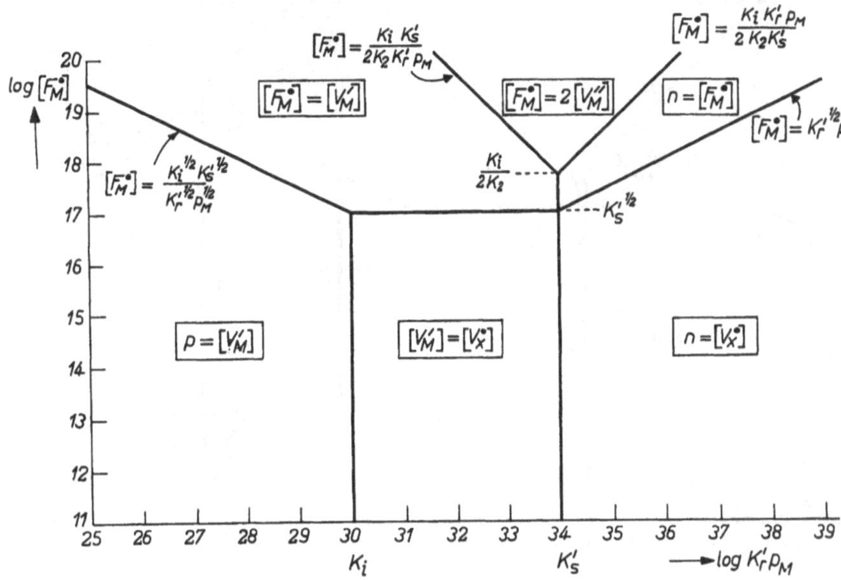

Abb. 17. Die Gebiete der vereinfachten Neutralitätsbedingung als Funktion von $K_r' p_M$ und $[F_M^\cdot]$ im HG für Verbindung II (siehe auch Abbildung 8, 15, 16, 25 und 26)

neues Gebiet mit $[F_M^\cdot] = 2[V_M'']$. Es ist deutlich, daß für Verbindungen mit $\frac{K_i}{2K_2} < K_S'^{1/2}$ schon in der reinen Substanz das Gebiet $[V_X^\cdot] = 2[V_M'']$ anwesend sein muß (Abb. 9), in Übereinstimmung mit der aus Abb. 7 abzuleitenden Forderung, daß hierfür $\frac{K_i K_S'^{1/2}}{2K_2} < K_S'$ sein muß. Abb. 18 gibt den Tiefsttemperaturzustand dieser Verbindung an, und zwar für $[F_M^\cdot] = 10^{19}$, berechnet unter der Annahme, daß das Niveau des Donators F_M etwas tiefer liegt als das Niveau des Donators V_X. Vergleicht man diese Abbildung mit der des TTZ der reinen Verbindung (Abb. 11) so sieht man, daß das hochohmige Gebiet wegen der Dotierung sehr viel größer geworden ist. Zwar fängt das Gebiet der n-Leitung auch in Abb. 18 bei $K_r' p_M = 10^{34}$ an, aber das Gebiet der p-Leitung fängt erst an für $K_r' p_M < \frac{K_i K_S'}{2^{1/2} K_2^{1/2} [F_M^\cdot]^{3/2}}$. Die Kurve, die mit V_M indiziert ist, gibt die Konzentration der Akzeptoren als Funktion von $K_r' p_M$, und die Kurven F_M und V_X geben die Konzentrationen der Donatoren als Funktion von $K_r' p_M$ an.

Es ist nun von Interesse, die Kurven von Akzeptorgehalt und Donatorgehalt zur Verfügung zu haben, nicht nur als Funktion von $K_r' p_M$, sondern auch als

Funktion des totalen Gehaltes an F-Atomen auf M-Plätzen ($[F]_{\text{total}} = [F_M] + [F_M^{\cdot}]$). Dies geschieht am übersichtlichsten, wenn man in Abbildungen des HG, wie Abb. 17, Schichtenlinien einzeichnet für konstante Akzeptor-

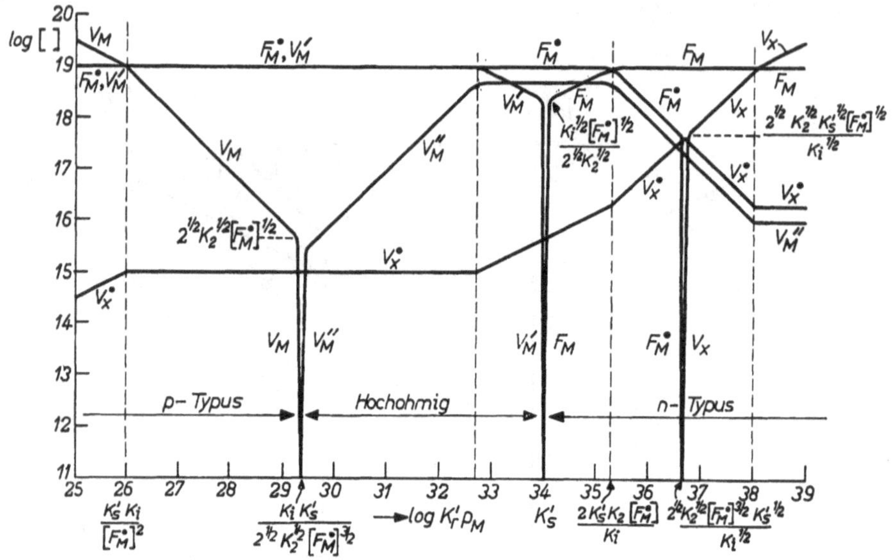

Abb. 18. Tiefsttemperaturzustand (TTZ) der Verbindung II mit $[F]_{\text{total}} = 10^{19}/\text{cm}^3$. Das Hochtemperaturgleichgewicht ist in Abb. 16 gezeichnet

und Donatorkonzentration des TTZ. Um eine größere Übersicht zu gewinnen, ist das für vier Verbindungen gemacht, deren Unterschiede in der nächsten Tabelle deutlich werden:

Verbindung	Atomare Eigenstörstellen	K_i	K_S'	K_2	K_4	E_i (eV)	E_2 (eV)	E_4 (eV)	Fremdatom
I	V_M', $V_X^{\cdot}$	10^{30}	10^{34}			2,04			$F_M^{\cdot}$
II	V_M', $V_X^{\cdot}$, V_M''	10^{30}	10^{34}	10^{12}		2,04	1,61		$F_M^{\cdot}$
V	V_M', $V_X^{\cdot}$, $V_X^{\cdot\cdot}$	10^{30}	10^{34}		10^{12}	2,04		1,61	$F_M^{\cdot}$
VI	V_M', $V_X^{\cdot}$, V_M''	10^{30}	10^{26}	10^{14}		2,04	1,22		a) $F_M^{\cdot}$ b) F_M'

Die Verbindungen I, II und V haben alle in reinem Zustand die Gebiete

$$p = [V_M'], \quad [V_M'] = [V_X^{\cdot}] \quad \text{und} \quad n = [V_X^{\cdot}],$$

während die Verbindung, VI, weil hier $K_S' < K_i$, folgende Gebiete aufzeigt:

$$p = [V_M'], \quad n = p \quad \text{und} \quad n = [V_X^{\cdot}].$$

Die Abb. 19, 20, 21, 22 und 23 zeigen die zu den Verbindungen I, II, V, VIa und VIb gehörenden Schichtenlinien der Akzeptor- und Donatorkonzentrationen.

In diesen fünf Abbildungen also ist auf der horizontalen Achse die Zusammensetzung der Gasphase im Hochtemperaturgleichgewicht wiedergegeben (log $K'_r p_M$), und auf der vertikalen Achse der Gesamtgehalt der (immer auf M-Plätzen sitzenden) Fremdatome ($[F]_{total}$). In den Abbildungen ist zum besseren Vergleich Verschiedenes gleichzeitig aufgezeigt. Erstens sieht man (mit dicken Linien umrandet) die Hochtemperaturgebiete der verschiedenen Vereinfachun-

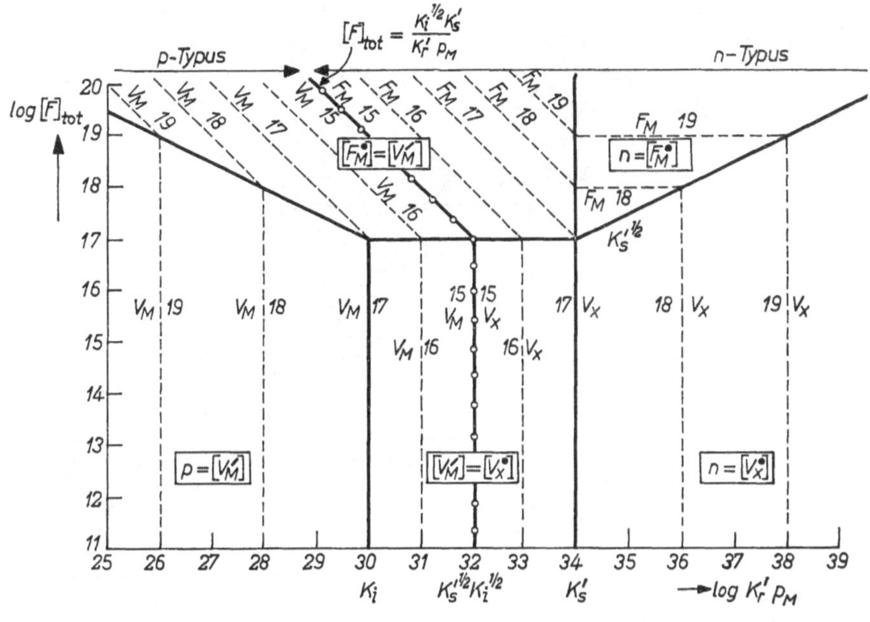

Abb. 19. Schichtenlinien (gestrichelt) der Konzentration der wichtigsten Akzeptoren (V_M) oder Donatoren (F_M oder V_X) im Tiefsttemperaturzustand (TTZ) als Funktion der Zusammensetzung der Gasphase beim Hochtemperaturgleichgewicht (HG) und der totalen Fremdatomkonzentration $[F]_{total}$ für die Verbindung I. Die Grenzlinien der Hochtemperaturgebiete der vereinfachten Neutralitätsbedingung sind mit eingezeichnet (dick). (Siehe auch Abb. 20, 21, 22, 23 und 24.)

gen der Neutralitätsbedingung. Die jeweilige Form der Vereinfachung ist wiedergegeben durch die umrandeten Angaben, wie $p = [V'_M]$, $[F^\bullet_M] = [V'_M]$ usw. Dünn gestrichelt sind die Schichtenlinien der Akzeptoren (V_M oder F_M) oder der Donatoren (F_M oder V_X). Die Zahlen bedeuten dabei immer log [ ]. Man beachte dabei gut, daß, obwohl die Gebiete der vereinfachten Neutralitätsbedingungen und ihre Abgrenzung zum Hochtemperaturgleichgewicht gehören, die Schichtenlinien berechnet sind aus dem entsprechenden Tiefsttemperaturzustand (TTZ). Schließlich sind in den Abbildungen —∘—∘—∘ —∘—∘— Linien eingezeichnet. Diese Linien deuten an, wo im Tieftemperaturzustand (TZ) der Halbleiter den Charakter ändert, z. B. von p-Typus zu hochohmig, oder von p-Typus zu n-Typus, oder auch von hochohmig zu n-Typus. Es ist lehrreich, die verschiedenen Abbildungen miteinander zu vergleichen. So sieht man, daß es für die Verbindung I (Abb. 19) (keine doppelt geladenen Eigenfehlstellen) kein hochohmiges Gebiet gibt, auch nicht bei Dotierung mit Donatoren F_M. Die Grenze zwischen p- und n-Leitung (—∘—∘—∘ Linie) läuft bei genügender Dotierung nach niedrigeren Werten von $K'_r p_M$, und zwar nach der in der Abbildung angegebenen Formel. Bei der Verbindung II (Abb. 20) sieht man ein hochohmiges Gebiet, das für Werte von $[F]_{\text{total}}$ größer als $K_S'^{1/2}$ bei steigendem $[F]_{\text{total}}$ immer ausgedehnter wird, aber auf der n-Leitungsseite konstant bei $K_r' p_M = K_S'$ liegt. In Abb. 21, Verbindung V, in welchem Stoff wir

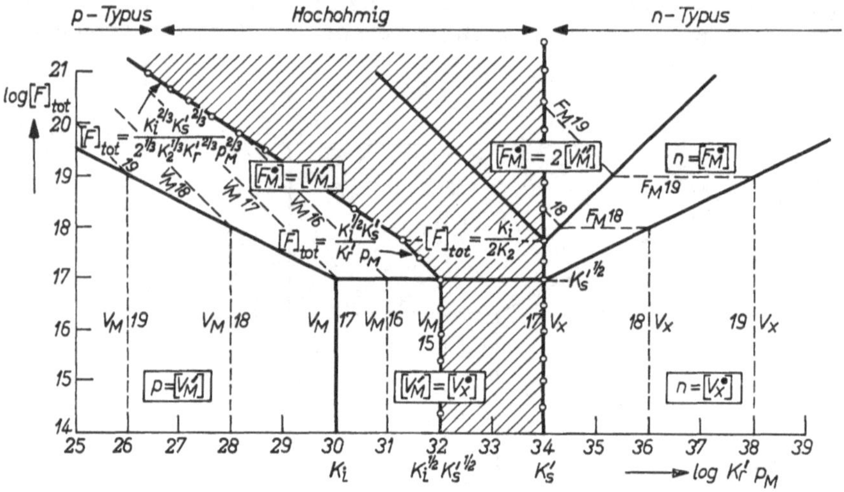

Abb. 20. Schichtenlinien (gestrichelt) der Konzentration der wichtigsten Akzeptoren (V_M) oder Donatoren (F_M oder V_X) im Tiefsttemperaturzustand (TTZ) als Funktion der Zusammensetzung der Gasphase beim Hochtemperaturgleichgewicht (HG) und der totalen Fremdatomkonzentration $[F]_{\text{total}}$ für die Verbindung II. Die Grenzlinien der Hochtemperaturgebiete der vereinfachten Neutralitätsbedingung sind mit eingezeichnet (dick). (Siehe auch Abb. 19, 21, 22, 23 und 24.)

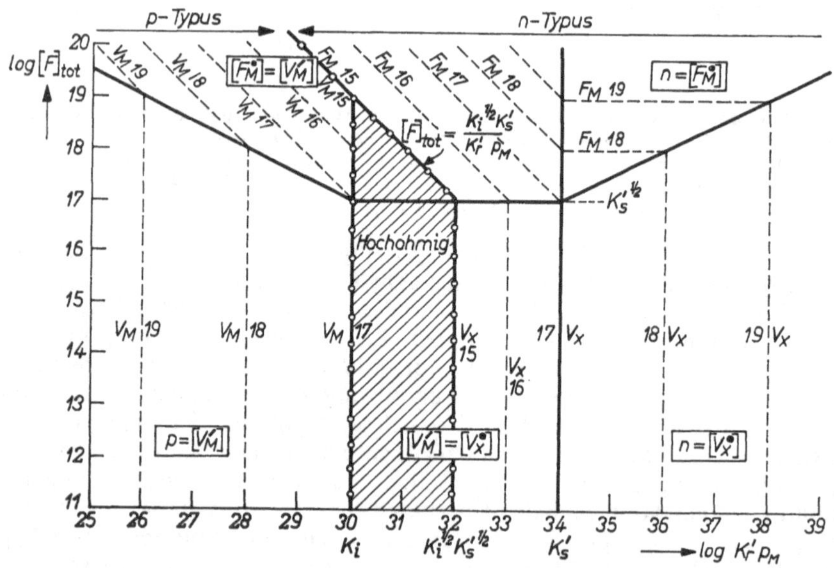

Abb. 21. Schichtenlinien (gestrichelt) der Konzentration der wichtigsten Akzeptoren (V_M) oder Donatoren (F_M oder V_X) im Tiefsttemperaturzustand (TTZ) als Funktion der Zusammensetzung der Gasphase während des Hochtemperaturgleichgewichtes (HG) und der totalen Fremdatomkonzentration $[F]_{\text{total}}$ für die Verbindung V. Die Grenzlinien der Hochtemperaturgebiete der vereinfachten Neutralitätsbedingung sind mit eingezeichnet (dick). (Siehe auch Abb. 19, 20, 22 und 23.

zum ersten Mal der Eigenfehlstelle $V_X^{\cdot\cdot}$ (welche $F_M^{\cdot}$ wegen gleicher Ladungsvorzeichen nicht elektrisch kompensieren kann) begegnen, sehen wir wieder etwas Neues. Hier gibt es auch ein hochohmiges Gebiet. Dieses aber liegt jetzt zwischen $K_r' p_M = K_i$ und $K_r' p_M = K_i^{1/2} K_S'^{1/2}$. Auch im Gegensatz zu dem, was in der Abb. 20 geschieht (Verbindung II mit V_M'' statt $V_X^{\cdot\cdot}$), nimmt die Breite des hochohmigen Gebietes für $[F]_{\text{total}} > K_S'^{1/2}$ mit zunehmendem $[F]_{\text{total}}$ stetig ab. Die Lage der p-Leitungsgrenze liegt bis zu $[F]_{\text{total}} = K_S'/K_i^{1/2}$ konstant bei $K_r' p_M = K_i$. Die n-Leitungsgrenze liegt bei steigendem F-Gehalt bei immer niedrigerem $K_r' p_M$ und geht wie $[F]_{\text{total}} = \dfrac{K_i^{1/2} K_S'}{K_r' p_M}$. Für $[F]_{\text{total}} > \dfrac{K_S'}{K_i^{1/2}}$ zeigt diese Verbindung kein hochohmiges Gebiet mehr. Die Grenze des Überganges vom p-Typus zum n-Typus nimmt dann genau wie beim System I(Abb. 19) linear mit steigendem $[F]_{\text{total}}$ ab.

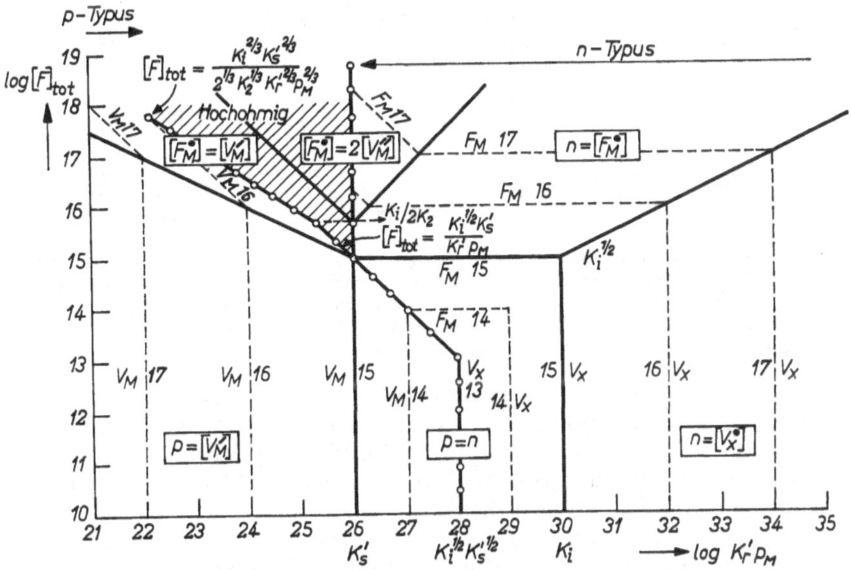

Abb. 22. Schichtenlinien (gestrichelt) der Konzentration der wichtigsten Akzeptoren (V_M) oder Donatoren (F_M oder V_X) im Tiefsttemperaturzustand (TTZ) als Funktion der Zusammensetzung der Gasphase beim Hochtemperaturgleichgewicht (HG) und der totalen Fremdatomkonzentration $[F]_{\text{total}}$ für die Verbindung VI. Die Grenzlinien der Hochtemperaturgebiete der vereinfachten Neutralitätsbedingung sind mit eingezeichnet (dick). (Siehe auch Abb. 19, 20, 21 und 23.)

Abb. 22 (Verbindung VI mit Donator F_M) zeigt wiederum etwas Neues. Hier hat man für die reine Verbindung und für $[F]_{\text{total}} < K_i^{1/2}$ kein hochohmiges Gebiet.

Für $[F]_{\text{total}} > K_i^{1/2}$ aber fängt die Bildung einer hochohmigen Zone an, deren Begrenzungen und Grenzkonzentrationen qualitativ auf dieselbe Weise von $K_r' p_M$ und $[F]_{\text{total}}$ abhängen wie im Falle von Abb. 20. In Abb. 23 ist dieselbe Verbindung wiedergegeben, nun aber ist die Fremdfehlstelle F_M kein Donator, sondern ein Akzeptor, der zu einem effektiv negativ geladenen Zentrum F_M' Anlaß gibt. Hier sieht man, daß auch bei höherem F_M-Gehalt kein hochohmiges

Gebiet auftritt. Diese Asymmetrie rührt daher, daß in der Verbindung VI wohl V''_M zur Kompensation von $F^{\cdot}_M$ auftreten kann (Abb. 22), aber kein $V^{\cdot\cdot}_X$ zur Kompensation von F'_M (Abb. 23). Im Vergleich zu Abb. 20 sieht man (Abb. 22 und 23), daß auch, wenn eine Verbindung doppelt geladene atomare

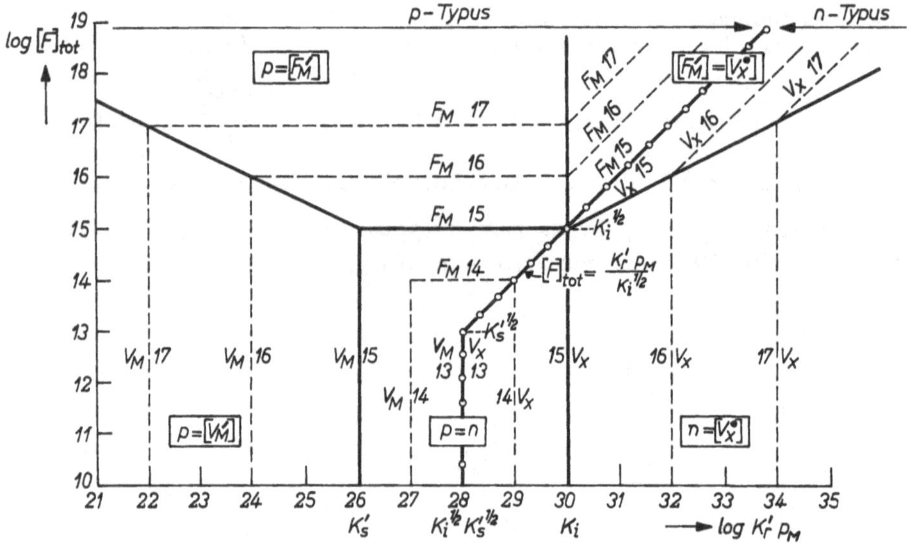

Abb. 23. Schichtenlinien (gestrichelt) der Konzentration der wichtigsten Akzeptoren (V_M oder F_M) oder Donatoren (V_X) im Tiefsttemperaturzustand (TTZ) als Funktion der Zusammensetzung der Gasphase beim Hochtemperaturgleichgewicht (HG) und der totalen Fremdatomkonzentration $[F]_{total}$ für die Verbindung VI. Die Grenzlinien der Hochtemperaturgebiete der vereinfachten Neutralitätsbedingung sind mit eingezeichnet (dick). (Siehe auch Abb. 19, 20, 21 und 22.)

Eigenfehlstellen aufweisen kann, es doch nicht immer ein hochohmiges Gebiet (bei relativ niedrigem $[F]_{total}$) zu geben braucht. Dieses tritt nämlich eben dann nicht auf, wenn, wie für die Verbindung VI, das einzige neben den Gebieten $p = [V'_M]$ und $n = [V^{\cdot}_X]$ vorkommende Gebiet der Neutralitätsbedingung gekennzeichnet wird durch $n = p$.

Der eingehende Vergleich dieser Verbindungen zeigt aufs deutlichste, wie sehr die physikalischen Eigenschaften und deren Abhängigkeit von der Dotierung von oft nur kleinen Unterschieden im Energietermschema abhängen. In den Abb. 19 – 23 wurde das demonstriert am Verlauf der Konzentrationen von V_M, V_X oder F_M. Es ist deutlich, daß ähnliche Abbildungen auch für $[V'_M]$, $[V^{\cdot}_X]$, $[V''_M]$ oder $[V^{\cdot\cdot}_X]$ angegeben werden könnten.

Abb. 24 gibt als einziges Beispiel eine solche Abbildung für die Schichtenlinien von $[V'_M]$ für die Verbindung II. Man sieht, daß die Schichtenlinien alle bei $K'_r p_M = K'_S$ plötzlich enden, und bei diesem Wert von $K'_r p_M$ dann noch hohe Konzentrationen von V'_M aufweisen können. Das kommt daher, daß in dieser Verbindung für höhere Werte von $K'_r p_M$ ausschließlich die doppelt geladene V''_M-Fehlstelle auftritt.

Vergleicht man für die Verbindung II die Abb. 20 und 24 mit 15, 16 und 18 dann sieht man, daß das Hochtemperaturgebiet der gesteuerten elektronischen Eigenfehlstellen ($n = F^{\cdot}_M$) für jedes $[F]_{total}$ dem entsprechenden TTZ-Gebiet, $[F_M] = [F]_{total}$, d. h. dem Gebiet, wo die Konzentration von besetzten

Donatoren gleich $[F]_{\text{total}}$ ist, in seiner Ausdehnung und Lage genau gleich ist. Das ist nicht mehr so für das HG-Gebiet der gesteuerten V'_M-Fehlstelle ($[F_M^{\cdot}] = [V'_M]$). Das entsprechende TTZ-Gebiet, $[F]_{\text{total}} = [V'_M]$, nimmt zwar beim gleichen Höchstwert von $K'_r P_M$ sein Ende, aber während beim HG dieses Gebiet auch eine unter Grenze hat, ist das nicht mehr so bei dem Tiefsttemperaturzustand (TTZ).

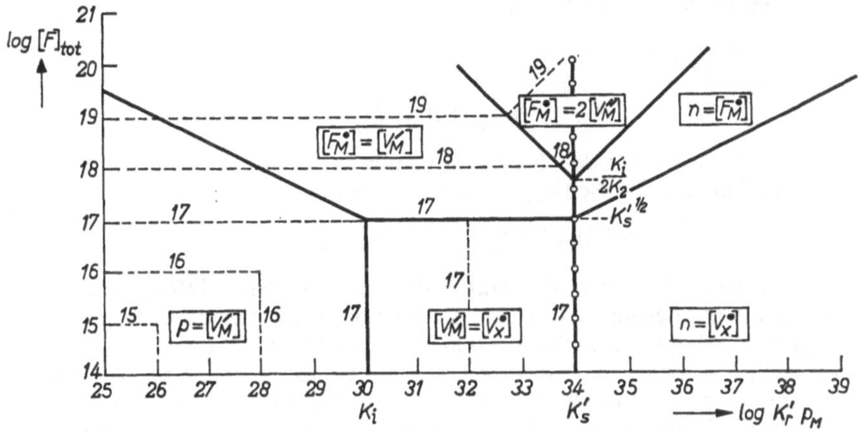

Abb. 24. Schichtenlinien (gestrichelt) der Konzentration der V'_M-Zentren im Tiefsttemperaturzustand (TTZ) als Funktion der Zusammensetzung der Gasphase beim Hochtemperaturgleichgewicht (HG) und der totalen Fremdatomkonzentration $[F]_{\text{total}}$, (Verbindung II). F_M ist ein Donator. Die Grenzlinien der Hochtemperaturgebiete der vereinfachten Neutralitätsbedingung sind mit eingezeichnet (dick). (Siehe auch Abb. 20.)

Die Abb. 19, 20, 21, 22, 23 (und 24) geben eine Auswahl in der Praxis sehr oft vorkommender Fälle und sind deshalb zu einer ersten Orientierung sehr geeignet. Es sei dem Leser überlassen, andere Fälle, wie z. B. Verbindung III, selber zu konstruieren.

6. Der Festkörper *MX* befindet sich im Gleichgewicht mit einer Dampfphase, die nicht nur die Komponenten *M* und *X* enthält, sondern auch Komponenten *F* (oder *E*), die, in *MX* gelöst, Fremdfehlstellen ergeben

Der Einfachheit halber wollen wir wieder annehmen, daß die F-Atome nur auf M-Plätze eingebaut werden können und daß die Fremdfehlstelle F_M ein Donator ist. Auch soll wieder angenommen werden, daß dieser, wie im vorigen Abschnitt, nur ein einziges Elektron abgeben kann, und daß bei den hohen Temperaturen des Gleichgewichtes mit der Gasphase, dieser Donator vollkommen dissoziiert ist. Für das Fremdatom E wollen wir annehmen, daß es nur auf X-Plätze eingebaut werden kann, und daß E_X (wie F_M) ein Donator ist, der nur ein einziges Elektron abgeben kann, und außerdem beim Hochtemperaturgleichgewicht völlig dissoziiert ist. MX soll in beiden Fällen wieder die Verbindung II sein, das heißt:

$$n \cdot p = K_i = 10^{30} \tag{2}$$

$$[V'_M][V_X^{\cdot}] = K'_S = 10^{31} \tag{22}$$

$$\frac{p[V''_M]}{[V'_M]} = K_2 = 10^{12} \tag{14}$$

Für den Übergang der Komponenten M und X aus der Gasphase in den Halbleiter haben wir wiederum

$$n[V_X^{\cdot}] = K_r' p_M. \tag{38}$$

Betrachten wir zuerst den Fall mit den F-Atomen, die also nur auf M-Plätzen sitzen können; dann können wir die Übergangsreaktion für diese Atome auf folgende Weise mittels einer realisierbaren Reaktion formulieren:

$$F_{\text{Gas}} \rightleftharpoons F_M^{\cdot} + V_X^{\cdot} + 2e' \tag{42}$$

mit

$$n^2[V_X^{\cdot}][F_M^{\cdot}] = K_F' p_F, \tag{43}$$

wo p_F der Partialdruck der F-Atome in der Gasphase ist. Im Halbleiter hat man schließlich für die Bedingung der Elektroneutralität:

$$n + [V_M'] + 2[V_M''] = p + [V_X^{\cdot}] + [F_M^{\cdot}]. \tag{66}$$

Die Forderung (67) der Konstanz der totalen Fremdatomkonzentration braucht man in diesem Fall nicht; sie ist durch die Beziehung (43), die den Übergang der F-Atome zwischen den beiden Phasen beschreibt, ersetzt worden. Innerhalb gewisser Grenzen können die Werte von p_M und p_F willkürlich und unabhängig voneinander gewählt werden. Dies ist nämlich der Fall, solange außer der gasförmigen und der festen Phase des Halbleiters keine anderen flüssigen oder festen Phasen auftreten. Man kann dann zum Beispiel berechnen, wie beim Hochtemperaturgleichgewicht bei festgelegtem $K_F' p_F$ die Konzentrationen der verschiedenen Fehlstellen von $K_r' p_M$ abhängen, oder auch wie sie beim festgelegten $K_r' p_M$ von $K_F' p_F$ abhängen. Wir wollen das hier nicht tun, sondern vielmehr in Abb. 25 zeigen, wie für die Verbindung II die verschiedenen Gebiete der Näherungen der Neutralitätsbedingung

$$p = [V_M'], \quad [V_M'] = [V_X^{\cdot}], \quad n = [V_X^{\cdot}], \quad [F_M^{\cdot}] = [V_M']$$

$$[F_M^{\cdot}] = 2[V_M''] \quad \text{und} \quad n = [F_M^{\cdot}]$$

als Funktion von $K_r' p_M$ und $K_F' p_F$ aufeinander folgen und sich gegenseitig abgrenzen. Vergleicht man Abb. 25 mit Abb. 17, wo für dieselbe Verbindung das gleiche für eine *feste* Konzentration an Fremdatomen gemacht wurde, so sieht man, daß die Gebiete der Fremdfehlstellenkompensation alle sozusagen nach links gedreht sind. Das ist verständlich: bei gleichem p_F werden im Prinzip mehr F-Atome eingebaut werden, wenn mehr unbesetzte M-Plätze zur Verfügung stehen, was ja bei abnehmendem M-Druck immer mehr der Fall wird. Gerade umgekehrt liegen die Verhältnisse, wenn nicht F_M, sondern E_X eingebaut werden soll. Das ist in Abb. 26 gezeigt worden, wo für dieselbe Verbindung ein Donator auf X-Plätze eingebaut wird. Hier sind die Gebiete, verglichen mit Abb. 17, alle sozusagen nach rechts gedreht. Einbau von E_X bei gleichem p_E wird um so bequemer möglich, wenn mehr leere X-Plätze zur Verfügung stehen, also bei höheren M-Drücken. Lehrreich sind auch die in beiden Abbildungen eingezeichneten Schichtenlinien der $F_M^{\cdot}$- oder $E_X^{\cdot}$-Konzentrationen. Für jedes Gebiet ist die Formel angegeben, mit welcher die Konzentration der eingebauten $F_M^{\cdot}$- bzw. $E_X^{\cdot}$-Fehlstellen als Funktion von $K_F' p_F$ (bzw. $K_E' p_E$) und $K_r' p_M$ berechnet werden kann. Es ist klar, daß für $F_M^{\cdot}$ immer höhere F-Drücke nötig sind, um bei steigendem Wert von $K_r' p_M$

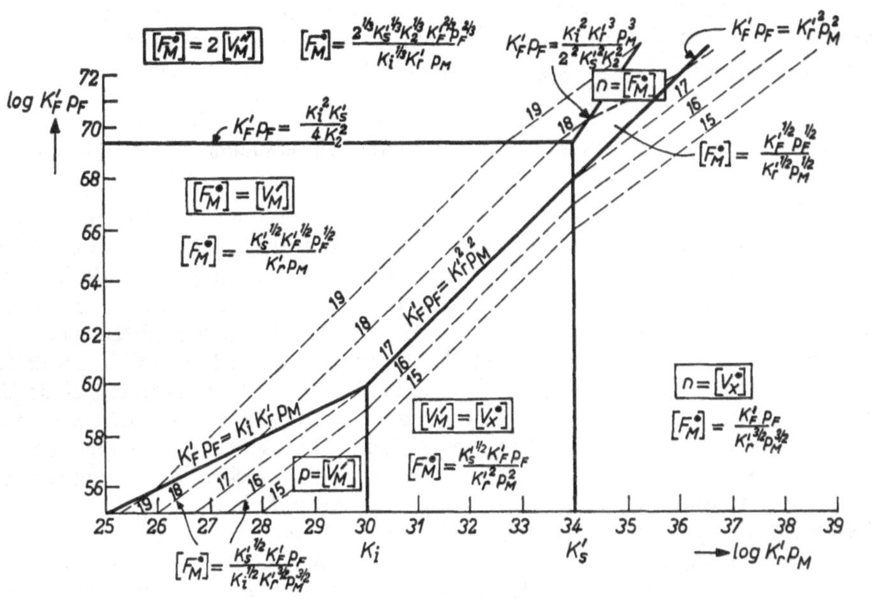

Abb. 25. Die Gebiete der vereinfachten Neutralitätsbedingung als Funktion von $K'_r p_M$ und $K'_F p_F$ für die Verbindung II (siehe auch Abb. 17 und 26). Die Linien, die diese Gebiete gegeneinander abgrenzen, sind durch Formeln angegeben. Weiterhin sind die Schichtenlinien der Konzentration der eingebauten Fremdfehlstellen mit den entsprechenden Formeln wiedergegeben

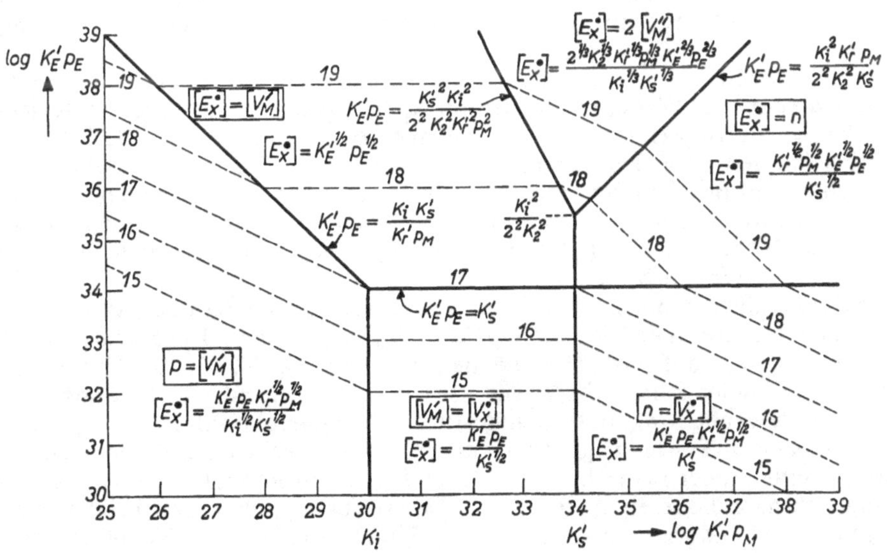

Abb. 26. Die Gebiete der vereinfachten Neutralitätsbedingung als Funktion von $K'_r p_M$ und $K'_E p_E$ für die Verbindung II (siehe auch Abb. 17 und 25). Die Linien, die diese Gebiete gegeneinander abgrenzen, sind durch Formeln angegeben. Weiter sind die Schichtenlinien der Konzentration der eingebauten Fremdfehlstellen mit den entsprechenden Formeln wiedergegeben

dieselbe Konzentration von $F_M^{\cdot}$-Zentren einzubauen, während dagegen für $E_X^{\cdot}$ (ebenfalls ein Donator!) bei steigendem $K_r' p_M$ immer niedrigere Werte von $K_E' p_E$ genügen, um eine gleiche Konzentration einzubauen.

7. Anwendung des Vorhergehenden auf die Untersuchung und Herstellung von Festkörpern

Nach dem in den vorigen Abschnitten Gesagten brauchen wir auf die Anwendung der dort entwickelten Begriffe nur kurz einzugehen. Es ist deutlich geworden, wie empfindlich die Konzentrationen der Eigen- und Fremdfehlstellen relativ zueinander reagieren auf Änderungen des Partialdruckes einer der Konstituenten der Muttersubstanz. Wenn bestimmte physikalische Erscheinungen an das Vorhandensein einer Bestimmten Art von Fehlstellen gebunden sind, so kann man oft aus der Weise der quantitativen Abhängigkeit der Erscheinungen vom Partialdruck der, sagen wir, M-Atome schon vieles oder einiges über die chemische Natur dieser Zentren aussagen. Es ist aber gezeigt worden, wie sehr man dabei den Unterschied zwischen Hochtemperaturgleichgewicht und Tieftemperaturzustand im Auge behalten muß.
Weiter ist gezeigt worden, wie in bestimmten Bereichen von p_M die Konzentration von wichtigen Fremd- oder Eigenfehlstellen vollständig von p_M unabhängig ist und völlig von der Konzentration der (vorher) eingebauten Fremdatome gesteuert werden kann. Das sind die Gebiete von (Hoch- oder Tieftemperatur) gesteuerter atomarer oder elektronischer Fehlordnung. Das Bestehen solcher Gebiete ist ein wichtiges Hilfsmittel zur genauen Vorherbestimmung physikalischer Eigenschaften.
Die Abb. 6, 11, 12 und 18 zeigen, wie (im TTZ) die Konzentrationen der Fremd- oder Eigenfehlstellen bei fester vorgegebener Totalkonzentration der Fremdatome sich auf eine für jedes Zentrum charakteristische Weise mit p_M ändern.
Die Werte von $K_r' p_M$, bei denen die verschiedenen Zentren erscheinen oder verschwinden, die Weise, in der sie von $K_r' p_M$ abhängen, die Lage der Knickpunkte wo sie vom einen Gebiet in das andere übergehen, sowie die Konzentration bei den verschiedenen Knick-, End- und Anfangspunkten, geben eine Vielzahl von Beziehungen zwischen den Werten von Konstanten wie K_i, K_S', K_r', K_1, K_2, K_3 und K_4, womit man, vor allem wenn man in dieser Hinsicht die reine Substanz mit der dotierten vergleicht, die Werte dieser Konstanten oft auf viele Weisen bestimmen kann.
Um das möglich zu machen, muß man natürlich schon einiges über das System wissen, z. B., ob es die Gebiete $p = [V_M']$, $[V_M'] = [V_X^{\cdot}]$, $n = [V_X^{\cdot}]$ oder $p = [V_M']$, $n = p$, $n = [V_X^{\cdot}]$ aufweist. Hier können die Abb. 19, 20, 21, 22, 23 wertvoll sein. Man findet zum Beispiel für eine zu untersuchende Verbindung MX, daß bei steigendem p_M das zu untersuchende System wohl einen Übergang von p- nach n-Typus zeigt, aber daß dazwischen kein hochohmiges Gebiet liegt. Weiter findet man, daß beim Hinzufügen von Akzeptoren dieser Übergang sich nach höheren Werten von $K_r' p_M$ verschiebt, aber daß beim Hinzufügen von Donatoren ein hochohmiges Gebiet gebildet wird. Vergleicht man diese Tatsachen mit den Abb. 19, 20, 21, 22 und 23, so sieht man, daß einige Möglichkeiten jetzt schon ausgeschlossen sind, und der unbekannte Stoff möglicherweise Ähnlichkeit mit Verbindung VI hat. Eine genauere Untersuchung darüber, wie es sich mit den Grenz- oder Übergangskonzentrationen

der wichtigsten Akzeptoren oder Donatoren als Funktion der Dotierungskonzentration verhält, kann dann zur Gewißheit führen, daß man es mit einer Verbindung wie VI zu tun hat, kann aber überdies auch den Wert wichtiger Konstanten geben.

Man muß indes im Auge behalten, daß die Abb. 19 bis 23 nur zwei Möglichkeiten von vereinfachten Neutralitätsbedingungen für die reine Substanz in Betracht ziehen, nämlich:

$$p = [V'_M], \; [V'_M] = [V^{\cdot}_X], \; n = [V^{\cdot}_X]$$

oder

$$p = [V'_M], \; n = p, \; n = [V^{\cdot}_X]$$

Wir wissen aber (Abb. 7), daß es deren sehr viel mehr gibt. Auch muß man bedenken, daß in vielen Fällen Assoziate, die hier nicht in Betracht gezogen wurden, eine wesentliche Rolle spielen können [6]. Man darf also nicht zu schnell in dieser Sache zu Schlußfolgerungen übergehen. Aus dieser Unsicherheit helfen dann Gesetzmäßigkeiten, wie sie in den Abb. 25 und 26 gezeichnet sind. Man sieht hier, daß für jedes Gebiet vereinfachter Neutralitätsbedingung die Konzentrationen der eingebauten Fremdatome *F* oder *E* ausgedrückt werden können mit Hilfe folgender Formel allgemeiner Natur:

$$[F]_{\text{total}} = K p_F^{\alpha} p_M^{\beta} \tag{70}$$

Es kann bewiesen werden [20], daß diese Formel allgemein gilt, auch wenn Assoziate anwesend sind. Sie kann daher gebraucht werden, um unbekannte Verbindungen zu untersuchen. Für jedes Gebiet vereinfachter Neutralitätsbedingung haben die Exponenten α und β in (70) bestimmte Werte 0, $\frac{1}{2}$, 1, 3/2, 2/3 ... usw. Umgekehrt ist es aber nicht so, daß jeder bestimmte Satz von Werten von α und β nur einem bestimmten Gebiet entspricht. Aus dieser Schwierigkeit hilft die Tatsache, daß beim Ändern von p_F (oder p_E) und p_M man in andere Gebiete mit anderen Werten von α und β gerät, und daß die Aufeinanderfolge dieser Sätze von Werten weitgehende Kenntnis über die Neutralitätsbedingung des zu untersuchenden Systems vermittelt. Um dieses Verfahren anwenden zu können, braucht man zur Bestimmung des totalen *F*- (oder *E*-)Gehaltes gut ausgearbeitete und empfindliche chemische Methoden. Die obengenannten Methoden nützen freilich nur dann, wenn man p_F (oder p_E) und p_M über größere Gebiete variieren kann. Wie schon im vorigen Abschnitt gesagt, ist dies bisweilen nur in beschränktem Maße möglich, weil das Bestehen anderer Phasen, wie Verbindungen zwischen *F* und *M*, oder Verbindungen zwischen *F* und *M* und/oder *X*, oder auch andere feste oder flüssige Mischphasen das Gebiet, worin die Partialdrücke p_F und p_M sich unabhängig ändern lassen, relativ eng machen können. Unter Umständen kann dann die genaue Bestimmung der Werte der wichtigen Konstanten auf dem hier gezeigten Wege sogar unmöglich werden.

Einer der wichtigsten Vorteile dieser Art Überlegungen aber liegt in der Tatsache, daß sich der Bearbeiter der großen Zahl von Möglichkeiten bewußt wird, die ihm zur Verfügung stehen, um eine oftmals beschränkte Zahl an experimentellen Daten zu erklären, und daß er dadurch daran gehindert wird, vorschnell mit Erklärungen bei der Hand zu sein. Andererseits aber können die entwickelten Einsichten dem auf diesem Gebiet beschäftigten Forscher hilfreich sein bei dem Entwurf weiterer chemisch-physikalischer Experimente.

Es würde zu weit führen, auf bestimmte reelle Beispiele einzugehen, für die man mit Hilfe obiger Betrachtungen die Defektchemie untersucht hat. In [21] findet man eine ausführliche und kritische Besprechung sehr vieler Literaturdaten, bei der diese Methode systematisch angewandt worden ist.

Literatur

[1] *F. A. Kröger* und *H. J. Vink*, in „Solid State Physics 3" (herausgegeben von *F. Seitz* und *D. Turnbull*), S. 307, Academic Press Inc., New York (1956).

[2] *F. A. Kröger* und *H. J. Vink*, in „Halbleiter und Phosphore", Vorträge des Internationalen Kolloquiums 1956 „Halbleiter und Phosphore" in Garmisch-Partenkirchen (herausgegeben von *M. Schön* und *H. Welker*), S. 17, Vieweg, Braunschweig (1958).

[3] *F. A. Kröger* und *H. J. Vink*, J. Phys. u. Chem. Solids, **5**, 208 (1958).

[4] *F. A. Kröger*, *F. H. Stieltjes* und *H. J. Vink*, Philips' Research Reports, **14**, 557 (1959).

[5] *H. Reiss*, *H. C. Fuller* und *F. J. Morin*, Bell Syst. Techn. J., **35**, 535 (1956).

[6] *W. van Gool*, Philips Res. Repts. Suppl. 1961, Nr. 3.

[7] *H. J. Vink*, in „Festkörperprobleme Band 1" (herausgegeben von *F. Sauter*), S. 1 Vieweg, Braunschweig (1962).

[8] *C. Wagner* und *W. Schottky*, Z. phys. Chem., **B11**, 163 (1930).

[9] *C. Wagner*, Z. phys. Chem. Bodenstein Festband, 177 (1931).

[10] *C. Wagner*, Z. phys. Chem. **B22**, 181 (1933).

[11] *C. Wagner*, Z. Elektrochem., **39**, 543 (1933).

[12] *W. Schottky*, Z. physik. Chem., **B29**, 335 (1935).

[13] *W. Schottky*, Z. Elektrochem., **45**, 33 (1939).

[14] *W. Schottky*, in „Halbleiterprobleme I" (herausgegeben von *W. Schottky*), S. 139, Vieweg, Braunschweig (1954).

[15] *W. Schottky*, in „Halbleiterprobleme IV" (herausgegeben von *W. Schottky*), S. 235, Vieweg, Braunschweig (1954).

[16] *R. A. Smith*, Semiconductors, Cambridge University Press, Cambridge (1959).

[17] *W. Albers*, *C. Haas* und *H. J. Vink*, Philips' Research Reports, **18**, 372 (1963).

[18] *G. Brouwer*, Philips' Research Reports, **9**, 366 (1954).

[19] *W. van Gool*, nicht veröffentlichte Ergebnisse.

[20] *W. van Gool*, Proc. Kon. Ned. Ak. Wet., **B66**, 311 (1963).

[21] *F. A. Kröger*, „Chemistry of Imperfect Crystals", North-Holland Publishing Company, Amsterdam (1964).

Inhaltsübersicht

Halbleiterprobleme Band I bis VI und Festkörperprobleme Band I bis III

Halbleiterprobleme Band I

Halbleiterprobleme Band II

Halbleiterprobleme Band III

Halbleiterprobleme Band IV

Halbleiterprobleme Band V

Halbleiterprobleme Band VI

Festkörperprobleme Band I

Festkörperprobleme Band II

Festkörperprobleme Band III

FSC
www.fsc.org
MIX
Papier | Fördert gute Waldnutzung
FSC® C083411

Zeitfracht Medien GmbH
Ferdinand-Jühlke-Straße 7
99095 Erfurt, Deutschland
produktsicherheit@kolibri360.de

On the Road

Mit dem Campervan
durch Deutschland

Wie funktioniert der GPS-Download?

Am einfachsten gelangen Sie mit Hilfe des untenstehenden QR-Codes zu den GPS-Daten der Touren.

Exklusiv für Sie als Leser:

MIT GPS-DATEN ZUM DOWNLOAD

unter: gps.bruckmann.de

BRUCKMANN

On the Road

Mit dem Campervan
durch Deutschland

Vansite-Stellplatz an der
Pferdekoppel in Simonsberg

Stephanie Rickenbacher

On the Road

Mit dem Campervan **durch Deutschland**

BRUCKMANN

Inhaltsverzeichnis

Oben: Mit der Fähre nach Amrum
Unten: Campingplatz Bensersiel direkt am Nordseestrand

Moin, Tach und Griaß di

Das einmalige Wattenmeer, majestätische Bergwelten, mittelalterliche Stadtkerne, moderne Metropolen oder spannende Felsformationen – Deutschland hat eine Fülle an sehenswerten Orten, die für ein ganzes Reiseleben reichen würden. Und doch wird es von einigen als langweilig abgetan. Weil alles vor der Haustür liegt, oder vielleicht auch, weil man seine Heimat zu kennen glaubt, aber gar nicht wirklich weiß, wie abwechslungsreich und beeindruckend sie ist?

Mein Name ist Steffi Rickenbacher. 2012 habe ich mit meinem Partner Lui Eigenmann eine zwölfmonatige Reise um die ganze Welt gemacht, um festzustellen, dass einige Neuseeländer mehr von Europa gesehen haben als wir. 2017 war der Moment, dies zu ändern. Mit einem eigenen Campervan sind wir über drei Jahre lang durch ganz Europa gereist und haben 45 der 47 europäischen Länder besucht. Als Schweizerin hat es mich 2022 gepackt und ich habe die Schweiz zu Fuß durchquert. 390 Kilometer, 16 Alpenpässe, 22 Wandertage.

Und nun habe ich mich in den letzten Jahren intensiv Deutschland gewidmet. Habe jedes Bundesland besucht, war zu jeder Jahreszeit unterwegs – immer mit dem selbst ausgebauten Campervan. Aus diesen vielen kürzeren und längeren Touren durch die gesamte Bundesrepublik habe ich sieben Roadtrips zusammengestellt. Das ergibt über 6000 Kilometer Reiseerlebnis vorbei an bekannten und unbekannten Orten, gespickt mit meinen persönlichen Erlebnissen, mit Tipps zu Übernachtungsplätzen, Sehenswürdigkeiten und Spezialitäten. Hängst du alle Touren aneinander, bist du nicht nur eine riesige Rundtour gefahren, sondern hast auch jedes der 16 Bundesländer besucht. Lass uns in diesem Buch gemeinsam Städte anschauen, durch atemberaubende Landschaften wandern und an Orten übernachten, die unser Camperherz höherschlagen lassen.

Ich freue mich auf unsere gemeinsame Reise, und wenn du magst, darfst du mir gerne ein Foto von deinen Deutschland-Reisen schicken, an steffi@comewithus2.com oder auf Instagram unter @comewithus_2.

Viel Spaß in Deutschland
Steffi

Vom Wattenmeer bis in die Bayerischen Alpen bei Garmisch-Partenkirchen

So campst du in Deutschland richtig

Bevor es zu den Reisezielen geht, möchte ich erst einmal erklären, wie Camping in Deutschland funktioniert. Vielleicht bist du wie ich ein erfahrener Campingreisender, dann werden dir viele der hier beschriebenen Punkte bereits bekannt sein. Kann aber auch sein, dass du dich gerade erst mit dem Campingvirus angesteckt hast und gerne noch ein paar Tipps bekommst, damit du nicht gleich ins Campingfettnäpfchen trittst.

Jeden Abend stellt sich einem jeden Camper die Frage, wo man die Nacht verbringt. In Deutschland sind die Möglichkeiten unglaublich vielfältig. Diverse Portale, Apps, Bücher und Listen wollen dir zeigen, wo du im Campervan schlafen kannst. Bevor wir uns diesen Plattformen widmen, müssen wir aber erst mal die verschiedenen Varianten von Übernachtungsplätzen kennen.

Der Campingplatz

Der Klassiker bei den Übernachtungsformen ist der Campingplatz. Einchecken an der Rezeption, Platz auswählen oder zugewiesen bekommen, sich hinstellen. Strom und Frischwasser sind genauso vorhanden wie Entsorgungsstellen für Grauwasser (Spül- und Duschwasser) sowie Schwarzwasser (Chemietoilette). Toiletten, Duschen, Waschmaschinen oder Spülbecken können genutzt werden. Meist gibt es einen Brötchenservice und auf Wunsch Ausflugstipps. Dieser Rundumservice hat natürlich seinen Preis.
Es gibt viele tolle Campingplätze, aber leider auch sehr in die Jahre gekommene, verstaubte Plätze. Schrankenschließzeiten sind in Deutschland bei Campingplätzen zudem häufig. Dann ist über Mittag lange zu und auch abends irgendwann Schluss. So schön das Rundum-Sorglos-Paket ist, so einengend kann es manchmal auch sein.

- ⊕ legal
- ⊕ komplette Infrastruktur
- ⊕ Zusatzservice wie Brötchen, Shop, Tipps
- ⊕ Tisch, Markise, Decke dürfen raus
- ⊖ teuerste Campingform
- ⊖ manchmal etwas überreguliert
- ⊖ unflexibel wie fixe Ein-/Ausfahrzeiten
- ⊖ oft nicht sehr zentral gelegen

Oben: Auf Campingplätzen darf man alles aufstellen, hier Camping SPO in St. Peter-Ording.
Unten: Campingplätze sind meist sehr belebt und bieten viele Freizeitaktivitäten.

Der Stellplatz oder Reisemobilhafen

Ein Stellplatz ist nichts weiter als ein Wohnmobilparkplatz, auf dem man offiziell in seinem Fahrzeug übernachten darf. Meistens gibt es Campinginfrastruktur wie Stromsäulen und Ver- und Entsorgung, häufig sind auch Toiletten in der Nähe. Mit viel Glück steht eine Dusche zur Verfügung, und ein Bäcker ist ums Eck. Vom einfachen Schotter- oder Asphaltplatz, wo man nur wenig Platz zwischen den Wohnmobilen hat, bis hin zur parzellierten Anlage mit kleinem Grünstreifen am Fahrzeug ist alles möglich. Du hast zwar weniger Platz rund um dein Fahrzeug, doch oft kannst du trotzdem noch draußen sitzen. Gemeinden bieten immer öfter Stellplätze fußläufig zum Zentrum an, manchmal kosten sie etwas, manchmal sind sie kostenlos, und nur für die Serviceleistungen wird bezahlt.

- + legal
- + gute Infrastruktur
- + top Preis-Leistungs-Verhältnis
- + Tisch und Stühle aufstellen meistens erlaubt
- + flexible An-/Abreisezeiten
- − weniger Platz um den Camper
- − weniger Infrastruktur
- − oft keine Reservierung möglich
- − keiner, der auf Recht und Ordnung schaut

Öffentliche Plätze

Wenn nichts anderes ausgewiesen ist, keine generellen Übernachtungsverbote auf Parkplätzen z.B. im Bundesland gelten und sich der Parkplatz nicht in einem Naturschutzgebiet befindet, darf man für eine Nacht auf öffentlichen Parkplätzen übernachten. Nebst Mülleimern für Reisemüll – also Kleinigkeiten – stehen vielleicht noch Toiletten zur Verfügung, mehr Infrastruktur etwas für Camper gibt es nicht. Solche Plätze sind nur etwas für die Übernachtung in autarken Campern. Hier darfst du keine Stühle oder Tische aufstellen, keine Markise ausfahren, eigentlich noch nicht mal auf Keile fahren, und manchen Ordnungspolizisten ist ein aufgeklapptes Hubdach schon zu viel Campingverhalten.

- + günstig oder sogar kostenlos
- + gute Ausgangslage für Städte, Wanderungen
- + individueller übernachten
- + flexible An-/Abreisezeiten
- − Legalität vor Ort prüfen
- − fast keine Infrastruktur
- − an Wochenenden oft Lärm durch Feiernde
- − keiner, der auf Recht und Ordnung schaut

Private Anbieter

Eine gute Mischung aus legal stehen und Campingequipment nutzen dürfen, aber individueller übernachten sind private Stellplätze, sei es bei Bauern, Winzern oder Privatleuten. Sie bieten eine Fläche an und bestimmen, was sie als Gegenleistung möchten. Das kann ein fixer Betrag sein oder auch ein Einkauf im Laden des Gastgebers. Die Infrastruktur ist meist sehr eingeschränkt, wenn überhaupt vorhanden. Oft muss man sich kurz vor Ankunft anmelden, was manchmal aufgrund von schwieriger Erreichbarkeit nicht ganz leicht ist.

Oben: Wanderparkplätze eignen sich gut als Übernachtungsort – Verbote prüfen.
Unten: Aber man kann auch an abgelegenen Orten parken, falls nichts anderes vermerkt ist.

- \+ günstig oder gegen Einkauf
- \+ legal
- \+ individueller übernachten
- \+ meist darf alles aufgestellt werden
- − fast keine Infrastruktur
- − Reservierung wenn überhaupt nur kurzfristig
- − manchmal schwierig vorab zu erreichen

Für jeden sind andere Faktoren wichtig, und manchmal ändern sich diese auch von Nacht zu Nacht. Daher nutze ich selber alle Übernachtungsformen. Am häufigsten stehe ich auf öffentlichen Parkplätzen oder Stellplätzen. Alle ein bis zwei Wochen auch mal auf einem Campingplatz, um Wäsche zu waschen und mal wieder uneingeschränkt lange zu duschen. Fast am schönsten finde ich es, bei privaten Anbietern zu stehen, da ich dort individueller, aber legal übernachten kann.

Stellplatzsuche leicht gemacht

Jetzt wird es spannend: Wo findest du den perfekten Übernachtungsspot für heute Nacht? Nachdem wir nun über dasselbe sprechen, wenn wir von Stellplatz, Parkplatz oder privatem Anbieter reden, ist es Zeit, in den Dschungel der Plattformen vorzudringen. Nachfolgend sind Plattformen aufgeführt, die ich alle selber genutzt habe und die sich seit ein paar Jahren am Markt etabliert haben. Denn Anbieter schießen wie Pilze aus dem Boden. Was nicht heißt, dass die Neuen nichts taugen, aber sie müssen sich halt erst mal beweisen.

Oben:Anbieter wie Landvergnügen ermöglichen legales und individuelles Campen gegen einen Einkauf.
Unten: Stellplätze finden sich in Stadtzentren oder wie hier am Pulvermaar im Grünen.

ADAC mit PiNCAMP sowie ACSi

Die klassischen Campingplatz-Führer haben sich in den letzten Jahren mit den Nutzern weiterentwickelt. Nebst den noch immer erhältlichen gedruckten Camping- und Stellplatz-Führern sind sämtliche Verzeichnisse auch als App sowie online (beim ADAC unter PiNCAMP) zu finden. Viele der Plätze können sogar direkt online gebucht werden. Mit dem Kauf eines Führers – digital oder gedruckt – kann man das Rabattprogramm nutzen und gutes Geld sparen.

- \+ riesige Auswahl an Camping- und Stellplätzen
- \+ eigene Klassifikation und Nutzerbewertungen
- \+ mit Rabattkarte
- \+ offline nutzbar
- − keine Freistehplätze
- − kostenpflichtig, aber preislich okay

Park4Night

Die umfassende App beinhaltet Übernachtungsplätze auf Campingplätzen, Stellplätze, öffentliche Park- und Picknickplätze und Plätze bei Bauern oder bei privaten Anbietern, aber auch reine Entsorgungsstellen, Dienstleistungsorte wie Waschsalons, Frischwasserstellen, Waschanlagen für Wohnmobile und vieles mehr. Die App lebt einzig von den eingestellten Plätzen, Orten und Bewertungen der Nutzer. Die kostenpflichtige Pro-Version bietet einige zusätzliche Funktionen.

- Camping-, Stell- und Freistehplätze
- diverse weitere Orte für Camper (Pro-Version)
- Nutzerbewertungen und Fotos
- offline nutzbar (Pro-Version)
- keine eigene Klassifikation
- Pro-Version kostenpflichtig, aber preiswert
- legale Übernachtung vor Ort selbst prüfen
- Beschreibungen und Bilder von gut bis schlecht

TopPlatz

Das ist ein kleiner, aber feiner Stellplatzführer, der nur die Rosinen unter den Stellplätzen auflistet. Plätze mit einem hohen Qualitätsversprechen an Lage, Konzeption, Ausstattung, Freizeitwert sowie Service. Nur Plätze, die mindestens 70 der möglichen 100 Punkte erreichen, bekommen das Gütesiegel »Top Platz« und werden gelistet. Man bekommt das gedruckte Heft kostenlos auf Top-Plätzen oder ebenfalls kostenlos als App. Dort ist eine Stellplatz-Ampel integriert, die die aktuelle Auslastung anzeigt.

- nur sehr gute Stellplätze
- kostenlos
- Stellplatz-Ampel zeigt Verfügbarkeit
- Nachrichten der Stellplätze mit Events und Infos
- keine Nutzerbewertungen
- kleine Auswahl

Landvergnügen

Der Anbieter, wenn es um Plätze bei Bauern oder Winzern geht. Mit dem Kauf des Buchs bekommt man Zugang zur App und ist für ein Kalenderjahr lang Mitglied, was mittels Vignette am Fahrzeug ausgewiesen wird. Für die Übernachtung bezahlt man nichts, ein Einkauf im Hofladen ist aber erwünscht. Produkte gegen Schlafplatz heißt das Motto. Viele Anbieter wünschen eine Anmeldung, die maximal zwei Tage vor Ankunft erfolgen kann. Lange waren in der App gar keine Bilder der Plätze verfügbar, nun können die Anbieter eigene Fotos einstellen. Jeder Gastgeber hat eine Betriebsnummer, diese habe ich im Buch mehrmals angegeben, wenn ich auf Landvergnügen-Plätzen übernachtet habe. So kannst du den Betrieb als aktives Landvergnügen-Mitglied finden und auch anfragen.

- individuelle Übernachtungsplätze
- Übernachtung gegen den Kauf von Produkten
- Bewertungen von LV-Botschaftern
- App ab 2024 auch nur digital erhältlich
- Anbieter nicht immer erreichbar
- fast keine Bilder der Plätze
- keine Nutzerbewertungen

Oben: Um Landvergnügen zu nutzen, muss man Mitglied sein.
Unten: Auf Park4Night findet man nicht nur Freistehplätze, sondern alle Stellplatzformen.

Herzlich Willkommen
"An den Pappeln"

Vansite, My Cabin, Alpaca Camp, Hinterland-Camp

Vier Anbieter mit demselben Prinzip: Privatleute können Plätze auf dem eigenen Land einstellen. Mal an einer Wiese, im Wald, hinterm Haus, an der Koppel – wo gerade Platz ist. Der Austausch zwischen Reisenden und Anbietern ist gewollt direkt und funktioniert meist ähnlich wie Airbnb mittels der Möglichkeit für eine Buchungsanfrage, die der Anbieter bestätigen muss, oder einer Direktbuchung. Bezahlt wird über die Plattformen, die selber ebenfalls pro Buchung einen Anteil erhalten. Vansite bietet nebst der Bezahlung pro Nacht auch eine Monats- sowie Jahresflatrate an.

- + individuelle Übernachtungsplätze
- + Plattformen kostenlos nutzbar
- + persönlicher Kontakt zu Anbietern
- + Vorstellung der Gastgeber
- – teilweise recht teuer
- – Vorabplanung nötig wegen Anfragen
- – Bezahlung ausschließlich online

Und dann gibt es noch die speziellen Portale. Zum Beispiel die App **Wellness Camp**. Findest du die Kombination von Wellness und Camping auch so grandios? Dann brauchst du diese App! 550 Thermen und Bäder mit Wellness-Angebot verteilt auf ganz Deutschland mit passendem Übernachtungsplatz. Teilweise sind auch Restaurants in Thermennähe eingetragen, auf deren Parkplatz man nach einem Essen übernachten kann. Die Wellness Camp-App ist eine Auskopplung aus der **Camping-App.eu**, die ähnlich wie Park4Night Camping-, Stell- und legale Freistehplätze aufführt. Man kann an der Route suchen, ein Reiselogbuch erstellen und das mit Freunden teilen, und die App hat sämtliche Plätze von Anbietern wie Vansite, My Cabin, Alpaca Camp und wie sie alle heißen mit in der Karte. Buchen musst du auf den jeweiligen Portalen, aber du kannst übersichtlich auf einer Seite sehen, ob es Plätze an deiner Route gibt.

Oder die **roadsurfer-spots-App**. Der Campervermieter hat unabhängig von der Vermietung dieses Stellplatzportal mit ausgefallenen und abgelegenen Übernachtungsplätzen ins Leben gerufen. Die Anbieter stellen sich bei den Plätzen vor, der persönliche Kontakt steht im Fokus. Bezahlt wird bequem per Kreditkarte oder PayPal im Voraus.

Wie ich dir eingangs gesagt habe, ist die Auswahl an Plattformen sehr groß, und die Liste der hier aufgeführten keinesfalls abschließend. Der Trend geht ganz klar zu individuellen, aber legalen Plätzen. Das bedarf einer etwas früheren Planung, damit man den meist privaten Anbietern auch die Zeit geben kann, zu antworten. Nun aber genug der Theorie, lass uns reisen.

Oben: Leckeres Frühstück auf dem Campingplatz Girtenmühle im Saarland
Unten: Stellplatz bei Privaten – hier gebucht über Vansite mit Blick auf die Pferdekoppel

Wanderparkplatz bei den Heidehöhlen bei Stockach

Die Etappen

Start- und Endpunkt
Von Lübeck bis Hamburg

Streckenlänge & Fahrzeit
780 Kilometer / 14 Std.

Highlights
Lübeck, Halligen, Wattwanderung, Seehundstation, Nord-Ostsee-Kanal, Hamburg

Norden: Robben, Watt und Krabbenbrötchen

Norddeutschland, oder wie sie in Schleswig-Holstein sagen, »der echte Norden«, ist flach, und genau das macht ihn aus. Die Küsten von Ost- und Nordsee könnten nicht unterschiedlicher sein. Die See ist auch Arbeitgeber; Fischer und Ausflugsboote sind ebenso unterwegs wie die ganz großen Kolosse, seien es Containerschiffe, Tanker oder Kreuzfahrtriesen.

Die Tour startet in Lübeck. Auf der Altstadtinsel finden sich mehrere Parkplätze, neben den Media Docks auch ein offizieller Wohnmobilstellplatz ohne Service.

Wohnmobilstellplatz Media Docks
Willy-Brandt-Allee, 23554 Lübeck
Telefon +49 451 79 88 80
53.872908, 10.681000

Von dort aus schlendere ich in den Süden der Altstadtinsel und gelange direkt zum Wahrzeichen der Hansestadt, dem Holstentor. Es ist das bedeutendste spätmittelalterliche Stadttor Deutschlands und diente als Mitteltor der Gesamtanlage. Lübeck ist schon aus der Distanz eine Schönheit. Backsteingotik dominiert das Erscheinungsbild, und wer sich bei einer Stadtführung tiefer in die Geschichte einführen lässt, erfährt, dass die roten Backsteine erst nur die reichen Häuser zierten, bis es aufgrund häufiger Brände verpflichtend wurde, sein Haus aus Backstein zu bauen. Nun mussten sich die Reichen etwas Neues einfallen lassen, um ihren Wohlstand optisch wieder hervorzuheben. Es wurden schwarz überzogene Backsteine produziert und in die Fassaden eingelassen, die schwieriger herzustellen und daher viel teurer waren. Wer heute durch die UNESCO-zertifizierte Altstadt von Lübeck spaziert, wird immer wieder diese schwarz glasierten Steine in den Häuserfronten entdecken. Ganz besonders sticht da das Rathaus heraus, das eine nahezu komplett schwarze Fassade aufweist. Direkt davor findet immer montags und donnerstags der Wochenmarkt statt. Gleich hinter dem Rathaus steht die imposante Marienkirche mit ihren sieben Turmspitzen, wovon ein Turm bestiegen werden kann. Wer Türme mag, wird auch bei der Kirche St. Petri fündig. Ich schließe die Runde ums Rathaus ab und gelange zum Café Niederegger. Lübeck ist auch als Marzipanstadt bekannt, und im Café merke ich schnell, dass diese Tradition gelebt wird. Über zwei Etagen erstreckt sich eine eigene Welt aus Marzipan, unten mit Café, im Obergeschoss mit einer Ausstellung. Weitere spannende Orte in Lübeck sind das Willy-Brandt-Haus, das Restaurant Schiffergesellschaft, wo es auch den Lübecker Rotspon (Rotwein) gibt, die noch immer originale St.-Jakobi-Kirche, auch als »die Seefahrerkirche« bekannt, der Füchtingshof, die Flusspromenade der Trave sowie der Durchgang »Unterhose«, der zu einem von vielen Hinterhöfen mit wunderbaren alten Häusern führt. Lübeck ist aus meiner Sicht eine der schönsten Städte Deutschlands, und man kann gut zwei, drei Tage verweilen.

Der Trave folgend verlasse ich Lübeck in Richtung Ostsee. In Travemünde angelangt parke ich beim alten Leuchtturm, wo es viele Parkplätze speziell für Wohnmobile gibt. Für einen Kurzstopp sind die Tarife sehr hoch, wer aber den ganzen Tag in Travemünde verbringt, kann das Tagesticket lösen. Einige übernachten auch auf diesem Parkplatz, was wohl meistens geduldet wird. Offiziell übernachten kann man etwas südlicher auf dem Stellplatz an der Travemünder Landstraße.

Wohnmobilstellplatz am Fischereihafen
Travemünder Landstraße 304, 23570 Lübeck
Telefon +49 4502 80 40
parken@luebeck.org
53.954884, 10.855726

Ich habe Glück, denn heute findet gerade ein Handwerkermarkt am Ufer der Trave neben dem alten Leuchtturm statt. Handwerkskunst und selbst gemachte Speisen werden feilgeboten. Der Travepromenade folge ich bis zum Molenfeuer hinaus – dem neuen Leuchtturm. Unterwegs werden Tickets für Schiffsrundfahrten angeboten, beispielsweise für die 90-minütige Revierfahrt über die Trave bis Lübeck. Auf der anderen Seite der Trave liegt die imposante Viermastbark Passat vor Anker. Wer sich das Schiff genauer ansehen will, kann mit der Personenfähre nach Priwall übersetzen. Ich setze meinen Weg über die Seebrücke fort, spaziere über die Nordermole hinaus bis zum Molenfeuer. Ein paar freche Möwen warten bei den Imbissbuden nur darauf, hungrigen Touristen ihre Brötchen streitig zu machen. Einmal an der Nordermole angekommen und umgedreht, blicke ich vom langen Sandstrand von Priwall über die Flussmündung der Trave bis hin zum Strand von Travemünde mit seinen über tausend Strandkörben. Dieser vorgelagerte Ort am

Blick auf die St.-Aegidien-Kirche von der Weberstraße in Lübeck aus

Molenfeuer ist perfekt, um Schiffe zu gucken, denn hier fahren kleine bis riesige Kähne ein und aus. Den Tag lasse ich am Strand ausklingen. 3 Euro kostet der Zugang von Mitte Mai bis Mitte September pro Person – exklusive Strandkorb.

Der Straße in nördlicher Richtung folgend kommen mit dem Timmendorfer Strand sowie Scharbeutz zwei weitere schöne Badeorte. Beide bieten Stell- oder Campingplätze, abseits davon ist das Parken bereits tagsüber mit einem Wohnmobil nur eingeschränkt möglich, da viele Parkplätze PKW vorbehalten sind. Übernachten im Camper außerhalb von offiziellen Plätzen ist in Schleswig-Holstein generell verboten, und das Ordnungsamt ist an der Küste gut präsent. So schön es ist, mir wird die Parksituation mit Campervan etwas zu anstrengend, weshalb ich mich entschließe, einfach ins Inland zu fahren. Dort will ich mir die Holsteinische Schweiz genauer ansehen und schauen, ob ich die Ähnlichkeit zu meinem Heimatland finde. Mir wird schnell bewusst, dass ich die Haupt-Touriroute verlassen habe, denn die Parkplätze sind in der Holsteinischen Schweiz meist kostenlos und nicht mehr nur für Autos, und auch die Preise der Stell- und Campingplätze sind deutlich gefallen. Trotzdem gibt es viel zu sehen und zu erleben, also quartiere ich mich auf dem Naturpark-Camping Prinzenholz mit direktem Zugang zum Kellersee ein und starte noch am selben Abend meine

Erkundung von Eutin mit einem Nachtwächterrundgang. Mannomann, das war ein ganz schön harter und verantwortungsvoller Job, mit mieser Bezahlung und schlechtem Ansehen. Heute hingegen wird einem ein wahrlich spannender Rundgang geboten, bei dem ich viel über Eutin und seine Vergangenheit lerne.

Campingplatz Naturpark-Camping Prinzenholz
Prinzenholzweg 20, 23701 Eutin
Telefon +49 4521 52 81
www.naturpark-camping-prinzenholz.de
54.159960, 10.601979

Tags darauf verschiebe ich mich nach Plön und traue meinen Augen nicht, als vor mir das Schild »Gut Immenhof« auftaucht. »Trippel trappel trippel trappel Pony…« Das ist doch wohl nicht DER Immenhof aus den gleichnamigen Filmen, die mich meine ganze Kindheit über begleitet haben? Im letzten Moment biege ich auf den Parkplatz ab, bitte Google um Klärung und fange übers ganze Gesicht an zu grinsen. Ja, es ist genau der Immenhof.

Am Strand von Travemünde stehen von Mai bis September über tausend Strandkörbe.

Mich hält nichts mehr im Van, ich schnappe mir gerade noch die Kamera, dann stapfe ich in raschen Schritten auf den Gutshof zu und sehe schon die ersten Pferde. Im Innenhof befindet sich ein Souvenirgeschäft, ein Café, und auch einige Stallungen kann man besichtigen. Wer mag, bucht sich ein Zimmer im Hotel – wie in den Filmen – und kann sogar Reitunterricht nehmen. Das Pferdemädchen Steffi ist im siebten Himmel.

Kostenloser Stellplatz Plön
Hamburger Straße, 24306 Plön
54.153469, 10.405489

Kanustadtführung Plön
Tourist Info Großer Plöner See
Telefon +49 4522 509 50, touristinfo@ploen.de
www.holsteinischeschweiz.de/
ploen-kanustadtfuehrung

Wenig außerhalb des Stadtzentrums von Plön heißt ein kostenloser Wohnmobilstellplatz mit Ver- und Entsorgungsstation Camper willkommen. Der See ist nur durch Büsche abgetrennt und über eine Holztreppe erreichbar. Nachts ist es ruhig, tagsüber hat es ordentlich Verkehr an der vorbeiführenden Straße, aber da bin ich sowieso unterwegs, denn nach Plön hat mich eine ganz spezielle Stadtführung gelockt. Die findet nicht zu Fuß oder per Fahrrad statt, sondern im Kanu! Nach einer kurzen Einführung hieven wir – acht Mädels aus der Region und ich – den 10-Personen-Kanadier ins Wasser und paddeln im Einklang los. Was für ein Spaß! Während der rund zweistündigen Tour über fünf der 16 Seen der Holsteinischen Schweiz erzählt uns unser Guide Olaf viel über die Region, die Städte, aber auch über die Natur wie beispielsweise über die Kormoraninsel. Immer wieder müssen wir Schleusen und enge Verbindungen zwischen den Seen passieren, die eher an eine Dschungeltour erinnern. Mittendrin legen wir mit dem Kanadier beim Seeprinzen am Großen Plöner See an und bekommen ein Erfrischungsgetränk. Eine wirklich gelungene Tour und tolle Stadtführung. Mit einigen Mädels aus der Truppe verabrede ich mich noch auf ein Eis in der Altstadt, bevor ich am frühen Abend noch eine Führung durch das Plöner Schloss mitmache. Das Weiße Schloss hat eine lange Geschichte. Es diente unter anderem als Sommerwohnsitz der dänischen Könige, als Militärakademie und als Gymnasium mit Schulinternat. Heute ist es Sitz der Fielmann Akademie und der Öffentlichkeit nur mittels Führungen zugänglich.

Oben: Meine Aussicht vom Naturpark-Camping Prinzenholz in Eutin
Unten: Die Kanu-Stadtführung in Plön ist ein einmaliges Erlebnis.

ADTFÜHRUN

MAGNUS

Am nächsten Morgen besteige ich den Holzbergturm bei Malente, spaziere am Ufer des Dieksees entlang und esse im Bootshaus am Dieksee leckeren Fisch. Die Entscheidung, Fehmarn noch einen Besuch abzustatten, fälle ich beim Mittagessen und fahre danach gleich los. Unterwegs komme ich am Ingenhof vorbei.

Weingut Ingenhof
Dorfstraße 19, 23714 Malente-Malkwitz
www.ingenhof.de, Telefon +49 4523 20 21 59
info@ingenhof.de
54.209075, 10.590530

Der Hof ist nicht nur für seine Erdbeeren und das wunderbare Feldcafé bekannt, sondern vor allem für seinen echten nordischen Wein. Auf mittlerweile acht Hektar wachsen die Rebstöcke, denen die klimatischen Gegebenheiten in Schleswig-Holstein durchaus zusagen. Das finden auch Experten, denn die Weine des Ingenhofs haben schon verschiedene Auszeichnungen erhalten. Ich mache eine Weinprobe und bin überrascht von den guten Tropfen, die so weit im Norden angebaut und hergestellt werden.

Oben: Tolle Fahrradwege führen durch die Holsteinische Schweiz.
Unten links: Weindegustation auf dem Weingut Ingenhof
Unten: Rundgang durch Eutin mit dem Nachtwächter

Von der Altstadt in Kiel ist seit 1941 nicht mehr viel übrig. Entlang der Dänischen Straße – der edlen Flaniermeile Kiels – finde ich doch noch einige imposante Häuser, die belebte Holtenauer Straße und speziell die Ufer der Kieler Förde gefallen mir ebenfalls gut. Besonders viel los ist hier jeweils im Juni zur Kieler Woche, dem größten Segelevent der Welt und gleichzeitig dem größten Sommerfest Nordeuropas. Für die Nacht fahre ich aus dem Zentrum Kiels raus zum Wohnmobilstellplatz Förde- und Kanalblick. Von den Parzellen aus kann man direkt den Schiffen beim Befahren der Schleuse des Nord-Ostsee-Kanals zusehen. Für alle, die gerne Schiffe gucken, ist das ein super Platz. Daneben beim Imbiss Bella Vista gibt es leckere Fischbrötchen, die im Strandkorb mit ebenfalls perfektem Blick auf die Schleuse sowie die Kieler Förde verspeist werden können. Wer nur Augen für die Schiffe hat, wird sein Essen allerdings mit den frechen Möwen teilen, also aufgepasst. Nur für einen kurzen Zwischenstopp ist die andere Uferseite beim Leuchtturm Kiel-Holtenau besser geeignet, da es beim Imbiss nur drei öffentliche Parkplätze gibt.

Wohnmobilstellplatz Förde- und Kanalblick und Imbiss Bella Vista
Mecklenburger Straße 58, 24159 Kiel
Telefon +49 431 38 90 85 15
info@bella-vista-kiel.de
54.364157, 10.145801

Mein Weg führt weiter am Meer entlang zur Steilküste Stohl, wo ich eine Wanderung zum Schwedeneck mache. Vom Parkplatz geht es die Wiesen entlang bis zur Steilküste, wo eine Treppe auf den Strand hinabführt. Nach der ausgedehnten Runde überkommt mich die Kuchenlust, und ich habe Glück – das Kunst-Café in Fleckeby öffnet soeben. Mitten im Wohnquartier in einem Privathaus befinden sich die stilvollen Räumlichkeiten mit Kunstgemälden an den Wänden, antiken Einrichtungsgegenständen und dem wunderschönen Garten. Anhand von Fotos kann ich zwei Torten auswählen. Die Gastgeberin erklärt, dass sie kleinere Stücke schneide und man so zwei Sorten probieren kann – ich mag ihre Art des Denkens und bestelle eine Schoko- sowie eine Beerentorte. Alle Torten und Kuchen sind hausgemacht, und das schmeckt man. Was für ein einmaliger Ort mit herzlichster Gastfreundschaft, tollem Ambiente und leckeren Torten.

Kunst-Café Fleckeby
Auf der Höhe 10, 24357 Fleckeby
54.477918, 9.692201

Gestärkt mache ich mich auf eine Zeitreise. An der Schlei, dem längsten Fjord Schleswig-Holsteins, entlang fahre ich nach Busdorf. Dort liegt der bedeutende Seehandelsplatz der Wikingerzeit Haithabu. Während der gesamten Wikingerzeit waren Haithabu sowie das daneben liegende Grenzbauwerk Danewerk große und wichtige Handelsstädte, die seit 2018 beide zur UNESCO-Weltkulturerbeliste gehören. Heute zählt das Wikinger-Museum Haithabu zu den bedeutendsten archäologischen Museen Deutschlands. Für Wohnmobile gibt es eigene Parkplätze, zu Fuß ist es von da nicht weit zum Freigelände. Über einen schön angelegten Spazierweg erkunde ich das historische Gelände mit seinen sieben Häusern sowie einer rekonstruierten Landebrücke. Ich kann mir richtig gut vorstellen, wie die Wikinger hier gelebt und gearbeitet haben. Im modernen Ausstellungshaus sind viele weitere archäologische Funde präsentiert. Wer noch tiefer in die Wikingerzeit eintauchen will, der sollte im August während der Wikingertage nach Schleswig reisen. Auf dem Festival warten ein Wikingerdorf, eine Kampfarena, Wikingerschiffe, Bühne und Tavernen auf echte Krieger.

Übernachten kann ich auf dem Parkplatz vom Wikinger-Museum nicht, sehe aber auf der Karte, dass ich gar nicht weit vom Nord-Ostsee-Kanal weg bin, und da auch ich eine leidenschaftliche Schiffeguckerin bin, fahre ich hin. An der Kanalfähre Sehestedt sind alle

Oben links: Meine Tortenwahl im Kunst-Café Fleckeby
Oben rechts: Abgang der Steilküste Stohl am Schwedeneck
Unten: Wohnmobilstellplatz Förde- und Kanalblick in Kiel

Willkommen, welcome, bienvenue
welkom, välkommen, velkommen
Wohnmobil
- Stellplatz
„Förde- und Kanalblick“

KNAUS

Stellplätze belegt, also bestelle ich mir imaginär beim nächsten Stellplatz in Schacht-Audorf ein freies Plätzchen. Ich fahre aufs Areal, und jeder Platz ist belegt. Trotzdem fahre ich bis ganz nach hinten – und tatsächlich! Da ist eine Lücke, die ich gleich mit meinem gelben Crafter fülle. Zwar stehe ich in zweiter Reihe, aber ich packe einfach meine Picknickdecke aus und setze mich etwas unterhalb vom Stellplatz neben dem Spazierweg ins Gras. Und schon tuckern brummelnd die ersten Schiffe vorbei.

Wohnmobilstellplatz Kanalfähre Sehestedt
Fährstraße 1, 24814 Sehestedt
54.364521, 9.818316

Wohnmobilstellplatz Schacht-Audorf
Schachter Bach, 24790 Schacht-Audorf
Telefon +49 4331 847 10, 54.306046, 9.712277

Am nächsten Morgen könnte ich in die erste Reihe vorrücken, doch ich habe bereits andere Pläne. Beim Hof Schwansen in Brodersby gönne ich mir ein leckeres Frühstück, bevor ich mir Kappeln ansehe. Durch die hübsche Altstadt führen enge Gassen, mit gepflegten Häusern und vielen Geschäften, darunter einige mit tollen Dekorationsartikeln. Vom Hafen aus können Schifffahrten gemacht werden, und von dort aus sehe ich auch der Schleibrücke zu, wie sie sich öffnet. Das macht sie jede Stunde einmal, und steht man dann gerade mit dem Camper davor, kann es schon etwas dauern. Am frühen Nachmittag fahre ich weiter auf die Halbinsel, wo ich mir das Naturschutzgebiet Geltinger Birk ansehen will. Meinen Campervan parke ich auf dem hübschen Campingplatz Wackerballig mit direktem Blick in die Flensburger Förde. Meine Parzelle 168 finde ich perfekt. Ich sehe das Meer, stehe aber in zweiter Reihe, weshalb mir die Spaziergänger nicht am Van vorbeilaufen.

Campingplatz Wackerballig
Strandweg 2a, 24395 Gelting
Telefon +49 4643 13 35
www.campingplatz-wackerballig.de
54.757306, 9.880142

Das Naturschutzgebiet lässt sich am besten per Fahrrad erkunden, denn die Rundtour vom Campingplatz aus bis zur Spitze der Halbinsel bei Birk-Nack und dann runter bis zum Leuchtturm Falshöft umfasst rund 20 Kilometer. Ich starte bei schönstem Sonnenschein. Zu Fuß wären die langen schattenlosen Abschnitte eine Qual. Auf dem Fahrrad kühlt der Fahrtwind. Erst radle ich an

Oben: Rechts die Wohnmobile, links die Schiffe beim Stellplatz Schacht-Audorf
Unten: Der Campingplatz Wackerballig an der Flensburger Förde

einer Windmühle vorbei mit reetgedeckter Müllerkate, dann folgen endlose Wiesen, wo eine Herde Konik-Pferde leben soll. Ich sehe sie aber nicht, die Fläche ist einfach zu weitläufig. Dafür sehe ich viele verschiedene Vogelarten wie Schwäne, Wildgänse und Reiher, eine Brutkolonie von Kormoranen in den Bäumen sowie einige Hirsche. Zurück auf dem Campingplatz nutze ich den lauen Abend zum Grillen, und während ich esse, zeigt der Himmel sein volles Farbenspiel zum Sonnenuntergang über der Förde. Auch den nächsten Tag verbringe ich an der Flensburger Förde, allerdings etwas weiter nördlich auf einem Parkplatz direkt am Strand. Für die Nacht wähle ich den Bauernhof Dollerupholz und werde von dem Landwirtepaar herzlich willkommen geheißen, als ich die Allee zum Haus angefahren komme. Schnell findet sich ein Platz weit ab vom Hof an der Hühnerwiese, wo mich die neugierigen Federtiere bald schon besuchen kommen und wissen wollen, was ich denn da auf meiner Picknickdecke liegend so treibe.

**Wohnmobil-Übernachtungsplatz
Bauernhof Dollerupholz**
Kreuzweg 2, 24977 Westerholz-Dollerupholz
Telefon +49 4636 355
www.hof-dollerupholz.jimdofree.com
54.801291, 9.701277

Das Schloss Glücksburg sehe ich mir nur von außen an, es soll aber auch innen sehr schön hergerichtet sein. Mich zieht es weiter nach Flensburg, wo ich nur wenig außerhalb der Altstadt einen kostenlosen Parkplatz finde. Zu Fuß mache ich mich auf ins Zentrum, schlendere durch die berühmte Rote Straße, die zu den schönsten Gassen Flensburgs zählt, komme am Südermarkt und der St. Nikolaikirche vorbei und folge der Einkaufsstraße bis zum Hafen. Im Museumshafen reihen sich verschiedene Segelschiffe und Kutter aneinander, alle mit Infotafeln ausgestattet. In der gemeinnützigen Museumswerft kann man unter der Woche den Mitarbeitern beim Arbeiten zusehen. Ich bin an einem Samstag hier, als niemand mehr arbeitet, das Werftcafé hat aber geöffnet, und ich setze mich in eine der gemütlichen Nischen. Flensburg und speziell sein Hafen gefallen mir sehr gut. Für mich wird es aber Zeit, der Ostsee Tschüss zu sagen, denn nun wechsle ich die Küste und fahre hinüber an die Nordsee.

Mit dem Wechsel von der Ost- zur Nordsee ändert sich auch das Meer. Von der flachen ruhigen Ostsee geht es ans Wattenmeer. Ab sofort spielt die Gezeitentabelle eine wichtige

Oben links: Flensburgs berühmte Rote Straße
Oben rechts: Unterwegs in der Altstadt von Kappeln
Unten: Blick in die gemeinnützige Museumswerft in Flensburg

Brut- und
Rastgebiet

Rolle bei meiner Tagesplanung, und ich freue mich, das Watt ausgiebig zu erkunden. Nicht nur das Wattenmeer ist speziell, es gibt auch Inseln, die gar keine Inseln sind, und genau die wollen wir bei einer Schiffstour erkunden. Wir? Meine Mama ist zu Besuch und begleitet mich die Nordseeküste hinunter bis Hamburg. Auf der Insel Nordstrand kommen wir abends mit dem Campervan an und parken für die Nacht auf dem Camping-, Zelt- und Wohnmobilplatz Margarethenruh.

Camping-, Zelt- und Wohnmobilplatz Margarethenruh
Süderhafen 8, 25845 Nordstrand
Telefon +49 4842 85 53
www.camping-nordstrand.de
54.469139, 8.909639

Am nächsten Morgen fahren wir zum Hafen auf Nordstrand, parken den Camper und steigen auf die MS Adler-Express um. Ab hier werden verschiedene Bootsfahrten angeboten. Wir haben uns für die Kombifahrt Amrum und Hooge entschieden. Die Abfahrten sind gezeitenabhängig, denn nur bei passendem Wasserstand kann der Priel – eine Vertiefung im Watt, oft eine Verlängerung eines Flusses – vom Schiff befahren werden.

Schifffahrten Adler Schiffe
Kombifahrt Amrum und Hooge
www.adler-schiffe.de

Die Fahrt nach Amrum ist spannend. Oft fahren wir wie auf einem Fluss, und zu beiden Seiten zeigen sich Sandbänke, auch kommen wir an einigen Inseln und Halligen vorbei. Auf der Insel Amrum haben wir zwei Stunden Aufenthalt. Das ist für die große Insel mit den wunderschönen Sandstränden, den typisch nordfriesischen Reetdachhäusern und dem wunderschönen Leuchtturm wirklich nicht viel Zeit. Gut, dass ich die Kurtaxe bereits online vorab gelöst habe, so vergeuden wir keine Zeit mit Schlangestehen an der Touristeninformation. Am Hafen können Fahrräder geliehen werden, oder man nimmt die Bimmelbahn. Wir stapfen zu Fuß los, wählen den Dünenwanderweg im Süden und kommen so durch die Sanddünen bis zum Leuchtturm. Da gibt es sogar einen Campingplatz. Wer etwas mehr Zeit mitbringt, kann sich durchaus überlegen, mit dem Wohnmobil nach Amrum überzusetzen.

Seit ich einen Roman gelesen habe, der auf Hooge spielte, möchte ich die Hallig gerne mit eigenen Augen sehen. Du fragst dich, was

Oben links: Leuchtturm auf Amrum
Oben rechts: Lämmer auf den Salzwiesen von Nordstrand
Unten: Der Dünenwanderweg auf Amrum

eine Hallig ist? Im ersten Moment sehen sie aus wie Inseln, denn das Stück Marschland ist umgeben von der Nordsee. Doch gerade im Winterhalbjahr werden sie oft bei Sturmfluten vom Salzwasser überspült, weshalb die Definition »Insel« nicht mehr zutrifft. Auf der ganzen Welt gibt es nur zehn Halligen, und alle liegen sie im nordfriesischen Wattenmeer vor der Küste Schleswig-Holsteins. Hooge ist die zweitgrößte Hallig, und aktuell leben 116 Halliglüüd (Bewohner) auf ihr. Die Hallighäuser sind auf sogenannten Warften gebaut, aufgeworfenen Erdhügeln, die bei Landunter (Überschwemmung) wegen der erhöhten Lage meist trocken bleiben. Angekommen auf Hooge haben wir drei Möglichkeiten: Wir machen eine Kutschfahrt, leihen uns Fahrräder aus oder erkunden die Hallig zu Fuß – die hat aber doch 5,78 Quadratkilometer. Die Wahl fällt auf Fahrräder. Die Hallig ist flach, autofrei, und das Wetter so weit gut. Wir essen im Restaurant Friesenpesel zu Mittag, radeln zur St.-Johannis-Kirche und besichtigen sie, schlendern am Strand entlang und staunen über die vielen Austernschalen, wagen uns ein paar Schritte ins Watt raus, drehen aber wegen des tiefen Schlicks schnell wieder um, fahren jede Straße ab (okay, so viele gibt es nicht), und als wir auf die Uhr schauen, bleiben uns noch immer zwei Stunden Zeit. Auf der Hanswarft stehen die meisten Häuser. Dort schlendern wir durch die Häuserzeilen, essen ein Stück Kuchen, stöbern in den Souvenirläden und schaffen es gerade noch zur letzten Vorführung des Sturmflutkinos, wo wir in einem spannenden Film sehen, wie es auf Hallig Hooge zu- und hergeht, wenn eine Sturmflut aufzieht und Landunter ist. Auf dem Rückweg mit der Fähre von Hooge nach Nordstrand kommt das mitgebrachte Fernglas zum Einsatz, denn wir entdecken einige Seehunde auf den Sandbänken neben der Fahrrinne. Ein krönender Abschluss dieses schönen und abwechslungsreichen Tagesausfluges.

Nach der Schifffahrt wollen wir das Watt zu Fuß erleben. In St. Peter-Ording bietet die Schutzstation Nationalpark Wattenmeer Führungen an. Heute Abend findet eine statt, daher fahren wir sogleich in den beliebten Ferienort mit seinem zwölf Kilometer langen und bis zu zwei Kilometer breiten Sandstrand. Auf dem Camping- und Wohnmobilstellplatz Biehl am Strand vorne ist alles belegt, und reservieren kann man erst ab einem Aufenthalt von fünf und mehr Nächten. Also checken wir auf dem Camping SPO etwas weiter hinten ein, der sehr gepflegt ist, große Stellplätze bietet und dazu sogar noch etwas günstiger ist. Mit den Fahrrädern sind wir außerdem superschnell am Strand.

Pfahlbauten des ehemaligen Restaurants Seekiste bei St. Peter-Ording

Wohnmobil- und Campingplatz Biehl
Utholmer Straße 1, 25826 St. Peter-Ording
Telefon +49 4863 960 10
www.campingplatz-biehl.de
54.336121, 8.603855

Camping SPO
Grudeweg 1-2, 25826 St. Peter-Ording
Telefon +49 4863 81 71, www.camping-spo.de
54.332602, 8.619366

Auf dem Strand gibt es einen großen Parkplatz, den man mit Fahrzeugen befahren kann. Viele Camper fahren frühmorgens dorthin, parken so, dass sie Meerblick haben, und genießen den Tag am Strand, bevor sie abends zurück auf den Campingplatz fahren. Das Tagesticket 2023 für Wohnmobile kostet 18 Euro, das Übernachten am Strand ist verboten. Wir parken unsere Fahrräder, als der Sand zu tief zum Fahren wird, kostenlos an einem Pfeiler, ziehen die Schuhe aus und gehen barfuß auf Muschelsuche. So kommen wir auch an den imposanten Pfahlbauten vorbei, auf denen sich Restaurants befinden. Da gönnen wir uns ein Eis bei dem herrlichen Juniwetter. Am späteren Nachmittag radeln wir zur ehemaligen »Seekiste« südlich von St. Peter-Ording, denn dort startet gleich die Wattwanderung zum Eiderstrom.

Oben: Die Strandkrabbe hatte keine Freude daran, kurz gefangen zu werden.
Unten: Der Queller kann roh vor Ort gegessen werden.

Wattführung
Schutzstation Wattenmeer e.V.,
Nationalpark-Haus
Maleens Knoll 2, 25826 St. Peter-Ording
Telefon +49 4863 950 42 54
www.schutzstation-wattenmeer.de
54.315847, 8.605289

Schuhe sind nicht erforderlich, da die Route nicht über Muschelbänke führt und die Verletzungsgefahr somit sehr klein ist. Erst bekommen wir eine Einführung zu den Gezeiten und dem Wattenmeer, dann machen wir uns auf durch die verschiedenen Wattarten wie Misch-, Sand- und Schlickwatt. Unterwegs bekommen wir kleine Kescher und fangen allerlei Tiere wie Strand- und Nordseekrabben, Wasserschnecken und Herzmuscheln ein, die wir zusammen studieren, die Arten bestimmen und sie im Anschluss wieder freilassen. Einen kleinen Snack frisch aus dem Watt gibt es auch. Nein, kein Tier, sondern Queller oder auch Meeresspargel genannt. Die erste Pflanze im Uferbereich, die das Salz aus dem Meerwasser in sich speichert und daher überleben kann. Die Führung geht viel zu schnell vorbei, wir könnten noch stundenlang durch das Watt wandern und mit der angehenden Biologin über die soeben gemachten Funde sprechen. Zurück auf dem Campingplatz packen wir den Grill aus und bestaunen nochmals unsere Funde. Darunter ist eine dunkelgraue Muschel der seltenen

Europäischen Auster. Wir kennen fast nur noch die helle, deutlich größere Pazifische Auster, eine eingeschleppte invasive Art. Wem St. Peter-Ording zu voll ist, was gerade an den langen Wochenenden gut nachzuvollziehen ist, der kann ins etwas nördlicher gelegene Westerhever ausweichen. Auch dort warten tolle Landschaften, viel Sand, ein sehr fotogener Leuchtturm und die Möglichkeit für geführte Wattwanderungen, beispielsweise zur Sandbank hinaus, auf Erkundungsfreudige.

Um das Watt noch besser kennenzulernen, führt uns unser Weg nach Tönning. Das Städtchen an der Eidermündung war einst ein wichtiger Umschlagplatz, das sieht man heute noch in der Ausstellung beim alten Packhaus am Hafen. Doch Wattfans zieht es ins etwas außerhalb gelegene Nationalparkzentrum Multimar Wattforum. Der offizielle Parkplatz des Multimar Wattforums ist kostenlos und bietet auch Wohnmobilen Platz – an Wochenenden und zu Ferienzeiten morgens frühzeitig da sein. Erst mal im Forum drinnen, weiß ich gar nicht, wo ich mit dem Schwärmen anfangen soll. Das Gezeitenbecken ist richtig spannend. In kurzen Zyklen wird Ebbe und Flut simuliert, mit bloßem Auge sehe ich den sich verändernden Wasserspiegel, und je länger ich ins Becken schaue, desto mehr Fische entdecke ich. Zahlreiche Flundern haben sich im tieferen Bereich im Sand vergraben. Alle Lebewesen des Watts sind in einem anderen Raum ausgestellt, ich staune noch immer, wie viele unterschiedliche Seesterne es alleine in der Nordsee gibt und wie weich das Seehundefell ist. Toll fand ich auch das Großaquarium mit einer Höhe von sieben Metern und gefüllt mit rund 250 000 Litern Nordseewasser. Den Rochen, Steinbutten, Seelachsen, Hummern und anderen Lebewesen darin zuzusehen, ist richtig entspannend. Viel aktiver geht es bei den Fischottern zu. Im wirklich großen Gehege mit Innen- und Außenbereich tobt sich einer der Fischotter gerade so richtig aus. Das Multimar Wattforum bietet außerdem spannende Kombitickets mit Schiffstouren zu den Seehundebänken oder zur Hochseevogel-Kolonie mit den Adler-Schiffen an. Die Informationen dazu gibt es auf der Internetseite www.adler-schiffe.de. Zum Übernachten bietet Tönning gleich zwei Stellplätze; einer befindet sich am Kapitänshaus, der andere heißt Eiderblick. Kurz gesagt bietet Tönning Campern ein Rundum-Sorglos-Paket.

Nationalparkzentrum Multimar Wattforum
Dithmarscher Straße 6a, 25832 Tönning
Telefon +49 4861 962 00
www.multimar-wattforum.de
54.317878, 8.952090

Das Großaquarium des Multimar Wattforums in Tönning ist beeindruckend.

i-POINT

Wohnmobilhafen Kapitänshaus
Am Freizeitpark 1a, 25832 Tönning
Telefon +49 4861 61 71 48
www.campingplatz-toenning.de
54.311096, 8.939751

Nun folgen zwei Abstecher abseits der Küstenlinie. Als Erstes fahren wir nach Friedrichstadt. Im Herzen Nordfrieslands liegt dieser hübsche kleine Ort. Zahllose Brücken führen über die vielen Grachten, dazwischen stehen gepflegte Giebelhäuser. Klein Amsterdam oder Holländerstadt wird Friedrichstadt auch genannt, und dem entsprechend gibt es Tütchen mit der Spezialität Holländische Pommes im Straßenverkauf. Stadttouren gibt es täglich, wahlweise zu Fuß oder vom Wasser aus, wo man auch selber Boote mieten kann. Und wer gerne mal Detektiv spielen möchte, kann bei der Touristeninformation den Krimi-Trail »In der Gracht begraben« buchen. Beim Spazieren durch die Häuserzeilen entdecken wir die Prinzenstube mit Café, wo wir uns Kaffee und Kuchen servieren lassen. In den ruhigeren Hinterhof können wir aktuell nicht, denn der ist wegen einer brütenden Amsel für Gäste gesperrt. Tierwohl über Gewinn zu stellen, finden wir einen lobenswerten Wesenszug vom Wirt. Für die Nacht parken wir auf dem gepflegten Wohnmobilstellplatz von Friedrichstadt, der fußläufig zum Stadtzentrum liegt und nur durch einen Deich von der Eider getrennt ist.

Oben: Die Grachten von Friedrichstadt per Boot erkunden
Unten: Der moderne Wohnmobilstellplatz von Friedrichstadt am Ortsrand

Wohnmobilstellplatz Friedrichstadt
Halbmond 5, 25840 Friedrichstadt
www.wohnmobilstellplatz-friedrichstadt.de
54.371705, 9.087602

Der zweite Inlandabstecher ist eine saure Sache und das dort verarbeitete Kraut wahrlich tief verwurzelt in Nordfriesland. Schon mal vom Kohlosseum gehört? Ich zuvor auch nicht. Das Traditionsunternehmen im Herzen der Dithmarschen liegt perfekt am Weg nach Büsum, und so fahren wir hin und schließen uns sogleich einer Führung durch die Krautwerkstatt an. Zum Abschluss bekommen wir eine Kostprobe der verschiedenen Produkte, die in Bio-Qualität hergestellt werden. Im Unterschied zu herkömmlichem Sauerkraut wird der Kohl im Kohlosseum natürlich fermentiert, was ihm einen einzigartigen Geschmack verleiht und Vitamine sowie Milchsäurebakterien erhält. Nebst dem Museum und den Führungen durch die Krautwerkstatt finden auch Bauernmärkte statt und im Herbst das weithin bekannte legendäre Fest zum Kohlanschnitt. Ein guter Grund, im September einmal in die Region zu fahren.

Dem Wattenmeer und somit der Küste waren wir lange genug fern. In Büsum quartieren wir uns am späten Nachmittag auf dem Reisemobilhafen vom Camping Nordsee ein. Die sanitären Anlagen vom Campingplatz dürfen wir mitbenutzen. Zu Fuß spazieren wir zur berühmten Familienlagune Perlebucht von Büsum, schlendern über den Deich zur Sandbank hinaus, wo das Meer gerade Hochwasser hat. Schwimmen ist in der Nordsee je nach Wasserstand gar nicht möglich bis schwierig, denn selbst bei Hochwasser muss man sehr weit rausgehen, um wirklich schwimmen zu können. Was auch wieder Gefahren birgt, denn das Wasser zieht sich gleich nach Höchststand wieder zurück. Daher ist die Familienlagune toll, die vom Wasserstand her einem See ähnelt. Uns pfeift der Wind aber gerade etwas zu sehr um die Ohren, als dass wir Lust auf ein kühlendes Bad hätten. So holen wir uns bei der Surfschule zwei Getränke und setzen uns damit auf die Betonstufen. Am Ufer beobachten wir einen Austernfischer, nein, keinen Menschen, das ist ein schwarz-weißer Vogel mit langen Beinen und rotem Schnabel. Seinen Namen und das typische Rufen haben wir auf der Wattführung kennengelernt.

Wie bei Müttern häufig der Fall, ist auch meine Mama deutlich vor mir auf. Von ihrem Morgenspaziergang die Küste entlang bringt sie frische Brötchen mit. Die genießen wir noch, bevor es ans Auschecken und Weiterfahren geht. Die Übernachtungsgebühr von 15,50 Euro zu zweit finde ich sehr fair, trotzdem habe ich insgesamt 27,50 Euro bezahlt. Warum? Büsum erhebt im Juni 2023 eine Kurtaxe in Höhe von 3 Euro pro Person und Tag. Dabei werden An- sowie Abreisetag voll berechnet und gelten nicht wie bei den meisten Gemeinden als ein Tag. So bezahlen wir 12 Euro Kurtaxe zu zweit für nicht einmal 24 Stunden Aufenthalt. Das finde ich persönlich überzogen und werde Büsum so schnell keinen Besuch mehr abstatten. Da gibt es genug andere lohnenswerte Ziele.

Beispielsweise die Meldorfer Bucht – ein super Tipp. Nur wenig südlich von Büsum gleich am Naturschutzgebiet Wöhrdener Loch befindet sich ein Windsurfparadies. Auf dem Meldorfer Hafenstrom, einem einer Lagune ähnlichen Speicherbecken, finden Windsurfsportler und Wasserratten aller Art ihr Mekka. An der Deichstraße gibt es viele Tagesparkplätze, wer über Nacht bleiben will, parkt auf dem Wohnmobilstellplatz. Ein Platz im Grünen, nur durch den Deich von der Nordsee getrennt oder eben den Hafenstrom, wo man auch baden kann. Mit 12 Euro zu zweit sehr preiswert, allerdings ohne Serviceleistungen, die müssen separat bezahlt werden, und gerade die Toilettenentleerung mit 5 Euro ist teuer. Der Grund dafür ist, dass es keine Kanalisation gibt und die Fäkalien aufwendig abtransportiert werden müssen.

Oben: Frische Brötchen zum Frühstück auf dem Reisemobilhafen in Büsum
Unten: Rund um die Familienlagune von Büsum können Strandkörbe gemietet werden.

Dethleffs

1277
2060
415

SEEHUNDSTATION FRIEDRICHSKOOG

Für autarke Camper eine superschöne Location, und beim Imbisswagen Stulle & Pulle bekommt man wirklich leckere Fischbrötchen.

Wohnmobilstellplatz am Deich in Meldorf
Deichstraße 2, 25704 Meldorf
Telefon +49 179 452 00 16
asm@action-surf-meldorf.de
54.093797, 8.950226

Wir haben es heute allerdings auf Nordseekrabben abgesehen und fahren nach Friedrichskoog weiter. Seit ein paar Jahren nimmt die Beliebtheit von Friedrichskoog als Nordseebad stetig zu. Was wohl auch daran liegt, dass im kleinen Hafen noch heute fangfrische Krabben von den Kuttern verkauft werden. Das mit den Nordseekrabben ist übrigens so eine Sache, die mir von mehreren Seiten bestätigt wurde. Gefangen werden sie tatsächlich in der Nordsee, doch leider ist es sehr verbreitet, dass sie zum Pulen weit reisen, unter anderem nach Marokko, um dann hier an der Küste als regionale Nordseekrabben verarbeitet und verkauft zu werden. Gefangen und verarbeitet werden sie in Deutschland, der Zwischenschritt des Pulens muss nicht deklariert werden. Daher ruhig im Restaurant oder beim Imbiss nachfragen, und wer ganz sicher gehen will, kauft sie ungepult und macht sich die Mühe selber. Wir haben den Tipp bekommen, in Friedrichskoog beim Krabbenstübchen einzukehren.

Oben: Stellplatz am Deich in Meldorf zwischen Hafenstrom und Nordsee
Unten: Auffangstation für Seehunde in Friedrichskoog

Den Camper parke ich am Hafenparkplatz, tagsüber ist das erlaubt. Auf dem Weg zur Seehundstation Friedrichskoog kommen wir direkt am Krabbenstübchen vorbei. Das besondere an diesem Restaurant ist, dass dort bereits in dritter Generation Fischerei mit Gaststätte verbunden und Woche für Woche mit dem eigenen Krabbenkutter Marschenland auf die Nordsee hinausgefahren wird. Auf die Karte kommt, was gefangen wurde. Nebst den Krabben gibt es Scholle, Seezunge, Steinbutt, Räucherfisch oder den beliebten Beifang-Teller. Aber eben alles nur, wenn es davor ins Netz ging. Die Krabben landen fangfrisch und unkonserviert am nächsten Tag auf den Tellern der Gäste – so soll das sein. Wir haben Glück und bestellen gerade noch vor dem großen Mittagsansturm. Das Essen ist ausgezeichnet. Es hat sich gelohnt, auf das richtige Krabben-Restaurant zu warten.

Restaurant Krabbenstübchen
Schleusenweg 12, 25718 Friedrichskoog
Telefon +49 4854 909 75 00, Reservierung erwünscht
www.krabbenstuebchen.de
54.002415, 8.879797

Gut gestärkt legen wir die letzten Meter zur Seehundstation zurück. Im Wattenmeer haben wir sie aus der Ferne schon gesehen, nun werden wir die Seehunde und Kegelrobben ganz nah bestaunen können. Die Seehundstation Friedrichskoog ist gemäß internationalem Seehundabkommen die einzige autorisierte Aufnahmestelle in Schleswig-Holstein für verlassene oder erkrankt aufgefundene Robben. Die geschwächten Tiere werden in der Station aufgepäppelt und rehabilitiert.

Seehundstation Friedrichskoog GmbH
An der Seeschleuse 4, 25718 Friedrichskoog
Telefon +49 4854 13 72
www.seehundstation-friedrichskoog.de
54.001150, 8.874878

Dieser Bereich ist für Besucher nicht zugänglich, da die Tiere nicht an Menschen gewöhnt werden sollen. Sichtbar sind nur die Tiere, die aufgrund von Verletzungen oder bleibenden Beeinträchtigungen nicht wieder ausgewildert werden können. Mehrmals täglich finden Fütterungen mit medizinischen Trainings statt; dabei erzählen die Betreuungspersonen die Geschichten der jeweiligen Tiere und liefern Fakten zu den Seehunden. Eine Kegelrobbe ist auch dabei, und im direkten Vergleich sind die Unterschiede an der Kopfform, der Körpergröße sowie Fellfarbe gut sichtbar. Über mehrere Räume ziehen sich die Ausstellungen mit vielen Informationen zu den Bewohnern der Nordsee und speziell den heimischen zwei Robbenarten Seehund und Kegelrobbe. Mit viel neuem Wissen verlassen wir am späteren Nachmittag die Seehundstation und fahren zur Landspitze von Friedrichskoog auf den Stellplatz. Eine schön angelegte Fläche für Wohnmobile erwartet uns, mit modernem Bezahlautomaten und nur einem kurzen Fußmarsch zur Küste. Jeden Donnerstag findet das Festival am Deich mit kostenloser Livemusik statt, Informationen auch zu weiteren Events gibt es unter www.friedrichskoog.de.

Wohnmobilstellplatz am P2
Nordseestraße 998, 25718 Friedrichskoog
Telefon +49 4854 90 49 40
info@friedrichskoog.de
54.031479, 8.847248

In Brunsbüttel schlagen die Herzen von Schiffsliebhabern erneut höher. Wir haben das andere Ende des Nord-Ostsee-Kanals erreicht, und der mündet hier in die Elbe, wo ebenfalls imposante Containerschiffe auf dem Weg nach Hamburg vorbeikommen. Beim Freibad Ulitzhörn gibt es einen großen Parkplatz, auf dem man tagsüber auch mit

Oben: Bei der Fütterung erfahren wir viel über Seehunde.
Unten: Mit der Schiffsradar-App Herkunfts- und Zielhafen erfahren

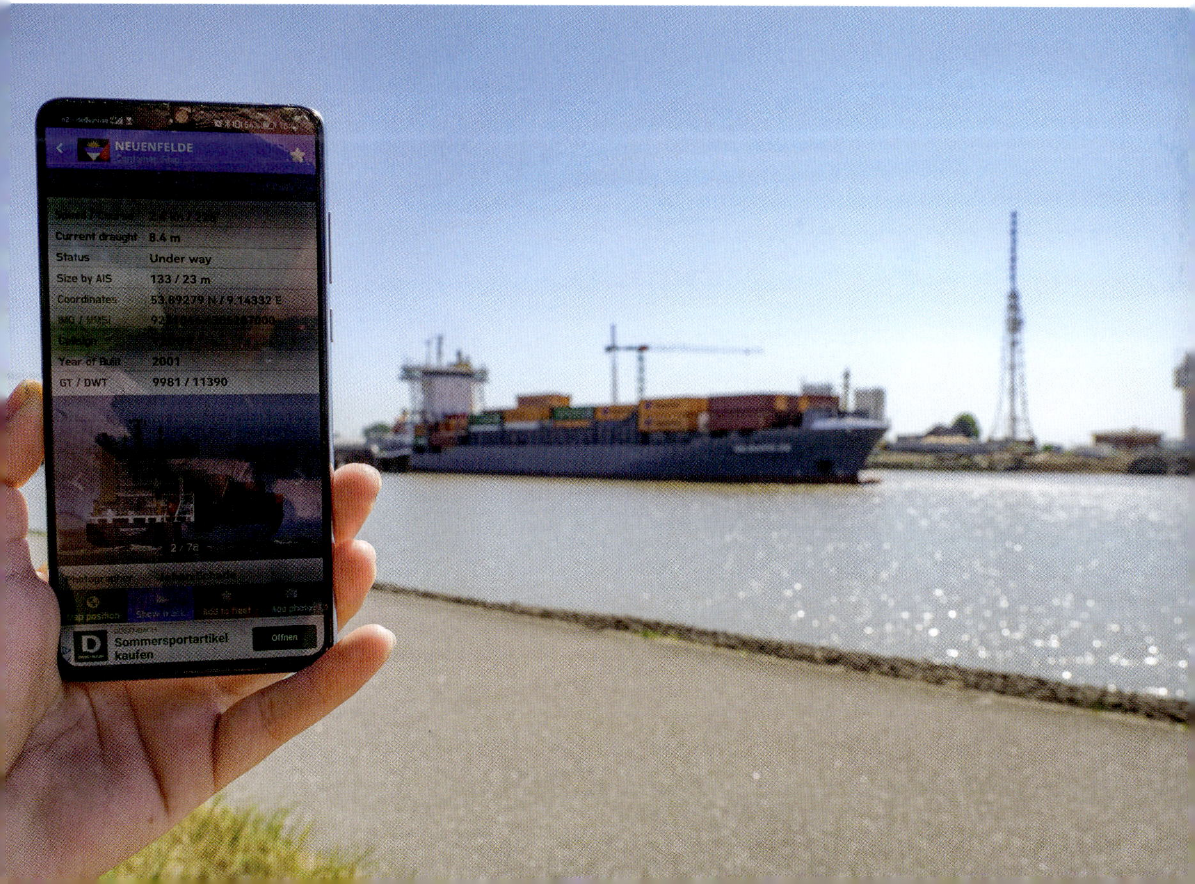
NEUENFELDE
Current draught 8.4 m
Status Under way
Size by AIS 133 / 23 m
Coordinates 53.89279 N / 9.14332 E
Year of Built 2001
GT / DWT 9981 / 11390
2 / 78
Sommersportartikel kaufen
Öffnen

ViO
SCHORLE
APFEL
DIREKTSAFT

M297

Wohnmobilen stehen kann. Von dort ist es nur noch ein kurzer Spaziergang zur Schleuse, wo Sitzgelegenheiten zum Verweilen einladen. Und bestimmt überlegst du manchmal auch, wo die Frachter wohl gerade herkommen und welchen Hafen sie als Nächstes ansteuern. Frag doch den Schiffsradar! Ich habe mir die App aufs Smartphone geladen und lese bei jedem vorbeifahrenden Schiff vor, unter welcher Flagge es fährt, wie lang und schwer es ist, woher es kommt und wohin es fährt. Die App ist kostenlos und umfasst viele spannende Informationen. Da macht Schiffegucken gleich doppelt so viel Spaß. Und wer sich speziell für Schleusen interessiert, dem kann ich das Atrium Museum an der Schleuse in Brunsbüttel empfehlen. Für die Nacht haben wir uns bei einem Landvergnügen-Platz in der Gemeinde Blomesche Wildnis angemeldet und bekommen ein Plätzchen unter Bäumen neben zwei aufgeweckten Schweinen zugewiesen. Brunsbüttel bietet ebenfalls verschiedene Stellplätze an.

Der Elbe folgen wir nun etwas zügiger, denn schon morgen fliegt meine Mama von Hamburg aus zurück in die Schweiz, und der Hansestadt selber wollen wir auch noch gut Zeit widmen. In Schulau legen wir beim Fährhaus noch einen Stopp zum Mittag ein.

Oben: Bei Fischbrötchen in Schulau auf Schiffe warten
Unten: Hamburg bietet beim Fischmarkt zwei Wohnmobilstellplätze.

Täglich ab 11 Uhr bis abends werden die Schiffe im neuen Schulauer Fährhaus begrüßt. Dabei läuft die Nationalhymne, unter der das Schiff fährt, es wird aufgerufen, woher das Schiff kommt und wie der Kapitän heißt. Wir setzen uns auf die Terrasse und bestellen einen Backfisch sowie Matjes-Fischbrötchen. Und während wir essen, kommt ein Schiff und wird gebührend begrüßt. Das ist wirklich sehr originell und einmalig.

Nun gilt es Daumen drücken, wir möchten einen Platz auf dem Wohnmobilstellplatz am Fischmarkt in Hamburg ergattern. Es gibt mit Sicherheit ruhigere Plätze, aber diesmal ist die Ausgangslage wichtiger. Und wir haben Glück – der Platz ist zwar schon gut belegt, aber noch nicht voll. Kaum geparkt machen wir uns auf zum Bootsanleger Altona (Fischmarkt). Als Wohnmobilist steckt man übrigens im Dilemma: Der Fischmarkt findet jeweils am Sonntagmorgen statt. Der Besuch lohnt sich sehr. Aber dann kann man nicht hier parken und muss alternativ auf den Stellplatz Richtung Zentrum ausweichen, der wiederum am Wochenende etwas teurer ist und noch viel begehrter als sonst. Wir sind unter der Woche hier, also kein Fischmarkt, dafür eben ein Parkplatz.

Wohnmobilstellplatz am Fischmarkt
Große Elbstraße 9, 22767 Hamburg
53.544955, 9.951157

Um Hamburg zu erleben, lohnt sich eine Tageskarte für die öffentlichen Verkehrsmittel. Die gibt es vom HVV (Hamburger Verkehrsverbund) als reines Fahrticket oder als HamburgCard, die nebst dem öffentlichen Nahverkehr Vergünstigungen bis zu 50 Prozent bei diversen Attraktionen bietet und im Gruppentarif für bis zu fünf Personen gilt. Da wir nicht in Museen wollen, lösen wir zwei HVV-Karten und fahren per Schiff ins Zentrum, wo wir erst eine Runde um die Elbphilharmonie drehen und dann zu Fuß die Speicherstadt erkunden. Sie ist der weltweit größte zusammenhängende Lagerhauskomplex und Teil der maritimen Geschichte der Hansestadt Hamburg. Zurecht wurde die Speicherstadt ins UNESCO-Welterbe aufgenommen. Ich kenne Hamburg von vielen verschiedenen Besuchen zu jeder Jahreszeit, habe die große Hafenrundfahrt schon mitgemacht, war in einer Vorstellung im Tivoli Theater auf der Reeperbahn, habe die Weihnachtsmärkte besucht und einem Gottesdienst in der St.-Michaelis-Kirche – kurz Michel – gelauscht, und auch im Miniatur-Wunderland war ich schon. Wer zum ersten Mal in Hamburg ist, dem empfehle ich auf jeden Fall eine Stadttour. Beispielsweise eine Free Walking Tour durch die historische Altstadt oder eine mit Schwerpunkt Hafen, St. Pauli und Reeperbahn.

Das Wetter an unserem zweiten Tag in Hamburg ist gut, daher machen wir einen Abstecher zum Elbstrand, bevor ich meinen Besuch zum Flughafen bringe. Beim Museumshafen Oevelgönne parken wir in einer Seitengasse und schauen uns gleich die alten Segelschiffe und Kutter der Ausstellung an. Etwas weiter vorne startet der Elbstrand. Barfuß schlendern wir durch den Sand und beobachten das stetige Treiben auf der anderen Elbseite im Hamburger Hafen. Beim Strandkiosk Ahoi verlassen wir den Strand und nehmen die parallel verlaufende Övelgönne-Gasse, auch Elbuferweg genannt. Die Gasse wird von wunderschönen alten Häusern gesäumt. Früher lebten hier die Lotsen und Schiffskapitäne. Die Backstein- und Fachwerkhäuser stehen an der Landseite des Elbuferwegs, auf der Elbseite sind die dazugehörigen Hausgärten, die für sich schon einfach nur wunderschön sind. Viele der Gebäude stehen mittlerweile unter Denkmalschutz. Mich würde ja interessieren, ob die Bewohner ihre Möbel über die Elbe per Schiff hergebracht haben. Denn hinter den Häusern geht es steil hinauf, und Autos können gar nicht erst zu den Häusern hinfahren.

Die gemeinsame Zeit ist um, ich bringe meine Mutter zum Flughafen und fahre wieder alleine weiter. Prägend für den Norden sind ganz klar die Ost- und Nordsee sowie die Schifffahrt und das nicht erst seit gestern, sondern schon seit der Wikingerzeit.

Oben: Die Speicherstadt mit ihren faszinierenden Gebäuden
Unten: Der Elbstrand von Hamburg ist einen Ausflug wert.

Gerüstbau X Kraft

Start- und Endpunkt
Von Buxtehude bis Bonn

Streckenlänge & Fahrzeit
1142 Kilometer / 17 Std. 40 Min.

Highlights
Containerhafen, Wattwanderung, Schiffswerft, Externsteine, Industriekultur

Nordwesten: Papageien, Kreuzfahrtwerft und Killepitsch

Von der Küste mit dem einzigartigen Wattenmeer und den ostfriesischen Inseln geht es am Fluss Ems entlang ins Inland. Moorlandschaften, eine Schiffswerft und außergewöhnliche Felsformationen führen mich langsam in den Ruhrpott und damit mitten ins Herz der Industriekultur. Ab dort folge ich dem Rhein und besuche spannende Städte mit freilebenden Papageien, Bier in kleinen Gläsern und Stellplätzen direkt am Rhein.

Diese Tour durch den Nordwesten Deutschlands starte ich in Buxtehude. Einer Redensart nach wurden die Glocken in Buxtehude schon mit einem Seil geläutet, als sie woanders noch mit dem Hammer angeschlagen wurden. Das soll bis heute die Fortschrittlichkeit der Bürger von Buxtehude zeigen. Bekannter ist die Stadt wegen des Märchens aus der Brüder-Grimm-Sammlung vom Wettlauf zwischen dem Hasen und dem Igel auf der kleinen Heide bei Buxtehude. Ob das Märchen wohl eine Anspielung auf die vorherige Redensart ist? Darüber denke ich nach, als ich vom Wohnmobilstellplatz am Schützenplatz Richtung historische Altstadt gehe. Als Erstes komme ich über die Lange Straße am Hase-Igel-Brunnen vorbei. Buxtehude hat ein hübsches Zentrum mit vielen Geschäften. Am schönsten fand ich die historischen Gebäude an der Fleth mit der Promenade, wo auch das imposante Segelschiff Margaretha steht.

Wohnmobilstellplatz am Schützenplatz
Hansestraße 998, 21614 Buxtehude
Telefon +49 4161 501 23 45
stadtinfo@stadt.buxtehude.de
53.471210, 9.694867

Auf meinem Weg an die Nordsee wähle ich die Strecke durchs Alte Land am Elbstrom. Hochwasser und Überschwemmungen noch vor dem Deichbau lagerten den schweren Marschboden in den Uferzonen der Elbe ab. Dank des fruchtbaren Bodens gedeihen hier Obstbäume besonders gut, weshalb das Alte Land bis heute als das größte geschlossene Obstanbaugebiet Deutschlands gilt. Jork hat abseits des Zentrums an der Yachthafenstraße direkt am Deich einen Wohnmobilstellplatz im Grünen, wo ich für die Nacht parke. Wer vom Camper aus die Schiffe auf der Elbe beobachten will, der sollte die Stellplätze in Grünendeich am Lühe-Anleger oder den in Hollern-Twielenfleth anfahren.

Wohnmobilstellplatz am Yachthafen
Yachthafenstraße, 21635 Jork
Telefon +49 4162 2546 46
53.545651, 9.661435

Wohnmobilstellplatz am Lühe-Anleger
Elbdeich/Fährstraße, 21720 Grünendeich
Telefon +49 41 42 89 90
53.572829, 9.631312

Wohnmobilstellplatz am Fährhaus
Am Deich 43, 21723 Hollern-Twielenfleth
Telefon +49 4142 89 91 09
53.603056, 9.559837

Cuxhaven statte ich im Februar einen Besuch ab, entsprechend ist sehr wenig los, und ich stehe mit nur drei anderen Campern zusammen auf dem Wohnmobilstellplatz am Messeplatz von Cuxhaven. Dick eingepackt nutze ich die Sonnenstrahlen am Morgen für einen Spaziergang auf dem Deich, und wie ich bin, geht es keine drei Minuten, bevor ich den Deich verlassen habe und direkt durchs Watt stapfe. Dank meiner gefütterten Gummistiefeln kann ich das, ohne kalte oder nasse Füße zu kriegen. Am Strand sind einige Stellen noch mit einer dünnen Eisschicht überzogen. So habe ich das Watt noch nie gesehen. Ich gehe bis zur Kugelbake, einer 30 Meter hohen Holzskulptur an der Landspitze, direkt an der Einfahrt von der Nordsee in die Elbe. Es herrscht reger Schiffsverkehr, und während ich den Kolossen beim Ein- und Ausfahren zuschaue, taucht im geschützten Becken neben der Kugelbacke ein Kopf aus dem Wasser auf. Ein Seehund! Er atmet ein paar tiefe Züge, dann taucht er wieder ab. Alle drei bis vier Minuten taucht er auf, und ich suche während der Tauchphasen gespannt die Oberfläche ab, um zu erahnen, wo das Tier wieder hochkommt.

Wohnmobilstellplatz am Messeplatz
Strandstraße 80, 27476 Cuxhaven
Telefon +49 4721 40 42 00
ticketverkauf@tourismus.cuxhaven.de
53.889511, 8.678371

Normalerweise stehen am kilometerlangen Sandstrand Düse viele Strandkörbe, die halten aktuell wohl noch Winterschlaf. Das ganze Jahr über sichtbar ist dafür der nördlichste Punkt Niedersachsens am Strand von Cuxhaven. Wo genau der Punkt liegt, erkenne ich nicht, denn wo endet der Strand und beginnt das Watt?

Oben: In Buxtehude gefällt es mir an der Fleth am besten.
Unten: Stellplatz bei der Messe in Cuxhaven mit Toiletten sowie Entsorgung

Bäckerei Pfeiffer

Container – Aussichtsturm
Hapag-Lloyd
OOCL
HAMBURG SÜD

Ich mag Schiffe und schaue ihnen gerne zu. Daher ist mein erstes Ziel im Zwei-Städte-Staat Bremen der Container-Aussichtsturm in Bremerhaven. Verständlicherweise ist der Zugang zum Containerhafen Privatpersonen untersagt. Da das Interesse aber groß war, wurde diese Aussichtsplattform gebaut. Von oben kann ich dem Treiben auf den Kais zusehen. Parkplätze gibt es direkt neben dem Turm, die Anfahrt ist allerdings etwas kompliziert.

Container-Aussichtsturm
An der Nordschleuse, 27568 Bremerhaven
Ganzjährig täglich von 8 bis 18 Uhr zugänglich
53.573151, 8.547226

Auch im Zentrum von Bremerhaven dreht sich alles um die Schifffahrt. Kein Wunder, ist es doch nach Hamburg der zweitgrößte Handels- und der größte Fischereihafen Deutschlands. Im Zentrum der Stadt befinden sich diverse Ausstellungen zum Thema Schifffahrt. Der Museumshafen am Hans-Scharoun-Platz zeigt zahlreiche Schiffe inklusive des 76 Meter langen U-Boots Wilhelm Bauer. Im Deutschen Schifffahrtsmuseum kann man das konservierte Wrack einer 1380 erbauten Hansekooge sowie über 500 originalgetreue Schiffsmodelle bestaunen. Faszinierend ist auch das Klimahaus Bremerhaven. Es nimmt die Besucher mit von der Polarregion bis zum Äquator, immer auf dem 8. Längengrad entlang. Da kommt man durch die unterschiedlichen Klimazonen vom eiskalten Polarmeer bis in die heiße Wüste und erlebt Wetterphänomene wie Wirbel- und Sandstürme. Der Eintritt kostet einige Euro, lohnt sich aber. Und wer Bremerhaven von oben sehen will, kann beim Sail City auf die 90 Meter hohe Aussichtsplattform mit freier Sicht über die ganze Stadt steigen. Die Innenstadt konnte mich nicht so recht fesseln, ist einfach eine Einkaufsstraße. Das Schaufenster Fischereihafen südlich vom Zentrum sagt mir da mehr zu. Der Platz ist vom Reisemobilparkplatz Fischereihafen, der auf einer Landzungenspitze sitzt und von drei Seiten aus von Wasser umgeben ist, zu Fuß erreichbar.

Wohnmobilstellplatz Reisemobilstellplatz Fischkai in Bremerhaven
Hoebelstraße 52, 27572 Bremerhaven
Telefon +49 471 41 41 41
reisemobil@erlebnis-bremerhaven.de
53.526776, 8.576683

Oben: Aus alten Containern wurde in Bremerhaven ein Aussichtsturm am Hafen gebaut.
Unten: Wattwandern im Winter ist mal was ganz anderes.

Es ist der touristisch aufbereitete Teil des Fischereihafens. Mehrere Restaurants bieten Fisch in jeglicher Form und jedem Garzustand an, oder man nimmt sich aus der Fischräucherei Franke etwas mit. Dort sehe ich direkt bei der Verarbeitung zu. Oder man geht an Deck des ehemaligen DDR-Fischtrawlers FMS Gera, ein Museumsschiff ausgestattet wie anno dazumal.

Zwischen Bremerhaven und Bremen, die zusammen das Bundesland Bremen ausmachen, liegen rund 60 Kilometer Strecke in Niedersachsen. Mehrere Torfmoore befinden sich in der Region, und wer will, kann sogar eine Fahrt in einem Torfkahn machen. Dafür fährt man am besten zum Hammehafen Worpswede, wo ein Camping- und Stellplatz direkt am Wasser zum Übernachten einlädt. Von Mai bis Oktober finden regelmäßige Rundfahrten in den Holzbooten mit den hübschen braunen Segeln statt. Auch eine Kombifahrt mit Torfkahn und dem Moorexpress ist möglich. Oder man mietet sich ein Kanu und paddelt selber. Ein Bistro mit Biergarten sowie eine Gaststätte sind neben dem Campingplatz ebenfalls vorhanden, womit alles da ist, was man sich für ein paar entspannte Tage wünscht.

Campingplatz Hammehafen
Hammeweg 10-12, 27726 Worpswede
Telefon +49 4792 509
www.hammehafen.de/camping/
53.228049, 8.888256

Adolphsdorfer Torfschiffer
Hammeweg 12, 27726 Worpswede
Telefon +49 4792 95 12 00, www.torfschiffe.de
53.228742, 8.889267

Über die Weser ist die Stadt Bremen, obwohl im Inland gelegen, mit der Nordsee verbunden. Der Wasserstand ist bis nach Bremen hinein gezeitenabhängig. Daher säumen hohe Deichmauern die Ufer ebenso wie Sperrwerke und schützen die Stadt vor möglichen Überschwemmungen. Die meiste Zeit des Jahres über lädt die Weser aber zum gemütlichen Verweilen an ihren Ufern ein und verleiht der Hansestadt Bremen ein maritimes Flair.

Mit meinem Camper fahre ich zum Reisemobilstellplatz am Kuhhirten. Der Stellplatz hat über 100 Plätze, und man steht stellplatztypisch recht eng beieinander. Toiletten sowie Duschen sind wie die üblichen anderen Ser-

Oben: Mehrere Restaurants säumen den Platz um das Fischereifenster in Bremerhaven.
Unten: Der Alte Hafen in Bremerhaven mit dem Hochhaus Sail City

Kutterfischer
Hafenkiste
Kibbelinge
gebackene Calamari
und Garnelenspieß
dazu Pommes
und Remoulade 14,-
Räucherfisch-Kiste
Räucherlachs
Stremellachs
Räucherforelle
Meerrettichsahne 14,90
und Brot
TAKELAGE
www.takelage-bremerhaven.de

MARKTHALLE ACHT
Einfach natürlich
Einfach bodenständig
Einfach gut gemacht
Wir wollen uns bewusst und
aus Leidenschaft in einem
Punkt beschränken:
dem echten Geschmack

viceleistungen vorhanden. Praktisch ist, dass die Übernachtungsgebühr bis am Folgetag um 14 Uhr gilt, so kann ich morgen Vormittag nochmals ins Zentrum von Bremen.

Wohnmobilstellplatz Reisemobilstellplatz am Kuhhirten
Kuhhirtenweg, 28201 Bremen
Telefon +49 173 985 00 92
stellplatz-bremen@t-online.de
53.065227, 8.818234

Der Weg ins Zentrum führt bis fast an die Spitze des Stadtwerders, so wird die »Flussinsel« von Bremen genannt, die eigentlich nur eine Halbinsel ist. Am anderen Weserufer angelangt stehe ich mitten in der gemütlichen Promenade von Bremen. Gasthäuser haben Tische und Stühle rausgestellt, Spaziergänger flanieren die Weser entlang. Für den Weg ins Herz der Altstadt wähle ich die Böttcherstraße. Diese urige schmale Gasse schlängelt sich entlang wunderschöner Backsteinhäuser. Das Schaufenster der Bonbon Manufaktur zieht mich regelrecht an. Davor befindet sich der Sieben-Faulen-Brunnen, auf dessen Ausflussrohr die Bremer Stadtmusikanten spazieren. Wobei Moment, eins, zwei, drei – da fehlt doch einer! Tatsächlich ist der Hahn nur als Silhouette vorhanden, denn dreiste Diebe haben ihn entführt. Da muss ich mir wohl doch die echte Statue der Musikanten anschauen gehen. Im Innenhof spielt übrigens dreimal täglich ein Glockenspiel. Schau nicht nur auf die Glocken, denn am Turm links werden währenddessen verschiedene Bilder der Schifffahrtsgeschichte gezeigt.

Oben: Die Markthalle Acht lädt zum Bummeln ein.
Unten: Die berühmten Bremer Stadtmusikanten

Nach der Aufführung gehe ich die Gasse entlang, bis ich am Bremer Marktplatz stehe. Er ist gesäumt von zahlreichen historischen Gebäuden, das Rathaus sowie die frei stehende Figur des Roland zählen zum UNESCO-Welterbe. An der westlichen Seite des Rathauses finde ich die Bremer Stadtmusikanten. Die Vorderhufe des Esels sind golden, da sie oft angefasst werden. Das soll nämlich Glück bringen. Aber aufgepasst, du musst beide Vorderhufe gleichzeitig reiben, ansonsten gibt ein Esel dem anderen die Hand. Weitere Sehenswürdigkeiten in Bremen sind der Dom St. Petri mit Bibelgarten und Dom-Museum sowie die modern-rustikale Markthalle Acht, die gleich daneben liegt. Das Schnoorviertel ist der älteste und vom Zweiten Weltkrieg weitgehend verschont gebliebene Stadtteil Bremens, weitere spannende Quartiere sind das Viertel und die Wallanlagen mit dem Stadtgraben und -park. Wer es noch grüner mag, besucht den Rhododendron-Park mit der integrierten Botanika, der grünen Entdeckerwelt mit Schmetterlingshaus. Im Bremer Ratskeller bekomme ich fürs Abendessen einen Platz. Das Restaurant beherbergt das weltweit größte Sortiment an deutschen Weinen und das in traditionellem Ambiente. Mein Menü startet mit einer Bremer Kartoffelsuppe, geht mit dem traditionellen Seemannslabskaus weiter und endet mit Schnoorkuller. Okay, die Kuller habe ich mir am Nachmittag im Schnorviertel gekauft und esse sie jetzt auf dem Rückweg zum Camper. Es sind Kugeln aus Baiser gefüllt mit Nougat und überzogen mit Schokolade sowie Nusskrokant. Absolut lecker und eine typische Süßigkeit aus Bremen.

Restaurant Bremer Ratskeller
Am Markt, 28192 Bremen
Telefon +49 421 32 16 76
info@ratskeller-bremen.de
53.076081, 8.807266

Typischer kann man Bremen nur im Oktober erleben, dann bricht alljährlich die fünfte Jahreszeit an: Ischa Freimaak! Den Freimarkt beleben über 300 Schausteller und mehr als 40 Fahrgeschäfte. An insgesamt 17 Tagen gilt Ausnahmezustand in Bremen mit Feuerwerk, Festumzug und der Partyhalle 7.

Nun machen wir einen Zeitsprung, denn die Route durch Ostfriesland bin ich Ende Juni gefahren. Also nicht wundern, wenn ich nun luftig-leicht bekleidet bin und die Bäume schön grün sind. Es ist nicht mehr Februar.

Mein weiterer Weg führt mich um den Jadebusen herum nach Wilhelmshaven, wo das Wattenmeer Besucherzentrum das UNESCO-Weltnaturerbe mit einer spannenden Ausstellung erlebbar macht. Schon der Eingang mit dem Wal aus Eisen, der aus dem Boden springt, ist ein echter Hingucker. Das Museum selber ist sehr schön gemacht. Es gibt viel zum Anfassen und Interagieren. Kombitickets beispielsweise mit einer Schifffahrt oder Wattwanderung sind erhältlich. Bei beiden macht man einen Probefang und schaut, was man alles im Netz hat. Den Nachmittag verbringe ich am Strand von Hooksiel. Tagsüber darf man hier mit Campern parken. Mit Strandutensilien bepackt gehe ich die paar Meter runter an den Nordsee-Badestrand. Als mich der Hunger überkommt, hole ich mir beim Strandhaus 1 ein leckeres Fischbrötchen, bevor ich mich zum Sonnen zurück auf mein Strandtuch lege. Übernachtungsmöglichkeiten gibt es in Küstennähe einige, doch preislich wird für wenig Service wirklich viel verlangt. Daher fahre ich ein paar Kilometer ins Inland, wo ich die Wahl habe zwischen einem Stellplatz gegen Abendessen beim Restaurant Antonslust oder einem Platz am Freibad in Wilhelmshaven für 8 Euro, wo der Freibadeintritt verrechnet wird. Ich wähle das Freibad.

Oben: Hübsche Häuschen machen das Schnorrviertel in Bremen aus.
Unten: Der Badestrand von Hooksiel mit Fischbrötchen-Bude

OLLIPAC

HARMONIE

Übernachtungsplätze abseits der Küste
Restaurant Antonslust
Antonslust 13, 26389 Wilhelmshaven
Telefon +49 4421 87 96 00
53.542101, 8.058711

Wohnmobilparkplatz Freibad Nord Wilhelmshaven
Möwenstraße 30, 26388 Wilhelmshaven
Telefon +49 4421 527 83
53.569599, 8.103956

Bei der Fahrt durch Carolinensiel erhasche ich einen Blick auf den Museumshafen und beschließe, da will ich durchschlendern. Entlang der Mühlenstraße finde ich einen passenden Parkplatz am Straßenrand. In wenigen Minuten bin ich zu Fuß zurück am Museumshafen. Rundherum haben sich Restaurants und Imbisse angesiedelt, die Gäste sitzen draußen und genießen die Sonne. Dazwischen fließt die Harle, und auf ihr sind alte Plattbodenschiffe sowie andere Kutter vertäut. Bei einem Spaziergang am Ufer entlang bestaune ich die gut erhaltenen und gepflegten Schiffe. Das Deutsche Sielhafenmuseum ist hier ebenfalls ansässig. Das Wort »Siel« kommt in vielen Ortsnamen an der ostfriesischen Küste vor. Ein Siel ist eine einseitige Schleuse, wo das Wasser von der Landseite zum Meer abgelassen wird, aber nicht umgekehrt. Sie dient als Entwässerungsschleuse und gleichzeitig zum Schutz vor Fluten. Auf dem Rückweg zum geparkten Camper in Carolinensiel esse ich am Musemshafen eine Kleinigkeit, kann den Fruchtgummis vom Nordseebär aber trotzdem nicht widerstehen. Sie sind intensiv im Geschmack, denn echte Fruchtsäfte sorgen für das Aroma und kommen in bunten Farben und lustigen Formen daher. Beispielsweise als Wattwürmer, Krabben, Robben, Windmühlen, Schafsköttel und sogar als Fisch- bzw. Krabbenbrötchen – als Fruchtgummi versteht sich. Eine Tüte mit leckerem Inhalt reicher steige ich wieder in den Camper ein und fahre noch ein Stück weiter.

Oben: Die hübschen Plattbodenschiffe von Carolinensiel
Unten: Die zwei Fischer verweilen wohl schon länger im Hafen von Neuharlingersiel.

Das Herz von Neuharlingersiel ist ein 300 Jahre altes Fischerdorf im Hafen sowie eine aktive Krabbenkutterflotte. In gemütlicher Atmosphäre kann man etwas trinken und dabei den Kuttern bei ihrer Fahrt aufs Meer hinaus zusehen. Ein Sandstrand ist ebenfalls vorhanden, und wer sich gerne etwas verwöhnen möchte, findet im BadeWerk eine Sauna- und Wellnesslandschaft mit warmem Meerwasser-Hallenbad und verschiedenen Anwendungen vor. Auch Neuharlingersiel hat einen großen Campingplatz, doch auch an dem fahre ich vorbei.

Erst in Bensersiel biege ich von der Hauptstraße ab und fahre zum gleichnamigen Campingplatz. Ein Fünf-Sterne-Platz mit über 700 Parzellen. Normalerweise meide ich solche Plätze, aber hier befinden sich die Parzellen vor dem Deich, also direkt am Strand. Genau so einen habe ich mir in erster Reihe gebucht. Einmal direkt am Strand auf Sand stehen, mal sehen, ob das mit meinem heckangetriebenen Camper überhaupt eine gute Idee ist. Die Reihen haben Namen, ich parke am Amselweg 20.
Die Parzellen sind groß, man fühlt sich nicht direkt auf dem Nachbarn sitzend. Mein Platz ist noch besser als erwartet, und das Wetter spielt perfekt mit. Denn bei Wind pustet es einem ja die Bude mit Sand voll. Ich stehe zur Mittsommernacht hier, und die Sonne hat sich das Datum wohl speziell markiert, denn der Tag endet mit einem der schönsten und farbenprächtigsten Sonnenuntergänge, die ich je erleben durfte. Am nächsten Tag verlasse ich den Platz, als würde ich auf Asphalt stehen, ist also auch ohne Allrad kein Problem.

Strand- und Familiencampingplatz Bensersiel
Am Strand 8, 26427 Esens-Bensersiel
Telefon +49 4971 91 71 21, camping@bensersiel.de
53.674973, 7.563674

Ich habe mich für eine Wattwanderung von Nessmersiel nach Baltrum angemeldet und bin freudig aufgeregt, was mich da wohl erwartet. Die Führung habe ich über das Nationalpark-Haus Dornumersiel gebucht. Da die Route nach Baltrum über Austernbänke führt, müssen Schuhe, die wirklich gut am Fuß halten oder spezielle Wattwandersocken (Beachies – können mit der Tour gebucht werden) getragen werden. Nach einer kurzen Einführung sind wir zur genau richtigen Zeit am Siel von Nessmersiel, als der sich gerade öffnet und das Wasser ins Meer fließen lässt – spannend. Wenige Schritte später stehen wir – oder besser stecken wir – bereits im Watt. Es beginnt direkt mit leichtem Schlickwatt und lässt uns knöcheltief einsinken, nach kurzer Strecke erreichen wir festeren Sandwattboden. Während der Führung lernen wir verschiedene Tiere im Watt kennen, graben einen Wattwurm aus und kriegen gezeigt, wie man Herzmuscheln unter dem Sand entdecken kann. Natürlich lassen wir die ausgebuddelten Muscheln wieder frei, schauen ihnen aber noch beim Wiedereingraben zu. Zwischen dem Festland und Baltrum verlaufen mehrere Priele, das sind Vertiefungen im Watt, die bei Ebbe wie Flüsse aussehen. In ihnen fließt das Meer selbst bei Niedrigwas-

Vor der Küste liegen die ostfriesischen Inseln. Die berühmteste davon ist Norderney. Mittels Booten kann man vom Festland auf die Inseln übersetzen, doch das kann ja jeder.

Oben: Sonnenuntergang zur Sommersonnenwende auf dem Camping Bensersiel
Unten: Während der Wattwanderung erfahre ich viel über das Leben im Watt.

ser noch, und sie schwellen als erste wieder an. Das ist manch unerfahrenem Wanderer im Watt schon zum Verhängnis geworden. Denn was man nicht vergessen darf, wo wir gerade übers Watt wandern, steht das Meer bei Hochwasser zwei Meter hoch. Deshalb sollte man nur mit Wattführer weiter als 200 Meter weg von der Küste durchs Watt wandern.

Wattführung Nationalpark-Haus Dornumersiel
Tour: Nessmersiel nach Baltrum
Dauer: 3 Std. 30 Min.
Buchung: www.nationalparkhaus-wattenmeer.de

Unsere Wattführerin – übrigens eine Schweizerin, die wegen des Wattenmeers an die Küste Ostfrieslands gezogen ist – kennt die besten Stellen, um die Priele zu durchschreiten, und sie weiß auch, wie wir tiefe Schlickwattstellen sowie ausgedehnte Muschelbänke umgehen können. Ich bin begeistert von ihrem Wissen vom Watt und der Natur, die auf so trostlos aussehender Fläche so viel Leben ermöglicht. Viel zu schnell erreichen wir Baltrum und haben wieder festen Boden unter den Füßen. Die Führung endet hier. Im Ticketpreis ist die Rückfahrkarte per Fähre sowie die Kurtaxe für Baltrum inklusive. Die Fahrkarte bekommen wir ausgehändigt, und dann verabschiedet sich unsere Wattführerin. Ich schlendere noch zur Aussichtsdüne Ost, von wo aus ich die kleinen Flugzeuge, die auf Baltrum starten und landen, beobachten kann, und gehe im Restaurant Seehund lecker zu Mittag essen. Am Nachmittag nehme ich die Fähre zurück aufs Festland. Den letzten Tipp der Wattführerin nehme ich mir zu Herzen und setze mich steuerbord (also rechts in Fahrtrichtung gesehen) auf dem Boot hin. Warum? Weil auf der Seite die Landspitze

von Norderney auftaucht, wo sich auch heute Seehunde sonnen. Und wenig später folgt eine weitere Sandbank auf Steuerbordseite, wo ebenfalls Dutzende Seehunde liegen. Tipps von Einheimischen sind einfach immer gut. Nach dem ereignisreichen Tag fahre ich zufrieden zum Landvergnügen-Platz (Hof 2576), wo ich mich gestern telefonisch angemeldet habe, und lasse den Abend bei einem leckeren Eis und mit Ziegenkraulen ausklingen.

Mir bleiben zwei Tage an der Nordsee, und ich will noch einiges sehen. In Norddeich warten zwei spannende Einrichtungen: die Seehundstation im Nationalpark-Haus sowie das Waloseum. Wer gut Zeit hat, kann sich beide mit dem vergünstigten Kombiticket ansehen, was auch an unterschiedlichen Tagen möglich ist. Im Waloseum dreht sich alles um die Wale und andere tierische Küstenbewohner. Herzstück ist ein 15 Meter langes Skelett eines Pottwals, der auf Norderney gestrandet ist.

Zu Fuß auf die Ostfriesische Insel Baltrum; Wattwandern am besten immer mit Führung

Ich entscheide mich für die Seehundstation, wo es eine Ausstellung mit Mitmachstationen und natürlich Seehunden gibt, die nur durch eine Glasscheibe von den Besuchern getrennt sind. Heuler – verlassene Jungrobben – werden aufgezogen und wieder ausgesetzt. Während der Fütterung, die mehrmals täglich stattfindet, erfahre ich von den Mitarbeitern viel über die Seehunde. Eine sehr schöne Station, und mit dem Eintrittsgeld unterstützt man diese wichtige Arbeit.

Die Stadt Norden selber ist für ihre Ludgeri-Kirche berühmt mit der Arp-Schnitger-Orgel. Jeden Montag und Samstag findet auf dem Marktplatz idyllisch unter Bäumen der Wochenmarkt mit über 60 Händlern aus der Region statt. Den habe ich leider um einen Tag verpasst. In Greetsiel parke ich auf dem großzügigen Wohnmobilstellplatz der Stadt.

Wohnmobilstellplatz Greetsiel
Mühlenstraße, 26736 Krummhörn
53.498406, 7.105723

Für einen kleinen Obolus erklimme ich die hölzerne Treppe der roten Mühle. Die Stufen sind schmal, eng sowie steil, und ich bin froh, dass ich beide Hände frei habe. Oben angelangt sind die Dielen auch nicht gerade vertrauenerweckend. Trotzdem drehe ich eine komplette Runde um die Mühle, um dann den beschwerlichen Abstieg anzutreten. Muss man ehrlich gesagt nicht gemacht haben. Weiter Richtung Altstadt komme ich an hübschen Cafés vorbei und sehe Ausflugsboote, mit denen man Touren im Kanal machen kann. Lange verweile ich im Dekoladen Strandgut, was gibt es alles für hübsche Dinge hier! Aber im Camper ist kein Platz dafür, also ziehe ich nur mit Bildern im Kopf weiter. Wer gerne mal mit auf Krabbenfang will, der findet im Hafen die Möglichkeit dazu. Kutterfahrten mit der Nordstern werden wochentags dreimal täglich angeboten. Man ist zwei Stunden im Wattenmeer unterwegs und fängt Krabben. Mein Magen ist, wenn ich die Wellen ansehe, nicht in der Stimmung dazu. Der möchte die Krabben lieber auf Kartoffeln serviert bekommen, und genau das bestelle ich mir im Restaurant Hohes Haus.

Mein letzter Tag an der Nordsee ist angebrochen, und wie könnte ich die Küste besser ein letztes Mal erleben, als bei einem Spaziergang über den Deich. Zum Pilsumer Leuchtturm soll es gehen. Ich gehe die Stufen auf den Deich hinauf, blicke von dieser kleinen Anhöhe aus weit übers Land und ins Wattenmeer hinaus. Die Landschaft ist so flach, da sticht der Leuchtturm so richtig heraus. Das

Oben: Die Seehundstation in Norden
Unten links: Der Pilsumer Leuchtturm
Unten rechts: Beschwerlicher Abstieg in der Mühle

SEEHUNDSTATION

GERTZEN

liegt wohl auch an der gelb-roten Farbe. Der Turm ist übrigens eine kleine Berühmtheit, kommt er doch im Film »Otto – der Außerfriesische« vor.

Tschüss Nordsee, war wie immer schön bei dir. Bevor ich der Küste und somit auch der typischen Küche den Rücken drehe, fahre ich nach Leer (Ostfriesland), erkunde die Innenstadt und esse dabei noch einmal einen Backfisch im Brötchen.

Dem Fluss Ems folge ich ein gutes Stück, um in Papenburg auf einem Parkplatz zu übernachten. Außerhalb der Stadt will ich am nächsten Morgen die Meyer-Werft besichtigen. Dazu habe ich mir über deren Webseite ein Ticket gebucht. Das Onlineticket für eine individuelle Besichtigung samt Zeitslot habe ich bereits gebucht, es gäbe auch Führungen. Rechtzeitig fahre ich am nächsten Morgen zum ausgeschilderten Parkplatz und gehe das kleine Stück zum Eingang zu Fuß. Die Meyer-Werft baut die Urlaubsträume von morgen – so lautet der Slogan der Firma, und wenn man weiß, dass die Werft über 40 der gigantischsten Kreuzfahrtriesen für AIDA, Norwegian Cruise Line oder Dream Cruises gebaut hat, dann versteht man die Zweideutigkeit dahinter.

Oben: Was für ein Anblick! In den Hallen der Meyer-Werft werden Kreuzfahrtschiffe gebaut. Unten: Der Rundgang kann individuell oder mittels Führung gemacht werden.

Meine Besichtigung startet mit einer Filmvorführung zu Geschichte und Expansion der Firma. Weiter geht es durch eine spannende Ausstellung mit verschiedenen Schiffsmodellen, die in echt hier gebaut wurden. Auch Musterkabinen von einigen Kreuzfahrtschiffen sind in Originalgröße zu bestaunen. Richtig spannend wird es, als ich die Glasfront erreiche, wo der Blick in die Fertigungshallen frei wird. Was für gigantische Ausmaße! Und die Kolosse werden noch nicht einmal in einem Stück produziert, sondern erst später verbunden. Das sind Dimensionen, die kann ich nicht beschreiben. Der Besuch der Meyer-Werft hat sich sehr gelohnt. Das Werk ist so was von beeindruckend.

Meyer-Werft GmbH & Co. KG
Industriegebiet Süd, 26871 Papenburg
Telefon +49 4961 839 60
www.meyerwerft.de
53.097025, 7.358072

Der Tag verspricht heiß zu werden, eine Badestelle muss her. Nach kurzer Recherche stoße ich auf den Dankernsee, der perfekt an meiner Route liegt und sogar einen Wohnmobilstellplatz beim Schloss bietet. Auf dem Stellplatz angekommen stelle ich fest, dass es nur Schattenplätze gibt. Was prinzipiell gut ist, aber nicht, wenn ich auf Solarertrag angewiesen bin. Also parke ich nochmals um und fahre nach Haren, wo es einen kostenlosen

Stellplatz für Wohnmobile direkt an der Ems gibt. Kein Service, dafür baumlos. Ich schnappe mir mein Rad und fahre damit zurück zum Dankernsee. Während ich dort im schön angelegten See schwimmen gehe, laden meine Batterien im Camper wieder komplett auf. Abends und zurück beim Camper mache ich einen Spaziergang durch das Zentrum. Gut habe ich umgeparkt.

Wohnmobilstellplatz an der Ems
Schleusenstraße, 49733 Haren (Ems)
Telefon +49 5932 80, www.haren.de
52.789523, 7.247171

Auch heute meint es die Sonne gut mit mir. Ich beschließe, eine Wanderung um den Dümmer See zu machen. Dieser 18 Kilometer lange Rundweg kommt an Badestellen vorbei, weshalb ich die Badesachen mit in den Rucksack packe. Abends bin ich froh, weil ich vormittags bereits im Wohnmobilhafen Tiemanns Hof eingecheckt habe. Der hübsch angelegte und gepflegte Platz füllt sich bis auf die letzte Parzelle.

Wohnmobilstellplatz Tiemanns Hof
Tiemanns Hof 2, 49459 Lembruch
Telefon +49 544 792 13 39
www.tiemanns-hof.de/wohnmobilhafen/
52.521491, 8.368139

Der Dümmer Naturpark hat auch andere Landschaften zu bieten. Seine Moore und Moränen wurden von den Eiszeiten geformt, und das möchte ich auf dem 1,3 Kilometer langen Moorpadd im Neustädter Moor erleben. Auf 20 Stationen wird mir das facettenreiche Moor erklärt, mit dabei auch eine Kneippstation, wo ich knietief in der Moormatschkuhle einsinke. Den Weg bin ich in meinen Wattwandersocken gegangen. Er führt über Holzschnitzel, Planken sowie Gras, und man kann ihn auch barfuß gehen. Wer noch mehr über Moore erfahren möchte, besucht die Moorwelten-Ausstellung in Wagenfeld, wo es auch ein Bistro sowie einen Moorshop gibt.

Nach der Runde durchs Moor fahre ich bis Lemgo, wo ich auf eine ruhige Nacht auf einem Parkplatz gehofft hatte, aber mitten auf dem Strohsemmelfest lande. Ruhig ist es nicht so, aber es macht mir Spaß, durch den Handwerker- und Kunstmarkt zu schlendern, auch die Läden in der Altstadt haben geöffnet, und abends gibt es Livemusik. Die Strohsemmeln erinnern mich an Schweizer

Oben links: Die mystischen Externsteine im Teutoburger Wald
Oben rechts: Die Strohsemmel hat in Lemgo ihr eigenes Fest.
Unten: Kostenloser Stellplatz in Haren direkt am Fluss

BVB
09
WILLKOMMEN

Weggli, sie schmecken mir sehr gut. Etwas müder und später als gedacht komme ich am Sonntagmorgen im Teutoburger Wald an. In den Wäldern soll sich ein mystischer Kraftort befinden, quasi das deutsche Stonehenge. Vom Parkplatz aus sind es nur wenige hundert Meter, dann sehe ich die Externsteine. Dreizehn zerklüftete Kreidesandsteinfelsen, die bis zu 35 Meter hoch sind, tauchen auf einer Lichtung auf. Ein Naturerlebnispfad führt rundherum, wer auf die Felsen selber hinaufwill, kann dies gegen eine Gebühr machen. Ich entscheide mich für den Weg drumherum und bin fasziniert von diesen schroffen Felsen, die schon seit dem Mittelalter von kultureller Bedeutung waren.

Es erfolgt ein weiterer Zeitsprung, denn die Route durch den Ruhrpott und weiter den Rhein entlang bis Bonn bin ich im April gefahren. Die kurzen Hosen wandern zurück in den Schrank, und die dicke Jacke kommt nochmals hervor, damit wir uns gemeinsam auf die Spuren der Industriekultur begeben können. Start ist in Dortmund, das man vom Teutoburger Wald aus in anderthalb Fahrstunden erreicht.

Oben: Die Fans strömen in Scharen in den Signal Iduna Park in Dortmund.
Unten: Der Aussichts- und Fernsehturm Florian im Westfalenpark Dortmund

Ich parke hinter dem Westfalenpark in der Robert-Schuman-Straße und steige auf mein Fahrrad um, denn ich habe mir ausgerechnet ein Wochenende ausgesucht, an dem der BVB Heimspiel hat. Mein Lebenspartner daheim wird blass vor Neid, als ich ihm erst ein Foto sende, wie der Tourbus von Union Berlin an mir vorbeifährt und anschließend, wie ich vor dem Signal Iduna Park stehe und sich die Heerscharen von Fans ins Stadion drängen. Zu einem Bier in einem der Büdchen, den beliebten Trinkhallen in Kioskform, lasse ich mich nicht hinreißen, dafür mag ich Bier einfach zu wenig. Aber ich radle an der Kreuzstraße am B-Trieb vorbei und sehe, wie gut gefüllt die Tische sind. Wer dem Fußballfieber verfallen ist, der sollte in Dortmund unbedingt das Deutsche Fußballmuseum besichtigen. Bei einer Führung erfährt man spannende Fakten und Hintergründe, danach kann man selber noch weiter durch die Ausstellung schreiten, im 3-D-Kino Platz nehmen, die Tourbusse anschauen und emotionale Momente nochmals erleben. Ich radle am Museum vorbei, gelange ins Zentrum und fahre bis zum Start des Bananenwegs. Das Ruhrgebiet bietet Radfahrern ein ganz spezielles Erlebnis. Alte Bahntrassen wurden zu Radwegen umgebaut und bieten ein spannendes Netz an Routen. Sie haben oft witzige Namen wie Sambatrasse, Balkantrasse oder eben Bananenweg. Dem folge ich – wobei folgen … Es gibt leider keine Schilder, und ich muss mich doch vom Navi führen lassen, komme so aber wieder aus dem Zentrum heraus, besuche den Westfalenpark – eine riesige Grünanlage, wo ich das Rad außerhalb parken muss – und mache noch einen Abstecher zum Phönixsee, um den ich ebenfalls herumfahre. Kurz bevor ich zurück bei meinem Camper bin, taucht noch das Phönix West am Wegesrand auf. Mein erstes Industriedenkmal. Im Ruhrpott gibt es viele Industriedenkmäler und andere Zeugen aus der Zeit der industriellen Revolution, als Dampfmaschinen aufkamen und Kohle zum wichtigsten Energieträger wurde. Aus dem verschlafenen und spärlich besiedelten Ruhrgebiet wurde eine Industrielandschaft. Die Bevölkerungszahlen explodierten, Dörfer wurden zu Städten und die verschmolzen mit den Nachbargemeinden. Der Boom schien unaufhaltsam, bis das Erdöl rund 100 Jahre später die Kohle verdrängte und sich eine ganze Region neu erfinden musste. Viele ehemalige Produktionsstätten haben diese Verwandlung geschafft und vereinen heute die Geschichte mit Erlebnissen. Wie das Phönix West in Dortmund, das man über einen Skywalk auf bis zu 70 Metern Höhe und mit bestem Rundumblick erklimmen kann und das im Innern mit einer Kunstausstellung im Phoenix des Lumières lockt. Gleich daneben holt man sich in der Bergmann Brauerei und Stehbierhalle sein Essen und Bier selber, um es draußen oder drinnen zu genießen. Das ehemalige Hochofenwerk ist heute ein Ausflugsziel. Einen offiziellen Stellplatz hat Dortmund nicht. Ich schlafe bei einem guten Freund vor dem Haus, an der Sckellstraße hinter der ehemaligen Berufsschule wird das Übernachten im Camper wohl geduldet.

P

Öffentlicher Parkplatz Alte Berufsschule
Sckellstraße, 44141 Dortmund
51.4954, 7.4894

In Bochum befindet sich das spannende Deutsche Bergbau-Museum. In der umfangreichen Ausstellung wird die Geschichte des Bergbaus im Ruhrgebiet eindrucksvoll erläutert. Besonderes Highlight des Besuchs für mich war das nachgebaute Bergwerk mit allen Gerätschaften. Da konnte ich mir das Leben als »Kumpel« unter Tage sehr gut vorstellen. Ein Blick in den Veranstaltungskalender der Jahrhunderthalle in Bochum lohnt sich ebenfalls. Hier finden internationale Shows, beliebte Publikumsmessen und Abendveranstaltungen statt. Für Fotografen ist der Besuch abends perfekt, wenn die Gebäude beleuchtet sind. Übernachtet habe ich auf dem Wohnmobilstellplatz am Revierpark in Nienhausen. Der kostet 7 Euro für 24 Stunden. Strom, Frischwasser und Duschen gibt es gegen eine Gebühr. Zusätzlich gibt es 3 Euro Rabatt auf den Tageseintritt in der danebe gelegenen Sauna- und Solelandschaft. Das lasse ich mir nicht zweimal sagen und bin dann mal ein paar Stündchen weg.

Oben: Das ehemalige Hochofenwerk Phönix West ist heute ein Ausflugsziel.
Unten: Parkplatz mit Förderanlage der Zeche Zollverein in Essen

PHOENIX DES LUMIÈRES
PHOENIX DES LUMIÈRES
PHOENIX DES LUMIÈRES
PHOENIX DES LUMIÈRES

Wohnmobilstellplatz Nienhausen
Feldmarkstraße 201, 45883 Gelsenkirchen
Telefon +49 209 94 13 10, info@nienhausen.de
51.503540, 7.065647

Von Nienhausen aus ist es nicht mehr weit zur Zeche Zollverein in Essen, der einst größten und leistungsstärksten Steinkohlezeche der Welt mit der größten Zentralkokerei Europas. Seit 2001 ist der Industriekomplex Zeche sowie die Kokerei Zollverein Teil der UNESCO-Welterbeliste. Verschiedene Führungen werden angeboten, die viel Wissen zu den Abläufen und der Entwicklung des Werks vermitteln. Das weitläufige Gelände ist frei zugänglich, es gibt sogar einen ausgeschilderten Wanderweg drumherum. Ich mache mich auf eigene Faust auf durch das gigantische Areal. Einen Teil kann ich sogar mit meinem Camper befahren und nutze die Möglichkeit für ein Fotoshooting. Zum Schluss meiner Erkundungstour finde ich das Werksschwimmbad, das den Sommer über kostenfrei für die wohl coolste Abkühlung im Ruhrgebiet sorgt.

Richtung Bottrop steht auf einer Halde eine berühmte Konstruktion aus Stahlrohren und Gussknoten. Der Tetraeder soll den Strukturwandel der Region symbolisieren. Wer bis ganz nach oben steigt, hat einen wunderbaren Fernblick und kann sehen, wie grün das Ruhrgebiet trotz der großen Städte ist. So wichtig das Symbol dieser Aussichtsplattform ist und ja, es ist ein netter Spaziergang, aber so richtig warm werde ich mit den Halden und ihren Skulpturen darauf nicht. Auch die Großskulptur Tiger & Turtle in Duisburg schafft es nicht, mich umzustimmen. Aber sieh sie dir an und entscheide selber. Da sagt mir der Kaisergarten in Oberhausen wieder mehr zu. Die »Slinky Springs to Fame«-Spirale, welche die 106 Meter lange Brücke mit 496 Spiralen umhüllt, sieht cool aus und lässt sich gut fotografieren. Daneben liegt im Kaisergarten der größte Tiergarten im Ruhrgebiet, den du kostenlos besuchen kannst. Unterwegs gibt es Futterpackungen für die Tiere. Ziegen, Rehe und Schafe sind total scharf auf die Pellets. Die Anlage ist überraschend groß und beheimatet heimische Wild- und Haustiere von Nagern über Reptilien und Vögel bis hin zu Schweinen, Hirschen und Jägern wie Luchs und Goldschakal.

Der Gasometer von Oberhausen liegt gleich ums Eck. Auf dem Besucherparkplatz gibt es einen Bereich für Busse und Wohnmobile, wo auch das Übernachten im Camper geduldet wird. Dort verbringe ich eine ruhige Nacht. Den Gasometer kann man ebenfalls besichtigen und den Panoramablick von oben genießen, und wer Glück hat, kann eine der zahlreichen Veranstaltungen besuchen, die mittlerweile in der Location stattfinden.

Oben: Die 65 Meter hohe Stahlkonstruktion Tetraeder
Unten: Blick vom Hochofen 5 auf das Areal des Landschaftsparks Duisburg-Nord

Wohnmobilstellplatz CentrO P9-P10
Arenastraße 3, 46047 Oberhausen
Telefon +49 2088 245 70
tourist-info@oberhausen.de
51.493118, 6.871798

Wohnmobilstellplatz Landschaftspark Duisburg-Nord
Emscherstraße 71, 47137 Duisburg
Telefon +49 203 429 19 19
51.481278, 6.784844

Als letztes Industriedenkmal schaue ich mir den Landschaftspark Duisburg-Nord an, wo es nebst einem kostenlosen Stellplatz für Wohnmobile sogar eine Ver- und Entsorgungsstelle gibt. Sehr gut, die nutze ich gleich, also wenn ich doch noch ein 50-Cent-Stück finde. Auf dem Areal des Landschaftsparks befinden sich Radwege, es gibt Kletterwände mit einem Hochseilgarten und natürlich die Möglichkeit, sich die alten Anlagen anzusehen. Ich steige auf den 70 Meter hohen Hochofen 5 und kann die gesamte Anlage überblicken. Erneut ein spannender Ort, der gerne auch für Veranstaltungen genutzt wird. Duisburg hat noch einige weitere spannende Ecken. Der Innenhafen als kulturträchtiges Industrieviertel mit historischem Hafen und Kult-Büdchen wie Rosis Stübchen, wo auch ich ihre frischen Frikadellen probiere. Besonders gemütlich wird's im Rheinpark von Duisburg mit Strandfeeling im Restaurant Ziegenpeter. Bei gutem Wetter sitzt man hier im Liegestuhl am Rhein und schaut den vorbeiziehenden Schiffen zu.

Apropos Rhein und Schiffe gucken, ich fahre ins Camper-Mekka Deutschlands, in die Stadt, wo jeder Camper Ende August zumindest einmal gewesen sein sollte, ich fahre nach Düsseldorf. Zum Caravan Salon ist Düsseldorf in Camper-Händen. Doch oft ist man nach einem Messetag so kaputt, dass man sich die Stadt selber nicht mehr ansieht. Ich parke bei den Rheinterrassen auf dem großen Parkplatz, wo man mehrere Tage stehen kann. Die Einfahrt erfolgt am besten morgens, denn der Platz füllt sich über den Tag und speziell an Wochenenden recht schnell. Serviceleistungen Fehlanzeige, dafür erste Reihe Rheinblick und fußläufig zur Altstadt.

Wohnmobilstellplatz Parkplatz Rheinterrasse/Tonhalle
Robert-Lehr-Ufer 1, 40213 Düsseldorf
Telefon +49 521 94 88 37 11
51.233189, 6.771147

Oben: Der berühmte Killepitsch im Kultlokal Et Kabüffke in Düsseldorf
Unten: Jedes Jahr Ende August findet der Caravan Salon Düsseldorf statt.

CARAVAN SALON
DÜSSELDORF
WILLKOMMEN
WELCOME
K.Haring

Mein Vorteil in Düsseldorf: Ich habe Sven, und der kennt Düsseldorf wie kein Zweiter. Er holt mich zum Mittagessen an den Rheinterrassen ab, und wir starten unseren Rundgang am Golzheimer Friedhof. Einige Kirschbäume stehen in voller Blüte ... ähm, Moment mal. Ist das da ein Papagei zwischen den Blüten? Sven bejaht, in Düsseldorf leben seit mehreren Jahren ganze Schwärme wilder Halsbandsittiche. An der Königsallee sehe man sie oft. Im Restaurant Primitivo essen wir ausgezeichnet italienisch zu Mittag – was mein Wunsch war. Wer traditionelle Speisen in geselligem Ambiente mag, der ist im Brauereiausschank Himmel & Ähd richtig, wo es das Düsseldorfer Füchschen und rheinische Küche gibt. Langsam nähern wir uns der Altstadt. Schlendern durch die Jägerhofallee, wo nachts die Bänke leuchten sollen, und kommen zum Düsseldorfer Schauspielhaus am Gustaf-Gründgens-Platz. Check unbedingt den Veranstaltungskalender! Dort liegen auch die Kö-Bogen II, ein Geschäftsgebäude mit rund 30 000 Hainbuchen als grüner Fassade. Ein Bauprojekt, das Klimaschutz mit Kunst verbindet und mir optisch sehr gut gefällt. Am Eck startet mit der Schadowstraße die moderne Einkaufsmeile. Wir machen einen Abstecher zum Carlsplatz, dem ältesten noch betriebenen Marktplatz Düsseldorfs, wo reges Treiben zwischen den gut bestückten Marktbuden herrscht. Etwas weiter liegt der Düsseldorfer Senfladen Löwensenf. Im kleinen Geschäft befindet sich auch ein Museum mit Verkostung, Ausstellung und Shop. Eine Verzweigung weiter liegt das Et Kabüffke, eine Killepitschstube, wie man sie sich uriger nicht vorstellen könnte. Woher der Name kommt? Zwei Soldaten unterhielten sich, die Kurzversion: »Wenn se uns ned kille, dann pitsche mer ene.« Auf minimaler Fläche, eigentlich nur eine Bar mit Theke und ein paar wenigen antiken Tischchen, wird der Kult-Kräuterlikör Killepitsch ausgeschenkt. Natürlich nehmen wir einen, und ich muss sagen, mir schmeckt er. An der traditionellen Uerige Hausbrauerei entlang, wo rheinländische Küche im Brauhausambiente serviert wird, kommen wir zum Alten Hafen und dem Restaurant Robert. In gehobenem Ambiente wird dort die französische Küche mit regionalen Spezialitäten angereichert – Tipp: Fischsuppe. Am Rathaus vorbei kommen wir zu den Ausgehstraßen der Düsseldorfer Altstadt. Die Bolkenstraße ist beliebt bei Junggesellenabschieden und Touristen, die mal an der längsten Theke der Welt mit Ballermann-Feeling abstürzen wollen. Das Niveau ist nicht besonders hoch. Nur einen Block weiter ist die Klientel an der Kurzen Straße schon ganz anders. Noch immer laut und feierwütig, doch mit Stil werden hier die Abende bei Cocktails in der Melody Bar, Karaoke bei McLaughlin's mit Guinness oder Baby-Guinness (Shot aus Kaffeeliquor und Irish Cream) oder bei viel Altbier in der Brauerei Kürzer verbracht.

Oben: Erst mit etwa 2,5 Jahren bekommt das Halsbandsittich-Männchen seine schwarze Halszeichnung.
Unten: Super Stellplatz an den Rheinterrassen in Düsseldorf

Brauerei Kürzer
Kurze Straße 20, 40213 Düsseldorf
www.brauerei-kuerzer.de
51.226926, 6.773344

Alt wird in kleinen 0,2l-Liter-Gläsern ausgeschenkt, damit das dunkle, herb-fruchtige Bier etwas wärmer getrunken wird und so seinen Geschmack optimal entfalten kann. Es ist definitiv spektakulär anzusehen, wenn sich die Kellner im Kürzer mit regelrechten Türmen aus vollen Biergläsern durch die Gästemenge schlängeln. Alt ist übrigens nicht mit Kölsch zu verwechseln, Alt wird länger geröstet und ist deutlich dunkler als Kölsch. Dadurch schmeckt es herber und etwas bitterer. An der Ratinger Straße trifft man abends die Einheimischen. Manche gesellen sich in die Kneipen, andere holen ihr Bier in den Büdchen und trinken es davor. Oder man geht ins Kreuzherreneck, das Haus der 1000 Schnäpse und bestellt einen Salmiakki, den finnischen Lakritzlikör. Zurück zum Camper schlendern wir an der Rheinpromenade entlang. Auch hier ist eine Bar nach der anderen, abends legt sogar ein DJ am Stadtstrand beim Tonhallenufer auf, und an sieben Sonntagen im Jahr findet der Fischmarkt genau hier statt. Wir bestellen uns beim Fortuna-Büdchen noch zwei kühle Getränke, sitzen auf der Mauer und genießen die gemeinsame Zeit. So viel ist in Düsseldorf an normalen Tagen und Wochenenden los, was hier zur Rheinkirmes abgeht, kann ich mir gar nicht vorstellen. Ich bin dem Zauber von Düsseldorf auf jeden Fall erlegen und werde keinen Caravan Salon mehr nur auf P1 ausklingen lassen. Nach einigen weiteren Tagen am Rhein lasse ich Düsseldorf hinter mir. Wuppertal lockt mich mit seiner Schwebebahn und naturnahen Ausflugszielen. Es ist schon ein eigenartiges Gefühl, als ich durch das Zentrum von Wuppertal fahre und mir plötzlich über dem Kopf ein Zug entgegenkommt. Auf einer Strecke von 13 Kilometern mit 20 Haltestellen schwebt die Bahn größtenteils an der Wupper entlang und ist alltägliches Verkehrsmittel. Hinter dem Rehazentrum Wuppertal befinden sich einige Stellplätze für Wohnmobile. Dort parke auch ich, hole mein Fahrrad raus und mache mich auf zwei Rädern auf in die Stadt.

Wohnmobilstellplatz
Sonnborner Ufer 2, 42327 Wuppertal
51.2373, 7.1013

Über die Sambatrasse, einen Fahrradweg auf einer alten Bahntrasse, radle ich gen Zentrum und fahre so direkt über den Zoo von Wuppertal. Da die Bäume im April kaum

Oben: Bereits seit 1901 betreibt Wuppertal seine weltberühmte Schwebebahn.
Unten: Von der Sambatrasse aus sieht man in den Wuppertaler Zoo hinab.

Gut gelaunt genießen
ORIGINAL
getrockneter
WUPPERSCHLAMM
Familie Böhm
Minigolf
Müngstener Brücke

Laub tragen, kann ich sogar einen Tiger beobachten, wie er durch sein Gehege streift. Das ist ja mal richtig cool. Die Stadt gehört zur Region Bergisches Land, was nichts mit den Hügeln zu tun hat, sondern dem Grafen von Berg. Wuppertal besteht aus mehreren zusammengeschlossenen Städten, kommt so auf über 300 000 Einwohner und gehört damit zu den 20 größten Städten Deutschlands. Am Neumarkt stehen ein paar Marktstände, um den Laurentiusplatz finde ich Cafés und Geschäfte, ansonsten packt mich Wuppertal nicht wirklich.

Daher verlasse ich tags darauf die Stadt und fahre zum Müngstener Brückenpark. Am Parkplatz gibt es einen kostenlosen Wohnmobilstellplatz, wo ich parke und mich für die Wanderung bereit mache. Auf dem Weg zum Brückenpark komme ich an großen Tafeln mit Rätseln vorbei. Eines lautet: »Wenn sie auf den ersten Blick kommt, kann sie blind machen und den Verstand rauben. Dennoch ist sie die Größte.« Na, eine Idee? Ich denke an ein Wort mit fünf Buchstaben und stelle mich auf die Tafel, woraufhin eine akustische Ansage erklingt und verrät, dass tatsächlich das Wort »Liebe« gesucht wurde. Insgesamt zehn Rätseltafeln liegen am Weg und laden zum Knobeln ein. Eine schöne Idee, wie ich finde. Meine Route führt unter der Müngstener Brücke, der höchsten Eisenbahnbrücke Deutschlands durch, die schon seit 1960 in Betrieb ist. Adrenalinhungrige können eine geführte Klettertour über die Brücke machen und sich dabei ein kleines bisschen wie die Arbeiter fühlen, die diese Brücke ohne Gerüst und ungesichert gebaut haben. Etwas weiter komme ich am Minigolf Müngstener Brücke vorbei, wo es auch einen kleinen Kiosk mit Imbiss gibt. Dort wird der berühmte Wupperschlamm verkauft, ein weicher Lebkuchen, der Magenbrot sehr ähnlich ist. Ich nehme mir eine Packung mit, das ist doch eine super Wanderverpflegung. Mit der von Hand zu bedienenden Schwebefähre könnte ich die Uferseite der Wupper wechseln, das ist aber reine Handarbeit. Ich bleibe auf dem Wanderweg und wechsle erst viel weiter unten über eine Brücke das Ufer und gehe auf der anderen Wupperseite zurück.

Wohnmobilstellplatz Brückenpark Müngsten
Solinger Straße, B 229, 42853 Remscheid
Telefon +49 02191 16 29 39
51.175245, 7.163435

Köln lasse ich dieses Mal aus, habe ich die Rheinmetropole doch schon auf vergangenen Reisen besucht. Daher nur ein Kurzabriss, was man in Köln ansteuern kann. Als Erstes natürlich den Dom, der zum UNESCO-Weltkulturerbe gehört. Den besten Blick auf den Dom hast

Oben: Gleich am Eingang des Müngstener Brückenparks liegt dieser Stellplatz.
Unten: Der Wupperschlamm aus dem Müngstener Brückenpark schmeckt gut.

du beispielsweise von der Dachterrasse Triangle aus. Das Rheinufer ist besonders in den wärmeren Monaten beliebt. Mit der Rheinseilbahn kann man per Gondel vom Kölner Zoo zum Rheinpark das Ufer wechseln. Wer erstmalig in Köln ist, dem empfehle ich die Stadttour mit Einheimischen. Spannende weitere Touren sind die Kulinarische oder die Katakomben-Tour, Bierliebhabern wird die Brauhausführung gefallen. Und wichtig zu wissen, wenn du in einer Kneipe – wie wäre es mit dem Johann Schäfer Brauhaus oder der Kölschbar an der Lindenstraße – Kölsch bestellst, wird dir fortlaufend ein neues hingestellt, bis du den Bierdeckel auf dem Glas platzierst. Wer Kölsch irgendwann nicht mehr sehen kann, der bestellt sich einen Mexikölner. Da brennt nicht nur der Alkohol in der Kehle, sondern auch die scharfen Gewürze im Tomatenshot. Und wenn es doch mal feste Nahrung mit flüssiger zusammen sein soll, kann ich das alteingesessene Peters Brauhaus mit Kölner Spezialitäten in tollem Ambiente empfehlen. Wie wäre es beispielsweise mit Himmel un äd – Gebratene Blutwurst mit Zwiebeln auf Kartoffelpüree und Apfelkompott.

Wohnmobilstellplatz Reisemobilhafen Köln
An der Schanz 2, 50735 Köln
Telefon +49 178 467 45 91
info@reisemobilhafen-koeln.de
50.961020, 6.981919

Der letzte Stopp dieses Roadtrips ist Bonn. Die Stadt bietet keinen Wohnmobilstellplatz, aber die Nachbargemeinde Troisdorf hat auf dem Wanderparkplatz Bergstraße einige Felder für Wohnmobile reserviert. Hinter dem Wäldchen ist gleich eine Bushaltestelle, von wo aus man per Bus innerhalb von 15 Minuten im Herzen von Bonn ist. Der Platz ist auf 24 Stunden beschränkt, was für eine Stadtbesichtigung ausreicht.

Wohnmobilstellplatz Wanderparkplatz Troisdorf
Bergstraße 41, 53844 Troisdorf
Telefon +49 2241 90 04 56
50.772013, 7.094592

Bei einer Veranstaltung in der Schweiz habe ich Herrn Hönig, einen Stadtführer aus Bonn und ehemaligen Bürgermeister kennengelernt, und mit ihm erkunde ich die alte Hauptstadt. Wir treffen uns am Markt, wo auch das alte Rathaus steht und davor eine mannshohe Statue von Ludwig van Beethoven. Der wurde in Bonn geboren und lebte bis zu seinem 21. Lebensjahr dort, weshalb sein Geburtshaus, seine Taufurkunde oder auch ein Denkmal für ihn besichtigt werden können. Von Montag

Oben: Vom Stellplatz in Troisdorf aus gelange ich per Bus nach Bonn.
Unten: Auf dem Marktplatz in Bonn findet Montag bis Samstag der Markt statt.

bis Samstag findet auf dem Markt auch der Wochenmarkt statt. Über die Sternstraße verlassen wir den Markt und erreichen die größte zusammenhängende Fußgängerzone Deutschlands. Herr Hönig weist mich an, mal die oberen Etagen der Gebäude zu mustern. Fast alle haben drei Fenster nebeneinander, aber sie sehen unbewohnt aus. Er erklärt: »Es gab eine Fenstersteuer, der tiefe Satz galt bis drei Fenster, mehr Fenster waren entsprechend teurer. Und leer stehen die Wohnungen, weil früher die Ladenbesitzer da wohnten und es keine separaten Eingänge brauchte. Bis heute kommt man nur durch die Geschäfte hoch, aber die Besitzer wollen nicht mehr dort wohnen.« Herr Hönig ist selber Kaufmann und kennt die Geschäfte sowie deren Besitzer über Generationen. Er lotst mich in die Parfümerie Vollmar, wo noch das uralte Mobiliar vom Vorbesitzer erhalten und nun mit Parfümflaschen gefüllt ist. Das ist wirklich schön anzusehen. Über den Friedensplatz kommen wir am traditionsreichen Brauhaus Bönnsch vorbei, wo regionale Küche und Kölsch serviert werden. Doch wir wollen zur Breiten Straße, denn ich bin im April hier, und dann ist die Altstadtstraße am allerschönsten. Hunderte Kirschbäume wurden hier gepflanzt, es entstand mit über sieben Kilometern Länge die längste Kirschblütenstraße außerhalb Japans – weltweit! Die Blüten in weiß und rosa sollen den Aufbruch in eine neue Zeit darstellen. Und sie stehen gerade in voller Blüte. Der Anblick ist wunderschön, die Touristenmassen darunter etwas weniger. Zurück an Sterntor und Beethoven-Denkmal vorbei gelangen wir zum Bonner Dom. Ein beeindruckendes Bauwerk mit schönen Details und einem hübsch angelegten Kreuzgang. Etwas weiter schauen wir vom Kaiserbrunnen aus durch die mit Kastanienbäumen gesäumte Allee bis zum Poppelsdorfer Schloss hinab. Bonn ist sehr grün. Was höre ich da krächzen? Das sind doch wieder die grünen Papageien. Ja, genau. Auch in Bonn sind sie mittlerweile heimisch. Der Garten gehört zum Kurfürstlichen Schloss, in dem heute die Universität untergebracht ist. Während mir Herr Hönig weitere spannende Fakten über Bonn und die Universitäten erzählt, gelangen wir an die Bonner Rheinuferpromenade. Wir schauen uns die Stadtbefestigung des alten Zolls mit den zwei Salutkanonen an und blicken auf die belebte Promenade mit Restaurants hinab. In nur wenigen hundert Metern sind wir zurück am Markt, wo ich mich von meinem Stadtführer verabschiede. Zur Kirschblüte findet auch immer der Streetfoodmarkt statt. Dort hole ich mir etwas zum Mittagessen, schlendere nochmals durch die verschiedenen Straßenzüge mit den wunderschönen Kirschblüten und lasse Revue passieren, was ich in den letzten Wochen, von der Küste Ostfrieslands über die Industriekultur im Ruhrpott und zuletzt in den Städten am Rhein alles erleben durfte. Deutschland ist unglaublich abwechslungsreich und wunderschön.

Oben: Das bezaubernde uralte Mobiliar der Parfümerie Vollmar in Bonn
Unten: Die längste Kirschblütenstraße außerhalb Japans befindet sich in Bonn.

Start- und Endpunkt
Von Wetzlar bis Speyer

Streckenlänge & Fahrzeit
894 Kilometer / 15 Std. 10 Min.

Highlights
Hochtaunusstraße, oberes Mittelrheintal, Maare, Eishöhlen, Weinfeste, Dahner Felsenland

Westen: Vulkane, Wein und Rheinromantik

Auf kleinem Raum eine Vielfalt an Landschaften, Traditionen und Sehenswürdigkeiten. Mit Rhein, Mosel und Saar Flüsse, an deren Ufern man Wochen, wenn nicht Monate verbringen kann. Deren Ufer von Weinbergen, historischen Städtchen und mächtigen Burgen gesäumt sind. Naturschätze mit Felsformationen, Vulkankratern und eiskalten Höhlen. Und nicht zu vergessen Volksfeste mit allerlei Leckereien, traumhafte Campingspots und ein Hauch von Industriekultur. Ein spannender Roadtrip steht bevor, und ich freue mich, dass mich mein Lebenspartner Lui auf dieser Tour begleitet.

An Wetzlar kann ich mich noch gut erinnern, da waren wir vor fünf Jahren schon einmal. Mitten im Winter bei -15 Grad und das noch mit dem Vorgänger-Camper, der keine Heizung, sondern nur einen Heizlüfter hatte. Trotzdem hat uns Wetzlar so gut gefallen, dass wir diese Tour genau hier starten möchten, und Ende August ist es auch deutlich wärmer. Wir haben Glück, auf dem großen Parkplatz auf der Lahninsel ist einer der Wohnmobilplätze noch frei. In nur wenigen Minuten sind wir von dort zu Fuß im Zentrum von Wetzlar und gehen sogar schon ein Stück über die alte Lahnbrücke. Wir folgen der Lahnstraße bis zum Eisenmarkt, die Dichte an Fachwerkhäusern ist kaum zu übertreffen. Auch am Schillerplatz steht eine bezaubernde Häuserfront. Das rötliche Fachwerk mit den zwei Erkern, heute das Jerusalemhaus, wurde beispielsweise im 17. Jahrhundert gebaut. Unseren Stadtspaziergang setzen wir im Zickzack durch die Gassen fort, schlendern durch die wunderschöne Engelsgasse und gelangen so auf den Kornmarkt. Ein paar Häuserzeilen weiter befindet sich der Domplatz, früher Buttermarkt genannt. Der imposante Dom prägt das Bild der Altstadt, und das Spezielle an ihm ist, dass er sowohl von der katholischen als auch von der evangelischen Gemeinde gleichermaßen genutzt wird – samt Orgel und Altar. Weiter kann man in Wetzlar auf dem sieben Kilometer langen Goetheweg schreiten, auf dem der junge Dichter anno 1772 gerne wanderte. Wetzlar gilt als Stadt der Optik, die erste Kleinbildkamera der Welt entstand hier, und noch heute haben mehrere Optikunternehmen ihren Sitz in der Stadt. Im Leitz-Park hat die Leica Camera AG die Leica-Welt mit dem Optikparcours durch die Stadt ins Leben gerufen.

Leica-Welt
Am Leitz-Park 6, 35578 Wetzlar
www. leica-welt.com
50.551660, 8.533600

Wohnmobilstellplatz Wetzlar
Lahninsel 5, 35578 Wetzlar
Telefon +49 6441 99 77 55
tourist-info@wetzlar.de
50.554972, 8.497875

Am nächsten Tag bleiben wir in der Umgebung. Im Solmser Land liegt das Besucherbergwerk Grube Fortune. Bei einer Führung gelangen wir im vergitterten Förderkorb durch den Maschinenschacht zur 150-Meter-Sohle hinab, und mit der Grubenbahn geht es weiter in den ehemaligen Abbaubereich. Hier führen uns erfahrene Bergleute vor, wie mit den Maschinen gearbeitet wurde. Das ist ganz schön laut, aber unglaublich spannend. Die Stunde vergeht wie im Flug, und schon sind wir wieder zu Tage. Das Besucherbergwerk ist wirklich toll gemacht. Nicht weit entfernt liegt das Fachwerkstädtchen Braunfeld, mit seinem beeindruckenden Schloss hoch über dem Marktplatz.
Im Volksmund wird es auch das hessische Neuschwanstein genannt, und ein bisschen was davon hat es schon mit seinen vielen Türmen. Rings ums Schloss befinden sich die hübschen Fachwerkhäuser, die alle unter Denkmalschutz stehen. Durch die schmalen Gassen gelangen wir zum Glockenturm, der eigentlich zur Schlosskirche gehört. Weil dort aber kein Platz war, steht er eben ein paar Meter daneben. Am Fuße des Schlosses gibt es Parkplätze für Wohnmobile, wo wir auch die Nacht verbringen.

Wohnmobilstellplatz unterhalb der Burg
Jahnstraße, 35619 Braunfels
Telefon +49 6442 93 44 11
touristinfo@braunfels.de
50.514957, 8.386105

Abends spazieren wir noch ins Brauhaus Obermühle, wo in der kleinsten hessischen Brauerei eigene Bierkreationen entstehen. Lui probiert den Schlawiner in dunkler Ausführung, ein kräftiges Kellerbier. Ich bestelle ein Radler, die einzige Art, wie ich Bier halbwegs mag. Zu essen gibt es herzhafte Brauhausküche mit Haxen, Hackbraten oder Knödeln mit Pilzragout.

Oben: Ein ruhiger Übernachtungsplatz unterhalb der Burg von Braunfels
Unten: Über die Lahn geht es ins hübsche Zentrum von Wetzlar.

COME US2

Nur ein paar Kilometer weiter liegt Münzenberg. Auf dem Hügel am Südende der Stadt thront ihre mächtige Burgruine, die liebevoll »Wetterauer Tintenfass« genannt wird. Die Ruine gehört zu den bedeutendsten romanischen Burganlagen Deutschlands und kann gegen eine kleine Eintrittsgebühr besichtigt werden. In einem der zwei Bergfriede können wir über eine hölzerne Treppe im Innern hinaufsteigen und bekommen einen grandiosen Ausblick geboten. Bei klarem Wetter sieht man bis zum Großen Feldberg und kann sogar einige Hochhäuser der Frankfurter Skyline erkennen. Von April bis Oktober finden jeden Sonntag öffentliche Burgführungen statt, über das Jahr verteilt gibt es spezielle Themenführungen, und alljährlich am Pfingstwochenende findet das Mittelalterspektakel mit Markt samt Verpflegungsständen, Ritterkämpfen und Vorführungen statt. Da wäre ich gerne dabei.

Bad Nauheim ist eine charmante Kurstadt in Hessen mit einer malerischen Altstadt. Als Kurort hat die Stadt eine lange Tradition und bietet auch heute noch in zahlreichen Kurkliniken und Wellnesszentren Angebote zum Erholen und Entspannen. Wir möchten zu den Gradierwerken, die öffentlich zugänglich sind. Die Parkplatzsituation ist allerdings nicht gerade einfach. Also parken wir am außerhalb gelegenen Wohnmobilparkplatz beim Schwimmbad und nehmen die Fahrräder in die Stadt. Zentral gelegen ist der Gesundheitsgarten am Gradierwerk II. Kneippbecken, Kräutergarten, Barfußpfad und Baumelbank sind nur einige der Einrichtungen im Gesundheitsgarten. Am größten und auffallendsten ist das Gradierwerk. Früher dienten die Werke zur Salzgewinnung. Über eine besondere Konstruktion wurde Wasser verdunstet und der natürliche Salzgehalt im verbleibenden Wasser erhöht. Heute tröpfelt das salzhaltige Wasser in den großen Holzkonstruktionen nur noch aus therapeutischen Gründen über die Reisigzweige. Die Luft um das Gradierwerk ist feucht und salzhaltig, was sich positiv auf die Atemwege auswirkt und vor allem Menschen mit Atemwegserkrankungen Linderung verschaffen kann. Wir gehen ein paar Runden um das große Gradierwerk im Gesundheitsgarten und atmen dabei bewusst tief ein. Es fühlt sich gut an. Nun aber auf in die Altstadt. Vorbei an der Trinkkuranlage, einem bedeutenden Architekturerbe im Jugendstil mit mehreren Säulengängen. Mittelpunkt ist der vergoldete Quellenausschank, an dem normalerweise Heilwasser von drei Brunnen zusammengeführt und ausgeschenkt wird. Wir können leider nicht probieren, da die Anlage gerade saniert wird. Dahinter ist der Sprudelhof, der vom selben Architekten wie die Trinkkuranlage geplant wurde. Entlang der Reinhardstraße finden wir einige Geschäfte und Cafés. Auf dem Rückweg zum Schwimmbad fahren wir durch

Oben: Die imposante Burgruine von Münzenberg mit den zwei Bergfrieden
Unten: Architektonisch an eine antike Therme angelehnt präsentiert sich die Trinkhalle in Bad Nauheim.

den gepflegten Südpark und kommen am Gradierbau III vorbei, um den wir nochmals eine Runde drehen.

Wohnmobilstellplatz am Usa-Wellenbad
In der Au 2, 61231 Bad Nauheim
Telefon +49 6032 919 30
info@usa-wellenbad.de
50.353854, 8.747062

Nicht nur salzhaltige Luft tut dem Körper gut, sondern auch Bewegung. Und wenn eine Wanderung dann noch durch eine spannende Landschaft führt, macht es richtig Spaß. Auf dem Wanderparkplatz zu den Eschbacher Klippen (50.365632, 8.533223) parken wir den Camper, schnüren die Wanderschuhe und stapfen los. Ab hier startet ein 13 Kilometer langer Rundweg im Naturpark Hochtaunus durchs Usinger Land. Der Weg führt uns zu den mächtigen Eschbacher Klippen. Das sind bizarre, steil aufragende und bis zu zwölf Meter hohe Felsen aus Quarzgestein. Die Felswand ist nicht nur hübsch anzuschauen, sondern auch bestens für Kletteranfänger oder zum Bouldern geeignet. Michelbach umkreisen wir in weitem Bogen und streifen Bodenrod nur knapp, um dem Michelbachtal nun durch die Maibacher Schweiz zu folgen, die wegen der Felsklippen diesen Beinamen bekommen hat. Schon bald kommt der Ausgangsparkplatz wieder in Sichtweite, und wir setzen unsere Erkundung des Hochtaunus im Camper fort.

In der Nähe von Obernhain kommen wir auf die ausgeschilderte Hochtaunusstraße, eine 55 Kilometer lange Panoramastrecke, deren GPS-Daten auf www.ferienstrassen.info heruntergeladen werden können. Wir folgen ihr bis Oberursel zum Taunus-Informationszentrum. Dort informieren wir uns über weitere mögliche Ziele im Taunus. Im daneben liegenden Restaurant Waldtraut lesen wir uns die Flyer bei Handkäs und Grüner Soße mit Salzkartoffeln und Eiern durch. Und weil wir gerade so gemütlich sitzen und der Ebbelwoi (Apfelwein) vom Alt Orschel wohl mundet, entscheiden wir, einfach hier auf dem Stellplatz beim Infozentrum zu übernachten. Für das sind Wohnmobilstellplätze ja da.

Wohnmobilstellplatz am Taunus-Informationszentrum
Alfred-Lechler-Straße, 61440 Oberursel
Telefon +49 6171 50 22 32
tourismus@oberursel.de
50.214422, 8.535071

Erholt starten wir am nächsten Morgen die Fahrt auf den Großen Feldberg hinauf. Auch dorthin führen uns die Schilder der Hochtaunusstraße, allerdings ist im Kreisel in Ober-

Oben: Das Gradierwerk im Gesundheitsgarten von Bad Nauheim mit Strandkörben
Unten: Interessante landschaftliche Abwechslung bieten die Eschbacher Klippen.

ursel Vorsicht geboten, denn wir wären der Strecke um ein Haar in die falsche Richtung gefolgt. Gerade noch bemerkt beginnt auch schon die Bergfahrt. Ein paar Kurven später parken wir am Straßenrand und legen die letzten Meter zu Fuß zurück. Der Große Feldberg kommt auf 881 Meter. Wem das nicht reicht, der besteigt den Aussichtsturm, und auch wenn der nicht ganz so hoch ist wie der historische Fernmeldeturm daneben, die Aussicht bleibt fantastisch. Wie es sich für einen Berg gehört, befindet sich auf der Spitze ein Restaurant. Daneben liegen der Falkenhof und die Rodelbahn. Wir wollen weniger Action, dafür mehr Aussicht, weshalb wir eine Runde um das Plateau machen und immer wieder mit tollen Ausblicken belohnt werden. Die Straße auf der anderen Seite hinabzufahren ist richtig toll, sie schmiegt sich schön durch Wald und Fels.

Und irgendwie schafft es die Route, uns in die Römerzeit zu bringen, genauer an den Niedergermanischen Limes zu einem Wachturm. Der Limesturm WP 3/26 ist ein historisches Bauwerk von großer Bedeutung. Er gehört zum Limes, dem Grenzwall des Römischen Reiches, der im Jahr 2005 von der UNESCO zum Weltkulturerbe erklärt wurde. Zur Römerzeit wurde von ihm aus die Grenze überwacht, um mögliche Eindringlinge frühzeitig zu erkennen. Heutzutage hat der Turm eine wichtige historische Bedeutung und ist ein beliebtes Ziel für geschichtsinteressierte Touristen. Der Limesturm kann von Ostern bis Oktober jeden Sonntagnachmittag besichtigt werden. Im Innern befindet sich eine informative Ausstellung, die einen Einblick in das Leben der römischen Soldaten gibt. Der Limesturm WP 3/26 ist bei Weitem nicht der einzige noch erhaltene Wehrturm entlang der ehemaligen Grenze des Römischen Reiches. Die gesamte Grenzlänge betrug über 7500 Kilometer und zog sich von Europa über den Nahen Osten bis Nordafrika. Rund 400 Kilometer davon gehören zum Niedergermanischen Limes, der sich vom Rheinischen Massiv südlich von Bonn bis zur Nordseeküste in den Niederlanden erstreckt. Er geht im Südosten über in den Obergermanisch-Raetischen Limes und verlässt Deutschland über den Donaulimes. Wer sich für die alte römische Grenze interessiert, der sollte der Deutschen-Limes-Straße folgen. Informationen zur Strecke findest du unter www.limesstrasse.de. Auch in diesem Buch kreuze ich den Limes in Bayern nochmals.

Oben links: Unterwegs auf der aussichtsreichen Hochtaunusstraße am Großen Feldberg
Oben rechts: Der Limesturm WP 3/26 in Idstein-Dasbach
Unten: Tolle Parzellen im Grünen auf dem Campingplatz »The Eppstein Project«

Für heute haben wir aber genug gesehen und checken auf dem Campingplatz »The Eppstein Project« ein. Dieser Campingplatz ist ganz anders als die meisten Campingplätze. Das Gelände liegt an einem Hang. Unten fährt man ein, und da befindet sich auch die Rezeption. Terrassenförmig schlängeln sich dann die Plätze den Hang hinauf, mitunter ist die Anfahrt ganz schön steil, und für Wohnwägen gibt es sogar auf Wunsch einen Traktoren-Service. Viel Grün prägt den Platz, Bäume, Sträucher und Wiese. Ganz oben befindet sich ein Biergarten, wo es abends täglich wechselnde Gerichte sowie Getränke – inklusive eigenem Wein – gibt. Die Sanitäranlagen sind modern und sauber. Wir beziehen Quartier unter einem Haselnussstrauch, dessen Nüsse wir am nächsten Morgen samt einem Apfel und Brombeeren, die wir auf dem Weg zum Waschhaus gesammelt haben, im Müsli genießen.

Campingplatz The Eppstein Project GmbH
Bezirksstraße 2, 65817 Eppstein
Telefon +49 6198 519 89 27
info@the-eppstein.de
50.147279, 8.361798

Inmitten von Weinbergen liegt das Kloster Eberbach. Es ist ein ehemaliges Zisterzienserkloster im Rheingau und war über Jahrhunderte hinweg ein bedeutendes spirituelles und wirtschaftliches Zentrum. Auf dem Klosterparkplatz gibt es speziell für Wohnmobile Plätze, für die man ein 24h-Ticket lösen kann. Genau da parken wir und erkunden als Erstes das Außengelände. Wir entdecken einen großen Klostergarten mit Schafsgehege und Obstbäumen, gehen am Pfortenhaus vorbei und strecken den Kopf in die Klosterschänke. Vormittags ist dort aber noch nichts los. Die Klosteranlage dient nicht mehr ihrem ursprünglichen Zweck, wird aber dank einer Stiftung erhalten und Besuchern zugänglich gemacht. Wir machen den Rundgang durchs Abteimuseum und schauen uns den Weinkeller mit seinen historischen Pressen und Fässern an.

In Rüdesheim am Rhein, unserem letzten Halt in Hessen, wollen wir Mittagessen gehen. Die Altstadt ist wunderschön, die Fachwerkhäuser gepflegt, und uns fallen die vielen Weinstuben auf. Rüdesheim am Rhein ist weltweit als die kleine Weinstadt mit mittelalterlichem Fachwerkcharme bekannt. Sie ist gut besucht, und entsprechend groß ist das Restaurantangebot. Wir schlendern durch die hübschen Häuserzeilen, kommen auch in der berühmten Drosselgasse vorbei und landen im Restaurant Stadt Frankfurt. Dort wählen wir die Rheingauer Tapas als Vorspeise und teilen uns den Rheingauer Sauerbraten, denn die Portionen sind groß. Dazu gibt es ein Glas Rüdesheimer Wein – lecker.

Zwischen Taunus und Hunsrück schlängelt sich der Rhein durch die hügeligen Landschaften. An seinen Ufern stehen malerische Kleinstädte mit einzigartigem Charme, Burgen thronen auf Felsvorsprüngen mit Blick ins Tal hinein, und dazwischen liegen

Oben: Der Weg hinauf zur Burg Klopp in Bingen ist schön.
Unten: Beim Kloster Eberbach gibt es draußen sowie drinnen viel zu entdecken.

CAFE
RESTAURANT

rebenbewachsene Steilhänge. Das obere Mittelrheintal zwischen Bingen und Rüdesheim bis Koblenz ist so schön, dass es in die Liste des UNESCO-Welterbes aufgenommen wurde. Und genau dieser Abschnitt liegt nun vor uns. Mit der Fähre kommen wir in Bingen am Rhein an, parken auf dem großen Parkplatz am Rheinzufluss Nahe und schlendern durch die Altstadt. Sie vermag uns nicht recht zu überzeugen, einzig der Aufstieg zur Burg Klopp gefällt uns gut. Daher fahren wir zügig weiter und folgen der B9 in nördlicher Richtung. Rechts tuckern die Frachtschiffe auf dem Rhein, links taucht hinter einem Weinberg die Burg Rheinstein auf. Die Route ist wunderschön. In Bacharach machen wir Halt für die Nacht. Auf dem Camping Sonnenstrand gibt es auch einen Reisemobilhafen, wo wir für 12 Euro die Nacht mit Rheinblick verbringen. Man muss sich bewusst sein, dass man an dieser Strecke immer nahe an der Straße sowie der Bahnlinie steht und den Verkehr genauso wie das Brummen der Schiffe hört. Den Camper haben wir geparkt, nun geht es auf ins malerische Bacharach. Am Rhein entlang führt ein schöner Spazierweg, dem folgen wir bis zum Anleger und biegen dann ins Stadtzentrum ab. Bacharach glänzt mit einem geschlossenen mittelalterlichen Stadtbild und komplett erhaltener Stadtmauer. Einige Türme der Stadtbefestigung stehen auch noch, beispielsweise der Marktturm, Münzturm oder Diebsturm. Wir entscheiden uns für den großen Rundgang und steigen über die vielen Stufen und durch die Weinberge zur Burg Stahleck hinauf. Die Aussicht ist fantastisch. Wieder unten überkommt uns verständlicherweise der Hunger. Im Posthof bestellen wir uns zwei herzhafte Menüs und genießen dazu einen Riesling aus der Region. Was für ein schöner Tag.

Oben: Das bezaubernde Mittelrheintal mit der Burg Rheinstein
Unten: Bacharach ist eines von vielen hübschen Mittelalterstädtchen am Rhein.

Campingplatz Sonnenstrand
Strandbadweg 9, 55422 Bacharach
Telefon +49 6743 1752
info@camping-sonnenstrand.de
50.054708, 7.771485

Nach einem gemütlichen Frühstück mit Rheinblick von unserem Stellplatz aus folgen wir der B9 weiter. Die Straße führt in Oberwesel an der zauberhaften Burg Schönburg vorbei, am Parkplatz Oelsbergsteig reihen wir uns zwischen die Autos ein. Kennst du die »Heimat«-Filme von Edgar Reitz? Die Filmarbeiten für »Heimat 3« fanden hier in Oberwesel, genauer im Günderodehaus statt. Eigentlich sollte das im Film restaurierte Fachwerkhaus nach dem Dreh wieder abgebaut werden, doch eine Privatinitiative setzte sich erfolgreich für den Erhalt ein. Seit 2005 kann es als Filmmuseum mit Café besucht werden. Auf dem Oberwelser Weinpfad und am Siebenjungfrauenblick vorbei erreichen wir das schöne Fachwerkhaus zu Fuß, machen einen

Rundgang durch das Filmmuseum und essen im Café ein Stück hausgemachten Kuchen bei bester Aussicht.

Im Gebiet Saar-Hunsrück gibt es 114 Traumschleifen. Das sind Wanderwege, die größtenteils über schmale, naturnahe Wege führen und an besonders idyllischen und imposanten Landschaften vorbeikommen. Die Traumschleife Rheingold, eine Rundtour mit 10,7 Kilometern, wollen wir heute machen. Start ist bei einem hölzernen Portal, ab da folgen wir dem immer enger werdenden Weg durch die Felsen und bekommen Panoramablicke der Extraklasse geliefert, auch wenn das Wetter heute nicht ganz mitspielt. Nach der vierstündigen Tour fahren wir am Aussichtsturm Fünfseenblick vorbei, steigen hinauf und schauen erneut ins bezaubernde Mittelrheintal hinab. Schon wartet die nächste wunderschöne Stadt mit engen Gassen, historischen Fachwerkhäusern und einer Vielzahl von gemütlichen Cafés und Restaurants am Wegesrand. Boppard bettet sich malerisch zwischen die steilen Weinberge und den Rhein. Von Weitem sind die zwei Türme der Basilika St. Severus sichtbar. Nach einem Stadtrundgang nehmen wir auf einer gemütlichen Terrasse Platz und essen zu Mittag. Alljährlich im Herbst feiert Boppard das berühmte Weinfest. Auch die »Rhein in Flammen«-Events sollte man terminlich im Auge haben, sie finden jedes Jahr an fünf Terminen an unterschiedlichen Orten am Mittelrhein statt.

Koblenz besuchen wir am Nachmittag. Am Peter-Altmeier-Ufer finden wir einen Parkplatz und gehen ans Deutsche Eck. Vor unseren Augen fließt die Mosel in den Rhein, und auch wir werden hier den Fluss, an dem wir entlangfahren, wechseln. Doch erst erkunden wir Koblenz, schlendern durch die Altstadt mit den historischen Gebäuden und bummeln durch die Geschäfte, die eine gute Auswahl an allerlei Dingen bieten. Für Museumsliebhaber gibt es mit dem Mittelrhein-Museum sowie dem Festungsmuseum Ehrenbreitstein zwei interessante Ausstellungen. Hungrige finden im Alten Brauhaus leckeres Essen zusammen mit kaltem Bier. Wir sind vorerst satt, sehnen uns aber nach einer langen Dusche. Also suchen wir uns in der Nähe unseres nächsten Zieles, dem Laacher See, einen Campingplatz und werden in Leutesdorf fündig. Ein überschaubarer Campingplatz mit modernen und sauberen Sanitäreinrichtungen. Genau das, was wir uns für den heutigen Abend gewünscht haben.

Campingplatz in Leutesdorf
Campingplatz 1, 56599 Leutesdorf
Telefon +49 2631 97 87 37
info@camping-leutesdorf.de
50.461981, 7.366339

Oben: Start der Traumschleifen-Wanderung Rheingold
Unten: Die imposante Liebfrauenkirche in der Altstadt von Koblenz

Traumschleife Rheingold

ring°werk

Der Laacher See liegt in der Vulkaneifel und ist der größte natürliche See im deutschen Mittelgebirge. Er ist vulkanischen Ursprungs, geologisch gesehen aber weder Maar noch Vulkankrater, sondern eine wassergefüllte Caldera. Am Südufer parken wir nahe am Laacher See, spazieren um ihn herum und sehen dabei am Ostufer auch das Blubbern – die Mofetten –, wobei massenhaft CO_2-Blasen aufsteigen. Ein leichter Schwefelgeruch liegt in der Luft, trotzdem ist das Baden im See bedenkenlos möglich. Als wir die Runde um den See schon fast abgeschlossen haben, kommen wir zur Benediktinerabtei Maria Laach. Auf dem Klosterparkplatz herrscht wildes Treiben, so auch in der Abtei selber. Verständlich, denn die gesamte Anlage ist wunderschön. Wir erkunden den Garten, schauen uns die Basilika mit den kunstvollen Verzierungen an und besichtigen die Bibliothek. Ein paar Kilometer weiter befindet sich am Sportplatz in Mendig ein Wohnmobilstellplatz. Am Wochenende soll er von Autos zugeparkt sein, am heutigen Mittwoch ist das kein Problem.

Oben: Die sehenswerte Benediktinerabtei Maria Laach
Unten: Spannende Ausstellung für alle Motorsportfans am Nürburgring

Wohnmobilstellplatz am Lava-Dome
Brauerstraße 8, 56743 Mendig
Telefon +49 2652 939 92 22
office@lavadome.de
50.376608, 7.284555

In der Region gibt es mit der Genovevahöhle sowie dem Schloss Bürresheim zwei weitere sehenswerte Ausflugsziele. Lui freut sich allerdings viel zu sehr auf den Nürburgring, als dass er jetzt noch mit Höhlen zu begeistern wäre. Es gibt zwei Strecken, die traditionsreiche Nordschleife mit einer Länge von 20,832 Kilometern sowie die moderne Grand-Prix-Strecke über 5,148 Kilometer. Die Nordschleife streift man, lange bevor das Besucherzentrum des Nürburgrings erreicht ist. Da parken wir, also, na ja, ich parke, und Lui steht schon mal vorne an der Straße, denn die Rennboliden müssen ja auch erst zur Strecke kommen. Da sind schon sehr exklusive Gefährte – gerade so noch für den Straßenverkehr zugelassen – unterwegs.
Auf der Grand-Prix-Strecke fahren momentan Motorräder, daher ist die Tribüne für uns gerade nicht so interessant. Also ab ins Motorsport-Erlebnismuseum ring°werk. Das 4-D-Erlebnis eines 24h-Rennens im ring°kino finde selbst ich spannend. Regen, Gewitter, Wind – es geht ganz schön zur Sache. Weitere Attraktionen sind die Rennsport-Simulatoren, die historischen Siegerfahrzeuge oder die Pitstop-Challenge. Ja, das Erlebnismuseum ist

auch für nicht eingefleischte Motorsportfans ein Spaß. Lui würde nun am liebsten eine Touristenfahrt machen – mit dem eigenen Auto über die Strecke donnern. Da wir mit dem Camper da sind, kann ich es ihm aber zum Glück ausreden. So richtig Spaß macht das nur, wenn man sich nicht um die Küchenausstattung im Heck Gedanken machen muss. Am ring°boulevard sehen wir uns noch die Shops und Showrooms an. Am Ring sonst noch möglich sind Backstagetouren, GoKart fahren, Besuch der eSportsBar, und außerhalb von Rennveranstaltungen kann man auf die BMW-M-Power-Tribüne direkt bei der Start-Zielgeraden gegenüber der Boxengasse.

Motorsport-Erlebnismuseum ring°werk
Nürburgring Boulevard 1, 53520 Nürburg
Telefon +49 2691 302 66 07
50.333571, 6.947356
Öffnungszeiten vorab prüfen unter
www.nuerburgring.de

Kurzer Zwischenhalt am Hohe Eifel Blick, wo eine Holzschaukel als Fotomotiv platziert ist. Nett fürs Foto, aber auch nicht mehr. In Gerolstein füllen wir uns unsere Trinkflaschen an der Helenequelle mit Mineralwasser, dass bereits mit Kohlensäure aus dem Brunnen kommt. Dann geht es zu den Eishöhlen von Birresborn.

Eishöhlen Birresborn
Im Steinreich 26
54574 Birresborn
50.178412, 6.600126

Auf dem Parkplatz Eishöhlen haben wir die Nacht verbracht. Ein sehr idyllisches, ruhiges Plätzchen in der Natur. Solche Orte bitte immer sauber halten, die Mülleimer nicht überstrapazieren und nicht quer parken. Nur mit Rücksicht können Plätze wie dieser noch lange von uns Campern genutzt werden. Die Höhlen erreicht man in nicht einmal zehn Minuten zu Fuß. Sie sind von April bis Oktober frei zugänglich, über den Winter teilweise wegen Fledermausschutz gesperrt. Bereits als wir in die Nähe der Höhleneingänge kommen, bemerken wir, wie die Temperatur im Wald sinkt. Es sind insgesamt vier Höhlen, und wir sind froh, dass wir trotz des warmen Tages dünne Jacken dabei haben sowie kräftige Taschenlampen. Die Höhlen sind teilweise recht tief und natürlich stockdunkel. Eis befindet sich im September keines in den Höhlen, aber kalt ist es definitiv. Es ist ein tolles Erlebnis, die Höhlen zu erforschen, um

Oben: Die Aussichtsbank Hohe Eifel Blick ist ein schönes Fotomotiv.
Unten: Bereits vor den Eishöhlen von Birresborn sinkt die Temperatur merklich ab.

Mosel
Bundesstraße
53
Longuich

die Ecken zu gehen und nach Fledermäusen Ausschau zu halten. Den Ausflug sollte man unbedingt machen, wenn man in der Region unterwegs ist.

Weißt du, was ein Maar ist? Mir war der Begriff gänzlich unbekannt. Erst bei der Routenrecherche zur Vulkaneifel bin ich auf die Maare aufmerksam geworden. So weiß ich mittlerweile, dass Maare durch explosive Eruptionen in einem vulkanischen Krater entstanden sind, sie in der Regel kreisrund oder oval sind und sich oftmals mit Wasser füllen. Wir starten am Pulvermaar, da es dort auch einen Camping- bzw. Stellplatz gibt und man im Pulvermaar auch baden kann. Die Anmeldung für den Wohnmobilhafen erfolgt an der Rezeption des Feriendorfes Pulvermaar. Punkt für Punkt gehen wir den Fragebogen bei der Anmeldung durch. Wir sind froh, als wir das Prozedere hinter uns haben und den Camper final parken können. Zu Fuß geht es vom Reisemobilhafen recht steil den Wald hinab zum Freibad am Pulvermaar. Man kann über einen anderen Weg auch bis ans Wasser hinabfahren, unten warten aber überall Wohnmobil-Verbotsschilder, da dort ein zweiter Campingplatz ist und die wohl auch Tagesgäste auf einen der Campingplätze holen wollen. Du merkst, es ist alles etwas kompliziert. Uns hat das Pulvermaar aber so gut gefallen, dass wir dir den Tipp hier weitergeben wollen.

Wohnmobilhafen Pulvermaar
Vulkanstraße, 54558 Gillenfeld
Telefon +49 6573 99 65 00
info@feriendorf-pulvermaar.de
50.133941, 6.931125

Den Morgenspaziergang machen wir um die Dauner Maare. Vom Mäuseberg hat man einen schönen Blick auf das Weinfelder sowie das Gemündener Maar hinab.

Riesling, Römer, Reichsburg – willkommen in der Moselregion. Von den Maaren gelangen wir in Cochem an die Mosel, wo uns das Wahrzeichen der Stadt, die beeindruckende Reichsburg Cochem, schon von Weitem auffällt. Majestätisch thront die Burg über der charmanten Altstadt. Wir parken an der Nordbrücke, wo man tagsüber die Parkuhr füttern muss und nachts umsonst steht – ist aber auch weder idyllisch noch ruhig, einfach nur praktisch. Cochems volle Pracht an Schönheit sieht man von der anderen Moselseite aus am besten. Bei einem Spaziergang durch die schmalen Gassen vorbei am Marktplatz mit seinem Fachwerkensemble über die steilen Treppen zum Kapuzinerkloster oder gar zur Burg hinauf bekommt man den Zauber Cochems ebenfalls zu sehen.

Oben: Die Mosel ist eine beliebte Region für Camperreisende.
Unten: Der Wohnmobilhafen ist durch einen steilen Wald vom Pulvermaar getrennt.

Für die Nacht sehnen wir uns nach einem ruhigeren Plätzchen. Die B 49 schlängelt sich samt der Mosel durch die schönen Landschaften, und bereits kurz nach Cochem sind beide Uferseiten mit Rebbergen bepflanzt. Im Ernst, hinter dem EDEKA kann man mit einem autarken Reisemobil zwischen Lager und Rebberg der Weinhandlung übernachten. Ein ruhiger Platz, der für Wohnmobile angelegt wurde. Leicht schräg, Auffahrkeile sind von Vorteil. In der Nähe Bäckerei und Restaurants, über den Radweg ist Cochem in sechs Kilometern erreicht; wäre also auch eine Möglichkeit, die Stadt von hier aus zu besichtigen.

Wohnmobilstellplatz im Weinberg
Weingartenstraße 106, 568 14 Ernst
Telefon +49 2671 756 1
weintreff-ernst@moselland.de
50.142548, 7.231937

Kaum sind die frischen Brötchen beim gemütlichen Frühstück aufgegessen, folgen wir der Mosel weiter südwärts. Wunderschöne Flussschlaufen gesäumt von steilen Hängen mit dazwischen vielen Camping- und Stellplätzen direkt am Wasser. Und alle Plätze sind geschätzt dreiviertel belegt. Die Mosel mit ihren Schleifen ist wirklich ein beliebtes Camperziel. In Bremm werden mal wieder die Wanderschuhe geschnürt, denn die brauchen wir unbedingt, um den Calmont-Klettersteig zu gehen (Parkplatz: 50.102835, 7.116834). Das ist ein sieben Kilometer langer Rundweg durch den steilsten Weinberg Europas. Dafür muss man trittsicher und schwindelfrei sein, denn der Weg hat teilweise alpinen Charakter. Heute knallt die Sonne so richtig herunter. Der Rucksack wird deshalb gut mit Wasserflaschen gefüllt, wir cremen uns ein und setzen Hüte sowie Sonnenbrillen auf. Erst mal müssen wir zur Laurentius-Kapelle hoch, das ist schon gut steil, von da geht es relativ eben bis in den Weinberg, wo uns schmale Treppen und noch engere Fußpfade erwarten. Links geht es steil den Berg hinauf, ein Schritt zu weit rechts würde uns Dutzende Meter hinabfallen lassen. Wie hier im Rebberg auch noch Arbeiten ausgeführt geschweige denn die Trauben geerntet werden, ist mir ein Rätsel. Der Weg ist aber absolut spitze und gefällt uns ausgesprochen gut. Die volle Konzentration mit den teils steilen Anstiegen und kniffligen Stellen wird mit traumhaft schönen Ausblicken belohnt. Wer noch nicht genug hat oder eine zwar steile, aber weniger gefährliche Route nehmen möchte, der geht den Calmont-Höhenweg. Wir entscheiden uns für den Abstieg und den Weg an der Mosel entlang zurück, denn bestimmt haben wir die 30-Grad-Marke bereits geknackt. Zurück in Bremm kühlen wir uns bei einem Eisbecher im Restaurant Lehnen ab. Etwas weiter

Oben links: Entlang der Mosel finden sich viele Stellplätze mit toller Aussicht.
Oben rechts: Der schöne Marktplatz von Cochem
Unten: Einen wunderschönen Anblick bietet das Städtchen Cochem am Rhein mit seiner Burg.

KD Mosel-Rundfahrten

8 Calmont-Klettersteig. Eller
Calmont - Rundweg
über Schlemmerkopf
Weinschänke am Calmont-Gipfelkreuz
FRANZEN

flussaufwärts möchten wir gerne zur Marienburg und den Aussichtsturm Prinzenkopf hoch, dafür packen wir die Fahrräder aus, die wir am Fuße des Prinzenkopf-Turms parken. Der Stahlturm ist 22 Meter hoch und bietet herrliche Aussichten über die Landzunge, die von beiden Seiten von der Mosel umschlossen wird, bis zum Moselbogen Zeller Hamm. Die Marienburg kann man gut einfach aus der Ferne bestaunen, denn vor Ort kann man nur die Kirche besichtigen. Das ehemalige Kloster ist nicht zugänglich.

Oberhalb von Reil auf einem Parkplatz genießen wir am Nachmittag die Aussicht. Der Blick ist frei bis Pünderich und geht auf die Strecke der Kanonenbahn hinab, wo die Züge über das schöne Hangviadukt fahren. Für die Nacht fahren wir den Wohnmobilstellplatz in Enkirch an. Er wird einigen von Willys Fernreisemobiltreffen bekannt sein (www.fernreisemobiltreffen.de). Es ist eine große, relativ gerade Wiese mit einzelnen Bäumen direkt an der Mosel, wo man sich seinen Platz selber sucht – also keine Parzellen. Stromsäulen gibt es nur begrenzt, die Toiletten mit Duschen sind weiter weg. Idealerweise ist man autark. Uns gefällt der Platz sehr gut. Abends grillen wir bei uns am Campervan, spazieren danach aber noch zur Straußwirtschaft Conrad, wo wir bei einem Glas Wein den Tag ausklingen lassen. Wem der Begriff Straußwirtschaft nichts sagt, das ist eine traditionelle Form eines Weinausschanks in Deutschland, der meist von Winzern selber und nur temporär – oft April bis Oktober – betrieben wird. Früher war es Brauch, einen Strauß oder Zweig an der Tür zu befestigen, wenn man als Winzer seine Weine direkt verkaufte. So entstand der Begriff. Heute werden oft auch Speisen angeboten, die die Weine begleiten sollen. Besonders in Weinregionen wie hier an der Mosel, aber auch am Rhein gibt es solche authentischen Lokale.

Oben: Der Calmont-Klettersteig führt durch den steilsten Weinberg Europas.
Unten: Toller Blick auf die Mosel vom Prinzenkopf-Turm aus

Wohnmobilstellplatz an der Mosel
Brunnenplatz (Moselvorgelände) 2,
56850 Enkirch, Telefon +49 6541 92 65
info@enkirch.de
49.984102, 7.121334

Traben-Trarbach, das sind zwei Gemeinden, die zu einer Stadt fusionierten und nun beidseitig des Rheins liegen. Wir fahren über die Poststraße und durch das Brückentor von Trarbach, auf dessen Seite wir auch parken. Traben-Trarbach war früher ein bedeutendes Zentrum für Weinhandel. So ist die Stadt zu Reichtum gekommen. Davon zeugen noch heute die großen Weinkeller sowie die prachtvollen Jugendstilvillen. Mittels einer Führung kann man einige der Keller besichtigen, oder man schlendert wie wir einfach selber durch die hübschen Gassen.

In Bernkastel-Kues waren wir schon bei der Anreise, denn am letzten Augustwochenende findet das berühmte Weinfest der Mittelmosel statt. Die zwei Stadtteile Bernkastel sowie Kues liegen je zu einer Seite der Mosel und sind mittels Brücke verbunden. Besonders Bernkastel ist eine Schönheit. Die malerische Altstadt wird von verwinkelten und engen Gassen durchzogen, die gesäumt sind mit Fachwerkhäusern in verschiedenen Farben. Über der Stadt liegt die Burgruine Landshut mit fantastischem Blick ins herrliche Moseltal. Der Abstecher lohnt sich immer, aber nun zum Weinfest. Von Donnerstag bis Dienstag dauert das Spektakel mit offizieller Eröffnung inklusive Weinprobierabend, Fahrgeschäften im Vergnügungspark, Feuerwerk am Samstagabend und sonntags dann dem traditionellen Festumzug. Am Montag geht es mit dem Endspurt auf der Weinstraße weiter, und Dienstag ist Familientag. Wir sind am Sonntag zum Festumzug da, zusammen mit Simone, die hier wohnt. So stehen wir auf der Seite von Kues, weil es in Bernkastel sowieso schon eng ist, mit Umzug und Zuschauern aber unangenehm werden könnte. In Kues finden wir sogar ein Plätzchen im Schatten eines Hauses, wo wir dem Umzug zuschauen können. Es ist eine wahre Freude, wie die verschiedenen Vereine mit den hübsch hergerichteten Wagen und den Mitgliedern in Vereinstracht durch die Gassen ziehen. Simone erklärt uns jeweils, woher sie kommen und was es mit den Trachten auf sich hat – beispielsweise den Moselblümchen oder den Winzerkitteln. Ein Weinglas dabeizuhaben, kann sich durchaus lohnen, denn einige Gruppen schenken Wein aus. Nach dem Umzug schlendern wir durch die Festmeile, holen uns etwas zu essen in der Mittelmosel-Weinstraße und genehmigen uns natürlich an einem der vielen Winzerstände auch ein Glas Weißwein dazu. Wenn du die Möglichkeit hast, dann fahr unbedingt zum Weinfest nach Bernkastel-Kues. Für die Nacht fahren wir raus aus der Stadt, denn an Ruhe braucht man im Ort gar nicht zu denken. In Brauneberg bekommen wir noch ein Plätzchen auf dem Wohnmobilstellplatz Brauneberger Juffer. Die großzügigen Parzellen sind mit Hecken abgetrennt, und wir stehen mal wieder mitten in den Weinbergen und mit Sicht auf die Mosel.

Wohnmobilstellplatz Brauneberger Juffer
Moselweinstraße 61, 54472 Brauneberg
Telefon +49 6534 93 33 33
info@brauneberg.de
49.906000, 6.977143

Von nun an wechseln wir immer mal wieder das Moselufer, denn anders als am Rhein gibt es an der Mosel deutlich mehr Brücken, die

Oben links: Eine weitläufige Freifläche an der Mosel in Enkirch als Wohnmobilstellplatz
Oben rechts: Traben-Trarbach ist absolut sehenswert.
Unten: Im Herbst finden an der Mosel viele Weinfeste statt, hier in Bernkastel-Kues.

Trarbach
Stadt Traben-Trarbach
Kreis Bernkastel-Wittlich

Spielmanns- und Fanfarenzug
Quickborn / Schleswig-Holstein
WEINFEST DER
MITTELMOSEL

Stella Noviomagi

das vereinfachen. Neumagen-Dhron bezeichnet sich als »ältesten Weinort Deutschlands«, viel spannender ist jedoch, dass dort die Stella Noviomagi ankert, der größte fahrtüchtige Nachbau eines römischen Weinschiffs. Das Originalschiff war als Grabmal eines römischen Weinhändlers 1878 in Neumagen bei Ausgrabungsarbeiten gefunden worden. Lange wurde gerätselt, wie man ein 14-Tonnen-Holzschiff im originalen Römerbaustil schwimmbar machen soll. Nach 15-monatiger Bauzeit wurde es 2007 fertiggestellt. Von Ostern bis Oktober können Einzelgäste jeweils am Wochenende im 18 Meter langen Holzschiff über die Mosel fahren. Nur wenige Meter neben dem Ankerplatz befindet sich der Wohnmobilstellplatz. Ver- und Entsorgung sowie ein Waschhaus mit Duschen, Toiletten und Waschmaschine sind vorhanden. Gastronomie, Bäcker sowie Metzger sind fußläufig erreichbar.

Wohnmobilstellplatz Marina Mittelmosel
Moselstraße 21, 54347 Neumagen-Dhron
Telefon +49 174 967 82 96
info@marina-mittelmosel.de
49.851211, 6.893084

Oben: Die Stella Noviomagi ist ein originalgetreuer Nachbau eines römischen Weinschiffs.
Unten links: Blick auf Bernkastel hinab
Unten rechts: Die Burgruine Landshut thront hoch über der Mosel.

Der Parkplatz Zummethöhe ist einen Abstecher wert wegen der Aussicht auf die Moselschleife Leiwen-Trittenheim. Der Blick hinab ist einfach nur wunderschön. Der Fluss, die rebenüberzogenen Hänge und die Landzunge, die den Fluss in seine Schlaufe drückt. Der Moselsteig, ein Fernwanderweg, führt auf dieser Höhe vorbei. Ihm kann man ein Stück folgen und auf anderer Strecke durch den Weinberg zum Parkplatz zurückkehren.

In Schweich schaffen wir es nochmals auf ein Weinfest, der Umzug ist bereits in vollem Gange, aber dieser Herbst macht uns fertig. Das Thermometer zeigt schon wieder über 30 Grad. Eine Abkühlung ist fällig, und von den Einheimischen der Städte entlang der Mosel hören wir sowohl »In der Mosel sollte man wegen der Wasserqualität nicht schwimmen« als auch »Klar kann man in der Mosel schwimmen«. Fakt ist, obwohl die Temperaturen hoch sind, sehen wir nur vereinzelt Menschen im Wasser und die nur knietief. Die Schwimmbäder sind aber Anfang September bereits geschlossen. Da kommt der Freizeitsee Triolago genau richtig. Ein Freibad, daneben eine Wakeboard-Anlage mit Biergarten, und einen Wohnmobilhafen gibt es dahinter ebenfalls. Wir checken mit Rundum-Sorglos-Paket ein und schwimmen keine fünf Minuten später schon durch den Baggersee. Wer etwas in der Region verweilen möchte, kann direkt vom Stellplatz aus über tolle Fahrradwege die Umgebung erkunden und beispielsweise zum Annaberg Weintresor radeln. Via Online-Shop und Paypal-Bezahlung kann man im Weinberg den Wein aus dem gekühlten Erdkeller entnehmen und diesen zu einer gigantischen Aussicht genießen. Was für ein geniales Angebot.

Wohnmobilpark und Wasserpark Triolago
Zum Campingplatz 13, 54340 Riol
Telefon +49 65 02 6421
info@triolago.eu
49.792178, 6.810820

Der nächste Tag ist nicht mehr ganz so heiß, weshalb wir die Premiumwanderung Römerpfad machen wollen. Beim Parkplatz unterhalb der Burg Ramstein (49.824797, 6.645266) lassen wir den Camper stehen und marschieren los. Aufgrund schwerer Unwetter im Jahr 2021 sind noch immer einige Teile der Strecke mit einer Umleitung signalisiert. Dieser folgen wir und kommen so ebenfalls am Römischen Kupferbergwerk vorbei, bevor es ordentlich hoch geht. Der Weg führt uns wunderschön durch den Wald, vorbei an einer rekonstruierten römischen Langmauer und dem Aussichtspunkt Geyersley auf einem Felsvorsprung. Beeindruckend ist die Genovevahöhle, eine Ausbuchtung im Felsen, die über eine Treppe im Sandsteinfels erreicht werden kann. Die Gesamtstrecke beträgt 9,1 Kilometer, ist aufgrund der An- und Abstiege aber trotzdem fordernd. Nach der Wanderung fahren wir in den Naturpark Südeifel Richtung Luxemburgische Grenze.

Die Teufelsschlucht wollen wir durchwandern, allerdings nicht mehr heute. Auf dem Parkplatz der Teufelsschlucht sowie des Dinosaurierparks darf man übernachten. Abends kommt jemand vorbei und zieht die Gebühr ein, oder man bezahlt tagsüber an der Kasse des Dinoparks. Toiletten sind während der Öffnungszeiten bei der Kasse zugänglich, ansonsten gibt es keine Versorgung. Die große Wiese mit einigen Bäumen ist teilweise recht schräg, weshalb Auffahrkeile gut sind. Uns gefällt dieser einfache, naturbelassene Platz.

Parkplatz Dinosaurierpark Teufelsschlucht
Ferschweilerstraße 50, 54668 Ernzen
49.843079, 6.434847

Morgens schnüren wir zeitig die Wanderschuhe, ein spätes Frühstück ist im Rucksack verstaut, wir wollen los, bevor die Sonne ihre volle Kraft entwickelt. Der Weg ist gut ausgeschildert und startet schon bald mit dem Abstieg durch die 28 Meter tiefe Teufelsschlucht. Der Abschnitt ist recht kurz, es folgen aber noch weitere spektakuläre Passagen während der Wanderung. Wir nehmen die Route zu

Oben: Weinberge säumen die Ufer der Mosel.
Unten: Auf dem Römerpfad kommen wir auch an der beeindruckenden Genovevahöhle vorbei.

den Irreler Wasserfällen hinab und kommen immer wieder an spannenden Felsformationen vorbei. Bei den Stromschnellen der Prüm – oder eben den Irreler Wasserfällen – angelangt kommt die Ernüchterung. Auch hier haben die Unwetter 2021 die Natur verändert und Wege weggerissen. Die Hängebrücke musste neu gebaut werden, steht zwar schon, ist aber bei unserem Besuch im Sommer 2023 noch nicht freigegeben. Schade. Nun müssen wir den ganzen Weg wieder bergauf zurück. Rund vier Stunden brauchen wir für die komplette Tour mit Picknickpause und Fotostopps. Den Dinosaurierpark besuchen wir nicht. Mit Kindern ist er aber bestimmt spannend. In der Region gibt es noch weitere Schluchten und Wanderwege durch spektakuläre Landschaften, beispielsweise die Schweineställe oder den Felsenweiher.

Am Tag darauf steht Trier auf dem Programm. An der Mosel, genauer am Zurlaubener Ufer finden wir einen großen Parkplatz, von wo aus wir zu Fuß ins Zentrum gehen. Trier wurde im Jahre 16 v. Chr. von den Römern gegründet und gilt damit als älteste Stadt Deutschlands. Bis heute sind viele Gebäude und Baudenkmäler aus der Zeit der Römer erhalten. Die Dichte dieser sowie die bauliche Qualität sind außergewöhnlich. Das sieht auch die UNESCO so und hat neun Denkmäler in Trier – sieben davon Römerbauten – in die Liste der Welterbestätten aufgenommen. Unser Kumpel kommt aus Trier, er wohnt aber in der Schweiz, und es hat terminlich nicht geklappt, dass er uns seine Stadt zeigt. Aber er verknüpft uns mit seiner Schwester Lisa, die uns am Trierer Dom erwartet. Zusammen erkunden wir die Stadt. Start ist am Dom St. Peter und der daneben liegenden Liebfrauenkirche. Die zwei mächtigen und imposanten Gebäude sind über einen sehenswerten Kreuzgang zu einem riesigen Kirchenkomplex verbunden. Über den Hauptmarkt gelangen wir in die Brotstraße, gehen teilweise auf Kopfsteinpflaster, das aus der Römerzeit stammt, und schauen uns den St. Georgsbrunnen auf dem Kornmarkt sowie die Ausgrabungen der Thermen am Viehmarktplatz an. Eigentlich hätte hier ein Parkhaus entstehen sollen, beim Aushub stieß man – wie so oft in Trier – aber auf Mauerreste und begann diese freizulegen. Auf dem Platz findet dienstags und freitags der Wochenmarkt mit rund 30 Ständen lokaler Händler statt. Hier verabschieden wir uns von Lisa, die uns eine wirklich spannende Führung mit viel Hintergrundwissen durch ihre Stadt gegeben hat, und machen uns anhand ihrer Tipps weiter auf, die schachbrettartig angelegten Straßen von Trier zu erkunden. Wir kommen an den Kaiserthermen vorbei – gebaut für den Kaiser und gut fünfmal so groß wie die Thermen am Viehmarkt. Durch den Palastgarten, vorbei an der historischen Stadtmauer und dem Rheini-

Oben: Durch die Teufelsschlucht führt ein gut ausgebauter Wanderweg.
Unten links: Blick auf die Liebfrauenkirche von Trier vom Innenhof aus
Unten rechts: Der prunkvolle Kurfürstliche Palais

schen Landesmuseum Trier steuern wir direkt auf den prunkvollen Kurfürstlichen Palais zu, der nur zu Veranstaltungen besichtigt werden kann. Dahinter steht die Konstantin-Basilika. Das riesige Gebäude, erbaut als Thronsaal für den römischen Kaiser Konstantin, gehört zu den größten frei stehenden Bauten nördlich der Alpen und dient heute der evangelischen Kirche. Im Innern kann man die Größe erst richtig sehen und die Architektur bestaunen, die ganz ohne Säulen und Stützen auskommt. An der Simeonstraße steht das Wahrzeichen Triers, die Porta Nigra. Sie ist das am besten erhaltene römische Stadttor nördlich der Alpen. Erbaut aus etwa 7200 Sandsteinquadern um 170 n. Chr. ist es dank der massiven Bauweise noch immer erhalten. Heute ist das zentrale Informationszentrum zur römischen Stadt darin beherbergt. Man kann die Obergeschosse der Porta Nigra besichtigen und den Blick wie die römischen Wachen vor 1854 Jahren über Trier schweifen lassen. Schon verrückt! Wer Trier besser kennenlernen will – und keine Lisa hat –, dem empfiehlt sich eine Stadtführung durch Augusta Treverorum, wie Trier zu Römerzeiten hieß. Die Führung wird von einem echten römischen Stadtführer gemacht, in entsprechender Kleidung. Zudem soll die Untergrundführung der Wahnsinn sein, denn unter Trier liegt quasi eine weitere Stadt.

Um den letzten Tipp von Lisa umzusetzen, müssen wir erst einen Anruf machen und dann mit dem Camper nach Waldrach fahren. Dort ist das Viezgut Meyer daheim, und die wiederum machen den besten Viez der ganzen Region (wenn nicht den besten überhaupt – laut Lisa). Viez ist Apfelwein, aber nicht irgendeiner, sondern das Traditionsgetränk der Region Mosel-Saar. Der reine Fruchtwein hat einen fruchtig-herben Geschmack nach Äpfeln. Beim Viezgut Meyer klärt man am besten telefonisch ab, ob sie da sind und Viez zum Verkauf haben, beides wurde bei uns bejaht, also sind wir hingefahren, haben ein paar Flaschen gekauft und uns damit auf den offiziellen Wohnmobilstellplatz an der Riveris-Talsperre zurückgezogen. Ein kostenloser Platz mitten im Grünen und fußläufig zur Talsperre.

Wohnmobilstellplatz Riveris bei der Talsperre
Stauseestraße 48, 54317 Riveris
49.717458, 6.764380

Von der Mosel geht der Roadtrip an der Saar weiter. Mit unserem Sechs-Meter-Kastenwagen finden wir in Saarburg beim Ruderclub einen passenden Parkplatz, von wo aus wir an der Saar entlang Richtung Zentrum

Oben links: Einmalig schön – der Buttermarkt von Saarburg
Oben rechts: Blick vom Parkplatz »Schöne Aussicht« auf die Hammer Saarschleife
Unten: Saarburg von seiner schönsten Seite – Aussicht von unter der alten Brücke

schlendern. Einen superschönen Blick auf Saarburg haben wir von unterhalb der alten Brücke. Auf die St.-Laurentius-Kirche, das Torhaus von Saarburg und in die Altstadt hinein können wir blicken. Über die alte Brücke erreichen wir die Altstadt. Die Hackenberger Mühle kommt in Sicht. In ihr befindet sich ein Mühlenmuseum, wo man die verschiedenen Mahlgrade am Getreide sehen kann und viel über den Bau und Betrieb der Mühle erfährt. Über die schmale Gasse gehen wir den Laurentiusberg hinauf und finden einen kleinen Platz, wo man bis zum Fluss vorgehen kann und von wo aus man einen tollen Blick auf die Hackenberger Mühle mit Wasserrad und Zufluss sowie auf den Wasserfall von Saarburg hat. Es ist wirklich hübsch anzusehen, wie nahe die Häuser am Fluss stehen und so eine Schlucht formen. Saarburg trumpft am Buttermarkt mit einem zauberhaften historischen Kern samt Fachwerkhäusern und Barockfassaden auf, der komplett unter Denkmalschutz steht. Die Terrassen der Gasthäuser und Cafés am Buttermarkt sind gut gefüllt, es ist auch ein herrlicher Ort, um zu verweilen. Wir wollen, bevor wir etwas essen, erst zur Saarburg hochgehen. Der Weg führt über die Straße, dann mittels einer verwinkelten Treppe hinauf zum Eingangstor der Burg. Verschiedene Aussichtsplattformen lassen einen die Umgebung bestaunen. Im Innenhof angelangt geht es über eine Treppe hinauf durch die Ruine in den Wachturm hinein, den man über eine schmale Wendeltreppe erklimmen kann. Oben angelangt ist die Aussicht grandios. Eine andere Art der Aussicht, aber nicht weniger sehenswert erwartet uns neben dem Parkplatz »Schöne Aussicht«. Dafür haben wir Saarburg verlassen und sind in Serrig von der B 51 abgebogen, stehen nun hoch über der Saar und blicken auf die Saarschleife um Hamm hinab. Apropos Saar, soeben haben wir die Grenze ins Saarland passiert, dem mit Abstand kleinsten Bundesland, abgesehen von den drei Stadtstaaten.

Den Sonnenaufgang hoch über der Saarschleife auf dem Baumwipfelpfad bei Mettlach genießen

Auf dem Campingplatz Girtenmühle finden wir halb im Wald gelegen einen schönen Platz. Ein einfacher und naturnaher Campingplatz mit Bachlauf, kleiner Bar, Spielzimmer und der Möglichkeit, am Camper in Feuerschalen ein Feuer zu machen.

Campingplatz Landgut Girtenmühle
Girtenmühle 1, 66679 Losheim am See
Telefon +49 6872 408 95 81
willkommen@landgutgirtenmuehle.de
49.532364, 6.688157

Das Saarland ist berühmt für die Saarschleife bei Mettlach. An bester Stelle wurde ein Baumwipfelpfad erstellt, der mit einem 42 Meter hohen Aussichtsturm versehen ist (Parkplatz: 49.505848, 6.533507). Und da oben beginnen wir den nächsten Tag. Pünktlich zum Sonnenaufgang sind wir dort und genießen das einmalige Spektakel. Im Winterhalbjahr ist das mit einem regulären Eintritt einmal monatlich möglich. Den Sommer über gibt es Sonnenuntergangstouren. Unterhalb des Baumwipfelpfads befindet sich der frei zugängliche Aussichtspunkt Cloef (49.501884, 6.540775). Von dort hat man einen ähnlich spektakulären Blick auf die Saarschleife, und da kann man, egal zu welcher Zeit, immer hinwandern. Ein Wanderweg führt hinab zur Saar, wo man mittels der Personenfähre Welles auf die Landzunge in der Saarschleife übersetzen kann. So kommt man zur Burg Montclair, wo man im gemütlichen Bistro einkehren kann. Geübte Wanderer können die Tour über die Brücke in Mettlach zurückgehen. Diese Route nennt sich Premiumwanderung Saarschleife Tafeltour (www.saar-hunsrueck-steig.de/traumschleifen/saarschleife-tafeltour) und kommt auf 16,3 Kilometer mit etwas über 400 Höhenmetern. Entspannter ist es, denselben Weg mittels Fähre zurückzulegen. Wir fahren an den Stausee von Losheim am See. Schnell sind die Badesachen gepackt und die wenigen Meter zum See zurückgelegt. Den Nachmittag verbringen wir mit Schwimmen, Sonnen und einer Stand-Up-Paddle-Tour über den Stausee, denn die Boards kann man vor Ort mieten. Abends ziehen wir uns im Camper um und gehen ins nahe gelegene Hochwälder Brauhaus, wo wir Saarländisch Gefüllte probieren, Kartoffelklöße gefüllt mit Leberwurst, dazu Specksoße an Sauerkraut. Dazu gibt es Viez und ein Hochwälder Helles. Lecker!

Wohnmobilstellplatz am Seeufer
Zum Stausee 198, 66679 Losheim am See
Telefon +49 6872 901 81 00
touristik@losheim.de
49.521078, 6.740548

Hochwälder Brauhaus
Zum Stausee 190, 66679 Losheim am See
Telefon +49 6872 50 57 72
info@hochwaelder-brauhaus.de
49.519431, 6.741714

Am See befindet sich auch eine Touristeninformation. Als wir dort nach Aktivitäten in der Region fragen, drückt man uns gegen ein Pfand eine Hängematte samt Wanderprospekt in die Hände. Gleich mehrere Routen haben sogenannte Baumelstationen, von der einstündigen bis zur sechsstündigen Wanderung ist alles dabei. Unsere Wahl fällt auf die Traumschleife Felsenweg. Wir passieren imposante Felsformationen, durchqueren Bäche und kommen an zwei Kneippanlagen vorbei.

Oben: Der Campingplatz Girtenmühle bietet schöne Plätze im Wald.
Unten links: Stand-Up-Paddeln auf dem Stausee von Losheim
Unten rechts: Gefüllte, die leckere Spezialität aus dem Saarland im Hochwälder Brauhaus

Doch obwohl wir anfangs etwas skeptisch waren, ob das mit der Hängematte nicht nur ein Marketinggag ist, finden wir es jetzt in der Hängematte baumelnd einfach nur super. Sie ist leicht, schnell aufgebaut und bietet so viel mehr Komfort während einer längeren Pause als eine Holzbank. Und sind wir mal ehrlich, man kann sie überall aufhängen, nicht nur an festgelegten Stationen. Von uns gibt es einen Daumen nach oben.

Nicht weit entfernt heulen die Wölfe. Merzig ist als die »Stadt der Wölfe« bekannt, was am Wolfsparkgründer Werner Freund liegt. Als Verhaltensforscher von internationalem Rang hat Freund den Wolfspark mit Unterstützung der Stadt Merzig 1977 eröffnet. 2014 ist Werner Freund verstorben, sein einzigartiges Projekt lebt weiter. Der Wolfspark ist täglich geöffnet und kann auf Spendenbasis kostenlos besichtigt werden. Auf dem Parkplatz am Eingang gibt es drei Wohnmobilplätze, auf denen man ebenfalls kostenlos übernachten kann, meistens inklusive Wolfsheulen. Jeden ersten Sonntag im Monat findet zudem eine kostenlose Führung statt. Hunde sind im Wolfspark verständlicherweise nicht erlaubt. Ein beeindruckender Ort, um den so wunderschönen Tieren nahezukommen und viel über ihr natürliches Verhalten zu lernen.

Oben: Wandern mit Hängematte ist viel toller als gedacht.
Unten: Das 30 Meter hohe begehbare Stahldenkmal Saarpolygon

Wolfspark Werner Freund
Waldstraße 204, 66663 Merzig
Telefon +49 1717 49 69 99
Wohnmobilstellplatz auf Wolfspark-Parkplatz
49.470547, 6.641596

Tags darauf versuche ich mich mal wieder an einer Halde, dieses Mal in Begleitung. Der Saarpolygon ist eine riesige abstrakte Stahlkonstruktion, die auf der Bergehalde Duhamel vom Bergwerk Saar in Ensdorf steht. Sie soll die Balance zwischen der Würdigung der Leistungen des Bergbaus samt der Bergleute und der Gestaltung des Wandels für eine lebenswerte Region symbolisieren. Die Aussicht ist gut, der Weg hinauf lohnt sich meiner Meinung nach aber nicht. Da hatten wir vom nächsten Ziel aus ebenfalls eine super Aussicht bei viel spannenderem Drumherum.

1873 wurde die Völklinger Eisenhütte gegründet. 113 Jahre später wurden die Hochöfen stillgelegt, die Produktion von Roheisen wurde eingestellt. Bereits acht Jahre später, im Dezember 1994, wurde die Völklinger Hütte als Denkmal von der UNESCO ins Weltkulturerbe aufgenommen. An 362 Tagen im Jahr kann das weltweit einzige vollständig erhaltene Eisenwerk besichtigt werden. Zahlreiche Hallen, Freiflächen, das Gewirr auf Rohrsystemen, die Kokerei, ja, sogar die Hochofengruppe stehen Besuchern offen. Wir erkunden erst die Ausstellungen in den Hallen, kommen auch am emotionalen Erinnerungsort vorbei, wo ein Künstler auf eindrückliche Art mit alten Arbeitskleidern und Aktenschränken an die insgesamt mehr als 12 000 Zwangsarbeiter der Völklinger Hütte während des Zweiten Weltkriegs erinnert hat. Das Eisenwerk ist aber nicht nur Gedenkstätte, sondern erwacht mit Ausstellungen, Festivals und Konzerten regelmäßig zum Leben. Während unseres Besuchs 2023 wurde gerade die Grundsteinlegung von vor 150 Jahren gefeiert. So sind verschiedene Kunstwerke in die alten Anlagen integriert. Um auch die oberen Etagen im Freien zu besichtigen, bekommen wir einen Helm. Dann geht der Aufstieg über zahlreiche Treppen los. Die riesige Förderanlage mit dem Erzschrägaufzug sieht ein bisschen aus wie eine Achterbahn. Am Ende der Besichtigung samt Kokerei und dem daneben liegenden Paradies, wo die Natur sich ihren Platz zurückholt, haben wir mehrere Kilometer in den Beinen und konnten vom Hochofen aus bis zu den Halden und nach Saarbrücken sehen. Ein sehr spannendes Ausflugsziel, wo man Stunden verbringen kann, ohne dass einem dabei langweilig wird. Praktisch ist auch, dass auf dem Besucherparkplatz ein Wohnmobilstellplatz integriert wurde. Die großzügigen Parzellen sind mit einem Zaun voneinander getrennt. Eine Ver- und Entsorgungsstation ist vorhanden. Bei unserem Besuch 2023 war der Platz kostenlos, von den Mitarbeitern haben wir aber erfahren, dass eine Gebühr eingeführt werden soll, weil einige Camper wohl zu Dauercampern wurden.

Wohnmobilstellplatz an der Völklinger Hütte
Rathausstraße 75, 66333 Völklingen
Telefon +49 6898 910 01 00
visit@voelklinger-huette.org
49.248570, 6.846370

Weltkulturerbe Völklinger Hütte
Täglich ab 10 Uhr geöffnet außer 24., 25. und 31.12.

Saarbrücken hat ein paar hübsche Ecken, die muss man aber erst mal finden. Die Stadt wurde im Zweiten Weltkrieg stark beschädigt, entsprechend wenig ist von der ursprünglichen Altstadt übrig geblieben. Rund um den St. Johanner Markt entdecken wir ein paar hübsche Häuserzeilen, und ein guter Geruch liegt in der Luft. Dem gehen wir nach und landen vor Kalinskis Wurstwirtschaft. Auf den ersten Blick eine Currywurstbude, auf den zweiten noch immer, aber das Angebot ist doch etwas speziell. Nebst den klassischen

Oben: Bei Kalinskis gibt es Currywurst klassisch, als Schwenkbraten oder als Flammkuchen-Art.
Unten: Im ehemaligen Eisenwerk Völklinger Hütte kann man Stunden verbringen.

Varianten mit roter oder weißer Wurst, kann auch eine Schwenkbraten-Currywurst eine Elsässer Variante mit Crème-fraîche-Soße oder eine Soße aus Ziegenkäse mit Honig und Thymian bestellt werden. Das wollen wir natürlich probieren. Gut, dass wir richtig Hunger haben, so können wir uns verschiedene Schalen bestellen und uns durchprobieren. Die Schwenkbraten- sowie Elsässer-Variante haben definitiv was, original ist es aber doch am besten. Den Verdauungsspaziergang machen wir über die Alte Brücke zur Ludwigskirche und weiter zum Saarbrücker Schloss. Auf dem Rückweg entdecken wir noch die Fröschengasse, die ebenfalls einige historische Gebäude präsentieren kann.

Kalinskis Wurstwirtschaft & Ginbar
St. Johanner Markt, 66111 Saarbrücken
49.233221, 6.996090
Täglich geöffnet, www.kalinskibrueder.de

Oben links: Spannende Felsformationen auf dem Dahner Felsenpfad
Oben rechts: Aufstieg zur Aussichtsplattform auf dem Büffelfels
Unten: Unsere Aussicht vom Campingplatz Büttelwoog im Dahner Felsenland

Auf dieser Tour waren wir ja bereits in der ein oder anderen Höhle. Die Schlossberghöhlen bei Homburg setzen da aber noch mal eins drauf. Vom Parkplatz geht es über eine Treppe zum Eingang, wo wir eine kurze Einweisung samt Karte sowie je einen Helm erhalten. Einmal mehr sind wir froh, selbst im Sommer eine Jacke dabeizuhaben. Denn in den Höhlen herrschen ganzjährig rund 10 Grad. Das beeindruckende Höhlensystem gehört zur Festung darüber und ist Europas größte künstliche Buntsandsteinhöhle. Es ist ein einziges Labyrinth an Kuppelhallen in unterschiedlichen Rot- sowie Gelbtönen und mit langen Gängen, das eigentlich über zwölf Stockwerke geht. Für Besucher ist allerdings nur eine Etage mit einem rund 800 Meter langen Rundgang zugänglich. Die unteren Stockwerke werden von einer Brauerei genutzt. Die Höhlen sind von Februar bis November geöffnet, es kann auch ein Kombiticket zusammen mit dem vier Kilometer entfernten Römermuseum Schwarzenacker gelöst werden. Hunde sind erlaubt, es muss aber eine Stahlgittertreppe überwunden werden. Wir waren knapp zwei Stunden in den Höhlen unterwegs, weil es wirklich spektakulär ist.

Im Dahner Felsenland checken wir für die Nacht auf dem Campingplatz Büttelwoog ein und stehen direkt unter einem der spektakulären Felsen. Den Abend lassen wir mit Grillen am Platz ausklingen und öffnen einen Viez. Tags darauf werden früh die Wanderschuhe geschnürt, wir haben uns für den Dahner Felsenpfad entschieden (www.wanderinstitut.de/premiumwege/rheinland-pfalz/dahner-felsenpfad/). Eine 12,5 Kilometer Rundwanderung mit rund 400 Höhenmetern. Als Erstes geht es den Büttelfels hinauf, und wir schauen schon mal zu den Lämmerfelsen rüber, wo uns der Weg als Nächstes durchführt, bevor wir bis fast nach Dahn hineinkommen. Nun geht es stetig auf und ab, an bizarren Steingebilden vorbei und durch Felsspalten hindurch zu wundervollen Aussichten samt Leitern, die mitten ins Herz der mächtigen Felsen führen. Diese Wanderung bietet eine solche Abwechslung und führt durch einmalig schöne Landschaften. Auch wenn wir nach den sechs Stunden, die wir mit Pausen für die Route gebraucht haben, platt sind, die Tour hat sich so was von gelohnt.

Campingplatz Büttelwoog
Am Campingplatz 1, 66994 Dahn
Telefon +49 6391 56 22
buettelwoog@t-online.de
49.144259, 7.767855

In der Region gibt es zahlreiche tolle Wandermöglichkeiten, aber auch andere Ausflugsziele. Beispielsweise das Winterkirchel, welches man auf dem Schusterpfad erreicht und wo man vor Ort die Glocken mittels herunterhängenden Seilen selber läuten kann. In Hauenstein befindet sich das Deutsche Schuhmuseum, wo nebst der Veranschaulichung des Schuhmacherhandwerks auch Schuhe berühmter Menschen stehen, beispielsweise von Michael Schumacher. In der ShoeCity haben diverse Schuhmarken Verkaufsgeschäfte. In Annweiler am Trifels ist der Gang durch die Wassergasse spannend. Früher wurden hier Tierhäute gegerbt, aus dessen Leder später zum Beispiel Schuhe hergestellt wurden. Am Kurpark befindet sich ein Wohnmobilstellplatz, von dort aus kann man zur Burg Trifels hochwandern.

In Speyer findet gerade der Bauernmarkt statt, als wir die Stadt besuchen. Auf dem Festplatz finden wir einen Parkplatz und schlendern durch den Domgarten zum Dom hinauf. Durch das riesige Eingangsportal betreten wir die Domkirche, die als größte erhaltene romanische Kirche Europas gilt und zum UNESCO-Welterbe gehört. Der Dom ist letzte Ruhestätte von acht Kaisern und Königen, vier Königinnen und einer Reihe von Bischöfen. Die Domkirche kann kostenlos besichtigt werden, wer Krypta und Kaisergräber ebenfalls besuchen möchte oder auf den Turm hinaufwill, muss eine Gebühr bezahlen. Gleich beim Dom befindet sich auch der Judenhof, denn Speyer gehört mit Worms und Mainz zusammen zu den SchUM-Städten, die ebenfalls den Titel UNESCO-Welterbe tragen. Der Name

Oben: Der Bauernmarkt in Speyer findet auf der »Maxi« statt.
Unten: In Hauenstein befindet sich das Deutsche Schuhmuseum.

Kürbisse
Gr. M
1. St. 2,50€
aus eigenem Anbau in verschieden
Mandarin, Chamaeleon, Spagehtti, Bischof
deutschen Landen

Deutsches
Schuhmuseum
Hauenstein

Die Pfalz.

setzt sich aus den Anfangsbuchstaben der mittelalterlichen hebräischen Namen der drei Städte zusammen, denn die drei rheinischen Bischofsstädte entfalteten ein reiches jüdisches Gemeindeleben. Und noch heute können Überreste der jüdischen kulturellen Blüte in den drei Städten besichtigt werden. In Speyer beispielsweise die Synagoge samt Frauenschule oder das Jüdische Ritualbad (Mikwe) mit einem Tauchbecken, das heute etwa zehn Meter unter Straßenniveau liegt. Alle drei Objekte sowie das Museum Schpira findet man beim Judenhof. Vom Domplatz aus sehen wir auch in die gut besuchte Maximilianstraße – »Maxi«, wie sie von den Einheimischen genannt wird -, in der die Stände des Bauernmarktes aufgestellt sind. Es ist ein großes Herbstfest. Winzer präsentieren ihre Weine, Herbstkränze und Kürbisse werden verkauft, und ein Dampfnudel-Kochcontest wird von einer Besucherjury bewertet. Wir schreiten die ganze »Maxi« entlang bis zum Altpörtel, dem 55 Meter hohen ehemaligen Stadttor, das als Wahrzeichen der Stadt gilt. Auf dem Rückweg holen auch wir uns eine Dampfnudel mit Woisoss (Weinsoße) und einen Federweißen dazu. Es gibt doch nichts Leckereres als jungen Wein. Ein letzter Tipp geht an die Technikfans, denn Speyer bietet mit dem Technik Museum eine sensationelle Ausstellung mit Fahrzeugen, einer Raumfahrtausstellung, ja sogar einem originalen Jumbojet und dem IMAX-DOME-Kino. Ins U-Boot steigt man über die Luke ein, Dampfloks sowie historische Autos können besichtigt werden, und eine Concord, bei deren Besuch im Museum man bereits Höhenangst bekommen kann. Es ist ein umfangreiches und spannendes Museum mit vielen Informationen, also unbedingt viel Zeit mitbringen.

Nun sind wir aber wirklich am Ende dieses Roadtrips angelangt. Drei Flüssen sind wir gefolgt, haben Maare gesehen, Höhlen erforscht, den Bauch mit Wein und deftigen Spezialitäten gefüllt und die Kalorien bei traumhaften Wanderungen wieder verbrannt – wobei wir gelegentlich einfach die Seele haben baumeln lassen. Der Westen Deutschlands mit Hessen, Rheinland-Pfalz und dem Saarland hat's in sich.

Oben: Federweißer mit Blick auf den Dom zu Speyer
Unten: Ein spannender Camper-Roadtrip durch den Westen

Start- und Endpunkt
Vom Hockenheimring bis Friedrichshafen

Streckenlänge & Fahrzeit
872 Kilometer / 15 Std.

Highlights
Schwarzwaldhochstraße, Unimog-Museum, Gengenbach, Tübingen, verschiedene Höhlen, Konstanz

Südwesten: Höhlen, Panoramastraßen und Glücksgefühle

Eine Panoramastraße bringt uns vorbei an den Schönheiten vom Nationalpark Schwarzwald, wir erkunden spektakuläre Höhlen zu Fuß und im Boot, flanieren die Uferpromenaden von Tübingen und Heidelberg entlang, schauen zu, wie im Mittelalter gebaut wurde und probieren die Geschmäcker, die das traditionsreiche Baden-Württemberg zu bieten hat. Ein abwechslungsreicher, spannender und lehrreicher Roadtrip steht uns – meinem Lebenspartner Lui und mir – bevor. Und natürlich wollen wir auch die schönsten Übernachtungsplätze für uns Camperreisende finden.

Wir starten am Hockenheimring. An diesem Wochenende hallen keine Motorengeräusche durch die Boxengasse, sondern wummernde Bässe. Zum allerersten Mal findet das Glücksgefühle-Festival statt und garantiert bei über 40 Stunden Livemusik Spaß, Endorphine und Glück pur. Die Besucher kommen mit Zelt, Wohnwagen oder wie wir mit dem Camper und übernachten direkt an der Rennstrecke. Drei Tage lang durchtanzen – für das Glücksgefühle-Festival eine mehr als geglückte Premiere und für uns der perfekte Start in den Roadtrip durch Baden-Württemberg. Und genau das finden wir am Reisen mit dem Camper so genial! Man hat ein Ziel – in unserem Fall der Besuch des Festivals –, hängt ein paar Tage dran und holt so aus der An- und Abreise das Maximum raus. Wenn wir also schon mal am Hockenheimring sind, machen wir doch gleich einen Abstecher nach Heidelberg, um uns danach in drei Wochen langsam Richtung Bodensee treiben zu lassen.

Hockenheimring Welcome Center
Am Motodrom 1, 68766 Hockenheim
Termine für Führungen siehe:
www.hockenheimring.de
49.328592, 8.564662

Heidelberg ist die älteste Universitätsstadt Deutschlands. Die rund 39 000 Studenten bringen Leben in die romantischen Gässchen und historischen Bauten in der Altstadt. Allerdings fällt uns auch auf, dass Heidelberg nicht das eine Zentrum hat, sondern sich am Ufer des Neckars entlangzieht. Kein Problem, wir sind sowieso mit den Fahrrädern ins Zentrum gefahren, da der schön angelegte Wohnmobilstellplatz an der Sprungbude Heidelberg außerhalb liegt.

Vom Karlstor aus schieben wir die Räder entlang der Hauptstraße durch die Einkaufsmeile mit vielen Geschäften sowie Cafés. Wir kommen am Karlsplatz, dem Kornmarkt und der Heiliggeistkirche auf dem Großen Marktplatz vorbei. Die Kirche ist mit ihren zahlreichen Bögen und Säulen im Innern sehr hübsch anzusehen, und gegen eine kleine Gebühr kann man auch auf den Turm steigen. Vom Marktplatz aus gehen wir gerade zum Neckar und gelangen zur alten Fußgängerbrücke. Unterwegs holen wir uns einen Heidelberger Studentenkuss, eine süße Spezialität. Von der anderen Flussseite aus bekommt man den berühmten Blick auf Heidelberg: Brücke, Altstadt und Schloss Heidelberg. Zu Letzterem wollen wir als Nächstes hoch. Dafür parken wir die Fahrräder am Kornmarkt bei der Bergbahnstation. Im Schlossticket ist die Hin- sowie Rückfahrt mit der Bergbahn nebst dem Schlosshofeintritt, der Besichtigung des Großen Fasses sowie der Einlass in das Deutsche Apotheken-Museum inklusive. Wer bis zum Königstuhl hochwill, wählt das Panoramaticket, wo alles Vorherige inklusive der Fahrt Molkenkur-Königstuhl dabei ist. Alles einsteigen, und schon geht die Fahrt mit der Bergbahn los. Wir steigen in der Mittelstation aus, um zum Schloss zu kommen. Es hat schon einiges erlebt, wurde bereits 1693 im Krieg zerstört und sogar vom Blitz getroffen. Trotz allen Widrigkeiten kann man das Gelände der Schlossruine erkunden, die Aussicht genießen und sich die reiche Sammlung zur Pharmaziegeschichte im Apothekenmuseum ansehen. Zurück in der Altstadt meldet sich der Hunger. In der Kulturbrauerei Heidelberg bekommen wir einen Tisch, teilen uns ein Vorspeisenbrett und wählen dann gebratene Maultaschen sowie Krustenbraten vom schwäbischen Landschwein. Das Essen schmeckt ausgezeichnet, und das Ambiente in dem hohen Raum ist sehr ansprechend.

Wohnmobilstellplatz Heidelberg
Harbigweg 1-3, 69124 Heidelberg
Telefon +49 6221 67 41 96 62
49.391760, 8.670835
womo@sprungbude-heidelberg.de

Nächster Tag, nächstes Schloss. Auf dem Weg nach Karlsruhe legen wir beim Schloss Bruchsal einen Halt ein. Der Prachtbau ist wunderschön, Barock, wie er besser nicht sein kann. Für die Fürstbischöfe von Speyer musste es repräsentativ und prunkvoll sein. Kaum vorzustellen, wenn man das Schloss heute sieht, dass im Zweiten Weltkrieg die Anlage komplett zerbombt und alles anhand

Oben: Spektakuläre Bühnenbilder und fantastische Acts auf dem Glücksgefühle-Festival auf dem Hockenheimring
Unten: Brücke, Altstadt und Schloss von Heidelberg auf einen Blick

mu se um
mu se
NATURBURSCHE
FREUT SICH AUF
NATURTALENTE

von Hunderten von Fotos wieder rekonstruiert wurde. Falls du wie wir ein Schlösser-, Burgen- und Monumentenfan bist, haben wir hier einen Tipp: Mit der Schlosscard erhält man für 39 Euro während eines Jahres Eintritt zu 26 bedeutenden Kulturdenkmälern in Baden-Württemberg. Beispielsweise auch zum nahe gelegenen Kloster Maulbronn, das zum UNESCO-Weltkulturerbe gehört. Ein ganz besonderes Erlebnis ist der Rundgang bei Nacht im Kerzen- und Fackelschein, an manchen Tagen sogar mit einem Glühwein zum Aufwärmen.

Vom Kultfahrzeug Unimog hast du bestimmt schon gehört, schließlich fahren viele davon auch als Wohnmobil umgebaut durch die Welt. In Gaggenau am ehemaligen Produktionsstandort wurde dem Universal-Motor-Gerät – kurz Unimog – ein ganzes Museum gewidmet. Sein Einsatzgebiet reicht von Land- und Forstwirtschaft bis hin zu Militär und Feuerwehr; es dient als Schneefräse sowie -pflug oder eben als Wohnmobil, das seine Reisenden durch Stadt, Land, Fluss, Berge und Wüste transportiert. Das Museum ist nicht riesig, aber wir finden es so was von spannend. Selbst für die Kleinen, denn während die Erwachsenen auf dem Außenparcours »nur« mitfahren können, dürfen die Tret-Unimogs von den Kindern ganz alleine gefahren werden. Aber Achtung, es besteht durchaus die Gefahr, dass man im Anschluss einen Unimog haben möchte, und ich rede nicht von den kleinen Tret-Dingern. Abends finden wir am Rhein bei der Fähre Plittersdorf-Selitz einen idealen Parkplatz zum Übernachten mit Blick auf den Fluss. Leider wurde in der Zwischenzeit wohl gebaut, und die Parkplätze sind nun nur noch für PKW zugelassen. Schade, der Platz war toll. Es finden sich aber beispielsweise in der App Park4Night noch weitere Rhein-Parkplätze in der Nähe, wo die Übernachtung noch möglich ist.

Unimog-Museum
An der B 462, Ausfahrt Schloss Rotenfels,
76571 Gaggenau
Telefon +49 7225 98 13 10
www.unimog-museum.com
48.817789, 8.294792
Geöffnet täglich außer Montag
von 10 bis 17 Uhr

Oben: Toll gemacht ist das Unimog-Museum in Gaggenau.
Unten: Am Rhein finden sich viele tolle Übernachtungsplätze.

Hinter dem Festspielhaus finden wir am nächsten Morgen in Baden-Baden einen Parkplatz. Auf dem Weg in die Altstadt kommen wir an der mit Fresken gesäumten Trinkhalle vorbei. Ein wirklich schönes Gebäude und

Teil des Kurhaus-Komplexes, der sich gleich daneben befindet. 2021 nahm die UNESCO elf bedeutende Kurstädte ins kulturelle Welterbe auf – darunter auch Baden-Baden. Die Städte sind Zeugnis der europäischen Bäderkultur. Als Promenadenhaus errichtet, mit Komödienhaus erweitert dienen die Gebäude des Kurhauses heute noch immer als Veranstaltungs- und Unterhaltungsort inklusive dem berühmten Spielcasino. Durch die Kolonnaden mit ihren noblen Geschäften gelangen wir in die Altstadt. Im Kaffeehaus Böckeler essen wir etwas, denn das Café ist bekannt für die auf Etageren servierten Frühstücksangebote mit leckeren Eierspeisen. Gestärkt kann die Erkundung des Schwarzwaldes nun mit der Schwarzwaldhochstraße losgehen. Die ausgeschilderte Strecke führt seit 1930 über 60 Kilometer von Baden-Baden bis nach Freudenstadt und bietet nebst tollen Aussichtspunkten auch viel Fahrspaß. Nach einigen Kilometern erreichen wir über die Panoramaroute den Nationalpark Schwarzwald. Von der Bühlerhöhe aus starten wir zu Fuß den Wildnispfad. Das ist ein richtiger Abenteuerweg, denn seit der Orkan Lothar im Jahr 1999 einen großen Teil der Bäume umgeworfen hat, wird hier nichts gemacht. Wir müssen mal über, mal unter dicken Baumstämmen durch und sehen, wie sich der Wald nach so einem Sturm wieder erholt. Das Ereignis ist schon über 20 Jahre her, seine Spuren aber sind noch immer deutlich sichtbar. Wer hoch hinaus und Fernsicht genießen will, der sollte ab Herrenwies zur Badener Höhe hochwandern. Die sechs Kilometer lange Rundtour führt durch Grinden (Glatzen) bis zum Friedrichsturm. Grinden sind baumlose Heidelandschaften. Im Restaurant Zur großen Tanne in Bühl-Unterstmatt essen wir zu Mittag – endlich gibt es richtig leckere Käsespätzle. Weitere spannende Ziele an der Schwarzwaldhochstraße sind der Sandsee, der Kletterpark in Mehliskopf, der Mummelsee mit der tollen Wanderung zum Hochmoor der Hornisgrinde, das Nationalparkzentrum Ruhestein mit dem Aussichtsturm, das Kloster Allerheiligen mit der Wanderung zu den Allerheiligen-Wasserfällen oder der Lotharpfad mit der Aussichtsplattform. Im Nationalpark Schwarzwald gibt es keine Camping- oder Stellplätze, und das freie Übernachten ist verboten. Kurz vor Freudenstadt liegt der Natur-Camping Langenwald etwas in der Senke an einem Fluss, dahinter die Straße. Wir haben in Freudenstadt auf dem offiziellen Wohnmobilstellplatz übernachtet. Der ist kostenlos und bietet Ver- und Entsorgung, man braucht aber Auffahrkeile, da die Fläche sehr schräg ist.

Oben: Die hübsche Trinkhalle gehört zum Kurhaus-Komplex von Baden-Baden.
Unten: Auf 60 Kilometern führt die Schwarzwaldhochstraße durch den Nationalpark.

ATELIER

MALER

Natur-Camping Langenwald
Straßburger Straße 167, 72250 Freudenstadt
Telefon +49 7441 28 62
info@camping-langenwald.de
48.458469, 8.373279

Wohnmobilstellplatz am Panorama-Bad
Dobelweg 47, 72250 Freudenstadt
Telefon +49 7441 86 47 30
48.471640, 8.415912

Freudenstadt hat nebst dem größten Marktplatz Deutschlands und den hübschen Gebäuden drum herum nicht sehr viel zu bieten. Da lohnt sich der Abstecher nach Gengenbach im Kinzigtal viel mehr. Der Wohnmobilstellplatz liegt in Gehdistanz zur Altstadt. Gengenbach hat einen unglaublich schönen und weitläufigen historischen Stadtkern. Wir machen den Stadtrundgang »Auf den Spuren des Ritters«, den man mittels eines Prospekts oder Audioguides, erhältlich in der Touristeninformation, selbstständig gehen kann. So kommen wir am Rathaus, dem Kornhaus, dem Kinzigtorturm, dem Wehrgang und vielen weiteren sehenswerten Gebäuden vorbei. Besonders hervorheben möchte ich die Engelsgasse, wegen der zauberhaften Fachwerkhäuser entlang des verträumten Gässchens sowie den Obertorturm, auf dessen Tordurchgang man hinauf und so den Blick über den absolut fantastischen Marktplatz genießen kann. Ja, Gengenbach liegt eigentlich nicht an der Route, denn nun geht es nach Stuttgart hinein. Aber ist nicht der Weg das Ziel?

Oben: Eingang zur hübschen Engelsgasse in Gengenbach
Unten: Blick vom Obertorturm auf den Marktplatz von Gengenbach

Wohnmobilstellplatz Womo-Park
Berghauptener Straße 29, 77723 Gengenbach
Telefon +49 7824 664 96 70
info@junglas-design.de
48.401009, 8.008448

Wer mehr Sehenswertes braucht, um den Abstecher zu rechtfertigen, der kann den Vogtsbauernhof in Gutach besuchen. Ein Freilichtmuseum rund um die typischen Schwarzwaldbauernhöfe samt Handwerkskunst und Darstellern in Tracht.

Stuttgart ist wie Düsseldorf so eine Stadt, die uns Camper einmal jährlich magisch anzieht, die aber die wenigsten Besucher tatsächlich besichtigen. Man ist nach einem Tag auf der Caravan-Motor-Touristik-Messe, kurz CMT, einfach platt. Warum es sich lohnt, doch in die Stadt zu fahren, erzähle ich hier. Fangen wir mit dem Praktischen an: Restaurants. In Carls Brauhaus gibt es uriges Ambiente, große Portionen mit deftigem Essen und viel Bier. Ganz ähnlich beim Ochs'n Willi. Ein Insider-Tipp ist das Gasthaus Bären.

Gasthaus Bären
Paulinenstraße 45, 70178 Stuttgart
www.gasthaus-baeren.de
48.772955, 9.169623

Weil es relativ klein ist, musst du reservieren. Hier gibt es Schwäbische Tapas, kleine Probierportionen mit Knödeln, Spätzle, Maultaschen, Schupfnudeln, Sauerkraut. Laut und eng, aber einfach superlecker. Die Innenstadt ist Shoppingzone. Schau bei Globetrotter vorbei, wo man Outdoorausrüstung für jedes Abenteuer findet. Die denkmalgeschützte Markthalle im Jugendstil ist auch toll. Daneben das alte und neue Schloss mit dem endlosen Schlossgarten. In der Nähe liegt der Killesbergturm, von dem aus man eine tolle Weitsicht hat. Autofans kann ich das Mercedes-Benz-Museum empfehlen, wo man über viele Etagen die Geschichte und Entwicklung des Automobils erleben kann. Oder wie wäre es mit einer Wanderung durch die Rebberge mit verschiedenen Besenwirtschaften, beispielsweise der Sieben Linden Waldschenke. Übernachtungsmöglichkeiten sind im Zentrum leider etwas rar, da gibt es nur den Campingplatz Cannstatter Wasen. Ansonsten ist das Übernachten auf einigen Parkplätzen geduldet. Dabei unbedingt die Beschilderung beachten.

Campingplatz Cannstatter Wasen
Mercedesstraße 40, 70372 Stuttgart
Telefon +49 711 55 66 96
info@campingplatz-stuttgart.de
48.793835, 9.219000

Wir lassen uns am Neckar entlang bis nach Tübingen treiben und haben dabei die Grenze zur Schwäbischen Alb passiert. Die pulsierende Universitätsstadt lockt mit einer malerischen Altstadt. Wir sind an einem heißen Septembertag hier, und die Neckarpromenade ist eine einzige Freiluftbar. Die Neckarfront ist das Aushängeschild der bezaubernden Altstadt. Wunderschön schmiegen sich die Fachwerkhäuser mit ihren bunten Fensterläden an den Fluss. Der Marktplatz ist anmutig mit seinem Kopfsteinpflaster und den prächtigen historischen Gebäuden, darunter das beeindruckende Rathaus mit seiner üppigen Fassadenbemalung und der astronomischen Uhr. Vor dem unteren Schlosstor bleiben wir stehen und staunen über den gigantischen Bau. Leider hat auch Tübingen keinen Stellplatz, da muss man schon auf einem Parkplatz übernachten, oder man fährt abends raus. Wir haben bei den Nebelhöhlen, auf dem schönen, im Grünen gelegenen Parkplatz übernachtet.

Oben: Die schönste Sicht auf die Neckarfront in Tübingen hat man von der Eberhardsbrücke aus.
Unten: Das bezaubernde Rathaus mit der üppigen Fassadenbemalung

GLAS-PORZELLAN

Nebelhöhlen-Parkplatz
Gewann Nebelhöhle, 72820 Sonnenbühl
48.417043, 9.222663
Die Höhle ist von Dezember bis Februar geschlossen; im März und November nur Sa und So, von April bis Oktober täglich ab 9 Uhr geöffnet.

Als wir ankamen, waren die Höhlen sowie das Restaurant daneben bereits geschlossen. Also doch selber kochen oder grillen, schließlich gibt es eine öffentliche Feuerstelle neben dem Parkplatz. Am nächsten Morgen stehen wir kurz nach Türöffnung am Eingang zu den Nebelhöhlen, lösen die Tickets und steigen über viele Stufen hinab. Eine Jacke ist auch im Sommer zu empfehlen, damit man während der Erkundung der verwinkelten Höhlen nicht friert. Wunderschöne Stalagmiten und Stalaktiten wachsen in den zahlreichen Räumen. Ein schönes Ausflugsziel für Hobby-Höhlenforscher. Im Anschluss wandern wir über den »hochgehträumt«-Premiumwanderweg bis zum Schloss Lichtenstein. Das ist einer von insgesamt 21 zertifizierten Wanderwegen unter dem Übernamen »hochgehberge«, die durch das Biosphärengebiet der Schwäbischen Alb führen. Der Rundweg hat eine Länge von 10,9 Kilometern und überwindet eine Höhendifferenz von 220 Metern. Über schöne Wege kommen wir zum majestätischen Schloss Lichtenstein, machen einen Abstecher zum Alten Forsthaus, wo wir zu Mittag essen, und wandern durch die verwunschenen Wälder zurück zum Parkplatz an der Nebelhöhle, wo unser Gelber auf uns wartet.

Oben: Wanderparkplatz der Uracher Wasserfälle, wo wir die Nacht verbrachten
Unten: Das wunderschöne Schloss Lichtenstein bei Abendsonne

Bad Urach lockt uns mit seiner Altstadt, in der prachtvolle Fachwerkhäuser stehen. Die Stadt ist nebst der hübschen Altstadt für zwei Dinge bekannt: die Uracher Wasserfälle sowie die AlbThermen. Eine Wanderung haben wir heute schon gemacht, daher widmen wir uns direkt dem Thermalbad. Praktischerweise hat man im Camper ja alles für jeden Einsatzzweck dabei, also schnappen wir uns unsere Badesachen, lösen die Tickets und starten mit der Erholung. Sieben verschiedene Saunas, mehrere Thermalwasser-Becken mit von 32 bis 38 Grad warmem Quellwasser, und mittendrin ein Kronleuchter, als wären wir in einem Königspalast. Erholt fahren wir nur noch ein paar Meter über die Bahnlinie zum Wanderparkplatz der Uracher Wasserfälle, wo wir die Nacht verbringen. Auf dem Hinweg haben wir in der Nähe die Pizzeria La Cascata entdeckt. Die Lust hat uns überkommen, und obwohl das Lokal von außen wie ein Schnellimbiss aussieht, liegt dem netten italienischen Betreiberpaar die Qualität des Essens am Herzen. Die Pizzen waren richtig lecker.

Wanderparkplatz Uracher Wasserfälle
Vorderes Maisental 6, 72574 Bad Urach
48.496950, 9.373733

Am Morgen wandern wir die kleine, 4,4 Kilometer lange Runde zum Uracher Wasserfall und zurück. Der Wasserfall führt im Herbst nicht viel Wasser, ist aber trotzdem hübsch anzusehen, und der Weg dorthin mit den Treppen durch den Wald ist ganz nett. Zurück beim Camper fahren wir ins Zentrum, nutzen die »Brötchentaste« am Parkautomaten bei der Amanduskirche – sie ermöglicht das kostenfreie Parken für 60 Minuten – und setzen uns ins Uracher Brezelbäcker Café. Dort lesen wir auch die Legende zur Brezel und warum es einst lebensrettend war, dass die Sonne da dreimal durchscheinen kann.

Eine kurze Fahrt später erreichen wir das Freilichtmuseum von Beuren, wo originale Häuser aus dem Mittleren Neckarraum und der Schwäbischen Alb gezeigt werden. Im Museumsdorf schlendern wir durch die Häuser. Im Back- und Waschhaus wird gearbeitet, im Schafstall leben Tiere, und im Bauernhaus sieht alles so aus, als käme die Bäuerin gleich aus dem Garten zurück. Dank der Audioguide-App erhalten wir viele Einblicke in die Geschichte der Bewohner. Das Freilichtmuseum ist richtig hübsch und authentisch gemacht. Schauen wir doch gleich mal, wie es auf einem realen Hof heute zugeht. Dafür fahren wir zum Sulzburghof in Lenningen. Vier Generationen leben und arbeiten hier. Dabei betreiben sie nicht nur Landwirtschaft, sondern führen einen Hofladen mit Café, bieten Hofführungen und Räumlichkeiten für Veranstaltungen an. Erst machen wir einen Rundgang über den Hof, schauen in die Ställe und spazieren entlang der Informationstafeln. Zum Schluss besuchen wir auch den Hofladen, wo wir einige Leckereien einkaufen und zwei Stück Speckkuchen mitnehmen, die wir gleich draußen mit Blick auf die Streuobstwiese genießen. Beuren hat für Camper einen schönen Wohnmobilstellplatz gleich bei der Panorama Therme Beuren eingerichtet.

Wohnmobilstellplatz der Panorama Therme Beuren
Am Thermalbad 20, 72660 Beuren
Telefon +49 7025 91 05 00
panorama-therme@beuren.de
48.565479, 9.397234

Ein Stück weiter befindet sich die Falkensteiner Höhle, die Teil des UNESCO-Geoparks Schwäbische Alb ist. Vom Parkplatz aus sind es nur wenige Minuten bis zum Höhleneingang. Gute Taschenlampen sind wieder

Oben: Bad Urach lockt mit den AlbThermen, den Wasserfällen und einer hübschen Altstadt.
Unten: Schön gestaltet und authentisch kommt das Freilichtmuseum von Beuren daher.

FREILICHTMUSEUM BEUREN
Willkommen im Freilichtmuseum Beuren
www.freilichtmuseum-beuren.de

gefragt, denn obwohl der Höhleneingang groß ist, wird es schnell enger, bis man irgendwann nur noch robbend weiterkommt. Als sich dann am Boden auch noch Wasser sammelt, haben wir genug und drehen um. Die Höhle ist wohl um die fünf Kilometer lang – »wohl«, weil die Erforschung erst läuft. Selber kommt man rund 100 Meter weit rein. Man kann aber eine geführte Tour mit Neoprenanzug, Helm und vollem Paket buchen und so diese beeindruckende Wasserhöhle betreten. Zurück am Parkplatz sehen wir einige Guides von Cojote Outdoor Events, die gerade die Ausrüstung für die erwartete Gruppe vorbereiten. Bestimmt ein super Erlebnis.

Außerhalb von Münsingen liegen die Lagerhallen des Albguts. Verschiedene Manufakturen und Geschäfte haben sich in den 140 historischen Gebäuden niedergelassen. In der Tress Nudel-Manufaktur schauen wir bei der Produktion hinter der Glasscheibe zu. Es gibt auch Öle, Woll- und Naturmodegeschäfte, eine Rösterei sowie eine Genusswerkstatt. Ein toller und spannender Ort.

Albgut Altes Lager
Königstraße 10, 72525 Münsingen
Navigation: Hahnensteig, 72525 Münsingen
www.albgut.de
48.416669, 9.538644

Der Straße Richtung Blaubeuren folgend fahren wir durchs Achtal, wo sich gleich mehrere Schätze verbergen. Den Blautopf werden wir noch sehen, er ist bekannt und bei Touristen beliebt. Seinen kleinen Bruder, die Urspringquelle kennt hingegen kaum jemand, dabei ist die Quelle doch genauso blau, dazu in viel grünerer und ruhigerer Umgebung hinter dem ehemaligen Urspringkloster. Bei einem kurzen Spaziergang sehen wir uns den kleinen Quellsee an, spazieren noch ein Stück weiter den Schildern entlang und kommen zum Achtopf. Noch eine Karstquelle mit tiefblauem Quellsee in schöner Umgebung.

Gleich drei Höhlen im Achtal gehören mit weiteren im Lonetal zum UNESCO-Welterbe Höhlen und Eiszeitkunst der Schwäbischen Alb. Die Höhlen zeugen von urzeitlicher Kunst, so wurden beispielsweise die weltweit ältesten Musikinstrumente darin gefunden. Die Höhle Hohler Fels bei Schelklingen gehört zu den größten Hallenhöhlen, und in ihr finden noch immer Ausgrabungen statt. Die Funde reichen von der jüngeren Altsteinzeit bis zu den Neandertalern. Die Höhle samt Ausstellung kann von Mai bis Oktober besichtigt werden. Die Sirgensteinhöhle unter dem mächtigen Felsmassiv ist frei zugänglich und nur während der Brutzeit der dort lebenden

Oben: Die Falkensteinhöhle kann ausgiebiger nur im Rahmen einer Tour besichtigt werden.
Unten: Gleich am Blautopf steht das Kloster von Blaubeuren.

Wanderfalken kurzzeitig gesperrt. In die Geißenklösterlehöhle kann man nur durch ein Gitter hineinsehen.

Und dann sind wir auch schon in Blaubeuren. Ruhig, zentrumsnah und unter Bäumen parken wir auf dem Wohnmobilstellplatz und bekommen beim Einchecken am Automaten gleich noch einen Schwimmbadeintritt dazu. Dankeschön! Zu Fuß machen wir uns auf in die historische Altstadt. Im liebevoll gestalteten Urgeschichtlichen Museum können die sensationellen Funde aus den Eiszeithöhlen der Umgebung bestaunt werden, unter anderem 40 000 Jahre alte Flöten. Man muss sich mal vorstellen, was diese Musikinstrumente schon alles erlebt haben. Durch die hübschen Gassen und den Klosterhof des Benediktinerklosters hindurch nähern wir uns dem Blautopf. Vorbei an der Hammerschmiede und der Statue der schönen Lau schlendern auch wir um die beeindruckend tiefblaue Karstquelle.

Wohnmobilstellplatz Blaubeuren
Dodelweg 20, 89143 Blaubeuren
Telefon +49 7344 96 69 90
womo@blaubeuren.de
48.415354, 9.790998

In Ehingen gibt es einen Wanderweg, den mein Lebenspartner noch lieber gehen will als ich. Der Bierwanderweg führt auf 14 Kilometern durch die Bierkulturstadt und vorbei an den fünf Brauereien. Start ist auf dem großen Marktplatz im historischen Zentrum. Zur Tour gibt es einen Audioguide, den man sich mittels QR-Code an den jeweiligen Stationen übers Smartphone anhören kann. Da bleibt nur die Qual der Wahl, in welcher Brauerei man einkehren will. Unsere Entscheidung ist auf die Brauerei Goldener Adler gefallen, wo es für Lui ein Ehinger Fassweizen und für mich ein Radler gibt. Während wir die kühlen Getränke genießen, finden wir auch heraus, was hier so stinkt. Wir dachten ja erst, unser Camper hätte bei der Fahrt nach Ehingen eine Panne, es stank nach geschmolzenem Plastik und Schweinegülle. Tatsächlich kommt der Gestank von der Papier- und Verpackungsfirma im Ort, und es gibt sogar einen Spruch dazu: »Kommt der Wind aus Schmiechen, tut es komisch riechen.« Komisch ist dabei eine sehr nette Beschreibung des penetranten Geruchs. Daher wollen wir auch noch ein Stückchen fahren, bevor wir uns einen Platz für die Nacht suchen, obwohl Ehingen einen großen kostenlosen Stellplatz bietet. In Munderkingen haben wir Glück und erwischen den letzten von drei offiziellen Wohnmobilplätzen. Zwischen Stadtpark, Donau und Wohnquartier verbringen wir eine ruhige Nacht.

Oben: Mit seiner einzigartigen Farbe lockt der Blautopf Besucher nach Blaubeuren.
Unten links: Per Boot kann man die Wimsener Höhle erkunden.
Unten rechts: Durch Ehingen führt ein 14 Kilometer langer Bierwanderweg.

BierKulturHotel
Schwanen
Schwanengasse 18/20
Ehingen
150 m
Brauhaus
Schwanen
Schwanen
Schwanengasse 18
Ehingen
150 m
Schwert
Brauereigasthof
Viehmarkt 9 - Ehingen
250 m
3 km

Wohnmobilstellplatz Munderkingen
Marchtaler Straße 12, 89597 Munderkingen
48.238283, 9.641118

Die Wimsener Höhle ist die einzige befahrbare Wasserhöhle in Deutschland, und da sie perfekt an unserer Route liegt, wollen wir die Bootstour machen. Auf dem Besucherparkplatz stellen wir den Van ab und sind in wenigen Minuten beim Höhleneingang. Dort lösen wir ein Ticket und können gleich ins nächste Boot mit rein. Das ist großes Glück, denn die zwei Boote fassen je nur zehn Personen, und an Tagen mit reichlich Besuchern bucht man sich sein Zeitfenster besser im Voraus. Unsere Bootsführerin zieht unseren Kahn geschickt an Seilen und Felsen entlang durch die Höhle. Das Wasser ist glasklar und funkelt dabei in wunderschönen Türkisfarben. Wir sehen sogar die Fußabdrücke von Tauchern im Lehm unter Wasser. Nach rund 70 Metern wechselt sie vom Bug ins Heck des Bootes, und die Fahrt geht zurück. Den Rest der 1260 Meter langen Höhle können nur Taucher mit Spezialausrüstung besichtigen. Die Fahrt ist zwar kurz und, aber doch wunderschön dank den Erzählungen der Bootsführerin sehr informativ.

Oben: Von der Donaubühne aus sieht man das Schloss Hohenzollern am schönsten.
Unten: Über 3000 Exponate warten in der Ritterhalle in Sigmaringen auf Entdecker.

Der Donau weiter folgend fahren wir nach Sigmaringen. Die Stadt ist vor allem für ihr prunkvolles Schloss Hohenzollern bekannt. Wir parken am Flussufer und gehen erst über die Brücke zur Donaubühne. Der Blick auf das Schloss Hohenzollern ist einmalig schön, wie es auf dem Felsen thront. Schilder weisen den etwas verwinkelten Weg hinauf zum Schlosstor. An der Kasse lösen wir die Tickets samt Audioguide und starten den Rundgang. Das Schloss wird bis heute teilweise von der Familie Hohenzollern bewohnt, weshalb nur ein Teil für Besucher zugänglich ist. Die Ausstellung ist liebevoll mit vielen Details hergerichtet, und dank des Audioguides ist man mittendrin auch wenn die Familiengeschichten teilweise etwas langatmig sind. Eines der Highlights kommt zum Schluss: der Gang durch die imposante Ritter- und Waffenhalle, die mit über 3000 Exponaten zu den größten Europas zählt. Anfang September findet auf dem Schloss ein Mittelalterspektakel mit Ritterturnier statt. Das ist in dem Ambiente bestimmt unglaublich authentisch und eindrucksvoll. Nach der Schlossbesichtigung schlendern wir noch durch die ebenfalls sehenswerte Altstadt. Gegen Abend fahren wir zur Zigeunerhöhle Unterschmeien, wo wir die Nacht im Grünen verbringen.

Zigeunerhöhle Unterschmeien
72488 Sigmaringen
48.087577, 9.159009

Der neue Tag wird mit einer Wanderung zu zwei Brücken gestartet, die unterschiedlicher kaum sein könnten. Dafür fahren wir ein Stück zurück, um den Camper auf dem Parkplatz Amalienfelsen abzustellen. Erst nehmen wir den falschen Weg zur Meinradskapelle, wo wir unerwartet bereits einen super Blick auf die Teufelsbrücke bekommen. Ein Stück zurück wählen wir nun den anderen Weg und gelangen zur Hängebrücke. Die moderne Seilkonstruktion überspannt die Donau imposant und wackelt ganz schön, als wir sie betreten. Rechts herrum und die Treppen hinauf, dann erscheint die Teufelsbrücke vor uns. Eine wunderschöne alte Steinbogenbrücke, die die Kluft zwischen zwei Felsen überspannt. Der Weg nimmt uns weiter mit durch den Fürstlichen Park Inzigkofen, vorbei am Bauernmuseum, über eine dritte Holzbrücke und zu den Amalienfelsen, bevor es über die Hängebrücke zurück zum Parkplatz geht.

Die Landstraße 277 führt wunderschön durch den Naturpark Obere Donau und begleitet den jungen Fluss mit seinen Windungen. Das Tal ist von steilwandigen Kalkfelsen umgeben, über die Wanderwege mit einmaligen Aussichtspunkten führen. Besonders schöne sind der Knopfmacherfelsen bei Fridlingen, der Eichfelsen bei Irndorf und der Felsenkranz um Schloss Werenwag. Auch wir wollen wandern gehen. In Beuron parken wir den Campervan auf dem schön angelegten Wohnmobilstellplatz, wo auch gleich der Wanderweg DonauWelle Eichfelsen-Panorama startet. Die Rundtour ist 14 Kilometer lang, hat es mit 590 Höhenmetern, die mitunter die wirklich steilen Felswände hochgehen, aber schon in sich. Wir starten zügig mit dem ersten Anstieg, der aber auch gleich mit wunderschönen Aussichten auf das Kloster Beuron und das Donautal belohnt. Nur mit kleinen Aufs und Abs wandern wir an Irndorf vorbei, durch den Felsengarten und gelangen zum Aussichtspunkt Eichfelsen. Wow, das Durchbruchtal der jungen Donau von dieser Perspektive gesehen ist gigantisch schön. Auf der Bank dahinter machen wir eine kurze Rast. Denn nun folgen 200 Höhenmeter Abstieg, um über die Donau zu gelangen und auf der anderen Seite die Höhenmeter wieder aufzusteigen. Wir erreichen die Burg Wildenstein, heute eine Jugendherberge. Im Innenhof befindet sich die Burgschenke, wo wir einkehren, und da fällt es mir wie Schuppen von den Augen, warum ich die ganze Wanderung über schon denke, dass mir der Name »Donauwelle« etwas sagt. Es ist ein Kuchen! Ein sehr leckerer sogar, und der steht in doppelter Ausführung gerade auf dem Tisch zwischen uns beiden – aber nicht mehr lange. Einige Kilometer liegen noch vor uns, darunter auch ein letzter Anstieg. Frisch gestärkt packen wir es an und erreichen nach insgesamt 6,5 Stunden den Wohnmobilstellplatz. Das war eine anstrengende, leckere und vor allem aussichtsreiche Tour.

Oben: Besonders schön sind die Ausblicke ins Donautal von oben.
Unten: Die steinerne Teufelsbrücke im Fürstlichen Park Inzigkofen

Wohnmobilstellplatz am Kloster Beuron
Abteistraße 24, 88631 Beuron
Telefon +49 7579 921 00, info@beuron.de
48.052921, 8.967548

Nach der langen Wanderung gestern lassen wir es heute etwas ruhiger angehen. Ich habe ja schon verraten, dass ich ein Burgen- und Mittelalterfan bin. Daher will ich mir den Campus Galli in Meßkirch ansehen. Das ist eine Baustelle, auf der – so weit gesetzlich möglich – wie im Mittelalter ein Dorf aufgebaut wird. Am Anfang stand der berühmte, von Mönchen über Jahre gezeichnete St. Galler Klosterplan. Der Plan ist ein Konzept mit über 40 Gebäuden für die Funktion des klösterlichen Alltags. Anhand dieses Planes, der im Jahr 830 n. Chr. erstellt, aber nie umgesetzt wurde, entsteht nun in Meßkirch der Campus Galli.

Campus Galli, Karolingische Klosterstadt e.V
Hauptstraße 25-27, 88605 Meßkirch
www.campus-galli.de
48.033011, 9.110191

Oben: Bauen wie im Mittelalter, dieser Herausforderung stellt sich der Campus Galli.
Unten: Auch Tiere gehören zum Campus Galli, hier zwei Streithähne.

Seit Baubeginn im Jahr 2013 sind schon zahlreiche Gebäude entstanden, darunter die Schmiede, eine Schindelmacherwerkstatt oder die Weberei. Und noch immer wird gebaut mit den Techniken aus dem frühen Mittelalter und nach Möglichkeit auch mit den verwendeten Materialien. Wir als Besucher gehen mitten durch die Großbaustelle. Können den Zimmermännern beim Bau eines Dachstocks zusehen, den Schindelmachern beim Zerkleinern der Holzlatten und den Töpfern beim Krügefertigen. Die Besichtigung ist unglaublich spannend und von April bis November möglich. Es werden auch öffentliche Rundgänge sowie Themenführungen angeboten. Der Besuch ist eine einzigartige Zeitreise in eine lebendige Geschichte und sehr zu empfehlen.

Dem Bodensee kommen wir immer näher und somit auch unserer Heimat. Noch ein paar Tage bleiben uns auf diesem Roadtrip, und die wollen wir gut nutzen. Etwas nördlich von Stockach parken wir am Waldrand und packen mal wieder Stirnlampe und Pullover ein. Im Wald verstecken sich die Heidenhöhlen. Erst folgen wir einem Forstweg, dann wird der Pfad immer schmaler, bis nur noch ein enger Weg am Felshang entlangführt. Da will man nicht ausrutschen, gute Schuhe sind daher auch für diese ansonsten anspruchslose Tour zu empfehlen. Und dann tauchen die ersten Eingänge im Sandstein auf. Es sind in den Felsen gehauene Gänge und Räume, die teilweise sogar verbunden sind. Gleich in der ersten längeren Höhle mit zwei Eingängen entdecken wir im kleinen Seitenraum eine Fledermaus, die sich im Spalt versteckt. Wegen den Fledermäusen sind die tieferen Höhlen über den Winter verschlossen. Noch ein Stück weiter sind verschiedene Nischen ins Molassegestein – die Sandsteinart – eingeschlagen. Der Weg ist durchgehend und führt wieder zurück zum Parkplatz. Eine abenteuerliche und landschaftlich sehenswerte Runde.

Schon vor Stockach liegt die Grenze zum Hegau. Einer Region am westlichen Bodensee, die als Vulkan- und Burgenland bekannt ist. Früher war ich regelmäßig in Singen bei einer Freundin zu Besuch, und da wir schon dazumal beide Mittelalterfans waren, gehörte der Hohentwiel zu unseren liebsten Ausflugszielen. Mit unseren eigenen Schwertern haben wir im Wald am Vulkanfelsen gekämpft. Nun mal wieder zur Ruine hochzugehen, ist wie eine Zeitreise in die Vergangenheit. Der Hohentwiel ist prädestiniert als Burgenstandort; so sieht man von ihm über den Bodensee und die Hügel des Thurgaus – nebenbei erwähnt: mein Heimatkanton – bis hin zu den Gipfeln der Alpen. Im Jahr 914 entstand die erste Burganlage auf dem Vulkanschlot, und bis heute sind Überreste der vielfach veränderten Anlage mit ihren Verteidigungsmauern sowie Kasematten erhalten. Auch ein mächtiger Turm steht noch, auf den man hinauf und so den besten Blick übers Hegau genießen kann. Wohnmobile sind auf dem Parkplatz am Hohentwiel aufgrund der beengten Platzverhältnisse unerwünscht, die Parkplätze sind PKW vorbehalten. Parken kann man entweder auf dem offiziellen Stellplatz auf dem Festplatz Offwiese oder beim Friedhof. Der Aufstieg ist recht steil, ein E-Bike leistet gute Dienste. Mit der App »Monumente 3D« kann ein Audioguide aufgerufen werden, damit man bei der Besichtigung noch mehr Hintergrundwissen bekommt. Die Anlage zählt mit ihren neun Hektar zu den größten Festungsruinen Deutschlands. Tickets unbedingt unten beim PKW-Parkplatz kaufen, oben am Kiosk ist das nicht mehr möglich. Am Eugentor befindet sich der Einlass zur unteren Festung. Wer sich hier umgesehen hat, geht durch das Salzbüchsle-Tor in die obere Festung, wo auch der Kirchturm steht, den man besteigen kann. Für mich ist und bleibt der Hohentwiel mit seiner Festung ein ganz spezieller Ort mit vielen schönen Erinnerungen.

Wohnmobilstellplatz Festplatz Offwiese
Schaffhauser Straße 43,
78224 Singen (Hohentwiel)
Telefon +49 7731 855 14, tourist-info@singen.de
47.758784, 8.828500

Oben: Einer der Eingänge in die Heidenhöhlen im Sandstein
Unten: Die Festungsruine Hohentwiel bietet freie Sicht bis in die Alpen.

Mit Radolfzell sind wir am Bodensee angekommen. Eine wunderschöne Region mit vielen Sehenswürdigkeiten, die es Campern aber nicht leicht macht. Infrastruktur ist vorhanden, doch parken ist bereits tagsüber schwierig. Die Stellplätze sind teuer und liegen oft direkt an viel befahrenen Straßen. Die Campingplätze wollen am liebsten nur Gäste, die mehrere Nächte bleiben. Am einfachsten ist es tatsächlich, sich eine Basis zu suchen und von dort per Fahrrad oder Schiff Touren zu machen. In Radolfzell am Bodensee ist der Wohnmobilstellplatz Mettnau schön angelegt und bietet sogar ein Sanitärhaus mit Toiletten und Duschen. Dort parken wir und gehen zu Fuß in die Altstadt, die innerhalb einer Viertelstunde erreichbar ist. Unter dem Bahnhof hindurch gelangen wir ans Bodenseeufer und trinken etwas auf der Terrasse des Bistros Bootshaus. Gegen Abend schlendern wir durch die Altstadtgassen, kommen am Münster vorbei und gehen im Restaurant Alte Zunft essen. Schwäbische Gerichte von Maultaschen über Zwiebelrostbraten und Käsespätzle stehen allesamt auf der Karte und schmecken sehr gut.

Oben: Der Stellplatz in Radolfzell ist hübsch, modern und gut gelegen.
Unten: Auf der Insel Reichenau kann man zwischen Camping- oder Stellplatz wählen.

Restaurant Alte Zunft
Löwengasse 10, 78315 Radolfzell am Bodensee
www.radolfzell-alte-zunft.de
47.738267, 8.969901

Wer länger auf dem Stellplatz bleibt, dem kann ich das Strandbad Mettnau zum Schwimmen empfehlen oder den Mettnauturm. Wie wäre es mit einer Schiffsfahrt auf die Insel Reichenau? Da fahren wir gerade mit dem Campervan hin. Die Klosterinsel zählt zum UNESCO-Weltkulturerbe. Über die wunderschöne Pappelallee auf dem Fahrdamm gelangt man durch das Naturschutzgebiet Wollmatinger Ried auf die Reichenau. Die 4,4 Kilometer lange Insel lässt sich gut zu Fuß oder per Fahrrad erkunden. Dafür parkt man am besten auf dem Campingplatz Sandseele oder dem nahe gelegenen Wohnmobilstellplatz, wo auch der Inselrundweg entlangführt. Die Klosterinsel ist nicht nur für ihre drei mittelalterlichen Kirchen bekannt, sondern auch für die Landwirtschaft mit Obst- und Gemüsebau, Kräutern und Wein. Auf dem Inselrundweg kommen wir daher immer wieder an Gemüsefeldern, an Treibhäusern und Obstplantagen vorbei. Nette Restaurants liegen am Wegesrand wie die Schiffläride, die Fischerstube oder der Seeräuber. Natürlich befinden sich auch die drei Kirchen am Weg. Die erste am Inseleingang ist die Stiftskirche St. Georg. Von außen ein gelber, wenig spektakulärer Bau, zeigt sich im Inneren mit den vielen Fresken ihre wahre Schönheit. Die Kirche ist nur mittels Führung zu besichtigen. In Mittelzell steht das Münster St. Maria und Markus. Ein imposanter burgähnlicher Bau, der öffentlich zugänglich ist. An der hintersten Inselspitze in Niederzell befindet sich die wunderschöne Kirche St. Peter und Paul, mit der Doppelturmfassade und dem Kräutergarten drum herum. Im Innern betrachten wir die Rokoko-Stuckdecke, unter der man Wandmalereien vergangener Zeiten entdeckt und teilweise freigelegt hat.

Mit Konstanz folgt die nächste sehenswerte Stadt am Bodensee. Genauso wie die Deutschen Mallorca zum 17. Bundesland gemacht haben, zählen wir Schweizer Konstanz zur Schweizer Eidgenossenschaft, gibt es in Konstanz doch vermutlich mehr Postanschriften von Schweizern als Konstanzern selber. Spaß beiseite. Die historische Altstadt mit ihren malerischen Gässchen lädt zum gemütlichen Einkaufsbummel, der Hafen mit südlichem Flair und atemberaubender See- und Alpenkulisse zum Flanieren und die Gastronomie zum grenzenlosen Genießen. Konstanz sprüht vor Leben – egal ob im Winter oder Sommer. Um sich einen guten Überblick über die Perle am Bodensee zu verschaffen und sich zu orientieren, lohnt sich der Aufstieg auf das Münster, von wo aus man einen fantastischen Blick über die Stadt bis hin zu den Alpen hat. Wieder unten angekommen, sind die Möglichkeiten schier unendlich. Ein Café am Hafen? Ein Besuch im Sea Life oder im Rosgartenmuseum? Alles ist möglich. Daher lohnt es sich durchaus, gleich mehrere Tage in der Stadt zu verbringen. Nur die Übernachtungssituation ist – bodenseetypisch – nicht ganz einfach. Am Döbeleplatz, dem offiziellen Wohnmobilstellplatz, steht man zentral, unschön und umgeben von Straßen sowie der Bushaltestelle, und das für 25 Euro. Etwas gemütlicher ist es an der Bodensee-Therme, wo es drei (und bitte nicht mehr) Wohnmobilparkplätze gibt. Ins Zentrum ist es aber weit. Fast am schönsten steht man auf der Schweizer Seite im Hafen bei der Bodensee-Arena. Zwei Nächte darf man da übernachten, und für 15 Franken ist das auch preislich ganz in Ordnung. Bitte stell dich dort aber ausschließlich auf die ausgewiesenen Plätze auf dem Schotterplatz, denn das Übernachtungsverbot wurde erst vor Kurzem wieder aufgehoben.

Stellplatz an der Therme Konstanz
Zur Torkel, 78464 Konstanz
47.666310, 9.208085

Parkplatz Bodensee-Arena Schweiz (Achtung Rooming!)
Seestraße 45, CH-8280 Kreuzlingen
47.652809, 9.180136

Oben: Die Hafenpromenade in Konstanz lädt im Sommer und Winter zum Verweilen ein.
Unten: Auch am Seerhein – Verbindung Bodensee zum Untersee – ist es schön.

Blumenfreunde aufgepasst: Die Insel Mainau befindet sich nur 15 Fahrminuten von Konstanz entfernt im Überlinger See, einem Seitenarm des Bodensees. Die Blumeninsel bietet das ganze Jahr über auf 45 Hektar prächtige Gärten und Parklandschaften. Im Schmetterlingshaus leben mehr als 120 Arten von Tagfaltern, die sich in der tropischen Halle frei bewegen. Auch im Palmenhaus, dessen Architektur schon von außen bewundert werden kann, wird's tropisch mit über 20 Palmenarten, die bis zu 15 Meter hoch sind. Im Frühling sowie Herbst findet darin die beliebte Orchideenschau statt. Seit Kindertagen ist die Mainau ein Ausflugsziel, das wir alle paar Jahre mal anfahren. Der Rundgang ist einfach immer wieder wunderschön. Wer die Ausstellung auf der Mainau besuchen möchte, dem empfehle ich, das Ticket vorab online zu lösen und so ein paar Euro zu sparen.

Für mich geht die Reise mit der Fähre ab Konstanz nach Meersburg alleine weiter, Lui muss zurück nach Hause. Die Fähren fahren regelmäßig, und das Ticket löst man auf der Fähre. Vom Wasser aus bekomme ich einen ersten guten Blick auf Meersburg, das sich malerisch an den Hügel schmiegt und von der Burg Meersburg überragt wird. Das Parken ist wieder etwas schwierig, denn am Hafen sind

nur PKW-Parkplätze. Fährt man vor dem Parkhaus scharf links, kommen am Rebberg viele Parkplätze am Straßenrand, wo man auch mit Wohnmobilen parken darf. Es übernachten wohl auch einige hier, aber das wäre mir zu ungemütlich, da man direkt an der Straße steht, wo auch der Bus entlangfährt. Zum Übernachten empfehlen sich die Stellplätze etwas oberhalb der Altstadt, obwohl auch die nicht schön, nahe der Straße und dafür eigentlich zu teuer sind. Am schönsten steht man in Stetten bei der Alten Brennerei, nach Meersburg ins Zentrum braucht man dann aber schon ein Fahrrad.

Wohnmobilstellplatz Ergeten
Daisendorfer Straße, 88709 Meersburg
Telefon +49 7532 44 04 00, info@meersburg.de
47.701015, 9.268396

Wohnmobilstellplatz an der Alten Brennerei
Riedetsweilerstraße 5, 88719 Stetten
Telefon +49 7532 57 09,
info@zuraltenbrennerei.de
47.692656, 9.298135

Panorama-Fährfahrt von Konstanz nach Meersburg mit Alpenblick

Ich starte meine Erkundung an der Meersburger Seepromenade in der Unterstadt. Über verschiedene Treppen gelangt man malerisch durch die Rebberge oder romantisch über die Burgweganlage in die Oberstadt. Die besteht aus wunderschönen Fachwerkhäusern und romantischen Gassen. Die mittelalterliche Burg Meersburg ist über 1000 Jahre alt und beheimatet das spannende Mittelaltermuseum sowie das Burg-Café. Über eine weitere Treppe komme ich zum Schlossgarten vor dem neuen Schloss, das die barocke Residenz der Fürstbischöfe von Konstanz ist. Die Aussicht von der Terrasse über die Altstadt und den Bodensee bis in die Alpen ist magisch. Wer sich für Wein interessiert, dem kann ich das Weinmuseum empfehlen. Eine interaktive Ausstellung führt durch die toll gestalteten Räume. Der Duftraum ist spannend, da kann man die Aromen des Weins erschnuppern. Im Weinkeller befindet sich die Weinbar mit verschiedenen regionalen Sorten zum Verkosten, die man selber aus dem Vinomat lassen kann.

In Uhldingen steht das beeindruckende Pfahlbautendorf, das zusammen mit anderen prähistorischen Bauten um die Alpen in die Liste der UNESCO-Welterbestätten aufgenommen wurde. Auf einer Schulreise waren wir vor vielen Jahren einmal dort und haben uns die Bauten zeigen lassen. Heute muss ich die Anreise selber organisieren. Parkplätze gibt es vor Ort keine, bei der Touristeninformation sind Wohnmobile unerwünscht, die sollen am Sport- und Funpark stehen. Man darf auf dem Parkplatz auch übernachten, eigentlich müsste man aber Geld dafür bekommen, anstelle 30 Euro für 24 Stunden (!) zu bezahlen. Der Platz befindet sich 1,5 Kilometer von den Pfahlbauten und dem Zentrum entfernt, er liegt nicht nur an der E 54, der Hauptverkehrsachse am Bodensee, sondern auch an einer Hauptstraße, und eine Johanniter-Rettungswache hat einen Stützpunkt am Platz. Die fahren regelmäßig mit Blaulicht und Martinshorn davon. Ich denke, du verstehst, was ich damit meine, dass der Bodensee für Camper keine einfache Reiseregion ist. Ich habe genug davon und fahre auf den Campingplatz Birnau-Maurach. Der liegt direkt am See sowie am Radweg. Nach dem Check-in besuche ich die Pfahlbauten mit dem Fahrrad. Im Anschluss radle ich auch noch zum Kloster Birnau hoch. Nicht nur das Kloster selber ist wunderschön, sondern auch die Aussicht auf den See hinab.

Camping Birnau-Maurach
Birnau-Maurach 7, 88690 Uhldingen-Mühlhofen
Telefon +49 7556 66 99
www.birnau-maurach.de
47.746024, 9.219787

Oben: Der mediterrane Hafen der wunderschönen Ortschaft Meersburg
Unten: Vom Kloster Birnau aus hat man tolle Aussichten über den Bodensee.

Baden, Angeln
und Radfahren
verboten

Biodegradabile & Compostable

In Überlingen etwas weiter am See entlang ist am Tag darauf Markttag. Der findet immer samstags sowie mittwochs – also heute – statt. Beim Busbahnhof gibt es reichlich Parkplätze, wo auch Wohnmobile Platz finden. Von dort schlendere ich durch die Altstadt, am Münster St. Nikolaus vorbei auf den Marktplatz. Ein bisschen Obst findet den Weg in meinen Rucksack, bevor ich zur Seepromenade vorgehe. Ein grün-weißes Schild mit der Aufschrift »Gartenkulturpfad« erregt meine Aufmerksamkeit. Spontan beschließe ich, dem Wegweiser zu folgen, der Tag ist herrlich für einen Spaziergang. Kurz vor der Überlinger Bodensee-Therme – übrigens auch sehr zu empfehlen – kommt ein großes Kakteenhaus in Sicht. Ich mag die stacheligen Sukkulenten sehr und bin begeistert von den Formen und Farben. Durch den Stadtgarten geht es zum Aussichtspavillon hinauf und durch Galler- sowie Wagsauter Graben zurück ins Zentrum. Eine schöne Route durch das grüne Überlingen.

Weitere Ausflugsziele in der Region sind der Haustierhof Reutemühle mit vielen Tieren und Spielplatz, exotischere Bewohner leben auf dem Affenberg in Salem. Auf 20 Hektar laufen die Berberaffen frei herum und die Besucher mittendurch. Seit einigen Jahren darf man die Affen nicht mehr selber füttern, kann aber an regelmäßigen Fütterungen teilnehmen und dabei viel über die Affen lernen. Auch Kloster und Schloss Salem sind mit den prunkvollen Sälen und der gepflegten Gartenanlage absolut sehenswert. Und wer dem See noch weiter südlich Richtung Österreich folgt, kommt in Friedrichshafen vorbei, wo das Zeppelinmuseum sehr spannende Einblicke in die Geschichte der Luftschifffahrt gibt, mit der weltweit größten Ausstellung solcher Gefährte. Und noch einen Tick südlicher wartet die schönste Promenade am Bodensee auf Spaziergänger. Na ja, zumindest behaupten die Langenarger, dass es keine schönere Fußgängerstrecke am See gebe. Hübsch ist sie auf jeden Fall und bietet zudem traumhafte Aussichten über den See bis in die Schweizer Alpen. Cafés und Restaurants laden zum Einkehren ein. Zurück geht's entweder wieder zu Fuß oder per Schiff.

Oben links: Das Kakteenhaus am Gartenkulturpfad in Überlingen
Oben rechts: Eisbecher mit Aussicht am Hafen von Überlingen
Unten: Das Pfahlbautendorf in Uhlingen ist ein einmaliger Zeitzeuge.

Und schon sind wir am Ziel dieser Route angelangt, denn wir stehen an der Grenze zu Bayern. Baden-Württemberg hat uns eine unglaubliche Fülle an kulturellen Highlights geliefert, uns mitgenommen von der Eiszeit in die jüngste Steinzeit und von den Neandertalern übers Mittelalter bis ins Heute. Eine Zeitreise durch Epochen und eine Natur, die ihre Schönheit über die Jahrhunderte hat bewahren können. Und selbst ich habe vor meiner Haustüre neue Orte kennenlernen dürfen. Ein faszinierendes Bundesland, dem man noch viel mehr Zeit widmen kann.

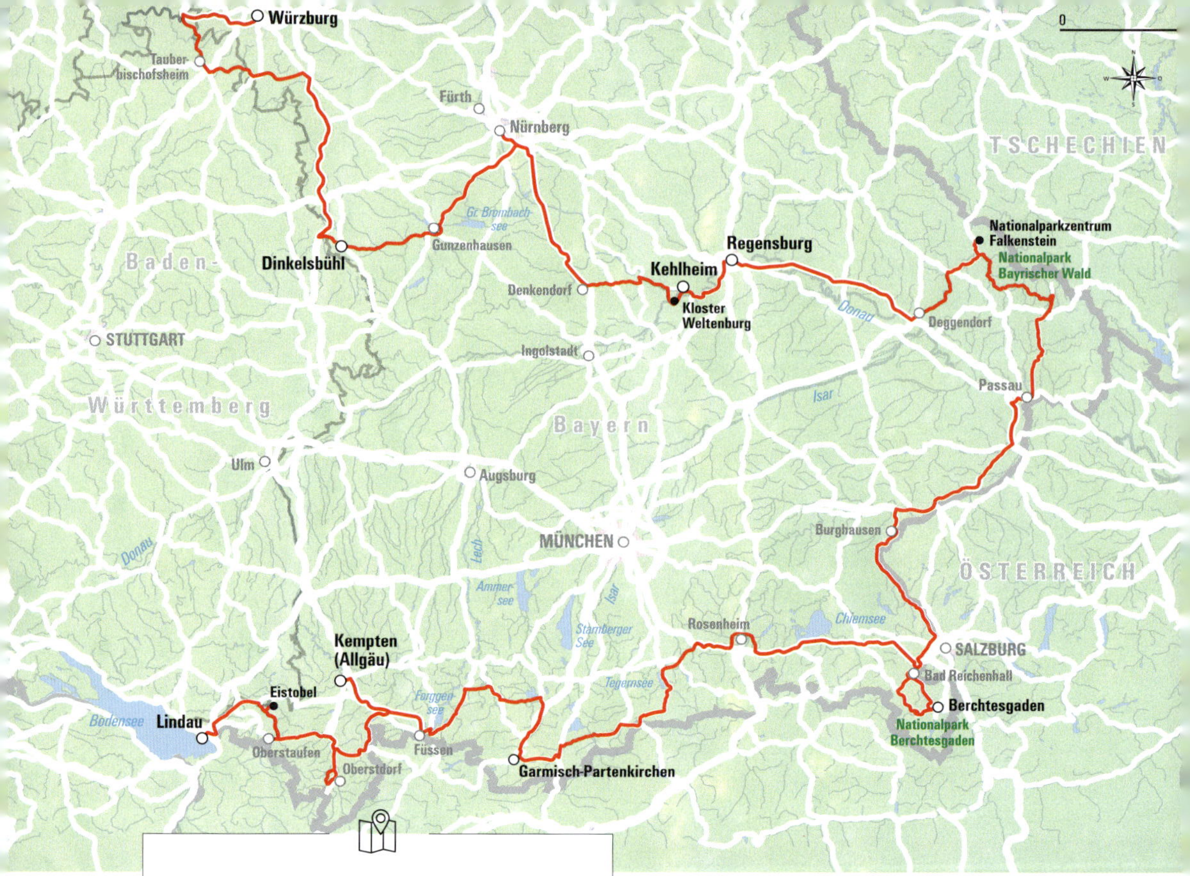

Start- und Endpunkt
Von Lindau bis Würzburg

Streckenlänge & Fahrzeit
1282 Kilometer / 19 Std. 30 Min.

Highlights
Bayerische Alpen, verschiedene Schluchten, Burghausen, Nationalparks, Nürnberg, Mittelalterstädte

Südosten: Alpenstraße, Bier und Bayerisches Meer

Vom Bodensee aus führt dieser Roadtrip durch die Ostalpen, vorbei an Märchenschlössern, historischen Stadtzentren, durch Schluchten und zu den schönsten Aussichtsplattformen. Schlendere mit mir über Stadtmauern, Hängebrücken und auf Bergspitzen hinauf oder radle um Seen und übernachte mit den schönsten Ausblicken in deinem Camper. Komm mit auf eine Abenteuerreise durch das größte Bundesland von Deutschland, erkunde mit mir Bayern.

Die Deutsche Alpenstraße startet in Lindau, und genau dort beginnt auch diese Route. Am Lotzbeckpark stelle ich meinen Camper ab, mit aufgelegter Parkscheibe ist das für zwei Stunden kostenlos möglich. In wenigen Schritten erreiche ich die Seepromenade und genieße den Blick über das »Schwäbische Meer« bis zum Alpstein. Die Altstadt von Lindau befindet sich auf der vorgelagerten Insel, die über den Bahndamm sowie eine Brücke erreichbar ist. Fast schon mediterran wirkt der Hafen, wo auch der südlichste Leuchtturm Deutschlands steht. Der Bodensee ist wunderschön, glasklar und schimmert in verlockenden Blau- und Türkisfarben. Wer zur Badesaison da ist, der kann am Westufer ins kühle Nass springen oder bei der Therme Lindau, wo es auch einen zweckmäßigen Wohnmobilstellplatz gibt. Ich schlendere durch die mittelalterlichen Gassen von Lindau und genieße das Flair.

Die Alpen machen Bayern so besonders – hier in Garmisch-Partenkirchen.

Den Schildern »Deutsche Alpenstraße« folgend lasse ich Lindau und damit auch den Bodensee hinter mir. Die Panoramastrecke führt vom Bodensee bis zum Königssee bei Berchtesgaden auf 484 Kilometern vorbei an den schönsten Seen, über Almwiesen, Hügel und traumhafte Passstraßen. Ich werde ihr nicht strikt folgen, sondern sie immer wieder kreuzen, denn mich locken einige Ziele gelegentlich von ihr weg. Die Scheidegger Wasserfälle haben wir aber beide als Ziel. In Scheidegg befindet sich ein netter, wenn auch schräger Wohnmobilstellplatz. Strom sowie Ver- und Entsorgung sind im Preis inklusive, und wer nicht bei sich duschen will, kann sich im Kurhaus oder der Touristeninformation Duschmarken für das Sanitärhaus holen. Auf dem Stellplatz parke ich kurz nach Mittag und nutze den Nachmittag, um zu den Scheidegger Wasserfällen zu wandern.

Wohnmobilstellplatz am Kurhaus in Scheidegg
Am Hammerweiher 1, 88175 Scheidegg
Telefon +49 8381 894 22 33
info@scheidegg.de
47.572401, 9.844626

An Scheidegg vorbei folge ich dem Riedbach und gelange zum Eingang mit Kassenhäuschen der Scheidegger Wasserfälle. Zwei Wege führen durch die Rohrachschlucht. Ich wähle erst den rechten, der mich zu einer Plattform über dem ersten großen Wasserfall bringt und danach über viele Treppenstufen eng am Fluss entlang zu weiteren beeindruckenden Aussichtspunkten führt. Der andere Weg führt mich auf die andere Flussseite, damit der Blick auf beide Wasserfälle mit 18 sowie 22 Metern Fallhöhe frei wird. Ein tolles Naturschauspiel, auch wenn ich mich frage, warum so schöne Orte kommerzialisiert werden müssen. Auf dem Rückweg fällt mir das Schild »Hasenreuter Wasserfall« auf. Also wandere ich die paar Minuten hin, und siehe da, so habe ich mir das vorgestellt. Der Wasserfall ist etwas kleiner, dafür komplett naturbelassen. Kein Eintritt, kein Service – einfach nur der Fluss, der über einen Felsen fällt, der Wald mit ein paar Vögeln, die pfeifen, und ich. Wer also Ruhe vor Fallhöhe stellt, der ist am Hasenreuter Wasserfall besser bedient. Zurück beim Camper ist es mir zu spät, um noch ins Alpenfreibad zu gehen. Aber auch das lohnt sich. Ein Badesee mit unglaublicher Aussicht, umgeben von einer weitläufigen Liegewiese sowie Umkleiden und Kiosk mit Café.

Zum Sky Walk Allgäu ist es auch nicht weit, am nächsten Tag entscheide ich mich aber fürs Fahrrad. Damit bin ich in gut zehn Minuten am Eingang des Naturerlebnisparks. 540 Meter lang ist der Rundweg auf dem Baumwipfelpfad und führt über eine Höhe von 15 bis 40 Metern. Zwischen mir und den Baumwipfeln befinden sich aber erst noch sehr viele Treppenstufen. Oben angelangt ist der 360-Grad-Blick beeindruckend schön. Von den Almwiesen bis zum Bodensee und den Alpen kann man schauen. Die Hängebrückenkonstruktion führt zwischen den hohen Baumspitzen hindurch. Das Herzstück ist der Aussichtsturm, den man über weitere Treppen erreicht. Wer will, kann einen Teil des Abstiegs durch ein Kletternetz gehen und über die Rutsche nach unten gelangen. Für mich keine Frage, natürlich will ich und stecke sicherheitshalber das Handy in eine Tasche mit Reißverschluss. Dann schlüpfe ich durch den Kameratrageriemen.

Nach dem Höhenflug auf dem Sky Walk Allgäu geht es im Eistobel weit hinab. Auf dem Parkplatz P1 am Eistobel darf man im Camper übernachten und auch die Toiletten

Oben: Sicht auf die Altstadtinsel von Lindau und das Alpenpanorama dahinter
Unten: Den hübschen Uferweg am Bodensee bei Lindau entlang

Uferweg
Lotzbeckweg

nutzen. Die Wanderschuhe geschnürt, den Rucksack mit Wasser und Snacks gepackt geht die Wanderung los. Vor dem Abstieg komme ich am Kassenhäuschen vorbei und bezahle mal wieder für ein Naturschauspiel. Dafür kann ich hier übernachten, da will ich nicht meckern. Verschiedene Wanderrouten stehen zur Auswahl. Alle führen sie erst durch den Eistobel, variieren aber beim Rückweg. Über mehrere Kaskaden rauscht das Wasser, oberhalb sind einige für den Eistobel typische Strudellöcher zu sehen. Der Weg folgt dem Wasserlauf der Oberen Argen, bietet schöne Aussichtspunkte wie den Zwinger und immer wieder beeindruckende Wasserfälle oder eine hohe Sandsteinwand, an der das Flusswasser rasant hinunterschießt. Als Rückweg wähle ich die Tour 19, mache so eine schöne Runde und komme in Riedholz vorbei, wo ich im Gasthof Beim Mader eine Kleinigkeit esse.

P

Parkplatz Eistobel
Schüttentobel
88167 Grünenbach
47.641308, 10.024473

Oben links: Einer der beeindruckenden Scheidegger Wasserfälle
Oben rechts: Typisches Strudelloch im Eistobel
Unten: Das Zentrum von Oberstaufen ist durchaus einen Halt wert.

Durch Oberstaufen fahre ich nur hindurch. Wer noch immer nicht genug von Wasserfällen hat, der kann zu den Buchenegger Wasserfällen wandern. Der Weg ab Buchenegg führt durch den Wald über Wurzeln und Steine und ist teilweise steil. Gutes Schuhwerk ist empfehlenswert, dann kann man die Naturschönheit so richtig genießen. Wer viel wandert, dem geht es bestimmt wie mir und der möchte sich mal was gönnen. Da kommt der Alpsee Wellness Camping genau richtig. Das Allgäu ist von unserem Zuhause aus innerhalb weniger Stunden erreichbar. Daher haben wir den Campingplatz einmal im Winter besucht. Über zehn Zentimeter Neuschnee, wir standen mit Blick auf den See, schwammen auf dem Dach im Infinity-Pool und sind danach in die Sauna. Mit nur zwei anderen Campern hatten wir den Wellnessbereich für uns alleine. Ein absoluter Traum und jeden Euro wert. Rund um den Alpsee ist es aber auch jetzt im Sommer schön. Der Rundweg um den größten Natursee im Allgäu ist nur 3,9 Kilometer lang und in rund 1,5 Stunden gemacht. Segeln, Stand-Up-Paddeln, Schwimmen, Wingsurfing, Tretboot fahren – die Wassersportmöglichkeiten sind umfassend. Eine Triathlon-Radstrecke wartet auf leidenschaftliche Fahrradfahrer, oder magst du lieber klettern? Das ist auf dem Alpsee Skytrail beim Naturparkzentrum Nagelfluhkette möglich. Abends noch einen Absacker in der Beach Bar, was will man mehr.

Alpsee Camping
Seestraße 25, 87509 Immenstadt im Allgäu
Telefon +49 8323 77 26
mail@alpsee-camping.de
47.572540, 10.193472

Erweitert man den Radius etwas, kann man bei Sonthofen zum Rafting auf die Iller, einen lebendigen Gebirgsfluss. Mir macht Canyoning besonders viel Spaß. Schwimmen, über die nassen Felsen klettern und wieder in den Fluss hineinspringen. In der Starzlachklamm ist das mit einem Guide möglich. Wer keine sieben Meter tief ins Wasser springen oder über eine 17 Meter lange Naturrutsche hineinrutschen will, der kann die Starzlachklamm auch zu Fuß erkunden. Der Weg durch die Klamm schmiegt sich toll an der Felswand entlang und kommt dabei über einige Brücken. Etwas weiter im Tal bei Oberstdorf, wo eine Skisprungschanze steht und im Winter das Thema Langlauf großgeschrieben wird, befindet sich mit der Breitachklamm eine zweite beeindruckende Klamm. Ihr Weg zieht sich malerisch durch die teilweise sehr enge Schlucht, und darunter tobt die Breitach. Kajak- oder Rafting-Touren sind hier ebenfalls möglich.

Zurück auf der Deutschen Alpenstraße führt mich die Route durch Bad Hindelang und dann den Oberjochpass hinauf. 106 Kurven versprechen Berg-Fahrspaß vom Feinsten und entsprechende Aussichten dazu. Kempten ist die größte Stadt im Allgäu und hat einen guten Wohnmobilstellplatz. Er liegt sehr zentral, ist leicht schräg, bietet Ver- und Entsorgung, und das alles für gerade mal 5 Euro pro 24 Stunden. Mit meinem sechs Meter langen Kastenwagen passe ich locker ins Parkfeld, sehr lange Fahrzeuge dürften Schwierigkeiten mit dem Rangieren bekommen, wenn alle Plätze belegt sind. Über den Illersteg bin ich in Kürze in der Altstadt. Als ich den Steg betrete, schauen zwei Mädels am Brückenpfeiler hinunter ins Wasser, und die eine sagt zu der anderen: »Krass, der ist jedes Mal da, wenn ich hier rübergehe!« Ich trödle, schließlich will ich auch sehen, was sie immer sieht. Als ich runterschaue, entdecke ich erst nichts, will schon weiter, als sich unter Wasser etwas bewegt und ich meinen Augen kaum traue, als sich der dunkle Fleck als ein mindestens 1,5 Meter großer Fisch entpuppt! »Krass« ist dabei auch das Wort, welches mir in den Sinn kommt. Meine Stadterkundung führt mich vorbei an der Residenz, die von außen nicht halb so spektakulär ist wie im Innern. Prunkräume mit Stuckdecken, Wandmalereien und pompösen Accessoires oder der prächtige Thronsaal können bei einer Führung besichtigt werden. Die Altstadt ist

Oben: Der Fünf-Sterne-Wellness-Campingplatz Alpsee bietet ganzjährig Erholung.
Unten: Spektakulär schmiegt sich der Weg durch die Breitachklamm an den Felsen.

ALP
SEE KÜCHE

überschaubar, aber hat viele hübsche Ecken. Auf dem Rückweg habe ich nochmals von der Brücke geschaut, und der Riesenfisch war noch immer da.

Wohnmobilstellplatz Illerstadion
Illerdamm/Jahnweg, 87437 Kempten
Telefon +49 831 960 95 50
info@kempten-tourismus.de
47.729380, 10.319376

Füssen ist aus vielen Gründen einen Abstecher wert. Zwischen Bergen, Seen und dem Fluss Lech, dort, wo sich die drei Ferienstraßen Deutsche Alpenstraße, Romantische Straße sowie Via Claudia Augusta (historische Römerstraße) kreuzen, bettet sich Füssen umgeben von Märchenschlössern in die Landschaft ein. Die Fußgängerzone schlängelt sich durch die mittelalterlichen Gassen, vorbei an historischen Bauwerken und der alten Stadtmauer. Um das Benediktinerkloster St. Mang mit integriertem Stadtmuseum führt ein schöner Spazierweg, der weiter zum Hohen Schloss und durch den Baumgarten geht, wo ich Dutzende Feuersalamander gesehen habe. Nur das Parken ist mal wieder unglaublich schwierig. Am zentralen Parkplatz Morisse zahlen Fahrzeuge ab 2,50 Meter Höhe den Bustarif mit 7 Euro für eine Stunde. Für einen Kurzbesuch trotzdem fast die einzige Möglichkeit. Nicht zentral gelegen, dafür preislich okay ist der Wohnmobilstellplatz Füssen. Eine halbe Stunde geht man von dort zu Fuß ins Zentrum. Dafür sind die zwei Schlösser Neuschwanstein sowie Hohenschwangau mit dem Fahrrad nur 30 Minuten entfernt. Meine Entscheidung ist daher auf den Stellplatz gefallen. So konnte ich mir am Anreisetag Füssen und am Abreisetag morgens die zwei Schlösser bei einer Fahrradtour ansehen und am Forggensee in Schwangau zu Mittag essen. Denn das Ticket der Übernachtung gilt am Folgetag bis 16 Uhr, was ich von den Betreibern sehr großzügig finde.

Oben: Der hübsche Innenhof des Klosters St. Mang in Füssen
Unten: Von außen und innen wunderschön: Schloss Neuschwanstein

Wohnmobilstellplatz Wohnmobilpark Füssen
Abt-Hafner-Straße 7a, 87629 Füssen
Telefon +49 8362 926 21 80
info@wohnmobilpark-fuessen.de
47.582137, 10.702035

In Steingaden steht die Wieskirche. Die Wallfahrtskirche aus dem 18. Jahrhundert ist im Rokokostil gebaut. Von außen wirkt vor allem ihre Größe, die umgeben von flachen Wiesen besonders zur Geltung kommt. Innen ist sie ein Wunderwerk von Fresken und Stuck in einer nicht enden wollenden Üppigkeit und Farbenpracht. Selten habe ich etwas so Beeindruckendes gesehen, wie das kunstvolle Innere der Wieskirche. Das empfand wohl auch die UNESCO so, denn bereits seit 1983 zählt die Wallfahrtskirche »Die Wies« zum Welterbe. Sie ist frei zugänglich, nur sollten die Öffnungszeiten vorab geprüft werden, damit man den wahren Zauber der Kirche auch wirklich sehen kann.

Die Temperaturen steigen und meine Lust auf ein erfrischendes Bad auch. Nächster Halt ist daher Murnau am Staffelsee, wo ich auf dem Campingplatz Halbinsel Burg gerne übernachtet hätte. Leider ist er komplett belegt. Die nette Rezeptionistin meint, wenn ich autark sei, könnte ich an der Seestraße beim Abzweiger zum Auweg übernachten. Dort parke ich, ziehe mir meine Badesachen an und spaziere zur Schweinebucht, der Badestelle in Murnau, hinab. Das Strandbad mit Kiosk an der Laguna sowie die Schweinebucht selber sind frei zugänglich. Meine Wahl fällt aufs Strandbad, wo ich mir nach ein paar Stunden Schwimmen im Staffelsee und Sonnen an seinem Ufer eine leckere Pizza zum Abendessen bestelle.

Halbinsel Burg Gaststätte und Camping
Burgweg 41, 82418 Seehausen am Staffelsee
Telefon +49 8841 98 70
www.camping-staffelsee.de
Achtung: Hunde nicht erlaubt
47.684574, 11.176967

Am nächsten Morgen fahre ich nach Garmisch-Partenkirchen. Unterwegs komme ich am Murnauer Moor vorbei, wo man über den Bohlensteg eine schöne Erkundungstour durch das weitläufige Moorgebiet unternehmen kann. Als die Strecke mich zur Benediktinerabtei Ettal führt, fasziniert mich das Gebäude sofort, und ich parke neben der Klostermauer. Die Abtei ist beeindruckend, die Barockkirche mit den Kuppelfresken wunderschön und der Garten sehr gepflegt. Alles ist öffentlich zugänglich. Mit dem Benediktiner Weissbräu Bier sowie der Ettaler Klosterdestillerie bieten die Mönche sogar eine Auswahl an alkoholischen Getränken. Mir reicht fürs Erste eine Käseplatte als spätes Frühstück, die ich in der Schaukäserei Ammergauer Alpen gleich neben dem Kloster genieße.

Garmisch-Partenkirchen ist ein Paradies in den Bergen und gleichzeitig die Hölle, wenn man mit einem Fahrzeug unterwegs ist. Daher checke ich als Erstes auf dem Camping Erlebnis Zugspitze ein. Der Campingplatz ist aufgeteilt in einen Drei-Sterne-Platz mit allem, was sich ein Camper so wünscht und einem Fünf-Sterne-Platz, wo die Nutzung von Sauna und Fitnesslandschaft sowie wahlweise auch ein Privatbad am Stellplatz im Preis inkludiert

Oben: Der Eibsee wird auch »Bayerische Karibik« genannt.
Unten links: Gleich neben Murnau liegt der landschaftlich schöne Riegsee.
Unten rechts: Die Benediktinerabter Ettal ist wunderschön anzusehen.

sind. Die Mitarbeiter sind nett und hilfsbereit beim Planen von Ausflügen. Und bitte, lass deinen Camper einfach genau da stehen und steig auf den Bus um, den du mit der Gästekarte kostenlos nutzen kannst. Warum, erzähle ich dir gleich. Mein erster Ausflug geht zum Eibsee. Camper können dort eigentlich gar nicht erst parken, an der Seilbahnstation könnte man, zahlt aber mindestens den 4h-Tarif mit 18 Euro! Also lieber Bus fahren, aussteigen und eine gemütliche Runde um den Eibsee spazieren, der wegen seiner Farbe auch »Bayerische Karibik« genannt wird. Oder du lässt dich mit der Seilbahn, der Zahnradbahn und der Gletscherbahn bis auf die legendäre Zugspitze mit 2962 Höhenmetern bringen, den höchsten Berg Deutschlands. Eine Rundreise und somit eine Kombination der Bahnen ist möglich. Echte Bergliebhaber wandern auf die Zugspitze hoch. Eine der beliebtesten und schönsten Routen dafür führt durch die Höllentalklamm und weiter über den Klettersteig hinauf zum Gipfel. Nicht ganz so geübten Bergwanderern empfehle ich die Partnachklamm. Bis zur großen Olympiaschanze kommt man per Bus – oder wahlweise Fahrrad – und wandert dann die Partnach entlang hinein in die Schlucht. Vor dem Eingang der Klamm muss ein Ticket gelöst werden, bevor der spektakulärste und schönste Teil direkt über dem Fluss folgt. Man kann denselben Weg zurückgehen oder durchs Drehkreuz hinaus und den Rundweg über die Kaiserschmarrn-Alm nehmen. Die süße Versuchung muss man sich aber gut verdienen, denn zur Alm geht es steil hinauf. Das Zentrum von Garmisch-Partenkirchen ist ebenfalls hübsch und lädt zum Bummeln durch die Gassen ein. Der Abstecher in die Berge ist wirklich schön, und die Gegend bietet unzählige Möglichkeiten für Aktivitäten. Gönn dir einfach den Campingplatz und steig danach aufs Fahrrad oder den Bus um, so sparst du dir wirklich viele Nerven und Euro.

Camping Erlebnis Zugspitze
Griesener Straße 2, 82491 Grainau
Telefon +49 8821 943 91 13
office@pure-camping.de
47.480338, 11.054041

Oben: Der Weg durch die Partnachklamm ist spektakulär und einmalig schön.
Unten: Am anderen Ende der Faller-Klamm-Brücke liegt der schöne Stellplatz im Wald.

Nach ein paar Tagen Trubel in Garmisch-Partenkirchen darf es nun gerne wieder etwas ruhiger und menschenleerer werden. Dafür habe ich vor der Faller-Klamm-Brücke bei Lenggries den perfekten Platz gefunden. Im Wald in idyllischen Buchten befinden sich Wohnmobilstellplätze. Bei mir kommen Kanada-Gefühle hoch, so standen wir vor einigen Jahren in den Nationalparks auf den offiziellen Übernachtungsplätzen in Nordamerika. Die Höhenmeter muss man hier wieder selber zurücklegen. Unterschiedliche Touren können im Tölzer Land direkt vom Stellplatz aus gegangen werden. Eine einfache ist die Runde um den Sylvenstein-Stausee. Schon deutlich mehr Höhenmeter muss man zum Schürpfeneck zurücklegen, und für die beste Aussicht geht es hoch aufs Dürrnbergjoch, das 1835 Meter über dem Meer liegt. Oder du entspannst einfach auf der Sylvensteinsee-Badewiese und schaust mal, ob die Wassertemperatur dir passt. Etwas weiter lohnt sich auch die Wanderung durch die Walchenklamm, Tagesparkplätze sind in der Nähe.

Wohnmobilstellplatz am Sylvenstein-Stausee
Dürrachstraße 1, 83661 Lenggries
Telefon +49 8042 501 80, info@lenggries.de
47.571329, 11.533980

Mit dem Wendelstein kommt ein weiterer gut erreichbarer Berg. Eine Seilbahn führt ab Bayrischzell oder eine Zahnradbahn ab Brannenburg auf die markante Spitze des Wendelsteins hinauf. Angekommen an der Bergstation wandere ich zum Gipfelkreuz hinauf und werde dabei von neugierigen Dohlen beobachtet. Oben liegt noch Schnee, ich bin daher froh, dass ich eine dicke Jacke eingepackt habe. Die weiß ich auch in der Wendelsteinhöhle zu schätzen, die man für 2 Euro über ein Drehkreuz besichtigen kann. Am Nachmittag fahre ich ins Café Winklstüberl. Darauf freue ich mich schon seit ein paar Tagen, denn das Café mit Konditorei ist weithin bekannt für seine leckeren Kuchen. Da ich mich nicht entscheiden kann, nehme ich einfach zwei Stücke und lasse mir eines einpacken. Schließlich habe ich ja einen Camper mit Kühlschrank vor der Türe stehen.

Rosenheim ist eine ehemalige Handelsstadt an der Salzroute. Noch immer stehen viele historische Bürgerhäuser aus dem 15. und 16. Jahrhundert, die mit Arkaden, Durchgängen, Grabendächern und Vorschussmauern ausgestattet sind. Ich will nur den Nachmittag in der Stadt verbringen, lasse den Camper auf einem Tagesparkplatz stehen und schlendere in die Altstadt. Der Max-Josefs-Platz ist meine erste Anlaufstelle. Als historischer Marktplatz ist er Mittelpunkt der Altstadt, Start der Fußgängerzone und Verweilmeile mit Cafés sowie Geschäften. Nur eine Häuserzeile weiter steht die dreischiffige Kirche St. Nikolaus mit ihrem 65 Meter hohen Kirchturm. Über den Ludwigsplatz gelange ich zum Mittertor, dem einzigen erhaltenen Stadttor Rosenheims. Nach dem großen Stadtbrand 1641 wurden die Obergeschosse neu aufgebaut, darin befindet sich das Städtisches Museum mit einer Ausstellung über 2000 Jahre Geschichte. Rosenheim ist den Fernsehzuschauern auch

Oben: Ein toller Stellplatz im Wald mit Kanadaflair liegt am Sylvenstein-Stausee.
Unten: Der Wendelstein ist ein beliebtes und gut erreichbares Ziel.

als die Stadt der »Rosenheim-Cops« bekannt, einer Krimiserie, die zu den Klassikern im ZDF gehört. Schauplätze finden sich vor allem in der Stadt selber sowie in den umliegenden Gemeinden. Für Fans gibt es sogar eine spezielle Stadtführung. Ich weiß gerade einmal, dass es die Serie gibt und wende mich lieber dem historischen Gasthaus zum Stockhammer zu. Im urigen Gastraum wird regionale Küche mit Leckereien wie Schweinshaxe, Zwiebelrostbraten, Schweinebraten und natürlich Spätzle angeboten. Wer kann da zur Abendessenszeit schon Nein sagen? Ich bestimmt nicht.

Zufrieden und satt lege ich die letzten Kilometer für heute zurück und checke auf dem Wohnmobilstellplatz in Bernau am Chiemsee ein. Die Registrierung läuft über einen Automaten. Bislang kannte ich nur den Stellplatz an der Tennishalle etwas weiter weg vom Seeufer. Daher will ich dieses Mal den hier vorne ausprobieren. Er liegt zentraler, die Autobahn ist aber auch näher und hörbar. Meinen Schlaf wird das nicht stören, aber einige sind da empfindlicher. Idyllisch ist keiner der zwei Plätze. Der an der Tennishalle ist nett und deutlich ruhiger.

Wohnmobilhafen am Chiemsee
Rasthausstraße 15, 83233 Bernau am Chiemsee
Telefon +49 8051 963 15 25
info@wohnmobilhafen-am-chiemsee.de
47.830976, 12.385642

Wohnmobilstellplatz am Tenniszentrum Bernau
Buchenstraße 17, 83233 Bernau am Chiemsee
Telefon +49 8051 88 22
tenniszentrum.bernau@t-online.de
47.809164, 12.381619

Heute will ich die Königsrunde machen, so nennt sich die Fahrradrunde einmal um den Chiemsee. 56 Kilometer ist die Tour lang. Sie führt mich an Übersee vorbei, durch Wälder und oft auf Schotterwegen am Ufer entlang rund um den Chiemsee. Vom Malerwinkel aus bekomme ich den schönsten Blick über den See bis zu den Bergen – deshalb der Name, hier saßen die Maler vor ihren Leinwänden. Unterwegs kehre ich in einem Restaurant ein und stärke mich für die restliche Strecke. In Prien entdecke ich das Erlebnisbad Prienavera und komme kurz in Versuchung, mir einen Wellnessabend zu gönnen, überlege

Der Chiemsee – auch »Bayerisches Meer« genannt – lädt zu einer Vielzahl von Aktivitäten ein.

aber, dass ich dafür erst zurück zum Camper und dann wieder herradeln müsste, und vom Radfahren habe ich ehrlich gesagt für heute genug. Mein Hintern ist am nächsten Morgen auch der Meinung, dass mein Zweirad erst mal in der Heckgarage verweilen soll. Also steige ich aufs Schiff um. Das bringt mich erst zur Fraueninsel, wo ich durch die hübschen Gässchen zwischen den gepflegten -Häusern und ihren liebevoll gestalteten Gärten schlen-

dere. Geräucherter Fisch ist eine Spezialität auf der Insel. Eine Renke mit Kartoffelsalat bekomme auch ich serviert. Am Nachmittag hüpfe ich per Schiff eine Insel weiter und lande auf der Herreninsel. Vom Bootssteg aus ist es ein schöner Spaziergang bis zum Neuen Schloss Herrenchiemsee. König Ludwig II. ließ sich dieses prunkvolle Schloss im Stile von Versailles bauen. Vorab habe ich mir schon einen Zeitslot für eine Schlossführung gebucht und komme während des Rundgangs immer wieder ins Staunen. Einerseits wegen der Schönheit der Räume, andererseits wegen der kuriosen Ideen, die manche Menschen gehabt haben. Der Tag ist schon wieder rum, also bleibe ich noch eine Nacht auf dem Stellplatz und genieße die Abendstimmung an der Seepromenade.

Nach einem Tag Fahrradpause lässt sich mein Popo wieder in den Sattel platzieren. Erst fahre ich aber mit dem Camper ins Drei-Seen-Gebiet zwischen Ruhpolding und Reit im Winkl auf den Parkplatz Langer Sand, wo ich von vier auf zwei Räder wechsle. Ein Stück zurück zweigt ein Schotterweg von der Straße ab, dem ich zum Lödensee folge. Die Drei-Seen-Runde hat mich mit zauberhaften Bildern hergelockt, und schon im Naturschutzgebiet am Lödensee kann ich die Schönheit der Landschaft selber wahrnehmen. Die Seen betten sich malerisch zwischen die bewaldeten Berghänge. Vorbei auch am Mittensee kreuze ich bald die Straße, bevor ich an den Weitsee gelange. Über die schmale Brücke schiebe ich mein Rad und entdecke gleich mehrere schöne Forellen im Wasser unter mir. Der Weitsee ist der größte der drei Seen, aber auch überschaubar. An seinem Ende führt die Schotterstraße steil hinauf. An der Verzweigung, wo es links schon wieder runtergeht, wähle ich rechts, fahre einen letzten richtig steilen Hang hinauf und erreiche so das Dürrfeldkreuz. Was für ein spektakulärer und wunderschöner Ausblick! Ich schaue über die drei Seen ins Tal hinein, rechts und links die Berghänge. Verständlich, dass ich genau diese Bank für mein Picknick auswähle. Leider zieht der Himmel etwas zu, für den Nachmittag ist auch leichter Regen angesagt. So genieße ich mein Picknick und fahre danach zurück. In den Seen kann man auch baden, im Winter werden Langlauf-Loipen gespurt, und oft kann man auf den gefrorenen Seen Schlittschuhlaufen. Wenn du kannst, solltest du wirklich mal hierherkommen und an mich denken, wenn du auf der Bank am Dürrfeldkreuz sitzt.

Der Deutschen Alpenstraße folge ich das letzte Stück bis zum Königssee, wobei, eigentlich zweige ich etwas eher ab zum Zauberwald bei Ramsau. Ich lese die Informationen auf dem Parkautomaten zweimal ganz genau durch, sehe mir alle Schilder am Parkplatz an

Oben links: Die Drei-Seen-Runde führt durch traumhaft schöne Landschaften.
Oben rechts: Mein Mittagessen auf der Fraueninsel im Chiemsee
Unten: Auf der Fraueninsel finden sich viele schmucke kleine Geschäfte sowie Restaurants.

Hofbräuhaus
Traunstein

hier
Räucherfische
Josef Wörndl
Renkenfilet
Heute frisch
geräuchert
Renken

2010

Mobilist XR

und komme zum Schluss, dass ich hier via Parkschein-App für 24 Stunden lösen kann. Ein kurzer Blick auf Park4Night verrät mir, dass ich auch nicht die Erste mit dieser Idee bin. Perfekt – na ja, für mich noch. Für dich leider nicht mehr. Denn wie ich bei der Recherche während des Schreibens herausgefunden habe, wurde rund einen Monat nach meinem Besuch ein Übernachtungsverbot für Camper aufgestellt. Und wieder ist ein schöner Platz verloren gegangen. Der Campingplatz Simonhof ganz in der Nähe sieht toll aus, schau doch da vorbei, ob der was für deine Übernachtung ist.

Campingplatz Simonhof
Alte Reichenhaller Straße 110, 83486 Ramsau
Telefon +49 8657 284, info@camping-simonhof.de
47.627465, 12.870323

Mein Blick geht gen Himmel, wo alles ruhig aussieht. Dann checke ich mein Handy, und die Wetterapp sagt auch, dass sich die Regenfront verschoben hat. Du musst wissen, als ich 2022 die Schweiz zu Fuß über 16 Alpenpässe durchquert habe, bin ich in den Bergen trotz regelmäßiger Checks der Vorhersage von einem Gewitter überrascht worden. Keine Erfahrung, die ich wieder erleben will. Daher bin ich etwas übervorsorglich, schnappe aber doch mein Fahrrad und radle los. So bin ich wenigstens schnell zurück, sollte sich was ändern. Ich fahre durch den Nationalpark Berchtesgaden bis zur Klausbachtaler Hängebrücke, die sich einfach perfekt in die Berglandschaft einbettet. Komme am Adler-Beobachtungsplatz und dem Rotwild-Wintergehege vorbei und bin schon an der Nationalpark-Infostelle Hintersee Klausbachhaus, als doch noch dunkle Wolken am Himmel aufziehen. Also flitze ich schnell zurück zum Camper und genieße das rhythmische Prasseln der Regentropfen auf dem Camperdach.

Oben: Die Klausbachtaler Hängebrücke in toller Landschaft mitten im Nationalpark Berchtesgaden
Unten: Traumhafter Ausblick auf den Weitsee vom Dürrfeldkreuz aus

Ein weiteres spannendes Ausflugsziel im im Nationalpark Berchtesgaden ist die Wimbachklamm, auf deren Holzsteg man durch die enge Felspassage kommt und den vielen kleinen Wasserläufen an der gegenüberliegenden Felsseite beim Herabfließen zusehen kann. Der Königssee selber ist wunderschön, da ist aber auch wieder deutlich mehr los. Die Bootsfahrt über den Königssee zur Wallfahrtskirche St. Bartholomä ist märchenhaft. Man muss den Hin- und Rückweg mit dem Schiff machen, denn es führen keine Wege am Ufer entlang. Einzige Ausnahme ist die Haltestelle Salet, wo man in etwa 15 Minuten zu Fuß zum Obersee gelangt und einmal um den See gegangen den wunderschönen Röthbach-Wasserfall am Ende des Tals besichtigen kann. Zurück geht es wieder per Schiff, wo du dich auf den Moment freuen kannst, wenn der Kapitän die Trompete hervorholt. Nur für versierte Bergsteiger führen lange Touren mit vielen Höhenmetern über die Hütten zu den Anlegestellen. Ein ebenfalls beliebter, aber lohnenswerter Ausflug ist das Salzbergwerk Berchtesgaden. Davor gibt es Parkplätze für Wohnmobile. Das Ticket kauft man am besten online und kommt direkt zum Start der etwa einstündigen Führung. Pulli nicht vergessen, im Bergwerk hat es nur etwa zwölf Grad. Die Fahrt auf dem unterirdischen See ist wirklich spektakulär.

Salzbergwerk Berchtesgaden
Bergwerkstraße 83, 83471 Berchtesgaden
Telefon +49 865 26 00 20, www.salzbergwerk.de
47.638779, 13.016650

Als ich Berchtesgaden verlasse, biege ich bei Inzell Richtung Frillensee ab und mache eine Wanderung um den hübschen Bergsee, der wunderschön umgeben von den Bergen liegt. Am Tachinger See, genauer beim Strandbad Tengling hüpfe ich ins erfrischende Nass und esse etwas zu Mittag. Am späteren Nachmittag bin ich mit Caroline verabredet. Sie wird mir ihr Burghausen zeigen. Ein paar Stunden am See bleiben mir aber noch, bevor ich mich auf den Weg zur längsten Burganlage der Welt mache.

Treffpunkt mit Caroline ist am Curaplatz, dem Parkplatz auf dem Höhenzug vor dem Burgeingang. Ein gemeinsamer Bekannter hat uns »verkuppelt«. Burghausen liegt an der Salzach, der Fluss bildet die Grenze zu Österreich. Wir schlendern Richtung Burgeingang. Bis 1836 war der Öttinger Torturm zu unserer Linken der einzige Zugang in die Wehr- und Wohnburg von Norden kommend. Fünf Burghöfe mussten überwunden werden, bevor man zur Hauptburg kam. Die gesamte Burganlage erstreckt sich über 1051 Meter Länge! Wir spazieren durch den fünften Vorhof, der 200 Meter lang ist und Arbeitsstätten sowie Wohnräume der Hofbeamten und Hofhandwerker beinhaltet. Caroline weiß unglaublich viel und erzählt mir einige Geschichten über Personen, die hier lebten und wie es dazumal zu- und herging. Auch der vierte und dritte Vorhof sind sehr gepflegt und wunderschön anzusehen mit der großflächigen Gartenanlage, der Burgkapelle, dem ehemaligen Gefängnis und den Stallungen. Der zweite Vorhof ist besonders beeindruckend, weil er relativ ursprünglich erhalten ist. Über eine Brücke und durch das mächtige Georgstor gelangen wir in den ersten Vorhof, wo nur noch die Pfisterei (Bäckerei) der ehemaligen Gebäude erhalten ist. Darin befindet sich heute das Burgcafé. Es folgt eine lange Grünfläche, die abrupt in einem acht Meter tiefen und 27 Meter breiten Graben endet. Nur über eine Brücke gelangt man durch den 1482 errichteten Torbau in

Oben: Ein schöner Wanderweg führt zum Frillensee und um ihn herum zurück.
Unten: Für Abkühlung an warmen Tagen sorgt der Tachinger See mit Strandbad.

die Hauptburg. Sie diente als Wohnsitz des Fürstenpaares sowie deren engerem Hofstaat. Das Ziel der gesamten Wehranlage war es, Schutz vor der drohenden Türkengefahr und später weiteren Angreifern zu finden. Wir stehen leider auch vor verschlossenen Toren. Gerade wird alles für das bevorstehende historische Burgfest vorbereitet, das jedes Jahr am zweiten Wochenende im Juli stattfindet. Dafür bin ich etwas zu früh. Über den Burgsteig im ersten Vorhof spazieren wir bei toller Aussicht zur Altstadt hinab. Sie ist Geschäfts- und Gastronomiemeile mit einem Hauch von südländischem Flair am Bichl, wo den Sommer über regelmäßig Freiluftkonzerte stattfinden. Burghausen ist sowieso sehr musikalisch. Im März wird die Stadt eine Woche lang zum Mekka für Jazzfans. Dann findet die Internationale Jazzwoche im »bayerischen New Orleans«, wie sich Burghausen auch nennt, statt. Vor dem ehemaligen kurfürstlichen Regierungsgebäude verabschiede ich mich von Caroline. Ihre Familie wartet, und ich flitze schnell zurück zum Camper, ziehe mich um, schnappe mein Fahrrad und rase zum Wöhrseebad hinab. 40 Minuten vor Schließung stürme ich noch ins Freibad und lasse mich gleich darauf im Wöhrsee treiben. Burghausen hat etwas außerhalb auch einen gemütlichen Wohnmobilstellplatz im Grünen. Da parke ich für die Nacht und träume von Ritterkämpfen und Burgen.

Wohnmobilstellplatz Burghausen
Berghamer Straße 1, 84489 Burghausen
Telefon +49 8677 88 71 40
info@visit-burghausen.com
48.156705, 12.812615

Nächster Halt ist Passau. Auf dem Wohnmobilstellplatz am Winterhafen parke ich den Camper. Den kostenlosen Stellplatz darf man für maximal 24 Stunden nutzen, perfekt für die Stadtbesichtigung. Mit dem Fahrrad geht es an der Donau entlang bis zur äußersten Spitze der Landzunge am Dreiflüsseeck. Donau, Inn und Ilz fließen zusammen, was man an den unterschiedlichen Wasserfarben sehen kann. Der Fluss heißt ab hier Donau, weil diese die meiste Zeit des Jahres mehr Wasser führt und zudem mehr Wegstrecke bis zum Zusammenfluss als der Inn zurückgelegt hat. Passau bietet eine hübsche und sehenswerte Altstadt, durch die ich mein Fahrrad gerade schiebe. Im stattlichen Dom St. Stephan steht die größte Domorgel der Welt, am Residenzplatz reihen sich prächtige Häuserfassaden aneinander, am Innufer steht der strahlende Schaiblingsturm, und in der Fußgängerzone Graben- sowie Ludwigstraße lässt es sich gut einkaufen. Der Spaziergang, oder in meinem Fall die Radtour, zur Burganlage Veste

Oben: Von der Burg aus hat man einen tollen Blick auf Burghausen und bis nach Österreich.
Unten: Durch fünf Vorhöfe wird die Hauptburg von Burghausen geschützt.

Oberhaus, die zu den größten Burganlagen Europas gehört, bietet sich an, denn von ihr aus genießt man herrliche Ausblicke auf die Altstadt hinab.

Wohnmobilstellplatz Winterhafen Racklau
Regensburger Straße 14, 94036 Passau
Telefon +49 851 95 59 80, tourist-info@passau.de
48.574379, 13.428649

Nach den zwei spannenden Städten zieht es mich zurück in die Natur. Bei Ringelai wandere ich auf dem Weg Buchberger Leide durch die Wildbachklamm und komme über eine Hängebrücke sowie durch einen Felstunnel. Und dann erreiche ich den Nationalpark Bayerischer Wald. Gegründet 1970 ist er der älteste Nationalpark Deutschlands. Das Nationalparkzentrum Lusen ist eine gute erste Anlaufstelle, um sich über die möglichen Touren im Bayerischen Wald zu informieren. Angrenzend liegt der imposante Baumwipfelpfad des Bayerischen Waldes sowie das Tier-Freigelände mit Wildtieren, die es im Nationalpark gibt. Mit vielen Informationen bestückt fahre ich tiefer in den Nationalpark. Eine schöne Tour geht auf den Großen Rachel (1453 m) hinauf mit fantastischem Blick hinab auf den Rachelsee. Ich habe mich für das wildromantische Höllbachtal entschieden. Denn am Ausgangsparkplatz beim Scheuereck hat die Nationalparkverwaltung vier Wohnmobilparkplätze mit Erlaubnis zum Übernachten geschaffen. Um hier über Nacht stehen zu können, muss man sich per E-Mail oder Telefon beim Haus zur Wildnis anmelden. Ich habe angerufen und konnte den Platz bei einem freundlichen Mitarbeiter reservieren.

Wohnmobilstellplatz Nationalpark Bayerischer Wald: Scheuereck
94227 Lindberg, 49.062040, 13.305892
Anmeldung im Haus zur Wildnis zwischen 9 und 17 Uhr per Telefon +49 9922 500 21 00 oder hzw@npv-bw.bayern.de
Max. 2 Nächte, keine Ver- und Entsorgung.
Platz 1 ist schräg, 2-4 sind besser.

Neben dem Wohnmobilstellplatz liegt ein Hirschgehege mit mehreren Beobachtungsplattformen. Verschiedene Wander- und Fahrradwege starten am Parkplatz. Unter anderem die Tour zum Höllbachgspreng mit der Option, bis auf den Großen Falkenstein auf 1315 Metern über dem Meer zu wandern. Die Wanderung verlangt nicht nur Ausdauer, sondern auch Willen. Es geht die ganze Zeit über nur steil aufwärts. Ein Stück führt schön dem Bachlauf entlang. Am Triftteich mache ich eine kurze Verschnaufpause, bevor der

Oben: Einen der schönsten Blicke auf Passau bekommt man von der Burganlage Veste.
Unten: Mit der Wildbachklamm durchwandere ich eine weitere romantische Schlucht.

Augustiner-Bräu München

Weg über Stock und Stein weiter durch den Urwald am Höllbachgspreng hinaufführt. Der Wald lichtet sich etwas, bevor es die letzten Meter hinauf zur Schutzhütte auf dem Großen Falkenstein geht.

Tags darauf fahre ich nach Buchenau, wo ich den Camper parke und per Fahrrad eine Tour mache. Die Route 6 führt mich zu den Hochschachten. Es ist ein langer und steiler Anstieg. Die Schachten selber kann man nur zu Fuß erkunden, also stelle ich mein Fahrrad am vorgesehenen Platz ab und verbinde die Erlebniswege »Wolf«, »Latschenfilz« und »Kohlschachten« zu einem 2,5 Kilometer langen Rundweg. Teilweise führt der Weg über schön angelegte Bohlenwege vorbei an Hochmoortümpeln und über das Böhmerwald-Plateau, das die Wasserscheide zwischen Elbe und Donau ist. Der Rückweg führt mich über die Trinkwassertalsperre, an deren Ufer ich entlangradle, um zurück nach Buchenau zu gelangen. Die eigentlich 2,5-stündige Radtour ist mit der zusätzlichen Wanderung sowie Pausen zum Tagesausflug geworden. Müde, aber zufrieden fahre ich zum Nationalparkzentrum Falkenstein, wo ich zum Glück einen der fünf Wohnmobilstellplätze bekomme und die Nacht verbringen kann.

Oben: Pfad über das Wolfsgehege beim Nationalparkzentrum Falkenstein
Unten: Auf dem Weg zu den Hochschachten im Nationalpark Bayerischer Wald

Wohnmobilstellplatz Nationalparkzentrum Falkenstein
Eisensteiner Straße 20, 94227 Lindberg
49.060923, 13.235718
Nur auf den fünf ausgewiesenen Plätzen. Ticket am Automaten lösen. Keine Anmeldung nötig. Max. 2 Nächte, tagsüber öffentliche Toilette sowie Frischwasser.

Am nächsten Morgen schlafe ich aus und gehe erst kurz vor Mittag vom Parkplatz aus zum Haus der Wildnis. Auf dem Weg komme ich bereits am Luchsgehege vorbei, entdecke aber keine der Raubkatzen. Im Haus der Wildnis erkunde ich die Ausstellung und bestelle mir anschließend im Restaurant eine Brotzeitplatte. Gestärkt mache ich den Rundgang durch das Tier-Freigelände. Altersbedingt ist das Wolfsrudel auf ein Tier geschrumpft, das sich gut im großen Gehege versteckt, sodass ich es auch vom Aussichtsturm aus nicht entdecken kann. Dafür beobachte ich die Wildpferde ein Stück weiter. Nach einer kurzen Fahrt erreiche ich Zwiesel und parke direkt neben der Glaspyramide. Die Stadt Zwiesel ist bekannt für ihre Glasproduktion. Rund um die Glaspyramide gibt es mehrere Glaswerke. Im Verkaufsraum von Zwiesel-Glas kann ich den Glasmachern beim Blasen und Formen der Gläser zusehen. Das ist wirklich spannend. Immer freitags soll es noch beeindruckender sein, denn an dem Tag dürfen die Glasmacher eigene kreative Projekte umsetzen und stellen nicht »nur«

reguläre Produkte aus Glas her. Für die Nacht habe ich mir einen Platz auf dem Adventure Camp Schnitzmühle gebucht. Auf dem hübschen naturnahen Campingplatz checke ich ein, höre dem Plätschern des Schwarzen Regen zu – so heißt der am Camp vorbeifließende Fluss – und gehe abends ins Restaurant am Platz, wo es nebst einigen bayerischen Spezialitäten auch thailändische Gerichte sowie Burger und Sushi gibt. Ich suche gerade etwas Erholung, wer mehr Action möchte, kann mit Kanu oder Stand-Up-Bords paddeln, mit der Waldbahn durch den Bayerischen Wald tuckern, wandern gehen oder reiten.

Adventure Camp Schnitzmühle
Schnitzmühle 1, 94234 Viechtach
Telefon +49 9942 948 10
www.schnitzmuehle.de
49.069706, 12.913992

Nach Regensburg fahre ich zeitig, denn die Stadt bietet keinen Stellplatz. Auf dem kostenlosen Parkplatz Unterer Wöhrd gibt es reichlich freie Plätze. Erst erkunde ich den Bezirk Stadtamhof. Zusammen mit der Altstadt zählt er zum UNESCO-Welterbe. Ihre Denkmälerdichte (über tausend) hat der Stadt den Titel ermöglicht. Wie es sich gehört, betrete ich die Altstadt von Regensburg über die Steinerne Brücke und durch den Brückturm. Bei der historischen Wurstkuchl gibt es »Sechs auf Kraut«, die besten Regensburger Bratwürstl original auf Sauerkraut. Und dann ist man bereit für die wunderschöne Altstadt, in der mit den Überresten der Porta Praetoria auch die Römer ihre Spuren hinterlassen haben. Als Wolkenkratzer des Mittelalters werden die beiden Türme des Doms St. Peter oft bezeichnet. Mit ihren 105 Metern Höhe ragen sie auch wirklich weit über die Dächer der Altstadt hinaus. Den Dom mit seiner hohen säulengestützten Halle schaue ich mir auch von innen an. Das mittelalterliche Ensemble der Altstadt mit ihren historischen Bauwerken ist eine wahre Freude fürs Auge. Am Haidplatz oder Bismarckplatz kommt das besonders gut zur Geltung. Prachtvoll ist das Schloss St. Emmeram schon von außen. Es ist Wohnsitz von Fürstin Gloria von Thurn und Taxis und mit weit über 500 Räumen das größte privat bewohnte Schloss Deutschlands. Verschiedene Räume, darunter der mittelalterliche Kreuzgang des Klosters, die Gruftkapelle sowie die Prunkräume des fürstlichen Schlosses können besichtigt werden. Ich lasse mich noch etwas durch die Gassen von Regensburg treiben, bevor ich am Nachmittag die Stadt Richtung Kehlheim verlasse. Kehlheim bietet am Pflegerspitz einen schön angelegten Stellplatz, die Parzellen sind mit Hecken voneinander getrennt, der Platz ist

Oben: Parken neben einer Glaspyramide ist in Zwiesel möglich.
Unten: Über die Steinerne Brücke geht es für mich nach Regensburg hinein.

ZWIESEL KRISTALLGLAS AG

eben und bietet alle Serviceleistungen. Zu Fuß folge ich der Donau am Schiffsanleger Kehlheim vorbei für einige Kilometer. Es ist ein schöner, gemütlicher Spazierweg am Donaudurchbruch entlang. Eine kleine Personenfähre bringt mich auf die andere Flussseite und somit zum Kloster Weltenburg. Der schöne Bau schmiegt sich perfekt in die Donauschleife. Im Innenhof kann nicht nur das Kloster besichtigt werden, sondern auch die Klosterbrauerei. In der Klosterschenke bestelle auch ich mir etwas zu essen – typisch bayerisch – und genieße den Tag. Der Rückweg auf dieser Donauseite ist etwas hügeliger, aber noch immer gut zu gehen.

Wohnmobilstellplatz Am Pflegerspitz
Am Pflegerspitz 1, 93309 Kelheim
Telefon +49 9441 70 12 34
tourismus@kelheim.de
48.913967, 11.875390

Den Main entlang geht die Route am nächsten Tag weiter. Am Wegesrand tauchen die Tropfsteinhöhle Schulerloch sowie Schloss Prunn auf, das wunderschön auf einem Felsen über dem Main thront. Riedenburg hat nicht nur einen hübschen Kern, sondern auch einen Wohnmobilstellplatz, von dem aus man den Main sieht. Zum Falkenhof Rosenburg ist es nicht mehr weit, wo man Flugvorführungen der Greifvögel beobachten kann. Die Straße schmiegt sich weiter dicht am Main entlang. In Schwarzenbruck parke ich auf dem Wanderparkplatz und folge zu Fuß dem Fluss in den Wald hinein. Ein traumhafter Wanderweg führt mich an der Gustav-Adolf-Höhle vorbei und immer weiter in die Schwarzachklamm. Sandsteinfelsen säumen das Ufer, es entsteht eine Landschaft, die mich stark an die Sächsische Schweiz erinnert. Über Brücken und Treppen, vorbei an Höhlen und Felsdurchbrüchen führt der Pfad durch den Wald. Der Rundweg ist gut sechs Kilometer lang, wunderschön und in meinem träumerischen Tempo brauche ich gute 2,5 Stunden dafür.

Nürnberg hat doch tatsächlich einen offiziellen Stellplatz. Der liegt etwas außerhalb, und je nach dem, wie voll er ist, kann es mit größeren Mobilen schwierig werden zu parken. Ich finde in der hintersten Reihe noch einen Platz und hole gleich mein Fahrrad raus.

Wohnmobilstellplatz am Wöhrder See
Dr.-Gustav-Heinemann-Straße, 90489 Nürnberg
Telefon +49 9 112 33 60
tourismus@nuernberg.de
49.459195, 11.112807

Oben links: Schöner Stellplatz in Kehlheim an der Donau
Oben rechts: Eine gemütliche Wanderung führt zum Kloster Weltenburg.
Unten: Durch die bezaubernde Schwarzachklamm führt ein Wanderweg.

An der Wöhrder Seepromenade und später dem Fluss Pegnitz entlang führt ein schöner Radweg, der mich ins Zentrum lotst. Nach München ist Nürnberg die zweitgrößte Stadt Bayerns. Die Sehenswürdigkeiten liegen aber nahe beieinander, weshalb ich mein Fahrrad am Hauptmarkt abschließe und losmarschiere. Am Schönen Brunnen suche ich nach den Ringen. Der goldene, schneller auffindbare ist das Gegenstück, Glück bringt es nur, wenn du am schwarzen Ring drehst. Meine Portion Glück habe ich abgeholt und gehe die Bergstraße hinauf, bis ich die Tore der imposanten Kaiserburg erreiche. Die Gebäude im Innenhof sind wunderschön und sehr gepflegt. Wie der Name verrät, residierten hier zeitweise die römisch-deutschen Kaiser. Die Innenräume mit dem Museum können besichtigt werden, mir ist die Warteschlange vor dem Tickethäuschen aber zu lang. Trotzdem hat sich der Weg hinauf gelohnt. Die Burganlage aus dem 11. Jahrhundert ist bezaubernd, und der Blick von der Panoramaterrasse neben dem Sinwellturm aus entlohnt die Strapazen des Aufstiegs allemal. Am Albrecht-Dürer-Haus vorbei spaziere ich durch die kopfsteingepflasterten Gassen bis zur Weißgerbergasse, wo ich mir bei der kleinen Eismanufaktur ein leckeres Eis hole. Mit der Waffel in der Hand überquere ich den Kettensteg und fühle mich winzig klein im Vergleich zum Schayerturm und der Fronveste neben mir. Zurück Richtung Marktplatz gehend taucht der Henkersteg auf. Im Turm lebte einst der Henker von Nürnberg. Er verrichtete, was manch anderer nicht tun wollte, aber neben ihm wohnen wollte doch keiner. Also hatte er hier seine Wohnung und gelangte über den Henkersteg zu seinem Arbeitsort. Im Henkerhaus-Museum erfährt man mehr über seinen Beruf, denn der Nürnberger Henker führte Tagebuch über jede Körperstrafe und Hinrichtung. Wem das zu schaurig ist, der mag vielleicht lieber ins daneben liegende Nürnberger Bratwurstmuseum? Das Einzige, was dem kleinen, aber spannenden Museum fehlt, ist eine Bratwurstbude davor. Ums Essen kümmere ich mich später, erst mal hole ich mir bei Di Simo am Trödelmarkt ein Glas Wein, das ich auf der oberen Karlsbrücke genieße. Über den Schleifersteg gelange ich zurück zu meinem Fahrrad und fahre damit zum Handwerkerhof. Das ist eine mittelalterliche Hofanlage mit kleinen Geschäften und Restaurants, die direkt an der alten Stadtmauer liegt.

Im Bratwurstglöcklein bestelle ich mir meine original Nürnberger Rostbratwürste, die auf dem Buchenholzgrill zubereitet werden und nach Wahl mit hausgemachtem Weinsauerkraut, Kartoffelsalat oder Sahnemeerrettich kommen. Auf der Karte findet man auch die ganzen anderen Klassiker von Schäufele über Leberknödel bis hin zum Eisbein.

Oben: Die Henkerbrücke ist heute Teil des Henkerhaus-Museums und kann besichtigt werden.
Unten: Die gut erhaltene Kaiserburg wacht hoch über Nürnberg.

Surfcenter
Altmühlsee
SUP · KITE · SURF
ERSTE WINGSCHULE DEUTSCHLANDS
Windsurfen
Kitesurfen
Stand Up Paddling
Fahrradvermietung
Terrassencafe
Info
SURFCENTER ALTMÜHLSEE
NÄCHSTE KURSE:
JETZT ANMELDEN!
FANATIC
KITESTRAND
SHOP
WC

Restaurant Bratwurstglöcklein im Handwerkerhof
Waffenhof 5, 90402 Nürnberg
www.bratwurst-gloecklein.de
49.447640, 11.081260

Wohnmobilstellplatz Schlungenhof Surfzentrum Altmühlsee
Ansbacher Straße 99, 91710 Gunzenhausen
Telefon +49 9831 50 81 90
info@altmuehlsee.de
49.131831, 10.735136

Wohnmobilstellplatz am Limeseum
Römerpark Ruffenhofen 1, 91749 Wittelshofen
Telefon +49 9854 979 92 42
info@roemerpark-ruffenhofen.de
49.044993, 10.489034

Langsam nähere ich mich dem Ende dieses Roadtrips. Ein Badesee, ein Römermuseum, zwei traumhaft schöne Mittelalterorte, eine Weinregion und ein bezauberndes Schloss liegen aber noch vor mir. Also nichts wie raus aus Nürnberg und rein ins Fränkische Seenland. Mehrere Seen wurden in dem Gebiet künstlich bei der Donau-Main-Überleitung angelegt, um die Wasserverteilung zwischen Nord- und Südbayern auszugleichen. Am Altmühlsee parke ich für den Nachmittag neben dem Wohnmobilstellplatz Schlungenhof und gehe die letzten paar Meter zum See vor. Das Angebot für Wassersport ist immens. Wing- und Windsurfen, Stand-Up-Paddeln, Kitesurfen, und wer es noch nicht kann, bucht sich Einzel- oder Gruppenkurse zum Equipment. Ich lasse es erst mal gemütlich angehen, hole mir ein kühles Getränk und schaue vom Surfcenter-Terrassencafé aus der Gruppe zu, die gerade ins Stand-Up-Paddeln eingeführt wird.

Oben: Das Freizeitangebot am Altmühlsee im Fränkischen Seenland ist groß.
Unten: Beim Limeseum kann nicht nur der Römerpark besucht, sondern auch übernachtet werden.

Am späteren Nachmittag komme ich im Limeseum in Wittelshofen an. Das Römermuseum hat auch an uns Camper gedacht, man darf auf dem Parkplatz kostenlos übernachten. Ja, sogar eine Ver- und Entsorgung wurde aufgestellt, und die Toiletten im Museum dürfen genutzt werden. Seit 2005 gehört der Römerpark Ruffenhofen als Teil des römischen Grenzsystems zum UNESCO-Welterbe Limes, keine drei Jahre davor wurden die Flächen noch landwirtschaftlich genutzt. Das ist nun vorbei. Der Römerpark wurde ausgebaut, Teile von alten Mauern ausgegraben und Besuchern zugänglich gemacht. Auf Schildern geben Bilder Einblick in das römische Leben vor Ort. Ein spannender Rundgang, der kostenlos gemacht werden kann. Nur wer auch das Limeseum, also das Limes-Museum besichtigen will, zahlt 5 Euro Eintritt. Dort wird der Limesabschnitt – Limes ist die alte Grenze des römischen Reiches – zwischen Mönchsroth und Arberg als Schwerpunkt veranschaulicht. Seit Regensburg fahre ich zeitweise immer mal wieder auf der Deutschen Limes-Straße, die an vielen alten Grenztürmen und Ausgrabungen vorbeikommt und mich nun auch zum Limeseum geführt hat. Die Nacht war ruhig, der Rundgang durch den Römerpark spannend. Nicht weit weg steht der Hesselberg. Auf den fahre ich hinauf, parke am Ende der Straße und starte den Tag mit einem Spaziergang bei herrlicher Aussicht.

Ich verlasse die Deutsche Limes-Straße und wechsle auf die Romantische Straße, die in Füssen gestartet ist und auf ihrer 460 Kilometer langen Route durch 29 mittelalterliche Orte führt. Dinkelsbühl ist einer davon, und genau da will auch ich hin. Was anderen Städten fehlt, hat Dinkelsbühl im Überfluss: Wohnmobilstellplätze. Gleich vier Stück liegen um die Altstadt verteilt. Ich bin bei allen durchgefahren, zwei fand ich besonders gut. Der Platz an der Mönchsrother Straße ist sehr zentral und eher für Kastenwagen zu empfehlen, da die Plätze recht schmal sind. An der Larrieder Straße finden auch größere Mobile Platz, und man steht etwas weiter auseinander, dafür teilweise leicht schräg und ein bisschen weiter weg von der Altstadt. Beide kosten 8 Euro für 24 Stunden. Ich bin gerade erst aufgestanden und habe noch andere Ziele heute, daher parke ich nur für den Tag in der Larrieder Straße und spaziere ins Zentrum.

Wohnmobilstellplatz auf dem Parkplatz P2a
Mönchsrother Straße 8, 91550 Dinkelsbühl
Telefon +49 9851 90 24 40
touristik.service@dinkelsbuehl.de
49.063830, 10.327194

Wohnmobilstellplatz P5 Larrieder Straße
Larrieder Straße 12, 91550 Dinkelsbühl
Telefon +49 9851 90 24 40
touristik.service@dinkelsbuehl.de
49.074534, 10.321810

Dinkelsbühl wurde von Kriegen oder anderen Katastrophen verschont, weshalb es eine der am besten erhaltenen mittelalterlichen Städte Deutschlands ist. Auf der Tourismusseite von Dinkelsbühl habe ich mir das Faltblatt zum Stadtrundgang heruntergeladen. Auf 16 Stationen führt die Route durch die Stadt und kommt dabei an den schönsten Ecken wie den vier Stadttoren, dem Münster St. Georg, dem neuen Rathaus oder dem Deutschordensschloss vorbei. Zu jedem Gebäude an der Route gibt es auch eine kurze Beschreibung. Ein zweiter Weg führt um die mauerbewehrte Altstadt herum. Diese Tour besichtigt die Befestigungsanlage mit ihren 14 Türmen

Oben: Vom Hesselberg aus genieße ich die herrliche Fernsicht.
Unten: Dinkelsbühl hat einen der am besten erhaltenen mittelalterlichen Stadtkerne.

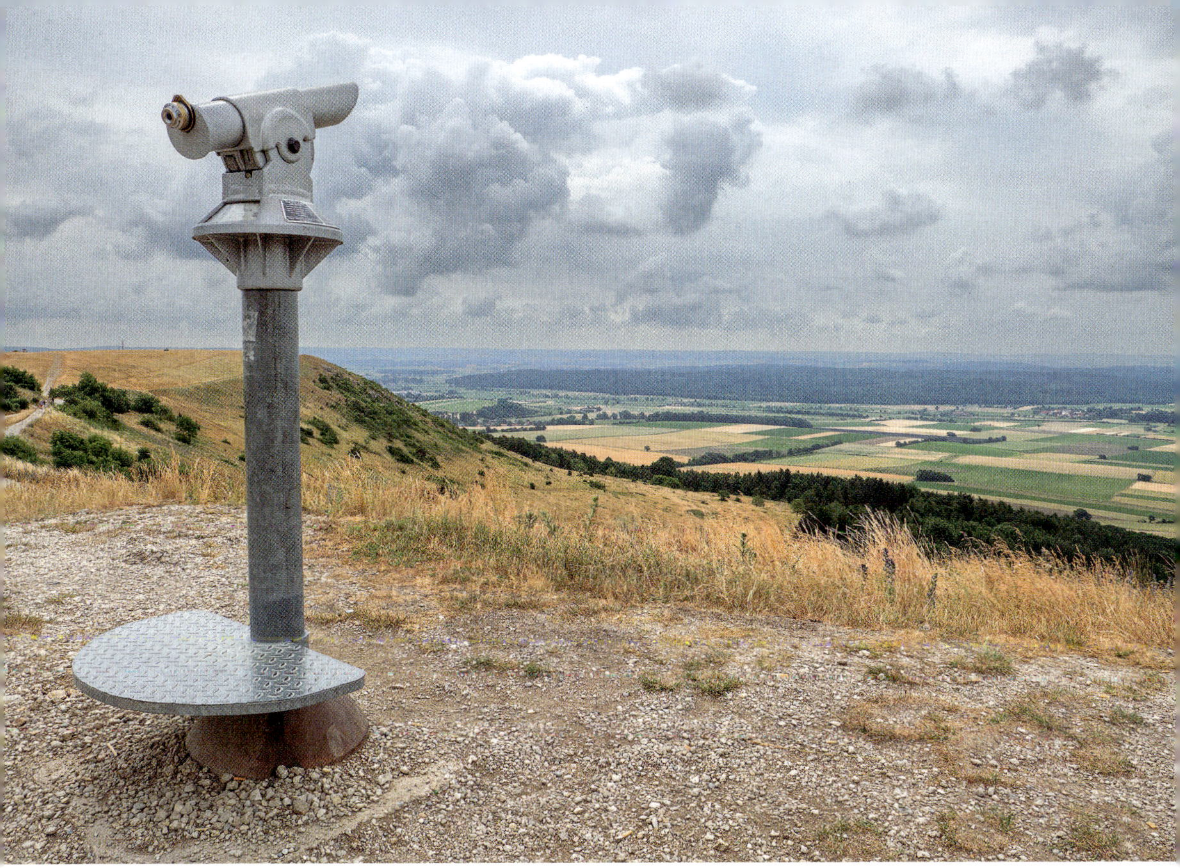

Indisches Restaurant

Deutsches
Weihnachtsmuseum

und den vier Stadttoren. Dabei komme ich auch an der Stadtmühle vorbei, wo vom Hof aus Teile des Wehrgangs zugänglich sind. Hat man beide Rundgänge abgeschlossen, kann man von sich wirklich behaupten, jede Ecke von Dinkelsbühl zu kennen. Besonders schön ist die Stadt auch im Dunkeln, wenn überall die Lichter brennen.

Einige Kilometer weiter nördlich liegt die große und weltweit bekannte Schwester von Dinkelsbühl, Rothenburg ob der Tauber. Was mir hier sofort auffällt, sind die Touristen aus der ganzen Welt. Deutsch höre ich auf der Straße kaum noch, dafür viel amerikanisches Englisch, Französisch, einige asiatische Sprachen und auch Spanisch. Rothenburg ob der Tauber hat es geschafft, weltweit als Inbegriff des mittelalterlichen Deutschlands zu gelten. Mit der Ruhe in den Gassen ist es deshalb vorbei, das Kleingewerbe boomt dafür umso mehr, und die historischen Gebäude der Altstadt sind gut besetzt mit Geschäften, die Dekoartikel, Souvenirs, regionale Spezialitäten oder Handwerkskunst anbieten sowie mit Cafés und Museen zu allen möglichen Bräuchen und Dingen. Ganz ehrlich? Mir gefällt's. Hier ist richtig was los, und die Kulisse ist malerisch, die Häuser herausgeputzt und hübsch mit Blumen geschmückt. Rothenburg ob der Tauber ist eine wahre Perle, wenn man sich an den vielen Menschen nicht stört. Durch die Röderbastei gelange ich in die Altstadt und erklimme gleich den Röderturm, von wo aus ich über die Stadt blicken kann. Beidseitig vom Turm kann man auf der Stadtmauer gehen und hat immer wieder die Möglichkeit, an Türmen die Mauer zu verlassen. Ich besuche das Weihnachtsmuseum, also eigentlich nur die Verkaufsfläche, denn die ist bereits so umfangreich und bezaubernd, dass ich ins Museum selber gar nicht mehr rein will. Weiter gibt es das Mittelalterliche Kriminalmuseum, das Puppen- und Spielzeugmuseum, den historischen Gewölbekeller mit Staatsverlies, das Grafikmuseum oder das Alt-Rothenburger Handwerkerhaus. Trachten können genauso wie Schwerter oder Kuckucksuhren gekauft werden, und zu essen gibt es nahezu jede deutsche Spezialität. Als ich mal wieder am Marktplatz vorbeikomme, halten Dutzende Menschen ihr Handy in die Luft, da sehe ich es auch: Die Uhr der Ratstrinkstube zeigt volle Stunde, und die Puppen in den Fenstern bewegen sich. Rothenburg ob der Tauber ist die pure Schönheit. Und auch hier stehen uns Camperreisenden gleich mehrere Stellplätze zur Verfügung. Ich habe aber noch etwas Restenergie übrig und fahre nach Adelshofen, wo ich auf einem kleinen Parkplatz offiziell und gegen eine Spende an der Tauber übernachten kann.

Oben: Im Bild der Markusturm mit Röderbogen von Rothenburg ob der Tauber
Unten: Hinter dem Oldtimer im grünen und orangen Haus befindet sich das Weihnachtsmuseum.

Wohnmobilstellplatz Rothenburg am P2
Nördlinger Straße 6, 91541 Rothenburg ob der Tauber
Telefon +49 9861 40 48 00, info@rothenburg.de
49.370001, 10.183277

Wohnmobilstellplatz am Tauberufer
Tauberzell 1, 91587 Adelshofen
49.446675, 10.119999

Auf dem Weg nach Würzburg – dem letzten Ziel dieses Roadtrips – fahre ich durchs Taubertal. Und ja, ich gebe es zu, ich lege tatsächlich ein paar Kilometer auf dem Boden von Baden-Württemberg zurück und erlaube mir sogar, einige Tipps zum benachbarten Bundesland mit in dieses Kapitel zu nehmen. In Creglingen steht die weltberühmte Herrgottskirche mit dem Marienaltar von Tilman Riemenschneider. Die Kirche ist eher ein kleines Museum und kostet daher auch 4 Euro Eintritt. Fotos sind leider nicht erlaubt. Draußen entdecke ich wunderschöne Rosen, die Gärtnerin sieht mich und erzählt stolz, dass es sich dabei um eine Sorte aus dem Taubertal handelt, deren Blütenblätterfarbe sich mit dem Alter der Blüte verändert. Ich fahre zum Weingut Ehrmann, das an der Weinstraße im Taubertal liegt. Entlang der Tauber fährt man an einigen Weinbergen vorbei, da steht ein Besuch beim Winzer unbedingt auch auf dem Programm. Neben dem Weingut wurde ein neuer Wohnmobilstellplatz gebaut für maximal sechs Fahrzeuge. Hinten die Reben, vorne der Blick ins Taubertal. Auf Wunsch wird eine Weindegustation durchgeführt, die habe ich gemacht und vom leckeren Wein »Secco Genieß Pink« gleich ein paar Flaschen eingepackt. Und für Landvergnügen-Nutzer sage ich nur: Betrieb 2854.

Seit Dinkelsbühl verläuft die Romantische Straße noch immer denselben Weg entlang, den auch ich fahre. Und selbst den Abstecher durchs Taubertal macht sie ebenfalls. Für mich geht es jetzt aber direkt nach Würzburg hinein, wo ich am Main einen Parkplatz für Tag und Nacht finde. Dem oberen Mainkai folge ich bis zur alten Mainbrücke. Für einen guten Überblick setze ich mich als Erstes auf der Dachterrasse Wöhrl ins Café, von wo aus ich herrlich über den Main bis zur Marienburg blicken kann. Wieder unten lockt mich Köhlers Vollkornbäckerei an. Nicht weil ich ein Brötchen möchte, sondern weil an der Eisdiele Sorten angeschrieben sind, die ich so nicht kenne. Einmal Birnensorbet, bitte. Das ist überraschenderweise unglaublich erfrischend und lecker. Am Rathaus vorbei taucht der Würzburger Dom mit seinen zwei Türmen vor mir auf. Mit Eis in der Hand will ich da lieber nicht rein. Das daneben liegende Neumünster mit der prachtvollen Barockpfarr-

Oben: Besonders gut gefällt mir an Rothenburg ob der Tauber die begehbare Stadtmauer.
Unten: Die Marienkapelle von Würzburg ist eine wahre Schönheit.

KREBS
Würzburg
Würzburg

kirche schaue ich mir entsprechend ebenfalls nur von außen an und schlendere weiter auf den Marktplatz. Dienstag bis Samstag findet täglich der »Grüne Markt« statt. Dabei handelt es sich um fest installierte Stände unter dem Glasdach. Die Marienkapelle dominiert den Marktplatz, die Größe des Baus ist faszinierend. Zur Fürstbischöflichen Residenz ist es nicht weit. Ich komme von der Parkplatzseite her zum imposanten Palast. Die schönere Ansicht hat man definitiv vom öffentlich zugänglichen Hofgarten aus, wo man die gepflegte Grünanlage vor dem gigantischen Gebäude im Blick hat anstelle der Autos. Seit 1981 und als erst drittes Bauwerk in Deutschland nahm die UNESCO die Würzburger Residenz mit dem Hofgarten in die Liste des Welterbes auf. Das berühmte und beeindruckende Treppenhaus kann nebst vielen anderen Räumen bei einer etwa 30-minütigen Führung durch die Residenz besichtigt werden.

Über die alte Mainbrücke und dann durch die Rebberge wandere ich zur Festung Marienberg hinauf. Der Blick auf die Altstadt ist fantastisch. Wein spielt in und um Würzburg eine große Rolle. So zählen zu den bekanntesten Weingütern das alte Juliusspital, der alte Staatliche Hofkeller oder das Bürgerspital. Und ich dachte immer, dass einem im Spital medizinisch geholfen wird. Anscheinend ist an dem Ausspruch »Ein Glas Wein am Tag ist gesund« doch was dran. Der Park der Marienburg ist wunderschön, und immer wieder ergeben sich neue Ausblicke auf die Festungsanlage sowie die Stadt und den Main. Auch hier können Führungen gemacht werden.

Zurück auf der alten Mainbrücke ist es langsam aber sicher Zeit für die letzte Spezialität. Ich bestelle mir beim Pavillon Mainmühlen einen Brückenschoppen – ein Glas Wein –, den ich an der alten Brücke trinke.

Brückenschoppen in Würzburg
Alte Mainbrücke – Pavillon Mainmühlen
Oberer Mainkai, 97070 Würzburg
49.792925, 9.927039

Am Bodensee gestartet, am Main geendet, und dazwischen habe ich unglaublich viel erlebt. Mein Herz hängt an den Bergen, da hat sich mir Bayern mit den Ostalpen von seiner prächtigsten Seite gezeigt. Aber auch die Abkühlung kam während dieses Frühsommertrips nicht zu kurz. Wunderschöne Städte und Burgen waren auch dabei und natürlich das gute und deftige bayerische Essen.

Oben: Ausgefallene Eissorten gibt es bei Köhlers Vollkornbäckerei.
Unten: Der Main mit der alten Mainbrücke und der Festung Marienberg

Start- und Endpunkt
Vom Point Alpha bis in den Harz

Streckenlänge & Fahrzeit
1280 Kilometer / 21 Std.

Highlights
Drachenschlucht, Erfurt, Freyburg (Unstrut), Bergbau, Sächsische Schweiz und Zittauer Gebirge, Polenmarkt, Dresden

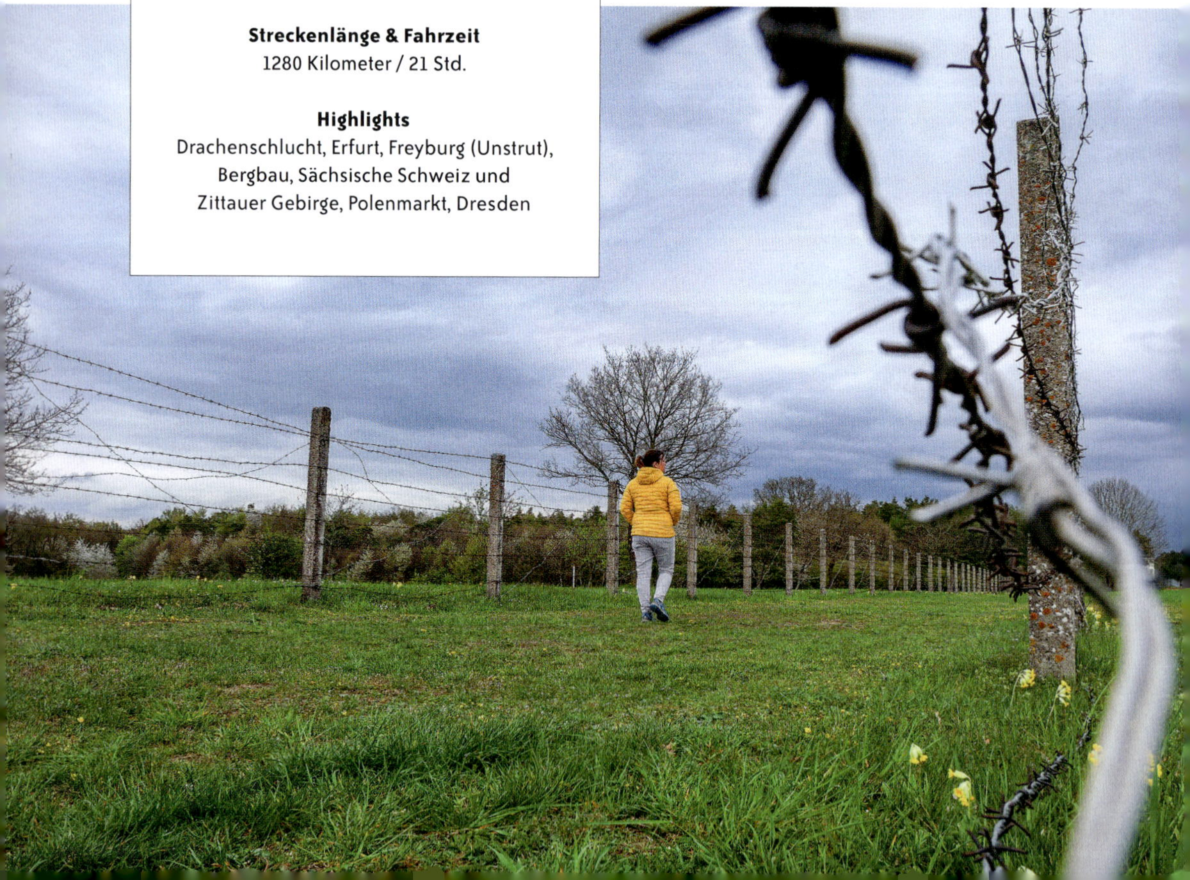

Osten: Pferdegöpel, Sandstein und Tausend Teiche

Auf den Osten Deutschlands freue ich mich ganz besonders. Seit ich zum ersten Mal von ihr gehört habe, will ich durch die Sächsische Schweiz wandern und die unglaublichen Felsformationen mit eigenen Augen sehen. Aber auch Dresden reizt mich, der Harz, die Weinregionen, die Burgen und Flüsse. Und habe ich da was von Polenmarkt gehört? Lass uns keine Zeit verlieren und losfahren.

Die Geschichte der Menschheit zu kennen ist wichtig, damit gemachte Fehler nicht wiederholt werden. Die Vergangenheit erzählt uns, wie die heutige Welt entstanden ist und zeigt zugleich, dass Dinge mit mehr Wissen und Bewusstsein verändert werden können und sollen. Mit dieser Einstellung überquere ich die ehemalige innerdeutsche Grenze, will wissen, was sie mit den Grenzorten gemacht hat – damals und heute. Ich starte an der Gedenkstätte Point Alpha in Geisa. Vor dem Museum »Haus auf der Grenze« parke ich und gehe den Weg der Hoffnung am Grenzturm und dem Stacheldrahtzaun entlang bis zum US-Camp Point Alpha. Die Ausstellungen in den verschiedenen Gebäuden sowie draußen am Grenzweg zeigen einen authentischen Schauplatz des Kalten Krieges. Bis 1990 standen sich Nato und Warschauer Pakt hier gegenüber. Viele informative Schilder helfen zu verstehen, was an den verschiedenen Stellen getan wurde. Das Leid, die Schicksale – es macht mich betroffen, und gleichzeitig bin ich froh, sehen und verstehen zu können, was genau hier passierte. Auch in Vacha ist die Geschichte eindrücklich zu erleben. Die Grenze wurde hier von der DDR zu einem unüberwindlichen Bollwerk ausgebaut. Die mittelalterliche Steinbogenbrücke, welche heute den Namen »Brücke der Einheit« trägt, wurde gesperrt und verbarrikadiert. Zahlreiche Höfe, Häuser und Gärten in Grenznähe wurden beseitigt, ihre Bewohner zwangsumgesiedelt. Im Museum Burg Wendelstein sind viele alte Gegenstände aus der DDR ausgestellt, und ich konnte einen emotionalen Film über die Wiedervereinigung in Vacha sehen. Die Puppensammlung im Obergeschoss mag nicht so recht ins Bild passen, wobei auch Puppen aus DDR-Zeiten ausgestellt sind. Auf den ehemaligen Bergfried kann man rauf. Er ist heute ein Aussichtsturm. Vom Museumsbetreiber erhalte ich den Schlüssel für den Grenzturm, der sich vor der Stadt befindet.

Es ist eindrucksvoll und gleichzeitig beängstigend, dem Weg der Hoffnung am Point Alpha zu folgen.

Beim Türöffnen habe ich mich ganz schön erschreckt. Wenn du selber reingehst, wirst du merken, warum. Vacha offeriert Campern auf dem Parkplatz zwischen Brücke und Altstadt zwei kostenlose Wohnmobilstellplätze mit Ver- und Entsorgung. Das Angebot nehme ich gerne an und übernachte mit Blick auf den Grenzfluss, der heute nur noch die Grenze zwischen den Bundesländern Hessen und Thüringen markiert.

Gedenkstätte Point Alpha
Platz der Deutschen Einheit 1, 36419 Geisa
www.pointalpha.com
50.719590, 9.928966

Wohnmobilstellplatz am Vachwerk in Vacha
Hersfelder Straße 3, 36404 Vacha
Telefon +49 36962 26 10, allgemein@vgvacha.de
50.829713, 10.022090

Den Tag starte ich gerne mit einer kleinen Wanderung, das Rhöntal lädt dazu regelrecht ein. In Bad Salzungen gehe ich den kleinen Frankensteinrundweg, der mich zur Falkensteiner Burgruine führt, von wo aus ich eine tolle Fernsicht genieße. Bad Salzungen ist eine Kurstadt und ein Erholungsort, der auch auf uns Camper ausgelegt ist. Ich stehe auf dem kostenlosen Wohnmobilparkplatz der Stadt an der Werrastraße, mehr Komfort sowie Service bekommt man auf dem gebührenpflichtigen Stellplatz am Solebad. Zwischen den zwei Plätzen liegt die Solewelt mit Saunaland, Aktivbad, Salzgrotte sowie Gradierwerk. Im Bohrturm daneben befindet sich ein kleines Museum zur Solegewinnung. Bei einem Spaziergang durch die Stadt schlendere ich am Burgsee entlang, komme am imposanten Kurhaus und weiteren schönen Bauten vorbei.

Eisenach kenne ich vor allem wegen der Drachenschlucht. Zusammen mit meinem Lebenspartner bin ich da schon mal durch, als die Eiszapfen länger waren als wir groß. Nun freue ich mich darauf, die beeindruckende Schlucht mit dem schön angelegten Weg im Frühling zu erkunden. Parkplätze mit Bereichen für Wohnmobile gibt es reichlich, und wenn du in Eisenach übernachten möchtest, finde ich den Parkplatz an der Wartburg oder den an der Marientalhütte am besten. Von beiden erreichst du die umliegenden Ziele fußläufig. Ich wähle den Rundweg, der durch die Drachenschlucht bis zum Hirschstein und über den Großen Drachenstein führt. Die Passage durch die teilweise gerade mal 70 Zentimeter breite Schlucht ist gigantisch schön. Die Felsen sind mit Moos bewachsen, darunter fließt der Bach, der die Schlucht über Jahrmillionen in den Felsen gegraben hat. Die Wartburg ist ebenfalls sehenswert. Mittels Führung kann man die imposante, fast 1000 Jahre alte Burg besichtigen und erfährt

Oben: Vacha über die Brücke der Einheit betrachtet, links der Bergfried
Unten: Bad Salzungen ist eine Kurstadt, das Gradierwerk wurde vor Kurzem saniert.

UNESCO-
Weltnaturerbe
Nationalpark
Hainich
Nationalpark
Hainich

dabei viel Spannendes und Witziges. Die Wartburg wurde 1999 ins UNESCO-Welterbe aufgenommen. Der Hinweg ist steil und anstrengend, alternativ fährt der Shuttlebus von Eisenach bis zur Burg hinauf. Eisenach selber hat eine hübsche Altstadt, in der man auch auf Martin Luthers Spuren unterwegs sein kann. Der Papst hatte den Reformator verbannt, und er fand unter falschem Namen auf der Wartburg Zuflucht, wo er das Neue Testament ins Deutsche übersetzte und die Heilige Schrift so der Allgemeinheit zugänglich machte. Im Lutherhaus Eisenach kann man seine Geschichte im innovativen Museum verfolgen und dabei eines der schönsten und ältesten Fachwerkhäuser Thüringens besichtigen.
Für alle, die im März schon mit dem Camper unterwegs sind, sei gesagt, dass mit Sommerbeginn das größte Fest in Eisenach stattfindet. Ein Blick in den Eventkalender von Eisenach lohnt sich sowieso zu jeder Jahreszeit, denn es finden viele Feste und Ausstellungen statt.

Wohnmobilparkplatz Wartburg
Auf der Wartburg, 99817 Eisenach
Telefon +49 3691 25 00, info@wartburg.de
Durch Schranke fahren, kostenpflichtige Stellplätze für Busse und Wohnmobile
50.967454, 10.304397

Oben: Wandern durch die Drachenschlucht ist zu jeder Jahreszeit spannend.
Unten: Den Nationalpark Hainich kann man gut per Fahrrad erkunden.

Wohnmobilstellplatz Marientalhütte (auf Parkplatz P2)
Mariental 1, 99817 Eisenach
50.962200, 10.315365

Der Nationalpark Hainich wirkt auf den ersten Blick unspektakulär, und doch ist er alles andere als langweilig. Er beheimatet die größte nutzungsfreie Laubwaldfläche Deutschlands und ist mit seinen unzerschnittenen Buchenwäldern ein einzigartiger Urwald mitten in Deutschland. Im Schutze eines militärischen Sperrgebiets war die Gegend jahrzehntelang sich selber überlassen, und diese natürlichen Laubwälder mit über 30 Laubbaumarten sind entstanden. Wie wertvoll dieser Höhenzug ist, zeigt auch die Anerkennung der UNESCO als Welterbestätte. Ein guter Ausgangsort ist der Camping am Tor zum Hainich in Weberstedt. Ich bin Landvergnügen-Nutzerin und stand beim Betrieb 3253. Das freundliche Betreiberpaar hat mich mit Routentipps sowie Ausflugszielen versorgt.

Campingplatz am Tor zum Hainich
Am Hainich 22, 99991 Unstrut-Hainich
Telefon +49 36022 986 90
info@camping-hainich.de, 51.102512, 10.508328

Landvergnügen-Mitglieder: Betrieb 3253

Am frühen Nachmittag schnappe ich mir mein Fahrrad und radle auf schönen Wegen durch den Laubwald zum Nationalparkzentrum. Nebst einem großen Outdoorspielplatz und der Gaststätte Forsthaus kann im Nationalparkzentrum eine Ausstellung besucht werden, und man bekommt Auskunft zu allen möglichen Aktivitäten. Über den Spazierweg Waldpromenade gelange ich zum Baumkronenpfad. Der bringt einen auf 540 Metern Länge mitten durch die beeindruckenden Baumwipfel, von der 44 Meter hohen Aussichtsplattform geht der Blick traumhaft schön über den Hainich sowie das Thüringer Becken. Schautafeln sowie Rätsel machen den sonst schon spannenden Rundgang noch kurzweiliger. Als Katzenfan besuche ich natürlich auch das Wildkatzendorf und erfahre bei einer der regelmäßig stattfindenden Schaufütterungen viel über die scheuen und seltenen Wildkatzen. Nach zwei Tagen im Nationalpark fahre ich mit dem Campervan ein Stück weiter nördlich zum Mittelpunkt Deutschlands (51.163383, 10.447722), wo es nicht viel mehr als einen fünf Tonnen schweren Basaltblock sowie eine Kaiserlinde zu sehen gibt. Mühlhausen gefällt mir da viel besser. Direkt an der Stadtmauer ist ein Wohnmobilstellplatz gelegen, die Einfahrt ist etwas eng, auf dem Platz angekommen sehe ich aber, dass es eine zweite Zufahrt gibt, wo auch längere Fahrzeuge problemlos durchpassen. Vom Stellplatz aus bin ich in wenigen Minuten im Zentrum der Altstadt. Liebevoll sanierte Fachwerk- sowie Bürgerhäuser säumen die Gassen. Der Innere Stadtmauerring ist gut erhalten und mit Wehrtürmen versehen. Am Frauentor, dem letzten erhaltenen Stadttor, steige ich die Treppe hinauf, denn auf einer Länge von 330 Metern kann ich hier die einstigen Wehrgänge begehen und komme an verschiedenen Wehrtürmen vorbei.

Wohnmobilstellplatz Parkplatz Engelsgarten
Görmarstraße 38, 99974 Mühlhausen/Thüringen
Telefon +49 3601 45 21 15
service@touristinfo-muehlhausen.de
51.210557, 10.463705

Der Gang endet beim Museum, wo eine kleine Ausstellung die Geschichte der Stadt samt Wehranlage zeigt. Im Wirtshaus Antoniusmühle gehe ich zu Abend essen. Es befindet sich in einer alten Senf- und Getreidemühle aus dem Jahr 1323, und serviert werden thüringische und deutsche Gerichte.

Wirtshaus Antoniusmühle
Am Frauentor 7, 99974 Mühlhausen/Thüringen
51.210036, 10.451551

Oben links: Die Linde markiert den Mittelpunkt Deutschlands.
Oben rechts: Der Baumwipfelpfad im Nationalpark Hainich
Unten: Am Frauentor befindet sich in Mühlhausen der Aufgang zur Stadtmauer.

»Thüringisches Rom« wurde Erfurt früher wegen seiner vielen Kirchen genannt. Die Altstadt von Erfurt gehört zu Recht zu den schönsten Deutschlands. Am Juri-Gagarin-Ring finde ich mit meinem Sechs-Meter-Kastenwagen eine passende Lücke auf dem regulären Parkplatz. Es ist ein kleines Geduldsspiel, da der Platz gut frequentiert ist. Größere Fahrzeuge müssen auf dem Caravan- und Busparkplatz stehen und zahlen deutlich mehr. Da lohnt es sich, auf einem der Stellplätze außerhalb zu parken, über Nacht zu bleiben und mit der Tram ins Zentrum zu fahren. Am Eingang zur Krämerbrücke gehe ich durch eine unscheinbare Tür in die St.-Ägidien-Kirche. Auf ihren Kirchturm kann man über eine enge und knarzende Holztreppe hinauf und blickt von dort über die ganze Altstadt. Die wunderschöne Krämerbrücke aus dem Jahr 1325 sieht auch von oben malerisch aus. Über die schlendere ich nun, aber nicht ohne mir beim Eiskrämer Goldhelm ein unglaublich leckeres Eis zu holen, das es in vielen verschiedenen, außergewöhnlichen Geschmacksrichtungen gibt. Ich wähle Brückentrüffel und Madagaskar-Vanille. Der Vorteil von einem Eis in der Hand ist, dass ich nicht in jedes der süßen kleinen Geschäfte gehen kann und mir womöglich hübsche Dinge kaufe, die im Camper kaum Platz finden.

Während meiner Erkundungstour schlendere ich über den Fischmarkt und bestaune die zauberhaften Gebäude drum herum, gehe ins Rathaus, um die Deckenmalereien und beeindruckenden Bögen zu betrachten, besuche den mächtigen Dom auf dem Hügel sowie die alte und neue Synagoge. Ein guter Duft nach Grill liegt in der Luft, ich folge ihm und stehe vor dem Imbiss Faustfood. Steaks, Spareribs, Burger, aber auch Thüringer Klassiker wie Rostbratwurst und Brätl gibt es. Ich bestelle ein Brätl im Brötchen und bin froh, dass mein Magen kein Problem damit hat, dass mit dem Eis erst der Nachtisch und nun der Hauptgang in ihm landet. Über die Horngasse schlendere ich langsam zurück zum Parkplatz, mache aber noch einen Abstecher zu Mobbi und Schnatterich, zwei der vielen KIKA-Figuren, die in Erfurt stehen. Mich interessieren allerdings nicht die Figuren, sondern der Blick auf die Krämerbrücke, denn von hier aus gesehen zeigt sie eine weitere und ebenfalls wunderschöne Seite von sich.

Wohnmobilstellplatz Tor zur Stadt Erfurt
Wartburgstraße, 99094 Erfurt
Telefon +49 361 65 31 48 20
info@erfurt-wohnmobil.de
50.956135, 10.983915

Die bezaubernde Krämerbrücke wird ihrem Ruf mehr als gerecht.

Eisvögel, Biber und Straußwirtschaften liegen am Ufer der Saale, auf der man wunderbar paddeln kann. Die Dornburger

Schlösser thronen hoch über dem Fluss, die drei historischen Prachtbauten sind von liebevoll gepflegten Gärten umgeben. Vom Rokokoschloss aus schaue ich hinab auf die Saaleschleife. Für die Schlossbesichtigung kann man Tickets lösen, die umgebenden Parks, verbunden durch den Pfad über den Rebbergen, sind öffentlich zugänglich. Ein perfekter Zwischenstopp auf dem Weg nach Bad Kösen. Angekommen im Kurort sind es vom Parkplatz an der Uferstraße aus nur ein paar Meter zur historischen Wassermühle. Ein langer Antriebsschacht aus Holz zieht sich von der Mühle bis zum Borlachturm, in dem eine kleine Ausstellung erklärt, was es mit dieser sich bewegenden Pumpanlage auf sich hat. Mit Wasserkraft wird Sole gefördert, die anschließend im Gradierwerk durch Wasserverdunstung konzentriert wird. Schon seit 1859 dient die Anlage zur Aufbereitung der Badesole sowie zur Freiluftinhalation, früher wurde auch Speisesalz gewonnen. Als ich selbst davorstehe, kann ich die Größe des Gradierwerks kaum fassen. 325 Meter lang und 13 Meter hoch ist die historische Salinenarchitektur. Die Reisigzweige, über die die Sole auch bei meinem Besuch tropft, stammen vom Schwarzdorn. Die Luft riecht tatsächlich salzig, und auch als ich ein paar Tropfen davon auf die Zunge gebe, ist der Salzgehalt deutlich zu schmecken. Erstaunlich, was es alles gibt.

P

Parkplatz Uferstraße
Uferstraße 4, 06628 Bad Kösen
51.136612, 11.719952

Den nächsten Tag starte ich an einem Ort der Ruhe und Besinnlichkeit. Nur ein paar Kilometer außerhalb von Bad Kösen befinden sich die Gebäude der Schulpforte. Ein gut ausgeschilderter Rundgang startet am Besucherzentrum und führt über das frühere Kloster- und heutige Schulgelände. Verschiedene Bauwerke wie die Klosterkirche, die Klausur oder Teile des ehemaligen Gutshofes können erkundet werden. Ein andächtiger, schöner Ort, der mit beeindruckenden Gebäuden und Natur überzeugt. Mein Ziel für heute ist Freyburg (Unstrut). Die Stadt ist das Zentrum des Weinbaus in der Region und liegt malerisch zwischen dem Fluss Unstrut und den Hügeln mit dem Schloss Neuenburg. Zentral am Ende eines Parkplatzes können Wohnmobile parken, der Platz ist kostenlos, die Anmeldung mit Abrechnung der Kurtaxe erfolgt in der Touristeninformation. Freyburg ist mir auf Anhieb sympathisch: der historische Stadtkern, das Schloss mit der kleinen

Oben: Die Schulpforta dient heute als Schule, ist Besuchern aber teilweise zugänglich.
Unten: Einfach gigantisch: Die Größe des Gradierwerks in Bad Kösen ist unbeschreiblich.

Siedlung und dem Dicken Wilhelm auf dem Schlosshügel und den vielen Straußwirtschaften. Das sind kleine traditionelle Weinlokale, die nur temporär geöffnet sind und meist direkt von den Winzern betrieben werden. Die Dame in der Touristeninformation hat mir einen Flyer mitgegeben, auf dem die neun Weingüter mit Ausschank aufgeführt sind. Beim Herzoglichen Weinberg bestelle ich mir mein Glas neben den Rebstöcken, an denen die Trauben dafür gewachsen sind. Am nächsten Tag fahre ich mit meinem Fahrrad ins Naturschutzgebiet Tote Täler, wo ich über die Ebene wandere. Hier lebt eine halbwilde Herde Konik-Pferde. Als Pferdemädchen setze ich mich weit ab hin und beobachte sie – oder sie mich? Am Nachmittag findet ein Weinfest der Winzervereinigung in Freyburg statt. Da gibt es natürlich Wein, aber auch jede Stunde eine Führung durch den Weinkeller. Einfach nur spannend, faszinierend und mit den Eichenholzfässern wunderschön. Auch die Rotkäppchen-Sektkellerei hat geöffnet. Ich hole mir zwei Fruchtseccos zur Erinnerung. Freyburg an der Unstrut hat bei mir einen bleibenden und sehr positiven Eindruck hinterlassen, und ich bin mit Sicherheit nicht zum letzten Mal hier gewesen.

Oben: Randvoll hat mir die nette Wirtin das Glas in Freyburg gefüllt.
Unten links: Der Dom von Naumburg gehört zum UNESCO-Welterbe.
Unten rechts: Am Markt in Naumburg steht die Stadtkirche St. Wenzel.

Parkplatz Schützenplatz
Hinterm Schlag, 06632 Freyburg (Unstrut)
51.214580, 11.773146
Kurtaxe bezahlen bei der Touristeninformation, Markt 2, 06632 Freyburg (Unstrut)

Naumburg an der Saale ist ebenfalls wunderschön und speziell der zum UNESCO-Welterbe gehörende Dom St. Peter und Paul ist zauberhaft. Und doch packt es mich nicht ansatzweise so wie Freyburg. Vielleicht weil Naumburg größer und weitläufiger ist und ich als Dorfkind das Kleine, Kompakte einfach lieber mag. Zwischen Naumburg und Zwickau liegt der Landvergnügenhof 1177, wo ich die Nacht an der Pferdekoppel verbringe. Mittlerweile habe ich das Erzgebirge erreicht und damit auch eine Region, die eng mit dem Bergbau einhergeht. Bei Reinsdorf befindet sich das Heimat- und Bergbaumuseum. Eine überschaubare Ausstellung, die von ehrenamtlichen Mitgliedern betreut wird und deshalb nur sonntags zugänglich ist. Heute ist Sonntag, also beschließe ich, mir den Förderturm des Morgensternschachtes II anzusehen. Über vier Etagen erstrecken sich Werkzeuge, eine umfangreiche Bergbau-Lampenausstellung, aber auch geschichtliche Exponate der Region. Die Sammlung ist liebevoll gestaltet, und die Mitarbeiter vor Ort erzählen gerne die ein oder andere Geschichte. Nur eine kurze Wanderung erwartet mich an den Aussichtsfelsen Greifensteine. Vom Parkplatz bin ich innerhalb weniger Minuten am Einlass, den ich mit einer 1-Euro-Münze freischalte und so die grandiose Aussicht genießen kann.

In Ehrenfriedersdorf liegt die historische Zinngrube aus dem 15. Jahrhundert, die zum UNESCO-Weltkulturerbe gehört. Über Jahrhunderte hinweg war sie ein wichtiger Standort für den Zinnabbau. Ich parke vor dem Areal, das auf dem Sauberg neben der Stadt liegt, und tauche ein in die Welt des Bergbaus. Mit einer geführten Tour gelange ich durch die Grube, um die unterirdischen Stollen zu erkunden. Ausgerüstet mit Helm, Grubenlampe und Umhang werden uns die Sicherheitsvorschriften erklärt, bevor es mit dem Schachtaufzug tief hinab in die Stollen geht. Von ehemaligen Bergleuten werden die alten Maschinen und Werkzeuge, die bei der Zinnerzeugung verwendet wurden, mit breitem sächsischem Dialekt vorgeführt. Die Szenerie beeindruckt mich, wir stehen im Herzen des Felses, die Wände sind nicht verputzt, sondern roher Stein, in den der Stollen gehauen wurden. Das Highlight ist die Fahrt mit der Grubenbahn unter Tage. Da bin ich auch gleich wieder froh, immer einen Pullover mit dabeizuhaben, wenn ich in Höhlen oder Stollen gehe. Es ist schon später Nachmittag, als ich die Zinngrube verlasse. Daher entscheide ich mich, gleich auf dem Parkplatz mit der tollen Aussicht für die Nacht stehen zu bleiben.

P

Parkplatz Zinngrube Ehrenfriedersdorf
Am Sauberg 1a, 09427 Ehrenfriedersdorf
50.642350, 12.973293

Auf einem Felsen oberhalb der Stadt Wolkenstein steht das Schloss. Es ist ein bedeutendes historisches Gebäude aus dem 13. Jahrhundert, das unter anderem als Verteidigungsanlage sowie Wohnsitz für Adlige diente. Heute befindet sich innerhalb der Schlossmauern ein Museum. Die Ausstellung habe ich mir nicht angesehen, dafür war ich zu früh am Morgen da. Aber ich bin durch die Wolfsschlucht hochgewandert. Ein sausteiler Weg durch einen schmalen Felsspalt. Falls dir das noch zu wenig Abenteuer ist, kannst du im Klettersteig im Hag teilweise über Metalltritte im Stein gerade die Felswand hinaufklettern – Sicherungsausrüstung ist sehr zu empfehlen. Zurück in Wolkenstein kehre ich erst mal bei der Erzgebirgischen Landbäckerei für ein spätes Frühstück ein und bestelle mir einen Buttermilchgetzen, einfach weil ich nicht weiß, was das ist. Schmeckt eigentlich ganz lecker nach Kartoffeln und Speck, wenn da nicht der viele Kümmel wäre.

Oben: Liebevoll gestaltete Ausstellung zum Bergbau in Reinsdorf
Unten: Die Ruine von Schloss Wolkenstein thront hoch über der Stadt.

Signaltafel
Ankündigungssignale:
4 x = langsam fahren
5 x = Seilfahrt
6 x = Selbstfahrt
Ausführungssignale:
1 x = Halt
2 x = Aufholen
3 x = Hängen
4 + 4 = Gestell frei
Bei Seilfahrt je Etage .... Personen zugelassen.
Bei Selbstfahrt .... Personen zugelassen.
RFT
SEILFAHRT
1.Sohle 410m
2.Sohle 478m
3.Sohle 608m

COME US 2

In Marienberg stoße ich auf eine weitere Bergbaueigenheit, den Pferdegöpel. Auf dem Rudolphschacht ist dieser ursprünglich von Pferden angetriebene Lastzug noch erhalten. Die Mitarbeiter freuen sich, dass eine Besucherin kommt, und sogleich führt mir ein Herr die Miniatur-Bergbaustation vor und erklärt die einzelnen Schritte. Dann werde ich an eine Mitarbeiterin übergeben, die mir draußen den Pferdegöpel zeigt. Aktuell sind keine Pferde da, die werden nur zu ganz besonderen Anlässen angespannt, aber die Vorrichtung steht, und ich sehe, wo die Pferde entlanglaufen würden. Im Innern wird ein Förderkorb bis zu 200 Meter in den Schacht hinuntergefahren, von den Bergleuten unten gefüllt, und dann müssen die Pferde sich ins Geschirr stemmen, den bis zu 1000 Kilo schweren Kübel hochziehen und im exakt richtigen Moment stehen bleiben, damit das Fördergut nicht zu weit hochkommt. Kinder trennten oben den Schutt vom Erz. Später wurden die Pferde durch Dampfmaschinen ersetzt, bevor auch deren Ära zu Ende ging.

Pferdegöpel auf dem Rudolphschacht
Lautaer Hauptstraße 12, 09496 Marienberg
Telefon +49 3735 60 89 68
50.661891, 13.145281
Von Di bis So ab 10.30 bis 16.30 Uhr geöffnet;
24., 25. und 31.12. geschlossen

Mich überkommt die Wanderlust, und die will ich im Schwarzwassertal stillen. Auf dem Parkplatz am Katzenstein wird der Camper geparkt, werden die Wanderschuhe geschnürt und Wasser sowie Snacks in den Rucksack gepackt. Ich folge dem Arnoldweg hinab ins Schwarzwassertal. Der Weg folgt dem Fluss Schwarze Pockau und führt mich vorbei an den spannenden Felsformationen der Nonnenfelsen und der Teufelsmauer. Wer will, folgt dem Fluss bis zur Gaststätte Schwarzwassertal. Ich biege vorher rechts ab, quere den Fluss über den Neubrückenweg und gelange nach einem steilen Anstieg auf den Höhenweg Grüner Graben. Der künstlich angelegte Graben diente der Wasserversorgung der Bergwerke, ist daher ein wichtiger Sachzeuge des Silber- und Zinnerzbergbaus und Teil des UNESCO-Welterbes Montanregion Erzgebirge. Bei meinem Besuch wurden Teilabschnitte saniert, weshalb ich auch vor der Gaststätte bereits auf ihn wechseln musste. Zurück am Camper sehe ich mir die Hinweise am Parkautomaten an und beschließe, die Nacht hier zu verbringen. Erst morgens vor 8 Uhr muss ich lösen oder wegfahren.

Oben: Blick in den 200 Meter tiefen Förderschacht mit Seilzug
Unten links: Wanderparkplatz am Katzenstein zum Sonnenuntergang
Unten rechts: Die beeindruckenden Nonnenfelsen im Schwarzwassertal

Parkplatz am Katzenstein
AS-Katzensteinweg, 09496 Marienberg
50.633273, 13.232605

Die Wetterprognose für die nächsten Tage hat gedreht. Übermorgen soll eine Regenfront vorbeiziehen, und ich stehe kurz vor der Sächsischen Schweiz, wo ich einige Tage wandern gehen will. Also gebe ich Gas und fahre zu. Lasse das Sächsische Brauereimuseum in Rechenberg mit der 450-jährigen Geschichte und den unterirdischen Gewölbekellern aus, fahre an Altenberg mit dem Besucherbergwerk Zinnwald und der Wanderung »Kleine Welterbe-Tour« vorbei und erreiche am frühen Abend den Kurort Rathen an der Elbe. Am Parkplatz an der Fähre gibt es einige Plätze für Wohnmobile, allerdings nur Tagesparkplätze. Mit der Fähre gelange ich über die Elbe und starte den Aufstieg zur Bastei. Eigentlich ist die Tageszeit gar nicht so schlecht, die meisten Besucher sind auf dem Rückweg. Am Tickethäuschen zur Felsenburg Neurathen entscheide ich mich für den Rundgang.

Da bin ich plötzlich ganz alleine, die 2,50 Euro sind einigen wohl zu viel. Über Natursteintreppen und Metallstege führt der Rundweg zwischen den Felsen hindurch. Einige Schilder weisen auf frühere Bewohner hin. Besonders spannend ist es nicht, aber die Ausblicke sind gut. Und dann stehe ich auf der berühmten Basteibrücke. Hier sind schon einige Menschen, aber es ist okay. Kurz nach der Brücke zweigt rechts ein Weg ab, der zum Ferdinandstein führt. Von ihm hat man den berühmten Blick auf die Basteibrücke mit den schroffen Felsen dahinter. Auf dem Weg zu den Schwedenlöchern kommen mir nur noch wenige Leute entgegen. Ich habe etwas Mitleid mit ihnen, kann ich doch die ganzen steilen Treppen durch die wilde, zerklüftete Schlucht abwärtsgehen und dabei die zauberhafte Märchenlandschaft genießen, während sie sie schweißtreibend hochkrabbeln müssen. Die Runde ist im Uhrzeigersinn definitiv angenehmer zu gehen. Entspannt schlendere ich die Amselsee-Promenade entlang zurück nach Rathen. Bei der Forellenräucherei Leuschke esse ich ein leckeres Fischbrötchen, bevor es mit der Fähre zurückgeht. Die Landschaft rund um die Bastei ist, wie so viele Male angepriesen, wirklich wunderschön. Für die Nacht parke ich in Rathmannsdorf auf dem Stellplatz Hafen Prossen, wo die Übernachtungsgebühr von 8 Euro nur in Münzen bezahlt werden kann.

Wohnmobilstellplatz Hafen Prossen
Talstraße 13a, 01814 Bad Schandau
50.928503, 14.117206
Achtung: Nur Münzzahlung möglich

Oben: Vom Ferdinandstein aus hat man die schönste Sicht auf die Basteibrücke.
Unten: Die Felsenburg Neurathen habe ich fast für mich alleine.

Einkehr zur
Rindenhütte

Wanderschuhe schnüren, Rucksack packen, den Campervan auf einem halbwegs legalen Parkplatz abstellen (50.925419, 14.219673) – das ist in der Sächsischen Schweiz selbst tagsüber gar nicht einfach – und losmarschieren. Heute mache ich die Wanderung durch die Wilde Hölle bis zur Schrammsteinaussicht. Angesagt sind 15 Kilometer und 660 Höhenmeter. Der Weg startet sanft, ändert sich am Fuße der Affensteine aber komplett. Über Stiegen im Felsen, Steintreppen und Eisenleitern teilweise mit Seilen für mehr Halt geht es durch die Schlucht nach oben. Ich klettere über Felsbrocken und genieße jeden Meter dieses fordernden Wanderwegs. Die Aussichten von den Carolafelsen, den Affensteinen und später vom Rücken der Schrammsteine sind atemberaubend. Diese Route ist ganz großes Kino. Abends checke ich auf dem Campingplatz Ostrauer Mühle ein. Das hätte ich schon morgens tun sollen und von dort mit der Kirnitzschtalbahn zum Wanderstart fahren. Eigentlich alle Parkplätze sind nur für PKW und kosten dazu gutes Geld.

Camping und Pension Ostrauer Mühle
Kirnitzschtal, 01814 Bad Schandau
Telefon +49 3502 24 27 42
info@ostrauer-muehle.de
50.929258, 14.193130

Oben: Die Wanderung durch die Wilde Hölle zur Schrammsteinaussicht ist genial.
Unten: Per Kahn durch die Kirnitzschklamm mit schöner Wanderroute zurück

Ein Pausentag zwischen längeren Wanderungen schadet nie, also schaue ich mir – dieses Mal mit dem Fahrrad – Bad Schandau an. Im Nationalparkzentrum informiere ich mich über weitere Touren und erfahre auch vom Malerweg, einem Fernwanderweg, der auf acht Etappen mit insgesamt 116 Kilometern durch die Sächsische Schweiz führt. Ich sehe auch den Aushang, dass an jedem dritten Wochenende eines jeden Monats kostenlose Photowalks organisiert durch den Tourismusverband stattfinden.

An der Elbe entlang radle ich bis Schmilka, dem Grenzort zu Tschechien. In der Schmilk'schen Mühle esse ich zu Mittag. In der Bio-Bäckerei wird das Getreide noch in der historischen Mühle gemahlen wie anno 1665. Führungen mit viel Hintergrundwissen werden angeboten. Heute findet aber keine mehr statt. Also radle ich zurück und genieße den Abend auf dem Campingplatz beim Plätschern des Baches.

Tag vier wird etwas gemütlicher, aber nicht weniger beeindruckend. Auf dem Campingplatz habe ich ausgecheckt und parke auf dem Buchenparkhalle-Parkplatz. Von dort aus gehe ich zu Fuß rund 45 Minuten in die Kernzone des Nationalparks Sächsische Schweiz hinein bis zur Oberen Schleuse der Kirnitzschklamm. Am kleinen Kiosk löse ich mein Ticket, denn ab hier fahre ich im Kahn weiter. Von April bis Oktober fahren die Boote täglich, außer bei Sturm oder Hochwasser. Auf der aufgestauten Kirnitzsch gleitet das Boot mit Manneskraft langsam übers ein bis sieben Meter tiefe Wasser. Der Kahnführer erklärt währenddessen, dass die Trockenheit in Kombination mit dem Borkenkäfer zu großem Baumsterben führt. Er bringt aber auch witzige Anekdoten, und nach der 20-minütigen romantischen Kahnfahrt steigen die meisten Passagiere aus. Man könnte auch wieder zurückfahren, aber ich will zu Fuß weiter. Denn am Herrmannseck wartet ein Felsspalt mit Treppe darin, bei dem meine Schultern rechts und links fast schon den Stein berühren. Platzangst sollte man hier nicht haben, dann ist der Weg einfach wieder richtig toll.

Ich hatte sehr hohe Erwartungen an den Nationalpark Sächsische Schweiz, trotzdem hat es die wunderschöne Region geschafft, mich positiv zu überraschen. Ja, die Parksituation ist echt schwierig, aber lösbar. Die Natur ist unglaublich spektakulär, die Routen gut ausgeschildert und das Wandervergnügen auf allerhöchstem Niveau. Ich komme mit Sicherheit wieder, allein schon, weil die Nikolsdorfer sowie Tyssaer Wände noch auf meiner Wunschliste stehen, und die tschechische Seite hat ja auch noch einiges zu bieten. Ich bin aber auch gespannt auf das, was nun kommt. Denn ich wurde in den Naturpark Zittauer Gebirge eingeladen mit den Worten: »Das Zittauer Gebirge bietet fast die gleiche Landschaft wie die Sächsische Schweiz, nur mit viel weniger Menschen und dadurch viel entspannter.«

Sylvia und Thomas, zwei leidenschaftliche Camper, haben einen meiner Posts auf Social Media gesehen und mich zu sich eingeladen. So komme ich mal wieder in den Genuss, mit Einheimischen die Region zu erkunden. Ich parke und schlafe bei ihnen auf dem Hausplatz. Als Camper wissen sie aber, dass man in Olbersdorf am Schwimmbad ruhig und kostenlos übernachten kann.

P

Parkplatz Olbersdorf am Schwimmbad
Artur-Neumann-Straße 2a, 02785 Olbersdorf
50.868261, 14.756824

Am nächsten Morgen warten wir erst mal, bis die Zittauer Schmalspurbahn dampfend am Haus vorbeifährt, dann starten wir zur Wanderung. Von Olbersdorf aus gehen wir bis zur Teufelsmühle und ab da durch den Wald vorbei an den Gratzer Höhlen – tollen Sandsteinformationen – bis zur Töpferbaude samt Gasthaus. Auf dem Töpfer angekommen steigen wir noch zum Felsentor auf und schauen bis Polen und Tschechien. Wow, ist das schön und tatsächlich sehr ähnlich zur Sächsischen Schweiz, nur beinahe menschenleer. Thomas ist in der Region aufgewachsen und Mitglied einer Wandergruppe. Er kennt die Wälder

Oben links: Das Innere der Bergkirche von Oybin ist unglaublich schön.
Oben rechts: Mitten im Wald türmen sich die bezaubernden roten Kelchfelsen auf.
Unten: Aufstieg zum Scharfenstein im Naturpark Zittauer Gebirge

1526

samt Legenden und historischen Ereignissen wie seine Westentasche. Mit ihm und Sylvia unterwegs zu sein, macht unglaublich Freude. Am Scharfenstein, einem Felsen, der über die Baumkronen hinausragt, hängt sogar ein Gipfelbuch, und der Blick bis zur Burg in Oybin wird frei. Dorthin gehen wir runter und gestärkt mit einem Eis gleich wieder hinauf zur Burgruine. Auf dem Weg den Bienenstock hinauf, wie der Fels, auf dem die Burg thront, liebevoll genannt wird, kommen wir an der Bergkirche vorbei. Von außen ist die kleine Kirche allenfalls süß, aber als wir sie betreten, fällt mir die Kinnlade runter. Die kleine Halle hat zu beiden Seiten zwei Oberränge, die wie die Decke mit Holz verkleidet sind, welches mit aufwendigen Bemalungen verziert ist. Das ist so schön, ich kann es kaum beschreiben. Durch die Ritterschlucht, die gerade so breit ist, dass ein Reiter auf dem Pferd hindurchpasst, erreichen wir die Burgruine, lösen die Tickets und sehen uns die verbliebenen Räume und Mauern an. Sogar ein Friedhof befindet sich hier oben. Ein Rundweg, der Bergringweg, führt am Rand des Bienenstock-Felsens entlang. Auch den gehen wir, bevor wir uns auf den Rückweg machen.

Oben: Holz und Stein ergänzen sich bei den typischen Umgebindehäusern.
Unten: Die Altstadt von Görlitz ist sehenswert, speziell am Untermarkt.

Wir haben noch weitere Ziele im Zittauer Gebirge angefahren, zu denen ich dir einige Tipps weitergeben möchte. Bei Oybin kannst du beim Oybin Mountain Ridge Inn auf dem Parkplatz übernachten. Eine Nacht kostet 10 Euro, gehst du im Restaurant essen, werden sie dir angerechnet. Da gibt es auch Stupperle (kleine Kartoffelklöße), das typische Gericht aus der Oberlausitz. In Jonsdorf befinden sich die bezaubernden Nonnenfelsen. Als Einkehrmöglichkeit bietet sich die Ausflugsgaststätte Gondelfahrt an. Imposant stehen die roten Kelchsteine zwischen den Bäumen, auf dem Parkplatz daneben übernachten wohl auch gelegentlich Camper. Sylvia und Thomas zeigen mir mit den Umgebindehäusern auch die typische Architektur der Region. Die Last der Obergeschosse und des Dachs ruht auf einem hölzernen Stützsystem mit Rundbögen, in dem sich die Blockstube mit dem Wohnbereich befindet. Stall-, Speicher- und Gewölberäume sind hingegen gemauert. So sind die Häuser ein Wechsel von Holzbalken und Mauerwerk in hübschen Farbkombinationen. Interessant ist auch, dass viele Türstöcke aus Sandstein oder Granit sind und meist das Erbauungsjahr eingeritzt haben. Die Häuser sind einzigartig und wunderschön. Thomas, selber leidenschaftlicher Fotograf, weiß aber auch, wo die schönsten Umgebindehäuser stehen. Vielen lieben Dank euch beiden, dass ihr mir eure Region mit so viel Herzblut gezeigt habt; und ja, ich gebe euch recht: Das Zittauer Gebirge ist der Sächsischen Schweiz enorm ähnlich, nur so viel entspannter, gerade für Reisende mit Campern.

Einen letzten Tipp der beiden fahre ich auf dem Weg nach Görlitz an. Die Herrnhuter Sterne sind mittlerweile weltberühmt. Im Zittauer Gebirge zieren sie fast jedes Haus. Die Schaumanufaktur mit Verkaufsladen und Bastelstube liegt in Herrnhut, wo ich halte und mir die kleine Ausstellung ansehe. Vor Görlitz liegt der Campingplatz Kühlhaus Görlitz. Ein alternativer Campingplatz mit Industriecharakter, auf dem es keine Parzellen gibt, sondern man sich selber seinen Platz in den Nischen im Wald sucht. Gemeinschaftsräume, Ateliers für Künstler, Hängemattenwald und einen Pavillon als Ort der Begegnung gibt es zudem.

Campingplatz Kühlhaus Görlitz
Am Bahnhof Weinhübel 2, 02827 Görlitz
Telefon +49 3581 42 99 26
kontakt@kuehlhaus-goerlitz.de
51.129629, 14.970121

Im Zweiten Weltkrieg erlitt Görlitz schwere Schäden durch Bombenangriffe, die große Teile der historischen Altstadt zerstörten. Nach dem Krieg wurde die Stadt im Zuge des Potsdamer Abkommens 1945 geteilt. Alles östlich der Lausitzer Neiße wurde Polen zugesprochen, der westliche Teil Deutschland. Auf die Zerstörung folgte der Wiederaufbau. Viele der beschädigten Gebäude wurden originalgetreu restauriert oder rekonstruiert, um den Charme und die Schönheit der Stadt wiederherzustellen. Und genau dafür ist Görlitz heute bekannt, für seine gut erhaltene Architektur mit dem historischen Charme. Ich spaziere durch die Altstadt zum Untermarkt, vorbei am Flüsterbogen, den ich alleine nicht ausprobieren kann. Das unsanierte Hallenhaus an der Brüderstraße 9 ist beeindruckend, die Aussicht vom Rathausturm entgeht mir leider, da diese nur mittels Führung von Mittwoch bis Sonntag möglich ist. Bücherwürmer sollten die Oberlausitzische Bibliothek der Wissenschaften bei einem Rundgang besuchen und die bezaubernde Atmosphäre aufsaugen. Die Pfarrkirche St. Peter und Paul steht erhöht über dem Fluss und bietet durch die Mauerfenster einen guten Blick auf die polnische Seite. Von der Altstadtbrücke ist der Blick zurück ins deutsche Görlitz toll. Besonders schön finde ich aber, dass ich einfach über die Brücke gehen kann. Ohne Kontrolle, ohne Grenze. Bedenkt man, was in der Vergangenheit hier war, ist das ein Privileg, das ich zu schätzen weiß. Die Nacht verbringe ich auf dem Camping Kühlhaus Görlitz und fahre am nächsten Tag nach Bautzen, wo ich mich den Sorben, einer slawischen Minderheit in Deutschland, widme. Hauptsächlich sind sie in der Region der Lausitz ansässig. Sie haben eine einzigartige Kultur, die sich durch ihre eigene Sprache, ihre eigenen Bräuche

Görlitz wurde nach dem Krieg originalgetreu restauriert und rekonstruiert.

Peterstraße
PAUL
OTTO
HOTEL

und Traditionen auszeichnet. Die sorbische Kultur ist stark mit der Landwirtschaft und dem Handwerk verbunden und umfasst auch traditionelle Trachten, Tänze und Musik. Trotz der Herausforderungen der Assimilation haben die Sorben ihre kulturelle Identität bewahrt und pflegen sie bis heute. In Bautzen parke ich meinen Camper unterhalb der Friedensbrücke. Am Hexenhäuschen vorbei gehe ich auf die Brücke und bekomme einen grandiosen Blick auf die bezaubernde Altstadt von Bautzen. Die Hauptspree fließt am Fuße entlang, dahinter erhebt sich der Hügel, auf dem das Stadtzentrum seit über 1000 Jahren sitzt und mit den vielen Türmen ein malerisches Bild abgibt. Ich gehe um die Altstadt herum bis zum Aussichtspunkt Protschenberg, der Blick von der Friedensbrücke aus ist aber unübertrefflich. Ein schmaler Pfad führt zum Hofrichterhaus hinauf, wo ich bei der Ortenburg herauskomme. Im Innenhof befindet sich auch das Sorbische Museum. In ihm wird nicht nur die Herkunft und Lebensweise samt Trachten und Haushaltsgegenständen gezeigt, sondern auch die sorbische Ostertradition mit den wunderschön bemalten Ostereiern. Durch den Stadtmauerdurchgang gelange ich in den Hauptteil der Altstadt mit dem Dom St. Petri und dem Hauptmarkt. Unterwegs entdecke ich verschiedene Senfläden, der Bautzner Senf ist ja auch weit hin bekannt und ein gutes Mitbringsel aus der Stadt. Bautzen bietet an der Schliebenstraße einen kostenlosen Stellplatz mit Ver- und Entsorgung. Ich fahre aus der Stadt und rein in die Oberlausitzer Heide- und Teichlandschaft, wo ich auf dem Naturcampingplatz am Olbasee einchecke. Die Plätze sind im Wald verteilt, schön schattig, die Sanitäreinrichtungen sind in Ordnung. Mit dem Fahrrad umrunde ich anschließend den Olbasee. Über viele Jahre wurde hier Braunkohle gefördert, als es sich aber nach mehreren Wassereinbrüchen nicht mehr lohnte, gab man den Tagebau auf und die gesamte Grube wurde geflutet.

Naturcampingplatz Olbasee
Am Olbastrand 1, 02694 Malschwitz
Telefon +49 35932 302 32
natur@campingplatz-olbasee.de
51.273140, 14.602791

In Wartha besuche ich das Haus der Tausend Teiche, ein Informationszentrum mit Ausstellung. Über 1000 Gewässer wurden in der Region künstlich angelegt, viele dienen heute noch der Fischzucht. Um diesen artenreichen Lebensraum zu erhalten, wurde der größte Teil des Gebietes 1996 zum UNESCO-Biosphärenreservat erklärt. Mit ein bisschen Glück kann man einen der Seeadler beobachten, die mit 27 Brutpaaren in der Oberlausitzer Heide- und Teichlandschaft anzutreffen sind.

Oben: Die beste Sicht auf die hübsche Stadt Bautzen hat man von der Friedensbrücke aus.
Unten: Vom Haus der Tausend Teiche führt ein Weg zu den Guttauer Teichen.

Vom Besucherzentrum weg führt ein Naturerlebnispfad. Auf gepflegten Wegen gelange ich so zu der Teichansammlung und erfahre dank der angebrachten Schilder viel über den Lebensraum an den Guttauer Teichen. Zurück auf dem Campingplatz lasse ich den Abend gemütlich am See sitzend ausklingen.

In Bad Muskau bin ich zurück an der Lausitzer Neiße und somit zurück an der Grenze zu Polen. Das charmante Städtchen Bad Muskau ist dank des Landschaftsarchitekten Hermann Fürst von Pückler-Muskau eingebettet in einen der schönsten Landschaftsparks Europas. Ein hübscher Wohnmobilstellplatz befindet sich unweit des Zentrums. Zwischen den Bäumen parke ich meinen Kastenwagen und löse das Ticket inklusive Kurtaxe am Automaten. Mit dem Fahrrad geht es anschließend ins Zentrum. Vorbei am Badepark und der Waldeisenbahn folge ich dem Fluss. Auf polnischer Seite entdecke ich ein Meer an Wellblechbuden, dazwischen viele Menschen. Über die Postbrücke gelange ich nach Polen und stehe mittendrin im quirligen Treiben des Polenmarktes. Unzählige Buden präsentieren ihre Waren in den Blechhütten. Kleidung, Tabak, Elektronik, Blumen, Gemüse, Backwaren, Süßkram und noch viel mehr Kleidung. Alle paar Minuten möchte mir jemand Zigaretten verkaufen – Leute, ich bin Nichtraucherin und bleibe das auch. Manch einem mag das hier etwas zu viel sein, ich finde es unglaublich spannend und begebe mich mitten ins Getümmel. Schnell stelle ich fest, dass ich mich in einem Labyrinth aus Gängen befinde. Rechts, links, links, geradeaus, irgendwann finde ich den Ausgang schon. Solange schaue ich mir die Waren an und verneine weitere Zigarettenangebote höflich. Der Markt ist so cool! Als ich mich endlich lösen kann, radle ich zurück über die Postbrücke und hinein ins Zentrum von Bad Muskau. Das hübsche Städtchen ist sehr überschaubar, bald schon biege ich rechts in den Fürst-Pückler-Park ab. Malerische Wege führen durch den gepflegten Park, mittendrin steht das prächtige Schloss Muskau, das zu drei Seiten von Wasser umgeben ist. Im Café darin gibt es natürlich auch das berühmte Fürst-Pückler-Eis, das als Schnitte mit Vanille-, Erdbeer- und Schokoladeneis serviert wird. Der Landschaftspark ist ein außergewöhnliches Beispiel einer künstlerischen Ideallandschaft, dazu ist er grenzübergreifend, was ihm einen Eintrag in der Liste des UNESCO-Welterbes einbrachte.

Wohnmobilstellplatz Bad Muskau
Bautzener Straße 39, 02953 Bad Muskau
Telefon +49 35771 504 92
info@badmuskau.info
51.533827, 14.719553

Oben: Der Fürst-Pückler-Park ist ein wunderschönes Ausflugsziel.
Unten: Ein Labyrinth aus Marktständen auf dem Polenmarkt bei Bad Muskau

SONY
Apple
SAMSUNG
HANDY ZUBEHÖR
LADEGERÄTE
HANDYTASCHEN
AKKUS
POWERBANKS
KFZ-HALTERUNGEN
HEADSETS
H-4
SONY
Apple
SAMSUNG
da drüben
TOP PREIS

COTTBUS 30 KM

Am nächsten Morgen verlasse ich die Stadt und parke am Rhododendronpark in Gablenz bereits wieder. Zwischen den hübsch blühenden Büschen versteckt sich eine bei Fotografen beliebte Brücke. Daher streife ich zu Fuß durch die Buchenwälder bis zum Rakotzsee, über den sich die Rakotzbrücke spannt. Die ist tatsächlich sehr hübsch anzusehen und aus verschiedenen Winkeln überaus fotogen.

Das Lausitzer Seenland wandelt sich wie die Oberlausitzer Heide- und Teichlandschaft vom Braunkohlerevier zum Urlaubsparadies. Geflutete Seen und schiffbare Kanäle haben eine Wasserlandschaft geschaffen, die es so davor nicht gab. Besucher haben die Möglichkeit, alle Phasen der Rekultivierung dieser ehemaligen Tagebauregion zu erleben, von aktivem Tagebau bis hin zu idyllischen Seen mit Jachthäfen und schönen Badestränden. Direkt am Partwitzer See liegt ein Naturcampingplatz. Der Übernachtungstarif ist recht preiswert, Serviceleistungen wie Strom, Entsorgung oder Duschen kosten extra. Der See hat eine super Größe, um ihn mit dem Fahrrad zu umrunden und dabei auch von Sachsen nach Brandenburg und zurück zu radeln. Unterwegs komme ich an Informationstafeln zum See vorbei und erfahre, dass der See bis zu seinem gewollten Endwasserstand über neun Jahre lang geflutet wurde. Bei der Seeumrundung mache ich einen Abstecher zur Landmarke Lausitzer Seen, wobei der Aussichtsturm besser bekannt ist unter dem Namen »Rostiger Nagel«. 162 Treppenstufen und 30 Höhenmeter später blicke ich über den Sedlitzer See, der durch Kanäle mit seinen benachbarten Seen verbunden ist.

Oben: Vom Aussichtsturm »Rostiger Nagel« aus überblickt man weite Teile des Lausitzer Seenlandes.
Unten: Die Rakotzbrücke ist ein beliebtes Fotomotiv.

Wohnmobilstellplatz Partwitzer See
Straße zum Partwitzer See, 02979 Elsterheide
Telefon +49 3571 480 10
gemeinde@elsterheide.de
51.527093, 14.169456

Heute wird ein spannender Tag. Ich starte mit dem Besuch der Energiefabrik Knappenrode. Viele Parkplätze drum herum machen das Parken auch mit einem Camper einfach. Während des Fabrik.Erlebnis.Rundgangs werde ich in die Produktionszeit zurückversetzt. Der Geruch von frisch gepressten Briketts liegt in der Luft. Der Rundgang beginnt mit dem imposanten 22 Meter hohen Treppenturm aus Stahl, von dem aus ich einen fantastischen Blick ins Lausitzer Bergbauland habe. Über sieben Etagen zieht sich der Rundgang, vorbei an mit Kohlestaub geschwärzten Maschinensälen. In den 75 Jahren Produktionszeit wurden hier 67 Millionen Tonnen Briketts unter Hitze, Staub und Lärm gepresst. Unglaublich! Dreimal täglich heißt es »Akustik-Schicht!« Dann beginnen die Pressen,

Trockner, Siebe und Förderbände zu ertönen und machen einen ohrenbetäubenden Lärm. Interviews mit ehemaligen Angestellten, historische Fotografien und Filmprojektionen lassen den »Weg der Kohle« noch lebendiger werden. Die Energiefabrik Knappenrode ist ein faszinierendes Ziel für alle, die sich für die Industriekultur interessieren und die Atmosphäre vergangener Zeiten hautnah erleben möchten.

Von der wahren Geschichte zu einer Sage: Kennst du Krabat? Ich stehe am Erlebnishof KRABAT-Mühle in Schwarzkollm, dem Originalschauplatz der Krabatsage. Durch das Wendentor gelange ich in die Schauwerkstatt, die auf verschiedene Gebäude verteilt ist. Vom Schwarzen Müller lernt Krabat nicht nur das Müllerhandwerk, sondern auch die Kunst der schwarzen Magie. Doch dem cleveren Burschen gelingt es mit der Kraft der Liebe, dem bösen Lehrmeister eine Falle zu stellen. Ab da kann Krabat Gutes für die Lausitz und die Sorben vollbringen. Die schwarze Magie entdecke ich in der historischen Mühle noch immer, im Besucherzentrum erkunde ich die Sorben-Ausstellung, und im Turm des Müllers muss ich mich vor den brütenden Krähen in Acht nehmen. Ein spannendes Erlebnis für Sagenfans und nur eine der vielen Stationen auf dem 90 Kilometer langen Krabat-Rundweg durch die Lausitz. Im Jahr 2024 wird es eine neue Inszenierung der Sage um den sorbischen Volkshelden Krabat geben, aufgeführt in der Schwarzen Mühle natürlich. Also unbedingt den Veranstaltungskalender prüfen.

KRABAT-Mühle Schwarzkollm
Koselbruch 22
02977 Hoyerswerda
www.krabat-muehle.de
51.428674, 14.149518

In Moritzburg parke ich auf dem Wohnmobilstellplatz, da ich dort auch übernachten möchte. Nachteil an dem Platz ist, dass man nur ein 24h-Ticket ziehen kann. Wenn du nur ein paar Stunden bleiben möchtest, empfehle ich dir den Parkplatz am Schlossteich neben dem Schlosspark. Durch die Allee gehe ich direkt auf die bezaubernde Moritzburg zu, die mitten im Schlossteich liegt. Rechts um das Gebäude herum gehen alle Fans des Films »Drei Nüsse für Aschenbrödel«, um den berühmten Schuh auf der Treppe zu probieren. Das Schloss selber beherbergt eine Dauerausstellung zum Barock mit wertvollen Ledertapeten und einer gigantischen Jagdtrophäen-Sammlung. Über die Wintermonate verwandelt es sich dann ins Aschenbrödel-Schloss mit einer Sonderausstellung für alle Fans des Filmklassikers, der hier gedreht wurde. Nach dem Schlossgarten spaziere ich die Uferpromenade entlang, mit einem der schönsten Blicke auf das Märchenschloss überhaupt.

Oben: Der spannende Rundgang durch die Energiefabrik Knappenrode braucht viel Zeit.
Unten: In der Schauwerkstatt kann die Sage um Krabat erlebt werden.

Wohnmobilstellplatz Parkplatz Schloss Moritzburg
Schloßallee 4, 01468 Moritzburg
Telefon +49 35207 85 40
info@kulturlandschaft-moritzburg.de
51.163458, 13.678113

Tagesparkplatz Moritzburg
Kalkreuther Straße, 01468 Moritzburg
51.169801, 13.673722

In Chemnitz wird gearbeitet, in Leipzig gehandelt und in Dresden gefeiert. So sagt es zumindest der Volksmund. Na dann, lass uns feiern gehen! Erst aber den Camper platzieren. Meine Entscheidung fällt auf den Reisemobilstellplatz bei schaffer-mobil, denn heute ist Vatertag, und ich bezweifle, dass beim Platz gegenüber der Altstadt heute Nacht Ruhe einkehrt. Bei schaffer-mobil ist alles einwandfrei organisiert, die 100 Stellplätze schön angelegt und die Anbindung an die öffentlichen Verkehrsmittel gegeben. Trotzdem schnappe ich mir mein Fahrrad und gelange über den Elberadweg ins Zentrum.

Oben: Im Abendlicht ist das Schloss Moritzburg am schönsten.
Unten: Ein moderner und praktischer Stellplatz befindet sich bei schaffer-mobil in Dresden.

Wohnmobilstellplatz schaffer-mobil
Kötzschenbroder Straße 125, 01139 Dresden
Telefon +49 351 83 74 80
www.schaffer-mobile.de
51.085114, 13.681852

Vom Königsufer aus blicke ich auf die Altstadt, Dresden ist wunderschön. Am Terrassenufer stelle ich mein Fahrrad ab und gehe zu Fuß durch den Brühlschen Garten zur Terrasse hinauf. Durch die Münzgasse gelange ich zum farbenfrohen Neumarkt, wo auch die prächtige wiederaufgebaute Frauenkirche steht. An dem sonnigen Tag schätze ich die kühle Luft in ihrem Innern. Die aus Sandstein gefertigte Kuppel ist einzigartig. Gegen eine Gebühr kann man zu ihr aufsteigen und die Aussicht von der Plattform auf 67 Metern Höhe genießen. In der Frauenkirche ist es voll, klar, am Feiertag ist es ein regelrechtes Durchschieben. Anders in der Krypta, da sind nur wenige Besucher, und ich kann mir die Grabkammern und den Altarstein in Ruhe anschauen. Das Residenzschloss ist eines der ältesten Bauwerke der Stadt. Darin lebten einst die sächsischen Kurfürsten und Könige. Das Schloss kann besichtigt werden, samt dem Hausmannsturm. Über viele Treppen und mit Blick auf die Wandmalereien im Innenhof führt der Weg vorbei am Uhrwerk bis zur Turmspitze hinauf. Während des Aufstiegs bin ich auf Augenhöhe mit den Statuen auf der Kathedrale Sanctissimae Trinitatis daneben, ganz oben schaue ich auf sie hinab bis zur Elbe, über den Theaterplatz bis zur Semperoper und hinüber zum Dresdner Zwinger. Von der anderen Seite aus ist der Blick über die Altstadt frei. Wieder unten gehe ich an der Semperoper vorbei und um das prächtige Barockgebäude des Zwingers herum, um vom Kronentor aus einen Blick in den Innenhof zu bekommen, der aktuell eine riesige Baustelle ist. Dresden bietet eine Fülle von spannenden Sehenswürdigkeiten, wer sich Zeit lassen will, braucht definitiv mehrere Tage für die Stadt. Ich lasse mich noch etwas durch die Gassen treiben, komme durchs Georgentor und betrachte das 101 Meter lange Wandbild des Fürstenzugs, das aus Meißener Porzellanfliesen besteht. Wieder im Fahrradsattel möchte ich mir noch einige Ziele in der Neustadt von Dresden ansehen. Ich radle zur Molkerei Gebrüder Pfund, dem wohl schönsten Milchladen der Welt mit handbemalten Fliesen im Ladenlokal, und fahre die Görlitzer Straße entlang, wo ich in die Kunsthofpassage abbiege, um das Regentheater und andere Kunstwerke zu bestaunen. Während eines Tages habe ich einen guten ersten Eindruck von der wunderschönen Stadt Dresden bekommen. Natürlich längst nicht genug, aber für den Moment muss es reichen.

An der Route nach Meißen habe ich mit Altkötzschenbroda noch ein Zwischenziel. Das Kleinod ist ein Stadtteil von Radebeul und bezaubert durch wunderschöne Häuserfronten. In der Mitte eine Baumallee, rechts und links die liebevoll sanierten Häuser mit kleinen Läden, Cafés sowie Restaurants. Nach einem ausgiebigen Spaziergang durch das hübsche Viertel fahre ich weiter, vorbei an mehreren Rebbergen an Steilhängen.

Unterhalb der Albrechtsburg und an der Elbe liegt der Wohnmobilpark- sowie Stellplatz von Meißen. Von dort ist alles fußläufig erreichbar. Durch die Unterführung geht es in die Altstadt, auf die man von der Altstadtbrücke aus den besten Blick hat. Hoch über der Stadt thront die Albrechtsburg, sie gilt als erster Schlossbau in Deutschland. Um die Burg führt ein historischer Rundweg mit tollen Aussichtsplattformen. Wer den Weg hinauf zur Burg nicht zu Fuß gehen möchte, kann mit dem Panoramaaufzug vom Elbkai aus hochfahren. Der daneben liegende, beeindruckende Dom ist ein Meisterwerk der Spätgotik, der im Innern neben dem hübschen Kirchenschiff auch ein Museum über seine Entstehungsgeschichte zu bieten hat. Auf seine Türme, die Meißner Wolkenkratzer, kann man hinauf. Beim Rückweg in die Altstadt komme ich an der Konditorei Zieger vorbei, wo es die Meißner Fummel gibt, ein sehr filigranes Gebäck aus Obladenteig, das der kurfürstliche Kurier von seinen Ritten nach Meißen mit zurück nach Dresden bringen musste – in einem Stück. Da war kein Besuch der Weinstuben drin. Schau dir das Gebäck im Regal

Oben: Vom Hausmannsturm aus hat man die Liebfrauenkirche gut im Blick.
Unten: Dresden bietet eine Fülle von Sehenswürdigkeiten, z. B. die Semperoper.

Konditorei + Café Zieger
Espresso
175 Jahre

an, bestelle ein Stück Kuchen und genieße ihn, und dabei denkst du an mich, die einen Fummel bestellt hat und an dem trockenen, geschmacklosen Gebäck beinahe erstickt ist. Über den Marktplatz und durch viele weitere hübsche Gassen spaziere ich zur Meißen Porzellan-Stiftung. Seit 1708 wird Porzellan in der Stadt hergestellt, als erster in ganz Europa. Im Verkaufsraum befinden sich bereits eine große Auswahl an Geschirr sowie Kunstgegenständen aus Porzellan. Der Rundgang durch das Museum der Schauwerkstatt ist sehr interessant und zeigt den aufwendigen Prozess zur Porzellanherstellung, der auch die Preise im Verkaufsraum rechtfertigt.

Wohnmobilstellplatz an der Elbe
Hochuferstraße, 01662 Meißen
Telefon +49 3521 419 40
service@touristinfo-meissen.de
51.165922, 13.473631

Es ist schon ein paar Jahre her, seit ich an der Messe TC Leipzig war und mich Ela danach durch ihr Leipzig geführt hat. Doch in diesen Roadtrip passt die Messestadt und Kulturmetropole perfekt rein. Also lass mich dir erzählen, was mir Ela alles gezeigt hat. Vom Wohnquartier kommend sind wir als Erstes am Neuen Rathaus entlangspaziert, wo man nach 250 Stufen einen fantastischen Ausblick über die Altstadt von Leipzig bekommt. Leipzig hat mit der Thomas- und der Nikolaikirche gleich zwei historisch bedeutsame Kirchen im Stadtkern. Die Thomaskirche beeindruckt mit ihrer weißen Fassade, den massiven Holzbänken und dem rippenartigen Gewölbe. Dagegen präsentiert sich die Nikolaikirche in einem verspielten und bunten Stil. Zartrosa und Pastellgrün dominieren das helle und freundliche Kirchenschiff. Auf dem Marktplatz findet dienstags sowie freitags der Wochenmarkt statt, als ich Ende November da war, wurden gerade die Hütten für den Weihnachtsmarkt aufgestellt. Am Marktplatz befindet sich auch das alte Rathaus, in dem heute das Stadtgeschichtliche Museum mit wechselnden Ausstellungen untergebracht ist. Von dort geht es direkt in die lichtdurchflutete Mädler-Passage. Sie ist eine von sehr vielen Passagen in Leipzig, die sich im Zusammenhang mit den innerstädtischen Messehäusern entwickelten. Edle Boutiquen sind in der Mädler-Passage ansässig, prunkvoll sind die Gänge verziert, und mit dem Auerbachs Keller befindet sich dort auch ein berühmtes Gasthaus mit historischem, reich verziertem Keller. Den Abend kann man im Barfußgässchen ausklingen lassen. In der bekannten Kneipenmeile reihen sich Bars, Cafés und Restaurants aneinander. Leipzig ist definitiv sehenswert, und außerhalb lohnt sich ein Abstecher zum Völkerschlachtdenkmal. Mit 91 Metern Höhe und 120 Metern Breite ist es

Oben: Die Geschichte zum Meißener Fummel ist spannend, das Gebäck aber nicht lecker.
Unten: Mächtig thront die Albrechtsburg samt Dom über Meißen.

eines der größten Denkmäler Europas und soll an die bis dahin größte Schlacht der Geschichte erinnern, die vor den Toren Leipzigs stattfand.

Wohnmobilstellplatz am Goldstück
Sachsenseite 6, 04103 Leipzig
Telefon +49 163 333 78 30
goldstueck@4-service.de
51.349419, 12.391017

Ein Stück nördlich von Leipzig liegt auf einer Halbinsel im Gremminger See das Industriemuseum FERROPOLIS. Wo früher ein Tagebau war, ist heute ein Badesee, und an seinem Ufer stehen fünf imposante Tagebaugroßgeräte, die ganzjährig besichtigt werden können. Zudem finden regelmäßig Veranstaltungen in der beeindruckenden Kulisse statt, jeweils im Juli auch das Vanlife Ferropolis. Auf dem Festival war ich schon dreimal, und es ist immer wieder aufs Neue ein cooles Event mit spannendem Rahmenprogramm. Außerhalb von Veranstaltungen und nur während der Sommermonate gibt es einen offiziellen Stellplatz am Freilichtmuseum.

FERROPOLIS – Stadt aus Eisen
Ferropolisstraße 1, 06773 Gräfenhainichen
www.ferropolis.de, 51.758412, 12.446845

Zum Ende dieser Tour steht mit dem Nationalpark Harz nochmals ein Highlight an. Bevor es raus in die Natur geht, statte ich der hübschen Stadt Quedlinburg noch einen Besuch ab. Fachwerkherrlichkeit mit über 2100 windschiefen, wunderbar restaurierten Häusern, die bis zu 700 Jahre alt sind. Im Fachwerkmuseum im Ständerbau sind zahlreiche Modelle detailgetreu ausgestellt, Anschauungsmauern und Balkengerippe zeigen die verschiedenen Phasen des Hausbaus. Besonders sehenswert sind auch die Stiftskirche St. Servati, die den kostbaren Quedlinburger Domschatz birgt, und die erhaltene mittelalterliche Stadtmauer mit dem Schreckens-, dem Kaiser- oder dem Gänsehirtenturm, von denen aus die Berggipfel des Harzes zum Greifen nahe aussehen. Quedlinburg zählt mit der Stiftskirche, dem Schloss sowie der Altstadt zum UNESCO-Welterbe. In Zentrumsnähe befinden sich zwei Wohnmobilstellplätze, keine Perlen, aber für eine Nacht in Ordnung.

Wohnmobilstellplatz Schlossparkplatz am Bowlingcenter
Wipertistraße, 06484 Quedlinburg
Telefon +49 3946 90 56 20
qtm@quedlinburg.de
51.787211, 11.134648

Oben: Auf dem FERROPOLIS-Gelände findet jeweils im Juli das Vanlife Festival statt.
Unten: Die prunkvolle Mädler-Passage in Leipzig

ERs 400 Bg 197

Den Nationalpark Harz habe ich mir dicht bewaldet mit einigen Hügeln und intakter Natur vorgestellt; eine kleine Vorwarnung, dass der Borkenkäfer im Nationalpark aktiv war, habe ich erhalten, doch was ich zu beiden Seiten der Straße sehe, schockiert mich. Kilometerweit sind die Hügel übersäht mit toten Fichten. Stellenweise lebt an ganzen Hügelhängen kein einziger Baum mehr. Kreuz und quer liegen die toten Stämme herum. Ich beginne zu recherchieren und bekomme eine Erklärung. Getreu dem Motto »Natur Natur sein lassen« darf sich die Natur die ehemaligen Wirtschaftswälder zurückerobern. Die angepflanzten Fichten werden durch Stürme, Hitzewellen und Trockenheit geschwächt und sind dadurch anfällig für den Borkenkäfer. Der versetzt ihnen den Todesstoß. Doch der Wald ist nicht tot, sondern im Wandel. Junge Bäume wachsen. Nur die stärksten Fichtensämlinge überleben, wachsen wild und zwischen verschiedenen Laubbäumen heran. Selbst das Totholz bietet Lebensraum für Insekten, die wiederum den Specht anlocken, Fledermäuse ziehen unter abstehenden Rindenstücken ihre Jungen auf, und Luchs sowie Wildkatze finden Verstecke zwischen den Stämmen. Mit diesem Blick schaue ich erneut

auf die Flächen und verstehe, dass hier über Jahrzehnte ein neuer, prächtiger Lebensraum entsteht, den die Natur stückweise selber formen darf, und in der Zwischenzeit kommt sie selbst mit diesem Zerfall gut klar. Dann kann ich das auch und starte die erste Wanderung. Allerdings sei dazu gesagt, dass ich im Februar hier war und noch Schnee lag. Die erste Tour geht rund um das Große Torfhausmoor. An kleinen Flussläufen führt der Weg entlang, durch mal dichteren Wald, mal eher offene Flächen. Immer wieder sehe ich den Brocken, der mit 1142 Metern über dem Meer höchsten Berg im Mittelgebirge Harz. Eine schöne, entspannte Tour. Die Nacht habe ich auf dem Wohnmobilstellplatz in Schulenberg mit Blick auf die Ockertalsperre verbracht.

Wohnmobilstellplatz Schulenberg im Oberharz
Wiesenbergstraße 14, 38707 Schulenberg im Oberharz, Telefon +49 5328 802 20
info@harztourismus.com
51.836764, 10.435297

Die nette Betreiberin des Stellplatzes hat mich gleich mit Tipps für weitere Touren versorgt und mir die Route über den Waldlehrpfad empfohlen. Am Morgen starte ich also direkt vom Stellplatz aus eine schöne Runde, die mich über den Stein- und Skulpturenpfad führt. Gegen Mittag parke ich auf dem Drei-Annen-Hohne-Parkplatz, von wo aus ich eine weitere Wanderung starte. Die führt mich bis zum Hohnekopf durch kilometerweiten abgestorbenen Wald, und bis zur Leistenklippe hinauf muss ich oft unter umgefallenen Bäumen durch- oder darüberklettern. Von den Aussichtsfelsen der Leistenklippen wird das Ausmaß des Baumsterbens nochmals deutlich. Der Rückweg gestaltet sich schwierig, da auch auf diesem Abschnitt viele Bäume umgestürzt sind und den Weg zum Kletterpfad machen. Nach dem ersten Schock habe ich mich an den Anblick der Wälder gewöhnt und bin gespannt, wie es im Harz in zehn oder zwanzig Jahren aussieht. Ich komme bestimmt wieder, denn es warten noch viele spannende Wanderwege und Orte wie Wernigerode oder Goslar mit seiner Welterbe-Altstadt sowie dem Erzbergwerk Rammelsberg auf mich.

Und somit endet die Tour durch den Osten von Deutschland. Viele spannende und schöne Orte durfte ich besuchen, mich in die Grenzgeschichte sowie die Bergbauindustrie einlesen und sagenhafte Landschaften durchwandern. Dazu ist das Reisen mit dem Camper bis auf ganz wenige Ausnahmen sehr einfach, es gibt noch wenige Verbote, und viele Ortschaften bieten Stellplätze an. Mir gefällt der Osten, und ich komme sehr gerne bald wieder.

Einen Stellplatz mit Aussicht finde ich in Schulenberg im Oberharz.

Start- und Endpunkt
Vom Spreewald bis Wismar

Streckenlänge & Fahrzeit
1097 Kilometer / 19 Std. 15 Min.

Highlights
Spreewald, Kajaktour, Müritz, Rügen, Stralsund, Bernstein, Darß, Gespensterwald

Nordosten: Kreidefelsen, Bernstein und Mittelaltercharme

Von der Gurkenmeile bis zum Fischbrötchen-Kutter oder anders gesagt, vom Spreewald bis an die Ostseeküste führt dieser Roadtrip durch den Nordosten von Deutschland. Idyllische Schlösser, Paddeln mit Kneifzange, beeindruckende Nationalparks, unglaublich schöne Städte sowie Inseln der Extraklasse stehen auf dem Plan. Süß- und Salzwasser, Erdbeeren und Spargel, Kreidefels und Buchenwälder. Da ha ick Bock druff!

Ein mystischer Schatz verbirgt sich in den Wäldern Brandenburgs – das Biosphärenreservat Spreewald. Ein weitläufiges, idyllisches Waldgebiet durchzogen von einem weit verzweigten Netz der Spree, die zu Fließen zerteilt wurde. Das sind Wasserwege, die als Transportwege dienen, aber auch Lebensraum für eine Vielzahl von Pflanzen und Tieren bieten.

In Lübbenau checke ich auf dem Spreewald-Natur-Camping am Schlosspark ein. Der gepflegte Campingplatz liegt mitten im Grünen und bietet mir für die nächsten Tage eine gute Ausgangslage. Durch den Schlosspark vorbei am Hotel Schloss Lübbenau gelange ich zum Großen Spreewaldhafen. Lübbenau ist für zwei Dinge bekannt: Kahnfahrten und Gurken. Beides finde ich im Hafenareal. Der Spreewaldkahn wurde schon früh nebst unersetzlichem Transportmittel zum Ausflugsboot. Kahnfahrten gehören heute zu jedem Spreewaldbesuch, die unter anderem in Lübbenau am Hafen gestartet werden können. Da befindet sich auch die Gurkenmeile. »Spreewaldgurke« ist ein markenrechtlich geschützter Name und darf nur für eingelegte Gurken verwendet werden, die in der Spreewaldregion gewachsen sind. Mehrere Marktstände reihen sich aneinander, und sie alle haben eingelegte Gurken in verschiedenen Ausführungen im Angebot. Auch Leinöl sowie Konserven mit weiteren Leckereien werden verkauft. Während meines Altstadtspaziergangs komme ich auch an der Bäckerei Bubner vorbei und kann fast nicht glauben, was ich da sehe. Die haben ein Gurkenbrot im Sortiment! Sieht aus wie ein Brot mit Oliven, nur sind es Gurkenstückchen. Ich kaufe eines, probiere es, und ja, das schmeckt, einfach nur mit Butter drauf, sogar richtig lecker.

Spreewald-Natur-Camping Am Schlosspark
Schloßbezirk 20, 03222 Lübbenau
Telefon +49 3542 35 33
info@spreewaldcamping.de
51.869419, 13.979919

Am nächsten Morgen radle ich auf dem Gurkenradweg nach Burg, wo ich eine Kahnfahrt machen will. Der Weg führt schön durch den Wald, vorbei an vielen Kanälen – oder eben Fließen – und durch hübsche kleine Ortschaften. Am Spreehafen in Burg wechsle ich vom Fahrrad in den motorlosen Kahn. Es gibt unzählige Anbieter verteilt auf den kompletten Spreewald, die Fahrten durch das Wasserlabyrinth anbieten. Die Dauer variiert nach Belieben. Mein Ticket ist gelöst, ich sitze im gemütlichen Kahn, und die Fahrt kann losgehen. Der Kahnführer erzählt uns viel über die Region, die Gepflogenheiten und das Leben im Spreewald. Am Ufer können wir Nutrias beobachten. Die auch Biberratten genannten Tiere stammen aus ehemaligen Pelzfarmen. Einige konnten flüchten und haben sich im Spreewald gut vermehrt. Und natürlich halten wir bei einem Gurken-Drive-In. Eine Dame erklärt, worin die jeweiligen Gurken eingelegt sind, und wir können welche bestellen, zum Mitnehmen oder direkt im Kahn essen. So was gibt es wohl auch nur im Spreewald. Nebst den normalen Rundfahrten werden auch Nacht-, Musik-, Krimi- oder Glühweinfahrten, ja sogar Weihnachtsmarkt-Taxifahrten angeboten – es gibt immer die passende Kahnfahrt. Nach der lehrreichen und eindrucksvollen Fahrt erkunde ich Burg, stöbere in der Töpferei Piezonka, dem Genusswelten-Laden der Mosterei Janks und der Spreewaldmühle, wo ich mir Leinöl kaufe. Damit kann ich selber Leinölstippe machen. Mit dem Fahrrad fahre ich zum Bismarckturm hinaus und folge ab dort dem Gurkenradweg zurück nach Lübbenau. Der Spreewald hat noch mehr zu bieten. Das Inseldorf Leipe beispielsweise ist ein Spreewald-Idyll, das man am besten per Kanu erkundet.

Leinölstippe

Du brauchst frisches Leinöl – am besten aus dem Spreewald, Zucker und Brot. Gib etwas Leinöl auf einen Teller sowie Zucker auf einen anderen. Schneide das Brot in Scheiben oder Streifen und tunke es erst ins Leinöl und dann in den Zucker. Ganz einfach und superlecker!

Mein Weg führt mich weiter nördlich. Vor den Toren von Potsdam liegen die Beelitzer Heilstätten, die früher als Tuberkulose-Sanatorium, Lazarett sowie Militärkrankenhaus genutzt wurden. Seit dem Abzug der Roten

Oben: Gurke-to-go gekauft während der Kahnfahrt im Gurken-Drive-In
Unten: Fast schon märchenhaft durchziehen unzählige Kanäle den Spreewald.

SPREEWALDRABE
RABE TO GO
Original Spreewälder Gurke

Armee im Jahr 1994 verfällt das Areal. Über die Dächer der verwahrlosten Gebäude führt ein 300 Meter langer Baumwipfelpfad. Von ihm aus habe ich grandiose Blicke auf den Lost Place. Bei einer Themenführung wird man richtig tief in die Geschichte der Heilstätte mitgenommen. Auf dem weitläufigen Parkplatz an der Heilanstalt gibt es einen Bereich nur für Wohnmobile, aber nur tagsüber. Beelitz ist auch für ein langes, edles Gemüse bekannt. Spargel wurde hier von einem Pionier schon sehr früh angebaut, als es eigentlich noch ein Noble-Leute-Gemüse war. Der lange Stängel wurde zum Kassenschlager, und noch heute finden jeweils zwischen April und Juni Spargelfeste und Hofverkauf statt. Für die Nacht parke ich auf dem Wohnmobilstellplatz in Potsdam. Der großzügige Parkplatz ist gut voll, er ist aber auch schön sowie praktisch gelegen. Am Abend erkunde ich noch etwas die Gegend und erreiche das Schloss Sanssouci. Im Ehrenhof mit den Kolonnaden lässt die untergehende Sonne die Säulen in einem warmen Licht erstrahlen. Das königliche Sommerschloss aus dem 18. Jahrhundert ist eine Pracht für sich. Es strahlt eine Eleganz aus, ohne übertrieben zu wirken. Der Schlossgarten ergänzt das Gebäude perfekt. Verständlich, dass es für Friedrich den Großen ein Lieblings- und Rückzugsort war und dass es zusammen mit den anderen Schlössern und Parks von Potsdam und Berlin zum UNESCO-Welterbe gehört.

Oben: Die einst berühmten Beelitzer Heilstätten werden dem Zerfall überlassen.
Unten: Tolle Abendstimmung im Ehrenhof des Schlosses Sanssouci in Potsdam

Wohnmobilstellplatz Potsdam
Potsdamer Straße 196, 14469 Potsdam
Telefon +49 331 60 14 71 54
kontakt@wohnmobilstellplatz-potsdam.de
52.413162, 13.028574

Am nächsten Morgen kommt mich meine Freundin Dani besuchen. Vom Stellplatz aus schlendern wir los, gehen zum Normannischen Turm auf dem Ruinenberg, durchqueren den Schlosspark von Sanssouci und kommen an der Friedenskirche vorbei, bevor wir durch das Brandenburger Tor die Altstadt von Potsdam betreten. Wir setzen uns in eines der netten Cafés und plaudern. Im Holländischen Viertel bestaunen wir die hübschen roten Backsteinhäuser samt ihrem Blumenschmuck, bevor wir weiter nördlich auch noch die Russische Kolonie Alexandrowka besuchen. Wunderschöne Holzhäuser im traditionellen russischen Stil stehen hier umgeben von großen Obstgärten. Viele der Häuser sind noch immer in Privatbesitz, nur das schmucke Museum Alexandrowka kann besichtigt werden. Bei schönem Wetter kann man sich nicht nur die Ausstellung im Haus ansehen, sondern auch im Gartencafé bei Kaffee und Kuchen den Tag genießen. Mein Tag mit Dani vergeht wie im Flug, die Nacht verbringe ich nochmals auf dem Stellplatz in Potsdam.

Berlin umfahre ich dieses Mal großräumig. Die Stadt hat so unglaublich viel zu bieten, so spannende Ecken und viele Möglichkeiten, das kann ich unmöglich in wenigen Zeilen abhandeln. Mit dem Stellplatz Wohnmobil-Oase-Berlin gibt es einen einzigen offiziellen Übernachtungsort für Camper, der wird am besten vorab online gebucht, und dann unbedingt zu den Öffnungszeiten einfahren. Freistehplätze gibt es einige, aber Berlin ist die deutsche Hauptstadt der Autodiebstähle, und vor Wohnmobilen machen die auch keinen Halt, also aufpassen. Ich will Berlin vom Wasser aus erkunden, und kannst du dich noch an Sven aus Düsseldorf erinnern? Ich treffe ihn gleich mit seiner Freundin am Kanuverleih, denn zufällig sind die beiden zur selben Zeit wie ich in Berlin. Bei Green Kayak habe ich uns zwei Kajaks reserviert, die wir für eine Stunde kostenlos nutzen können. Dazu gibt es eine Tonne sowie eine Müllkneifzange, denn wir werden nicht nur auf der Spree paddeln, sondern dabei auch Müll sammeln und diese gute Tat in den Sozialen Medien posten. Das Prinzip kommt aus Dänemark, hat sich aber schon nach Schweden, Norwegen, Finnland und Deutschland verbreitet.

Oben: Kostenloses Kanu, dafür bitte Müll einsammeln – super Deal
Unten links: Das hübsche Museum Alexandrowka in Potsdam
Unten rechts: Praktischer Stellplatz mit Grün in Potsdam

Green Kayak – Paddeln für saubere Ozeane
April bis Oktober – in Deutschland mehrere Standorte in Hamburg und Berlin
Online-Reservierung sowie Bedingungen unter www.greenkayak.org

Wir nehmen die Boote bei Backstagetourism entgegen und paddeln die Spree entlang bis zur Insel der Jugend. Beim Kulturhaus legen wir an und kehren erst mal ein. Auf dem Rückweg schauen wir uns die abenteuerlichen Hausboote und ihre alternativen Bewohner am Ufer vor dem Spreepark an. Das Paddeln auf der Spree – speziell in guter Gesellschaft – war sehr schön, und die gute Tat als Gegenleistung für das kostenlose Kajak eine Win-Win-Situation für uns sowie für die Natur. In der Milchbar im Funkhaus essen wir gemeinsam zu Mittag und lassen den sonnigen Tag auf der Terrasse an der Spree ausklingen. Am Abend fahre ich noch bis in die Märkische Schweiz nach Buckow, wo ich am Schlosspark einen guten Platz für die Nacht finde und sogar zu Fuß noch zum See hinabspaziere, um dem Sonnenuntergang zuzusehen. Der Naturpark Märkische Schweiz ist das Erholungsgebiet vor Berlin und lädt zum Wandern, Radfahren und Schwimmen ein. Auf kleiner Fläche bietet der Naturpark eine vielseitige Landschaft, was ihm den Namen »Schweiz« einbrachte. Neben dem Parkplatz liegt der Kur- und Schlosspark Buckow mit dem Griepensee. Den umrunde

RTM
#GREENKAYAK

Bootsfahrt
ab2 Personen
Erw. 4,- €
Kinder 2,- €
Abfahrt
15.00 Uhr
Betreten
auf eigene
Gefahr

ich und gehe weiter zum Besucherzentrum Schweizer Haus, wo sich eine kleine Ausstellung zur Flora und Fauna des Naturparks befindet. Durch den umliegenden Wald führen schöne Wanderwege, beispielsweise zu den Teufelssteinen, durch die Wolfsschlucht oder zum internationalen Fledermausmuseum in Julianenhof.

Schaust du dir gerne Schiffe an? Dann vermutlich auch Schiffshebewerke. So eines steht in Niederfinow an der Lieper. Direkt am Werk befindet sich ein Parkplatz, wo 3 Euro tagsüber und 15 Euro bei Übernachtung fällig werden – ohne Serviceleistungen. Das Schiffshebewerk mit einer Hubhöhe von 36 Metern kann mit einem Ticket auf eigene Faust oder mittels einer Führung besichtigt werden. Wer nur Schiffe gucken will, der kann auch auf der anderen Flussseite an der Schleusentreppe oberhalb des Hebewerks parken und sieht von da die ein- und ausfahrenden Schiffe.

P

Parkplatz Buckow
Parkleitsystem P3, 15377 Buckow
(Märkische Schweiz)
52.672069, 14.072587

Oben links: Aussichtspavillon in der Märkischen Schweiz
Oben rechts: Originalgetreuer Nachbau eines Slawenbootes im Freilichtmuseum
Unten: Der schön angelegte Stellplatz direkt an der Natur Therme Templin

Als ich mich mit den Apps auf Stellplatzsuche mache, ploppt in der Wellnesscamp-App die NaturThermeTemplin auf, und weil die gar nicht mal so weit weg ist, fahre ich hin. Ein moderner, liebevoll gestalteter Platz empfängt mich. Die Mitarbeiterin bei der Therme ist sehr freundlich, weist mich auch auf den Brötchenservice und die Mehrfacheintrittskarte für die Therme speziell für Camper hin. Für heute empfiehlt sie mir aber den 2h-Tarif, da das Bad danach schließt. Der Saunabereich ist toll! Vier Saunen sind innen, vier weitere im Saunagarten, Aufgüsse finden regelmäßig statt. Hach, wie ich die Kombination aus Stellplatz und Therme liebe.

Wohnmobilstellplatz an der NaturThermeTemplin
Dargersdorfer Straße 121, 17268 Templin
Telefon +49 3987 20 13 00
reservierung@naturthermetemplin.de
53.102317, 13.523306

Am Morgen fahre ich durch Templin, das nach einer hübschen kleinen Stadt aussieht. Mein Ziel ist aber der Ziegeleipark Mildenberg. Dort lasse ich mich mit der ehemaligen Transportbahn übers Gelände fahren und schaue mir die alten Produktionsstätten an. Am Nachmittag fahre ich durch den Naturpark Uckermärkische Seen nach Neustrelitz und komme somit von Brandenburg nach Mecklenburg-Vorpommern. Am Rande einer

Kleingartensiedlung und direkt am Ufer des Zierker Sees steht das Slawendorf Neustrelitz. Das Freilichtmuseum ist nicht nur zum Ansehen, sondern zum Mitmachen konzipiert. Ich löse den Eintritt und kann mir am Eingang Taler kaufen. In den Hütten des Slawendorfs befinden sich aktive Handwerksbetriebe wie eine Schmiede und eine Töpferei, es werden Körbe geflochten, Freundschaftsbänder geknüpft und Kerzen gezogen. Bei all diesen Aktivitäten kann man mitmachen und bezahlt in Talern. Kindern macht das großen Spaß.

Für die Mecklenburgische Seenplatte lasse ich mir vier Tage Zeit, denn in diesem Naturparadies gibt es viel zu sehen, und mein Lebenspartner Lui kommt zu Besuch. Am Müritzarm mieten wir uns beim Boots- und Kanuverleih Gaarzer Mühle ein kleines Boot mit einem 15-PS-Motor, das wir ohne Bootsführerschein fahren dürfen. Der flussähnliche Müritzarm ist Teil der südlichen Seenkette, und weil er oft schmal ist, macht die Erkundung besonders viel Spaß. Erst schippern wir auf dem Müritzarm bis Buchholz, wo es durch schmale Kanäle im Schilf hinüber zum Thüren- und Nebelsee geht. Die Fahrrinne ist nicht tief, Vorsicht ist geboten. Auch für Kanufahrer sind diese zwei Seen schön, weil es hier ruhiger ist und mehr Uferbewuchs gibt, was Vögel anlockt. Mit dem Boot kommen wir gut voran, so fahren wir via Kleiner Müritz in den Mirower Kanal. Der ist je nach Jahreszeit und Wochentag schon mal sehr voll, heute geht es aber, und wir erreichen die Schleuse zügig – unsere erste Schleuse überhaupt!

Alles geht reibungslos vonstatten, und wir legen in Mirow bei der Seenfischerei Obere Havel an, die Fischbrötchen anbietet – lecker. Noch einmal an der Liebesinsel mit dem Schloss Mirow vorbei, dann geht es zurück. Direkt neben der Bootsvermietung gibt es einen kleinen Campingplatz, wir haben aber den privaten Stellplatz in Bollewick für die Nacht ausgewählt. Bei Christian stehen wir im großen Garten zwischen den Bäumen und werden nur durch den neugierigen Kater beim Nichtstun gestört.

Privater Wohnmobilstellplatz
Eichenallee 10, 17207 Bollewick
Telefon +49 1726 92 57 80
vanandnature@freenet.de
53.334942, 12.613290

Am nächsten Tag ist das Wetter nicht so toll, also suche ich eine Indoor-Aktivität, und wir starten bei der Scheune Bollewick, einem Kunstzentrum mit traditionellen Handwerksgeschäften und kleinen Souvenirshops. Wir bummeln durch die alten Gemäuer und schauen uns um. Auf dem Weg nach Waren

Oben: Wunderschön im Grünen stehen wir auf dem Privatstellplatz von Christian.
Unten links: Mit einem 15-PS-Boot ganz ohne Führerschein unterwegs
Unten rechts: Kanu, Tretboot oder Motorboot – die Auswahl ist groß.

van and nature

PEUGEOT

kommen wir im malerischen Röbel vorbei, dessen bunte Fachwerkhäuser selbst an einem trüben Tag leuchten. Gegen eine Spende kann ich den Kirchturm der St.-Marien-Kirche besteigen und den tollen Ausblick über den See genießen. Pünktlich zur Mittagszeit treffen wir in Waren ein, parken den Campervan am Hafen und spazieren durch die Altstadt. Das Restaurant U-Nautic weckt mein Interesse, und wir treten ein. Der Gastraum ist hübsch dekoriert, so als wäre man tatsächlich im Innern eines Bootes. Es gibt regionale Spezialitäten, wir bestellen Mecklenburger Sauerfleisch und Hamburger Schnitzel. Das Wetter will noch immer nicht so recht, perfekt, dass mit dem Müritzeum das naturhistorische Museum nur ums Eck ist. In 25 Aquarien werden heimische Fische, Krebse, Muscheln und Schnecken gezeigt. Ein anderer Teil der Ausstellung erklärt die Flugrouten der Zugvögel, die an der Seenplatte vorbeikommen. Das Müritzeum ist spannend und sehr vielseitig. Auf dem Camping Ecktannen können wir wählen, ob wir eine klassische Parzelle möchten oder uns unseren Platz im Wald selber suchen wollen. Wir parken quer zwischen zwei Bäumen und finden die Möglichkeit der freien Wahl super. Der Campingplatz liegt an der Binnenmüritz und hat sogar eine Badestelle mit Sandstrand.

Oben links: Auf der Fahrradtour entdecken wir auch die kleinen Tiere am Wegesrand.
Oben rechts: Im Müritzeum können Tiere und Pflanzen erkundet werden.
Unten: Die bunten Fachwerkhäuser von Röbel strahlen sogar bei Schlechtwetter.

Campingplatz Ecktannen
Fontanestraße 66, 17192 Heilbad Waren (Müritz), Telefon +49 39 91 66 85 13
info@camping-ecktannen.de
53.499541, 12.663609

Nach einer erholsamen Nacht meldet sich auch die Sonne zurück. Perfekt! Am Nationalparkzentrum in Federow parken wir den Camper, hier gibt es auch einen Stellplatz. Im Parkzentrum lassen wir uns von einem Ranger die Fahrradwege aufzeigen. Wir können vor Ort auch ein Fahrrad mieten, denn Lui ist ja nur kurz da, weshalb ich nur ein Fahrrad im Campervan dabeihabe. Der Radweg nach Boek führt durch die weitläufigen Buchenwälder des Müritz-Nationalparks und kommt auch an einigen Moorflächen vorbei. Vom Aussichtsturm aus blicken wir über die naturbelassene Landschaft. In Schwarzenhof entdecken wir am Wegesrand den idyllischen Wohnmobilstellplatz Ziegenwiese. Leider sieht er voll belegt aus, sonst hätten wir hier noch eine Nacht verbracht. In Boek kehren wir im Kutschercafé ein und stärken uns mit Bockwurst und hausgemachtem Gulasch. Zurück wählen wir eine andere Route und werden beinahe von aufgeschreckten Damhirschen überrannt – Entschuldigung.

Am letzten Tag machen wir ab dem Karower Meiler eine geführte Pilzwanderung durch den Naturpark Nossentiner/Schwinzer Heide.

Der Pilzexperte zeigt uns, welche Pilze essbar sind und von welchen wir besser die Finger lassen. Wir lernen auch, wo besonders leckere Speisepilze wie Pfifferlinge, Steinpilze oder Maronenröhrlinge wachsen. Das war ein sehr spannender Rundgang, den wir direkt beim Förderverein NSH gebucht haben. Auf dem Weg zum Stellplatz des Inselcampings Werder fahren wir an der Fischerei Alt Schwerin vorbei und stoppen. Die Fischräucherei mit Gaststätte ist nach dieser kulinarischen Wanderung genau das Richtige, und die bestellten Fischgerichte schmecken ausgezeichnet. Der Stellplatz am Plauer Werder ist nahe am See, bietet gute Sanitäreinrichtungen und Ruhe. Zum Abendessen bereiten wir uns die gesammelten Pilze zu.

Geführte Touren,
z. B. Pilz- oder Naturparkwanderung,
Termine und Buchung unter www.
naturpark-nossentiner-schwinzer-heide.de

Wohnmobilstellplatz des
Inselcampings Werder
Insel Werder 8, 17214 Alt Schwerin
Telefon +49 39932 420 74
info@inselcamping-werder.de
53.485652, 12.322529

Lui verabschiedet sich und reist zurück in die Schweiz, mein Weg führt in die entgegengesetzte Richtung an die Ostsee. Um genug Zeit an der Küste zu haben, fahre ich etwas zügiger. Ums zauberhafte Schloss Basedow vertrete ich mir ein bisschen die Beine, das prachtvolle Gebäude kann man leider sowieso nicht von innen ansehen. Die Teterower Heidberge samt ihrem schönen Wandergebiet lasse ich aus, gehe aber in der Aalbude am Kummerower See zu Mittag essen, probiere die DDR-Suppe Soljanka als Vorspeise und natürlich Aal als Hauptgericht. Für Demmin nehme ich mir Zeit, parke am Schiffsanleger und erkunde als Erstes das Hanseviertel. Auf der Fischerinsel liegt das Museum mit seinen mittelalterlichen Handwerkerhütten, in denen gearbeitet wird. Es ist auch wieder ein Mitmachort, dazu gibt es Deftiges aus der Museumsküche. Auch Demmin selber mit dem Lübecker Speicher und der Backsteinkirche St. Bartholomaei ist einen Spaziergang wert.

Schon viel habe ich von der größten Insel Deutschlands gehört, jetzt reise ich endlich selber nach Rügen. Bei Sassnitz auf dem Nationalpark-Parkplatz wechsle ich vom Camper auf das Fahrrad und radle durch den weitläufigen Wald zum UNESCO-Welterbeforum Wanderstützpunkt. Ab da geht es nur noch zu Fuß

Oben links: In Demmin gibt es auch ein Mitmach-Freilichtmuseum.
Oben rechts: Eines der Fundstücke der geführten Pilztour
Unten: Glowe auf Rügen bietet einen Hafenstellplatz mit Abendsonne.

weiter. Beachte, dass es im Nationalpark so gut wie keinen Mobilfunkempfang gibt. Deine Wanderkarte solltest du deshalb unbedingt offline einsehen können. Der Hochuferweg nimmt mich am Ufer entlang mit durch die Buchenwälder. Immer wieder hab ich Ausblicke auf die Kreidefelsenküste. Am schönsten ist der Blick von der Ernst-Moritz-Arndt-Sicht. Eigentlich könnte ich bis zum Königsstuhl wandern und mit dem Bus zurück, doch ich will mich lieber um einen Schlafplatz kümmern. In Glowe am Hafen befindet sich ein Wohnmobilstellplatz. Ruhig gelegen, es sind etwas breitere Parkplätze, und Strom sowie Ver- und Entsorgung sind verfügbar. Mein Abendessen genieße ich an der Hafenmauer vorne bei einem wunderschönen Sonnenuntergang.

Wohnmobilstellplatz an der Marina Glowe
Am Königshörn 1, 18551 Glowe
Telefon +49 38302 534 45
hafen@glowe.de
54.574052, 13.469804

Tag zwei starte ich mit einem Spaziergang am Strand von Glowe entlang, wo ich mein Fahrrad schieben muss. Nach der Promenade sitze ich auf und radle über den parallel zur Straße führenden Fahrradweg Richtung Kap Arkona. Ab dem Knaus Campingpark führt der Radweg am Ufer entlang. Beim liebevoll hergerichteten Steilufercafé mache ich eine Pause, spaziere beim nächsten Halt im Fischerdorf Vitt durch die wenigen Gassen und erreiche danach den Leuchtturm am Kap Arkona. Dem Uferweg folge ich weiter zum nördlichsten Punkt der Insel und auf der Nordufer-Seite runter bis zum Parkplatz. Da gelange ich über eine Treppe zum Strand hinab. Theoretisch könnte ich bis Schweden und Dänemark schauen, doch die eingeschränkte Fernsicht lässt das nicht zu. Durchs Inland fahre ich zurück und wechsle mit dem Camper auf den Krüger Naturcamping in Lohme. Eingecheckt erreicht mich eine Nachricht von Dani aus Berlin. Sie hat in meiner Instagram-Story gesehen, dass ich auf Rügen bin und hat die nächsten zwei Tage Zeit.

Krüger Naturcamping Rügen
Jasmunder Straße 5, 18551 Lohme
Telefon +49383 02 92 44
info@ruegen-naturcamping.de
54.568756, 13.615399

Gegen Mittag kommt sie auf dem Camping an, der eine perfekte Ausgangslage für eine Wanderung in den Jasmund-Nationalpark bietet. Im Nationalparkzentrum Königsstuhl kann eine interaktive Erlebnisausstellung besucht werden mit Welterbekino und Kurz-

Oben: Die Ernst-Moritz-Arndt-Sicht auf Rügens Kreideküste
Unten: Der einfache Krüger Naturcamping bietet alles, was ich mir wünsche.

führungen zur Pflanzen- und Tierwelt. Die Aussichtsplattform am Königsstuhl lassen wir aus und genießen den kostenlosen und viel weniger stark frequentierten Blick von der Victoria-Sicht aus. Oben die urigen Buchenwälder, in der Mitte die weißen Kreidefelsen und unten das blaue Meer – ein Bild wie aus dem Märchenbuch. Kein Wunder, dass die Gegend Wanderer und Künstler in ihren Bann zieht. Bis zum Kieler Ufer folgen wir dem Hochuferweg, können immer wieder bis an die Klippen vorgehen und hinunterschauen. Das kann aber auch gefährlich sein, denn am Kliff kommt es immer wieder zu Rutschungen oder Steinschlag. Kliffabbrüche, besonders nach starken Regenfällen oder bei einsetzendem Tauwetter im Frühling, sind keine Seltenheit. Deshalb leuchten die Kreidefelsen ja auch so schön weiß. Am Kieler Bach steigen wir über eine steile Treppe zum Strand hinab. Unten suchen wir erfolgreich nach Hühnergöttern, das sind Steine mit einem Loch. Durch den Wald führt uns unsere Route zurück, vorbei am Café Inselglück, wo wir uns leckeren Kuchen bestellen.

Café Inselglück
Stubbenkammerstraße 33, 18551 Lohme
www.inselglueck-ruegen.de/cafe

Den nächsten Morgen verbringen wir quatschend, bevor sich meine Freundin gegen Mittag auf die Rückfahrt macht und ich mich auf den Weg in den Süden von Rügen. Unterwegs halte ich, um mir den »Koloss von Rügen« in Prora anzusehen. Er gilt als längstes Gebäude der Welt und sollte bis zu 20 000 Menschen auf einmal als Urlaubsunterkunft dienen. Fertiggebaut wurde er wegen des beginnenden Weltkrieges nicht, beziehungsweise nicht dazumal, denn heute machen tatsächlich Menschen hier Urlaub. Hinter dem EDEKA an der Vierten Straße befindet sich ein relativ neuer Parkplatz ohne Wohnmobilverbot. Ein kurzer Fußweg führt an die Küste, und rechts herum geht's zu dem gigantischen Gebäudekomplex. Die ersten Blocks sind renoviert und modern ausgebaut, die hinteren werden folgen. Spannend ist der Rundgang durch das Dokumentationszentrum Prora.

Vorbei an Binz, dem größten Seebad auf Rügen mit einer drei Kilometer langen Promenade, fahre ich zum Campingplatz Dat Stranddörp. Der Platz bietet Parzellen auf beiden Seiten der Straße. Ich stehe eigentlich direkt am Meer, kann es auch hören, ein Wäldchen befindet sich aber zwischen mir und dem Wasser. Ein Pfad durch den Sand führt zum Meer mit seinem endlosen Strand, wo ich den Nachmittag verbringe. Wer günstiger übernachten will, kann beim neuen Stellplatz in Göhren am Südstrand stehen.

Oben links: Im Peilturm am Kap Arkona ist unten ein Café untergebracht.
Oben rechts: Gefunden! Ein Hühnergottstein am Kieler Bach auf Rügen
Unten: Das hübsche Steilufercafé auf Rügen lädt zum Verweilen ein.

Campingplatz Dat Stranddörp
Lobbe 32a, 18586 Lobbe
Telefon +49 383 08 23 14
lobbe@campingruegen.de
54.314638, 13.718241

Wohnmobilstellplatz am Südstrand in Göhren
Südstrand 5, 18586 Göhren
Telefon +49 152 59 44 95 51, info@askold-falk.de
54.334715, 13.735252

Nach dem Frühstück fahre ich mit meinem Fahrrad an die Südspitze von Rügen. Dahin führt ein schöner Radweg, auch wenn manch eine Baumwurzel den Asphalt etwas anhebt. Beim Dünenhaus muss ich das Fahrrad abstellen. Strandkörbe stehen im Sand und warten auf Gäste, genauso wie der Kater, der um die Menütafel des Restaurants Strandcafé streicht und natürlich von mir gekrault wird. Zum Lotsenturm Thiessow geht es ganz schön hoch, betreten kann man ihn durch ein Drehkreuz, das durch eine 1-Euro-Münze freigeschaltet wird. Die Aussicht ist wirklich toll, Geschichtstafeln geben Auskunft über die Entstehung des Turms. Vor 11 Uhr bin ich schon zurück am Camper und checke aus. Tschüss Rügen, du warst so schön wie alle erzählen.

Die Kreidefelsen von Rügen sind einmalig schön, hier vom Hochuferweg aus.

In Stralsund finde ich an der Karl-Marx-Straße einen geräumigen Parkplatz für meinen Sechs-Meter-Kastenwagen. Die charmante Hansestadt beeindruckt schon auf den ersten Metern mit ihren Backsteingebäuden. Auch die Kirche St. Nikolai strahlt in wunderschöner Backsteingotik. Doch ihre Türme sind nicht gleich. Ein Brand zerstörte 1662 beide gotischen Turmspitzen, der Südturm erhielt darauf die Barockhaube, der Nordturm das sogenannte »Notdach«. Beim Blick vom alten Markt zurück auf das Rathaus bin ich tief beeindruckt von der Schönheit und Baukunst der Schaufassade des Rathauses. Es gehört zusammen mit der übrigen Altstadt von Stralsund sowie Wismar zum UNESCO-Weltkulturerbe. Der komplette Marktplatz ist ein Kunstwerk. Das Hafenareal kann bautechnisch nicht mithalten, bietet mit dem Museums-Segelschiff Gorch Fock I und dem Ozeaneum aber durchaus sehenswerte Ziele. Und beim Fischbrötchenkutter Anja kann ich aus eigener Erfahrung berichten, dass die Fischbrötchen sehr lecker sind – beim Essen habe ich der Verkäuferin zugesehen, wie sie gerade weitere Fische in die angrenzende Räucherkammer gehängt hat. An der Stadtmauer entlang und durchs Kniepertor gelange ich zum Johanniskloster. Die Häuserzeilen dort sind unglaublich schön, die Klosterruinen sieht man durch die vergitterten Tore. Was für eine schöne Stadt, der Abstecher nach Stralsund hat sich definitiv gelohnt. Wer über Nacht bleiben möchte, steht am besten gegenüber des Caravan-Centers Dahnke nahe der Altstadt.

Caravanstellplatz An der Rügenbrücke
Werftstraße 9a, 18439 Stralsund
Telefon +49 3831 667 97 77
info@caravanstellplatz-ruegenbruecke.de
54.302563, 13.098727

In Bodstedt am Hafen verbringe ich die Nacht auf einem kostenlosen Parkplatz (54.371290, 12.621124). Auf der anderen Straßenseite befindet sich eine öffentliche Toilette samt Dusche, die man für 50 Cent betreten und nutzen kann. Im Restaurant am alten Hafen bekomme ich ein leckeres Abendessen serviert. Bei schönem Wetter kann man draußen sitzen, der Wind bläst mich aber in die Gaststube hinein. An Hafen legen Fähren nach Born am Darß oder Prerow ab, Fahrräder können mit aufs Boot. So lässt sich der Nationalpark Vorpommersche Boddenlandschaft auf dem Wasser und an Land erkunden, und speziell die Fahrt durch den Prerower Strom ist landschaftlich toll.

Fährfahrten
Bodstedt – Prerow – Born am Darß
Fahrplan und Preise unter
www.fahrgastschiff-darss.de

Der Nationalpark ist der drittgrößte seiner Art in Deutschland. Er umfasst die Ost-West-Ausdehnung der Inselkette vom Darß bis zur Halbinsel Bug auf Rügen. Ostsee, Boddengewässer, Lagunen und Landflächen stehen unter besonderem Schutz. Bodden sind übrigens flache, buchtartige Küstengewässer, die durch Inseln oder Landzungen vom Meer abgetrennt sind. Ich steige am Morgen auch aufs Fahrrad um, allerdings erst ab dem Parkplatz Sundische Wiese auf Fischland-Darß-Zingst, und folge dem Fahrradweg bis zum Vogelausguck Pramort. Schnurgerade verläuft der Weg durch das weite Land der Sundischen Wiese. Schilfgürtel, Feuchtgebiete und abgestorbene Bäume im Wasser prägen das Landschaftsbild. Ich befinde mich in der Kernzone 1 des Nationalparks und darf mich nur auf den Wegen fortbewegen. Um zur Hohen Düne bei Ostzingst zu kommen, muss ich mein Fahrrad abstellen und zu Fuß weiter bis zum Strand, wo sich die bis zu 13 Meter hohe Düne auftürmt.

Nach der Tour fahre ich mit dem Camper an Prerow vorbei zum Westen der Halbinsel und komme an diversen Parkverbotsschildern für Wohnmobile vorbei, die auch tagsüber gelten. Ich finde nur den Parkplatz »Drei Eichen«, der Wohnmobile erlaubt, aber einen erhöhten Parktarif verlangt. Da parke ich und gehe den Weg »Wald und Strand«, der mich erst

Oben: Die Schaufassade des Stralsunder Rathauses ist einmalig schön.
Unten links: Übernachtungsplatz am Bodtstedter Hafen
Unten rechts: Die zwei unterschiedlichen Turmspitzen der St.-Nikolai-Kirche in Stralsund

Hof & Garten
Cafe
Mo bis Do
Montag bis Donnerstag
5 Schritte
Kuchen ab 2,50 €

an der Küste entlang und dann zurück durch den Wald führt. Die Natur zeigt sich noch mal von einer anderen Seite als am Morgen am Ostende. Bei dem Parkplatztheater vergeht mir etwas die Lust, weshalb ich rund um Ribnitz einen Übernachtungsplatz suche und bei Landvergnügen mit dem Betrieb 2678 einen wunderbaren Platz im Grünen finde. Eine Alternative ist der Parkplatz der Bodden-Therme. Wer in der Therme war, darf kostenlos übernachten, einfach den Beleg hinter die Scheibe legen. Am Hafen von Ribnitz gibt es außerdem sechs Wohnmobilstellplätze, wo man die Übernachtungsgebühr beim Hafenmeister bezahlt.

Wohnmobilparkplatz am Stadthafen Ribnitz
Am See 45, 18311 Ribnitz-Damgarten
Telefon +49 3821 893 43 28
hafenmeister-ribnitz@ribnitz-damgarten.de
54.245948, 12.428438

Ribnitz ist ein kleiner malerischer Ort mit einigen Geschäften und dem Bernstein-Museum. Bei meiner Erkundungstour durch Ribnitz entdecke ich einen hübschen Durchgang in einen Hinterhof. Das Schild »Hof & Gartencafé« lädt mich ein, durch das Tor zu treten. Tatsächlich befinden sich idyllisch im Hof lauter kleine Tischchen mit Stühlen, umgeben von einem blühenden Garten und mit ganz vielen kleinen Accessoires. Die Karte ist überschaubar, ich bestelle mir eine Bockwurst und lasse es mir im gemütlichen Ambiente schmecken. Am Nachmittag habe ich mich für eine Besichtigung der Ostsee-Schmuck GmbH etwas außerhalb entschieden. Über zwei Etagen geht es ebenfalls um Bernstein und wie er zu Schmuck und Figuren verarbeitet werden kann. In der gläsernen Werkstatt kann ich den Mitarbeitern bei den einzelnen Arbeitsschritten zusehen. Informationsschilder erklären, was genau gemacht wird. Ich kann am Schluss nicht widerstehen und kaufe mir ein Bernsteinarmband. Man kann sich so ein Armband nach Belieben selber zusammenstellen oder fertige Schmuckstücke erwerben.

Oben: Vom Parkplatz »Drei Eichen« gelange ich an diesen schönen Strand.
Unten: Dieses Schild hat mich in Ribnitz ins Hof & Gartencafé gelockt.

Sie begleiten mich schon über viele Kilometer, ich bin auch schon schwach geworden und habe mir die eine oder andere Schale gekauft, und nun taucht auf dem Weg nach Rostock nicht nur eine große Erdbeere als Verkaufsladen auf, sondern eine komplette Erlebniswelt. Ich bin an einem Karls Erlebnis-Dorf gelandet, bei dem in Rövershagen. Es ist brütend heiß, die Sonne knallt vom Himmel, und ich parke meinen Campervan auf der offenen Wiese ohne Schatten. Große Klasse, aber ich will mir das Erlebnis-Dorf jetzt einfach anschauen, um zu wissen, was genau es genau damit auf sich hat. Bei Karls werden auf 300 Hektar Land rund um Rostock jährlich bis zu 8000 Tonnen Erdbeeren geerntet. Die werden frisch verkauft oder zu Marmeladen und anderen Leckereien verarbeitet. In der riesigen Halle gibt es alles und noch viel mehr zum Thema Erdbeeren. Brote, Getränke, Süßigkeiten, Tassen, Kleidung, Marmeladen, Liköre, Geschirr, Weihnachtsschmuck – alles! Über meinem Kopf fährt eine Achterbahn, okay, es ist ein Kinder-Lebkuchen-Zug. Aber es ist komplett verrückt. Wie in einer Märchenwelt, total nett gemacht. Im Außenbereich gibt es noch mehr Fahrgeschäfte, einen Streichelzoo und viele Spielmöglichkeiten. Es kann alles kostenlos betreten werden, nur wer irgendwo mitfahren will, bezahlt die Fahrt oder löst vorab eine Tageskarte. Das ist ein Erlebnis, ob mit oder ohne Kinder, und wer will, kann für 10 Euro auf der weitläufigen Wiese oder dem Asphalt-Parkplatz im Camper übernachten.

Karls Erlebnis-Dorf mit Wohnmobilparkplatz
Purkshof 2, 18182 Rövershagen
Öffnungszeiten und Informationen unter
www.karls.de
54.162190, 12.233332

Die Hansestadt Rostock ist die größte Stadt Mecklenburg-Vorpommerns, die einmal jährlich zur Hanse Sail knapp eine halbe Million Menschen beherbergt. Ein gigantisches Erlebnis, wenn man mit Menschenmassen zurechtkommt. Ich bin ganz froh, nicht an dem Augustwochenende in der Stadt zu sein. Dann hätte ich kaum einen Stellplatz in erster Reihe am Stadthafen bekommen. Hier steht man nicht ruhig oder idyllisch, aber direkt am Wasser und fußläufig zur Altstadt sowie den traditionellen Imbiss-Fischkuttern. Der Wohnmobilstellplatz ist eingekesselt von zwei Sehenswürdigkeiten. Zur Rechten ist der Eisbrecher Stephan Jantzen vertäut, Führungen durch das imposante Schiff sind möglich. Zur Linken stehen die beiden Kräne. Am östlichen Ende des Stadthafens befindet sich der kleine Speicher, und davor im Wasser schwimmt der Fischbrötchen-Traditionskutter. Eine weitere Adresse für gute Fischbrötchen ist der Backsteinbau »Am Yachthafen«. Das ist so eine Perle, die erst auf den zweiten Blick zu glänzen beginnt. Ich sage nur: Muschelsemmeln. Gestärkt starte ich meine Altstadttour auf dem Neuen Markt. Täglich außer Mittwoch und Sonntag findet auf dem Platz der Wochenmarkt statt. Früher war der Marktplatz an allen Seiten von Giebelhäusern gesäumt, nach seiner Zerstörung im Jahre 1942 stehen nur noch sechs von ihnen. Du erkennst sie an den Hausnummern 12 bis 17. Angrenzend steht die Petrikirche aus dem 13. Jahrhundert. Sie ist die älteste und mit 117 Metern gleichzeitig die höchste Kirche Rostocks. Auf den Turm der gotischen Kirche

Oben: In der Ostsee-Schmuck GmbH kann man bei der Verarbeitung von Bernstein zuschauen.
Unten: Am Hafen von Rostock kann man sehr zentral im Wohnmobil übernachten.

Betreten

Fischbrötchen
Möwen füttern verboten!

Robin Hood
TT-Line

kann man hinauf und so über ganz Rostock blicken. Vom Neuen Markt führt die Einkaufs- und Bummelmeile Kröpeliner Straße weg. An ihr liegen unzählige Geschäfte und Cafés. Zurück am Hafen lasse ich den Abend im Rost Dock ausklingen. Das ist eine Sommerbar, die im Hafenareal in Sichtweite des Stellplatzes mit Schiffscontainern aufgebaut wurde.

Wohnmobilstellplatz am Stadthafen in Rostock
Am Strande, 18055 Rostock
touristinfo@rostock.de
54.092841, 12.130467

Rostock hat man nicht gesehen, wenn man Warnemünde keinen Besuch abstattet. Dafür kann man entweder das Fährschiff nehmen und den Camper bequem am Stadthafen stehen lassen. Oder du verschiebst dich wie ich raus nach Warnemünde, wo die richtig dicken Brummer vor deinem Camper durchschippern. Aber Achtung, da draußen wird mit harten Bandagen um einen Platz in erster Reihe gekämpft, und jegliches Campingverhalten ist unerwünscht. Keine Stühle raus, Markise bleibt eingefahren und kein Grillen ums Wohnmobil bitte, sonst wird bald auch das Parken nicht mehr geduldet. Falls du keinen Platz in der vordersten Reihe bekommen hast – so wie ich – oder einfach mal den Camper verlassen willst, kannst du bis zur Molenspitze gehen zum WIRO-Ausguck. Da ist eine Tribüne aufgebaut, von der aus du die Fähren und Containerschiffe beobachten kannst. Nach fünf Schiffen ist dann auch mal gut, und ich gehe über den Alten Strom und schlendere die Promenade entlang. Geschäfte und Cafés reihen sich aneinander und auf dem Wasser stehen die Imbisskutter, deren Essen häufiger in Möwenschnäbeln als den Mägen der Kunden landet. Es ist ein buntes, lebhaftes Treiben in hübscher Umgebung, ich fühle mich sofort pudelwohl. Gemütlich spaziere ich bis zum Molenfeuer auf der Westmole hinaus, das auf einem Wellenbrecher im Meer steht. Hier kann ich die Schiffe quasi anfassen, ihnen einen Klaps aufs Heck geben und gute Fahrt wünschen. Auf der anderen Seite erstreckt sich der lange Sandstrand von Warnemünde, der mit unzähligen Strandkörben gesäumt ist. Dahinter führt die Promenade entlang. Hier fehlt mir im Vergleich zur Promenade am Strom die Nähe. Es ist alles weitläufig und verstreut, vorne am Strom ist es klein und heimelig. Auf die andere Flussseite nach Hohe Düne kommt man mit der Personenfähre. Auch dort kann man hinaus zum Ostmole-Molenfeuer spazieren und kommt dabei am MSC Marine Science Center für Robbenforschung vorbei. In einer

Oben: Aufgepasst, die Möwen in Warnemünde sind frech und hungrig.
Unten links: Am Leuchtturm entlang schlendere ich bis zum Molenfeuer hinaus.
Unten rechts: Direkt vor den Campern fahren Fähren und Kreuzfahrtschiffe durch.

Freiwasseranlage in der Ostsee werden die Forschungstiere gehalten, mit denen auch Besucher auf Tuchfühlung gehen oder sogar schwimmen können.

P

Parkplatz Mittelmole Warnemünde
Am Bahnhof 1, 18119 Rostock
Telefon +49 3815 10 66 55
54.178555, 12.091738

Die Strecke nach Heiligendamm ist schön zu fahren. Ich wähle die Küstenstraße und komme durch hübsche Orte. In Heiligendamm kurz vor dem Bahnübergang führt rechts die Straße Kinderstrand an der Median Klinik vorbei. Ihr folge ich fast bis zum Ende, wo beidseitig lauter Parkplätze sind, alle ohne Übernachtungsverbot. Ich parke den Van am Seitenstreifen, löse das Ticket und spaziere zum Strand hinab. Die Umgebung ist sehr schön und lädt zu Spaziergängen ein. Am späteren Nachmittag schnappe ich mir mein Fahrrad und folge dem Küstenradweg nach Osten. Herrliche Aussichten bieten sich mir, wo immer ich über den Damm sehen kann. Die Steilküste Börgerende-Nienhagen ist hübsch, der Weg teilweise abgebrochen, da gilt es aufmerksam zu sein. Und dann erreiche ich mit dem Gespensterwald mein Ziel. Ungewöhnlich und bizarr anmutende Bäume stehen schief im Wald und sorgen für eine mystische Stimmung. Bei Nebel ist es bestimmt noch geheimnisvoller, ich will mich aber keinesfalls über das gute Wetter beklagen. Der Buchenwald beginnt direkt an der Küste und geht rund 100 Meter ins Landesinnere. Auf einer Länge von 1,3 Kilometern erstreckt er sich parallel zum Meer. Einige Bäume sind bis zu 170 Jahre alt, der stetige Seewind hat sie geformt und verdreht. Bänke laden zum Verweilen ein – falls du keine Angst hast, dass sich ein Geist von hinten anschleicht. Ich finde es einfach nur wunderschön. Am anderen Ende des Waldes angelangt liegt der Duft nach Fisch in der Luft. Beim Strandrestaurant Nienhagen kann man im Restaurant sitzen oder sich an der Selbstbedienungsecke ein Fischbrötchen holen. Und da erinnere ich mich plötzlich, ich hätte doch noch Bargeld abheben sollen! Deutschland, ich lerne es nie, und du willst stur kein Plastikgeld. Also alles Kleingeld raus und durchzählen. Juhu, es reicht sogar noch für ein Getränk zum Fischbrötchen. Das schmeckt wunderbar, die Aussicht ist grandios und die Sonne langsam am Sinken. Auf dem Rückweg ergeben sich schöne Lichtspiele im Wald mit der untergehenden Sonne. Die letzten Sonnenstrahlen erwische ich zurück am Camper neben dem Deck Beach Club, der direkt am Meer im Wald liegt und hübsch mit Lämpchen für ein lauschiges Ambiente sorgt.

Oben: Malerischer Sonnenuntergang in Heiligendamm beim Kinderstrand
Unten links: Ruhiger Stellplatz im Wald am Kinderstrand
Unten rechts: Bizarre Buchenstämme im Gespensterwald bei Nienhagen

Parkplatz am Kinderstrand Heiligendamm in Bad Doberan
Kinderstrand, 18209 Bad Doberan
Telefon +49 38203 42 03 11, post@stadt-dbr.de
54.143900, 11.832043

Die Nacht war wie erwartet sehr ruhig. Zwei andere Camper haben ebenfalls auf dem Parkplatz übernachtet. Heute möchte ich nach Kühlungsborn. Es ist das größte Seebad an der Mecklenburgischen Ostseeküste. An der langen Strandpromenade stehen viele Gebäude in der historischen Bäderarchitektur. Mehrere Möglichkeiten stehen mir zur Auswahl, um die knapp sieben Kilometer Distanz zurückzulegen. Zu Fuß oder mit dem Fahrrad könnte ich der Küstenlinie folgen, oder ich fahre mit dem Camper. Am spektakulärsten ist mit Sicherheit die Fahrt mit der »Molli«. Die Bäderbahn dampft während des Sommerfahrplans im Stundentakt auf der Strecke Kühlungsborn bis Bad Doberan die Küste entlang, im Winter im Zweistundentakt. Für Eisenbahnfans gibt es die Möglichkeit, beim Lokführer mitzufahren und dem Heizer bei seiner Arbeit zuzusehen. Ein Blick auf den Fahrplan sowie die Uhr sagt mir, dass ich die Molli gerade verpasst habe. Also fahre ich mit dem Campervan und parke am Ortsende von Kühlungsborn an der Waldstraße. Es ist ein

Die Ostsee bietet wunderschöne Badestrände, der hier befindet sich in Kühlungsborn.

gutes Stück ins Zentrum, vorbei am weitläufigen Campingplatz und dann zur Ostseeallee vor, der Promenade. In der Bäckerei Junge bestelle ich mir ein Frühstück. Die Kartoffelbrötchen sind so lecker, dass ich mir gleich noch zwei mitnehme. Gestärkt geht die Erkundungstour weiter, vorbei am Riesenrad und den vielen Geschäften bis zur Seebrücke von Kühlungsborn. Der Pier ragt 240 Meter ins Meer hinaus, und der Blick zurück zum Strand ist toll. Den Rückweg wähle ich durch den Stadtwald und vorbei am Bahnhof der Bäderbahn, wo ich die Molli gerade beim Ausfahren erwische. So eine Dampflokomotive ist schon ein schöner Anblick. Zurück am Camper habe ich über zehn Kilometer zu Fuß zurückgelegt, wie schnell das in Ortschaften immer geht, ohne dass man es richtig merkt.

Weiter geht die Reise ans Salzhaff, in der Wismarer Bucht, das mit seinem flachen und ruhigen Wasser einer der beliebtesten Surf- und Segelspots der Ostsee ist. Durch die Halbinsel Wustrow wird es von der Ostsee abgetrennt, weist aber im Gegensatz zu den Boddengewässern nahezu den gleichen Salzgehalt auf wie die Ostsee. Weiter südlich und direkt am Salzhaff checke ich in Boiensdorf auf einem Stellplatz für die Nacht ein. Der Platz liegt auf einer Wiese und bietet einen direkten Zugang zum Strand, wo diverse Kites darauf warten, mit ihren Besitzern über das

Wasser zu flitzen. Auch ich habe Kitesurfen schon ausprobiert, muss aber gestehen, dass mich die Kraft, die der Wind im Kite entwickelt, etwas verängstigt hat. Daher schaue ich lieber vom Land aus denen zu, die damit besser umgehen können. Durch das Salzhaff werden Schifffahrten angeboten, bis zur Insel Poel. Fahrpläne findest du auf der Seite www.ms-ostseebad-rerik.de.

Wohnmobilstellplatz am Salzhaff in Boiensdorf
Zum Strand 22, 23974 Boiensdorf
Telefon +49 175 599 43 50
robo121@web.de
54.024067, 11.545932

Noch ein Stück südlicher von meinem Stellplatz befindet sich die Brücke, die das Festland mit der Insel Poel verbindet. Die ist vor allem für ihre weißen Sandstrände berühmt. In Timmendorf mache ich einen Spaziergang bis zum Leuchtturm und fahre dann zurück aufs Festland. Wismar lockt mich. Beim Westhafen befindet sich der offizielle Wohnmobilstellplatz, der eine gute Infrastruktur bietet. Ich parke am Weidendamm und fahre später weiter, denn meine letzte Nacht möchte ich noch mal irgendwo in Ostseenähe verbringen. Die Altstädte von Stralsund und Wismar wurden 2002 im Verbund in die Welterbeliste der UNESCO aufgenommen. Das wunderschöne Stralsund habe ich bereits besucht, nun folgt Wismar. Die Stadt zeigt bis heute das typische Bild einer mittelalterlichen Bürgerstadt. Gleich drei imposante Backsteinkirchen überragen die Straßenzüge. Die Stadtmauer umzog der Sitz mit den Bürgerhäusern, und das große Rathaus am Markt war das Zentrum der Regierung. Wismar ist durch den Seehandel zu Reichtum gekommen, im Hafen starte ich auch meine Stadterkundung. Fischbrötchen-Kutter bieten ihre Ware an, weiter vorne schwimmt die Wissemara, eine schöne Kogge, die früher als Transportsegelschiff bis zu 300 Tonnen Last aufnehmen konnte. Vom Hafen geht es durch das hübsche Wassertor, das letzte erhaltene Stadttor, das der industriellen Entwicklung der Stadt nicht zum Opfer fiel. Im Stil der Backsteingotik wurde es 1450 erbaut. Ich wünsche mir vor solchen Bauten immer, dass sie erzählen könnten, was sie schon alles erlebt haben. Der Scheuerstraße folge ich vorbei an den historischen Gebäuden wie dem alten Speicherhaus mit dem gotischen Giebel und dem schönen Eingangsportal. Über die Grube, den ältesten städtischen Wasserlauf aus dem 13. Jahrhundert, gelange ich zur monumentalen Kirche St. Nikolai. Die spätgotische Kirche hat ihren barocken Innenausbau

Oben: Wismar hat bis heute sein mittelalterliches Stadtbild erhalten.
Unten links: Einen ganzen Raum umspannt die Papiertapete von Telemach.
Unten rechts: Die Molli fährt ihre Passagiere durch die Ostseeküstenorte.

99 2322-8

COMEwithus2

einem Orkan zu verdanken, der den Turm zum Einsturz brachte. Die vier Schweine auf der Schweinebrücke wollen, damit sie dir etwas Glück abgeben, alle an einer anderen Stelle gekrault werden. Wo, siehst du den Verfärbungen der Skulpturen an. Gleich am Eck komme ich am Stadtgeschichtlichen Museum vorbei zum Marktplatz. Der imposante Platz gehört zu den größten Deutschlands und hat jede Menge spannende Gebäude um sich geschart. Als besonders schönes Beispiel gilt das Rathaus auf der Nordseite mit der beeindruckenden Schaufassade. Oh sieh an, eine Junge-Bäckerei. Du weißt, was ich da jetzt gleich kaufen werden. Mit ein paar Brötchen in der Tüte schlendere ich zur Touristeninformation. Direkt daneben befindet sich das Welt-Erbe-Haus, das mit einer kostenlosen Ausstellung nicht nur über die Hintergründe des UNESCO-Eintrages informiert, sondern auch eine beeindruckende französische Panoramatapete der Öffentlichkeit zugänglich macht. Ich schaue mir die Ausstellung an und setze mich im Salon in die Mitte zum Audioguide, umgeben von der berühmten Papiertapete. »Telemach auf der Insel Calypso« heißt sie und zeigt auf mehreren Bildern Szenen des Schiffbruchs und der Nymphen, die Odysseus' Sohn nicht mehr gehen lassen wollten. Gemütlich schlendere ich zurück zum Parkplatz. Wismar ist ebenfalls eine unglaublich hübsche und sehenswerte Stadt. Für meine letzte Nacht auf dieser Tour wähle ich den Parkplatz am Wohlenberger Wiek.

Oben: Ein perfekter letzter Abend an der Ostsee am Wohlenberger Wiek
Unten: Ein Parkplatz unter Bäumen und nur durch die Straße von der Ostsee getrennt

P

Parkplatz Wohlenberger Wiek
23948 Klütz
53.931270, 11.265297

Bei Ankunft parke ich neben dem Ticketautomaten, damit die Sonne noch etwas auf mein Solarpanel scheinen kann. Ich packe meine Strandsachen, überquere die Straße und lege mich an den Strand. Als sich die langen Schatten bis zu mir ziehen, gehe ich zurück, parke um in eine etwas weiter von der Straße entfernte Ecke unter den Bäumen, koche mir mein Abendessen und denke nochmals über diesen Roadtrip nach. Die Route hat mich zu bezaubernden Nationalparks und Biosphärenreservaten geführt, die alle das Wasser als formendes Element gemein haben. Gleich mehrere Städte haben mich ihren Zauber spüren lassen, sie haben mich in längst vergangene Zeiten entführt und mir gezeigt, dass Schönheit über Jahrhunderte bestehen kann. Und dann war da natürlich die Ostsee als seichtes, ruhiges Gewässer, begrenzt von so einer landschaftlich reichen Küstenlinie. Hach, es war wunderschön – und lecker!

Dangschee

Deutschland ist so ein vielseitiges Reiseland. Ich bin begeistert von den Gegensätzen und dem überall sichtbaren Wandel. Wo Bergbauwerke waren, schwimmt man heute im sauberen Gewässer. Und doch bleibt trotz der Veränderung die Geschichte erhalten. Von Römern und Neandertalern, vom Mittelalter, das in noch so vielen Stadtkernen präsent ist, bis in die Moderne mit neuer Architektur. Von bekannten Flecken und unbekannten Regionen, die ihre Schätze nur wenigen Besuchern preisgeben. Über mehrere Jahre habe ich viel sehen und erleben dürfen und bin dabei von ganz tollen Menschen begleitet und unterstützt worden. Danke möchte ich meinem Lebenspartner Lui sagen, der aus persönlichen Gründen zwar nicht die komplette Tour mitgefahren ist, aber viele Reisen mit mir gemeinsam unternommen hat und mir Raum gegeben hat, damit ich dieses Werk in unserem gemieteten Häuschen in Schwedisch Lappland schreiben konnte. Ich bedanke mich auch bei den Menschen, die mir ihr Deutschland gezeigt haben. Sven, der mich durch sein Düsseldorf begleitet und tapfer einen Killepitsch mitgetrunken hat. Sylvia und Thomas, die mir ihr Zittauer Gebirge mit so viel Leidenschaft gezeigt haben. Caroline, die sich selbst für eine Fremde Zeit genommen hat, um mir ihre Heimat Burghausen zu präsentieren. Heinz Hönig, der mir sein Bonn mit all seinen verborgenen Schätzen auf seine humorvolle Art vorgestellt hat. Simone, die Lui und mir zu unserem ersten Weinfest-Besuch in Bernkastel-Kues verholfen und uns dabei so nette Gesellschaft geleistet hat. Und auch Ela, die sich auf meinen Aufruf hin getraut hat, sich zu melden und mir so ihr schönes Leipzig zeigen konnte. Und auch dir, Dani, danke, dass du mir Gesellschaft geleistet hast in Potsdam und auf Rügen. Nicht zu vergessen meine Mami, die extra nach Hamburg geflogen ist, um mit mir die Nordseeküste zu erkunden, und die mein strammes Programm freudig mitgemacht hat. Und danke, liebe Community, dass ihr mich mit so vielen Tipps versorgt habt. Ich hoffe, ich kann mich bei euch allen mit diesem Buch revanchieren.

Zum Schluss wünsche ich dir, liebe Leserin und lieber Leser, dass auch du viel von dem tollen Reiseland Deutschland entdecken darfst. Allzeit gute Fahrt, und wie sagt man so schön: »Immer eine Handbreit Luft um deinen Camper herum.«

Deine Steffi

Oben: Noch viele weitere Wege wollen erkundet werden.
Unten: Wir freuen uns auf viele neue spannende Campingabenteuer.

REGISTER

IMPRESSUM

Verantwortlich: Kerstin Thiele
Lektorat: Claudia Alt
Layout: Eva-Maria Klaffenböck
Repro: LUDWIG: media
Kartografie: Huber Kartografie, Heike Block
Herstellung: Alexander Knoll
Printed in Poland by CGS Printing

★★★★★

Sind Sie mit diesem Titel zufrieden? Dann würden wir uns über Ihre Weiterempfehlung freuen. Erzählen Sie es im Freundeskreis, berichten Sie Ihrem Buchhändler, oder bewerten Sie beim Onlinekauf. Und wenn Sie Kritik, Korrekturen, Aktualisierungen haben, freuen wir uns über Ihre Nachricht an Bruckmann Verlag, Postfach 40 02 09, D-80702 München oder per E-Mail an lektorat@verlagshaus.de.

Unser komplettes Programm finden Sie unter

www.bruckmann.de

In diesem Buch wird aus Gründen der besseren Lesbarkeit das generische Maskulinum verwendet. Weibliche und anderweitige Geschlechteridentitäten sind dabei ausdrücklich mitgemeint, soweit es für die Aussage erforderlich ist.

Bildnachweis:
Alle Fotos stammen von der Autorin, außer Seite 285 oben Sven Schweren.

Umschlagvorderseite: Blick in die wunderschönen Bayrischen Alpen bei Murnau am Staffelsee
Umschlagrückseite: Sonnenuntergang in Bensersiel direkt am Nordseestrand

Die Deutsche Nationalbibliothek verzeichnet diese Publikation in der Deutschen Nationalbibliografie; detaillierte bibliografische Daten sind im Internet über http://dnb.d-nb.de abrufbar.

Infanteriestraße 11a, 80797 München

ISBN 978-3-7343-2861-9